入試直前整理

チェックしておきたい化学の重要点 124

数研出版
http://www.chart.co.jp/

............< 2 >

●物質の構成粒子
1. 周期表の覚え方
2. 混合物
3. 同素体
4. 電子・陽子・中性子
5. 同位体
6. 電子殻の電子数
7. 貴ガス原子の価電子数
8. 価電子数とイオン
9. Na^+ の電子配置

●化学量と化学反応式
10. 原子量
11. 1mol の粒子数
12. 物質量
13. 気体 1mol の体積
14. 化学反応式の係数

●化学結合
15. 共有結合とイオン結合
16. 分子と電子配置
17. 配位結合
18. 金属の特徴
19. イオン化エネルギー
20. 電気陰性度
21. 無極性分子
22. 単位格子内の粒子数

●物質の三態
23. 物質の三態の変化
24. 状態変化と温度
25. 凝固点の降下
26. 沸点と分子量
27. 沸点と水素結合
28. 融解熱と蒸発熱の大小

●気体
29. ボイル・シャルルの法則
30. 気体の状態方程式
31. 分圧の法則
32. 理想気体

●溶液
33. NaCl の溶解
34. 溶液中の物質量
35. 固体の溶解度
36. 気体の溶解度
37. 質量パーセント濃度
38. モル濃度
39. 質量モル濃度
40. 沸点上昇度
41. 浸透圧の式
42. コロイド溶液と電解質

●反応熱と熱化学方程式
43. 熱化学方程式
44. ヘスの法則
45. 結合エネルギーと
    反応熱

●反応の速さと化学平衡
46. 生成速度と分解速度
47. 活性化エネルギー
48. 温度と反応速度
49. 触媒
50. 平衡状態
51. 平衡定数
52. ルシャトリエの原理
53. 溶解度積と沈殿
54. 緩衝液のはたらき

●酸と塩基
55. 酸の定義
56. 電離定数
57. 電離度の大小
58. 中和の量的関係
59. 中和の公式
60. 水のイオン積
61. pH
62. 塩の加水分解
63. 弱酸の塩＋強酸

●酸化・還元と電池・電気分解
64. O と H の酸化数
65. Cl の酸化数
66. 酸化・還元と酸化数
67. 酸化還元反応
68. 酸化剤
69. 金属のイオン化列
70. 電池の電極
71. 鉛蓄電池
72. 電気分解
73. 溶融塩電解
74. ファラデーの法則

●無機化学
75. ハロゲン元素の反応性
76. 塩素の製法
77. ハロゲン化銀の沈殿
78. ハロゲン化水素
79. 硫化水素による沈殿
80. 硫酸の合成
81. 濃硫酸の性質
82. ハーバー・ボッシュ法
83. オストワルト法
84. 酸の性質（不揮発性）
85. 酸の性質（酸化力）
86. ガラス
87. 気体の捕集法
88. 炎色反応
89. アンモニアソーダ法
90. アルカリ土類金属元素
91. 両性金属
92. ブリキとトタン
93. 遷移元素の最外殻電子
94. 銅の錯イオン

●有機化学
95. 炭化水素の一般式
96. 臭素水の脱色
97. マルコフニコフ則
98. 構造異性体
99. 組成式
100. アルコールの酸化
101. アルコールとエーテル
102. アルデヒドとケトン
103. ヨードホルム反応
104. 酸の強さ
105. マレイン酸とフマル酸
106. けん化
107. セッケン
108. ベンゼンの反応
109. フェノールと
     アルコール
110. アゾ化合物

●高分子化合物
111. 糖の加水分解
112. 糖の還元性の検出
113. 還元性を示さない糖
114. アミノ酸の電離
115. タンパク質の呈色反応
116. 酵素と無機触媒の違い
117. 高分子化合物の合成
118. アクリル繊維や
     ビニロンの生成反応
119. ポリエステルの
     生成反応
120. ポリエチレンの
     生成反応
121. フェノール樹脂や
     尿素樹脂の生成反応
122. DNA と RNA の違い
123. 生命活動のエネルギー
124. 肥料の三要素

■有効数字と指数・常用対数

●●．この本の使い方 ．●●

Question

00. 理解・記憶しなければならない内容についての簡単な質問です。右の解答を隠して、まずは考えてみましょう。

（✿は科目「化学」の範囲です。）

Ans. 左の質問の解答です。

特に重要な内容や、その内容の覚え方です。
何度も見たり口ずさんだりしながら、覚えてしまいましょう。

▶解答についての解説や、注意すべきポイントです。
関連して覚えておくべき言葉は 赤い文字 で書いてあります。

Question

□□ チェック！

1. 原子番号20番までの元素をすべて答えよ。（周期表の覚え方）

Ans.

	1	2	13	14	15	16	17	18
	₁H 水素							₂He ヘリウム
	₃Li リチウム	₄Be ベリリウム	₅B ホウ素	₆C 炭素	₇N 窒素	₈O 酸素	₉F フッ素	₁₀Ne ネオン
	₁₁Na ナトリウム	₁₂Mg マグネシウム	₁₃Al アルミニウム	₁₄Si ケイ素	₁₅P リン	₁₆S 硫黄	₁₇Cl 塩素	₁₈Ar アルゴン
	₁₉K カリウム	₂₀Ca カルシウム						

₁H ₂He ₃Li ₄Be ₅B ₆C ₇N ₈O ₉F ₁₀Ne ₁₁Na ₁₂Mg ₁₃Al ₁₄Si ₁₅P ₁₆S ₁₇Cl ₁₈Ar ₁₉K ₂₀Ca
水 兵 リーベ 僕 の 船 なな まがり シップス クラーク か

□□

2. 混合物とはどのような物質か？

Ans. 2種類以上の純物質を含む物質

▶身のまわりの物質は，混合物と純物質の2つに分類される。純物質はさらに以下のように分類される。

純物質 ┤ 単体……1種類の元素からなる物質
　　　 └ 化合物…2種類以上の元素からなる物質

□□

3. 同素体とは何か？

Ans. 同じ元素からなる単体で性質が異なるもの

　　　　　　スコップ
同素体は　SCOP　で掘れ

▶入試によく出てくる同素体は，S（硫黄），C（炭素），O（酸素），P（リン）の4種類。
　S：斜方硫黄 と 単斜硫黄 と ゴム状硫黄
　C：ダイヤモンド と 黒鉛 と フラーレン など
　O：酸素 と オゾン
　P：赤リン と 黄リン

□□

4. ₁₁²³Na の電子，陽子，中性子の数はそれぞれ何個か？

Ans. 電子…11個，陽子…11個，中性子…12個

原子番号 = 陽子の数 = 電子の数（原子のとき）
質量数 = 陽子の数 + 中性子の数

▶原子番号と質量数は右の図のように表す。
したがって，
　電子の数 = 陽子の数 = 原子番号
　中性子の数 = 質量数 − 原子番号
で求められる。

Question

□□ チェック！
5. 同位体とは何か？

Ans. 同一元素の原子で，互いに質量数，すなわち中性子の数が異なるものどうしのこと

▶同位体どうしは，^{12}C，^{13}C のように区別する。同位体の化学的性質は非常によく似ている。

□□
6. K，L，M殻に入る電子の数は，それぞれ最大何個か？

Ans. K殻…2個　L殻…8個　M殻…18個

K，L，Mは に はち じゅうはち と覚えよう
　　　　2　8　　18

原子核
K殻 2個
L殻 8個
M殻 18個

▶ただし，M殻以上では，電子が8個入ると安定化し，貴ガス(希ガス)型の電子配置となる。

□□
7. 貴ガス(希ガス)原子の価電子の数はいくつか？

Ans. 0個

▶原子やイオンの最外殻電子が8個になると，貴ガス型の電子配置となり安定化する。ただし，Heは最外殻電子が2個で安定化する。貴ガス原子の価電子の数は0とする。

   ＝ 貴ガス型電子配置

ヘリウム He　ネオン Ne　アルゴン Ar

□□
8. 価電子の数とイオンの関係について，説明せよ。

Ans. 価電子の数が少ない原子は，価電子を放出して陽イオンになりやすい。また，価電子の数が多い原子は，電子を受け取って陰イオンになりやすい

▶価電子の数が1，2個の元素を**陽性元素**，6，7個の元素を**陰性元素**という。1，2族のアルカリ金属元素，アルカリ土類金属元素は陽性元素，17族のハロゲン元素は陰性元素である。

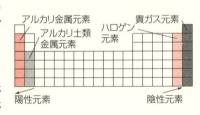

□□
9. Na^+ と同じ電子配置をとる原子は何か？

Ans. Ne(ネオン)

イオンでは とってとられて 8 となる

▶原子がイオンになると，電子配置は貴ガス型の電子配置になる。イオンの最外殻電子の数は，陽イオンも陰イオンも8個になる。ただし，LiやBeなどの原子では2個になる。

<　5　> ⋯⋯⋯⋯⋯

Question

□□ チェック！
10. 原子量とは何か？

Ans. 各元素について，同位体の相対質量に存在比をかけて平均した値のこと

▶ (例) 塩素の場合，$^{35}_{17}Cl$：相対質量 34.97，存在比 75.76%
　　　　　　　　　 $^{37}_{17}Cl$：相対質量 36.97，存在比 24.24%

塩素の原子量は，

$$34.97 \times \frac{75.76}{100} + 36.97 \times \frac{24.24}{100} \fallingdotseq 35.45$$

□□
11. 粒子 1 mol 中に含まれる粒子の数は？

Ans. 6.02×10^{23} 個

$$物質量(mol) = \frac{物質を構成する粒子の数}{6.02 \times 10^{23}/mol（アボガドロ定数）}$$

▶ 1 mol 当たりの粒子数 $6.02 \times 10^{23}/mol$ をアボガドロ定数という。原子・分子・イオンをアボガドロ数個集めると，1 mol になる。

□□
12. 24 g の炭素の物質量を求めよ。

Ans. $\dfrac{24g}{12g/mol} = 2.0\,mol$

$$物質量(mol) = \frac{m〔g〕}{M〔g/mol〕}$$

▶ m〔g〕は質量。M〔g/mol〕はモル質量で，原子量・分子量・式量に g/mol をつけたもの。

□□
13. 標準状態における気体 1 mol の体積を答えよ。

Ans. 22.4 L

$$物質量(mol) = \frac{V〔L〕}{22.4\,L/mol}$$

▶ V〔L〕は 0℃，$1.01 \times 10^5\,Pa$ における気体の体積。0℃，$1.01 \times 10^5\,Pa$（$= 1\,atm$）を標準状態という。

□□
14. 化学反応式の係数の比が表すものは何か？

Ans. 物質量の比，粒子数の比，（気体の場合）体積の比

物質量 → 質量，体積，粒子数に換算できる

▶化学反応式では，反応の前後で**原子の種類**と**数**が変化しないように係数をつける。さらにイオン反応式では，**電荷の総和**もそろえる。

化学反応式	2CO	+	O_2	⟶	$2CO_2$
物質量	2 mol		1 mol		2 mol
質量	2×28 g		32 g		2×44 g
体積（標準状態）	2×22.4 L		22.4 L		2×22.4 L
分子数	$2 \times 6.02 \times 10^{23}$		6.02×10^{23}		$2 \times 6.02 \times 10^{23}$

Question

□□チェック！

15. 共有結合とイオン結合の違いについて説明せよ。

Ans. 共有結合…原子間で電子を共有し，共有電子対をつくって結びつく結合
イオン結合…陽イオンと陰イオンの静電気力により生じる結合

▶共有結合では原子間で電子を共有するので，電子殻が重なるが，イオン結合では陽イオンと陰イオンの電子殻が重なることはない。

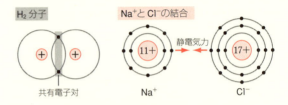

□□

16. 分子中の原子の電子配置はどのようになっているか？

Ans. 分子中の原子の電子配置は貴ガス型になる

共有は 互いに出し合い 8 となる

▶分子中の2つの原子に共有された電子対を共有電子対，共有されていない電子対を非共有電子対という。
共有結合している原子の最外殻電子は合計8個になる（Hは2個）。

$$H \cdot + \cdot \ddot{O} \cdot + \cdot H \longrightarrow H:\ddot{O}:H$$
共有電子対
非共有電子対

□□

17. 配位結合とはどのような結合か？

Ans. 一方の原子の非共有電子対を，他の原子と共有することでできる新しい共有結合のこと

非共有 俺も共有に入れてくれ

▶配位結合は他の共有結合とできるしくみが異なるだけなので，できた結合は他の共有結合と区別することはできない。

$$H:\ddot{O}:H + H^+ \longrightarrow \left[H:\ddot{O}:H \atop H \right]^+$$
水　非共有電子対　　オキソニウムイオン　配位結合（他の共有結合と区別はできない）

□□

18. 金属の特徴を2つ挙げよ。

Ans. 展性・延性に富む，熱伝導性・電気伝導性がよい
（金属光沢も特徴）

▶金属原子の最外電子殻は互いに一部が重なりあっており，そこを自由電子(価電子)が自由に移動することができる。
このような原子どうしの結合を金属結合といい，金属の特徴的な性質はこの金属結合によるものである。

Question

□□ チェック！
19. イオン化エネルギーとはどのようなエネルギーか？

Ans. 原子を一価の陽イオンにするのに必要なエネルギーのこと

イオン化エネルギーが小さい
　　　＝ 一価の陽イオンになりやすく，陽性が強い

▶原子が一価の陰イオンになるときに放出されるエネルギーを，電子親和力という。
　電子親和力が大きい
　　　　　　＝ 一価の陰イオンになりやすく，陰性が強い

□□
20. 電気陰性度とはどのような値か？

Ans. 原子の電子を引きつける強さを示した値のこと

陽性元素：電気陰性度小（陽イオンになりやすい）
陰性元素：電気陰性度大（陰イオンになりやすい）

▶2つの原子が共有結合しているときは，電気陰性度の大きい原子の方に共有電子対が引き寄せられ，いくらか負の電荷を帯びるので電荷のかたより（極性）が生じる。

□□
21. 無極性分子とはどのような分子か。

Ans. 分子中の結合に極性がない分子や，結合に極性があっても，分子の構造が対称的で，正負の電荷の重心が一致する分子が無極性分子である

▶H_2やCl_2は同じ原子からなる分子で結合に極性がない。
　CO_2やCH_4は分子中のC=O結合やC-H結合に極性があるが，分子が対称的な構造で，**分子全体**としては極性を打ち消し合い，**無極性分子**となる。

▶HClやH_2O，NH_3などの分子は共有結合に極性があり，正負の電荷の重心が一致せず，**極性分子**である。

◇□□
22. 体心立方格子，面心立方格子の単位格子内の粒子数をそれぞれ求めよ。

Ans. 体心立方格子…2個，面心立方格子…4個

▶体心立方格子 ＝ （頂点）$\frac{1}{8}$個×8か所 ＋ （中心）1個 ＝ 2個

　面心立方格子 ＝ （頂点）$\frac{1}{8}$個×8か所 ＋ （面）$\frac{1}{2}$個×6面
　　　　　　　　　　　　　　　　　　　　　　　　＝ 4個

Question

☐☐ チェック!

23. 固体・液体・気体の状態間の変化の関係を，状態変化の名称とともに書け。

Ans.

固体 ⇌(融解/凝固) 液体 ⇌(蒸発/凝縮) 気体　　昇華

▶ 固体が液体になる変化を**融解**，反対に液体が固体になる変化を**凝固**という。液体が気体になる変化を**蒸発**（液体の内部から蒸発する現象は**沸騰**），反対に気体が液体になる変化を**凝縮**（**凝結**）という。固体が直接気体になる変化を**昇華**という。
融解する温度を**融点**，沸騰する温度を**沸点**という。

☐☐

◇24. 物質の状態変化において，固体が融解している間，熱を加えていても温度が一定なのはなぜか。

Ans. 熱が物質の粒子間の結合を切るのに使われるため

融解や沸騰をしている間は，加えた熱が粒子間の結合を切るのに使われるので，温度は一定である

▶ 固体 1mol が液体になる（融解）とき吸収する熱量を**融解熱**，液体 1mol が気体になる（蒸発）とき吸収する熱量を**蒸発熱**という。

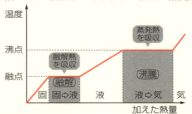

☐☐

◇25. 水溶液を冷却したとき，凝固が始まると溶液の温度が次第に下がっていった。なぜか？

Ans. 水溶液を冷却していったとき凝固するのは溶媒の水なので，溶液の濃度が次第に大きくなり，凝固点降下の度合いが大きくなるため。

▶ 水溶液が凝固するとき，析出するのは溶媒の水の固体で，溶質の量は変わらないので，溶液の濃度は次第に大きくなり，凝固点降下の度合いが次第に大きくなる。飽和溶液になると溶質も析出する。

▶ 液体を冷却していくと，凝固点をすぎても固体を生じないことがある。このような状態を**過冷却**という。

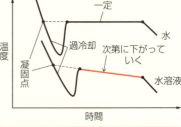

☐☐

◇26. メタノールとエタノール，沸点が高いのはどちらか？

Ans. エタノールの方が沸点が高い

分子量 大きい ＝ 分子間力 大きい ＝ 融点・沸点 高い

▶ 構造の似た化合物では，分子量の大きいものほど分子間力が大きく，分子間力の大きいものほど粒子間の相互作用が強いので，融点・沸点が高い。

Question

□□ チェック！
◇ **27.** 水とメタン，沸点が高いのはどちらか？

□□
◇ **28.** 物質が融解するときと蒸発するときとでは，どちらの方が多くのエネルギーを必要とするか？

□□
◇ **29.** ボイル・シャルルの法則を文字式で表せ。

□□
◇ **30.** 気体の状態方程式を文字式で表せ。

Ans. 水の方が沸点が高い

水素は **FON**(フォン) と 握手する

▶ 分子間に**水素結合**のある物質の融点・沸点は，水素結合がないと仮定した場合に予想される融点・沸点より異常に高い。
F–H，–O–H，–N–H の H は正の電荷を帯びているので，隣にある分子の F，O，N と静電気力で引き合う（水素結合）。

Ans. 蒸発するときの方が多くのエネルギーを必要とする

液体 → 分子間力がはたらいている
気体 → 分子間力はほとんどはたらいていない

▶ 固体から液体になる（融解）と，粒子の熱運動が大きくなり，物質は自由に形を変えることができる。液体から気体になる（蒸発）と，分子間力を無視できるくらい熱運動が大きくなる。したがって，気体にするにはより大きなエネルギーが必要となる。

Ans. $pV = kT$ あるいは $\dfrac{pV}{T} = k$ （k は比例定数）

一定量の気体の体積 V は，**圧力 p** に反比例し，**絶対温度 T** に比例する

▶ 絶対温度 T_1 [K]，圧力 p_1 [Pa]のとき，体積 V_1 [L]を占める気体を，絶対温度 T_2 [K]，圧力 p_2 [Pa]にしたとき，体積が V_2 [L]になったとすると，ボイル・シャルルの法則は

$$\dfrac{p_1 V_1}{T_1} = \dfrac{p_2 V_2}{T_2}$$ と表すことができる。

Ans. $pV = nRT$ （R は気体定数）

▶ 絶対温度 T [K]，圧力 p [Pa]のとき n [mol]の気体が占める体積を V [L]とすると，

$pV = nRT$ が成り立つ（**気体の状態方程式**）。
標準状態（0℃ = 273 K，1.01×10^5 Pa）において 1 mol の気体の占める体積は 22.4 L であるから，比例定数 R（**気体定数**）は，

$$R = \dfrac{pV}{nT} = \dfrac{1.01 \times 10^5 \text{Pa} \times 22.4 \text{L}}{1 \text{mol} \times 273 \text{K}} ≒ 8.3 \times 10^3 \text{Pa·L/(mol·K)}$$

Question

□□ チェック！

◇**31.** 分圧の法則を，全圧と分圧で表せ。

Ans. 全圧＝分圧の和

混合気体の全圧を p，成分気体 A, B, C, … の分圧を，$p_A, p_B, p_C, \ldots$ とすると，
$$p = p_A + p_B + p_C \cdots$$

▶気体の状態方程式 $pV = nRT$ は，混合気体でも成り立つ。混合気体の体積を V とすると，成分気体 A, B, C においても
$p_A V = n_A RT,\ p_B V = n_B RT,\ p_C V = n_C RT$　が成り立ち，
$p(全圧) = p_A + p_B + p_C,\ n = n_A + n_B + n_C$ となる。

□□

◇**32.** 理想気体とはどのような気体か？

Ans. 気体分子自身の体積 0 で，分子間力がない気体

理想気体 → ボイル・シャルルの法則や，気体の状態方程式が成立している

▶実在気体では，気体分子自身の体積があり，分子間力がはたらくため，気体の状態方程式が厳密には成り立たない。しかし，低圧では，気体全体の体積に対して気体分子自身の体積を無視することができ，また高温では，熱運動が大きくなり，分子間力を無視することができるので，理想気体に近づく。

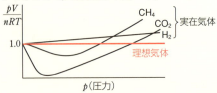

□□

◇**33.** NaCl は水と有機溶媒のどちらに溶けやすいか？

Ans. 水に溶けやすい（有機溶媒には溶けにくい）

水分子と水和するものは，水によく溶ける

▶イオン結晶が水に溶けるのは，イオンどうしの結合力より，イオンと水の間の水和力が強いためである。したがって，イオン結合がきわめて強い物質は，イオン結晶でも水に溶けにくい。

　水　
イオン結晶　水分子がイオンを引きつける　溶ける（水和する）

水と炭素数が少ないアルコールは，どちらもヒドロキシ基 −OH をもっているので，一般に互いによく溶ける。しかし，大きな疎水基をもつアルコールは水に溶けにくい。

　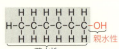
疎水性　疎水性
メタノールは水によく溶ける　疎水基の大きいアルコールは水に溶けにくい

Question

□□ チェック！

34. 1mol/L の **NaCl** 水溶液 500mL 中に含まれる **NaCl** は何 mol か？

Ans. 0.5mol

c〔mol/L〕の溶液 V〔mL〕中にはいつでも $\dfrac{cV}{1000}$〔mol〕

$\dfrac{1 \times 500}{1000}$(mol) = 0.5(mol)

▶水溶液 1L 中に 1mol の NaCl が含まれているので，その半分の 500mL の水溶液中に含まれる NaCl の物質量は半分になる。

□□

35. 溶媒 100g に溶け得る溶質の質量（最大量）を何というか？

Ans. 溶解度

溶解度 x〔g/100g水〕＝ 水 100g に対して x〔g〕まで溶ける
そのときの飽和溶液の質量 ＝ $(100 + x)$〔g〕

▶水和水をもつ物質でも溶解度は無水物の値で表される。
溶解度 s〔g/100g水〕の飽和溶液は，次の関係が成り立つ。

$$\frac{溶質量}{溶液量} = \frac{s}{100+s}$$

$$\frac{溶質量}{溶媒量} = \frac{s}{100}$$

▶気体の水への溶解度は，水に接している気体の分圧が 1.01×10^5 Pa のとき，水 1L に溶ける物質量や体積で表すことが多い。

◇**36.** 気体の溶解度（物質量）と圧力とはどのような関係か？

Ans. 一定温度では，気体の溶解度（物質量，質量）は，液体に接している気体の圧力（分圧）に比例する

▶これをヘンリーの法則という。
一定量の溶媒に溶ける気体の体積は，標準状態に換算すると，気体の圧力に比例する（その気体の圧力下での体積は圧力に無関係に一定である）。

□□

37. 100g の水に 25g の溶質が溶けている。質量パーセント濃度を求めよ。

Ans. $\dfrac{25\text{g}}{100\text{g} + 25\text{g}} \times 100 = 20\%$

▶質量パーセント濃度(%) $= \dfrac{溶質の質量(g)}{溶液の質量(g)} \times 100$

$= \dfrac{溶質の質量(g)}{溶媒の質量(g)+溶質の質量(g)} \times 100$

$= \dfrac{25\text{g}}{100\text{g} + 25\text{g}} \times 100 = 20\%$

□□

38. 水 5L に溶質を 1mol 溶かした水溶液のモル濃度を求めよ（体積変化はないものとする）。

Ans. $\dfrac{1\text{mol}}{5\text{L}} = 0.2\,\text{mol/L}$

▶モル濃度(mol/L) $= \dfrac{溶質の物質量(mol)}{溶液の体積(L)}$

Question

□□ チェック！
39. 水 5kg に溶質を 1mol 溶かした水溶液の質量モル濃度を求めよ。

□□
◇**40.** 希薄溶液の沸点上昇度は何に比例するか。

□□
◇**41.** 絶対温度 T[K]，溶液の体積 V[L]，溶質の物質量 n[mol] と浸透圧 Π[Pa] との関係を文字式で表せ。

□□
◇**42.** コロイド溶液に電解質水溶液を加えるとどうなるか？

Ans. $\dfrac{1\,\text{mol}}{5\,\text{kg}} = 0.2\,\text{mol/kg}$

▶質量モル濃度(mol/kg) = $\dfrac{\text{溶質の物質量(mol)}}{\text{溶媒の質量(kg)}}$

（分母が 溶媒の質量 であることに注意する）

Ans. 希薄溶液の沸点上昇度は質量モル濃度に比例する
（凝固点降下度も質量モル濃度に比例する）

▶溶液の沸点が，純粋な溶媒の沸点に比べて Δt[K]上昇しているとき，Δt を沸点上昇度といい，溶液の質量モル濃度を m[mol/kg]とすると，$\Delta t = Km$ で表される。K はモル沸点上昇といい，溶質の種類によらず，溶媒固有の値である。
純溶媒の沸点を a[℃]とすると，溶液の沸点は，$a+\Delta t$[℃]となる。

▶純溶媒の凝固点を b[℃]，凝固点降下度を Δt とすると，溶液の凝固点は $b-\Delta t$[℃]となる。

▶電解質溶液の場合には，電離によって生じたイオンを含めた粒子の質量モル濃度に沸点上昇度は比例する。

Ans. $\Pi V = nRT$

浸透圧も気体の状態方程式と同じ形の式で考えることができる

▶浸透圧 Π[Pa]，溶液の体積 V[L]，物質量 n[mol]，気体定数 R [Pa·L/(mol·K)]，絶対温度 T[K]のとき，$\Pi V = nRT$ で表すことができる。

▶溶液のモル濃度 $\dfrac{n}{V} = c$[mol/L]を用いて，$\Pi = cRT$ と表すこともできる。

Ans. 沈殿を生じる…凝析（疎水コロイド）
　　　　　　　　　塩析（親水コロイド）

疎水コロイドは少量の電解質を加えると沈殿する…凝析
親水コロイドは多量の電解質を加えると沈殿する…塩析

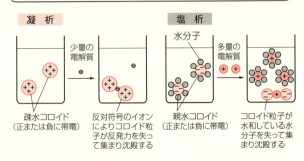

Question

□□チェック!
◇**43.** 水素の燃焼熱(液体の水を生じるとき)は，286 kJ/mol である。これを熱化学方程式で記せ。

□□
◇**44.** ヘスの法則とは？

□□
◇**45.** 反応物，生成物の結合エネルギーと反応熱の関係を式で表せ。

□□
◇**46.** $2A \rightleftarrows B + C$ の反応において，Bの生成速度はAの分解速度の何倍か？

□□
◇**47.** 化学反応が進むために越えなければならないエネルギーを何というか？

□□
◇**48.** 温度を上げると反応速度はどうなるか？

Ans. $H_2(気) + \frac{1}{2} O_2(気) = H_2O(液) + 286 \text{ kJ}$

反応熱の種類…燃焼熱，生成熱，中和熱，溶解熱，状態変化

▶ 反応熱は目的とする物質 1 mol についての熱量なので，熱化学方程式では他の物質の係数が分数になることがある。

Ans. 反応熱は反応物と生成物のエネルギーの差であり，反応経路によらない

▶ 熱化学方程式は，連立方程式のように化学式を移項したり加減したりして，未知の反応熱を計算で求めることができる。

Ans. 〔反応熱〕＝〔生成物の結合エネルギーの総和〕
　　　　－〔反応物の結合エネルギーの総和〕

▶ この式は反応物も生成物も気体のときに成立する。液体が含まれている場合は，蒸発熱を考慮する。

Ans. $\frac{1}{2}$ 倍

反応速度は単位時間当たりの物質の変化量で表される

▶ Bが1分子生成するとき，Aは2分子分解しているので，Bの生成速度はAの分解速度の $\frac{1}{2}$ 倍であり，Aの分解速度はBの生成速度の2倍である。

Ans. 活性化エネルギー

▶ 化学反応が進むとき，反応物は一度活性化状態となる。

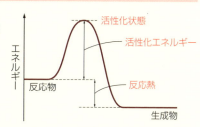

Ans. 反応速度は大きくなる

反応速度は濃度が大きいほど，圧力が大きいほど，温度が高いほど大きくなる

▶ 粒子どうしの衝突回数が大きくなるような条件にすると，反応速度は大きくなる。濃度，圧力，温度のほか，固体の表面積を大きくしても反応速度は大きくなる。

Question

□□ チェック！

◇**49.** 化学反応では，触媒はどのようなはたらきをするか？

Ans. 活性化エネルギーを小さくする

▶触媒を用いると，活性化エネルギーが小さくなるので，反応速度が大きくなり，平衡状態に速く達するが，反応熱は変化しない。

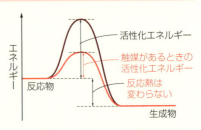

□□

◇**50.** 平衡に達しているとはどのような状態か？

Ans. 正反応と逆反応の反応速度が等しい状態

A $\underset{\text{逆反応速度 } v_2}{\overset{\text{正反応速度 } v_1}{\rightleftarrows}}$ B において $v_1 = v_2$

▶平衡状態においては，正・逆の反応速度が等しいので，見かけ上，反応が止まったように見える状態である。

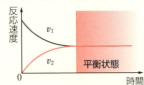

□□

◇**51.** $aA + bB \rightleftarrows cC + dD$ の平衡定数 K を文字式で表せ。

Ans. 平衡定数 $K = \dfrac{[C]^c [D]^d}{[A]^a [B]^b}$

▶平衡定数を表す式において，[ ] はモル濃度を示す。モル濃度を用いた平衡定数は，濃度平衡定数ということがある。
平衡定数は，温度が変わらなければ一定である。
気体どうしの反応では，圧平衡定数が用いられることがある。
たとえば $N_2 + 3H_2 \rightleftarrows 2NH_3$ において

圧平衡定数 $K_p = \dfrac{(NH_3 \text{の分圧})^2}{(N_2 \text{の分圧}) \times (H_2 \text{の分圧})^3}$

平衡定数は，混合の割合が変化しても，温度が変わらなければ一定である。

□□

◇**52.** ルシャトリエの原理とは？

Ans. 平衡状態において，外部から条件を変化させると，その影響を小さくする方向に平衡が移動して，新しい平衡状態に達する

▶$A + B \rightleftarrows C$ が平衡状態にあるとき（A, B, C はいずれも気体），
Aの濃度を大きくする…Aが消費される方向（右）へ移動
圧力を高くする…………気体分子の数が減少する方向（右）へ移動
温度を高くする…………吸熱反応の方向へ移動
（触媒は平衡の移動に影響しない）

< 15 >

Question

□□ チェック！

◇53. 溶解度積と沈殿生成にはどのような関係があるか？

Ans. 溶解度積の小さいイオンの組み合わせから順に、沈殿が生じる

▶例えば、Cu^{2+} と Zn^{2+} を含む酸性水溶液に H_2S を通じると、CuS は沈殿するが、ZnS は沈殿しない。これは CuS の溶解度積が ZnS の溶解度積に比べて極めて小さいことによる。
ただし、中性や塩基性の水溶液では S^{2-} の濃度も大きくなるので ZnS の沈殿も生じるようになる。

□□

◇54. 緩衝液はどのようなはたらきをするか？

Ans. 酸や塩基溶液を加えたとき、pH の変化をやわらげるはたらき

緩衝液は弱酸と弱酸の塩または弱塩基と弱塩基の塩の混合水溶液である

▶加えた酸・塩基が、緩衝液中の物質と反応して、酸・塩基の性質を打ち消すため、pH がほとんど変わらない。

□□

55. 酸とは何か？水素イオンの授受で定義せよ。

Ans. 酸とは水素イオンを与える物質である

▶酸と塩基の反応はすべて水素イオン H^+ のやりとりで説明できる。塩基とは、水素イオンを受け取る物質である。

□□

◇56. $HA \rightleftharpoons H^+ + A^-$ の電離定数 K_a を文字式で表せ。

Ans.
$$K_a = \frac{[H^+][A^-]}{[HA]}$$

電離における平衡定数なので、温度が一定であれば、水でうすめても、他のイオンを加えても一定の値を示す

▶温度一定で弱酸溶液を水でうすめると、
電離定数 → 変わらない、電離度 → 大、水素イオン濃度 → 小

□□

57. 塩酸と酢酸では、電離度が小さいのはどちらか？

Ans. 酢酸

電解質水溶液では
$$\frac{電離している電解質の物質量}{溶けている電解質の物質量} = 電離度 \alpha$$

▶塩酸は強酸で、酢酸は弱酸である。
▶すべて電離している、すなわち電離度 $\alpha \fallingdotseq 1$ となる酸や塩基を強酸、強塩基という。
$\alpha < 1$ となる酸や塩基は弱酸、弱塩基といい、水溶液中に電離していない電解質が存在していて、電離平衡の状態となる。電離定数 K_a, K_b を用いて、酸や塩基の水素イオン濃度や水酸化物イオン濃度を求めることができる。

Question

□□ チェック！

58. H_2SO_4 1 mol とちょうど中和する NaOH は何 mol か？

Ans. 2 mol

中和では 酸と塩基の〔価数×物質量〕がそれぞれ等しい

▶ a 価の酸 n〔mol〕……H^+ an〔mol〕
b 価の塩基 m〔mol〕…OH^- bm〔mol〕
これらが混合してちょうど中和すると $an = bm$

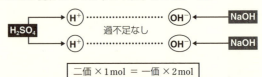

二価×1 mol ＝ 一価×2 mol

□□
59. 中和の公式を文字式で表せ。

Ans.
$$ac \times \frac{V}{1000}〔mol〕= bc' \times \frac{V'}{1000}〔mol〕 ゆえに acV = bc'V'$$
a 価，c〔mol/L〕の酸 V〔mL〕と b 価，c'〔mol/L〕の塩基 V'〔mL〕の中和

▶ a 価で濃度 c〔mol/L〕の酸 V〔mL〕と，b 価で濃度 c'〔mol/L〕の塩基 V'〔mL〕とがちょうど過不足なく中和するとき，酸の H^+ の物質量は $\frac{acV}{1000}$〔mol〕，塩基の OH^- の物質量は $\frac{bc'V'}{1000}$〔mol〕であるから，

$$\frac{acV}{1000} = \frac{bc'V'}{1000} \quad あるいは \quad acV = bc'V'$$

□□
◇**60.** 水のイオン積はいくらか？

Ans. 水のイオン積 $K_w = [H^+][OH^-]$
$= 1.0 \times 10^{-14} (mol/L)^2$（25℃のとき）

水溶液中でも，温度が一定ならば一定の値を示す

▶ $[H^+]$ または $[OH^-]$ の値がわかれば，水のイオン積からもう一方の値が求められる。

$$[H^+] = \frac{K_w}{[OH^-]} \quad または \quad [OH^-] = \frac{K_w}{[H^+]}$$

□□
◇**61.** $[H^+] = 1 \times 10^{-3}$ mol/L の水溶液の pH はいくらか？

Ans. 3

$$pH = \log_{10} \frac{1}{[H^+]} = -\log_{10}[H^+]$$

▶ pH により，水溶液の酸性・塩基性がわかる。
pH ＜ 7 … 酸性，pH ＝ 7 … 中性，pH ＞ 7 … 塩基性
▶ 水素イオン濃度からの pH の求め方
$[H^+] = 10^{-n}$ mol/L の場合
$pH = -\log_{10}[H^+] = -\log_{10}10^{-n} = -(-n) = n$
$[H^+] = a \times 10^{-n}$ mol/L の場合
$pH = -\log_{10}(a \times 10^{-n}) = -(\log_{10}a + \log_{10}10^{-n}) = n - \log_{10}a$

Question

チェック!

62. 弱塩基と強酸からなる正塩の液性は？

Ans. 酸性

正塩を 水に溶かすと 強い方が勝つ

▶強塩基と弱酸の正塩→塩基性（pH ＞ 7） 例：CH_3COONa, Na_2CO_3
　強酸と弱塩基の正塩→酸性（pH ＜ 7）　 例：NH_4Cl, $CuSO_4$
　強酸と強塩基の正塩→中性（加水分解しない）例：$NaCl$, K_2SO_4

63. 弱酸の塩に強酸を加えるとどうなるか？

Ans. 弱酸が遊離する

▶弱酸の塩 ＋ 強酸 ⟶ 強酸の塩 ＋ 弱酸
　（例：$CaCO_3 + 2HCl \longrightarrow CaCl_2 + H_2O + CO_2\uparrow$）
▶弱塩基の塩 ＋ 強塩基 ⟶ 強塩基の塩 ＋ 弱塩基
　（例：$NH_4Cl + NaOH \longrightarrow NaCl + H_2O + NH_3\uparrow$）

64. ふつう，O の酸化数・H の酸化数はそれぞれいくつか？

Ans. O は −2, H は ＋1

化合物は全体で 0, イオンは価数が酸化数となる

▶例外として，過酸化物中の O の酸化数は −1, NaH, CaH_2 のような陽性の強い金属の水素化物では H の酸化数は −1 となる。
▶酸化数は，＋Ⅰ，＋Ⅱ，−Ⅰのようにローマ数字で表すこともある。

65. Cl_2, HCl, $HClO$ について Cl の酸化数をそれぞれ求めよ。

Ans. $\underset{0}{Cl_2}$ 　 $\underset{-1}{HCl}$ 　 $\underset{+1}{HClO}$

▶単体は 0, 化合物は全体で 0 となるように酸化数を求める。
　〈例〉$HClO$ は H が ＋1, O が −2 なので，全体で 0 になるには，Cl は ＋1 となる。
$$\underset{(+1)}{H}\ \underset{x}{Cl}\ \underset{(-2)}{O} \quad (+1)+x+(-2)=0 \quad x=+1$$

66. Cu が Cu^{2+} になったとき，Cu は酸化されたのか？還元されたのか？

Ans. 酸化された

酸化数→増加すると酸化（された），減少すると還元（された）

▶反応の前後で比較すると，以下の表のようになる。

	酸素	水素	電子	酸化数
酸化	酸素と化合	水素を失う	電子を失う	酸化数増加
還元	酸素を失う	水素と化合	電子を得る	酸化数減少

67. A ＋ B ⟶ C ＋ D の反応で A が酸化されているとき B は？

Ans. 還元されている

酸化・還元は必ず同時に起こる

▶一方が酸化されると，必ず他方は還元される。

酸化される
A ＋ B ⟶ C ＋ D
還元される

Question

☐☐ チェック!
68. 酸化剤は相手の物質にどのようにはたらくか?

Ans. 相手の物質を酸化している

> このとき酸化剤自身は相手によって還元される

▶酸化剤は，還元されやすい物質である。また，還元剤は酸化されやすい物質ということになる。

☐☐
69. 次の金属をイオン化傾向の大きいものから順に並べよ。
Ag, Au, Ca, Cu, Fe, K

Ans. K Ca Fe Cu Ag Au

| 理 科 か な 魔 が あ る 相 手 に す ん な |
| Li＞K＞Ca＞Na＞Mg＞Al＞Zn＞Fe＞Ni＞Sn＞Pb＞ |
| ひ ど す ぎ る は 禁 |
| (H_2)＞Cu＞Hg＞Ag＞Pt＞Au |

▶主な金属のイオン化傾向の順（金属のイオン化列）は，上記のようになる。
　イオン化傾向が大きい＝イオンになりやすい＝反応性が高い
　イオン化傾向が小さい＝イオンになりにくい＝反応しにくい

☐☐
◇**70.** Cu と Zn を電極にした電池では，どちらが負極になるか?

Ans. Zn が負極になる

> イオン化傾向の大きい方の金属が 負極 になる

▶ダニエル電池の電極では，以下のような反応が起きている。

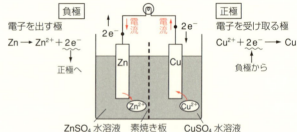

☐☐
◇**71.** 鉛蓄電池の正極・負極の物質をそれぞれ答えよ。

Ans. 正極：酸化鉛(Ⅳ)　　負極：鉛

> 鉛蓄電池を放電させると，正極，負極とも $PbSO_4$ になる

▶放電時の反応（充電時の反応は，放電時の反応と逆向きになる）
　正極：$PbO_2 + 4H^+ + SO_4^{2-} + 2e^- \longrightarrow PbSO_4 + 2H_2O$
　負極：$Pb + SO_4^{2-} \longrightarrow PbSO_4 + 2e^-$
　放電・充電時の反応をまとめると，次のようになる。

$$Pb + PbO_2 + 2H_2SO_4 \underset{充電(2e^-)}{\overset{放電(2e^-)}{\rightleftarrows}} 2PbSO_4 + 2H_2O$$
　負極　正極　　　　　　　　　　　　負・正極

< 19 >

Question

□□チェック！

◇**72.** NaCl水溶液を電気分解したときに生成する物質を答えよ。

Ans. 陽極：塩素　　陰極：水素

> 陽極：$2Cl^- \longrightarrow Cl_2 + 2e^-$
> 陰極：$2H_2O + 2e^- \longrightarrow H_2 + 2OH^-$

▶陽イオン：Li^+ K^+ Ca^{2+} Na^+ Mg^{2+} Al^{3+}は，H_2O が H_2 になる。
　　　　　理科 か な 魔が あるの 　水 は 水素 だ
　　イオン化傾向の大きいイオンを含む中性の水溶液を電気分解すると，陰極では水が電気分解されて水素を生じる。

▶陰イオン：NO_3^-　　SO_4^{2-}　は H_2O が O_2 になる。
　　　　　昇(しょう) 竜(りゅう)の 　水 は 酸素 だ
　　中性の水溶液に含まれている陰イオンが硝酸イオン，硫酸イオンのときは，陽極では水が電気分解されて酸素を生じる。
　　$2H_2O \longrightarrow O_2 + 4H^+ + 4e^-$

▶水溶液が酸性のときは，陰極では水素イオンが電気分解される。
　水溶液が塩基性のときは，陽極では水酸化物イオンが電気分解される。
　陰極(酸性)：$2H^+ + 2e^- \longrightarrow H_2$
　陽極(塩基性)：$4OH^- \longrightarrow 2H_2O + O_2 + 4e^-$

□□

◇**73.** 溶融塩電解(融解塩電解)でつくられる代表的な金属を挙げよ。

Ans. リチウム Li，カリウム K，カルシウム Ca，ナトリウム Na，マグネシウム Mg，アルミニウム Al

> 理 科 か 　な 　魔がある 　　溶融塩電解
> Li K Ca Na Mg Al →溶融塩電解 (イオン化傾向大の金属)

▶イオン化傾向の大きい Li，K，Ca，Na，Mg，Al の単体は，水溶液の電気分解では得られず，塩化物や水酸化物などの溶融塩電解により得る。

□□

◇**74.** 電気分解において，電子 **1mol** が流れると，陰極に析出する金属の質量はどのように表されるか？

Ans. $\dfrac{イオンのモル質量}{イオンの価数}$ **(g)** が析出

> 析出量(g)＝$\dfrac{モル質量}{イオン価}×\dfrac{(アンペア)×(秒)}{9.65×10^4(ファラデー定数)}$ (g)

▶Al^{3+}が電子 1mol を受け取った場合には
　$\dfrac{Al^{3+}}{3} + e^- \longrightarrow \dfrac{Al}{3}$ となり，析出量は $\dfrac{27}{3}$ (g)となる。

▶ファラデーの法則
　①電極で生成する物質の物質量は，流れた電気量に比例する。
　②同じ電気量で変化するイオンの物質量は，イオンの種類に関係なく，イオンの価数に反比例する。

< 20 >

Question

□□ チェック！

75. ハロゲン元素で，反応性が最も強い元素は？

Ans. フッ素

> ハロゲンは　小さいものほど　力が強い

▶ ハロゲン元素の中では，フッ素が最も反応性（酸化力）が強い（貴ガスと反応することもある）。また，全元素中，フッ素が最も電気陰性度が大きく，化合力が強い。

□□

76. 単体の塩素の実験室的製法を化学反応式で示せ。

Ans. $MnO_2 + 4HCl \longrightarrow MnCl_2 + 2H_2O + Cl_2$

▶ 実験室でハロゲンの単体を得るには，ハロゲンのナトリウム塩あるいはカリウム塩を酸化マンガン（IV）MnO_2で酸化する方法もある。

$$2NaX + 3H_2SO_4 + MnO_2 \longrightarrow$$
$$2NaHSO_4 + MnSO_4 + 2H_2O + X_2\uparrow$$

（X＝Cl，Br，I）

□□

77. ハロゲン化銀の沈殿の色をそれぞれ答えよ。

Ans. AgCl…白色，AgBr…淡黄色，AgI…黄色

> ハロゲン化銀のうち，フッ化銀AgFだけは水溶性。また，塩化銀はアンモニア水に溶ける

▶ ハロゲン化銀のうち，AgF は性質が異なる。AgCl，AgBr，AgI は性質が少しずつ違う。

▶ AgCl，AgBr，AgI はハロゲンの原子番号が大きくなると，色が黄色に近づいていく。AgCl は NH_3 水に溶けるが，AgBr は少ししか溶けず，AgI はほとんど溶けない。

□□

78. ハロゲン化水素の水溶液のうち，弱酸であるものを挙げよ。

Ans. フッ化水素酸 HF

> ハロゲン化水素の中で，フッ化水素以外はその水溶液は強酸である

▶ 塩化水素の水溶液は塩酸といい，強酸である。フッ化水素の水溶液はフッ化水素酸といい，弱酸である。フッ化水素酸はガラスを侵すので，プラスチック容器に保存する。

$$SiO_2 + 6HF \longrightarrow H_2SiF_6 + 2H_2O$$
　　　　　フッ化水素酸　　ヘキサフルオロケイ酸

□□

79. 硫化水素により硫化物の沈殿を生じる代表的なイオンを挙げよ。

Ans. Ag^+，Hg^{2+}，Pb^{2+}，Cu^{2+}（黒），Cd^{2+}（黄）　…酸性溶液
Fe^{2+}，Ni^{2+}（黒），Zn^{2+}（白），Mn^{2+}（淡桃）　…中性・塩基性溶液

▶ 硫化水素 H_2S は陽イオン分析によく用いられる試薬で，分析試料に硫化水素を通じて硫化物を生成させる。

このときの試料溶液の条件や，生じた沈殿の色から，含まれていた陽イオンを分析することができる。ZnS は白色，CdS は黄色，MnS は淡桃色，その他は黒色沈殿と考えてよい。

Question

☑☑ チェック！
♦ **80.** 硫黄から硫酸を合成（接触法）する過程を示せ。

Ans.

$$S \longrightarrow SO_2 \overset{(V_2O_5)}{\longrightarrow} SO_3 \longrightarrow H_2SO_4$$

▶硫黄を酸化して二酸化硫黄，二酸化硫黄を酸化（V_2O_5 触媒）して三酸化硫黄とする。三酸化硫黄を濃硫酸に吸収させ，その中の水と反応させて硫酸にする（接触法）。また，濃硫酸に三酸化硫黄を過剰に溶かし込んだ発煙硫酸を得る場合もある。

化学反応式は　$S + O_2 \longrightarrow SO_2$

$2SO_2 + O_2 \rightleftarrows 2SO_3$

$SO_3 + H_2O \longrightarrow H_2SO_4$

☑☑
♦ **81.** 濃硫酸の代表的な性質を4つ挙げよ。

Ans. 不揮発性，吸湿性，脱水作用，酸化作用

▶濃硫酸は沸点が高く，不揮発性。加熱した濃硫酸（熱濃硫酸）には強い酸化作用がある。濃硫酸を水でうすめるときは，溶解熱が大きいので，水に濃硫酸を少しずつ加える（濃硫酸に水を加えてはいけない。危険）。

▶希硫酸は電離度が大きく，強酸性を示す。

☑☑
♦ **82.** アンモニアの工業的製法（ハーバー・ボッシュ法）の化学反応式と使用される触媒の種類を示せ。

Ans. $N_2 + 3H_2 \rightleftarrows 2NH_3$
四酸化三鉄（Fe_3O_4）を主成分とする触媒

▶窒素と水素の混合物を，高温・高圧（$400 \sim 600$℃，2×10^7Pa 程度）で，Fe_3O_4 触媒を使って直接合成する。Fe_3O_4 が還元されて生じた Fe が触媒のはたらきをする。

アンモニアの生成反応は，低温・高圧のほうが平衡状態のときの NH_3 の生成量は多いが，あまり高圧では設備に費用がかかりすぎ，温度が低いと反応速度が小さくなって反応に時間がかかるので，適切な条件で合成している。

☑☑
♦ **83.** アンモニアから硝酸を合成する反応（オストワルト法）を3つの化学反応式で示せ。

Ans.　$4NH_3 + 5O_2 \longrightarrow 4NO + 6H_2O$　　……①

$2NO + O_2 \longrightarrow 2NO_2$　　……②

$3NO_2 + H_2O \longrightarrow 2HNO_3 + NO$　　……③

▶オストワルト法のアンモニアから硝酸ができる反応①〜③式を一つにまとめると，（①式＋②式×3＋③式×2）÷4 により

$NH_3 + 2O_2 \longrightarrow HNO_3 + H_2O$　と表される。

①式の反応は，白金触媒により空気中の酸素でアンモニアを酸化して NO にする反応である。

☑☑
♦ **84.** 塩酸，硝酸，硫酸のうち，不揮発性であるものを挙げよ。

Ans. 硫酸

▶硫酸は不揮発性なので，揮発性の酸の塩とともに加熱すると，揮発性の酸が遊離する。例えば，

$\underset{\text{揮発性の酸の塩}}{NaCl} + H_2SO_4 \longrightarrow NaHSO_4 + \underset{\text{揮発性の酸}}{HCl}$

Question

☐☐ チェック！
◇85. 塩酸，硝酸，硫酸のうち，酸化力が強いものを挙げよ。

Ans. 硝酸・硫酸

希硝酸，濃硝酸，熱濃硫酸は酸化力が強く，イオン化傾向の小さい銅や銀なども酸化する

▶鉄・ニッケル・アルミニウムなどは，濃硝酸，熱濃硫酸に対しては**不動態**をつくるので反応が進まなくなる。

☐☐
◇86. ガラスの構造で骨格を形成する物質は何か？

Ans. 二酸化ケイ素 SiO_2

石英は二酸化ケイ素 SiO_2 でできており，Si 原子と O 原子の四面体構造を単位とした結晶である

▶代表的なガラスと主な原料
ソーダ石灰ガラス … けい砂(SiO_2)，炭酸ナトリウム，石灰石
ホウケイ酸ガラス … けい砂，ホウ砂($Na_2B_4O_7$)
鉛ガラス ………… けい砂，炭酸カリウム，酸化鉛(Ⅱ)

☐☐
◇87. 気体の捕集方法を3つ挙げよ。

Ans. 上方置換，下方置換，水上置換

上方置換：アンモニア
下方置換：二酸化硫黄，塩化水素，硫化水素，二酸化窒素
水上置換：一酸化窒素，一酸化炭素，酸素，アセチレン

▶上方置換は水に溶ける気体で空気より軽い気体，下方置換は水に溶ける気体で空気より重い気体，水上置換は水に溶けにくい気体や有毒な気体，空気と密度が近い気体に用いる。

 上方置換 下方置換 水上置換

☐☐
88. 次の金属元素の炎色反応の色は何色か？
Sr, Li, Ca, Na, Ba, Cu, K

Ans. Sr…紅　Li…赤　Ca…橙赤　Na…黄　Ba…黄緑　Cu…青緑　K…赤紫

する	り	と	かる	く	なわ	ばり	ほど	く
Sr	Li		Ca		Na	Ba	Cu	K

赤　橙　　黄　緑　青　藍紫 → スペクトルの順
セキ トウ　オウ リョク セイ ランシ

☐☐
◇89. アンモニアソーダ法（ソルベー法）で合成される物質を答えよ。

Ans. 炭酸ナトリウム，塩化アンモニウム

▶飽和食塩水に NH_3 を吸収させ，CO_2 を通じ，$NaHCO_3$ が生じる。
　　$NaCl + NH_3 + CO_2 + H_2O \longrightarrow NaHCO_3\downarrow + NH_4Cl$ … ①
NH_4Cl は溶液中に残るので，$NaHCO_3$ をろ別して加熱すると
　　$2NaHCO_3 \longrightarrow Na_2CO_3 + H_2O + CO_2\uparrow$ … ②
②で生じた CO_2 は回収して①で再利用できる。
①，②式をまとめると
　　$2NaCl + 2NH_3 + CO_2 + H_2O \longrightarrow Na_2CO_3 + 2NH_4Cl$

▶アンモニアソーダ法は，炭酸ナトリウムの工業的製法である。

Question

□□ チェック！
90. アルカリ土類金属元素とよばれる元素を挙げよ。

Ans. カルシウム Ca, ストロンチウム Sr, バリウム Ba, ラジウム Ra

▶アルカリ土類金属元素は，「炎色反応を示す」，「水酸化物が水に溶ける」，「硫酸塩は水に溶けない」，「常温で水と反応する」などの似た性質がある。
ベリリウムとマグネシウムを含めた2族元素をアルカリ土類金属元素とする場合がある。

□□
◇**91.** 両性金属とよばれる元素を挙げよ。

Ans. アルミニウム Al, 亜鉛 Zn, スズ Sn, 鉛 Pb

あ	あ	すん	なり	と	両性	に愛される
Al	Zn	Sn	Pb			酸・塩基

▶両性金属は，酸および強塩基水溶液と反応して溶ける。酸化物，水酸化物も，酸・強塩基水溶液と反応する。酸・塩基の両方と反応するので，両性金属とよばれる。

□□
◇**92.** ブリキとトタンのうち，傷がつくと内部の鉄がさびやすいのはどちらか？

Ans. ブリキ

ブリキは，鉄にスズをめっきしたものである。スズは鉄よりイオン化傾向が小さく反応しにくいので，外部はさびにくいが，傷がつくと内部の鉄からさびていく

▶トタンは鉄に，鉄よりイオン化傾向の大きい亜鉛がめっきされているので，表面は酸化されやすい。しかし，傷がついても，亜鉛が先に酸化されるので，内部の鉄は保護される。
ブリキは缶詰やおもちゃなどに，トタンは屋外などの水にぬれるところで利用される。

ブリキ 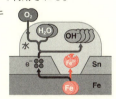　　トタン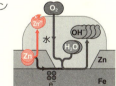

□□
93. 遷移元素の最外殻電子の数は？

Ans. 1個 または 2個

▶遷移元素では，原子番号が増加したとき，最外電子殻よりもその内側の電子殻に入る電子の数が変化していく。また，最外殻電子の数は少ないが，内殻の電子も反応に関係するので，いろいろな酸化数をとる。

< 24 >

Question

□□ チェック!

◇**94.** $Cu(OH)_2$ の沈殿にアンモニア水を過剰に加えると生成するイオンの名称と化学式を示せ。

Ans. テトラアンミン銅（Ⅱ）イオン［$Cu(NH_3)_4$］$^{2+}$

▶ Cu^{2+} を中心として NH_3 が正方形に配位した形をとっている。このように，金属イオンに分子やイオンが非共有電子対によって配位結合して生じたイオンを**錯イオン**という。
代表的な錯イオンには，アンモニア錯イオンのほか，シアニド錯イオンなどがある。
［$Ag(NH_3)_2$］$^+$，［$Cu(NH_3)_4$］$^{2+}$，［$Zn(NH_3)_4$］$^{2+}$，［$Ag(CN)_2$］$^-$，
［$Fe(CN)_6$］$^{4-}$ など

□□

◇**95.** アルカン，アルケン，アルキンの一般式をそれぞれ示せ。

Ans. アルカン C_nH_{2n+2}，アルケン C_nH_{2n}，アルキン C_nH_{2n-2}

▶ 炭素と水素だけからなる化合物を**炭化水素**という。そのうち，単結合だけからなる鎖式化合物（鎖式飽和炭化水素）を**アルカン**，二重結合が１つあるものを**アルケン**，三重結合が１つあるものを**アルキン**という。

□□

◇**96.** エタンとエチレンに臭素水を作用させた。臭素の色が消えたのはどちらか？

Ans. エチレン

不飽和結合は Br_2 や I_2 を付加して脱色させる

▶ 不飽和結合には，H_2，Cl_2，Br_2，I_2，HCl，H_2O や，CH_3COOH などが付加する。
飽和結合だけの化合物も，光存在下では置換反応が起こり，臭素の色が消える。

□□

◇**97.** $CH_2=CH-CH_3$ に H–X を付加させたとき，生成する化合物の化学式を書け。

Ans. $CH_3-CHX-CH_3$

二重結合に H–X が付加するとき，H 原子が多く結合している C 原子に H–X の H 原子が結合する … マルコフニコフ則

▶ 二重結合を形成している２個の C 原子に H–X 型の分子が付加するとき，H 原子が多く結合している C 原子に H–X 分子の H 原子が結合しやすい。**マルコフニコフ則**という。

$$CH_2=CH-CH_3 + HX \longrightarrow CH_3-CHX-CH_3$$

（$CH_2X-CH_2-CH_3$ はほとんど生成しない。）

□□

◇**98.** C_4H_{10} の構造異性体を構造式で答えよ。

Ans.

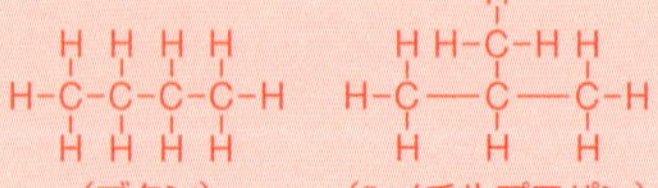

（ブタン）　（2-メチルプロパン）

▶ 分子式は等しいが，炭素骨格，官能基の種類や位置などが異なるものどうしを**構造異性体**という。構造式は等しいが，立体配置が異なるものどうしを**立体異性体**という。立体異性体には，シストランス異性体（幾何異性体）と鏡像異性体（光学異性体）がある。

Question

□□チェック!

◇ **99.** ある有機化合物を元素分析したところ、炭素 12g、水素 2g、酸素 16g が含まれていた。この物質の組成式を答えよ。

Ans. CH₂O

> 炭素原子 12g は 1mol、水素原子 2g は 2mol、酸素原子 16g は 1mol なので、原子数の比は C:H:O = 1:2:1 となる

▶ 組成式を $C_xH_yO_z$ とすると

$$x:y:z = \frac{12}{12} : \frac{2}{1.0} : \frac{16}{16} = 1:2:1$$

したがって、この物質の組成式は CH_2O となる。

▶ 定性分析で試料の構成元素を確定し、その後、定量分析を行って（元素分析）、組成式を決定する。

成分元素の検出（定性分析）

C, H：試料を燃焼させて、CO_2 と H_2O として検出

N：試料をアルカリと反応させて、NH_3 として検出

S：試料中の S を Na_2S とし、PbS(黒) として検出

Cl：銅線を用いた炎色反応(青緑色)によって検出

□□

◇ **100.** 第一級アルコールを酸化すると、何になるか？

Ans. アルデヒドを経てカルボン酸になる

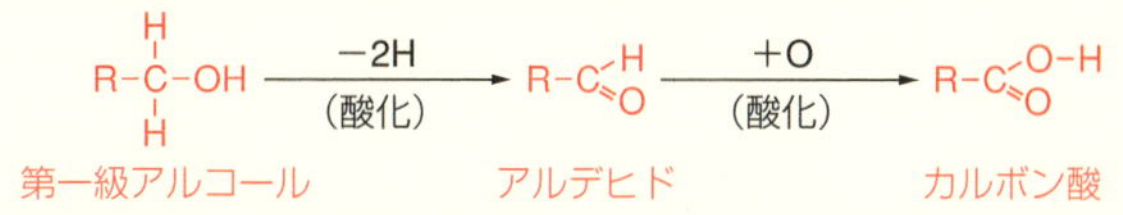

▶ OH が結合している C 原子に何個の C 原子が結合しているかで、第一級、第二級、第三級アルコールに分類される。第二級アルコールを酸化するとケトンになる。第三級アルコールは酸化されにくい。

▶ 1分子中に含まれる OH の数によってアルコールを分類することがある。1個のものを一価アルコール、2個のものを二価アルコール、3個のものを三価アルコールという。

□□

◇ **101.** アルコールとエーテルを区別する方法を答えよ。

Ans. アルコールは金属 Na と反応して水素を発生するが、エーテルは反応しない

▶ 飽和一価アルコールとエーテルは同じ分子式 $C_nH_{2n+2}O$ で表される構造異性体である。アルコール $C_nH_{2n+1}OH$ と Na との反応は

$$2C_nH_{2n+1}OH + 2Na \longrightarrow 2C_nH_{2n+1}ONa + H_2$$

▶ 低級アルコールは水によく溶けるが、低級エーテルは水に少ししか溶けない。

Question

□□ チェック！

◇ **102.** アルデヒドとケトンを区別する方法を答えよ。

Ans. アルデヒドは還元性があるので，銀鏡反応やフェーリング液の還元反応を示すが，ケトンは還元反応を示さない

▶同数の炭素原子をもつアルデヒドとケトンは，同じ分子式 $C_nH_{2n}O$ で表される構造異性体である。
▶銀鏡反応は，アンモニア性硝酸銀水溶液にアルデヒドを加えて温めると，Ag^+ が還元されて，器壁に銀が生じる反応である。
フェーリング液の還元は，フェーリング液にアルデヒドを加えて温めると，Cu^{2+} が還元されて Cu_2O の赤色沈殿が生じる反応である。

□□

◇ **103.** ヨードホルム反応を示すのはどのような化合物か？

Ans. CH_3-CO- または $CH_3-CH(OH)-$ の構造をもつケトンやアルデヒドやアルコール

▶アセトンやエタノールなど，CH_3-CO- または $CH_3-CH(OH)-$ の構造をもつケトンやアルデヒドまたはアルコールに，ヨウ素と水酸化ナトリウム水溶液を加えて反応させると，特有の臭いをもつヨードホルム CHI_3 の黄色沈殿が生じる（ヨードホルム反応）。
（酢酸 CH_3-COOH や酢酸エチル $CH_3-COO-C_2H_5$ はヨードホルム反応を示さない。）

□□

◇ **104.** 硫酸，カルボン酸，二酸化炭素の水溶液，フェノールの酸の強さを不等号を使って表せ。

Ans. 硫酸＞カルボン酸＞二酸化炭素の水溶液＞フェノール
H_2SO_4　　$RCOOH$　　$H_2O + CO_2$　　C_6H_5OH

▶炭酸水素ナトリウムやナトリウムフェノキシドの水溶液に酢酸を加えると，二酸化炭素やフェノールが遊離する。
（弱酸の塩に強い酸を加えると弱酸が遊離する。）

□□

◇ **105.** マレイン酸とフマル酸はどのような関係にあるか？

Ans. シス－トランス異性体（幾何異性体）

▶マレイン酸はシス形，フマル酸はトランス形で，マレイン酸はカルボキシ基が近いので，加熱すると無水マレイン酸をつくる。しかし，フマル酸は酸無水物をつくらない。

□□

◇ **106.** けん化とはどのような反応か？

Ans. エステルにアルカリを加えて加熱すると，カルボン酸の塩とアルコールが生じる反応

▶エステルをアルカリで加水分解すると，生じた酸がアルカリで中和されるので，加水分解反応が進みやすくなる。

Question

□□ チェック！

◇ **107.** 分子中に疎水基と親水基をもち，セッケンや洗剤などに利用される物質を何というか？

Ans. 界面活性剤

> セッケン，合成洗剤など，分子中に疎水基と親水基をもち，油と水の界面にはたらく力（界面張力）を弱めるはたらきのある物質を界面活性剤という

▶ セッケン分子どうしは，疎水基を内側に，親水基を外側に向けて集まり，水中に分散する。このような状態をミセルという。
セッケン分子などは油汚れを包み込んでミセルを形成し，水中に分散する（乳化作用）。

親水基
疎水基
セッケンのミセル

□□

◇ **108.** ベンゼンは付加反応と置換反応のどちらが起こりやすいか？

Ans. 置換反応の方が起こりやすい

> ベンゼンは置換反応を受けやすいが，特別な条件下（Ni 触媒，紫外線）では付加反応も起こる

置換反応 ベンゼン + Cl_2 $\xrightarrow[\text{（触媒）}]{\text{Fe}}$ クロロベンゼン + HCl

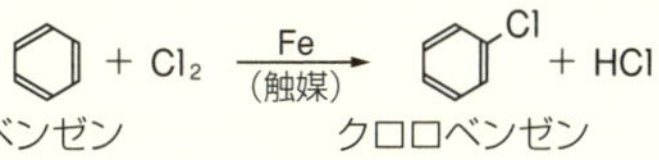

付加反応 ベンゼン + $3H_2$ $\xrightarrow[\text{（触媒）}]{\text{Ni}}$ シクロヘキサン

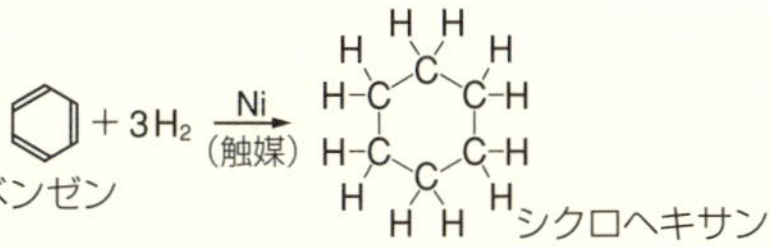

▶ ベンゼンの構造式は二重結合を書くことが多いが，実際にはアルケンの二重結合とは性質が異なっている。

□□

◇ **109.** フェノールとアルコールの共通点，相違点を答えよ。

Ans. 共通点…金属 Na と反応して水素を発生する
　　　相違点…フェノールは酸性，アルコールは中性
　　　　　　　フェノールに塩化鉄（Ⅲ）水溶液を加えると青紫色を呈する（アルコールは呈色しない）

▶ アルコールの OH 基は中性であるが，フェノールの OH 基の H 原子は H^+ として電離しやすいのでフェノールは弱酸性である。

□□

◇ **110.** アゾ化合物は何に用いられるか？

Ans. 染料

> アゾ基 –N=N– をもつ化合物を，アゾ化合物という

▶ 芳香族アゾ化合物は，一般に黄～赤色で染料（アゾ染料）として用いられるものが多い。中和の指示薬として用いられるメチルオレンジもアゾ染料の一種である。

Question

□□ チェック！

111. スクロース(ショ糖)を加水分解すると生じる化合物は何か？

Ans. グルコース と フルクトース

> 二糖・多糖を加水分解すると，単糖になる

▶ 　　(二糖)　　　　　(単糖)　　　　(単糖)
　　スクロース → グルコース ＋ フルクトース
　　マルトース → グルコース ＋ グルコース
　　(多糖)　　　　　(二糖)　　　　(単糖)
　　デンプン → マルトース → グルコース
　　セルロース → セロビオース → グルコース

□□

112. 糖の還元性を検出する反応を挙げよ。

Ans. ①アンモニア性硝酸銀水溶液に糖を加えて加熱すると，銀が析出する(銀鏡反応)
②フェーリング液に糖を加えて加熱すると，赤色沈殿が生じる(フェーリング液の還元)

▶ 還元性をもつ糖には，ホルミル基 -CHO や -COCH₂OH のような還元性を示す構造が含まれている。

□□

113. 糖はすべて還元性を示すといってよいか？

Ans. 二糖のスクロースおよび多糖は還元性を示さない

▶ 二糖の中で，スクロースはグルコースとフルクトースの還元性を示す部分で脱水縮合した構造なので，還元性を示さない。多糖も還元性を示す部分がほとんど脱水縮合した構造なので，還元性を示さない。

□□

114. アミノ酸の結晶中や中性溶液中での，異なる電荷をもつイオンを何というか？

Ans. 双性イオン

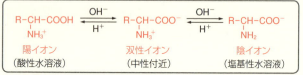

▶ アミノ酸の結晶は双性イオンによるイオン結合に近い構造である。
▶ アミノ酸の水溶液を酸性にすると陽イオン RCH(NH₃⁺)COOH になり，塩基性にすると陰イオン RCH(NH₂)COO⁻ になる。

□□

115. タンパク質の呈色反応を2つ挙げよ。

Ans. キサントプロテイン反応(黄色)，ビウレット反応(赤紫色)

▶ キサントプロテイン反応は，ベンゼン環をもつアミノ酸がニトロ化されることによって呈色する。ビウレット反応は，2個のペプチド結合がCu²⁺と錯体を形成し，呈色する。
▶ なお，アミノ酸の検出には，ニンヒドリン反応(青紫〜赤紫色)が用いられる(タンパク質も呈色する)。

Question

□□ チェック！

✧ **116.** 酵素の触媒としての
はたらきで，無機触媒
と違う点を挙げよ。

□□

✧ **117.** 単量体が反応し，高
分子化合物になる反応
を何というか？

□□

✧ **118.** アクリル繊維やビニ
ロンは何重合でつくら
れるか？

Ans. **酵素には，基質特異性や最適温度，最適 pH がある**

▶酵素は，特定の物質(基質)に選択的にはたらく。

▶酵素には，酵素によって触媒作用が最大になる反応条件(最適温度
や最適 pH)がある。
また，酵素はタンパク質なので，高温においては変性し，酵素の
活性が失われる(失活)。

Ans. **重合**

> 付加重合・縮合重合・付加縮合・開環重合・共重合　など
> がある

▶単量体をモノマー，重合体をポリマーともいう。
付加重合をする物質はビニル基 $CH_2=CH-$ をもつものが多い。
縮合重合では，簡単な分子がとれて次々に反応が進む。縮合重合
する単量体は OH 基，COOH 基，NH_2 基などを 2 個以上もつもの
が多い。

▶フェノール樹脂や尿素樹脂は，付加反応と縮合反応をくり返して
重合体ができるので，付加縮合とよばれる。

Ans. **付加重合**

アクリル繊維

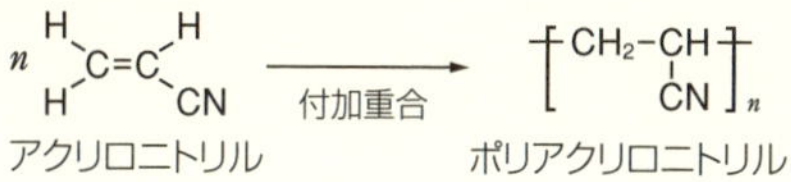

$$n \begin{array}{c} H \\ H \end{array} C=C \begin{array}{c} H \\ CN \end{array} \xrightarrow{付加重合} \left[\begin{array}{c} CH_2-CH \\ | \\ CN \end{array} \right]_n$$

アクリロニトリル　　　　　　ポリアクリロニトリル

▶炭素原子間に二重結合や三重結合をもつ分子は，適当な条件で次々
と付加反応(付加重合)が起こって高分子化合物ができる。

▶ビニロンは，酢酸ビニルの付加重合でつくられるポリ酢酸ビニル
の加水分解によって得られたポリビニルアルコールを，アセター
ル化(ホルムアルデヒド水溶液で処理)したもの。

ビニロン

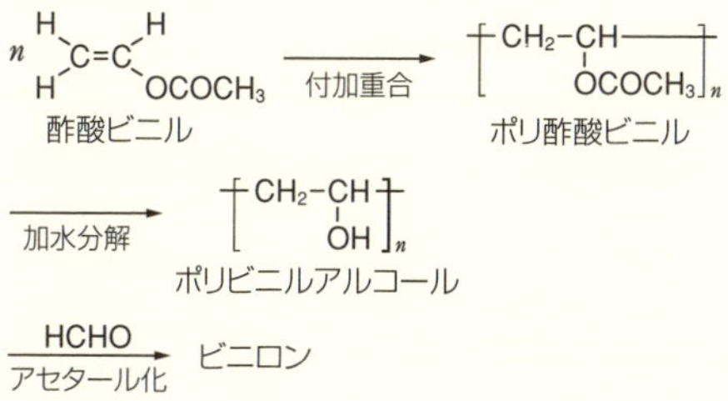

$$n \begin{array}{c} H \\ H \end{array} C=C \begin{array}{c} H \\ OCOCH_3 \end{array} \xrightarrow{付加重合} \left[\begin{array}{c} CH_2-CH \\ | \\ OCOCH_3 \end{array} \right]_n$$

酢酸ビニル　　　　　　　　ポリ酢酸ビニル

$$\xrightarrow{加水分解} \left[\begin{array}{c} CH_2-CH \\ | \\ OH \end{array} \right]_n$$

ポリビニルアルコール

$$\xrightarrow[\text{アセタール化}]{HCHO} \text{ビニロン}$$

Question

☐☐ チェック！

◇ **119.** ポリエステル系繊維は何重合でつくられるか？

Ans. 縮合重合

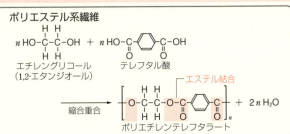

▶ ポリアミド系繊維も，縮合重合による合成繊維である。

$n\,H_2N-(CH_2)_6-NH_2 + n\,HOOC-(CH_2)_4-COOH$
ヘキサメチレンジアミン　　　アジピン酸　　アミド結合

縮合重合 → $[\,H-N-(CH_2)_6-N-C-(CH_2)_4-C\,]_n + 2n\,H_2O$
ナイロン66

▶ ナイロン6は，環状構造のアミドであるカプロラクタムの開環重合でつくられる。

$\begin{matrix}CH_2-NH-CO-CH_2\\CH_2—CH_2—CH_2\end{matrix} + H_2O \longrightarrow [\,H-N-(CH_2)_5-C-OH\,]_n$
カプロラクタム　　　　　　　　　　　　　　ナイロン6

☐☐

◇ **120.** ポリエチレンは何重合でつくられるか？

Ans. 付加重合

$n\,\underset{H}{\overset{H}{C}}=\underset{X}{\overset{H}{C}}$ —付加重合→ $[\,\underset{H}{\overset{H}{C}}-\underset{X}{\overset{H}{C}}\,]_n$

X＝H, CH₃, Cl, CN, C₆H₅ …

▶ ビニル基 $CH_2=CH-$ をもつ化合物は付加重合して高分子化合物をつくる。付加重合によってできる高分子化合物には鎖状構造をもつ熱可塑性樹脂が多い。

☐☐

◇ **121.** フェノール樹脂や尿素樹脂がつくられる反応を何というか？

Ans. 付加縮合

▶ フェノール樹脂や尿素樹脂は，フェノールとホルムアルデヒドあるいは尿素とホルムアルデヒドが付加反応と縮合反応をくり返して重合体ができる。これらの反応は付加縮合とよばれる。
付加縮合によってできるフェノール樹脂や尿素樹脂は立体網目状構造で熱硬化性樹脂である。また，メラミン樹脂も付加縮合でつくられる。
なお，これらの反応は，縮合重合に分類される場合もある。

Question

□□ チェック！

◇**122.** 核酸であるDNAとRNAで，構成する糖と塩基の異なる点はどこか？

□□

◇**123.** 生命活動のエネルギーを保存している物質は何か？

□□

◇**124.** 肥料の三要素は何か答えよ。

Ans. DNAを構成する糖はデオキシリボースで，RNAではリボースである。構成する4種類の塩基のうちDNAに固有の塩基はチミンで，RNAではウラシルである。

▶核酸にはDNAとRNAがあり，構成単位はリン酸・糖・塩基である。

DNAの構成は，リン酸—糖(デオキシリボース)—塩基(アデニン(A)・グアニン(G)・シトシン(C)・チミン(T))で，RNAの構成は，リン酸—糖(リボース)—塩基(アデニン(A)・グアニン(G)・シトシン(C)・ウラシル(U))である。

Ans. アデノシン三リン酸(ATP)

アデニンとリボースからなるアデノシンに，リン酸が3個結合したもの

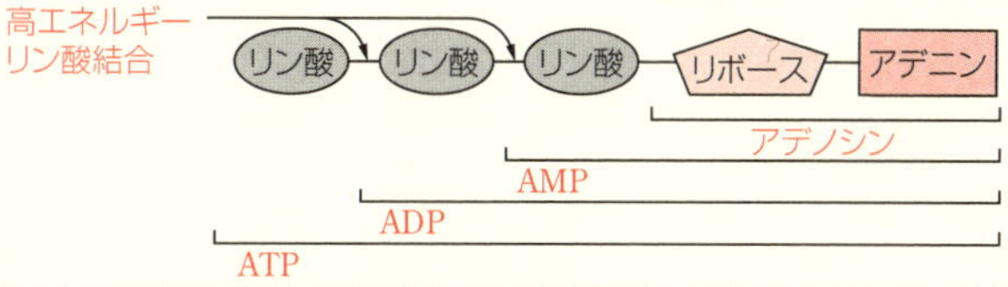

高エネルギー
リン酸結合

リン酸 — リン酸 — リン酸 — リボース — アデニン

アデノシン

AMP

ADP

ATP

▶分解されてリン酸どうしの結合が切れると，エネルギーが放出される。ATPのリン酸結合を高エネルギーリン酸結合という。

Ans. 窒素N, リンP, カリウムK

植物の生育に必要な必須元素のうち，土壌中で不足しやすく，多量に必要な3種類の成分をさす

▶肥料は組成によって，有機質肥料と無機質肥料に分類される。また，生産方法によって，天然肥料と化学肥料に分類される。土壌にN，P，Kを供給するための肥料をそれぞれ，窒素肥料，リン酸肥料，カリ肥料という。

▶窒素肥料：植物の成長を促進する。硫酸アンモニウムや尿素。
リン酸肥料：果実の結実や根の発育促進。過リン酸石灰。
カリ肥料：果実の成熟。硫酸カリウムなど。

■ 有効数字

① 有効数字の桁数の数え方

測定値は最小目盛りの $\frac{1}{10}$ までを目分量で読みとる。

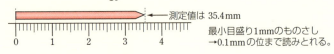

測定値は 35.4mm
最小目盛り1mmのものさし
→0.1mmの位まで読みとれる。

この3桁は信頼できる値であり，これを有効数字という。有効数字の桁数が多いほど，精密な測定であるといえる。

② 指数の利用

▶小数点以外の数字の桁数で表す。

<例> 3（1桁）　3.0（2桁）　3.00（3桁）
　　　0.4（1桁）　0.40（2桁）　0.04（1桁）　0.0040（2桁）
　　　ここの部分は位取りなので有効数字の桁数に含まない。

指数で測定値を表すと，有効数字の桁数が明確になる。
<例> 1.0×10^{-14}（2桁）　9.65×10^4（3桁）

③ 計算方法（加減）

▶小数点をあわせて計算し，端数は四捨五入する。

<例>
```
    273.2         87.65          123
  +  26.58      -  4.321       -  15
    299.78        83.329         108
         8             3      （四捨五入はなし）
```

④ 計算方法（乗除）

▶有効数字の桁数が最も少ないものにあわせ，答えを四捨五入する。

<例>
```
     65.3 (3桁)                  4.33
   ×  7.8 (2桁)              22.4)97      （答えは2桁）
     509.34 →（答えは2桁）→ 5.1×10²     (3桁)(2桁)
         10
```

四則混合計算のときは分数にして計算する。途中の段階で四捨五入するとその分誤差が大きくなるので，計算の最後で割り算し，答えを有効数字の桁数にあわせて四捨五入する。

途中の段階での結果を次の計算に用いる場合には，答えに要求されている桁数より1桁多くとるようにする。

■ 指数表示と計算

▶指数で表す場合には $a \times 10^n$ とし，a は 1 以上 10 未満の数値で表す。

<指数の計算の規則>

$(a \times 10^m) \times (b \times 10^n) = a \times b \times 10^{m+n}$，$(c \times 10^m) \div (d \times 10^n) = \frac{c}{d} \times 10^{m-n}$

$10^{-n} = \frac{1}{10^n}$，$10^0 = 1$

■ 常用対数の利用

▶ $10^x = y$ であるとき，x を y の常用対数といい，$x = \log_{10} y$ で表す。

<常用対数の計算の規則>

$\log_{10}(a \times b) = \log_{10} a + \log_{10} b$，$\log_{10} \frac{c}{d} = \log_{10} c - \log_{10} d$

$\log_{10} 10 = \log_{10} 10^1 = 1$，$\log_{10} 1 = \log_{10} 10^0 = 0$

（化学では，常用対数の底の 10 は省略することもある。）

実戦

周期表

典型元素

族\周期	10	11	12	13	14	15	16	17	18
1									ヘリウム 2He 4.003 Helium
2				ホウ素 5B 10.81 Boron	炭素 6C 12.01 Carbon	窒素 7N 14.01 Nitrogen	酸素 8O 16.00 Oxygen	フッ素 9F 19.00 Fluorine	ネオン 10Ne 20.18 Neon
3				アルミニウム 13Al 26.98 Aluminium	ケイ素 14Si 28.09 Silicon	リン 15P 30.97 Phosphorus	硫黄 16S 32.07 Sulfur	塩素 17Cl 35.45 Chlorine	アルゴン 18Ar 39.95 Argon
4	ニッケル 28Ni 58.69 Nickel	銅 29Cu 63.55 Copper	亜鉛 30Zn 65.38 Zinc	ガリウム 31Ga 69.72 Gallium	ゲルマニウム 32Ge 72.63 Germanium	ヒ素 33As 74.92 Arsenic	セレン 34Se 78.97 Selenium	臭素 35Br 79.90 Bromine	クリプトン 36Kr 83.80 Krypton
5	パラジウム 46Pd 106.4 Palladium	銀 47Ag 107.9 Silver	カドミウム 48Cd 112.4 Cadmium	インジウム 49In 114.8 Indium	スズ 50Sn 118.7 Tin	アンチモン 51Sb 121.8 Antimony	テルル 52Te 127.6 Tellurium	ヨウ素 53I 126.9 Iodine	キセノン 54Xe 131.3 Xenon
6	白金 78Pt 195.1 Platinum	金 79Au 197.0 Gold	水銀 80Hg 200.6 Mercury	タリウム 81Tl 204.4 Thallium	鉛 82Pb 207.2 Lead	ビスマス 83Bi 209.0 Bismuth	ポロニウム 84Po (210) Polonium	アスタチン 85At (210) Astatine	ラドン 86Rn (222) Radon
7	ダームスタチウム 110Ds (281) Darmstadtium	レントゲニウム 111Rg (280) Roentgenium	コペルニシウム 112Cn (285) Copernicium	ニホニウム 113Nh (278) Nihonium	フレロビウム 114Fl (289) Flerovium	モスコビウム 115Mc (289) Moscovium	リバモリウム 116Lv (293) Livermorium	テネシン 117Ts (293) Tennessine	オガネソン 118Og (294) Oganesson

ユウロピウム 63Eu 152.0 Europium	ガドリニウム 64Gd 157.3 Gadolinium	テルビウム 65Tb 158.9 Terbium	ジスプロシウム 66Dy 162.5 Dysprosium	ホルミウム 67Ho 164.9 Holmium	エルビウム 68Er 167.3 Erbium	ツリウム 69Tm 168.9 Thulium	イッテルビウム 70Yb 173.0 Ytterbium	ルテチウム 71Lu 175.0 Lutetium
アメリシウム 95Am (243) Americium	キュリウム 96Cm (247) Curium	バークリウム 97Bk (247) Berkelium	カリホルニウム 98Cf (252) Californium	アインスタイニウム 99Es (252) Einsteinium	フェルミウム 100Fm (257) Fermium	メンデレビウム 101Md (258) Mendelevium	ノーベリウム 102No (259) Nobelium	ローレンシウム 103Lr (262) Lawrencium

安定同位体がなく，天然で特定の同位体組成を示さない元素は，その元素の放射性同位体の質量数の一例を（　）の中に示してある。
なお，104Rf 以降の元素（●）は超アクチノイド元素などとよばれ，詳しい性質はわかっていない。

化245

2023
化学重要問題集―化学基礎・化学

数研出版編集部 編

INDEX

化学基礎	**1**	物質の構成粒子	3
化学基礎	**2**	物質量と化学反応式	9
化学基礎 化 学	**3**	化学結合と結晶	15
化学基礎 化 学	**4**	物質の三態・気体の法則	24
化 学	**5**	溶液	33
化 学	**6**	化学反応とエネルギー	42
化 学	**7**	反応の速さと化学平衡	48
化学基礎 化 学	**8**	酸と塩基の反応	59
化学基礎 化 学	**9**	酸化・還元と電池・電気分解	68
化 学	**10**	非金属元素(周期表を含む)	78
化 学	**11**	金属元素	88
化 学	**12**	無機物質の性質・反応	97
化 学	**13**	脂肪族化合物(有機化合物の分類を含む)	105
化 学	**14**	芳香族化合物	114
化 学	**15**	有機化合物の構造と性質・反応	121
化 学	**16**	天然高分子化合物	133
化 学	**17**	合成高分子化合物	142
化学基礎 化 学	**18**	巻末補充問題(総合問題)	150

はじめに	**本書の特色**

1 大学入試の準備に万全

　高等学校で学習する化学 (化学基礎＋化学) の内容を効率的に学習し，短期間に大学入試の準備を完成できるようにしました。

　したがって，教材は教科書や大学入試の問題を参考にして，出題頻度が高いと思われるもの，類似の問題が将来も多く出題されると予想されるもの，演習・学習効果が高いと思われるものなどの良問を厳選してあります。

2 本書の構成と使用法

(1) 本書は，化学の教科書を土台とし，化学基礎と化学を一貫して，総合的に学習できるように構成しました。

　各項目は，「要項」，「問題」の2つから構成され，さらに「問題」は**Ⓐ**，**Ⓑ**の2段階に分けてあります。以下に各要素の構成内容と使用法を示します。

(2) **要項**　理解・記憶しなければならない化学の法則や現象を要領よくまとめてあるので，問題を解くための基礎とその応用を把握することができます。

(3) **問題**　主として，過去の大学入試問題の中から，演習効果のある良問を選んであります。問題を取り上げるにあたっては，次の諸点に留意しました。

　① **Ⓐ**問題は，各項目における重要な問題を扱っています。しかも内容的にも漏れがないように選んであるので，十分に実力を養うことができると思います。

　② **Ⓑ**問題は，ここまでやっておけば万全と思われる，やや程度の高い問題を選んであります。余力のある場合にアタックしてみてください。

　③ 問題は基本的には，易から難へとスムーズに学習が進められるように配列しました。

　④ 二次試験で出題が予想される記述・論述式の問題も随所に入れてあります。

(4) **その他**　学習の便をはかるため，問題番号などに次の印をつけました。

　必印をつけた問題は，まず1回目に解いて欲しい問題です。

　準印をつけた問題は，2回目に解いて欲しい問題です。

　◇印をつけた問題は，上位科目「化学」の分野を含んだ内容・問題です。

　†印をつけた問題は，教科書で扱っていない内容の問題や難問です。

　思考印をつけた問題は，問題を解くために科学的な思考力などが求められる問題です。

　(**必**印の問題数　105　**準**印の問題数　79　問題総数　268)

(5) **解答編**　別冊の解答編は，左段の解答・解説，右段の傍注 (解答・解説の補足) で構成し，学習効果が上がるように問題の解法と知識をていねいに説明しました。

■ 大学入試問題の採用方法

　本書では，大学入試問題は，本書のねらいを実現するための材料として使用したので，出題原文と一致しないものがあります。説明内容からみて余分と思われる部分を削除したり，一部単位や数値なども変更したりしたところがあります。また，内容を網羅するために設問を追加したり，一部の問題は体裁的に記号や用語などを統一したりして，学習上の便をはかりました。このことを含んで，大学名を見てください。

1 物質の構成粒子

1 混合物と純物質

物質
- 混合物　2種類以上の物質を含み，混合割合でその性質が変わる。物理的操作（ろ過・蒸留・昇華・再結晶・抽出など）により各成分に分離できる。
- 純物質　1種類の物質からなり，物質固有の性質（融点・沸点・密度など）が一定。

2 単体と化合物

元素　物質を構成する基本的成分で，**元素記号**で表す。約120種類がある。

純物質
- **単体**　1種類の元素だけからなる物質……例　酸素 O_2，鉄 Fe
- **化合物**　2種類以上の元素からなる物質……例　水 H_2O，塩化ナトリウム NaCl
　　　　　化学的方法により2種類またはそれ以上の物質に分解される。

同素体　同種の元素の単体で，性質の異なる物質どうし。
例　酸素 O_2 とオゾン O_3，ダイヤモンドと黒鉛(C)，黄リンと赤リン(P)，斜方硫黄と単斜硫黄(S)

3 原子の構造

原子
- 原子核
  - 陽子……正電荷を帯びた粒子
  - 中性子……電気的に中性の粒子
- 電子……負電荷を帯びた粒子 e^-

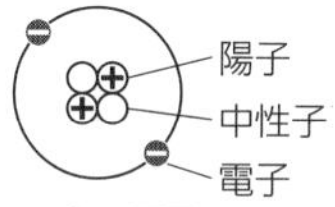

	電荷	質量比
陽子	+1	1
中性子	0	1
電子	-1	$\frac{1}{1840}$

ヘリウム原子

質量数＝陽子の数＋中性子の数　　質量数 → $^4_2$He
原子番号＝陽子の数　　　　　　　原子番号 →

4 同位体

原子番号が同じであるが，質量数の異なる原子。たがいに化学的性質は等しい。
例　自然界に存在する水素　^1_1H（軽水素）99.9885%，^2_1H（重水素 D）0.0115%

5 原子の電子配置

(1) 電子は，内側の電子殻から順に詰まっていく（右図，電子配置）。
(2) 最も外側の電子殻（最外殻）に電子が8個（Heは2個）入ると，原子はきわめて安定な状態になる（**貴ガス（希ガス）型の電子配置**）。

6 イオン

原子が電子を放出すると **陽イオン** になり，電子を受け取ると **陰イオン** になる。
例　陽イオン…Na^+，Ca^{2+}，Al^{3+}（，NH_4^+）
　　陰イオン…Cl^-，S^{2-}（，OH^-，SO_4^{2-}）

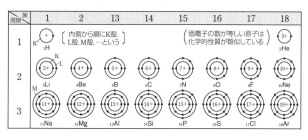

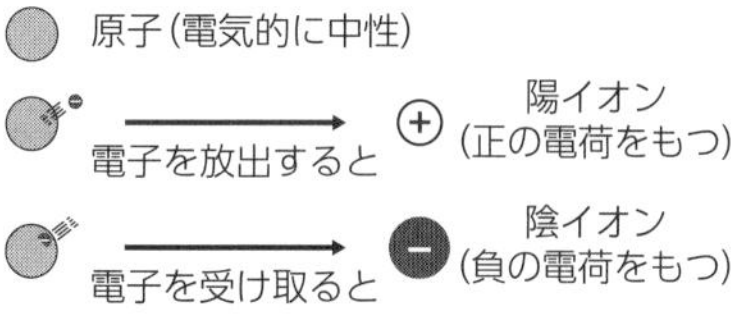

7 イオン化エネルギーと電子親和力

(1) **イオン化エネルギー**　原子から電子1個を取り除き，一価の陽イオンになるのに必要なエネルギー。イオン化エネルギーが小さいほど陽イオンになりやすい。
(2) **電子親和力**　原子が電子1個を受け取り，一価の陰イオンになるとき放出されるエネルギー。電子親和力が大きい原子ほど陰イオンになりやすい。

1 物質の構成粒子

必 1. 〈物質の構成〉

自然界は約 90 種の元素からできている。太陽系をつくる元素は水素が最も多く，これに次ぐ ア をあわせると質量で約 99 % にもなる。地球の乾燥した空気は，体積組成が 78 % の イ ，21 % の ウ ，約 1 % の エ などからなる。

1 種類の物質からできているものを純物質といい，純物質はそれぞれの物質に固有な性質，例えば，色，沸点，融点などをもっている。空気や海水は 2 種類以上の純物質の オ であり，その性質は構成する純物質の カ によって変化する。

1 種類の元素からできている純物質を キ といい，室温で気体のものとして水素や酸素など，液体のものとして ク と ケ ，固体のものとして鉄やアルミニウムなどがある。また，2 種類以上の元素からできている純物質を コ という。

(1) 文章中の空欄(ア)〜(コ)に最も適した語句を記せ。　〔富山大〕
(2) オ と コ に分類できるものを，次の(a)〜(m)の中からすべて選べ。
 (a) 水　(b) 水銀　(c) プロパン　(d) ガソリン　(e) ヨウ素
 (f) 炭酸水素ナトリウム　(g) 塩酸　(h) アセチレン　(i) キセノン
 (j) アンモニア　(k) 木材　(l) 二酸化炭素　(m) 赤リン　〔14 松山大 改〕

必 2. 〈混合物の分離〉

次の分離操作(1)〜(6)に最も適した方法を下の(ア)〜(カ)の中から選べ。
(1) 海水を加熱して発生した水蒸気を冷却して，純粋な水を得る。
(2) 植物の葉からクロロフィル(葉緑素)をとり出す。
(3) 原油からその成分の沸点の違いを利用して，石油の精製を行う。
(4) インクに含まれるいろいろな色素を分離する。
(5) 少量の塩化ナトリウムを含む硝酸カリウムから硝酸カリウムだけをとり出す。
(6) 白濁した石灰水から透明な石灰水をつくる。
 (ア) ろ過　(イ) 再結晶　(ウ) 蒸留　(エ) 分留　(オ) 抽出　(カ) クロマトグラフィー
 〔10 愛知工大〕

3. 〈同素体〉

(1) 次の(ア)〜(カ)について，同素体の組合せにあるものをすべて選べ。
 (ア) ダイヤモンド，黒鉛　(イ) 水，氷　(ウ) 金，白金　(エ) 黄リン，赤リン
 (オ) 一酸化炭素，二酸化炭素　(カ) オゾン，酸素　〔12 京都産大〕
(2) 次の文章中の空欄①〜③に適当な物質名を，④に適当な化学式を記せ。

単体の硫黄は，火山地帯で産出したり，石油を精製するときに得られ， ① ， ② ， ③ などの同素体がある。 ① は室温で安定である。また，結晶の硫黄や 120 ℃ 付近の液状硫黄は，環状分子 ④ からできているが， ③ では環が開いたものがつながりあった鎖状分子 S_x になっている。　〔12 立命館大〕

①物質の構成粒子　5

必 4. 〈原子の構造〉

　物質を構成する最小単位を原子という。原子は原子核とそのまわりに存在する $\boxed{ア}$ で構成されている。原子核は $\boxed{イ}$ 電荷をもつ $\boxed{ウ}$ と，電荷をもたない $\boxed{エ}$ からできている。したがって原子核は全体として $\boxed{イ}$ 電荷を帯びる。$\boxed{ア}$ は $\boxed{オ}$ 電荷をもち，$\boxed{ウ}$ 1個と $\boxed{ア}$ 1個のもつ電荷の大きさは等しい。どんな原子でも，$\boxed{ウ}$ の数と $\boxed{ア}$ の数は等しいので，原子全体としては電気的に $\boxed{カ}$ 性である。

　原子の $\boxed{キ}$ は原子核中の $\boxed{ウ}$ の数と等しく，$\boxed{ク}$ は $\boxed{ウ}$ の数と $\boxed{エ}$ の数の和に等しい。原子核のまわりに存在する $\boxed{ア}$ のうち，原子がイオンになったり結びついたりするときに重要な役割を果たすものは $\boxed{ケ}$ とよばれる。同一元素で $\boxed{ク}$ の異なる場合には，これらの原子は互いに $\boxed{コ}$ とよばれ，化学的性質はほぼ同じである。
(問)　$\boxed{ア}$ 〜 $\boxed{コ}$ に入る適切な語句を記せ。　〔18 日本女子大 改，18 岡山大 改〕

準 5. 〈中性子数と電子数〉

(1)　電子の総数が N_2 と同じものを，次の①〜⑤のうちから一つ選べ。

　　① H_2O　② CO　③ OH^-　④ O_2　⑤ Mg^{2+}　〔18 センター試験〕

(2)　水素の同位体は ^1H，^2H からなり，酸素の同位体は ^{16}O，^{18}O からなるものとする。同位体の種類にもとづいて分類すると，何種類の水分子が存在するか。また，これらの水分子の中で，2番目に相対質量が大きいものに含まれる中性子の総数を答えよ。

〔18 九州大 改〕

(3)　質量数59のコバルト原子がコバルト(Ⅱ)イオン Co^{2+} になるとき，そのイオンのもつ電子の数は25個になる。コバルト原子の陽子の数，中性子の数，および電子の数は，それぞれ何個か。　〔22 神戸学院大〕

6. 〈電子殻と原子核〉

　原子核を取り巻く電子が存在できる空間の層は，電子殻と呼ばれる。電子殻はエネルギーの低い順からK殻，$\boxed{(ア)}$ 殻，M殻，N殻と呼ばれる。₁K殻では2個，$\boxed{(ア)}$ 殻では8個，M殻では $\boxed{(イ)}$ 個，N殻では32個まで電子が収容される。それぞれの殻には，電子が入ることのできる軌道と呼ばれる場所が1つ以上あり，1つの軌道は，電子を2個まで収容することができる。右上図に示すように，元素記号に最外殻電子を点で書き添えたものは電子式と呼ばれる。電子はなるべく対にならないように軌道に収容される。対になっていない電子は $\boxed{(ウ)}$ 電子と呼ばれ，その数は $\boxed{(エ)}$ に等しい。

　周期表の同じ周期の1族元素の原子と比べると，2族元素の原子では，原子核の正の電荷が₂(増大・減少)し，原子核が最外殻電子を引き付ける力が強くなる。原子から1個の電子を取り去って，1価の陽イオンにするのに必要なエネルギーを第一イオン化エネルギーと呼ぶが，1族元素の原子と比べて原子核が最外殻電子を引き寄せる力が強くなる結果，2族元素の原子の第一イオン化エネルギーは₃(大きく・小さく)なり，原子の大きさは₄(大きく・小さく)なる。

(1) (ア)～(エ)に入る最も適切な語句, 数値, あるいはアルファベットを答えよ。
†(2) 下線部①を参考にして, n 番目にエネルギーの低い電子殻の軌道の数を n を用いて表せ。
(3) 下線部②～④に示した選択肢のうち適切な語句を選べ。　〔17 横浜国大〕
(4) Ca 原子の電子配置を例にならって示せ。（例）K2L4

必 7.〈原子の電子配置〉
(1) 表中 a および b の元素名を記せ。
(2) 表中に示された元素のうち，以下の①～③にあてはまる元素を元素記号で記せ。
   ① 電気陰性度が最も大きい。
   ② イオン化エネルギーが最も大きい。
   ③ ダイヤモンドを形成する炭素と同じく，正四面体構造をもつ共有結合結晶を形成する。
(3) 表中 c の元素について, 2種類の同素体の名称を記せ。　〔22 宮崎大〕
(4) ネオンは他の元素と化合物をつくりにくい。その理由を電子配置の点から説明せよ。

元素名	電子数		
	K殻	L殻	M殻
水素	1	0	0
a	2	0	0
ホウ素	2	3	0
炭素	2	4	0
窒素	2	5	0
b	2	6	0
フッ素	2	7	0
ネオン	2	8	0
ケイ素	2	8	4
c	2	8	5

8.〈原子の電子配置〉
次の(ア)～(カ)の原子の電子配置について，(1)～(5)に答えよ。

(ア) 　(イ) 　(ウ) 　(エ) 　(オ) 　(カ)

(1) (ア)～(カ)のうち，イオン化エネルギーが最も小さい原子はどれか。
(2) (ア)～(カ)のうち，二価の陽イオンになりやすい原子はどれか。
(3) (ア)～(カ)のうち，単原子イオンになりにくい原子を2つ選べ。
(4) (ア)～(カ)のある原子Xと水素原子からなる多原子イオンには，陽イオンのものや陰イオンのものがある。原子Xは(ア)～(カ)のどれか。
(5) (ア)～(カ)のうち，最外殻電子の数と価電子の数が異なる原子はどれか。〔13 近畿大 改〕

準 9.〈原子，元素，電子親和力，イオン化エネルギー〉
次の記述(ア)～(カ)について，誤りのある記述をすべて選べ。
(ア) 同じ元素からなる単体で，性質の異なるものを互いに同素体という。
(イ) 原子核中の陽子の数がその原子の原子番号である。
(ウ) 原子が電子1個を受け取って，1価の陰イオンになるときに必要なエネルギーを電

子親和力という。
(エ) 第2周期の元素のうち，イオン化エネルギーが一番大きいのは **Ne** である。
〔21 慶応大 改〕
(オ) 電子親和力が小さい原子ほど，陰イオンになりやすい。
(カ) イオン化エネルギーが大きい原子ほど，陽イオンになりやすい。　〔09 星薬大〕

必 10. 〈イオンの半径，イオンの電子配置〉
(1) イオンが球形であるとみなしたとき，その半径をイオン半径という。次の各組のイオンについて，イオン半径が大きいのはどちらか答えよ。また，その理由を説明したそれぞれの文の空欄を15字以内で適切に埋めよ。
① O^{2-} と Na^+
理由：同じ電子配置では，☐ほど，イオン半径が大きいため。
② Na^+ と K^+
理由：同じ族では，☐ほど，イオン半径が大きいため。〔19 岐阜大〕
(2) アルゴンイオン(Ar^+)に適する電子配置を次のボーアモデル図に必要な数の電子を「●」として書き加えよ。　〔15 東京慈恵医大〕 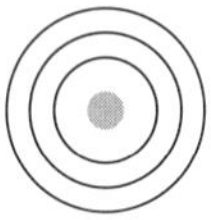
(3) 次に示す多原子イオン(ア)～(カ)のうち，多原子イオンを構成する原子の数に着目すると，7個の原子からなる多原子イオンは☐である。
(ア) アンモニウムイオン　(イ) オキソニウムイオン　(ウ) 過マンガン酸イオン
(エ) クロム酸イオン　(オ) 二クロム酸イオン　(カ) 酢酸イオン　〔19 愛知工大〕

B

準 11. 〈元素と単体〉
次の記述のうち，下線を引いた部分が元素ではなく単体を指しているものを2つ選べ。
(a) 鉄は，ヒトにとって必要不可欠な栄養素である。
(b) 黄リンと赤リンは，リンの同素体である。
(c) 塩素の酸化力は臭素の酸化力よりも強い。
(d) アンモニアは窒素と水素から構成される。
(e) ナトリウムは水と激しく反応するので石油の中で保存する。　〔08 神戸学院大〕

準 12. 〈物質の構成粒子〉
(1) 次の図①～③のうち，縦軸が原子の第1イオン化エネルギー，原子半径を示すものはそれぞれどれか。
〔13 神戸学院大〕 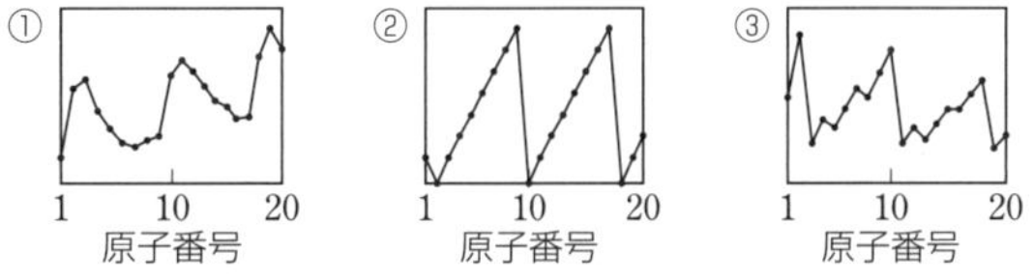
(2) 次の①～④の元素のうち，Arと同じ電子配置の場合のイオン半径が最も小さいのは

8　　1 物質の構成粒子

どれか。
① 硫黄　② カリウム　③ 塩素　④ カルシウム　〔14 東京理大〕

(3) 質量数 1 の水素原子，質量数 12 の炭素原子，質量数 16 の酸素原子からなるエタノールがある。このエタノール 1 分子に含まれる陽子の数を a，電子の数を b，中性子の数を c としたとき，a，b，c の大小関係を正しく表しているものはどれか。
① $a=b=c$　② $a=b>c$　③ $a=b<c$　④ $a<b=c$
⑤ $a>b=c$　⑥ $a=c>b$　⑦ $a=c<b$　〔14 北里大〕

(4) 次のイオンまたは原子の組合せの中から，電子配置が互いに同じであるものをすべて選べ。
① Na^+ と K^+　② Mg^{2+} と O^{2-}　③ Al^{3+} と S^{2-}　④ Na^+ と Mg^{2+}
⑤ Li^+ と H^-　⑥ Be と B　⑦ C と Si　〔14 北里大 改〕

(5) 次の①～⑥の記述のうち正しいものを選べ。1 つまたは 2 つを答えよ。
① 水素原子の大きさは陽子の大きさとほぼ等しい。
② 原子には，原子番号は同じでも，質量数の異なる原子が存在するものがあり，これらを互いに同位体（アイソトープ）という。
③ ヘリウムとネオンの最外殻電子の数は等しい。
④ 空気中の微量成分の濃度を表す場合には，全体の 100 万分の 1 を表す記号である ppm や，10 億分の 1 を表す記号である ppb なども用いられる。
⑤ 原子から電子 1 個を取り去って，1 価の陽イオンにするときに放出するエネルギーをイオン化エネルギーという。
⑥ ^1H と ^2H のイオン化エネルギーの比は 1：2 である。　〔14 京都女子大，13 星薬大〕

13. 〈新元素の発見〉

日本で発見された原子番号 113 番の新元素の名称が　①　Nh になることが発表された。この元素は，原子番号 30 番の亜鉛と原子番号 83 番のビスマスを高速で衝突させ，核融合により合成する。　①　は，周期表においてアルミニウムと同じ　②　族に属する元素である。

(1) 　　　にあてはまる適切な語句・数を答えよ。　〔17 九州大 改〕
　国際純正・応用化学連合（IUPAC）は原子番号 113 番の新元素の他に，原子番号 115，117，118 の元素を，それぞれ「モスコビウム Mc」，「テネシン Ts」，「オガネソン Og」と命名することとした。

(2) 周期表上で縦に並ぶ元素の性質が類似する原因は何か。15 字以内で述べよ。

(3) テネシン Ts が属すると考えられる元素群の名称を記せ。　〔17 名古屋大〕

(4) 周期表で貴ガス（希ガス）元素の列の下に位置するオガネソン Og の，右に示した電子配置を参考にし，Nh の電子配置を推定して記せ。

Og の電子配置

K	L	M	N	O	P	Q
2	8	18	32	32	18	8

(5) 日本で発見された Nh 同位体の質量数は 278 であった。この原子核にある中性子数を答えよ。　〔17 金沢大〕

2 物質量と化学反応式

1 原子量と分子量・式量
(1) **原子量** 原子の質量の比較は，$^{12}_{6}C=12$ としたときの各原子の **相対質量** が用いられる。
元素の原子量 は，同位体の原子の相対質量に存在比を掛けた平均値である。
(2) **分子量** 原子量と同じ基準に基づいて定めた分子の相対質量。分子を構成している元素(原子)の原子量の総和に等しい。　　　例　$CO_2=12+16\times 2=44$
(3) **式量(化学式量)** 化学式中に含まれる元素(原子)の原子量の総和である。

2 物質量(モル)
(1) **物質量(mol)** 6.02×10^{23} 個の粒子(原子・分子・イオン)の集団を **1 mol** という。
(2) **アボガドロ定数** 1 mol あたりの粒子数をいい，N_A で表す。$N_A=6.02\times 10^{23}$/mol
(3) **モル質量** 粒子 1 mol あたりの質量を **モル質量(g/mol)** という。
(4) **モル体積** 1 mol の気体の体積は **標準状態($0°C$, 1.01×10^5 Pa)** で **22.4 L**。

3 質量・粒子数・体積と物質量(mol)
(1) n [個] の分子(原子) ⟶ $\dfrac{n}{N_A}$ [mol]
(2) 質量 m [g] の物質 ⟶ $\dfrac{m}{M}$ [mol]　(M：モル質量)
(3) 体積 V [L] の気体 ⟶ $\dfrac{V}{22.4}$ [mol]
(標準状態)

4 化学反応式
(1) **化学反応式** 反応物を左辺に，生成物を右辺に化学式で表して矢印→で結び，係数をつけて，両辺の原子数を等しくする。係数は最も簡単な整数比にする(1のときは省略)。
(2) **化学反応式と量的関係** 化学反応式の**係数比**は**物質量比**(モル比)を表す。

化学反応式	2CO	+	O₂	⟶	2CO₂
物質	一酸化炭素		酸素		二酸化炭素
反応式の係数	2		1		2
個数の関係	○○ ○○ 2個		○○ 1個		○○○ ○○○ 2個
物質量の関係	2 mol		1 mol		2 mol
分子数の関係	$2\times 6.02\times 10^{23}$ 個		6.02×10^{23} 個		$2\times 6.02\times 10^{23}$ 個
体積の関係 (標準状態)	2体積 2×22.4 L		1体積 22.4 L		2体積 2×22.4 L
質量の関係	56 g $2\text{mol}\times 28\text{g/mol}$ CO のモル質量		32 g $1\text{mol}\times 32\text{g/mol}$ O₂ のモル質量		88 g $2\text{mol}\times 44\text{g/mol}$ CO₂ のモル質量

例　$KClO_3$ 24.5 g を完全に分解して発生する O_2 は何 g か。また，標準状態で何 L を占めるか。

解　$2KClO_3 \rightarrow 2KCl + 3O_2$　　　$32\times\dfrac{24.5}{122.5}\times\dfrac{3}{2}=\mathbf{9.6}$ (g)　　　$22.4\times\dfrac{24.5}{122.5}\times\dfrac{3}{2}=\mathbf{6.72}$ (L)
　　　2 mol　　2 mol　　3 mol

10　②物質量と化学反応式

14. 〈化学の数量的な基礎用語〉
次の記述のうちから，下線部の語が正しく使われているものを3つ選べ。
(a) 塩化ナトリウムの分子量は 58.5 である。
(b) 銅の単体の式量は 63.5 である。
(c) ^{12}C の原子量は 12 である。
(d) 水分子 $6.02×10^{23}$ 個の物質量は 1 mol である。
(e) 空気のみかけのモル質量は 28.8 g/mol である。　　〔15 北里大 改〕

必 15. 〈化学量〉
次の □ 内に入る数値を，有効数字2桁で求めよ。
H=1.0, Li=6.9, C=12, O=16, I=127, $N_A=6.0×10^{23}$/mol
(1) $3.0×10^{24}$ 個のリチウム原子の質量は □a□ g である。
(2) 標準状態で 28.0 L の二酸化炭素の質量は □b□ g である。
(3) 18 g のダイヤモンドに含まれる炭素原子は □c□ 個である。
(4) 356 g のヨウ素単体に含まれるヨウ素原子は □d□ 個である。
(5) エタノール 0.50 mol を完全燃焼させたときに生成する水の物質量は □e□ mol である。
(6) ベンゼン 31.2 g を完全燃焼させたときに生成する二酸化炭素の体積は，標準状態で □f□ L である。　　〔16 星薬大 改〕

準 16. 〈単分子膜とアボガドロ定数〉
ステアリン酸 $C_{18}H_{36}O_2$（分子量 284.0）をベンゼンなどの揮発性の溶媒に溶かして，水面に静かにそそぐと，溶液は水面に広がる。溶媒を揮発させると，右図のように親水基部分は水中を向き，一方，疎水基の部分は水からできるだけ離れるように空中に張り出した形で配列し，単分子膜を形成する。

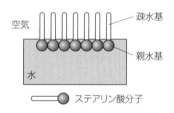

次の操作1～3に従って，ステアリン酸の単分子膜の面積からアボガドロ定数を見積もる実験を行った。
操作1　濃度 $1.500×10^{-3}$ mol/L のステアリン酸のベンゼン溶液 50.00 mL を調製した。
操作2　上記の溶液 v〔mL〕を水面に静かに滴下し，ベンゼンを揮発させて単分子膜を作った。
操作3　単分子膜の面積を測定すると，90.00 cm² であった。
(1) 操作1に必要なステアリン酸は何 mg か。また，この溶液を調製するためには，下記のうちどの器具が必要不可欠か，1つ選び記号で答えよ。また，その調製法について簡潔に説明せよ。ただし，どの器具も容量は 50 mL である。

2 物質量と化学反応式　11

《器具》　(ア) メスシリンダー　　(イ) メスフラスコ　　(ウ) ビーカー

　　　　　(エ) メスピペット　　　(オ) ビュレット　　　(カ) ホールピペット

(2)　ステアリン酸1分子が水面上で占有する面積を s〔cm²〕とするとき，この実験から求められるアボガドロ定数〔/mol〕を v, s を用いて表せ。　　〔13 明治薬大〕

必 17. 〈混合気体の密度と物質量の比〉

二酸化炭素と酸素の混合気体がある。混合気体の密度は標準状態で 1.70 g/L であった。混合気体の二酸化炭素と酸素の物質量の比は次のうちのどれか。ただし，標準状態の気体1molの占める体積は 22.4 L，原子量は C＝12，O＝16 とする。

① 2：1　　② 1：1　　③ 1：2　　④ 1：3　　⑤ 1：5　　〔15 明治薬大〕

必 18. 〈原子量の計算〉

(1)　原子量56のある金属Mの酸化物 8.0 g を分析したところ，金属Mが 5.6 g 含まれていることがわかった。この金属酸化物の組成式を M_xO_y と表したとき，x と y の比は，$x：y＝$ ① ： ② である。O＝16　　〔19 愛知工大〕

(2)　(1)の結果をふまえて，金属Mと酸素が反応して金属酸化物ができるときの化学反応式を書け。　　〔07 神奈川工大 改〕

必 19. 〈化学反応式の係数〉

次の各化学反応式の文字で表した係数を決めよ。

(1)　$a\,MnO_2 + b\,HCl \longrightarrow c\,MnCl_2 + d\,H_2O + e\,Cl_2$

(2)　$a\,FeS_2 + b\,O_2 \longrightarrow c\,Fe_2O_3 + d\,SO_2$

(3)　$a\,Cu + b\,HNO_3 \longrightarrow c\,Cu(NO_3)_2 + d\,H_2O + e\,NO$

(4)　$a\,Al + b\,OH^- + c\,H_2O \longrightarrow d\,[Al(OH)_4]^- + e\,H_2$　　〔11 名城大 改〕

準 20. 〈金属の反応と量的関係〉

次の金属のうち，同じ質量で十分量の塩酸を加え水素を発生させたとき，最も多量の水素を発生する金属はどれか。正しいものを①〜⑤の中から一つ選べ。Na＝23，Mg＝24，Al＝27，Fe＝56，Zn＝65

① ナトリウム　　② アルミニウム　　③ 亜鉛　　④ マグネシウム　　⑤ 鉄

〔15 順天堂大〕

必 21. 〈気体の燃焼〉

(1)　0.80 mol のプロパンと 50.0 mol の空気のみを容器に入れて完全燃焼させた。反応後の気体にはプロパンは含まれていなかった。空気は窒素と酸素のみからなり，物質量の比が 4：1 の気体であるとする。H＝1.0，C＝12，O＝16

　(a)　反応後の容器内に含まれる O_2, CO_2, H_2O, N_2 の物質量〔mol〕をそれぞれ有効数字2桁で求めよ。

　(b)　反応後の CO_2 の体積(標準状態)と H_2O の質量をそれぞれ有効数字2桁で求めよ。

〔22 同志社大 改〕

12 　②物質量と化学反応式

(2)　ある炭化水素の気体 25 mL と酸素 75 mL との混合気体を完全燃焼させたところ，過不足なく反応し，水と二酸化炭素が生成した。この炭化水素の化学式として適切なものを，次のＡ～Ｅのうちから 1 つ選べ。ただし，すべての気体の体積は，標準状態における値とする。

　　Ａ CH_4　　Ｂ C_2H_2　　Ｃ C_2H_4　　Ｄ C_2H_6　　Ｅ C_3H_8　　〔21 神戸学院大〕

準 22.〈反応する量の関係〉

　炭酸カルシウムを主成分とする石灰石 2.8 g に，ある濃度の塩酸を加えると，二酸化炭素が発生した。このとき，加えた塩酸の体積 (mL) と発生した二酸化炭素の質量 (g) の間の関係を調べたところ，表の結果が得られた。次の問いに答えよ。数値は有効数字 2 桁で答えよ。H＝1.0，C＝12，O＝16，Cl＝35.5，Ca＝40

加えた塩酸の体積 (mL)	20	40	60	80	100
発生した二酸化炭素の質量 (g)	0.44	0.88	1.10	1.10	1.10

(1)　この結果をグラフに描け。

(2)　文中の下線部の反応について，化学反応式を記せ。

(3)　下線部で用いた塩酸のモル濃度 (mol/L) はいくらか。

(4)　下線部で，石灰石 2.8 g 中の炭酸カルシウムと過不足なく反応した HCl の物質量 (mol) はいくらか。

(5)　下線部で用いた石灰石には，炭酸カルシウムが何 % 含まれているか。

(6)　標準状態で 1.96 L の二酸化炭素を発生させたいときに，下線部で用いた石灰石は何 g 必要か。ただし，塩酸は十分量加えるものとする。　　〔13 福岡大〕

準 23.〈混合気体の燃焼〉

　メタンとブタンのみからなる混合気体について，過剰量の酸素を加えて完全燃焼したところ，標準状態で 89.6 L の酸素が消費され，61.2 g の水 H_2O(液) が生成した。完全燃焼前のメタンおよびブタンの物質量(mol)を答えよ。H＝1.0，C＝12，O＝16

〔22 香川大〕

必 24.〈化学の基礎法則〉

　Ｂ欄に示した化学実験のなかで，Ａ欄の法則に基づかない化学実験が一つある。それはどれか。(ア)～(ウ)から選べ。

〔Ａ欄〕　(法則)　定比例の法則　　倍数比例の法則　　アボガドロの法則
　質量保存の法則　　気体反応の法則

〔Ｂ欄〕　(化学実験)

(ア)　一定量のステアリン酸で水面上に単分子膜をつくり，その表面積を測定する。

(イ)　炭酸ナトリウム水溶液と塩化カルシウム水溶液をあわせ，反応前後の質量の総和を測定する。

(ウ)　銅と酸素を反応させて，生じる酸化銅(Ⅱ)の銅と酸素の質量比を測定する。

② 物質量と化学反応式　　13

(エ)　酸化銅(Ⅱ) CuO と酸化銅(Ⅰ) Cu₂O の成分元素の質量比を測定する。

(オ)　炭素を同温・同圧で完全燃焼させ，生成した気体と酸素の体積比を測定する。

〔11 星薬大〕

B

25. 〈化学の基礎法則〉

(1)　エタン，エテン (エチレン)，エチン (アセチレン) はいずれも炭素原子 2 個を含む化合物である。これらの化合物を例に倍数比例の法則が成立していることを示せ。
H＝1.0，C＝12　　　　　　　　　　　　　　　　　　　　　　　　〔14 静岡大〕

(2)　同温・同圧の気体である水素と酸素から水蒸気が生成するとき，水素と酸素と水蒸気の体積比は 2 : 1 : 2 となった。この実験結果は，ゲーリュサックの発見した気体反応の法則に従っているが，ドルトンの原子説と矛盾している。どのように矛盾しているか，60 字以内で説明せよ。　　　　　　　　　　　　　　　　　　〔11 金沢大〕

◇26. 〈同位体と存在比〉　思考

(1)　臭素原子には質量数 79 の ^{79}Br と，質量数 81 の ^{81}Br が約 1 : 1 の割合で存在している。これにより，臭素分子 Br₂ においては，その質量の異なる ① 種の Br₂ 分子が約 ② の割合で存在する。

　　　① に適切な整数を入れ，② に当てはまるものを次の中から選べ。

　　(a) 1 : 1　(b) 79 : 81　(c) 1 : 1 : 1　(d) 1 : 2 : 1　(e) 1 : 2 : 3　(f) 79 : 80 : 81
　　(g) 1 : 1 : 1 : 1　(h) 1 : 2 : 2 : 1　(i) 1 : 2 : 3 : 4　(j) 79 : 79 : 81 : 81　〔18 龍谷大〕

(2)　白金は，原子番号 78 で，おもに四種類の同位体が存在する。同位体の存在比の多い順番に並べると，存在比 34 % の同位体の中性子の数は 117 個，存在比 33 % では 116 個である。存在比が三番目の同位体の中性子の数は 118 個，四番目では 120 個とすると，四番目の同位体の存在比は何 % か。整数値で答えよ。ただし，これら四種類以外の同位体の存在比は 1 % 以下であるため，計算上無視してよいものとし，白金の原子量は 195.08 とする。　　　　　　　　　　　　　　　　　　　　　　　　〔14 愛媛大 改〕

27. 〈金属混合物の組成〉

　マグネシウム，鉄および銅の粉末からなる混合物Aがある。この混合物A 1.00 g に気体が発生しなくなるまで希塩酸を加えた。このとき発生した気体は標準状態で 224 mL であり，溶けないで残ったものの質量は 0.60 g であった。混合物A中の鉄の質量百分率 (%) を有効数字 2 桁で求めよ。Mg＝24，Fe＝56，Cu＝64　　　　〔10 関西大〕

準28. 〈同位体の存在比〉　思考

　自然界には，相対質量 63 の ^{63}Cu と相対質量 65 の ^{65}Cu が安定に存在する。
　1.00 mol/L 硫酸銅(Ⅱ)水溶液 500 mL に 2 本の白金電極を挿入し，2.00 A の電流を 25 分間流した。陰極では気体は発生せずに銅が 0.987 g 析出した。このことから，^{63}Cu

14 　2 物質量と化学反応式

と ^{65}Cu の存在比は，およそ（　　）である。

（　　）にもっとも適合するものを，次の(イ)～(ホ)から選べ。

ファラデー定数：$9.65 \times 10^4\,C/mol$

(イ) 9：1 　(ロ) 7：3 　(ハ) 5：5 　(ニ) 3：7 　(ホ) 1：9 　　　　　〔19 早稲田大〕

準 **29.** 〈同位体と原子量，分子の種類〉

同位体の相対質量は，それぞれの質量数をそのまま用いて，次の問いに答えよ。

アボガドロ定数 $N_A = 6.0 \times 10^{23}/mol$

(1) ホウ素には同位体 ^{10}B と ^{11}B が存在する。その存在比率をそれぞれ 20.0 ％，80.0 ％ としたとき，ホウ素の原子量はいくらか。有効数字 3 桁で答えよ。

(2) 酸素原子 ^{16}O 1 個の質量は何 g か。有効数字 2 桁で答えよ。　　　〔16 上智大〕

(3) 塩素には ^{35}Cl と ^{37}Cl の，炭素には ^{12}C と ^{13}C の同位体が存在するとして，CCl_4 には相対質量の異なる分子が何種類存在するか。　　　　　　　　〔16 早稲田大 改〕

30. 〈メタンハイドレート〉

メタンハイドレートは，天然ガスのメタン分子が低温，高圧の一定条件下で水分子のつくるかご状構造の中に取り込まれたもので，外見は氷やドライアイスに似た固体である。メタンと水の組成比は メタン：水＝4：23 で，固体の密度は $0.91\,g/cm^3$ である。解答は，(1)では整数値で，(2)と(3)は有効数字 2 桁で答えよ。H＝1.0，C＝12，O＝16

(1) メタンハイドレートの化学式を $4CH_4 \cdot 23H_2O$ とすると，式量はいくらか。

(2) メタンハイドレート $1.0\,m^3$ から得られるメタンガスの標準状態における体積は何 m^3 か。

(3) メタンハイドレート $1.0\,m^3$ をある体積の容器に入れ，十分な酸素で満たして完全燃焼させた。燃焼後に容器内に存在する水の物質量は何 mol か。　　　〔13 金沢工大 改〕

準 **31.** 〈混合気体の燃焼と体積〉

水素，アセチレン C_2H_2，一酸化炭素の混合気体Aがある。A 50 mL に酸素 60 mL を加え，これらを完全燃焼させたところ体積は 37.5 mL になった。燃焼後の気体を水酸化ナトリウム水溶液に通すと体積は 12.5 mL になった。Aに含まれていたアセチレンの体積は何 mL か。有効数字 2 桁で答えよ。ただし，体積はすべて 25 ℃，$1.0 \times 10^5\,Pa$ のもとで測定し，生じた水はすべて液体で，その体積は無視してよいものとする。　〔05 上智大〕

32. 〈反応量の計算〉

窒素ガスを充たした加熱炉の中で，酸化鉄(Ⅲ)と黒鉛を反応させた。その結果，すべての酸化鉄(Ⅲ)が完全に還元され，炭素を含み，質量パーセントで純度 98.0 ％の鉄 200 g が生成した。このとき，一酸化炭素と二酸化炭素が物質量比 37：13 で発生した。一酸化炭素と二酸化炭素になった黒鉛の質量は何 g か。解答は小数第 1 位を四捨五入して示せ。C＝12，O＝16，Fe＝56　　　　　　　　　　　　　　　　　　〔07 東京工大〕

3 化学結合と結晶

（◇＝上位科目「化学」の内容を含む項目）

1 価電子

(1) 原子の1〜7個の最外殻電子を **価電子** という。価電子の数は典型元素では周期表の族番号の1位の数と一致する（ただし，貴ガス（希ガス）原子の価電子の数は0）。

(2) **価電子と化学結合** 原子は安定な貴ガス（希ガス）の電子配置をとろうとして陽・陰イオンになったり，電子を互いに共有しあって結合する。

(3) **電子式** 元素記号のまわりに，最外殻電子を点・で表した式（下図）。

Li・　・Be・　・Ḃ・　・C̈・　:N̈・　:Ö・　:F̈:　H:C̈l:

注 共有結合をつくる電子対を **共有電子対**，共有結合に使われていない電子対を **非共有電子対**（孤立電子対）という。対になっていない電子を **不対電子** という。

2 化学結合

(1) **イオン結合** 陽・陰イオンが静電気力（クーロン力）により引き合って結合する。
イオン結合によってできた物質 —→ **イオンからなる物質**

(2) **共有結合** 2つの原子が不対電子を共有して電子対をつくって結合する。共有結合によりできる原子の集団が **分子** である。

例　Cl_2　　H_2O　　CO_2　　CH_4

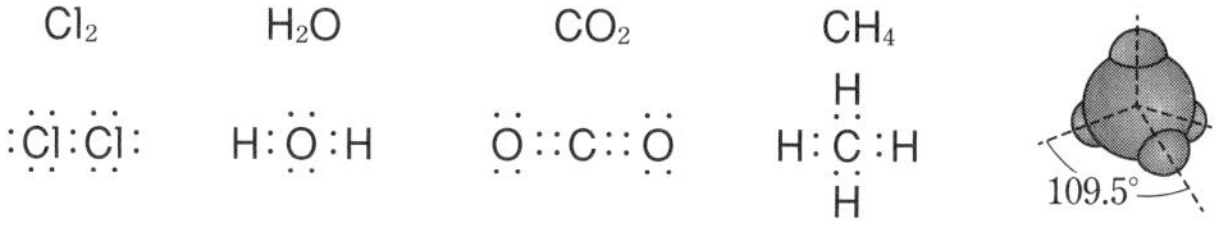

:C̈l:C̈l:　H:Ö:H　Ö::C::Ö　H:C̈:H（H上下）　109.5°

注 **配位結合** $NH_3 + H^+ \longrightarrow NH_4^+$ のように，1つの分子またはイオンの中の非共有電子対を，他の陽イオンまたは分子とで共有する結合を配位結合という。

(3) **金属結合** 金属原子から放出された価電子（**自由電子**）が特定の位置に限定されないで，自由に動きながら各原子を結び付けている結合。

注 金属が電気や熱を導いたり，展性・延性に富むなどの特性は自由電子に起因する。

3 電気陰性度

原子が結合するとき電子の引き付けやすさを表す尺度。
電気陰性度の大きい元素 —→ **電気的に陰性の強い元素**

注 周期表の同一周期の元素では原子番号（族番号）とともに電気陰性度は大きくなり，同族元素では原子番号が小さくなるほど，電気陰性度は大きくなる（電気陰性度は，貴ガスを除いて周期表の右上ほど大きく，左下ほど小さくなる）。

4 極性分子と無極性分子

電気陰性度の異なる原子間の結合では，共有電子対は陰性の強い原子側に引き寄せられるため，結合に極性が生じる。

同種の原子からなる二原子分子や，分子全体として正・負の電荷の重心が一致する分子では極性は生じない（**無極性分子**）。分子全体として正・負の電荷の重心が一致しない分子は極性をもつ（**極性分子**）。

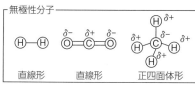

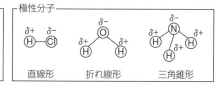

5 分子間力

分子間にはたらく力を **分子間力(ファンデルワールス力，水素結合** など) という。
一般に，分子間力の大きい物質ほど，融点・沸点，融解熱・蒸発熱は高い(大きい)。
①一般に，構造や形の似ている分子では，分子間力はほぼ分子量に比例。
②極性分子の分子間力は，無極性分子の分子間力よりも一般に大きい。
③HF，H_2O，NH_3 のような極性分子では，$\delta+$ に帯電したHが隣接する分子のF, O, Nの非共有電子対に接近し，静電気的な力で結合する。このような結合を **水素結合** という。

化学結合(共有結合，イオン結合，金属結合)＞水素結合＞ファンデルワールス力

[補足] 水の特異性
①水は同形・同分子量の他の物質に比べると，融点・沸点が異常に高く，また，融解熱・蒸発熱(気化熱)も大きい。
②氷が融解すると体積が減少し，水の密度は 4℃ で最大となる。
このような水の特異性は，水分子の水素結合によるものである。

6 結晶の構造・性質

種類	結合からみた構造	特性	例
分子結晶	分子が分子間力により多数集合してできた結晶。	①融点・沸点が低い。②電気を通さない。③昇華しやすいものがある。	ヨウ素 I_2，水(氷) H_2O，二酸化炭素(ドライアイス) CO_2，スクロース $C_{12}H_{22}O_{11}$ など
共有結合結晶	原子がどこまでも共有結合で結ばれ，結晶全体が巨大な分子をなす。	一般に融点が極めて高く，硬い。	ダイヤモンド C，ケイ素 Si，石英 SiO_2 など
イオン結晶	陽・陰イオンのイオン結合によりできた結晶。	①融点・沸点は高い。②結晶は電気を通さない。融解すると電気を通す。	塩化ナトリウム NaCl，硫酸カリウム K_2SO_4 など
金属結晶	金属結合からなる結晶。	固体・液体とも電気を通す。展性・延性に富む。金属光沢がある。	銅 Cu，金 Au，銀 Ag，ナトリウム Na など

7 金属の結晶格子

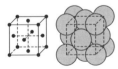   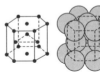

面心立方格子　　　　体心立方格子　　　　六方最密構造

単位格子中の原子数

①面心立方格子　$\dfrac{1}{8}(頂点)\times 8+\dfrac{1}{2}(面心)\times 6=4(個)$

②体心立方格子　$\dfrac{1}{8}(頂点)\times 8+1(中心)=2(個)$

33. 〈化学結合〉

化学結合は，原子やイオンが集まって分子や結晶をつくるときに生じる原子やイオンの結びつきのことである。ア 結合は，陽イオンと陰イオンが静電気的な引力で結びついた結合をいう。イ 結合は，非金属元素の原子同士が価電子を出しあってできる。ウ 結合は，分子や陰イオンを構成している原子が他の陽イオンに非共有電子を提供してできる。エ 結合では，価電子が特定の原子間ではなく，すべての原子間を移動できる。このような価電子を オ とよぶ。

(1) ア ～ オ にあてはまる適切な語句を書け。
(2) 金属の性質を三つ述べよ。　　　　　　　　　　　　　　　　　〔16 千葉大〕

34. 〈結合と分子の極性〉

水分子中では，水素原子と酸素原子がそれぞれ不対電子を出しあって ア 電子対をつくり，ア 結合している。ₐ水分子中の酸素原子は イ 電子対をもち，これを水素イオンに提供して ア 結合を形成し，オキソニウムイオンとなる。このようにしてできる ア 結合を，特に ウ 結合という。

一般に，異なる原子間で ア 結合が形成されると，電子対はどちらか一方の原子の方により引きつけられる。この電子対を引きつける強さを示す尺度を原子の エ といい，結合している原子間に電荷の偏りがあることを結合に極性があるという。分子中の結合に極性があっても，分子全体では極性が打ち消しあって，極性をもたない分子もある。

分子の間には オ とよばれる弱い引力がはたらき，分子同士が互いに集合しようとする傾向がある。一般には分子量が大きくなると オ が強くなり沸点が高くなる。

(1) 空欄 ア ～ オ に当てはまる最も適切な語句を記せ。
(2) 下線部 a について，オキソニウムイオンの電子式を，下の例にならって記せ。
　　(例) H:H
(3) プロパンとエタノールは同程度の分子量をもつにもかかわらず，エタノールの沸点の方が異常に高い。この理由を 50 字以内で記せ。　　　　　　〔16 群馬大〕

35. 〈構造式と電子式，共有電子対，分子の極性〉

(1) 次に示す分子を，構造式および電子式で書き表せ。
　(ア) 水　　(イ) アンモニア　　(ウ) 二酸化炭素　　(エ) 窒素　　(オ) 過酸化水素
　(カ) 四塩化炭素　　　　　　　　　　　　　　　　　　　　　　　〔高知女子大〕
(2) 次の分子全体の極性の有無と分子の形をまとめた表の①～⑯にあてはまる最も適切なものをそれぞれの解答群から選べ。

18   3 化学結合と結晶

	共有電子対の数	非共有電子対の数	分子全体としての極性の有無	分子の形
三塩化ホウ素	3	9	無	三角形
四塩化炭素	①	⑤	⑨	⑬
硫化水素	②	⑥	⑩	⑭
二酸化炭素	③	⑦	⑪	⑮
アンモニア	④	⑧	⑫	⑯

[①～⑧に対する解答群]　0～19の整数
[⑨～⑫に対する解答群]　(ア) 有　(イ) 無
[⑬～⑯に対する解答群]　(ア) 折れ線形　(イ) 三角形　(ウ) 三角錐形
　　　　　　　　　　　　(エ) 正四面体形　(オ) 直線形　　　　　〔15 近畿大〕

必 36. 〈NH₄⁺ と NH₃ に関する結合〉

次の記述(a)～(c)の正誤を判断せよ。

(a)　アンモニウムイオン中の結合は，共有結合，配位結合，およびイオン結合からできているが，どれがどの結合からできているかを区別することはできない。

(b)　アンモニウムイオンに含まれている1つの配位結合は，アンモニア分子中の窒素原子 N から提供された非共有電子対を水素イオン H⁺ と窒素原子 N が互いに共有することによりつくられる。

(c)　アンモニア分子中の N–H 結合には極性があるが，分子の構造上，3つの N–H 結合の極性は互いに打ち消しあうため，アンモニア分子は無極性となる。　〔18 愛知工大〕

準 37. 〈水分子の特性〉

(1)　文中の空欄 ア ～ カ にあてはまる語句を， A ～ C にあてはまる数値を記せ。

水は，水素原子と酸素原子が ア 結合してできた分子で，両構成原子の イ の差が大きく，分子の形状は折れ線形であるため，水分子は ウ をもつ。水分子中の酸素原子に結合した水素原子はわずかに正電荷を帯びており，隣接する水分子の酸素原子の エ に近づいて オ 結合を形成する。

氷の結晶中では1個の水分子は他の A 個の水分子と方向性のある オ 結合することによって カ 構造をとっている。このとき，1個の酸素原子は B 個の水素原子と ア 結合し， C 個の水素原子と オ 結合している。　〔10 摂南大〕

(2)　氷が融けて水になると体積が減少する。この理由を簡潔に述べよ。　〔15 慶応大〕

必 38. 〈結晶の分類と性質〉

(1)　表の空欄に最も適する語句を語群の中から選び，記号で答えよ。同じ記号を何度選んでもよい。

結晶の種類	金属結晶	イオン結晶	分子結晶	共有結合結晶
融点と沸点の特徴	多様	高い	多様	(ア)
融解液は電気を通すか	(イ)	(ウ)	(エ)	
機械的性質	(オ)	(カ)	(キ)	一般に非常に硬い
構成粒子間の結合	(ク)	(ケ)	(コ)	(サ)
化学式	(シ)	(ス)	(セ)	(ソ)

[語群] (a) 低い (b) 高い (c) 電気を通す (d) 電気を通さない
(e) 展性・延性に富む (f) やわらかくて砕けやすい (g) 硬くてもろい
(h) ファンデルワールス力 (i) 電子対の共有による結合
(j) 自由電子による結合 (k) 静電気的な引力
(l) 組成式 (m) 分子式   〔15 名城大 改〕

(2) 結晶①～④に分類されるものをA群の中からすべて選び,化学式(組成式あるいは分子式)で書け。
① 金属結晶 ② イオン結晶 ③ 分子結晶 ④ 共有結合結晶
[A群] 塩化ナトリウム ドライアイス ダイヤモンド ヨウ素 ナトリウム
氷 二酸化ケイ素 炭酸カルシウム 銅   〔15 東京理大 改〕

必*39.〈銅の結晶格子〉

右の図は銅の結晶構造を示したものである。
(1) この構造は何と呼ばれるか,名称を記せ。
(2) 単位格子1つ当たりに含まれる原子の数を書け。
(3) 1個の銅原子に隣接している他の銅原子は何個か。ただし,銅原子は球形で,最も近い原子は互いに接しているものとする。

(4) 単位格子の一辺の長さをa〔cm〕,銅原子の半径をr〔cm〕とするとき,rを用いてaを表す式を書け。
(5) 単位格子の一辺の長さをa〔cm〕,銅の原子量をM,アボガドロ定数をNとするとき,銅の密度d〔g/cm^3〕を表す式を書け。 〔15 秋田大 改〕
(6) 原子を球と考え,球が占めている体積の全体積に対する割合を充塡率という。面心立方格子の充塡率(%)を有効数字2桁で求めよ。$\sqrt{2}=1.41$, $\pi=3.14$ 〔12 東京理大 改〕

必*40.〈体心立方格子〉

次の文章中の空欄 □ にあてはまる数値を答えよ。ただし,(2)～(4)は有効数字2桁で示せ。Fe=56,$\sqrt{2}=1.41$,$\sqrt{3}=1.73$,アボガドロ定数 $6.0×10^{23}$/mol

金属である鉄の結晶は体心立方格子をつくっており,その単位格子中には (1) 個の鉄原子が含まれる。鉄の単位格子の一辺の長さを $2.9×10^{-8}$ cm とすると,1cm^3 中にはおよそ (2) 個の鉄原子が含まれることになり,その密度はおよそ (3) g/cm^3 と求められる。また,最近接原子間距離はおよそ (4) cm である。 〔08 近畿大〕

20 3 化学結合と結晶

必 ◇**41.**〈イオン結晶の結晶格子〉

塩化ナトリウムと塩化セシウムの単位格子を次図に示す。以下の問いに答えよ。

① NaCl　　　　　　　　　　　　　　　　② CsCl

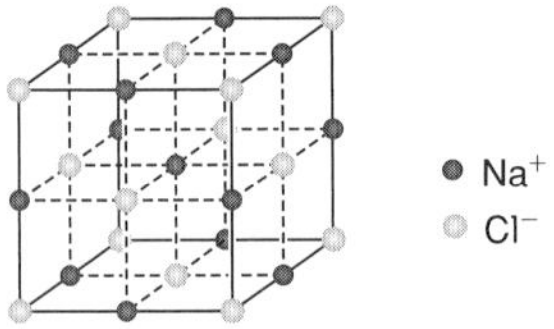

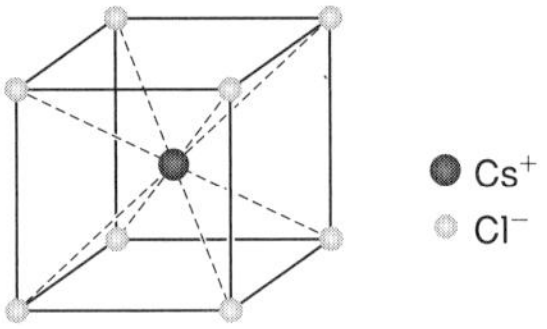

● Na⁺　　　　　　　　　　　　　　● Cs⁺
○ Cl⁻　　　　　　　　　　　　　　○ Cl⁻

(1) ①と②について，単位格子中の陽イオンと陰イオンの数を答えよ。

(2) ①と②について，1個の Cl^- に対して最も近くに存在する陽イオンの数を答えよ。

(3) Na^+, Cs^+, Cl^- のイオン半径は，それぞれ 0.116 nm, 0.181 nm, 0.167 nm である。①と②の単位格子の一辺の長さ〔nm〕を有効数字 2 桁で求めよ。ただし，$\sqrt{2} = 1.41$, $\sqrt{3} = 1.73$ とする。

(4) ①について，NaCl の密度を有効数字 2 桁で求めよ。ただし，Na=23, Cl=35.5, アボガドロ定数 6.0×10^{23}/mol, $1\,nm = 10^{-9}$ m とし，また，$(0.116+0.167)^3 = 0.0226$ とする。　　　　　　　　　　　　　　　　　　　　　　　　　〔15 北里大 改〕

◇**42.**〈融点・沸点が高い物質の判別〉

(1) 融点 (または昇華点) が高い物質はどちらか。
二酸化ケイ素　　二酸化炭素　　　　　　　　　〔05 信州大, 05 防衛大, 06 首都大〕

(2) 融点が高い物質はどちらか。
塩化ナトリウム　　ナフタレン　　　　　　　　　　　　　　　　〔10 防衛大〕

(3) 融点が最も高い物質を組成式で答えよ。
塩化ナトリウム　　臭化ナトリウム　　フッ化ナトリウム　　ヨウ化ナトリウム
〔17 秋田大〕

(4) 融点が高い物質はどちらか。
塩化ナトリウム　　酸化カルシウム　　　　　　　　〔09 同志社大, 10 東北大〕

(5) 融点が高い物質はどちらか。
カリウム　　カルシウム　　　　　　　　　　　　　〔08 島根大, 14 大阪大〕

(6) 融点が高い物質はどちらか。
タングステン　　アルミニウム　　　　　　　　　　　　　　　〔17 早稲田大〕

(7) 沸点が高い物質はどちらか。
シクロペンタン　　シクロヘキサン　　　　　　　　　　　　〔17 東京都市大〕

(8) 沸点が高い物質はどちらか。
窒素　　シアン化水素　　　　　　　　　　　　　　　　　　　　〔広島大〕

(9) 沸点の高い順に物質を左から並べよ。
HF　　HCl　　HBr　　HI　　　　　　〔08 岐阜大, 08 熊本大, 10 大阪大〕

(10) 沸点が高い物質はどちらか。
エタノール　　ジメチルエーテル　　　　　　　　　　　　　〔17 東京都市大〕

⑾ 融点が高い物質はどちらか。

マレイン酸   フマル酸

〔17 早稲田大，17 日本女子大〕

B

準◇43. 〈分子間力と沸点，金属結合と融点〉

14 族元素に属する炭素の枝分かれのない水素化合物は，分子量が大きくなるほど沸点が高くなる。また，①分子量が同じ炭素の水素化合物の場合でも，その構造の違いにより沸点は異なる。これは，分子の集合のしかたの違いによるものである。

第 2〜5 周期の 15，16，17 族元素の水素化合物は，同程度の分子量をもつ 14 族元素の水素化合物よりも沸点が高い。中でも，第 2 周期の 15，16，17 族元素のうち，最も分子量の小さな水素化合物はいずれも強い極性をもつため，それらの沸点は，分子量から予想される値よりも異常に高い。②沸点は，高い方から ア > イ > ウ となっている。また，これらの水素化合物における水素結合 1 つの強さは エ > オ > カ となっている。

金属単体の融点にも，一般的な順序が存在している。例えば，アルカリ金属であるカリウムの融点は，ナトリウムよりも キ ，ルビジウムよりも ク 。これは，金属結合に使用される単位体積当たりの ケ の数に影響されるためである。

(1) ア ～ ケ の空欄にあてはまる適切な語句または分子式を答えよ。
(2) 下線部①について，C_5H_{12} の分子式をもつ化合物の全異性体の構造式を沸点の高い順に左から記せ。また，その順序となる理由を 50 字以内で記せ。
(3) 下線部②について， ア > イ となる理由を 30 字以内で記せ。　〔14 大阪大〕

準◇44. 〈ケイ素の結晶〉

ケイ素 Si は図(A)のような単位格子（一辺の長さ a〔cm〕の立方体）をもつ共有結合結晶である。結晶中の各ケイ素原子は図(B)のように，正四面体の各頂点に位置している 4 つのケイ素原子と共有結合で結びついている。ケイ素原子はこの単位格子の各頂点（8 カ所），各面心（6 カ所），および内部（4 カ所）に存在する。

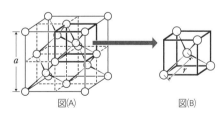

図(A)　図(B)

(1) 単位格子中に含まれるケイ素原子の数を記せ。
(2) 図中に示されている Si-Si 原子間結合距離 r〔cm〕を，単位格子の一辺の長さ a〔cm〕を用いて表せ。

(3) アボガドロ定数 N_A を実験的に求めるため，^{28}Si だけからなる重さ 1.00 kg の球を作製し，実験により以下の値を決定した。
　　球の体積：429 cm³
　　^{28}Si 結晶の単位格子一辺の長さ：a〔cm〕
　本実験で得られた数値と a を用いて N_A を求めよ。なお ^{28}Si の原子量は 28.0 とする。
〔22 京都産大 改〕

†○45.〈分子結晶〉

炭素の新たな同素体として 1985 年にフラーレン C_{60} が発見された。
　C_{60} は図 1 に示すような炭素原子 60 個からなる球状分子である。この分子は室温において図 2 に示すような面心立方格子の分子結晶をつくる。
　図 2 で黒丸は C_{60} の中心位置を示す。単

図1
フラーレンC_{60}分子

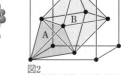
図2
C_{60}分子結晶の単位格子

位格子の一辺の長さは 1.4 nm である。C_{60} は結晶中において，それぞれの位置で高速回転している。また，この面心立方格子には，4 個の C_{60} で囲まれた位置 A と，6 個の C_{60} で囲まれた位置 B の 2 種類の大きさの異なる隙間が存在し，その大きさに合わせてアルカリ金属などの原子が収容される。C＝12，アボガドロ定数 6.0×10^{23}/mol

(1) フラーレン C_{60} 分子結晶の単位格子（図 2）中には何個の炭素原子が含まれているか。
(2) フラーレン C_{60} 分子結晶の密度〔g/cm³〕を有効数字 2 桁で求めよ。
(3) 図 2 において，位置 B と同等なすべての隙間に原子が 1 個ずつ収容されたとすると，単位格子あたりに何個の原子が収容されるか。
〔11 名古屋大 改〕

○46.〈六方最密構造〉

単体のマグネシウムの結晶は，図に示す六方最密構造をとる。ここで単位格子の辺の長さは，それぞれ $a=0.32$ nm，$c=0.52$ nm（1 nm＝1×10^{-9} m）である。Mg＝24

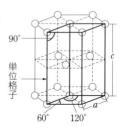

(1) 単位格子に含まれるマグネシウム原子の数を記せ。
(2) マグネシウム原子の半径は何 nm か。
(3) マグネシウム原子を球と考え，結晶の全体積に対する原子が占める割合を充塡率という。円周率 π と a，c を用いて，六方最密構造の充塡率（％）を表す式を書くと $\boxed{ア} \times \dfrac{a\pi}{c} \times 100$〔％〕と表される。$\boxed{ア}$ を有理化したうえで答えよ。
(4) マグネシウムの結晶の密度〔g/cm³〕を有効数字 2 桁で求めよ。ただし，アボガドロ定数を 6.0×10^{23}/mol，$\sqrt{2}=1.4$，$\sqrt{3}=1.7$ として計算せよ。
〔15 法政大 改〕

†°47.〈イオン結晶の限界半径比〉 思考

次の文を読み，以下の(1)~(4)に答えよ。計算結果は有効数字2桁で示せ。

$\sqrt{2}=1.41$, $\sqrt{3}=1.73$, $\sqrt{5}=2.24$, $C=12$, アボガドロ定数 $N_A=6.0\times10^{23}$/mol

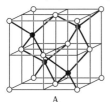 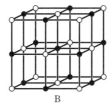 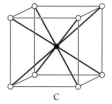

　　　　A　　　　　　　　　　B　　　　　　　　　　C

図A～Cはそれぞれ立方体の単位格子で，○および●は原子の位置を表しており，最近接の原子間は太線で結んである。

図Aの○に陰イオン，●に陽イオンを当てはめると，閃亜鉛鉱型構造のイオン結晶となる。この構造は，陽イオンと陰イオンが1:1の比になる構造の1つである。図B，Cは，同じく陽イオンと陰イオンの比が1:1の構造で，それぞれ塩化ナトリウム型構造，塩化セシウム型構造の単位格子を表している。ここで，それぞれのイオンは硬い球であると考える。閃亜鉛鉱型構造において，八分割した小さな立方体の1つに注目すると，より小さい陽イオン(小立方体の中心)とより大きな陰イオン(小立方体の頂点)が接しているとき，陰イオン，陽イオンそれぞれの半径 r^-, r^+ と，単位格子の長さ a には，

　　　 ア $a=r^-+r^+$ ……①

が成り立つことがわかり，また，より大きな陰イオンも隣り合うものどうしで接しているときには，

　　　 イ $a=2r^-$ ……②

も成り立つ。これらの式より，(a)陰イオンどうしが接し，陽イオンと陰イオンも接しているときのイオン半径比 $\dfrac{r^+}{r^-}$ を求めることができる。イオン結晶は，イオンどうしが静電気力により引き合うことで安定化しているので，(b)陰イオンどうしが接触し，陽イオンと陰イオンが接触しないと不安定になる。また，より多くの相手イオンに接している方が安定となる。

(1) ア ， イ に適切な数値等を入れて，①式および②式を完成させよ。平方根や分数になる場合はそのままの形でよい。

(2) 下線部(a)のイオン半径比 $\dfrac{r^+}{r^-}$ を求めよ。

(3) 塩化ナトリウム型構造(図B)と塩化セシウム型構造(図C)について，下線部(a)の条件でのイオン半径比 $\dfrac{r^+}{r^-}$ を求めよ。

(4) 陽イオンと陰イオンの比が1:1となる構造は，図A～Cに示した3つの構造のいずれかであり，下線部(b)によりイオン結晶の構造が決まるとする。塩化ナトリウム型構造が安定となるイオン半径比 $\dfrac{r^+}{r^-}$ の範囲を求めよ。　　　　〔12 岐阜大〕

4 物質の三態・気体の法則

（◇=上位科目「化学」の内容を含む項目）

1 物質の三態（固体・液体・気体）

気体
- 分子間の距離が大きく，分子間力はほとんどはたらかない。
- 熱運動によって飛びまわっている。

昇華↑↓（凝華）　　　蒸発↑↓凝縮

固体
- 分子間の距離が小さく，分子間力がはたらく。
- 熱運動をしているが，相互の位置は変わらない。

融解 ⇄ 凝固

液体
- 分子間の距離が小さく，分子間力がはたらく。
- 熱運動によって相互の位置を変えている。

◇2 気液平衡と蒸気圧

(1) **気液平衡** 密閉した容器内で蒸発する分子の数と凝縮する分子の数が等しくなり，見かけ上，蒸発も凝縮も起こっていないような状態。

(2) **蒸気圧** 気液平衡のとき，気体が示す圧力。他の気体が存在してもしていなくても同じ値を示す。また，一般に蒸気圧は，温度が高くなるほど大きくなる。

(3) **沸騰** 液体の内部からも気体が泡となって発生する現象。一般に，液体の蒸気圧が液面を押している圧力（外圧）に等しくなったとき，沸騰が起こる。

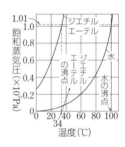

◇3 気体の法則

(1) **ボイル・シャルルの法則** 一定量の気体の体積 V は，圧力 p に反比例し，絶対温度 T に比例する。

$$pV = kT \quad \text{または} \quad \frac{p_1 V_1}{T_1} = \frac{p_2 V_2}{T_2}$$

注　①ボイルの法則　分子数と温度が一定のとき，$pV = k$　または　$p_1 V_1 = p_2 V_2$
　　②シャルルの法則　分子数と圧力が一定のとき，$V = kT$　または　$\dfrac{V_1}{T_1} = \dfrac{V_2}{T_2}$

(2) **気体の状態方程式**　$pV = nRT$　　気体定数 $R = 8.31 \times 10^3 \left(\dfrac{\text{Pa} \cdot \text{L}}{\text{mol} \cdot \text{K}} \right)$

圧力×体積＝物質量×気体定数×絶対温度
〔Pa〕〔L〕　〔mol〕　　　　　〔K〕

(3) **分圧の法則**　$p = p_1 + p_2 + p_3 + \cdots\cdots$　（p：混合気体の全圧，$p_1, p_2, p_3, \cdots\cdots$：分圧）
　　分圧比＝物質量比（分子数比）　（体積・温度一定）

◇4 理想気体と実在気体

(1) **理想気体**　$pV = nRT$ に完全に従う気体。
分子自身の体積を 0，分子間力を 0 と仮定した気体。

(2) **実在気体**　実際の気体は厳密には $pV = nRT$ に従わない。これは分子に一定の大きさがあり，また，分子間力がはたらくからである。一般に，実在気体でも **高温・低圧** ほど理想気体に近づく。

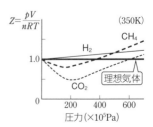

必°48. 〈三態の変化と熱量〉

右図は，ある化合物 0.10 mol に圧力 $1.0×10^5$ Pa の下で 1 時間あたり 5.0 kJ の熱を加え，固体から気体になるまで変化させたときの加熱時間と化合物の温度の関係を示している。以下の問いに答えよ。

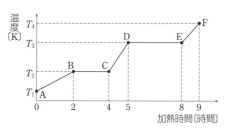

(1) この物質の融点と沸点を示せ。
(2) (i) 固体と液体がともに存在する領域 および (ii) 液体と気体がともに存在する領域 を例にならって示せ。 (例) 領域 GH 間
(3) この物質 1 mol あたりの融解熱 [kJ/mol] と蒸発熱 [kJ/mol] を求めよ。
(4) 領域 BC 間や DE 間では，加熱しているのに温度の上昇がない。領域 BC 間を例に理由を簡潔に説明せよ。　　　　　　　　　　　　　　　　　　　　〔18 明治薬大〕
(5) 魔法瓶のような熱を通さない容器内に 50 ℃ の水 100 g が入っている。この水に 0 ℃ の氷 36 g を入れた場合，物質の温度は何 ℃ になるか，有効数字 2 桁で答えよ。ここで，水の比熱を 4.2 J/(g・K)，氷の融解熱を 6.0 kJ/mol とする。
(H＝1.00，O＝16.0)　　　　　　　　　　　　　　　　　　　　　　〔20 神戸大〕

必°49. 〈二酸化炭素の状態図〉

図は二酸化炭素の状態図である。

(1) 図の(ア)～(ウ)の領域それぞれでは，二酸化炭素はどの状態で安定となるか。固体，液体，気体のいずれかで示せ。
(2) 図の点 T と曲線 BT をそれぞれ何というか示せ。
(3) 図の矢印①のように温度一定のもと，圧力を高くすると，(ウ)から(イ)に変化する。この現象を何というか示せ。　　　　　　　　　　　　　　　〔22 金沢工大〕

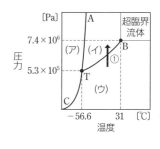

(4) 図に示す温度と圧力の範囲において，正しい記述を次の(a)～(e)からすべて選べ。
　(a) 二酸化炭素の融点は，圧力の上昇とともに高くなる。
　(b) 二酸化炭素は，$5.00×10^5$ Pa 以下では液体にならない。
　(c) 二酸化炭素は，$1.01×10^5$ Pa において −56.6 ℃ 以下で固体となる。
　(d) 二酸化炭素は，点 T において気体と固体のみの混合状態である。
　(e) 超臨界流体は，固体，液体，気体の区別がつかない状態である。　〔22 上智大〕

4 物質の三態・気体の法則

必◦50.〈気体の法則〉
次の問いに有効数字2桁で答えよ。ただし, 気体は理想気体として扱えるものとする。
N=14, O=16, R=8.3×10³Pa・L/(mol・K), 1.01×10⁵Pa=760mmHg
(1) 50.5 kPa で 200 mL の気体は, 同じ温度で 500 mmHg のとき, 何 mL になるか。
(2) 427℃, 9.09×10⁶Pa で体積が1.0Lの理想気体を, 0℃, 1.01×10⁵Pa にすると体積は何Lになるか。〔16 星薬大 改〕
(3) 27℃において, 12.8gの酸素と5.6gの窒素を3.0Lの容器に入れた。この混合気体の全圧は何Paか。〔09 千葉工大〕
(4) ある気体の密度は27℃, 2.49×10⁵Pa で 3.0g/L であった。この気体の分子量を求めよ。〔12 東京都市大〕

準◦51.〈シャルルの法則〉
図のように, 両端にそれぞれコックaとbがついた断面積20cm²のピストンを備えた円筒容器がある。コックaとbを開いた状態で, A, B両室の空気は 27℃, 1.0×10⁵Pa である。いま, (1), (2)のように操作するとき, ピストンはそれぞれ何cm移動

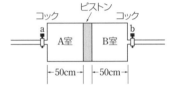

するか。ただし, ピストンは抵抗なく移動し, ピストンおよび円筒容器は他室へは熱を伝えないものとする。気体定数 R=8.3×10³Pa・L/(mol・K)
(1) 27℃で, コック a を閉じ, コック b を開いた状態からA室のみを57℃にする。
(2) 27℃で, コックaとbを閉じた状態から, A室のみを57℃にする。〔神戸学院大〕

必◦52.〈混合気体の分圧〉
窒素28.0g, 酸素19.2g, 二酸化炭素17.6gからなる混合気体がある。この混合気体の400Kにおける酸素の分圧は 1.2×10⁵Pa であった。次の①〜⑫にあてはまる値を有効数字2桁で答えよ。C=12.0, N=14.0, O=16.0, R=8.3×10³Pa・L/(mol・K)

	物質量	全物質量	モル分率	分圧	全圧
窒素	①		⑤	⑧	
酸素	②	④	⑥	1.2×10⁵Pa	⑩
二酸化炭素	③		⑦	⑨	

混合気体の体積:⑪
混合気体の平均分子量:⑫
〔16 愛知工大 改〕

準◦53.〈液体の分子量の測定〉
C, H, O からなる沸点 56℃ の化合物 X について, 次の実験①〜⑦を行った。下の問いに答えよ。H=1.0, C=12, O=16, R=8.31×10³Pa・L/(mol・K)
① アルミ箔, 輪ゴム, フラスコの質量を測ると 258.30g であった。
② フラスコに 5 mL の化合物 X を入れた。
③ 図のように, フラスコの口にアルミ箔と輪ゴムを用いて

ふたをし、釘で小さな穴を開けて、沸騰水中にできるだけ深く浸した。
④ 化合物Xが全部気化したことを確かめた後、しばらくして温度を読むと100°Cであった。
⑤ フラスコを取り出して放冷した後、外側の水をふき取り、ふたをつけたまま質量を測ると 260.40 g であった。
⑥ フラスコの内容積は 1.11 L であり、その日の気圧は 1.01×10^5 Pa であった。
⑦ 元素分析を行ったところ、化合物Xに占める炭素と水素の質量百分率は C 62.1%, H 10.3% であった。

(1) 理想気体の状態方程式を用いた計算式を示し、化合物Xの分子量を有効数字3桁まで求めよ。
(2) 実験⑦の結果から、化合物Xの組成式を求めよ。 〔14 近畿大〕

準◆54.〈混合気体の水上置換〉

27°C, 大気圧 103.60 kPa で次の実験を行った。
混合気体の入ったガスボンベの質量は 198.18 g であった。右図のように装置を組み立てて、ガスボンベから気体の一部を放出した。メスシリンダーの水面と水槽の水面を一致させ、気体の体積を測定すると 450 mL であった。気体放出後のガスボンベの質量は 197.18 g であった。

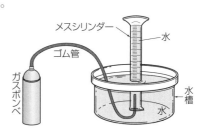

下の問いに答えよ。ただし、気体は理想気体とし、気体の水への溶解およびゴム管内の気体の量は無視できるものとする。気体定数は 8.31×10^3 Pa·L/(mol·K) とし、27°C における水の飽和蒸気圧は 3.60 kPa とする。

(1) ガスボンベ中の混合気体の平均分子量はいくらか。小数第1位まで答えよ。
(2) 気体の分子量を求める実験で、下線部のような操作を行う理由を簡単に述べよ。
(3) ガスボンベ中の混合気体には、ブタン(分子量58)とプロパン(分子量44)の2種類が含まれている。ブタンのモル分率を有効数字2桁で求めよ。 〔12 福岡大〕

必◆55.〈蒸気圧〉

右図は、3種類の物質 A, B, C の蒸気圧曲線である。これを参考にして以下の問いに答えよ。数値を答える場合は有効数字2桁で答えよ。

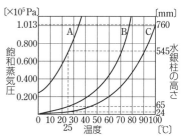

(1) 1.013×10^5 Pa (1 atm) 下で最も沸点が低い物質を記号で記せ。
(2) 3種類の物質のうち、分子間力の最も大きいものを記号で記せ。
(3) 大気圧が 8.0×10^4 Pa の山頂では、物質Cは約何°Cで沸騰するか。

(4) 25℃で，物質A，B，Cをそれぞれ体積が500 mL，100 mL，50 mLの真空容器に入れて密封すると，いずれの物質も一部が液体として容器内に残った。このとき，どの物質を入れた容器の圧力が最も高くなるか記号で記せ。　　〔18 関西学院大〕

(5) 液体の飽和蒸気圧は，次図に示すような装置を用いて測定できる。
大気圧 $1.013×10^5$ Pa，温度25℃で次の実験Ⅰ・Ⅱを行った。このとき，化合物Xの液体の飽和蒸気圧は何Paになるか。有効数字2桁で答えよ。ただし，ガラス管内にある化合物Xの液体の体積と質量は無視できるものとする。

実験Ⅰ　一端を閉じたガラス管を水銀で満たして倒立させると，管の上部は真空になった。このとき，水銀柱の高さは760 mmになった（図ア）。

実験Ⅱ　実験Ⅰののち，ガラス管の下端から上部の空間に少量の化合物Xの液体を注入した。気液平衡に達したとき，水銀柱の高さは532 mmになった（図イ）。

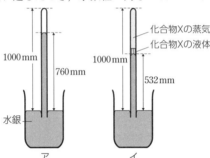

〔20 センター試験〕

56. 〈混合気体と蒸気圧〉

体積を自由に変えることができる容器内にヘキサンと窒素をそれぞれ0.20 molずつ入れ，圧力を $1.0×10^5$ Pa，温度を60℃に保ったところ，ヘキサンはすべて気体となった。ヘキサンの蒸気圧曲線は図の通りである。次の問いに有効数字2桁で答えよ。
$R=8.3×10^3$ Pa・L/(mol・K)

(1) 混合気体の圧力を $1.0×10^5$ Paに保ったまま，温度を徐々に下げていったとき，何℃でヘキサンが凝縮し始めるか。

(2) 混合気体の圧力を $1.0×10^5$ Paに保ったまま，さらに温度を下げて17℃にした。このときの混合気体の体積は何Lか。

(3) 17℃のもとで，凝縮したヘキサンをすべて気体にするためには，混合気体の体積を何L以上に膨張させなければならないか。　　〔07 上智大〕

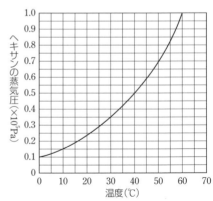

4 物質の三態・気体の法則　**29**

必❖57. 〈蒸気圧と液体の量〉

　下の問い(1)〜(4)に有効数字2桁で答えよ。ただし，60℃ および 90℃ における飽和水蒸気圧はそれぞれ 2.0×10⁴Pa，7.0×10⁴Pa として，原子量は H=1，O=16，気体定数は 8.3×10³Pa・L/(mol・K) を用いよ。

(1)　容積 10 L の容器Aの内部を真空にして水 3.6 g を注入し，容器内の温度を 90℃ に保ったとき，容器A内の圧力は何 Pa となるか。

(2)　容器Aの内部を真空にして水 3.6 g を注入後，容器内の温度を 60℃ に保ったとき，容器A内に液体として存在する水は何 g か。

(3)　容積が 20 L の容器Bの内部を真空にして水 3.6 g を注入後，容器内の温度を 60℃ に保ったとき，容器B内に液体として存在する水は何 g か。

(4)　20℃ で容器Aに乾燥した空気を満たして 5.0×10⁴Pa とした。次に水 3.6 g を注入し，容器内の温度を 60℃ に保ったとき，容器A内の圧力は何 Pa となるか。

〔05 東京薬大〕

必❖58. 〈気体の燃焼と圧力〉

　容積 8.3 L の容器にメタンと酸素を入れたとき，27℃ における分圧はそれぞれ 4.0×10³Pa および ①　Pa であった。その容器内でメタンを完全燃焼させたあと，温度を 27℃ に戻した結果，水滴が生じ，全圧は 7.8×10³Pa となった。このとき容器内には未反応の酸素が残り，生じた水滴の質量はおよそ ②　g であった。ただし，27℃ における水の飽和蒸気圧は 3.6×10³Pa とし，液体の水の体積は無視できるものとする。(H=1.0，O=16，R=8.3×10³Pa・L/(mol・K))

　①，②に当てはまる数値を有効数字2桁で求めよ。

〔20 龍谷大 改〕

必❖59. 〈理想気体と実在気体〉

　体積 V〔L〕，圧力 p〔Pa〕，温度 T〔K〕の状態にある n〔mol〕の理想気体では，(i)式の記号 Z の値は常に ①　(整数値)となる。ここで，R〔Pa・L/(K・mol)〕は気体定数である。

$$Z = \frac{pV}{nRT} = \boxed{①}\quad \cdots\cdots(i)$$

　一方，実在気体においては，一般に低温と高圧では，それぞれ ②　が強くなり，③　を無視できないため，理想気体からのずれは大きくなる傾向がある。実在気体において，理想気体にふるまいが最も近くなるのは，分子量が ④　く，極性が ⑤　分子からなる気体である。

(1)　①〜⑤に最も適する整数値，語句を書け。

(2)　理想気体に関して，正しい関係を表しているグラフを一つ選べ。ただし，圧力は $p_1 < p_2 < p_3$，温度は $T_1 < T_2 < T_3$ とする。

30 **4** 物質の三態・気体の法則

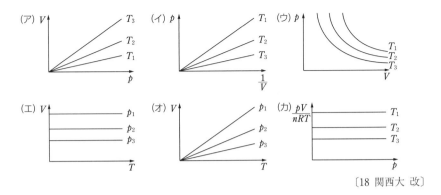

〔18 関西大 改〕

B

60. 〈水の状態図〉
　固体・液体・気体の三態間の変化のように、物質そのものは変化せず、物質の状態だけが変わる変化を物理変化(状態変化)という。物質の状態は、温度と圧力で決まる。物質が様々な温度と圧力のもとでどのような状態をとるかを示した図を状態図とよぶ。図1は水の状態図である。水は、氷(固体)・水(液体)・水蒸気(気体)の3つの状態をとっている。3つの状態は点Xを中心とした3本の曲線で分けられており、点Xを［ ア ］点、曲線 RX を ［ イ ］ 曲線とよぶ。また、374℃、$2.208×10^7$ Pa (点Q)をこえると、気体とも液体とも区別がつかない状態となる。このような状態にある物質を ［ ウ ］ という。

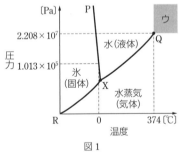

図1

(1) ［ ア ］〜［ ウ ］に当てはまる適切な語句を記せ。
(2) 図2のように、両端に重りをつけた細いひもを氷にのせると、ひもは氷をすりぬけて、氷は切断されていない状態になった。この理由を説明せよ。

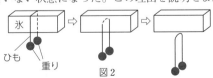

図2

〔22 京都府医大〕

4 物質の三態・気体の法則

◇61.〈連結球での気体の燃焼〉

（　）に最も適合するものを，それぞれ下から選べ。

片側を閉じた十分に長いガラス管の内部を水銀で満たし，水銀だめの中で倒立させた。この水銀柱の真空部分を水蒸気で飽和させると，27℃，1気圧において，水銀柱の高さは730 mm であった。

27℃における水の飽和蒸気圧は（ A ）kPa である。

27℃で，水素が圧力 30 kPa で詰められた耐圧容器 X（容積 2.0 L）と，酸素が圧力 40 kPa で詰められた耐圧容器 Y（容積 3.0 L）が，コック Z で連結されている。温度を 27℃で一定に保ったまま，コック Z を開けて二つの気体を混合すると，混合気体の全圧は（ B ）kPa となった。

この混合気体に電気火花を点火して反応させたのち，容器の温度を 27℃にすると，容器内の全圧は（ C ）kPa となった。このとき，生成した水の（ D ）％ が凝縮している。（H=1.0，O=16.0，$R=8.31\times10^3$ Pa・L/(K・mol)，標準大気圧=760 mmHg）

A：(ア) 0.96　(イ) 4.0　(ウ) 30　(エ) 97.3　(オ) 730
B：(ア) 14　(イ) 35　(ウ) 36　(エ) 70　(オ) 142
C：(ア) 18　(イ) 22　(ウ) 24　(エ) 30　(オ) 95
D：(ア) 0　(イ) 25　(ウ) 33　(エ) 50　(オ) 67　(カ) 75　(キ) 100　〔17 早稲田大 改〕

◇62.〈温度の異なる連結球と混合気体の圧力〉

下の設問に有効数字 2 桁で答えよ。H=1.0，C=12，N=14，O=16

気体は理想気体として扱い，気体定数 $R=8.31\times10^3$ Pa・L/(mol・K)，飽和水蒸気圧は 17℃で 1.94×10^3 Pa，67℃で 2.70×10^4 Pa とする。また，コック，連結部分および液体の水の体積は無視できるものとする。

(1) 右図に示した耐圧容器において，コックを閉じた状態で容器 A にメタン 0.32 g，容器 B には空気（体積比で酸素 20％，窒素 80％）11.52 g を入れた。

27℃に保ったままコックを開き，十分な時間が経過した後，容器内のメタンを完全燃焼させ，容器 A，B ともに 327℃にした。このときの容器内の全圧〔Pa〕を求めよ。ただし，生成した水はすべて水蒸気として存在していたものとする。

(2) さらに(1)の後，コックを開いたままで，容器 A 内を 67℃，容器 B 内を 17℃ に保った。このとき，①容器 A 内に存在する水蒸気の物質量〔mol〕および，②容器 B 内に存在する液体の水の物質量〔mol〕を求めよ。　〔14 京都府医大 改〕

準◇63.〈混合気体の体積〉 思考

図 1 に示すような体積と温度を自由に変えることのできるピストン付き容器に 0.15 mol の水素と 0.20 mol の水を入れ，温度を 60℃ に保ち，ピストンに 0.50×10^5 Pa の圧力をかけた。このとき，水は一部液体であった（状態 I）。温度を一定に保ったまま，ピストンへの圧力をゆっくり下げ，容器内の水がすべて水蒸気になった（液体の水がす

べてなくなった)ところでピストンを止めた(状態Ⅱ)。その後，さらにピストンへの圧力を下げた(状態Ⅲ)。飽和水蒸気圧は図2に示すように変化し，60℃においては0.20×10^5 Paである。容器内の液体の体積は無視できるものとして，(1)〜(4)に答えよ。ただし，水素は水に溶解しないものとする。(1)，(3)の答えは有効数字2桁で記せ。気体定数 $R=8.3\times10^3$ Pa・L/(K・mol)

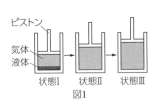
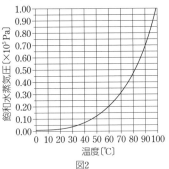

図1　図2

(1) 状態Ⅰにおける容器内の体積を求めよ。
(2) 状態Ⅰにおける容器内の体積を固定したまま，温度を上げた。容器内の水がすべて水蒸気に変化する温度(液体の水がすべてなくなる温度)は，次の(a)〜(e)のどの温度範囲に含まれるか。最も適当なものを一つ選べ。
 (a) 60〜70℃　　(b) 70〜80℃　　(c) 80〜90℃　　(d) 90〜100℃　　(e) 100℃以上
(3) 状態Ⅱにおける容器内の体積を求めよ。
(4) 状態Ⅰから状態Ⅲへの変化によって，容器内の圧力 P と体積 V の関係はどのように変化するか。最も適当な図を次の(a)〜(e)から一つ選べ。

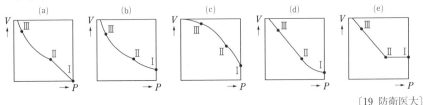

〔19 防衛医大〕

準**64.**〈理想気体と実在気体〉
　以下の文中の空欄 ア 〜 エ に入る適当な語を記せ。
　実在気体の理想気体からのずれを表す指標として，$Z=(PV)/(nRT)$ の値がよく用いられる。ここで，P は圧力(Pa)，V は体積(L)，n は物質量(mol)，T は温度(K)である。n と T が一定の条件下で，Z 値の圧力依存を調べると，多くの実在気体では，P を0に近い値から大きくしていくと，Z は1からいったん ア する。さらに P を大きくすると，Z はやがて イ する。Z の値が ア するのは， ウ の影響が現れるためで，P を大きくしたとき Z が イ するのは， エ の影響の方が強く現れるためである。

〔17 名古屋工大〕

5 溶液

(◇＝上位科目「化学」の内容を含む項目)

◇1 溶解のしくみ
(1) **溶解** 溶質粒子間の結合力が，溶媒と溶質粒子間の引力より弱いと溶解する。
(2) **溶解における溶質と溶媒の構造**
　①イオン結晶や極性の強い分子からなる物質は，一般に極性溶媒(水など)に溶けやすい。
　　注　イオン結晶でもイオン間の結合の強い $AgCl$，$CaCO_3$ などは水に溶けにくい。
　②無極性の分子からなる物質は，一般に無極性溶媒(ベンゼンなど)に溶けやすい。

2 溶解度と溶解度曲線
(1) **溶解度** 溶媒 100 g に溶け得る溶質の質量(g)。水和物の溶解度は無水物の値で表す。
(2) **溶解度曲線** 溶解度と温度との関係を示すグラフ。
(3) **再結晶** 温度による溶解度の違いを利用し，固体物質を精製する方法。高温の飽和溶液を冷却したとき，結晶が析出した上澄液は飽和溶液で，その溶解度を S とすると次式が成り立つ。

$$\frac{溶質量}{溶液量}=\frac{S}{100+S} \qquad \frac{溶質量}{溶媒量}=\frac{S}{100}$$

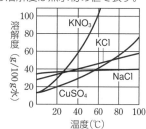

◇3 気体の溶解度(ヘンリーの法則)
溶解度が比較的小さい気体では，一定温度で，一定量の溶媒に溶ける気体の物質量(質量)は，気体の圧力(分圧)に比例する。また，一定量の溶媒に溶ける気体の体積は，(その圧力下で測定すれば)圧力に無関係に一定である。
　注　0 ℃，$1.01×10^5$ Pa に換算した気体の体積では，質量や物質量と同様に，**気体の圧力に比例** する。

4 濃度
(1) **質量パーセント濃度(%)** 溶液 100 g 中の溶質の質量(g)。
(2) **モル濃度(mol/L)** 溶液 1 L 中の溶質の物質量(mol)。
◇(3) **質量モル濃度(mol/kg)** 溶媒 1 kg に溶かした溶質の物質量(mol)。

5 濃度の換算　質量パーセント濃度 ⟶ モル濃度　M：モル質量(分子量)

$$1000 \,(\text{mL}) \times d \,(\text{g/mL}) \times \frac{A \,(\%)}{100} \times \frac{1}{M \,(\text{g/mol})} = モル濃度 \,(\text{mol/L})$$

◇6 溶液の蒸気圧と沸点・凝固点
(1) **溶液の蒸気圧** 不揮発性の物質を溶かした溶液では，純溶媒より蒸気圧が低くなる。
(2) **希薄溶液の沸点上昇** 非電解質の薄い溶液では，沸点上昇度(Δt)は，溶質の種類に関係なく，溶液の質量モル濃度 m (mol/kg)に比例する。

$$\Delta t = K_b m$$

　(K_b：モル沸点上昇 ⟶ 1 mol/kg の溶液の沸点上昇度)

(3) **希薄溶液の凝固点降下** 凝固点降下度(Δt)についても同様の関係がある。

$$\Delta t = K_f m \quad (K_f：モル凝固点降下 ⟶ 1 \,\text{mol/kg} \,の溶液の凝固点降下度)$$

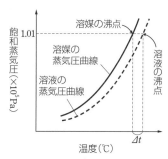

34 　⑤溶　　液

(4)**電解質溶液の沸点上昇・凝固点降下**　電解質溶液では，沸点上昇度・凝固点降下度 Δt
は電離によって生じるイオンも含めた粒子の総物質量(質量モル濃度)に比例する。

◇⑦ **浸透圧**
(1)**半透膜**　溶質粒子は通さないが，溶媒分子のみを通す膜。
(2)**浸透圧**　半透膜を通して，溶媒が溶液中に浸入しようとする圧力。
　　浸透圧 Π〔Pa〕は非電解質溶液のモル濃度 c〔mol/L〕と絶対温度 T〔K〕に比例する。
$$\Pi = cRT, \quad \Pi V = nRT \quad (\text{溶液の体積 } V \text{〔L〕，溶質の物質量 } n \text{〔mol〕，} R : \text{気体定数})$$

◇⑧ **コロイド溶液とその性質**
(1)**コロイド粒子**　直径が $10^{-9} \sim 10^{-7}$ m (原子 $10^3 \sim 10^9$ 個に相当)の粒子。
　　注　10^{-7} m より大きい粒子を含む溶液もコロイド溶液として扱うことがある。
(2)**チンダル現象**　コロイド溶液に横から光束を当てると，光の通路が輝いて見える現象。
　　コロイド粒子に当たった光の散乱による。
(3)**ブラウン運動**　チンダル現象を利用して，限外顕微鏡で拡大して見ると，コロイド粒子
　　は不規則な運動をしている。この現象を **ブラウン運動** という。これはコロイド粒子
　　に対する溶媒分子の不規則な衝突による。
(4)**電気泳動**　コロイド粒子は正または負に帯電しているので，コロイド溶液中に直流電
　　圧を加えると，反対符号の電極へコロイド粒子が移動する。これを **電気泳動** という。

◇⑨ **親水コロイドと疎水コロイド**
(1)**親水コロイド**　多数の水分子を水和していて，凝析しにくいコロイド。
　　例　デンプン，タンパク質など(一般に有機物のコロイド)。
(2)**疎水コロイド**　水和している水分子が少なく，凝析しやすいコロイド。
　　例　金属の酸化物や水酸化物など(一般に，無機物のコロイド)。
(3)**コロイドの分離**

	方法	内容
凝析	疎水コロイドに少量の電解質を加える。	コロイド粒子の電荷と反対符号のイオン*を吸着して反発力を失い，凝集沈殿する。
塩析	親水コロイドに多量の電解質を加える。	水和している水分子の中に，イオンが割り込み，水和水を奪うため，凝集沈殿する。
透析	コロイドと普通の溶質粒子の混合液を半透膜で包み，流水につける。	コロイド粒子は半透膜の中に残り，小さい溶質粒子は半透膜を通過するので分離される。

　　＊凝析には，反対符号の電荷の大きいイオンほど有効である。
(4)**保護コロイド**　疎水コロイドを安定に保つために加える親水コロイド。
　　例　墨汁 ⟶ にかわ(親水コロイド)が炭素微粒子(疎水コロイド)を包み，保護する。
(5)**ゾルとゲル**　流動性のあるコロイド溶液を **ゾル** という。一方，コロイド溶液の中に
　　は加熱したり，冷却したりすると固化するものがある。これを **ゲル** という。
(6)**吸着**　シリカゲルや活性炭が乾燥・脱色・脱臭剤などに用いられるのは，これらの表面
　　に，他の物質が弱く結合して集まるからである。このような現象を **吸着** という。

A

必°65. 〈物質の溶解性〉
(1) 次の①～③にあてはまる物質を(a)～(f)から選べ。
　① 共有結合で結びついた分子であるが，極性が大きく，水に溶けて電離する。
　② 水によく溶けるが電離しない。
　③ 無極性分子で，水にほとんど溶けない。
　　(a) 塩化ナトリウム　(b) 塩化水素　(c) ヨウ素　(d) エタノール
　　(e) ナフタレン　　(f) スクロース　　　　　　　　　〔13 中京大 改〕
(2) 塩化ナトリウムを水に溶解させると，イオンに水分子が引きつけられ，結びつく。この現象を何というか答えよ。また，溶液中でナトリウムイオンに水が結びついている様子を表す図として適切なものを(a)～(c)から選べ。

(a) 　(b) 　(c)

〔13 横浜国大〕

必66. 〈溶解度曲線〉
硝酸カリウムを水100gに溶かして得られた溶解度曲線を図に示す。(1)～(4)の問いに有効数字2桁で答えよ。
(1) 70℃における硝酸カリウムの飽和溶液の質量パーセント濃度は何%か。
(2) 40℃の硝酸カリウムの飽和溶液120gを10℃まで冷却したとき，硝酸カリウムは何g析出するか。〔10 龍谷大 改〕
(3) 80℃の36%硝酸カリウム水溶液を冷却したとき，結晶が析出しはじめる温度は何℃か。
(4) 60℃の水100gに硝酸カリウムを溶かして飽和溶液をつくった後，水を20g蒸発させた。60℃で析出する結晶は何gか。　〔15 大阪工大〕

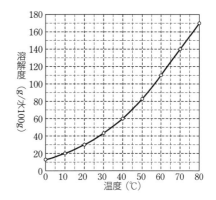

準°67. 〈溶解度と水和物の結晶の析出量〉
100gの水に硫酸銅(Ⅱ)(無水物)は，0℃で14.8g，30℃で25.0gまで溶ける。30℃の硫酸銅(Ⅱ)の飽和水溶液100gを0℃まで冷却するとき，硫酸銅(Ⅱ)五水和物の結晶が何g析出するか。有効数字2桁で答えよ。(H=1.0, O=16, S=32, Cu=64)

〔20 大分大〕

36 **5 溶 液**

必 *68.*〈混合気体と溶解度〉

右の表は，20℃における窒素 N_2，酸素 O_2 それぞれの
水への溶解度を表している。ここで気体の水に対する溶
解度とは，気体の分圧が 1.0×10^5 Pa のときに，水 1.0 L

	N_2	O_2
溶解度 (L)	0.016	0.032

に溶解する気体の体積を標準状態 $(0℃，1.0 \times 10^5$ Pa$)$ に換算した値 (L) のことである。
N_2 と O_2 の体積比が 3：2 である混合気体を 20℃，1.0×10^5 Pa で 1.0 L の水と接触さ
せた。N＝14，O＝16

(1) 水に溶けている N_2 と O_2 の体積比 (標準状態に換算) を求めよ。

(2) 水に溶けている N_2，O_2 の質量 (mg) をそれぞれ求めよ。

(3) 次の気体のうちから，他の気体と比べてヘンリーの法則に従わないものを二つ選べ。
　　① アンモニア　　② 塩化水素　　③ 水素　　④ メタン　　　〔11 北里大 改〕

必 *69.*〈溶液の濃度と調製〉

(1) 分子量 M の化合物を水に溶かして，x〔%〕(質量パーセント濃度) の溶液を調製した。
　　この水溶液の密度を d〔g/cm^3〕とすると，モル濃度(mol/L)はどのように表されるか。
　　　　　　　　　　　　　　　　　　　　　　　　　　　　　　　　　　〔14 福岡大〕

(2) モル濃度が最も高い酸または塩基の水溶液を，次の①～④のうちから一つ選べ。

	酸または塩基の水溶液	溶質のモル質量〔g/mol〕	質量パーセント濃度〔%〕	密度〔g/cm^3〕
①	塩酸	36.5	36.5	1.2
②	水酸化ナトリウム水溶液	40.0	40.0	1.4
③	水酸化カリウム水溶液	56.0	56.0	1.5
④	硝酸	63.0	63.0	1.4

〔18 センター試験〕

(3) 質量パーセント濃度 98% の濃硫酸 (密度 1.8 g/cm^3) を希釈して 1.0 mol/L の希硫
　　酸 1.0 L をつくりたい。濃硫酸は何 mL 必要か。H＝1.0，O＝16，S＝32
　　　　　　　　　　　　　　　　　　　　　　　　　　　　　　　　　〔19 金沢工大 改〕

必 *70.*〈沸点上昇と凝固点降下〉

(1) 0.585 g の NaCl を 100 g の水に溶かしてできた NaCl 水溶液の凝固点が純水の凝固
　　点に比べ 0.37 K 低いとき，水のモル凝固点降下〔K·kg/mol〕はいくらか。ただし，
　　水溶液中の NaCl は完全に電離しているものとする。Na＝23，Cl＝35.5

(2) $MgCl_2$ 水溶液の沸点が純水の沸点に比べ 0.078 K 高いとき，この水溶液に含まれる
　　$MgCl_2$ の質量モル濃度〔mol/kg〕はいくらか。ただし，水のモル沸点上昇は
　　0.52 K·kg/mol とし，水溶液中の $MgCl_2$ は完全に電離しているものとする。
　　　　　　　　　　　　　　　　　　　　　　　　　　　　　　　　　〔19 静岡大 改〕

(3) 硝酸トリウム Th(NO₃)₄ を水に溶かして 0.0095 mol/kg の水溶液を調製した。硝酸トリウムは水中で電離し，何種類かのイオンとなる。この水溶液の凝固点降下度を測定したところ，0.0703 K であった。水のモル凝固点降下を 1.85 K・kg/mol として，硝酸トリウムの電離度を有効数字 2 桁で答えよ。　　　　　　　　　　〔18 日本女子大〕

ⓑ◇71.〈凝固点降下〉

ビーカーに 100 g の水を入れ，非電解質 Z を 6.84 g 溶かした後，かき混ぜながらゆっくりと冷却した。この水溶液の温度変化を示す冷却曲線は右図のようになった。水のモル凝固点降下を 1.85 K・kg/mol とする。

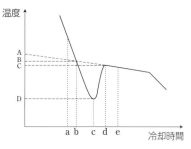

(1) 液体を冷却していくと凝固点以下になってもすぐには凝固しない。この現象を何というか。その名称を答えよ。

(2) この水溶液の凝固点は図中の温度 A，B，C，D のうち，どの温度か。記号で答えよ。

(3) 図中の冷却時間 a，b，c，d，e のうち，水溶液が一番高い濃度を示すのはどの時点か。記号で答えよ。

(4) 次の(イ)〜(ニ)に記す現象または事項のうち，凝固点降下に関係しない現象，事項を一つ選び，記号で答えよ。

　(イ) 海水は凍りにくい。

　(ロ) ナフタレンを利用した防虫剤とパラジクロロベンゼンを利用した防虫剤を混合すると，常温でも液体になり，衣類にシミができることがある。

　(ハ) 自動車のエンジンの冷却水にエチレングリコールを混ぜる。

　(ニ) 携帯用冷却パックには，硝酸アンモニウムや尿素が含まれている。

(5) 凝固点降下から分子量を求めることができる。この水溶液の凝固点を測定したところ，−0.370 ℃ であった。Z の分子量を整数値で答えよ。　　〔20 北海道大〕

(6) 500 g の純水に 0.585 g の塩化ナトリウムを溶かした水溶液の凝固点を求めよ。また，この塩化ナトリウム水溶液を −0.200 ℃ まで冷却したとき，生じた氷は何 g か求めよ。塩化ナトリウムは水溶液中で完全に電離しているとする。Na=23.0，Cl=35.5　　　　　　　　　　　　　　　　　　　　　　　　　　　　　　　〔11 大阪府大〕

ⓑ◇72.〈浸透圧〉

計算値は有効数字 2 桁で答えよ。
　(H=1.0, C=12, O=16, 気体定数 $R=8.3×10^3$ Pa・L/(K・mol))

図のように，内径が等しく左右対称の U 字管の中央部に半透膜を付けた器具を用いて浸透圧に関する実験を行った。半透膜を隔てて左側に 0.200 mol/L のグルコース ($C_6H_{12}O_6$) 水溶液 500 mL，右側に純水 500 mL を入れて 30 ℃ で開始した。ただし，半透膜は水分子しか通さないものとする。

38 ⑤ 溶　液

(1) 実験の開始後，一定時間放置した場合，どのような変化が起こるか選べ。次にU字
管の温度を 40℃ まで上げた場合，水位にどのような変化が起こるか，20 字以内で答
えよ。変化がない場合は，「変化なし」と答えよ。
　(ア) 右側の水位が左側の水位より高くなる　(イ) 左側の水位が右側の水位より高くなる
　(ウ) 左右両方の水位が下降する　(エ) 左右両方の水位が上昇する　(オ) 変化しない

(2) 実験で純水の代わりに次の(ア)～(オ)の水溶液 500 mL を入れ，30℃ で一定時間放置
した。左右の水位の差が最も大きくなるものと，最も小さくなるものを選べ。ただし
電解質は完全に電離し，左右の水位が等しい場合は最も小さい溶液とする。
　(ア) 0.100 mol/L $MgCl_2$ 水溶液　　　　(イ) 0.200 mol/L KCl 水溶液
　(ウ) 0.200 mol/L スクロース($C_{12}H_{22}O_{11}$)水溶液
　(エ) 15% スクロース($C_{12}H_{22}O_{11}$)水溶液(密度：1.04 g/cm³)
　(オ) 0.100 mol/L 尿素($CO(NH_2)_2$)水溶液　　　　　　　　　　〔18 大分大 改〕

(3) 血清アルブミン(タンパク質，非電解質)10.0 g を水に溶かして全量を 400 mL とし
たとき，この溶液の浸透圧は 15℃ で 9.2×10² Pa であった。血清アルブミンの分子量
を有効数字 2 桁で求めよ。　　　　　　　　　　　　　　　　　　　〔11 早稲田大〕

必◇**73.** 〈コロイド溶液〉

直径が　Ⅰ　m 程度の粒子が，液体に均一に分散している状態をコロイド溶液または
　a　という。これが加熱等により流動性を失い，全体が固まった状態を　b　という。
コロイド溶液に強い光を当てると，光路が明るく輝いて見える現象を　c　といい，コ
ロイド粒子が光を散乱するために起こる。コロイド粒子は通常の光学顕微鏡で観察する
ことは難しいが，側面から強い光を当てることができる顕微鏡で観察すると，輝く点と
して見ることができ，不規則にゆれ動くのが観察される。この現象を　d　という。
　塩化鉄(Ⅲ)の水溶液を沸騰水に滴下すると，赤褐色のコロイド溶液Aが得られる。こ
のAをセロハンの半透膜に包んで蒸留水に浸しておくと，コロイド粒子を分離・精製で
きる。この操作を　e　という。Aに電解質の水溶液を少量加えると沈殿が生じる。
この現象を　f　という。

(1)　Ⅰ　にあてはまる数値の範囲を一つ選べ。
　(あ) 10^{-11}～10^{-9}　(い) 10^{-9}～10^{-7}　(う) 10^{-7}～10^{-5}　(え) 10^{-5}～10^{-3}　(お) 10^{-3}～10^{-1}

(2)　a　～　f　にあてはまる語句を記せ。

(3) 下線部の顕微鏡の名称を記せ。　　　　　　　　　　　　　　　　〔18 大阪市大〕

準◇**74.** 〈水酸化鉄(Ⅲ)のコロイド〉

(1) ₐ塩化鉄(Ⅲ)飽和水溶液を多量の沸騰水に加えると，固体の水酸化鉄(Ⅲ)が水溶液
中に分散したコロイド溶液が得られる。
　このコロイド溶液は，水素イオン H^+ と塩化物イオン Cl^- を含んでいるが，セロハ
ン袋に包んで蒸留水中に浸しておくと，これらのイオンを取り除くことができる。一
般に，このような分離・精製の操作を　ア　といい，セロハン膜のように溶液中のあ

る成分は通すが，ほかの成分は通さない膜を ［　イ　］ という。セロハン膜をイオンが通ることは，袋の外側の水にブロモチモールブルー(BTB)溶液を加えると ［　ウ　］ 色を呈し，硝酸銀水溶液を加えると ［　エ　］ 色沈殿を生じることからも確認できる。
　　下線部aの化学反応式，［　ア　］～［　エ　］に入る適当な語や色を答えよ。〔17 秋田大〕

(2) 水酸化鉄(Ⅲ)のコロイド溶液に直流電圧をかけると右図のようになった。次の塩の水溶液のうち，最も少量で水酸化鉄(Ⅲ)のコロイド粒子を沈殿させる塩を化学式で答えよ。ただし，どの塩の水溶液も同じモル濃度に調製してあるものとする。
　　塩化ナトリウム，塩化カルシウム，塩化アルミニウム，
　　硫酸ナトリウム，硝酸ナトリウム
〔14 明治薬大〕

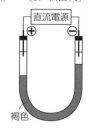

B

♦75. 〈硫酸ナトリウムの溶解度曲線〉
　硫酸ナトリウムの溶解度曲線は，特異な温度変化を示す(右図)。0℃から温度を上げると溶解度は上昇するが，32℃を境にして減少に転じる。32℃以下の温度の飽和水溶液からは十水和物($Na_2SO_4 \cdot 10H_2O$)が，それ以上の温度では無水物(Na_2SO_4)が析出する。
(1)と(2)に有効数字2桁で答えよ。

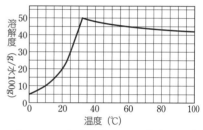

(1) ある質量の硫酸ナトリウム無水物を80℃の水100gに加えたところ，完全には溶けなかった。しかし，温度を下げると固体はいったんすべて溶け，その後さらに温度を下げると結晶が析出した。無水物の質量をx〔g〕とすると，このような現象が起こり得る範囲は，不等式$a < x \leq b$が満たされる場合である。aとbの値を答えよ。

(2) ある高い温度で40gの硫酸ナトリウム無水物を水100gに加えたところ，完全に溶解した。その後，温度を20℃に下げて静置したところ，結晶が析出した。この結晶の質量は何gか。H=1.0，O=16，Na=23，S=32 〔13 名古屋大〕

♦76. 〈溶液の濃度〉**思考**
　15℃において，エタノールと水を混合して消毒用エタノール(以下，溶液A)を調製した。15℃での密度は，純エタノールが0.794g/cm³，純水が0.999g/cm³である。溶解熱が発生したり，物質が揮発したりしないものとする。H=1.0，C=12，O=16
　　溶液A：エタノール50.0mLを量り取り，水を加えて54.8gの溶液とする。
(1) 溶液Aの濃度のうち，与えられた条件の値からでは求められない濃度はどれか。次の(a)～(d)から当てはまる記号をすべて答えよ。
　　(a) 質量パーセント濃度　(b) モル濃度　(c) 質量モル濃度　(d) 体積パーセント濃度*
　　(*溶媒に加えた液体溶質の体積が溶液体積に占める百分率)

40 ⑤ 溶　液

(2) (1)で答えた濃度を求めるために，追加して行わなければならない実験操作を，その実験操作によって求められる物性値を含めて60字以内で答えよ。実験操作には，使用する具体的な器具・装置名と測定するべき量を含めること。ただし，求めた物性値を用いて溶液濃度を計算するための計算方法を記述する必要はない。もし，(1)で答えた濃度が複数の場合には，それらすべてが共通して求められるように実験操作・物性値を記述せよ。

〔18 東京慈恵医大〕

準 ° 77.〈密閉容器内の気体の溶解〉

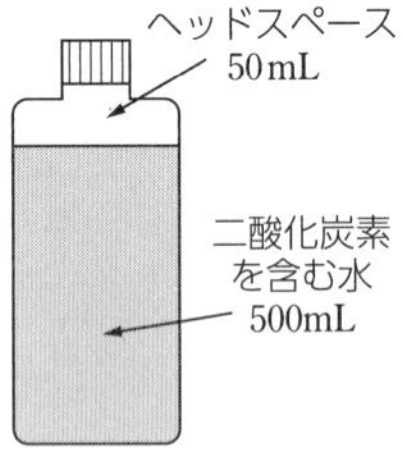

10℃で $8.1×10^{-3}$ mol の二酸化炭素を含む水500 mL を容器に入れると，容器の上部に体積50 mL の空間（以下，ヘッドスペースという）が残った（右図）。この部分をただちに10℃の窒素で大気圧 $(1.0×10^5 Pa)$ にして，密封した。この容器を35℃に放置して平衡に達した状態を考える。

このとき，ヘッドスペース中の窒素の分圧は ア Pa になる。なお，窒素は水に溶解せず，水の体積および容器の容積は10℃のときと同じとする。

二酸化炭素の水への溶解にはヘンリーの法則が成立し，35℃における二酸化炭素の水への溶解度（圧力が $1.0×10^5 Pa$ で水1L に溶ける，標準状態に換算した気体の体積）は0.59 L である。ヘッドスペース中の二酸化炭素の分圧を p [Pa] として，ヘッドスペースと水中のそれぞれに存在する二酸化炭素の物質量 n_1 [mol] と n_2 [mol] は，p を用いて表すと

$n_1 =$ イ $× p$

$n_2 =$ ウ $× p$

である。これらのことから，ヘッドスペース中の二酸化炭素の分圧 p は エ Pa である。したがって，35℃における水の蒸気圧を無視すると，ヘッドスペース中の全圧は オ Pa である。

問い ア ～ オ に適切な数値を有効数字2桁で記せ。$R=8.3×10^3 Pa·L/(K·mol)$

〔15 京都大〕

準 ° 78.〈浸透圧〉

分子量 $1.0×10^5$ のポリビニルアルコール1.0 g を100 g の水に溶解して水溶液Aを調製し，その凝固点降下度を測定した。さらに，右図の装置を用いて水溶液Aの浸透圧を測定した。その際，水溶液Aの温度は30℃であり，その密度は $1.0 g/cm^3$ であった。

また，重合度の異なるポリビニルアルコール1.0 g を100 g の水に溶解して水溶液Bを調製し，その凝固点降下度を測定したところ0.010 K であった。

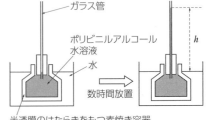

下の問いに答えよ(数値は有効数字 2 桁)。

水のモル凝固点降下:1.85 K・kg/mol, 水銀の密度:13.6 g/cm³, 1.01×10⁵ Pa の水銀柱の高さ:760 mm, H=1.0, C=12, O=16, 気体定数 R = 8.3×10³ Pa・L/(K・mol)

(1) 水溶液Aの凝固点降下度を求めよ。
(2) 水溶液Aの浸透圧を求めよ。ただし, 浸透による濃度変化を無視する。
(3) 水溶液Aの液柱の高さ h は何 mm か。ただし, 毛細管現象は無視する。
(4) 水溶液Bに含まれるポリビニルアルコールの重合度を求めよ。ただし, このポリビニルアルコールの重合度に分布はないものとする。 〔16 金沢大〕

†◇79.〈溶媒分子の移動〉

次の文章中の空欄 □ には最も適当な語句・記号・数値(有効数字 2 桁)を答えよ。
H=1.0, C=12, O=16, Na=23, Cl=35.5

〔実験に用いた溶液〕

(溶液 a) 180 mL (180 g) の水に 18 g のブドウ糖を溶解した水溶液
(溶液 b) 180 mL (180 g) の水に 5.85 g の NaCl を溶解した水溶液

図のように, 大きなガラス容器にビーカーAとBをセットし, Aには溶液 a を, Bには溶液 b を入れて密閉した後, 室温(25℃)で平衡に達するまで放置しておいたところ, ビーカー ① の液量が増加していた。不揮発性の溶質が溶けた希薄溶液では, その蒸気圧は純溶媒に比べて ② なる ③ という現象が起こる。

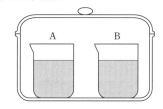

ガラス容器を密閉すると, 蒸気圧の高いビーカー ④ からビーカー ⑤ に徐々に水が移行し, 平衡状態では両者の蒸気圧が等しくなる。ガラス容器中に水蒸気として存在する水の量は無視できるものとすると, 移行した水の量は ⑥ mL となる。ただし, ③ は質量モル濃度に比例するものとする。 〔10 東京理大 改〕

◇80.〈酢酸の二量体と会合度〉

次の( )に最も適合するものを, それぞれ下から選べ。H=1.0, C=12, O=16

ある炭化水素 1.00 g をベンゼン 100 g に溶かした溶液の凝固点は 5.10℃であった。ベンゼンの凝固点は 5.50℃, モル凝固点降下は 5.12 K・kg/mol である。これより, この炭化水素の分子量は(A)と求まる。一方, 酢酸はベンゼン中では(B)により一部が二量体として存在する。酢酸 1.20 g をベンゼン 100 g に溶かした溶液の凝固点は 4.89℃であった。このとき, ベンゼン溶液中で二量体を形成している酢酸分子は, すべての酢酸分子の約(C)%である。

A:(ア) 32 (イ) 64 (ウ) 128 (エ) 256 (オ) 512
B:(ア) 水素結合 (イ) 共有結合 (ウ) イオン結合 (エ) 電離 (オ) 溶媒和
C:(ア) 20 (イ) 40 (ウ) 60 (エ) 80 (オ) 90 〔16 早稲田大〕

6 化学反応とエネルギー

(◇＝上位科目「化学」の内容を含む項目)

◇1 化学反応と反応熱

(1) **反応熱** 化学反応に伴って出入りする熱量。ふつう，$25℃$，$1.01×10^5 Pa$ における物質 $1 mol$ についての熱量(kJ/mol)で表す。

注 物質はみな原子の種類や構造が異なるから，それぞれ固有のエネルギーをもっていると考えられる。化学変化が起こると，そのエネルギーの差が反応熱として現れる。

(2) **熱化学方程式** 化学反応式の右辺に反応熱を書き加え，両辺を等号(＝)で結んだ式。反応熱は物質の状態によっても異なるから，ふつう，化学式にその状態((固)，(液)，(気)，aq など)もつけて表すが，明らかな場合は省略してもよい。

例 $C(固) + O_2(気) = CO_2(気) + 394 kJ$

注 反応熱は，発熱反応では＋，吸熱反応では－の符号をつける。

(3) **反応熱の種類** ①**燃焼熱** 物質 $1 mol$ が **完全燃焼** するときの反応熱。

例 メタンの燃焼熱 $CH_4 + 2O_2 = CO_2 + 2H_2O(液) + 890 kJ$

②**生成熱** 化合物 $1 mol$ がその成分元素の **単体** から生成するときの反応熱。

例 CH_4 の生成熱 $C(固) + 2H_2 = CH_4 + 74.5 kJ$

③**溶解熱** 物質 $1 mol$ が多量の溶媒(水)に溶けるときの反応熱。

例 水酸化ナトリウムの溶解熱 $NaOH(固) + aq = NaOH aq + 44.5 kJ$

④**中和熱** 酸，塩基の水溶液の中和で，**水 $1 mol$** が生じるときの反応熱。

例 $HCl aq + NaOH aq = NaCl aq + H_2O + 56.5 kJ$

(4) **結合エネルギー** 原子間の共有結合を切るのに要するエネルギー。ふつう，$1 mol$ あたりの熱量で示される。結合エネルギーの大きいものほど結合力が強い。

例 H-H の結合エネルギー $436 kJ/mol$ ⇨ $H_2 = 2H - 436 kJ$

◇2 ヘスの法則(総熱量保存の法則)

(1) **ヘスの法則** 物質の最初の状態と最後の状態が決まっていれば，途中の反応経路に関係なく，出入りする熱量の総和は一定である。

例 $C(固) + O_2 = CO_2 + 394 kJ$ ……①
$CO + \frac{1}{2}O_2 = CO_2 + 283 kJ$ ……②

から $C(固) + \frac{1}{2}O_2 = CO + x (kJ)$ を求める。

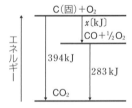

「解1」 ①－② より $C(固) + \frac{1}{2}O_2 = CO + 111 kJ$

「解2」 この関係をエネルギー図で示すと右図のようになる。

ヘスの法則から $x = 394 - 283 = 111 (kJ)$

(2) 一般に，「**反応熱＝(生成物の生成熱の和)－(反応物の生成熱の和)**」の関係がある。

上記の例では $x (kJ)$ は CO の生成熱であるから，②式において(単体は 0)

$283 = 394 - x$　　$x = 111 (kJ)$

(3) また，「**反応熱＝(生成物の結合エネルギーの和)－(反応物の結合エネルギーの和)**」

例 $H_2(気) + Cl_2(気) = 2HCl(気) + Q (kJ)$ において，
H-H；$436 kJ/mol$，Cl-Cl；$243 kJ/mol$，H-Cl；$432 kJ/mol$ とすると，
$Q = (432 × 2) - (436 + 243) = +185 (kJ)$

上の公式を用いて反応熱が求まるのは，反応物・生成物が気体の場合だけである。

◇3 化学反応と光 **光化学反応** (可視光や紫外線の吸収によって起こる反応)・**化学発光** (化学反応の際に光を発する現象)などがある。例えば，光合成も光化学反応である。

例 光合成 $6CO_2(気) + 6H_2O(液) + 光エネルギー = C_6H_{12}O_6(固) + 6O_2(気)$

6 化学反応とエネルギー   43

必 °81. 〈反応熱の種類〉
　物質は化学エネルギーと呼ばれる固有のエネルギーを持っている。通常出入りするエネルギーは熱や（ア）であり，熱エネルギーを放出する反応を（イ）といい，熱エネルギーを吸収する反応を（ウ）という。化学反応にともなって放出，吸収する熱エネルギーを（エ）という。（エ）は反応物が持つエネルギーの総和と生成物が持つエネルギーの総和との差が熱エネルギーの形で現れたものである。
　（エ）には燃焼熱，生成熱，中和熱，溶解熱などがあり，燃焼熱とは1molの物質が（オ）するときの熱，生成熱とは1molの化合物がその成分元素の（カ）から生成するときの熱，中和熱とは酸と塩基の中和反応によって1molの（キ）が生成するときの熱，溶解熱とは1molの物質が大量の（ク）に溶解するときの熱である。
(1)　文章中の（　）に適切な語句を入れよ。
(2)　希薄な強酸と希薄な強塩基を混合したときの中和熱は酸，塩基の種類にかかわらず，ほぼ一定の値を示す。その理由を約60字で記述せよ。　　〔20 香川大 改〕

準 °82. 〈溶解熱と中和熱の測定〉
　実験1，2に関する文を読み，(1)～(5)に答えよ。ただし，実験は断熱容器内で行われ，すべての水溶液の比熱は4.2J/(g・K)，密度は1.0g/cm³とする。なお，(2)～(5)は解答を有効数字2桁で記せ。H＝1.0，O＝16.0，Na＝23.0
実験1　固体の水酸化ナトリウム2.0gを水48gに加え，すばやくかき混ぜて，完全に溶解させた。このときの液温の変化を測定したところ，右図のような結果が得られた。
実験2　実験1で調製した水酸化ナトリウム水溶液の温度が一定になった時点で，同じ温度の2.0mol/L塩酸50mLを混合し，すばやくかき混ぜた。このとき，混合水溶液の温度は，塩酸を加える前より6.7℃上昇した。

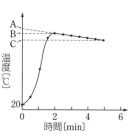

(1)　実験1において，水酸化ナトリウムの溶解が瞬間的に終了し，周囲への熱の放冷がなかったとみなせるときの水溶液の最高温度はA～Cのどれか。
(2)　(1)の温度が30℃であったとして，実験1で発生した熱量は何kJか。
(3)　実験1において，固体の水酸化ナトリウムの水への溶解熱は何kJ/molか。
(4)　実験2において，塩酸と水酸化ナトリウム水溶液の中和反応における中和熱は何kJ/molか。
(5)　実験1と2の結果を用いて，固体の水酸化ナトリウム4.0gを2.0mol/Lの塩酸50mLに溶解したとき発生する熱量〔kJ〕を求めよ。　　〔18 日本女子大〕

必 °83. 〈ヘスの法則〉
　プロパン，炭素(黒鉛)，水素(気)の燃焼熱をそれぞれ2220kJ/mol，394kJ/mol，286kJ/molとすると，プロパン(気)の生成熱は何kJ/molになるか。　　〔17 明治薬大〕

44　6 化学反応とエネルギー

準 ◇**84.**〈ヘスの法則〉

次の(1)～(3)にそれぞれ有効数字3桁で答えよ。ただし，エタン(気)，水(液)，二酸化炭素(気)の生成熱は，それぞれ84.0kJ/mol，286kJ/mol，394kJ/molとし，エチレン(気)の燃焼熱は1412kJ/molとする。また，燃焼の際に生成する水は液体とする。

(1) エチレン(気)の生成熱〔kJ/mol〕を求めよ。

(2) エチレン(気)と水素(気)から，エタン(気)1molを生成する反応の反応熱〔kJ〕を求めよ。

(3) エタン(気)の燃焼熱〔kJ/mol〕を求めよ。　　　　　　　　　　　　〔20 星薬大〕

◇**85.**〈熱化学方程式と反応熱〉

(1) 次の記述(a)～(c)を表す熱化学方程式を記せ。ただし，物質の状態の記述は省略してよい。

　(a) ベンゼンの燃焼熱は3268kJ/molである。

　(b) グルコース($C_6H_{12}O_6$)の生成熱は1274kJ/molの発熱である。

　(c) 水素分子の結合エネルギーは436kJ/molである。

(2) 炭素(黒鉛)と水素の燃焼熱はそれぞれ394，286kJ/molである。これらの値と(1)の(a)の値を用いてベンゼンの生成熱を整数値で求めよ。ただし，発熱反応には＋，吸熱反応には－の符号をつけること。　　　　　　　　　　　　　〔09 明治薬大〕

準 ◇**86.**〈ヘスの法則と反応熱〉　思考

(1) 次のA～Cの反応熱を用いて，水酸化カリウムの水への溶解熱を求めよ。

A	塩化水素1molを含む希塩酸に，水酸化カリウム1molを含む希薄水溶液を加えて反応させたときの反応熱	56kJ
B	硫酸1molを水に加えて希硫酸とし，それに固体の水酸化カリウムを加えてちょうど中和させたときの合計の反応熱	323kJ
C	硫酸の水への溶解熱	95kJ/mol

〔10 センター試験〕

(2) 水に関する記述として誤りを含むものを，次の①～⑤のうちから一つ選べ。

　① 水(固)が水(液)になるときに吸収する熱量を融解熱という。

　② 水(液)が水(気)になるときに吸収する熱量を蒸発熱という。

　③ 水(液)の生成熱は，$1.013×10^5$ Pa(1atm)，25℃において，水素(気)が燃焼して水(液)が生じるときの燃焼熱に等しい。

　④ 水(固)の生成熱は，水(気)の生成熱より大きい。

　⑤ 水(気)の生成熱は，水(液)の生成熱と水(液)の蒸発熱の和に等しい。

〔11 センター試験〕

(3) 25℃，1気圧において，水素H_2(気)と酸素O_2(気)それぞれ4.00gからなる混合気体に点火し，生成したH_2Oすべてが水になったときに放出された熱量が71.5kJであ

った。このとき，水の凝縮熱は □ kJ/mol である。ただし，H_2O（気）の生成熱は 242 kJ/mol である。答えは有効数字 2 桁で記せ。H＝1.0，O＝16.0　　〔18 愛知工大〕

必 ◇87. 〈結合エネルギー〉

(1) 水素と塩素から塩化水素が発生する反応の熱化学方程式は以下のようになる。気体状態における H–H，Cl–Cl の結合エネルギーをそれぞれ 436，243 kJ/mol とするとき，気体状態における H–Cl の結合エネルギーを計算すると何 kJ/mol となるか。

$$H_2（気）+ Cl_2（気）= 2HCl（気）+ 185 kJ$$

(2) 気体状態の過酸化水素（H–O–O–H）の生成熱は，136 kJ/mol である。このとき，O–O 結合の結合エネルギー（kJ/mol）として最も近い数値は，下の①〜⑤のうちどれか。ただし，H_2（気），O_2（気），O–H の結合エネルギーは，それぞれ 436，498 および 463 kJ/mol とする。

① 105　② 128　③ 144　④ 249　⑤ 319　　　〔17 愛知工大〕

(3) メタンの生成熱は 75 kJ/mol，H–H の結合エネルギーは 436 kJ/mol，C–H の結合エネルギーは 416 kJ/mol である。炭素（黒鉛）が炭素（気体）となる昇華熱（kJ/mol）を求めよ。　　　　〔18 金沢工大〕

◇88. 〈化学発光と光化学反応〉

化学発光では，反応物と生成物の化学エネルギーの差の一部が光として放出される。科学捜査における血痕の鑑識法である ［ア］ 反応は化学発光の例である。［ア］ は，血液中の成分などを触媒として，塩基性溶液中で過酸化水素などによって酸化されると青く発光する。

光のエネルギーを吸収した物質が光化学反応を起こすこともある。その応用例としては，モノクロ写真用フィルムや光触媒などがある。写真フィルム上の ［イ］ は光を吸収して反応し，［ウ］ が析出して黒くなる。光触媒の ［エ］ に光が当たると，その表面に付着した有機物などから電子を奪い，これらを酸化分解するので，その表面はいつも清潔に保たれる。また，水素と ［オ］ の混合気体は，暗所ではほとんど反応しないが，強い光を当てると，爆発的に反応して ［カ］ を発生する。

(1) ［ア］ に当てはまる最も適当な語句を書け。［イ］〜［カ］ に当てはまる最も適当な物質の化学式を，下の選択肢の中から選べ。

選択肢：Ag，Ag_2O，Ag_2S，AgF，AgBr，TiO_2，V_2O_5，MnO_2，Fe_3O_4，O_2，Cl_2，I_2，H_2O，HCl，HI

(2) 光合成によってつくられる糖類としては，グルコース $C_6H_{12}O_6$ がある。水と二酸化炭素から 1 mol のグルコースを生成するときの熱化学方程式を求めよ。ただし，水，二酸化炭素，グルコースの生成熱はそれぞれ 286 kJ/mol，394 kJ/mol，1270 kJ/mol とする。　　　　〔17 立命館大〕

46   6 化学反応とエネルギー

┈┈ B ┈┈┈

89. 〈反応熱の計算〉

(1) 標準状態で 33.6L を占めるメタンとエタンの混合気体を完全燃焼させると，1672kJ の熱が発生した。この燃焼に使われた酸素は何 mol か。ただし，メタンとエタンの燃焼熱はそれぞれ 891kJ/mol，1562kJ/mol とする。　　　　　　　〔20 防衛医大〕

(2) Fe_2O_3 (固体)，CO_2 (気体) の生成熱は，それぞれ 824kJ/mol，394kJ/mol とする。また，次の反応により 1mol の Fe_2O_3 (固体) を還元する反応は 25kJ の発熱とする。

$$Fe_2O_3 \,(固体) + 3CO \,(気体) \longrightarrow 2Fe \,(固体) + 3CO_2 \,(気体)$$

次の反応熱 Q_1 および Q_2 を求めよ。

$$Fe_2O_3 \,(固体) + 3C \,(黒鉛) = 2Fe \,(固体) + 3CO \,(気体) + Q_1 \,〔kJ〕$$

$$C \,(黒鉛) + \frac{1}{2}O_2 \,(気体) = CO \,(気体) + Q_2 \,〔kJ〕$$　　　〔16 九州大〕

90. 〈ヘスの法則〉　思考

グルコース $C_6H_{12}O_6$ (固) の酸化反応は，生体中で行われる基本的な代謝過程である。

$$C_6H_{12}O_6 \,(固) + 6O_2 \,(気) \longrightarrow 6CO_2 \,(気) + 6H_2O \,(液)$$

この反応の反応熱は何 kJ/mol になるか。次に示す①〜⑥のデータを利用して答えよ。ただし，すべてのデータを用いるとは限らない。

データ (単位はすべて kJ/mol)

① グルコース (固) の生成熱　1277　　② ダイヤモンドの燃焼熱　396

③ 黒鉛の燃焼熱　394　　④ 黒鉛の昇華熱　715　　⑤ 水素の燃焼熱　286

⑥ 水の蒸発熱　44　　　　　　　　　　　　　　　　　　　〔17 鹿児島大〕

91. 〈工業的な H_2 の製造〉

気体の炭化水素 C_mH_n と水蒸気とを金属の触媒をもちいて高温で反応させると CO と H_2 が発生する。この反応は水蒸気改質反応とよばれ，工業的な H_2 の製造に利用されている (次式(ⅰ))。

$$C_mH_n + mH_2O \overset{触媒}{\rightleftharpoons} mCO + \left(m + \frac{n}{2}\right)H_2 \quad \cdots\cdots(ⅰ)$$

水蒸気改質反応を利用した H_2 の製造工程では，(ⅰ)によって生じる CO を，さらに金属触媒存在下で水蒸気と反応させ，CO_2 と H_2 に変換している (次式(ⅱ))。

$$CO + H_2O \overset{触媒}{\rightleftharpoons} CO_2 + H_2 \quad \cdots\cdots(ⅱ)$$

(ⅰ)の反応熱は炭化水素 C_mH_n の種類によって異なる。一方，(ⅱ)は発熱反応であり，その反応熱は +41kJ である。

CH_4 をもちいた(ⅰ)と(ⅱ)の反応によって，すべての CH_4 が CO_2 と H_2 に変換されたとする。このときの反応の熱化学方程式を一つの式で記せ。この反応に関与する物質の状態はすべて気体であるとする。

表. 生成熱の値

	CH_4(気)	H_2O(気)	CO(気)	CO_2(気)
生成熱〔kJ/mol〕	75	242	111	394

〔20 広島大〕

◇**92.**〈結合エネルギー〉

飽和炭化水素 C_nH_{2n+2} の生成の熱化学方程式は, 次の式で表される.

$$nC(黒鉛)+(n+1)H_2(気) = C_nH_{2n+2}(気) + Q〔kJ〕$$

(1) 1分子の C_nH_{2n+2} に含まれる C–H 結合と C–C 結合の数のそれぞれを, n を用いて表せ.

(2) $Q=90$ kJ であるとき n はいくつか.

ただし, C (黒鉛) の昇華熱は 715 kJ/mol とし, C–H 結合, C–C 結合および H–H 結合の結合エネルギーはそれぞれ 416 kJ/mol, 335 kJ/mol, 437 kJ/mol とする.

〔11 北海道大〕

準◇**93.**〈格子エネルギー〉

格子エネルギーとは, イオン結晶の場合は, 結晶を構成するイオンを気体にするために必要なエネルギーである. イオン結晶である NaCl (固) の格子エネルギーを Q_L (>0)〔kJ/mol〕とすると, 次式のように表される.

$$NaCl(固) = Na^+(気) + Cl^-(気) - Q_L kJ \qquad \cdots\cdots①$$

Q_L を求めるために, 以下の熱化学方程式を示す. ただし, $Q_f>0$ とする.

$$Na(固) + \frac{1}{2}Cl_2(気) = NaCl(固) + Q_f kJ \qquad \cdots\cdots② \quad (NaCl (固) の生成熱)$$

$$NaCl(固) + aq = Na^+aq + Cl^-aq - 3.88 kJ \qquad \cdots\cdots③ \quad (NaCl (固) の溶解熱)$$

$$Na(固) = Na(気) \boxed{(ア)} 108 kJ \qquad \cdots\cdots④ \quad (Na の \boxed{(イ)})$$

$$Cl_2(気) = 2Cl(気) \boxed{(ウ)} 244 kJ \qquad \cdots\cdots⑤ \quad (Cl–Cl の \boxed{(エ)})$$

$$Na(気) = Na^+(気) + e^- \boxed{(オ)} 488 kJ \qquad \cdots\cdots⑥ \quad (Na の \boxed{(カ)})$$

$$Cl(気) + e^- = Cl^-(気) \boxed{(キ)} 365 kJ \qquad \cdots\cdots⑦ \quad (Cl の \boxed{(ク)})$$

(1) (ア)〜(ク)に最も適切な用語と符号を書け.

(2) 熱化学方程式①〜⑦のうち必要なものを用い, 格子エネルギー Q_L を Q_f を用いて表せ.

(3) 固体のイオン結晶を構成するイオンの気体が水へ溶解するときの反応熱は水和熱とよばれる. NaCl (固) の水和熱を Q_{aq} (>0)〔kJ/mol〕とすると, 次式のように表される.

$$Na^+(気) + Cl^-(気) = Na^+aq + Cl^-aq + Q_{aq} kJ \quad \cdots\cdots⑧$$

⑧の式を①, ②, ③の式と比較することで, 水和熱と格子エネルギーの関係から, 固体のイオン結晶が水へ溶解する際にいえることとして正しいものを以下の中から選べ.

(a) 格子エネルギーの値と水和熱の値を足したものが, 溶解熱となる.

(b) 格子エネルギーの値と水和熱の値を足したものが, 生成熱となる.

(c) 水和熱から生成熱の値を引いたものが格子エネルギーになる.

(d) 水和熱の値が格子エネルギーの値よりも小さいとき, 水への溶解は吸熱反応になる.

〔14 東京理大 改〕

7 反応の速さと化学平衡

(◇＝上位科目「化学」の内容を含む項目)

◇ 1 反応の開始と進行

(1) **活性化エネルギー** 化学反応が進行するには，反応物の分子にある一定以上のエネルギーを与えなければならない。このエネルギーを **活性化エネルギー** という。

注 逆反応の活性化エネルギーは，正反応の活性化エネルギーと反応熱の和になる。
　また，反応の速さは，反応熱の大小よりも活性化エネルギーの大小によって決まる。

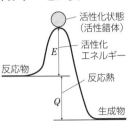

(2) **活性化エネルギーの大小** 一般に，分子からなる物質の反応の活性化エネルギーは大きい。
　イオン反応における活性化エネルギーは小さい(室温でもすみやかに反応する)。

◇ 2 反応速度

(1) **反応速度の表し方** 単位時間あたりの反応物の濃度の減少量，または生成物の濃度の増加量で表す。
　A + B ⟶ 2C の反応において，

$$v = -\frac{\Delta[\mathrm{A}]}{\Delta t} = -\frac{\Delta[\mathrm{B}]}{\Delta t} = \frac{1}{2}\frac{\Delta[\mathrm{C}]}{\Delta t}$$

(ふつう，反応式の係数が1の物質を基準とする。)

補足 反応速度は常に正の値で表す。

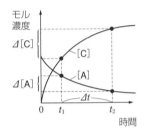

(2) **反応速度式** 反応速度と反応物の濃度の関係を表した式。
　$a\mathrm{A} + b\mathrm{B} \longrightarrow c\mathrm{C}$ の反応において，
　$v = k[\mathrm{A}]^m[\mathrm{B}]^n$　(k：反応速度定数)

注 $(m+n)$ を **反応の次数** といい，実験から求められる。

◇ 3 反応速度を変える条件

条件	反応速度の変化	理由
濃度(圧力)	高濃度(気体反応では高圧)ほど大。	反応する分子どうしの衝突回数が増加。
温度	高温ほど大。	活性化エネルギー以上のエネルギーをもつ分子の数が増加。10 K 上昇 ⇒ 反応速度2〜3倍

注 **固体の表面積** を大きくしたり，**光** を当てると反応速度が増加する。

◇ 4 触媒

(1) 触媒を用いると，活性化エネルギーの小さな別の反応経路をつくるため，反応速度が大きくなる。
(2) 触媒を用いても **反応熱は変わらない**。

◇ 5 化学平衡

(1) **可逆反応** **正反応**(右向きの反応)も **逆反応**(左向きの反応)も起こる反応。　注 $\mathrm{H_2 + I_2 \rightleftharpoons 2HI}$

(2) **化学平衡** 可逆反応において，正反応と逆反応の速度が等しくなり，見かけ上，反応が停止したような状態。

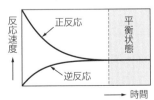

注 **気液平衡** や **溶解平衡** などの物理的な平衡も，化学平衡と同様に扱う。

6 ルシャトリエの原理（平衡移動の原理）

一般に，可逆反応が平衡状態にあるとき，濃度・圧力・温度を変えると，その影響を打ち消す方向に平衡が移動し，再び新しい平衡状態になる。

条件	平衡が移動する方向	例 $N_2 + 3H_2 \rightleftarrows 2NH_3 + 92.2 kJ$
濃度	反応物の濃度を増すと正反応の方向 生成物の濃度を増すと逆反応の方向 } に移動。	N_2 や H_2 を加える。⇨ 右に移動。 NH_3 を加える。　　　⇨ 左に移動。
圧力 (気体)	加圧すると分子数(体積)の減少方向 減圧すると分子数(体積)の増加方向 } に移動。	加圧する。⇨ 右に移動。 減圧する。⇨ 左に移動。
温度	温度を上げると吸熱反応の方向 温度を下げると発熱反応の方向 } に移動。	温度を上げる。⇨ 左に移動。 温度を下げる。⇨ 右に移動。

注　気体の分子数が変わらない反応では，圧力を変えても平衡は移動しない。触媒を用いると，平衡に達するまでの反応速度は増すが(平衡に達するまでの時間は短くなるが)，平衡は移動しない。

7 化学平衡の法則（質量作用の法則）

可逆反応が平衡状態にあるとき，反応物と生成物のモル濃度の間には，次のような関係が成り立つ。

$$aA + bB \rightleftarrows cC + dD \quad (a, b, c, d は係数)$$

において，

$$\frac{[C]^c[D]^d}{[A]^a[B]^b} = K \quad \text{この } K \text{ を } \textbf{平衡定数} \text{ という。}$$

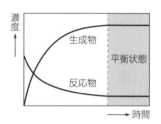

8 平衡定数

(1) **平衡定数**　平衡定数 K は温度によって変化するが，濃度・圧力により変化しない。

注　各物質の濃度を上式に代入して得た値が，K より大きいときは逆反応の向きに，小さいときは正反応の向きに反応が進んで新たな平衡状態となる。

固体の関与する次式のような平衡では，[C(固)] は常に一定なので，平衡定数の式には含めない。

$$C(固) + H_2O(気) \rightleftarrows CO(気) + H_2(気) \quad \frac{[CO(気)][H_2(気)]}{[H_2O(気)]} = K$$

(2) **圧平衡定数**　気体反応の平衡では，モル濃度の代わりに各成分気体の分圧を用いて，平衡定数を表すことがある。例えば，$N_2 + 3H_2 \rightleftarrows 2NH_3$ において，

$$\frac{p_{NH_3}^2}{p_{N_2} \cdot p_{H_2}^3} = K_p \quad \text{この } K_p \text{ を } \textbf{圧平衡定数} \text{ という。}$$

(3) **電離定数**　水溶液中で電離する反応の平衡を **電離平衡** という。電離平衡における平衡定数を **電離定数** といい，$[H_2O]$ を定数として扱う。

例　$CH_3COOH + H_2O \rightleftarrows CH_3COO^- + H_3O^+$ において，

$$\frac{[CH_3COO^-][H^+]}{[CH_3COOH]} = K_a \quad \text{この } K_a \text{ を } \textbf{酸の電離定数} \text{ という。}$$

$NH_3 + H_2O \rightleftarrows NH_4^+ + OH^-$ において，

$$\frac{[NH_4^+][OH^-]}{[NH_3]} = K_b \quad \text{この } K_b \text{ を } \textbf{塩基の電離定数} \text{ という。}$$

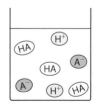

電離平衡の状態
弱酸5分子のうち2分子が電離している(電離度0.4)。

必 94.〈過酸化水素の分解速度〉

[ア]に最も適切な語句を，[イ]，[ウ]，[オ]に有効数字2桁で数値を，[エ]に有効数字3桁で数値を，それぞれ答えよ。H=1.0, O=16

少量の酸化マンガン(Ⅳ)に 2.0 mol/L の過酸化水素水溶液 20 mL を加え，25℃に保ちながら，その分解反応により生じた酸素を[ア]により捕集した。発生した酸素量から，時間経過とともに残存する過酸化水素の濃度を求めた。経過時間に対する過酸化水素の濃度を図に示す。グラフより，15 分後までに発生した酸素量は[イ]mg である。

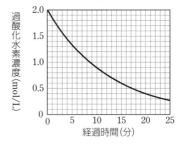

反応時間 0 分から 2 分までの過酸化水素の分解速度は[ウ]mol/(L·min)である。反応時間 0 分から 2 分までの過酸化水素の平均濃度は[エ]mol/L である。これらの結果から反応速度定数を求めると[オ]/min となる。ただし，過酸化水素の分解速度は過酸化水素の濃度に比例するものとする。 〔17 金沢工大〕

準 95.〈分解速度と速度定数〉

0.250 mol/L の過酸化水素水 10 mL に触媒を加え，発生した酸素を水上置換によって捕集する実験を行った。反応温度を一定に保ち，捕集した酸素の体積を 20 秒毎に測定した。発生した酸素の物質量から，各時間における過酸化水素の濃度 [H_2O_2] [mol/L] を求めた結果を次表に示す。ただし，酸素の水への溶解と過酸化水素水の体積変化は無視できるものとする。

反応時間 t [s]	0	20	40	60	80
[H_2O_2] [mol/L]	0.250	0.150	0.090	0.0540	0.0324
時間範囲 [s]		0〜20	20〜40	40〜60	60〜80
平均の分解速度 [mol/(L·s)]		ア	イ	ウ	エ
平均の分解速度／平均の濃度 [s^{-1}]		オ	カ	キ	ク

(1) 過酸化水素の分解反応を化学反応式で表せ。
(2) 反応開始 40 秒後までに反応した過酸化水素の物質量と発生した酸素の物質量を，それぞれ有効数字2桁で求めよ。
(3) [ア]〜[ク]にあてはまる数値を有効数字2桁で求めよ。
(4) 反応開始後 t [s] における分解速度 v [mol/(L·s)] と過酸化水素の濃度 [H_2O_2] [mol/L] の関係を，反応の速度定数 k を用いて数式で表せ。また，そのように表現できる理由を実験結果に基づいて 50 字以内で述べよ。 〔12 筑波大(前期)〕

96.〈化学反応の速度〉

化学反応の速度に関する次の記述のうち，正しいものを三つ選べ。

(a) 反応 A ⟶ 2B において，Aの減少速度はBの生成速度の $\frac{1}{2}$ 倍である。
(b) 温度が上がると反応速度が大きくなるのは，分子運動が激しくなり，反応する分子どうしの衝突回数が多くなることですべて説明できる。
(c) 温度が 10℃ 上がるごとに反応速度が 3 倍になる反応がある。60℃ のとき 20 分間でこの反応が終了した場合，20℃ では 27 時間で終了する。
(d) 温度が一定のとき，反応物の濃度に比例して，反応速度定数は大きくなる。
(e) 一般に，固体が関係する反応では，固体の質量が同じならば，その表面積を大きくすると，反応速度は大きくなる。
(f) 触媒を用いると反応の仕組みが変わり，活性化エネルギーがより大きい別の経路で反応が進む。
〔15 北里大，15 近畿大〕

97.〈反応の進み方とエネルギー〉

化学反応が起こるときには，反応物はエネルギーの高い活性化状態を経て生成物に変わる。この活性化状態にするために必要な最小のエネルギーを活性化エネルギーという。

右図は，可逆反応 A+B ⇌ C の進行に伴うエネルギー変化を表している。正反応 A+B ⟶ C における活性化エネルギーの大きさは (ア) で表され，逆反応 C ⟶ A+B における活性化エネルギーの大きさは (イ) で表される。このとき，正反応は (あ) 反応であり，反応熱の大きさは (ウ) で表される。

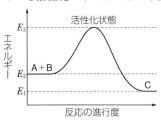

(1) 空欄(ア)〜(ウ)のそれぞれに入る値を E_1, E_2, E_3 を用いた式により記せ。
(2) 空欄(あ)に入る適切な語句として，発熱と吸熱のいずれかを記せ。
(3) 化合物AとBから化合物Cが生じる反応において，AとBの初期濃度を変えて反応初期におけるCの生成速度を求めると，以下の表のようになった。

実験	Aの初期濃度 〔mol/L〕	Bの初期濃度 〔mol/L〕	反応初期のCの生成速度 〔mol/(L·s)〕
1	0.10	0.10	2.0×10^{-3}
2	0.10	0.20	4.0×10^{-3}
3	0.40	0.10	3.2×10^{-2}

この反応の反応速度式が $v=k[A]^x[B]^y$ の形で表されるとして，(i) x および (ii) y の値を整数で記せ。また，(iii) k の値 を有効数字 2 桁で単位をつけて記せ。

(4) 触媒がもつ一般的な性質に関する以下の a〜d の記述から，正しいものをすべて選べ。

a．反応熱を変化させる。
　　b．反応の活性化エネルギーを変化させる。
　　c．反応の前後で，触媒自身は変化しない。
　　d．反応速度を変化させる。　　　　　　　　　　　　　　　〔22 京都産大〕
(5) 温度が一定のとき，反応速度は分子やイオンの衝突回数に比例する。しかし，反応の温度を10℃上昇させると，衝突回数は一般に数パーセントしか増加しないのに反応速度は2〜3倍になる。その理由を，45字以内で記せ。

必◦98.〈平衡定数〉
次の①式の可逆反応について，(1)〜(3)の問いに有効数字2桁で答えよ。
$$A + B \rightleftarrows 2C \quad \cdots\cdots ①$$
(1) 容積V〔L〕の密閉できる容器にA，Bをそれぞれ1.00 mol，3.00 mol 入れて温度をT_1〔K〕に保つと，①式の反応が進み，平衡状態に達した。このとき容器内のAの物質量は0.40 molであった。温度T_1〔K〕での平衡定数の値を求めよ。
(2) 容積V〔L〕の密閉できる容器にA，B，Cを，それぞれ1.00 mol，2.00 mol，2.00 mol入れて温度をT_2〔K〕に保つと，①式の反応が進み，平衡状態に達した。温度T_2〔K〕での平衡定数の値が4.0であるとき，温度T_2〔K〕での平衡状態における容器内のAのモル分率を求めよ。
(3) 右図に示すようなコック付きの一定容積V〔L〕の容器内に，A，B，Cを入れた。温度をT_3〔K〕に保つと，①式の反応が進み，A，B，Cの物質量が，それぞれ2.50 mol，

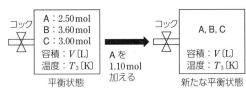

3.60 mol，3.00 molとなって平衡状態に達した。この状態からAを1.10 mol加えた後，温度をT_3〔K〕に保つと，再び平衡状態に達した。このときの容器内のAの物質量を求めよ。
〔16 関西大〕

必◦99.〈平衡の移動〉
(1) 熱化学方程式①〜④で表される反応が，それぞれある温度，圧力で平衡状態にある。反応条件を高温高圧にしたとき，平衡はどのように移動するか，(ア)〜(ウ)から選べ。
　① N_2(気体) + O_2(気体) = 2NO(気体) − 181 kJ
　② C(固体) + CO_2(気体) = 2CO(気体) − 172 kJ
　③ N_2(気体) + 3H_2(気体) = 2NH_3(気体) + 92 kJ
　④ CO(気体) + H_2O(気体) = CO_2(気体) + H_2(気体) + 42 kJ
　　(ア) 右に移動する　(イ) 左に移動する　(ウ) この条件からは判断できない
〔19 明治薬大〕
(2) 塩化ナトリウムの飽和水溶液に塩化水素を通じると，どのような変化が起こるか。また，その現象を何効果というか。さらに，その理由も述べよ。　〔21 宮崎大 改〕

7 反応の速さと化学平衡　53

準◇100. ⟨化学平衡の状態⟩

気体物質である A, B, C の混合気体を容積一定の密閉容器に入れると，式①に示す化学反応が可逆的に起こり，やがて平衡状態に達する。なお，気体は理想気体として扱うものとする。

$$A(気) + B(気) \rightleftharpoons C(気) \quad \cdots\cdots ①$$

異なる全圧 P_1, P_2, P_3 [Pa] について，平衡状態における気体 C の体積百分率と温度の関係は図のようになった。

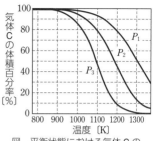

図　平衡状態における気体 C の体積百分率と温度の関係

(1) P_1 と P_3 の大小関係を，不等号を用いて答えよ。

(2) 式①の右向きの反応（正反応）は，発熱反応あるいは吸熱反応のどちらであるか答えよ。

(3) 式①の反応の圧平衡定数 K_p [Pa^{-1}] は，温度を上げると大きくなるか，あるいは小さくなるかを答えよ。

(4) 気体 A と B を密閉容器に入れて，温度を T [K] に保ったところ，平衡状態になった。このとき，全圧が 3.0×10^5 Pa であり，気体 A, B, C の物質量はすべて同じであった。圧平衡定数 K_p [Pa^{-1}] を有効数字 2 桁で答えよ。

(5) 4.0 mol の気体 A と 2.0 mol の気体 B を密閉容器に入れて，温度を T [K] に保ったところ，平衡状態になった。このとき，気体 C のモル分率は 0.20 であった。(4)で求めた圧平衡定数の値を用いて，全圧 [Pa] を有効数字 2 桁で答えよ。　〔22 九州大〕

◇101. ⟨NO$_2$ と N$_2$O$_4$ の平衡⟩

注射器の中に，$2NO_2 \rightleftharpoons N_2O_4$ の平衡状態に達した二酸化窒素と四酸化二窒素の混合気体が入っている。温度を一定に保ちながら図のようにピストンを手で押し下げて圧力をかけた。この際，注射器内は ☐ 。

☐ に当てはまる適切なものを(a)〜(e)から選べ。

(a) 赤褐色が徐々に濃くなる
(b) 赤褐色から徐々に無色に変わる
(c) 無色から徐々に赤褐色に変わる
(d) 赤褐色が一時的に濃くなるが，その後薄くなる
(e) 赤褐色が一時的に薄くなるが，その後濃くなる

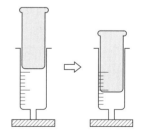

〔11 近畿大〕

◇102. ⟨平衡状態の移動⟩　**思考**

二酸化窒素 NO$_2$ は赤褐色の気体，四酸化二窒素 N$_2$O$_4$ は無色の気体である。これらの混合気体を試験管に封入すると，次の反応が平衡状態となる。

$$2NO_2 \rightleftharpoons N_2O_4$$

混合気体を封入した試験管を，冷水に浸して気体の色を観察した。この試験管を冷水

から取り出し，温水に浸して温めると，温める前に比べてその色が濃くなった。

この実験結果から，次の記述a〜cの正誤についてどのように判断できるか。それぞれ下の①〜③のうちから当てはまるものを一つずつ選べ。ただし，必要であれば，同じ選択肢を繰り返し用いてもよい。また，試験管内の混合気体の体積は変化しないものとする。

a　NO_2 から N_2O_4 が生成する反応は発熱反応である。

b　NO_2 の生成熱は負の値である。

c　温水に浸した後の試験管内にある混合気体の平均分子量は，冷水に浸していたときよりも大きい。

① この実験結果から，正しいと判断できる。

② この実験結果から，誤りと判断できる。

③ この実験結果からは判断できない。　　　　　　　　　　　　　　〔18 川崎医大〕

◇**103.** 〈速度定数と平衡定数〉

水素 H_2 とヨウ素 I_2 を密閉容器に入れて加熱し，一定温度に保つと，次の式に示すようなヨウ化水素 HI を生成する可逆反応が起こり，平衡状態に達する。

$$H_2 + I_2 \rightleftarrows 2HI$$

H_2, I_2, HI のモル濃度を，それぞれ $[H_2]$, $[I_2]$, $[HI]$ とすると，可逆反応において，HI が生成する反応速度 v_1 は，速度定数 k_1 を用いて $v_1 = k_1[H_2][I_2]$ と表される。また，HI が分解する反応速度 v_2 は，速度定数 k_2 を用いて $v_2 = k_2[HI]^2$ と表される。

この平衡状態における平衡定数 K は，モル濃度を用いて，$K = \boxed{1}$ と表される。また，この平衡定数 K は，速度定数を用いて，$K = \boxed{2}$ と表される。

(1)　□□ にあてはまる数式を記せ。

(2)　容積一定の容器に，H_2 4.0 mol と I_2 3.0 mol を入れて加熱し，一定温度に保ったところ，平衡状態に達して HI が 5.2 mol 生成した。この反応の平衡定数を求めよ（有効数字2桁）。また，このときの HI が生成する反応の速度定数を 2.5×10^{-2} L/(mol·s) として，HI が分解する反応の速度定数を求めよ（有効数字2桁）。　　　〔17 浜松医大〕

7 反応の速さと化学平衡　55

····· **B** ··

準◇**104.** 〈アンモニア合成の平衡と反応速度〉

アンモニアの製法として，ハーバー・ボッシュ法がある。その化学反応式は

$$N_2 + 3H_2 \rightleftharpoons 2NH_3 \quad \cdots\cdots(I)$$

と示され，アンモニアの生成に伴い発熱する典型的な可逆反応である。すべての気体は理想気体としてふるまうものとして，以下の問いに答えよ。

(1)　① 各気体成分のモル濃度を $[N_2]$，$[H_2]$，$[NH_3]$ とする。反応(I)の濃度平衡定数 K_c を表す式を書け。

　　② 各気体成分の分圧を p_{N_2}，p_{H_2}，p_{NH_3} とする。反応(I)の圧平衡定数 K_p を表す式を書け。

　　③ 気体定数 R〔Pa·L/(mol·K)〕，絶対温度 T〔K〕，K_c を用いて K_p を表す式を書け。

(2)　ある反応容器中で平衡に達しているところへ，次の変化を与えた。

　　a．反応容器の容積を一定にして，温度を高くした

　　b．反応容器の温度を一定にして，容積を半分にした

　　c．反応容器の温度，容積を一定にして，水素を注入した

　　d．反応容器の温度，容積を一定にして，アルゴンを注入した

　　e．反応容器の温度，全圧を一定にして，アルゴンを注入した

　　① 与えた変化の直後，正反応の反応速度が大きくなるものをすべて選べ。

　　② 平衡が正反応の方向へ移動するものをすべて選べ。

　　③ 平衡が逆反応の方向へ移動するものをすべて選べ。

　　④ K_c が小さくなるものをすべて選べ。

(3)　窒素 2mol と水素 6mol を混合し，温度を一定に保ち，反応(I)を開始させた。t_1 時間経過すると平衡に達し，アンモニア 2mol が生じた。次の値の時間変化をグラフに示せ。(　)内の化学式や語句をグラフ中に示すこと。

　　① 反応(I)中の各物質の物質量 (N_2，H_2，NH_3)

　　② 触媒を用いたときのアンモニアの物質量 (触媒)

(4)　(3)の①の反応条件で，t_1 時間以上経過した後，反応容器中の水素の分圧は 3.0×10^7 Pa，アンモニアの分圧は 2.0×10^7 Pa となった。このときの K_p の値を有効数字 2 桁で求め，単位とともに書け。　〔15 関西学院大 改〕

◇**105.** 〈加水分解の速さ〉　**思考**

酢酸メチルの加水分解の実験を次のように行った。

酢酸メチルと希塩酸をガラス容器内で混合して全量を 100mL とし，ゴム栓をして 25℃ に保った。一定時間ごとに反応溶液 5.00mL を取り出し，0.200mol/L 水酸化ナトリウム水溶液で中和滴定を行い，表の結果を得た。反応時間 0min における滴定は反応が進行しないうちに素早く行った。また，反応時間 ∞min の値は，3 日後に酢酸メチルがほぼ完全に消失したときの滴定値である。なお，この酢酸メチルの加水分解反応に

56 　7　反応の速さと化学平衡

よる体積変化は無視できるものとする。

反応時間〔min〕	0	10	20	40	60	80	200	∞
水酸化ナトリウム水溶液の滴下量〔mL〕	11.9	13.4	14.7	17.1	18.9	20.5	25.5	27.5

(1)　酢酸メチルの加水分解の反応を化学反応式で示せ。

(2)　加水分解の反応に，水ではなく希塩酸を用いた理由は何か。10 字以内で説明せよ。

(3)　最初にガラス容器内に入れた塩酸中の塩化水素の物質量〔mol〕を有効数字 2 桁で求めよ。

(4)　反応時間 ∞ min における酢酸の濃度〔mol/L〕を有効数字 2 桁で求めよ。

(5)　酢酸メチルの加水分解率（加水分解された割合）が，ある一定の時間内では反応時間と直線関係にあるとしたとき，表中の最も適切な値を用いて，酢酸メチルが 50 % 加水分解される反応時間〔min〕を有効数字 2 桁で求めよ。　　　　　　〔14 岐阜大〕

準◇**106.**〈炭素 14 の年代測定〉

† 　原子番号は同じでも，中性子の数が異なるため質量数が異なる原子どうしを，互いに同位体であるという。同位体の中には，原子核が不安定で，放射線を放出して別の原子核に変わるものがある。このような同位体を（　A　）同位体という。例えば，(2)炭素には ^{14}C が存在し，（　B　）とよばれる放射線を放出しながら ^{14}N になる。時刻 t における ^{14}C の数 N_t は，$t=0$ での数を N_0 とすると

$$N_t = N_0 e^{-kt}$$

で表される。ここで，k は定数である。(3)^{14}C がはじめの半分の量になるのに要する時間を半減期といい，^{14}C の半減期は 5730 年である。^{14}C は年代測定に利用されている。大気中の ^{14}N に宇宙線によって生じた中性子が衝突すると ^{14}C が生成し，逆に，^{14}C は自然に ^{14}N に変化するので，大気中には全炭素原子に対して ^{14}C が一定の割合（存在比）で含まれている。^{14}C は CO_2 として光合成により植物に取り込まれるが，植物が枯れると ^{14}C は取り込まれなくなり，減少していく。したがって，(4)^{14}C 存在比から，年代を推定することができる。

(1)　(A)と(B)にあてはまる語句を答えよ。

(2)　^{14}C の陽子と中性子の数を答えよ。

(3)　半減期を k で表せ。

(4)　ある遺跡から見つかった木片の ^{14}C 存在比は，生きている木の ^{14}C 存在比の $\dfrac{1}{8}$ であった。この木片は，何年前に枯れた木のものと推定されるか。　　　〔17 早稲田大〕

準◇**107.**〈圧平衡定数〉

　ピストンの付いた密閉容器内に液体の四酸化二窒素（N_2O_4）を n〔mol〕入れ，容器内をある温度にしたところ，四酸化二窒素がすべて気体となった。さらに時間が経過すると四酸化二窒素の分解が進み，二酸化窒素（NO_2）が生成した。最終的に，四酸化二窒素と二酸化窒素の気体は，以下の平衡状態になった。

$$N_2O_4(\text{気}) \rightleftharpoons 2NO_2(\text{気})$$

平衡状態に達したときに，四酸化二窒素が分解した割合をα（ただし，$0 \leq \alpha \leq 1$）とする。ここで，気体はすべて理想気体とし，容器内には四酸化二窒素と二酸化窒素の気体しかないものとする。また，平衡状態のときの気体の全圧はP〔Pa〕とする。

(1) 平衡状態での四酸化二窒素と二酸化窒素の物質量〔mol〕を，それぞれnとαを用いて数式で表せ。

(2) 平衡状態での気体の総物質量〔mol〕を，nとαを用いて数式で表せ。

(3) 平衡状態に達したときの四酸化二窒素と二酸化窒素の気体の分圧を，それぞれ$p_{N_2O_4}$とp_{NO_2}とする。それぞれの分圧〔Pa〕を，αとPを用いて数式で表せ。

(4) 平衡状態における気体間の反応では，各成分気体の分圧を用いて平衡定数を表すことができる。この平衡定数を圧平衡定数K_pという。K_p〔Pa〕を，αとPを用いて数式で表せ。また，25℃におけるK_pの値は，2.0×10^4Paとする。この温度で四酸化二窒素が分解した割合αが0.50のとき，全体の圧力〔Pa〕を求めよ。　〔19 岐阜大〕

(5) 四酸化二窒素が分解した割合αが1に比べて非常に小さいとする。このときのαの近似式をPとK_pを用いて表せ。

(6) 四酸化二窒素が分解した割合αが1に比べて非常に小さいとき，もし全圧Pを大きくしたら，αは大きくなるか小さくなるか，答えよ。理由も書け。　〔19 日本女子大〕

準◇108.〈化学平衡〉

窒素と水素を混合した気体を，酸化鉄を主成分とする触媒を含む容器中で高温高圧の条件で反応させると，アンモニアが生成して平衡状態に達する。この平衡反応に関する次の問いに答えよ。ただし，窒素，水素，およびアンモニアは，すべて理想気体としてふるまうものとする。

(1) 容器の容積と温度を一定に保ちながら，窒素5.00molと水素5.00molを反応させた。平衡状態に達した後の容器内の圧力は，反応開始時の圧力の0.80倍になった。このときの窒素の分圧は水素の分圧の何倍か。解答は小数第2位を四捨五入して示せ。

(2) (1)の平衡状態にある混合気体を別の容器に移し，アンモニアだけを取り除いた。これに新たに窒素と触媒を加え，(1)と同じ容積と温度に保ち反応させた。平衡状態に達した後の水素とアンモニアの分圧は等しくなった。加えた窒素の物質量はいくらか。解答は小数第2位を四捨五入して示せ。　〔08 東京工大〕

◇109.〈平衡移動の予想〉

次の文章を読み，問いに答えよ。気体はすべて理想気体としてふるまうものとし，反応前後の温度は同一とする。

2原子分子の気体A_2と気体X_2を混合し，体積が変化しない密閉容器に入れて加熱すると，式①の反応が起こり，気体AXが生成した。

$$A_2 + X_2 \longrightarrow 2AX \quad \cdots\cdots 式①$$

この反応において，温度T_1〔K〕で式②の平衡状態が成立する。このとき，平衡状態

の A₂, X₂, AX のモル濃度をそれぞれ [A₂], [X₂], [AX] とすると，これらを用いて平衡定数 K を式③で表すことができる。

$$A_2 + X_2 \rightleftarrows 2AX \quad \cdots\cdots 式②$$

$$K = \frac{[AX]^2}{[A_2][X_2]} \quad \cdots\cdots 式③$$

温度 T_2〔K〕において，平衡定数 K は 20 であった。また，A₂, X₂, AX の反応開始時の濃度はそれぞれ 0.40 mol/L, 0.20 mol/L, 1.1 mol/L であった。式③の右辺に，A₂, X₂, AX の反応開始時のそれぞれのモル濃度を代入した値 Q は ア である。このとき，反応がどちらに進行するかは，Q と K の大小関係から予想でき，イ 。

温度 T_3〔K〕において，式②の K の値は 25 であった。また，A₂, X₂, AX の反応開始時の濃度はそれぞれ 0.30 mol/L, 0.30 mol/L, 0.60 mol/L であった。このとき，同温度において，平衡に達したときの A₂ および X₂ の濃度は ウ mol/L, AX の濃度は エ mol/L となった。

(1) 式①の熱化学方程式を書け。ただし，A-A 結合，X-X 結合，A-X 結合の結合エネルギーをそれぞれ 436 kJ/mol, 151 kJ/mol, 299 kJ/mol とする。

(2) 式①の反応について，温度 300 K における反応時間と AX の生成量との関係を右のグラフに示した。この反応条件を，次の(i), (ii)のように変更したときの，反応時間と AX の生成量との関係を，グラフに実線で描け。

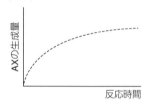

 (i) 活性化エネルギーを小さくする触媒を加えたとき
 (ii) 反応温度を 400 K に上昇させたとき

(3) ア に入る値を整数で書け。また，イ に入る適切な文を下記から選べ。
 (a) $Q<K$ であることから，A₂ と X₂ を生成する方向に進んだ
 (b) $Q>K$ であることから，A₂ と X₂ を生成する方向に進んだ
 (c) $Q<K$ であることから，AX を生成する方向に進んだ
 (d) $Q>K$ であることから，AX を生成する方向に進んだ
 (e) $Q=K$ であることから，見かけ上進行しなかった

(4) ウ , エ に入る適切な数字を有効数字 2 桁で書け。 〔17 慶応大〕

8 酸と塩基の反応

(◇＝上位科目「化学」の内容を含む項目)

1 酸・塩基の定義

定義	酸	塩基
アレーニウスの定義	水に溶けてH^+(H_3O^+)を生じる物質	水に溶けてOH^-を生じる物質
ブレンステッド・ローリーの定義	H^+を他に与える物質	H^+を他から受け取る物質

注　一般に，H_3O^+(オキソニウムイオン)は，略してH^+と表すことが多い。

2 酸・塩基の分類

(1) **酸の価数**　酸1分子が放出することのできる水素イオンH^+の数。
　例　一価の酸：HCl，CH_3COOH，二価の酸：H_2SO_4，H_2S，三価の酸：H_3PO_4

(2) **塩基の価数**　1化学式の塩基が受け取ることのできるH^+の数。
　例　一価の塩基：NaOH，NH_3，二価の塩基：$Ca(OH)_2$，三価の塩基：$Fe(OH)_3$

(3) **電離度**(α) $= \dfrac{\text{電離した電解質の物質量 (mol)}}{\text{溶かした電解質の物質量 (mol)}}$　　$(0 \leq \alpha \leq 1)$

　αの大きいもの…**強酸**(強塩基)，αの小さいもの…**弱酸**(弱塩基)
　例　強酸：HCl，HNO_3，H_2SO_4　　弱酸：CH_3COOH，H_2S，$(COOH)_2$
　　　強塩基：NaOH，KOH，$Ca(OH)_2$，$Ba(OH)_2$　弱塩基：NH_3，$Fe(OH)_3$

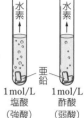
1 mol/L 塩酸 (強酸)　1 mol/L 酢酸 (弱酸)

3 水素イオン濃度とpH

(1) **水の電離**　$H_2O \rightleftharpoons H^+ + OH^-$
　25℃，中性の水　$[H^+] = [OH^-] = 1.0 \times 10^{-7}$ mol/L

(2) **酸性と塩基性**　$[H^+] > [OH^-]$…酸性　　$[H^+] < [OH^-]$…塩基性(アルカリ性)

◇(3) **水のイオン積**　$K_w = [H^+][OH^-] = 1.0 \times 10^{-14}$ mol²/L²　(25℃)

(4) **水素イオン指数 pH**　$[H^+] = 10^{-n}$ mol/L のとき，$pH = n$ と表す。

◇補足　対数を用いた pH の計算は　$pH = -\log_{10}[H^+]$

性質	(強)	酸性	(弱)	中性	(弱)	塩基性	(強)
pH	0　1　2　3	4　5　6	7	8　9　10	11　12　13　14
$[H^+]$	$10^0=1$　10^{-1}　10^{-2}　10^{-3}　10^{-4}　10^{-5}　10^{-6}　10^{-7}　10^{-8}　10^{-9}　10^{-10}　10^{-11}　10^{-12}　10^{-13}　10^{-14}
$[OH^-]$	10^{-14}　10^{-13}　10^{-12}　10^{-11}　10^{-10}　10^{-9}　10^{-8}　10^{-7}　10^{-6}　10^{-5}　10^{-4}　10^{-3}　10^{-2}　10^{-1}　1

4 中和反応と塩

(1) **中和の公式**　(酸から生じるH^+の物質量)＝(塩基から生じるOH^-の物質量)

$$ac \times \dfrac{V}{1000} = bc' \times \dfrac{V'}{1000}$$
　$\begin{pmatrix} a, b\cdots\text{価数}, c, c'\cdots\text{モル濃度} \\ V, V'\cdots\text{体積 (mL)} \end{pmatrix}$

(2) **塩**　酸の陰イオンと塩基の陽イオンからなる物質。

(3) **塩の水溶液の液性**　①強酸と強塩基の正塩　→　中性
　②強酸と弱塩基の正塩　→　弱酸性
　③弱酸と強塩基の正塩　→　弱塩基性

5 滴定曲線(右図)と指示薬

グラフ	酸と塩基	中和点	指示薬
Ⅰ	強酸と強塩基	$pH \fallingdotseq 7$	PP，MOどちらも可
Ⅱ	弱酸と強塩基	$pH > 7$	PPのみ
Ⅲ	強酸と弱塩基	$pH < 7$	MO，MRなど

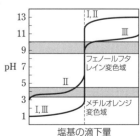

(PP：フェノールフタレイン　MO：メチルオレンジ　MR：メチルレッド)

110. 〈酸・塩基の定義〉

次の文中の □ に適する語句・化学式を入れよ。

 あ は,「酸とは水に溶けて い を生じる物質で,塩基とは水に溶けて う を生じる物質である」と定義し,それが酸性および塩基性の原因であるという説を提唱した。しかし,この定義では十分な説明ができない現象がある。

 ブレンステッドとローリーは あ の定義を拡張し,「酸とは い を与える物質で,塩基とは い を受け取る物質である」と定義した。次式の平衡が成り立つとき,塩基は え と お である。

$$CH_3COOH + H_2O \rightleftharpoons CH_3COO^- + H_3O^+$$

〔17 立命館大〕

111. 〈ブレンステッド・ローリーの酸・塩基〉

下線を付した分子またはイオンが,ブレンステッド・ローリーの定義する酸であるものを選べ。

(a) NH_3 + $\underline{H_2O}$ ⟶ NH_4^+ + OH^-
(b) $\underline{HCO_3^-}$ + H_2O ⟶ H_2CO_3 + OH^-
(c) $\underline{HS^-}$ + H_2O ⟶ S^{2-} + H_3O^+
(d) HNO_3 + $\underline{H_2O}$ ⟶ NO_3^- + H_3O^+
(e) CaO + $\underline{H_2O}$ ⟶ $Ca(OH)_2$

〔14 松山大 改〕

112. 〈電離度〉

電離度に関する記述として誤りを含むものを,次の(a)〜(e)のうちから一つ選べ。

(a) 電離度が1に近い塩基を,強塩基という。
(b) 同一温度での弱酸の電離度は,濃度が低いほど大きい。
(c) 同一濃度での弱酸の電離度は,温度によって異なる。
(d) 炭酸の第1段階の電離度は,第2段階のものより大きい。
(e) 酢酸のモル濃度をc(mol/L),その電離度をαとすれば,その電離定数K_aは$c\alpha$で示される。

〔15 北海道薬大〕

113. 〈pH〉

水溶液のpHに関する次の記述のうち,正しいものをすべて選べ。

① 1.0×10^{-2} mol/L 硫酸のpHの値は,同じ濃度の硝酸のpHの値より大きい。
② 1.0×10^{-1} mol/L 酢酸水溶液のpHの値は,同じ濃度の塩酸のpHの値より小さい。
③ pH3の塩酸を水で10^5倍にうすめると,pHの値は8になる。
④ pH11の水酸化ナトリウム水溶液を水で10倍にうすめると,pHの値は12になる。
⑤ 1.0×10^{-1} mol/L アンモニア水のpHの値は,同じ濃度の水酸化ナトリウム水溶液のpHの値より小さい。

〔11 北里大〕

必114. 〈過不足のない中和〉

(1) 1.00 mol/L の水酸化ナトリウム水溶液 100 mL を過不足なく中和するのに必要な二酸化炭素の標準状態での体積は何 L か。　　　　　　　　　〔13 東京理大〕

(2) 0.80 mol/L の塩酸 200 mL に 2.96 g の水酸化カルシウムを入れてすべて溶かした。この溶液を過不足なく中和するのに，0.80 mol/L 水酸化ナトリウム水溶液が何 mL 必要か。H＝1.0，O＝16，Ca＝40　　　　　　　　　　　〔13 神戸学院大〕

準115. 〈二酸化炭素の定量〉

空気中の二酸化炭素濃度を求めるため，次の〔実験〕を行った。

〔実験〕

標準状態で 10 L の空気を，0.010 mol/L の水酸化バリウム Ba(OH)$_2$ 水溶液 50 mL に通じ，この空気に含まれる二酸化炭素 CO$_2$ を完全に反応させた。その後，生じた沈殿をろ過し，ろ液中の水酸化バリウムを 0.10 mol/L の塩酸で中和滴定すると，中和に 6.4 mL を要した。

(1) 水酸化バリウム水溶液が二酸化炭素を吸収したときに起こる反応の化学反応式を記せ。

(2) 水酸化バリウム水溶液と塩酸が中和したときの化学反応式を記せ。

(3) 水酸化バリウムと反応した二酸化炭素の物質量は何 mol か（有効数字 2 桁）。

(4) この空気中における二酸化炭素の体積の割合は何 % か（有効数字 2 桁）。

〔20 甲南大〕

必116. 〈滴定曲線〉

次の中和滴定に関して，最も適切な滴定曲線を①〜⑥から選べ。

(1) 0.10 mol/L の塩酸 10 mL を 0.10 mol/L の水酸化ナトリウム水溶液で滴定。

(2) 0.10 mol/L のアンモニア水 10 mL を 0.10 mol/L の塩酸で滴定。

(3) 0.10 mol/L の酢酸 10 mL を 0.10 mol/L の水酸化ナトリウム水溶液で滴定。

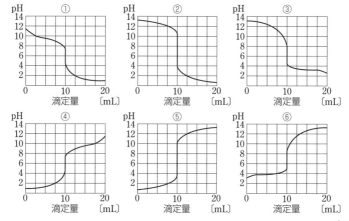

〔18 星薬大〕

62 8 酸と塩基の反応

117.〈沈殿が生じる中和反応〉
　塩酸と硫酸の混合水溶液（溶液A），および水酸化バリウム水溶液（溶液B）があり，溶液A，Bともに濃度が不明であった。溶液Aを10.0 mLとり，それに溶液Bをビュレットより滴下した。中和点に達するまでに滴下した溶液Bは15.0 mLであり，このとき0.140 gの沈殿が生じた。次いで，溶液Bを10.0 mLとり，これに充分な量の溶液Aを加えると，0.187 gの沈殿が生じた。
(1)　文中の下線部の沈殿の化学式を記せ。
(2)　溶液Aにおける塩化物イオンのモル濃度は何 mol/L か，有効数字2桁で記せ。ただし，H＝1.0，O＝16.0，S＝32.1，Cl＝35.5，Ba＝137.3 とする。　〔14 立教大〕

⬤ 118.〈中和滴定で酢酸の濃度を求める〉
　酢酸水溶液の濃度を求めるために，以下の実験操作(i)～(v)を行った。また，酢酸水溶液の密度は 1.00 g/cm³ とする。計算値の答えは四捨五入して有効数字3桁で記せ。
H＝1.00，C＝12.0，O＝16.0
〔実験操作〕
(i)　水酸化ナトリウム約4gを蒸留水に溶かして500 mLの水溶液をつくった。
(ii)　シュウ酸二水和物(COOH)₂・2H₂O の結晶2.52 gをはかりとり，蒸留水に溶かし，200 mLの ア に入れて標線まで蒸留水を加えた。
(iii)　実験操作(ii)でつくったシュウ酸水溶液20 mL を イ で正確にとり， ウ に入れ，指示薬を2～3滴加えたのち，実験操作(i)でつくった水酸化ナトリウム水溶液を エ に入れて滴下すると，中和点までに21.0 mLを要した。
(iv)　ₐ酢酸水溶液20 mL を イ で正確にとり，200 mLの ア に入れて標線まで蒸留水を加えて薄めた。
(v)　実験操作(iv)でつくった薄めた酢酸水溶液20 mL を イ で正確にとり， ウ に入れ，これに ᵦ指示薬を2～3滴加えて，実験操作(iii)で濃度を求めた水酸化ナトリウム水溶液を エ に入れて滴下すると，中和点までに16.0 mLを要した。
(1)　① ア ～ エ に入る適切な器具名に対応する器具を，右図に示した(a)～(f)の器具の中から選べ。
　　② ア ～ エ の中で，使用前に純水でぬれていてもすぐに使用できるものを選び，ア～エの記号を記せ。

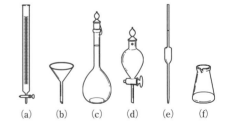

(2)　実験操作(ii)でつくったシュウ酸水溶液のモル濃度(mol/L)はいくらか。
(3)　実験操作(i)では水酸化ナトリウムを正確にはかることができない。その理由を水酸化ナトリウムの性質から2点挙げよ。
(4)　実験操作(i)でつくった水酸化ナトリウム水溶液のモル濃度(mol/L)はいくらか。

8 酸と塩基の反応　63

(5) 下線部aの酢酸水溶液の，① モル濃度(mol/L)と，② 質量パーセント濃度(%)は
いくらか。

(6) 下線部bの指示薬は，① フェノールフタレインとメチルオレンジのいずれを用い
るのが適当か。② また，そのとき，指示薬の色はどのように変化するかを，例になら
って記せ。　(例) 青色→緑色　〔15 東京慈恵医大〕

準119. 〈塩〉

(1) 塩に関する次の記述(a)～(e)のうち，正しいものをすべて選べ。
(a) NaCl は正塩で，水溶液は中性である。
(b) NH_4Cl は塩基性塩で，水溶液は塩基性を示す。
(c) CH_3COONa は正塩で，水溶液は塩基性を示す。
(d) KNO_3 は正塩で，水溶液は酸性を示す。
(e) $NaHCO_3$ は酸性塩で，水溶液は塩基性を示す。　〔18 愛知工大〕

(2) 炭酸水素ナトリウムが溶けている水溶液に塩酸を加えたところ，二酸化炭素が発生
した。この反応を化学反応式で記せ。　〔18 岡山理大〕

準120. 〈濃度と pH〉

次の各問いに，有効数字2桁で答えよ。
$\log_{10}2=0.30$, $\log_{10}3=0.48$, 水のイオン積 $K_w=1.0\times10^{-14}(mol/L)^2$

(1) 0.010 mol/L の水酸化ナトリウム水溶液の pH を求めよ。

(2) 0.050 mol/L の塩酸 10 mL と 0.010 mol/L の水酸化ナトリウム水溶液 20 mL を
混合した水溶液の pH を求めよ。　〔10 金沢工大〕

(3) pH=2.0 の塩酸 10 mL と pH=3.0 の塩酸 20 mL を混合した水溶液の pH を求めよ。
〔福井工大〕

思考 (4) 0.0010 mol/L の酢酸の pH を pH 計で測定すると 3.8 であった。この溶液中に存在
する水素イオンの濃度 mol/L を求めよ。ただし，10^x の値は次の表を参考にせよ。た
とえば，$10^{0.9}$ の場合は，表の枠線で囲んだ数値7.9になる。

〈指数 10^x の計算表〉

x	0.0	0.1	0.2	0.3	0.4	0.5	0.6	0.7	0.8	0.9
10^x	1.0	1.3	1.6	2.0	2.5	3.2	4.0	5.0	6.3	7.9

〔20 駒澤大〕

必121. 〈弱酸の電離平衡〉

水に酸や塩基，塩などの電解質を溶解すると，　ア　して　イ　を生じ，電解質のまま
の化合物とのあいだで　ウ　が成り立つ。酢酸を水に溶解したとき　ウ　は，

$$CH_3COOH \rightleftharpoons CH_3COO^- + \boxed{エ} \quad \cdots\cdots(1)$$

と表すことができる。また，CH_3COOH と CH_3COO^- との割合を　オ　といい，α で表
す。酢酸は弱酸であり α は　カ　よりも非常に小さい。

64　8 酸と塩基の反応

式(1)中の物質の濃度から　キ　K_a は，

$$K_a = \frac{[CH_3COO^-][\boxed{エ}]}{[CH_3COOH]}$$

と表される。K_a は　ク　が一定であれば一定の値をとる。酢酸の K_a は，
2.0×10^{-5} mol/L である。

一方，酢酸の塩である酢酸ナトリウムを水に溶解するとほぼ完全に Na^+ と CH_3COO^- に分かれる。<u>生じた CH_3COO^- が　ケ　を起こし，水溶液は塩基性を示す。</u>

(1)　ア　～　ケ　にあてはまる適切な語句や化学式，数値を答えよ。

(2)　溶解した酢酸の初濃度を c mol/L として，α と K_a の関係を示す近似式を導け。

(3)　0.20 mol/L の酢酸水溶液の pH を計算せよ (答は有効数字 2 桁)。$\log_{10} 2 = 0.30$，$\log_{10} 3 = 0.48$

(4)　下線部について，酢酸ナトリウム水溶液が塩基性を示すことを，化学反応式を用いて説明せよ。　　　　　　　　　　　　　　　　　　　　　　　〔21 佐賀大〕

⋯⋯ B ⋯⋯⋯⋯⋯⋯⋯⋯⋯⋯⋯⋯⋯⋯⋯⋯⋯⋯⋯⋯⋯⋯⋯⋯⋯⋯⋯⋯⋯⋯⋯⋯⋯⋯⋯

122. 〈タンパク質の定量〉

食品中のタンパク質の含有量は，一般的にタンパク質に一定量含まれる窒素の含有量から算出される。窒素の含有量を測定する方法の 1 つとしてケルダール法がある。ある食品について，以下に示すようにケルダール法によって窒素含有量を測定した。ある食品 1.0 g を濃硫酸とともに加熱し，含有する窒素をすべて硫酸アンモニウムとした。これに過剰量の水酸化ナトリウム水溶液を加えて蒸留し，発生した気体を 0.20 mol/L 希硫酸 20 mL に完全に吸収させた。この水溶液に残った硫酸を 0.20 mol/L 水酸化ナトリウム水溶液で中和滴定したところ，15 mL を要した。以下の問に答えよ。

H=1.0，N=14

(1)　硫酸アンモニウムに水酸化ナトリウムを加えて加熱し，気体を発生させた反応の反応式を示せ。

(2)　この食品中に含まれるタンパク質の質量パーセントを有効数字 2 桁で求めよ。ただし，この食品中のタンパク質の窒素含有率(質量パーセント)は 17 % とし，窒素はすべてタンパク質に由来したとする。　　　　　　　　　　　　　〔22 東京医歯大〕

(3)　この滴定の終点を知るために加える指示薬としてふさわしいものは何か。また，そのときに見られる色の変化を答えよ。　　　　　　　　　　　　　　〔08 高知大〕

準123. 〈炭酸ナトリウムの二段中和〉

† 溶液 A には，炭酸水素ナトリウム，炭酸ナトリウム，水酸化ナトリウムのいずれか 1 つ，あるいは 2 つが含まれている。

溶液 A に含まれている物質の種類と濃度を知るために，次の実験を行った。

8 酸と塩基の反応　65

(実験1)　溶液Aを 20.0 mL とり，フェノールフタレインを数滴加えた。0.10 mol/L 塩酸を少しずつ滴下したところ，中和点までに V_1〔mL〕必要であった。

(実験2)　実験1とは別に，溶液Aを 20.0 mL とり，メチルオレンジを数滴加えた。0.10 mol/L 塩酸を少しずつ滴下したところ，中和点までに V_2〔mL〕必要であった。

(1)　実験1，実験2の中和点における色の変化をそれぞれ書け。

(2)　溶液Aに含まれている物質が次の(a)～(d)の場合，それぞれ V_1 と V_2 の関係を表す式は(ア)～(カ)のどれか。

   (a) 水酸化ナトリウムのみ

   (b) 炭酸ナトリウムのみ

   (c) 水酸化ナトリウムと炭酸ナトリウム

   (d) 炭酸水素ナトリウムと炭酸ナトリウム

   (ア) $V_1 = 2V_2$　　(イ) $V_1 = V_2$　　(ウ) $2V_1 = V_2$

   (エ) $V_1 > 2V_2$　　(オ) $2V_1 > V_2$　　(カ) $2V_1 < V_2$

(3)　溶液Aは (2) の(a)～(d)の組合せのいずれかとする。$V_1 = 15.0$ mL，$V_2 = 21.0$ mL のとき，溶液A 20.0 mL に含まれる物質の化学式と物質量 (有効数字2桁) を記せ。

〔12 福岡大 改〕

準◇°124.〈二価の弱酸の電離平衡〉

気体の硫化水素は水溶液中では，次のように2段階で電離し，それぞれの平衡定数を K_1，K_2 とする。

$$H_2S \rightleftharpoons H^+ + HS^- \qquad K_1 = 1.0 \times 10^{-7} \text{mol/L} \qquad ①$$
$$HS^- \rightleftharpoons H^+ + S^{2-} \qquad K_2 = 1.3 \times 10^{-13} \text{mol/L} \qquad ②$$

1013 hPa で水溶液 1L に気体の硫化水素は pH によらず 0.10 mol 溶解するものとする。ただし，気体の溶解による溶液の体積変化は無いものとし，温度は常に 25℃ とする。

(1)～(3)で最も近い値を(ア)～(カ)の中から一つ選べ。

(1)　気体の硫化水素を 1013 hPa にて飽和した水溶液中における H^+ の濃度は何 mol/L か。ただし，K_2 は K_1 よりもはるかに小さく，H^+ および HS^- の濃度は①の反応だけで決まるとする。

   (ア) 1.0×10^{-8}　(イ) 1.1×10^{-7}　(ウ) 1.3×10^{-6}　(エ) 1.0×10^{-4}

   (オ) 1.3×10^{-3}　(カ) 2.6×10^{-3}　(mol/L)

(2)　気体の硫化水素の圧力を 9117 hPa にしたとき，S^{2-} の濃度は何 mol/L か。ただし，気体の硫化水素の溶解は，ヘンリーの法則に従うとする。

   (ア) 4.3×10^{-14}　(イ) 1.3×10^{-13}　(ウ) 3.9×10^{-13}　(エ) 1.3×10^{-12}

   (オ) 4.3×10^{-12}　(カ) 3.9×10^{-11}　(mol/L)

(3)　1013 hPa で塩酸に気体の硫化水素を飽和させた水溶液の pH は2であった。その溶液中の S^{2-} の濃度は何 mol/L か。

   (ア) 1.3×10^{-17}　(イ) 1.3×10^{-16}　(ウ) 1.0×10^{-10}　(エ) 1.0×10^{-7}

   (オ) 1.3×10^{-5}　(カ) 1.0×10^{-4}　(mol/L)

〔17 順天堂大〕

66　**8** 酸と塩基の反応

準 ◇**125.** 〈塩の加水分解〉

次の文章中の空欄 $\boxed{a}$ には適切な式，$\boxed{b}$ には適切な数値を有効数字 2 桁で答えよ。

酢酸ナトリウムを水に溶解すると酢酸イオンとナトリウムイオンに完全に電離する。生成した酢酸イオンは水分子と反応し，

$$CH_3COO^- + H_2O \rightleftarrows CH_3COOH + OH^-$$

の平衡状態にあり，その平衡定数は，

$$K = \frac{[CH_3COOH][OH^-]}{[CH_3COO^-][H_2O]}$$

で与えられる。水の濃度は一定とみなせるので，

$$K[H_2O] = \frac{[CH_3COOH][OH^-]}{[CH_3COO^-]} = K_h$$

とおける。K_h は加水分解定数とよばれ，酢酸の電離定数 K_a と水のイオン積 K_w を用いて，

$$K_h = \boxed{a}$$

と表せる。このことから，0.10 mol/L 酢酸ナトリウム水溶液の pH は $\boxed{b}$ となる。ただし，酢酸の電離定数 K_a は 2.5×10^{-5} mol/L，水のイオン積 K_w は 1.0×10^{-14} (mol/L)^2，$\log_{10} 2 = 0.30$ とする。　　　　　〔10 近畿大〕

準 ◇**126.** 〈緩衝溶液と pH〉

次の(1)～(3)の問いに答えよ。ただし，酢酸の電離定数 K_a は 2.0×10^{-5} mol/L，アンモニアの電離定数 K_b は 1.81×10^{-5} mol/L，水のイオン積 K_w は 1.0×10^{-14} (mol/L)^2 とする。$-\log_{10} K_b = 4.74$ として計算せよ。$\log_{10} 2 = 0.30$，$\log_{10} 3 = 0.48$

(1) 濃度 0.20 mol/L の酢酸水溶液 100 mL と，0.10 mol/L 水酸化ナトリウム水溶液 100 mL を混合し，水溶液Aを作った。水溶液A中には [CH$_3$COOH] が $\boxed{ア}$ mol/L，[CH$_3$COO$^-$] が $\boxed{イ}$ mol/L 存在する。従ってこの水溶液の水素イオン濃度 [H$^+$] は $\boxed{ウ}$ mol/L となり，pH は $\boxed{エ}$ である。

水溶液Aを純水で 10 倍に薄めたとき pH は $\boxed{オ}$ となる。

次に，水溶液A 100 mL に 1.0 mol/L 塩酸を 1.0 mL 加えると [CH$_3$COOH] が $\boxed{カ}$ mol/L，[CH$_3$COO$^-$] が $\boxed{キ}$ mol/L となり，水素イオン濃度 [H$^+$] は $\boxed{ク}$ mol/L，pH は $\boxed{ケ}$ となる。

一方，純水 100 mL に 1.0 mol/L 塩酸を 1.0 mL 加えると，この水溶液の pH は $\boxed{コ}$ となる。

このように，水溶液Aに塩酸を加えたときのほうが pH の変化は小さい。

$\boxed{ア}$～$\boxed{ウ}$，$\boxed{カ}$～$\boxed{ク}$ の数値を有効数字 2 桁で，また $\boxed{エ}$，$\boxed{オ}$，$\boxed{ケ}$ および $\boxed{コ}$ の数値を小数第 1 位まで求めよ。　　　　　〔14 札幌医大〕

(2) (1)の水溶液Aに少量の酸あるいは塩基を加えても pH はあまり変化しない。この理由をイオン反応式などを用いて説明せよ。　　　　　〔16 静岡大 改〕

(3) はじめに，1.10 mol/L のアンモニア水を 20.0 mL とり，蒸留水で希釈して 100 mL とした。この希アンモニア水中の水酸化物イオン濃度は約 $\boxed{A}$ mol/L である。こ

の希アンモニア水を 20.0 mL とり, これに 0.100 mol/L の塩酸 22.0 mL を加えたところ, pH 約 $\boxed{\text{B}}$ の緩衝溶液が得られた。

$\boxed{\text{A}}$ と $\boxed{\text{B}}$ に当てはまる数値を次の選択肢から選べ。

A : (ア) 2.0×10^{-6} (イ) 4.0×10^{-6} (ウ) 3.0×10^{-4} (エ) 2.0×10^{-3} (オ) 4.0×10^{-3}

B : (ア) 4.3   (イ) 4.7   (ウ) 9.3   (エ) 9.7   (オ) 10.0   〔12 早稲田大〕

†◇**127.** 〈電離平衡〉

(1) 1.0×10^{-5} mol/L の塩酸中では, 水の電離で生じた水素イオン濃度 ([H^+]) は無視できるが, これを 100 倍に希釈した 1.0×10^{-7} mol/L の塩酸中では, 水の電離で生じた [H^+] が無視できなくなる。たとえば 1.0×10^{-7} mol/L の塩酸中の塩化水素の電離で生じた [H^+] は 1.0×10^{-7} mol/L である。また, 水の電離で生じた [H^+] を a〔mol/L〕とすると, 全水素イオン濃度は $(a + 1.0 \times 10^{-7})$ mol/L と表される。水のイオン積を用いて a の値を求め, これをもとにして 25℃ における 1.0×10^{-7} mol/L の塩酸中の全水素イオン濃度を計算すると, 何 mol/L となるか。

なお, 25℃ における水のイオン積は 1.0×10^{-14} mol²/L² である。

$\sqrt{2} = 1.4$, $\sqrt{3} = 1.7$, $\sqrt{5} = 2.2$ 〔13 東京理大 改〕

(2) 次の文章を読み, 問いに答えよ。

水の pH も温度によって変化する。純粋な水は 25℃ のとき pH は 7 となるが, 温度が変化すると pH は 7 にならない。水の電離平衡は

$$H_2O \rightleftharpoons H^+ + OH^-$$

で表される。この電離平衡において, 水の電離は $\boxed{(ア)}$ であり, 温度が低くなると $\boxed{(イ)}$ の原理により $\boxed{(ウ)}$ 。このため, 25℃ よりも温度が低い中性の水の pH は 7 よりも $\boxed{(エ)}$ なる。

(問い) $\boxed{(ア)}$ から $\boxed{(エ)}$ にあてはまる語句を下の(a)～(l)から一つずつ選べ。

(a) 発熱反応   (b) 吸熱反応   (c) 中和反応   (d) 滴定反応

(e) 電離が起こりやすくなる   (f) 電離が起こりにくくなる

(g) 大きく   (h) 小さく   (i) アレニウス   (j) ドルトン   (k) ルシャトリエ

(l) ブレンステッド   〔13 北海道大〕

(3) 電離定数 4.0×10^{-4} mol・L^{-1} をもつ弱酸型の pH 指示薬 X がある。X の分子式を HA と表すと溶液中では下式のように電離している。

$$HA \rightleftharpoons H^+ + A^-$$

HA, A$^-$ の濃度比が 0.1 以上 10 以下の範囲にあるときに色調の変化が肉眼でわかると仮定する。この pH 指示薬 X の色調の変化が肉眼でわかる pH の値の範囲を有効数字 2 桁で求めよ。$\log_{10} 2 = 0.30$ 〔13 東京大〕

9 酸化・還元と電池・電気分解 　(◇=上位科目「化学」の内容を含む項目)

1 酸化と還元

	定義	酸化	還元
狭義	酸素または水素の授受	酸素と化合する変化　例 $C \rightarrow CO_2$ 水素を失う変化　　　例 $H_2S \rightarrow S$	酸素を失う変化　　　例 $CuO \rightarrow Cu$ 水素と化合する変化　例 $Cl_2 \rightarrow HCl$
広義	電子の授受	原子またはイオンが電子を失う変化 例 $Zn \longrightarrow Zn^{2+} + 2e^-$	原子またはイオンが電子を得る変化 例 $2H^+ + 2e^- \longrightarrow H_2$

2 酸化数

(1) 酸化数の決め方

①単体の原子の酸化数は 0 。

②化合物中の成分原子の酸化数の総和は 0（**O** は -2，**H** は $+1$ として決める）。

③単原子イオンの酸化数は，そのイオンの電荷に等しく，多原子イオンは成分原子の酸化数の総和が，そのイオンの電荷に等しい。

例　$KMnO_4$ の Mn の酸化数を x とすると，　$+1 + x + (-2) \times 4 = 0$　　$x = +7$

注　酸化数を $+\mathrm{I}$，$+\mathrm{II}$，…のようにローマ数字を用いて表す場合もある。

(2) 酸化数と酸化・還元

①化学反応で，ある原子の酸化数が増加したときに，その原子は **酸化された** という。

②化学反応で，ある原子の酸化数が減少したときに，その原子は **還元された** という。

③酸化と還元を伴う反応を **酸化還元反応** という。

$$\overset{(+2) \longrightarrow 酸化 \longrightarrow (+4)}{2CO} + O_2 \longrightarrow 2CO_2 \qquad \overset{(+2) \longrightarrow 酸化 \longrightarrow (+4)}{HgCl_2} + SnCl_2 \longrightarrow Hg + SnCl_4$$

$$\underset{(0) \longrightarrow 還元 \longrightarrow (-2)}{}\qquad \underset{(+2) \longrightarrow 還元 \longrightarrow (0)}{}$$

3 酸化剤と還元剤

(1) **酸化剤**　相手の物質を **酸化** し，自身は還元される物質。

(2) **還元剤**　相手の物質を **還元** し，自身は酸化される物質。

(3) **酸化剤・還元剤いずれにもなる物質**　ある物質中の原子の酸化数が，増加することも減少することもできるときには，その物質は相手によって酸化剤・還元剤いずれにもなる（下表◎印）。

例　SO_2（還元剤）$+ Cl_2 + 2H_2O \longrightarrow 2HCl + H_2SO_4$

　　SO_2（酸化剤）$+ 2H_2S \longrightarrow 2H_2O + 3S$

酸化剤	還元剤
$O_3 + 2H^+ + 2e^- \longrightarrow O_2 + H_2O$	$Na \longrightarrow Na^+ + e^-$
◎$H_2O_2 + 2H^+ + 2e^- \longrightarrow 2H_2O$	◎$SO_2 + 2H_2O \longrightarrow SO_4^{2-} + 4H^+ + 2e^-$
$MnO_4^- + 8H^+ + 5e^- \longrightarrow Mn^{2+} + 4H_2O$	$H_2S \longrightarrow S + 2H^+ + 2e^-$
$Cr_2O_7^{2-} + 14H^+ + 6e^- \longrightarrow 2Cr^{3+} + 7H_2O$	$Sn^{2+}(SnCl_2) \longrightarrow Sn^{4+} + 2e^-$
（濃）$HNO_3 + H^+ + e^- \longrightarrow NO_2 + H_2O$	$Fe^{2+}(FeSO_4) \longrightarrow Fe^{3+} + e^-$
（希）$HNO_3 + 3H^+ + 3e^- \longrightarrow NO + 2H_2O$	$H_2 \longrightarrow 2H^+ + 2e^-$
（熱濃）$H_2SO_4 + 2H^+ + 2e^- \longrightarrow SO_2 + 2H_2O$	◎$H_2O_2 \longrightarrow O_2 + 2H^+ + 2e^-$
◎$SO_2 + 4H^+ + 4e^- \longrightarrow S + 2H_2O$	$H_2C_2O_4 \longrightarrow 2CO_2 + 2H^+ + 2e^-$

注　酸化剤と還元剤のはたらきを示す反応式（半反応式）から e^- を消去して，イオン反応式をつくる。

9 酸化・還元と電池・電気分解　69

4 金属のイオン化傾向

金属が水溶液中で陽イオンになろうとする性質を，**金属のイオン化傾向** という。

イオン化列	⑤ Li K Ca Na Mg Al Zn Fe Ni Sn Pb (H₂) Cu Hg Ag Pt Au ⑥			
乾燥空気との反応	内部まで酸化	表面に酸化被膜を生じる		酸化されない
水との反応	常温で反応	高温水蒸気と反応	反応しない	
酸との反応	酸化力のない希酸と反応し，水素を発生		硝酸と反応	王水に溶解

◇ 5 電池

(1)**電池の構造**　イオン化傾向の異なる 2 種類の金属 $M_1 < M_2$ を電解質溶液中に浸すと，正極（⊕）：M_1，負極（⊖）：M_2　の電池となる。　⊖M_2｜電解質溶液｜M_1⊕

注　電子は外部回路を通って負極から正極へ移動する（電流は逆に流れる）。

(2)**おもな電池**

種類	構造	正極（還元）	負極（酸化）
ボルタ電池	⊖Zn｜H₂SO₄aq｜Cu⊕	$2H^+ + 2e^- \rightarrow H_2$	$Zn \rightarrow Zn^{2+} + 2e^-$
ダニエル電池	⊖Zn｜ZnSO₄aq｜ CuSO₄aq｜Cu⊕	$Cu^{2+} + 2e^- \rightarrow Cu$	$Zn \rightarrow Zn^{2+} + 2e^-$
マンガン 乾電池	⊖Zn｜ZnCl₂aq, (NH₄Claq)｜ MnO₂, C⊕	$MnO_2 + H_2O + e^- \rightarrow$ $MnO(OH) + OH^-$ (生成物の組成ははっきりしない)	$4Zn + ZnCl_2 + 8OH^- \rightarrow$ $ZnCl_2 \cdot 4Zn(OH)_2 + 8e^-$ (生成物の組成ははっきりしない)
鉛蓄電池 (充電可能)	⊖Pb｜H₂SO₄aq｜PbO₂⊕	$PbO_2 + 4H^+ + 2e^- + SO_4^{2-}$ $\rightarrow PbSO_4 + 2H_2O$	$Pb + SO_4^{2-} \rightarrow PbSO_4 + 2e^-$

注　同じ電極を使っても，電極の接する電解質溶液の濃度が違えばわずかに起電力を生じ，電流が流れる（**濃淡電池**）。濃度の大きいほうの極 → 正極　例　⊖Cu｜Cu²⁺(希)｜Cu²⁺(濃)｜Cu⊕

◇ 6 電気分解

(1)**電気分解**　融解させた塩または電解質水溶液に 2 本の電極を入れ，これに直流電流を通じると，電極で化学変化が起こって，電解質が分解される。

注　電池は自発的に起こる低エネルギー方向に向かう反応であるが，電気分解は低エネルギーから高エネルギー方向に向かう反応で自然には起こらない。

(2)**溶融塩電解（融解塩電解）**　例　NaCl $\begin{cases} (陽極) & 2Cl^- \longrightarrow Cl_2 + 2e^- \\ (陰極) & Na^+ + e^- \longrightarrow Na \end{cases}$

(3)**電解質水溶液の電解**　陰極では陽イオンが還元され，陽極では陰イオンが酸化される（ただし，陽極が C，Pt 以外では **電極の溶解** が起こる）。

例　NaOHaq　(陽極) $4OH^- \longrightarrow 2H_2O + O_2\uparrow + 4e^-$　(陰極) $2H_2O + 2e^- \longrightarrow H_2\uparrow + 2OH^-$
　　H₂SO₄aq　(陽極) $2H_2O \longrightarrow O_2\uparrow + 4H^+ + 4e^-$　(陰極) $2H^+ + 2e^- \longrightarrow H_2\uparrow$

◇ 7 ファラデーの法則

(1)**ファラデー定数**　電子 1 mol あたりの電気量の絶対値。$F = 96500\,C/mol$

(2)**電気量と析出量**　96500 C の電気量 で 各極に，電子 1 mol に対応する量 の化学変化が起こる。

128. 〈酸化・還元〉

ア～ケにあてはまる語句，あるいは数値を解答群より選べ。

一般に，酸化とは ア と化合する反応，または，イ を失う反応を意味し，還元とは イ と化合する反応，または，ア を失う反応を意味する。

原子やイオンが電子を失い，ウ が増加すれば，その原子やイオンは エ されたといい，逆に電子を受け取り ウ が減少すれば，その原子やイオンは オ されたという。たとえば，硫酸銅(II)の水溶液に亜鉛板を浸すと，銅イオンは オ されて，そのウ は カ から キ に変化する。

酸化還元反応において，ク は電子を受け取り オ される物質であり，ケ は電子を相手に与えて エ される物質である。過酸化水素は，おもに ク として作用するが，過マンガン酸カリウムとの反応では ケ として作用する。

〔解答群〕 ① 酸化剤　② 中性子　③ 酸素　④ 酸化　⑤ 還元　⑥ 0
⑦ 還元剤　⑧ 物質量　⑨ 水素　⑩ 窒素　⑪ +1　⑫ +2
⑬ 酸化数　⑭ 電子　⑮ 陽子　⑯ 炭素　⑰ -1　⑱ -2

〔13 大阪工大〕

129. 〈酸化還元反応と酸化剤・還元剤〉

次の(ア)～(キ)の反応において，酸化還元反応ではないものをすべて選べ。また，下線部①～⑩の物質を次のように分類し，記号を書け。

酸化剤…◯　還元剤…®　酸化剤・還元剤を含まない…×

(ア) $2_①H_2S + SO_2 \longrightarrow 3S + 2H_2O$

(イ) $_②H_2O_2 + _③SO_2 \longrightarrow H_2SO_4$

(ウ) $_④K_2Cr_2O_7 + 4_⑤H_2SO_4 + 3_⑥H_2O_2 \longrightarrow K_2SO_4 + Cr_2(SO_4)_3 + 7H_2O + 3O_2$

(エ) $_⑦K_2Cr_2O_7 + 2KOH \longrightarrow 2K_2CrO_4 + H_2O$

(オ) $Cu + 2_⑧H_2SO_4 \longrightarrow CuSO_4 + 2H_2O + SO_2$

(カ) $CuO + 2_⑨HNO_3 \longrightarrow Cu(NO_3)_2 + H_2O$

(キ) $2FeCl_3 + _⑩SnCl_2 \longrightarrow 2FeCl_2 + SnCl_4$

〔13 防衛大 改〕

130. 〈酸化剤と還元剤〉

(1) 次の物質の組み合わせのうち，混合した後，常温で放置すると反応が起こるものをすべて選べ。

(ア) KBr 水溶液と I_2　(イ) KCl 水溶液と Br_2
(ウ) KBr 水溶液と Cl_2　(エ) KI 水溶液と Cl_2

〔14 芝浦工大〕

(2) 次の反応(ア)～(ウ)を参考に，酸化剤 Fe^{3+}，I_2，Br_2，Zn^{2+} を酸化作用の強い順に並べよ。

(ア) $2Fe^{3+} + 2I^- \longrightarrow 2Fe^{2+} + I_2$

(イ) $2Fe^{2+} + Br_2 \longrightarrow 2Fe^{3+} + 2Br^-$

(ウ) $I_2 + Zn \longrightarrow Zn^{2+} + 2I^-$

〔11 明治薬大〕

9 酸化・還元と電池・電気分解　71

必 131. 〈酸化還元滴定〉

(1) 過酸化水素水の濃度を滴定によって求めたい。濃度が未知の過酸化水素水Aをコニ
カルビーカーに 10.0 mL 入れ，硫酸を加えて酸性にした。この水溶液に 2.00×10^{-2}
mol/L の過マンガン酸カリウム水溶液をビュレットを用いて滴下したところ，終点
までに 12.0 mL の過マンガン酸カリウム水溶液を要した。H＝1.00，O＝16.0

① 滴定の終点を決定する方法を 40 字程度で記せ。

② 下線部で，硫酸の代わりに塩酸あるいは硝酸を用いることはできない。その理由
を書け。

③ 硫酸酸性水溶液中における過酸化水素と過マンガン酸カリウムとの反応の化学反
応式を記せ。

④ 過酸化水素水Aの濃度は何 mol/L か。有効数字 3 桁で求め，数値を記せ。

⑤ 過酸化水素水Aの濃度は何 g/L か。有効数字 3 桁で求め，数値を記せ。

〔18 甲南大 改〕

(2) 濃度 2.20 mol/L の過酸化水素水 5.00 mL を希硫酸の添加により酸性にして，濃度
8.00×10^{-2} mol/L の過マンガン酸カリウム水溶液を加える反応において，過酸化水素
がすべて消費されるために必要な過マンガン酸カリウム水溶液の体積(mL)を有効数
字 2 桁で求めよ。

(3) 硫酸酸性水溶液中における過酸化水素とヨウ化カリウムとの反応の化学反応式を示
せ。

〔18 九州大〕

132. 〈ビタミン C の定量〉

次の文中の (A) には語句，(B) には選択肢(ア)〜(オ)，(C) には有効数字 2 桁の数値を記せ。
ビタミン C (アスコルビン酸，$C_6H_8O_6$) は次の化学反応式に示すようにヨウ素と反応
する。　$C_6H_8O_6 + I_2 \longrightarrow 2I^- + 2H^+ + C_6H_6O_6$
この反応は (A) 反応であり，この性質を利用してビタミン C は (B) に用いられてい
る。この反応はビタミン C の定量に用いることができるが，過マンガン酸カリウムを用
いてもビタミン C の定量はできる。(C)mol/L のビタミン C 水溶液 10 mL を硫酸で
酸性にした 0.010 mol/L の過マンガン酸カリウム水溶液で滴定したところ，反応の終点
に達するまでに 20 mL 要した。

(ア) 酸化剤として還元防止剤　(イ) 還元剤として酸化防止剤　(ウ) 酸として pH 調整剤

(エ) 塩基として pH 調整剤　(オ) 脱水剤として乾燥剤　　　　〔15 早稲田大〕

必 133. 〈金属のイオン化傾向〉

6 種類の金属A〜Fは，ナトリウム，銅，亜鉛，銀，アルミニウム，白金のいずれか
である。これらの金属について，次のような実験結果(ア)〜(カ)を得た。

(ア) Aは常温の水と反応して水素を発生したが，他の金属では発生しなかった。

(イ) BとCは，いずれも希塩酸に溶解しなかったが，希硝酸には溶解した。

(ウ) Dは希塩酸および希硝酸に溶解しなかったが，王水には溶解した。

(エ)　Cのイオンを含む水溶液にBを入れたところ，Cが析出した。
　(オ)　BとEを電極として希硫酸に入れて電池をつくると，Eが負極となった。
　(カ)　Fは濃硝酸には溶解しなかったが，希硫酸には溶解した。
(1)　金属A〜Fに該当する金属を元素記号で書け。
(2)　金属Fはなぜ濃硝酸に溶解しないのか。その理由を書け。　　　　〔17 防衛大 改〕
(3)　鉄の腐食を防止するための方法がいくつか知られている。トタンは，ある金属を鉄にめっきすることにより鉄の腐食を防いだものである。その金属の名称を記し，鉄の腐食を防ぐことができる理由を書け。　　　　〔14 富山大〕

⓶°134.〈電池〉

電池Aは亜鉛板と銅板を希硫酸に浸したもので，電池Bは亜鉛板をうすい硫酸亜鉛水溶液に浸し，銅板を濃い硫酸銅(Ⅱ)水溶液に浸し，二つの水溶液を素焼きの筒で仕切ったものである。

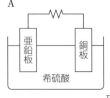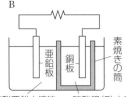

(1)　水素が発生するのはA，Bどちらの電池か，その記号を記せ。水素が発生するのは銅板，亜鉛板いずれの板か，また，それは正極か負極かを記せ。さらに，もう一方の電池では水素が発生しない代わりに起こる反応を，電子 e^- を用いた反応式で示せ。
(2)　(1)で発生した水素は過酸化水素水を加えると発生しなくなる。このとき，生成している物質があれば，化学式で記せ。何も生成しない場合は「なし」と記せ。
(3)　電池Bの素焼きの筒をガラスの筒に交換した。どのような変化が起こるか，理由とともに80字以内で記せ。　　　　〔11 金沢大〕

⓶°135.〈鉛蓄電池〉

代表的な二次電池である鉛蓄電池は，正極にPbO₂，負極にPb，電解液に質量パーセント濃度が38.0％の希硫酸(密度1.28g/cm³)を用いており，放電すると両電極の表面に水に不溶なPbSO₄が形成される。H＝1.00，O＝16.0，S＝32.0，Pb＝207，ファラデー定数 $F=9.65\times10^4$ C/mol として，計算結果は有効数字3桁で示せ。
(1)　正極および負極における放電時の反応を電子 e^- を含むイオン反応式でそれぞれ示せ。
(2)　電流5.00Aで5時間21分40秒の放電を行ったとき，正極および負極の質量はそれぞれどれだけ増減するかを求めよ。
(3)　放電前の希硫酸が1.00kgであった場合，上記の放電後の質量パーセント濃度を求めよ。　　　　〔12 岐阜大〕
(4)　起電力を回復するために，外部の直流電源の（ア）端子を鉛蓄電池の正極に，外部の直流電源の（イ）端子を鉛蓄電池の負極につなぎ，充電する。
　　（ア），（イ）に＋，－の記号を記せ。　　　　〔12 京都薬大〕

必 136. 〈身のまわりの電池〉

身のまわりの電池に関する記述として下線部に誤りを含むものを，次の①〜④のうちから一つ選べ。

① アルカリマンガン乾電池は，正極に MnO₂，負極に Zn を用いた電池であり，日常的に広く使用されている。

② 鉛蓄電池は，電解液に希硫酸を用いた電池であり，自動車のバッテリーに使用されている。

③ 酸化銀電池（銀電池）は，正極に Ag₂O を用いた電池であり，一定の電圧が長く持続するので，腕時計などに使用されている。

④ リチウムイオン電池は，負極に Li を含む黒鉛を用いた一次電池であり，軽量であるため，ノート型パソコンや携帯電話などの電子機器に使用されている。

〔18 センター試験〕

準 137. 〈燃料電池〉

水素 H₂ を完全燃焼させたときの熱化学方程式は，以下の式で表される。

$$H_2(気) + \frac{1}{2}O_2(気) = H_2O(液) + 286\,kJ \quad \cdots\cdots 式1$$

この燃焼による熱エネルギーを得るかわりに，水素 H₂ と酸素 O₂ の反応から電気エネルギーを取り出すようにつくられた電池が水素-酸素燃料電池である。

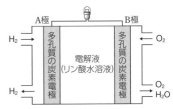

右図は，白金触媒を含む多孔質の炭素電極，電解液にリン酸水溶液を用いた水素-酸素燃料電池の構造を示す。A極には水素 H₂ を，B極には酸素 O₂ を一定の割合で供給する。電極AとBを外部導線でつなぐと，A極では，水素 H₂ が酸化されて水素イオンになる（式2）。A極で生じた水素イオンは電解液中を移動し，B極では，酸素 O₂ が水素イオンと反応して水になる（式3）。(式2)と(式3)をまとめると，燃料電池全体の化学反応式が得られる。

(1) (式2)と(式3)を電子 e⁻ を含むイオン反応式でそれぞれ記せ。

(2) 図の燃料電池において，負極はA極とB極のうちどちらか。

(3) 下線部に関して，図の燃料電池全体の化学反応式を記せ。

(4) 図の燃料電池を1時間放電させたところ，90.0 g の水が生じた。このときの電池の平均電圧は 0.800 V であった。以下の問いに答えよ。ただし，原子量は H=1.00，O=16.0，ファラデー定数 $F=9.65\times10^4$ C/mol とする。

① この電池から1時間あたりに得られる電気エネルギーは何 J か，有効数字3桁で答えよ。ただし，電気エネルギー〔J〕=電気量〔C〕×電圧〔V〕とする。

② 図の燃料電池を放電し，ある物質量の水素 H₂ を消費したときに得られる電気エネルギー〔J〕は，同じ物質量の水素 H₂ を完全燃焼させて液体の水が生じるときに得られる熱エネルギー〔J〕の何%にあたるか，有効数字3桁で答えよ。 〔22 京都産大〕

138. 〈直列回路の電気分解〉

白金電極を用いた二つの電気分解槽を直列に接続し，各槽で水酸化ナトリウム水溶液Aと硝酸銀水溶液Bの電気分解を5.0Aの電流で行ったところ，ある電極の質量が10.8g増加した。H=1.0, O=16, S=32, Ag=108, $F=9.65\times10^4$ C/mol

(1) 電気分解槽AとBの両極で起きている反応を，電子 e^- を含むイオン反応式で示せ。
(2) 通電時間は何秒か。有効数字2桁で答えよ。
(3) Aの陽極から発生する気体の体積は，標準状態で何Lか。有効数字2桁で答えよ。

〔17 佐賀大 改〕

139. 〈陽イオン交換膜法〉

実験1, 2に関する問いに答えよ。数値は有効数字3桁で答えよ。$F=9.65\times10^4$ C/mol

〔実験1〕 図1は，陽イオンだけを選択的に透過させる陽イオン交換膜で仕切られた，電気分解の装置図である。この装置のA室に塩化ナトリウム飽和水溶液を，B室には濃度が1.00×10^{-2} mol/Lの水酸化ナトリウム水溶液を入れ，電気分解を行った。

〔実験2〕 図2は，陽イオン交換膜と陰イオン交換膜とを交互に配置して小室が仕切られた，電気分解の装置図である。仕切られたA～Eの各小室に1.00 mol/Lの塩化ナトリウム水溶液を入れ，一定時間電気分解を行った。

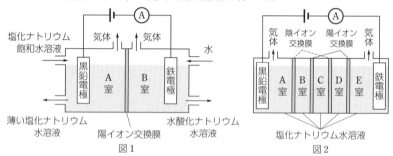

図1　　　　図2

(1) 図1の両極で起きている化学反応を，電子 e^- を含むイオン反応式で書け。
(2) 実験1において，ある時間2.00Aの電流を流して電気分解したところ，0℃, 1.013×10^5 Paで0.224Lの気体がB室から発生した。このとき，通電した時間は何秒間であったか。ただし，発生した気体は水溶液に溶けないものとする。
(3) 実験1において，電気分解をしながら毎分一定体積の水をB室に供給すると同時に，B室から同体積の溶液を取り出すと，連続的に水酸化ナトリウム水溶液を得ることができる。このようにして，毎分100mLの水をB室に供給し，濃度が1.00×10^{-2} mol/Lの水酸化ナトリウム水溶液を毎分100mLずつ得るために必要な電流は何Aか。ただし，電気分解で反応もしくは生成する水の量は無視できるものとする。
(4) 実験2の電気分解の前後で，B室，C室，D室の塩化ナトリウム水溶液の濃度を測定したとき，それぞれの小室の濃度はどのように変化したか。「増加，減少，変化しない」のいずれかで答えよ。

〔15 中央大〕

9 酸化・還元と電池・電気分解　75

B

準 140. 〈化学的酸素要求量 COD〉 **思考**

湖沼の水や海水などの有機物による汚染の指標として，COD（化学的酸素要求量）が用いられる。COD とは，試料 1L 中に存在する有機物を酸化して分解するのに必要な酸化剤の質量を酸素の質量（mg）に換算して表したものである。そこで，ある試料水の COD を簡易的に測定するため，以下の操作を行った。

（H＝1.0，C＝12.0，O＝16.0，Mn＝54.9）

操作Ⅰ：ビーカーに試料水を 100mL 入れ，硫酸酸性の 5.00×10^{-3} mol/L の過マンガン酸カリウム水溶液を 10.0mL 加え，湯浴中で加熱して試料中の有機物を完全に酸化した。このとき，水溶液は赤紫色だった。

操作Ⅱ：操作Ⅰで得た水溶液に 5.00×10^{-3} mol/L のシュウ酸ナトリウム水溶液 7.50mL を加えると，過不足なく反応した。

(1) 操作Ⅱのイオン反応式は，下式のように表される。　ア　～　ウ　に該当する数字を書け。

$$\boxed{ア}MnO_4^- + 5C_2O_4^{2-} + 16H^+ \longrightarrow 2Mn^{2+} + \boxed{イ}CO_2 + \boxed{ウ}H_2O$$

(2) 有機物の酸化により消費された過マンガン酸カリウムの物質量を有効数字 3 桁で示せ。

(3) COD を計算するため，酸化に要した過マンガン酸カリウムの物質量を酸素の物質量に置き換えることを考える。酸素が酸化剤としてはたらく際のイオン反応式は，下式で表される。

$$O_2 + 4H^+ + 4e^- \longrightarrow 2H_2O$$

この試料水 100mL に含まれる有機物の酸化に必要な酸素の物質量を有効数字 3 桁で示せ。

(4) この試料水 1.00L 中に存在する有機物の酸化に必要な酸素の質量（COD）を有効数字 3 桁で示せ。　〔21 摂南大〕

準 141. 〈ヨウ素滴定〉

次のように酸化還元滴定の実験 1 と実験 2 を行った。

（実験1）　0.080mol/L のヨウ素水溶液（ヨウ化カリウムを含む）100mL に，①ある一定量の二酸化硫黄をゆっくりと通し反応させた。この反応溶液中に残ったヨウ素を定量するため，デンプンを指示薬として加え，0.080mol/L のチオ硫酸ナトリウム水溶液で滴定した。25mL を加えたときに，②溶液の色が変化した。

（実験2）　③濃度不明の過酸化水素水 50mL に，過剰量のヨウ化カリウムの硫酸酸性水溶液を加えたところ，ヨウ素が遊離した。この反応溶液中に，デンプンを指示薬として加え，0.080mol/L のチオ硫酸ナトリウム水溶液で滴定したところ，20mL を加えたときに溶液の色が変化した。

ただし，実験 1 および実験 2 において，ヨウ素とチオ硫酸ナトリウムとは，式 1 のように反応する。

$$I_2 + 2Na_2S_2O_3 \longrightarrow 2NaI + Na_2S_4O_6 \qquad\qquad \cdots(\text{式}1)$$

(1) 次の化学式(a)〜(c)について，（　）内の原子の酸化数を答えよ。

(a) SO_2 (S)　　(b) SO_4^{2-} (S)　　(c) NH_3 (N)

(2) 下線部①の二酸化硫黄の反応を，電子 e^- を含むイオン反応式で示せ。

(3) 下線部①で反応した二酸化硫黄の物質量〔mol〕を求め，有効数字2桁で示せ。

(4) 下線部②の溶液の色の変化を答えよ。ただし，色の名称は次の表記を用いよ。

無色　橙赤色　青紫色　黄緑色

(5) 下線部③の過酸化水素水の濃度〔mol/L〕を求め，有効数字2桁で示せ。〔16 長崎大〕

142.〈酸化還元反応式〉

次の文章を読み，各問いに答えよ。必要があれば以下の値を用いよ。

原子量 H=1.0，O=16.0，S=32.1，K=39.1，Mn=54.9，Fe=55.8

硫化鉄（II）と書かれた試薬瓶に入っている試薬中の硫化鉄（II）の純度を求めるために以下の実験を行った。

過マンガン酸カリウム 1.6 g を希硫酸 20 mL に溶かし，水を用いて 25 mL に希釈した。瓶の中の試薬 1.0 g を希硫酸 100 mL に加えると，気体が発生し，試薬はすべて溶解した。①この溶液を十分に煮沸した後，調製した②過マンガン酸カリウム溶液で滴定したところ，5.4 mL 滴下したところで終点に達した。

(1) 下線部①に関して，溶液を煮沸せずに滴定すると，硫化鉄（II）の純度の実験値が 100 %（質量パーセント）を超えてしまった。この理由を 40〜60 字程度で説明せよ。

(2) 実験結果から，試薬中の硫化鉄（II）の純度（質量パーセント）を有効数字2桁で求めよ。なお，下線部②の反応の化学反応式も記すこと。ただし，試薬に含まれる不純物は，過マンガン酸カリウムとは反応しないものとする。〔14 東京大〕

†◇143.〈鉛蓄電池とリチウムイオン電池〉 思考

次の(1)〜(3)について有効数字3桁で答えよ。Li=6.9，C=12.0，O=16.0，S=32.1，Co=58.9，Pb=207.2，$F=9.65\times10^4$ C/mol

(1) 起電力 E〔V〕の電池に外部回路をつないで n〔mol〕の電子を流したとき，外部に取り出せる電気エネルギーはファラデー定数 F〔C/mol〕を用いて nFE〔J〕で表される。鉛蓄電池で負極の Pb 1.00 mol が反応したとき，得られるエネルギーは何 J か。ただし，鉛蓄電池の起電力は 2.00 V である。

(2) 電池のエネルギー密度〔J/g〕は，電池全体の反応式における活物質の合計 1 g に対して得られる電池のエネルギーとして定義される。鉛蓄電池のエネルギー密度を答えよ。

(3) リチウムイオン電池は，負極に黒鉛とリチウムが形成する LiC_6，正極に $Li_{1-x}CoO_2$ $(0<x\leqq1)$ を用いた二次電池であり，放電させると次の反応が起こる。

負極：$LiC_6 \longrightarrow Li_{1-x}C_6 + xLi^+ + xe^-$

正極：$Li_{1-x}CoO_2 + xLi^+ + xe^- \longrightarrow LiCoO_2$

$x=1$ として，リチウムイオン電池のエネルギー密度〔J/g〕を答えよ。ただし，リチウムイオン電池の起電力は 3.60 V である。〔16 早稲田大〕

144. 〈ニッケル・カドミウム電池〉

次の文章を読み, ［ア］には化学反応式を, ［イ］［ウ］には有効数字3桁の数値を入れよ。H＝1.00, O＝16.0, Ni＝58.7, Cd＝112, ファラデー定数 $F=9.65×10^4$ C/mol

電極として, 18.4gのオキシ水酸化ニッケル(Ⅲ) NiO(OH) と 11.2gのカドミウム Cd を用い, 5.00mol/L の水酸化カリウム KOH 水溶液 80.0mL を電解液として用いた蓄電池を作製した。この蓄電池では, 放電の過程で, NiO(OH) 電極が水と反応して水酸化ニッケル(Ⅱ) と水酸化物イオンが生成し, Cd 電極が水酸化物イオンと反応して水酸化カドミウム(Ⅱ) となる。この放電の過程を, 一つの化学反応式でまとめて表すと ［ア］ となる。この蓄電池にモーターをつないで, 0.600A の電流を8時間2分30秒流したとき, 電解液の質量は ［イ］ g, 正極の質量は ［ウ］ g となった。ただし, 5.00mol/L の KOH 水溶液の密度は 1.21g/mL とする。また, この過程で気体は発生せず, NiO(OH), Cd, 水酸化ニッケル(Ⅱ), 水酸化カドミウム(Ⅱ) は, それぞれ溶液中に溶解しないものとし, 電解液の蒸発は考えないものとする。〔14 慶応大 改〕

145. 〈並列回路の電気分解〉

($F=9.65×10^4$ C/mol, $K_w=1.0×10^{-14}$ (mol/L)^2, $\log_{10}2=0.30$, $\log_{10}3=0.48$)

図のように, 電解槽Ⅰ, Ⅱ, Ⅲを接続して電気分解した。電解槽Ⅰには 0.200mol/L の希硫酸が 2.00L, 電解槽Ⅱには硫酸銅(Ⅱ)水溶液が入れてある。電解槽Ⅲは中央が陽イオン交換膜で仕切ってあり, 陰極側には 0.200mol/L の水酸化ナトリウム水溶液が 1.00L, 陽極側には 2.00mol/L の塩化ナトリウム水溶液が 1.00L 入れてある。1.80A の一定電流で5時間21分40秒電気分解したところ, 電解槽Ⅰで発生した気体の総体積

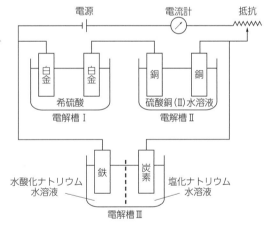

は標準状態で 1.344L であった。ただし, 発生した気体は電解液に溶けない理想気体とする。また, 電気分解による液量の変化はないものとする。

(1) 図に示す電解槽Ⅱの陽極を白金に変えて同様に電気分解すると, 電解槽Ⅱの水溶液のpHはどのように変化するか, 理由とともに述べよ。

(2) 図に示す電解槽Ⅲの陽極と陰極で発生した気体を反応させて生じた物質を, 水に溶かして得られる水溶液は, 酸性, 中性, アルカリ性のいずれを示すか。

(3) 図における電気分解後の電解槽Ⅰの水溶液と電解槽Ⅲの陰極室の水溶液を体積で等量ずつ混合した。この混合水溶液のpHを求めよ(小数第1位まで)。〔17 京都府医大〕

10 非金属元素（周期表を含む）

（◇＝上位科目「化学」の内容を含む項目）

1 元素の周期律

元素を原子番号の順に並べると，性質のよく似た元素が周期的に現れる。この規則性を元素の **周期律** といい，周期律に基づいて元素を分類した表が **周期表** である。

- 注 ① 似た元素が周期的に現れるのは，各元素の電子配置が周期的に変化するため。
- ② 周期表の創始者はメンデレーエフで，彼は原子量の順に並べた（1869年）。
- ③ 原子番号順と原子量順とは，$_{18}Ar$ と $_{19}K$，$_{27}Co$ と $_{28}Ni$，$_{52}Te$ と $_{53}I$ などで異なる。

2 元素の周期表

(1) **族と周期** 周期表の横の並びを **周期**，縦の並びを **族** という。第1～第7周期の7つの周期と，1～18族までの18の族からなる。

- 例 1族…アルカリ金属元素，17族…ハロゲン元素，18族…貴ガス元素（希ガス元素）

(2) **元素の周期表** 第1周期にはHとHeの2種類，第2，第3周期には，それぞれ1,2族および13～18族の8種類の元素が含まれる。

第4周期以降は，それぞれ18種類あるいはそれ以上の元素が含まれる。

3 典型元素と遷移元素

(1) **典型元素** 1,2族および12～18族の元素。同族元素は価電子の数が等しく，化学的性質がよく似ている。同一周期では族の番号が増えるにつれて，陽性から陰性へと変化する。無色のイオン・化合物が多い。

- 注 典型元素の各族の価電子の数は18族が0のほかは，族番号の1の位と一致する。

(2) **遷移元素** 3～11族の元素。すべて金属元素である。このため，**遷移金属** ともいう。

縦列の同族元素より横列の元素どうしの性質がよく似ている場合もある（族番号が増しても典型元素ほど著しい性質の変化がない）。有色のイオン・化合物が多い。

- 注 12族元素を遷移元素に含めることもある。104番以降の元素は，詳しい性質がわかっていない。

<典型元素の性質>

4 元素の性質と周期性

イオン化エネルギー，電気陰性度，原子半径，価電子の数，酸化数，単体の融点・沸点などに周期的変化が見られる。

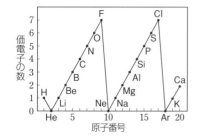
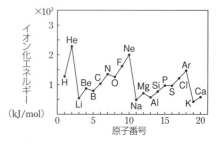

10 非金属元素　79

◇ 5　ハロゲンとその化合物

17族（ハロゲン）の原子は価電子7個で，**一価の陰イオン** になりやすい。

単体はいずれも **二原子分子** で，酸化力（反応性）は $F_2 > Cl_2 > Br_2 > I_2$ の順。

<table>
<tr><td rowspan="3">単体</td><td></td><td>フッ素 F_2</td><td>塩素 Cl_2</td><td>臭素 Br_2</td><td>ヨウ素 I_2</td></tr>
<tr><td>色（状態）</td><td>淡黄色（気体）</td><td>黄緑色（気体）</td><td>赤褐色（液体）</td><td>黒紫色（固体）</td></tr>
<tr><td>水との反応性</td><td>激しく反応</td><td>一部が反応</td><td>わずかに反応</td><td>水に溶けない</td></tr>
<tr><td rowspan="2">化合物</td><td>ハロゲン化水素</td><td>HF（**弱酸**）</td><td>HCl（強酸）</td><td>HBr（強酸）</td><td>HI（強酸）</td></tr>
<tr><td>ハロゲン化銀</td><td>AgF（可溶）</td><td>AgCl（白色）↓</td><td>AgBr（淡黄色）↓</td><td>AgI（黄色）↓</td></tr>
</table>

◇ 6　酸素・硫黄とその化合物

<table>
<tr><td rowspan="3">単体</td><td>酸素 O_2</td><td>無色・無臭の気体。助燃性。製法 $2H_2O_2 \xrightarrow{(MnO_2)} 2H_2O + O_2$</td></tr>
<tr><td>オゾン O_3</td><td>淡青色・特異臭の気体。酸化力大。製法 $3O_2 \xrightarrow{無声放電} 2O_3$</td></tr>
<tr><td>硫黄 S</td><td>**斜方硫黄，単斜硫黄，ゴム状硫黄** などの同素体がある。</td></tr>
<tr><td rowspan="3">化合物</td><td>硫化水素 H_2S</td><td>無色・腐卵臭の有毒気体。水に溶け弱酸性，強い還元性を示す。</td></tr>
<tr><td>二酸化硫黄 SO_2</td><td>無色・刺激臭の気体。水に溶け弱酸性（亜硫酸）。還元性がある。</td></tr>
<tr><td>硫酸 H_2SO_4</td><td>製法 $S \xrightarrow{O_2} SO_2 \xrightarrow[(V_2O_5)]{O_2} SO_3 \xrightarrow{H_2O} H_2SO_4$（**接触法**）
（濃硫酸の性質）①**不揮発性**　②**吸湿性**　③**脱水作用**　④**酸化作用**（熱）
（希硫酸の性質）①**強酸**（イオン化傾向が水素より大きい金属と反応する）</td></tr>
</table>

◇ 7　窒素・リンとその化合物

<table>
<tr><td rowspan="2">単体</td><td>窒素 N_2</td><td>空気の主成分。無色・無臭の気体。常温では化学的に不活発。</td></tr>
<tr><td>リン P</td><td>黄リン，赤リン などの同素体がある。燃焼すると十酸化四リン P_4O_{10} になる。</td></tr>
<tr><td rowspan="4">化合物</td><td>アンモニア NH_3</td><td>無色・刺激臭の気体。水によく溶け弱塩基性。HClと白煙生成。
製法 $N_2 + 3H_2 \xrightarrow{(Fe)} 2NH_3$（ハーバー・ボッシュ法）</td></tr>
<tr><td>一酸化窒素 NO</td><td>無色の気体。水に難溶。空気中で NO_2 に変化。製法 銅と希硝酸</td></tr>
<tr><td>二酸化窒素 NO_2</td><td>赤褐色・刺激臭の気体。水に溶け HNO_3 を生成。製法 銅と濃硝酸</td></tr>
<tr><td>硝酸 HNO_3</td><td>揮発性の強酸。光で分解（褐色びんで保存）。酸化力大。
製法 $NH_3 \xrightarrow[(Pt)]{O_2} NO \xrightarrow{O_2} NO_2 \xrightarrow{H_2O} HNO_3$（**オストワルト法**）</td></tr>
</table>

◇ 8　炭素・ケイ素とその化合物

<table>
<tr><td rowspan="2">単体</td><td>炭素 C</td><td>**ダイヤモンド，黒鉛，**フラーレン（C_{60}, C_{70} など）の同素体がある。</td></tr>
<tr><td>ケイ素 Si</td><td>ダイヤモンド型の共有結合結晶。半導体の原料。</td></tr>
<tr><td rowspan="3">化合物</td><td>一酸化炭素 CO</td><td>無色・無臭の有毒気体。水に不溶。高温で還元性。製法 ギ酸の脱水</td></tr>
<tr><td>二酸化炭素 CO_2</td><td>無色・無臭の気体。水に溶け弱酸性。石灰水を白濁。塩基に吸収。</td></tr>
<tr><td>二酸化ケイ素 SiO_2</td><td>石英・水晶の主成分。共有結合結晶。高融点。水に不溶。
$SiO_2 \xrightarrow{NaOH} Na_2SiO_3 \xrightarrow{HCl} SiO_2 \cdot nH_2O \xrightarrow{乾燥} $ **シリカゲル**</td></tr>
</table>

◇ 9　非金属の酸化物・オキソ酸

(1)一般に**酸性酸化物**（CO，NO を除く）で，水に溶けて**オキソ酸**（酸素を含む酸）をつくる。

　　例　$SO_3 + H_2O \longrightarrow H_2SO_4$

(2)族番号の大きい元素のオキソ酸ほど，酸性が強くなる。

(3)同一元素のオキソ酸では，酸素原子が多いほど酸性が強くなる。

80 　10 非金属元素

146. 〈元素の周期表〉

(1) 下の図は周期表の第6周期までの概略である。(a)〜(e)に当てはまる領域を，それぞれ図中の(ア)〜(ケ)から選べ。ただし，答は1つとは限らない。

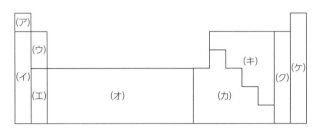

(a) ハロゲン元素　　　　　(b) アルカリ金属元素
(c) 貴ガス元素(希ガス元素)　(d) 遷移元素
(e) 典型元素かつ金属元素　　　　　　　　　　　〔18 岡山理大〕

(2) 第5周期の1族元素の原子番号はいくつか。次の中から選べ。
　　26　　35　　37　　39　　43　　　　　　　　　〔09 福岡大〕

147. 〈遷移元素の最外殻電子〉

遷移元素は，同族元素のみならず，同一周期の隣り合う元素との化学的性質の類似がみられる。これは，多くの遷移元素では，最外殻電子の数が1個または2個でほとんど変わらないためである。

下線部に関して，原子番号が増える際，最外殻電子の数がほとんど変わらない理由を20字以内で書け。　　　　　　　　　　　　　　　　　　　　　〔20 東北大〕

148. 〈各族の元素の性質〉

次の記述(a)〜(d)の(ア)と(イ)，(ウ)と(エ)，(オ)と(カ)，(キ)と(ク)は，それぞれ周期表において上下に隣接している元素である。(ア)〜(ク)にあてはまる元素を，選択肢に示す元素のうちから一つずつ選べ。

(a) (ア)と(イ)はともに金属元素で，(ア)の硫酸塩は水に溶けやすいが，(イ)の硫酸塩は溶けにくい。逆に(ア)の水酸化物は水に溶けにくいが，(イ)の水酸化物は水に少し溶ける。

(b) (ウ)と(エ)からなる化合物の一つは，水に溶けて還元性を有する酸となる。(ウ)の原子番号は(エ)より小さい。

(c) (オ)と(カ)はともに両性元素である。(カ)の酸化物は電池に用いられている。

(d) (キ)と(ク)の単体はいずれも酸化力が強い。常温で(キ)の単体は液体だが，(ク)の単体は固体である。

〔選択肢〕　Br　C　Ca　I　Mg　O　Pb　S　Si　Sn　　　　　〔17 日本女子大〕

10 非金属元素　81

149. 〈周期表と元素の性質〉

周期＼族	1	2	3	4	5	6	7	8	9	10	11	12	13	14	15	16	17	18
1	ア																	
2													イ	ウ			エ	オ
3	カ	キ											ク	ケ	コ	サ		
4	シ	ス						セ			ソ	タ						
5									チ				ツ					

　次の(1)～(8)の各文は，上の周期表のア～ツに対応する異なる元素の特徴を述べたものである。各文はどの元素の特徴を述べたものか。周期表のア～ツの文字とともに，その元素記号も記せ。

(1)　最外電子殻はN殻であり，イオン化傾向が大きく，アルカリ金属ではないが常温で水と激しく反応して水素を発生し，水酸化物になる。

(2)　常温の水と反応して水素を発生し，その溶液の炎色反応の色は黄色である。水酸化物は白色固体である。

(3)　同素体のひとつは常温では黄白色ろう状の固体で，空気中で自然発火するので，水中に貯蔵する。

(4)　同素体は3種類以上あり，単体は黄色のもろい固体として火山地帯で産出する。また，石油の精製工程で得られる。

(5)　トタンの構成元素であり，アルカリマンガン乾電池の負極として用いられている。

(6)　貴金属の一種であり，電気や熱の伝導性および光の反射率は金属中最大である。化合物では酸化数 +1 をとる。

(7)　水と激しく反応し，酸素を発生する。また，水素とは冷暗所でも爆発的に反応する。

(8)　湿った空気中で酸化され，赤さびを生じる。強く熱したときは黒さびが生じる。

〔19 同志社大〕

必 ◇150. 〈ハロゲン〉

　（ ア ），（ イ ），（ ウ ），（ エ ），アスタチンの5元素(原子番号順)は周期表において（ オ ）族に属し，ハロゲンと呼ばれる。ハロゲンの原子はいずれも価電子を（ カ ）個もつ。そのため電子を1個取り入れ，（ キ ）価の（ ク ）イオンとなりやすい。ハロゲンの単体は（ ケ ）原子分子であるが，他の元素と化合物をつくりやすいので天然にはほとんど存在しない。ハロゲンの単体は原子番号が大きくなるとともに，沸点・融点が（ コ ）くなる。例えば，（ ウ ）の単体は常温で（ サ ）色の液体，（ エ ）の単体は常温で（ シ ）色の昇華性の（ ス ）結晶である。

　フッ素はハロゲンの中で最も反応しやすく，ほとんどの元素と反応してフッ化物をつくる。水素と混ぜると，冷暗所でも爆発的に化合しフッ化水素となる。また，a水とも激しく反応し，（ セ ）を発生してフッ化水素となる。フッ化水素は，bホタル石に濃硫酸を加えて発生させることができる。cフッ化水素は他のハロゲン化水素に比べ，沸

点・融点が非常に(ソ)い。フッ化水素酸は(タ)酸であるが，ガラスをとかす性質をもつ。d これはフッ化水素酸がガラスの主成分である二酸化ケイ素と反応するためである。

(1) 文中の空欄(ア)～(タ)にあてはまる，最も適当な語句や数字を答えよ。
(2) 下線 a, b, d の反応を化学反応式で表せ。
(3) フッ化水素が下線 c のような性質をもつ理由を簡潔に説明せよ。〔16 早稲田大 改〕
(4) ヨウ素単体は室温で分子結晶である。以下の物質の中から，分子結晶となりうる物質をすべて選び，それらの分子式を記せ。
(ドライアイス　硫化亜鉛　炭酸カルシウム　ナフタレン　氷)
(二酸化ケイ素　斜方硫黄)　　　　　　　　　　　　　　〔20 九州大〕

必◇151. 〈塩素の製法〉

ハロゲンの単体はいずれも [ア] 結合からなる二原子分子で，有色・有毒の物質である。実験室で塩素をつくるには ①酸化マンガン(Ⅳ)に濃塩酸を加えて加熱する方法や，②高度さらし粉 ($Ca(ClO)_2 \cdot 2H_2O$) に塩酸を加えて塩素を発生させる方法がある。工業的には [イ] 水溶液の電気分解でつくられる。

単体の臭素は希硫酸中，臭化カリウムを酸化マンガン(Ⅳ)で酸化すると得られる。また，③臭化カリウム水溶液に塩素水を加えると単体の臭素が遊離する。

(1) [ア] に語句を，[イ] には化学式をそれぞれ記せ。
(2) 下線部①～③の反応式を記せ。
(3) (i) 下線部①の反応により乾燥した純粋な塩素を得るため，右図のような装置を用いた。洗気瓶に入っている物質Aと物質Bは何か。名称で答えよ。また，それらを用いる理由をそれぞれ答えよ。

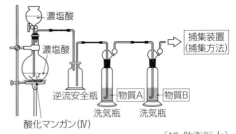

(ii) 生成した塩素の捕集方法を記せ。　　　　　　　　　〔17 防衛医大〕
(4) (i) 塩素を水に溶かすと，塩素の一部が水と反応して平衡状態になる。この反応の化学反応式を記せ。
(ii) トイレ用の洗浄剤には，塩酸を含む酸性タイプと次亜塩素酸ナトリウムを含むタイプがあるが，これらの異なるタイプどうしを「まぜるな危険」と注意書きされている。その理由を化学反応式を用いて説明せよ。　　　　〔17 長崎県大〕

必 152. 〈硫酸〉

硫酸は工業的には次のように製造される。まず，①硫黄を燃焼させて二酸化硫黄をつくる。次に，②酸化バナジウム(V) を [ア] として，③二酸化硫黄を空気酸化して三酸化硫黄にする。その後，三酸化硫黄を濃硫酸に吸収させて発煙硫酸とし，これを希硫酸で薄めて濃硫酸とする。このような硫酸の工業的な製法を [イ] 法という。

10 非金属元素　83

(1)　 ア 　および 　イ 　にあてはまる適切な語句を記せ。

(2)　下線部①および③を化学反応式で記せ。

(3)　下線部②の化学式を記せ。

(4)　硫黄 16 kg をすべて硫酸に変えたとすると，98％濃硫酸は計算上何 kg 得られるか。有効数字 2 桁で記せ。H＝1.0，O＝16，S＝32

(5)　濃硫酸から希硫酸を調製する方法を記せ。

(6)　次の(a)〜(g)の試薬の組み合わせで発生する気体を化学式で記せ。

　(a)　亜硫酸ナトリウムに希硫酸を加えた。　　(b)　亜鉛に希硫酸を加えた。

　(c)　硫化鉄（Ⅱ）に希硫酸を加えた。

　(d)　塩化ナトリウムに濃硫酸を加えて加熱した。

　(e)　銅に濃硫酸を加えて加熱した。　　(f)　蛍石に濃硫酸を加えて加熱した。

　(g)　ギ酸に濃硫酸を加えて加熱した。　　　　　　　　　〔18 大阪工大 改〕

◇**153.**〈16 族元素の物質〉

　　オゾンは酸素の 　ア 　であり，酸素中で放電を行ったり，酸素に 　イ 　を当てると発生する。オゾンは酸化作用が強く，オゾンをヨウ化カリウム水溶液に作用させると，ヨウ素を遊離する。

(1)　 　にあてはまる適切な語句を記せ。

(2)　下線部の反応を化学反応式で記せ。

(3)　酸素中で放電しオゾンを発生させた。(a)，(b)に答えよ。

　(a)　この反応を化学反応式で記せ。

　(b)　標準状態において，1.0 L の酸素中で放電したところ，体積が 5.0％減少した。生成したオゾンの体積は標準状態で何 L か。有効数字 2 桁で答えよ。　〔18 明治薬大〕

(4)　硫黄には複数の 　ア 　があるが，そのうち無定形で二硫化炭素に溶けないものの名称を記せ。　　　　　　　　　　　　　　　　　　　　　　　　〔16 防衛医大〕

必◇**154.**〈硝酸〉

　　硝酸は，火薬や染料，医薬品の製造などに広く利用されている。工業的に硝酸はアンモニアから製造される。製造工程は，はじめに，アンモニアと空気を白金を触媒にして反応させると化合物 A と水が得られる（反応 1）。続いて，化合物 A を酸素と反応させると化合物 B を生じる（反応 2）。最後に，化合物 B を水と反応させると硝酸と化合物 A が得られる（反応 3）。反応 3 で得られた化合物 A は，製造工程の一部に循環される。

(1)　上記に示した硝酸の工業的製法の名称を答えよ。

(2)　反応 1 〜反応 3 の反応を，それぞれ化学反応式で書け。

(3)　下線部の化合物 B は，反応 3 において次の①〜④のいずれのはたらきをするか。最も適切なものを一つ選べ。

　　① 酸化剤　　② 還元剤　　③ 酸化剤でも還元剤でもある

　　④ 酸化剤でも還元剤でもない

84 10 非金属元素

(4) (2)の反応1〜反応3の反応を一つにまとめた化学反応式を書け。

(5) 上記の方法で濃硝酸(質量パーセント濃度69%，密度1.4g/cm³)1.0Lを製造する
ために必要なアンモニア(気体)の体積を標準状態で求めよ。数値は有効数字2桁で
答えよ。H=1.0，N=14，O=16

(6) 濃硝酸は，銅と反応し下方置換により捕集される有色の気体を発生する。この反応
の化学反応式を書け。　　　　　　　　　　　　　　　　　　　　　　　〔16 中央大〕

準 ◇155. 〈アンモニア〉

アンモニアの実験室での製法は，ともに　ア　体の塩化アンモニウムと水酸化カルシ
ウムを混合したものを加熱して発生した気体を，乾燥剤である　イ　を詰めた管に通し
たのち，　ウ　置換で捕集すると，アンモニアが得られる。

捕集した気体に　エ　を含ませた綿を近づけると白煙が生じることで，アンモニアの
生成を確認することができる。

アンモニアの工業的製法は，　オ　法と呼ばれている製法で合成される。

(1) 　ア　〜　オ　に入る語として最も適当なものを書け。ただし，　ア　，　イ　，　エ　に
ついては次の中から選べ。

(気，　液，　固，　塩化カルシウム，　ソーダ石灰，　十酸化四リン，)
(塩酸，　エタノール，　ジエチルエーテル)

(2) 下線部の化学反応式を書け。　　　　　　　　　　　　　　　　　　　　〔18 駒澤大〕

準 ◇156. 〈ケイ素とその化合物〉

ケイ素は地殻中に多く存在する元素である。(a)単体は，二酸化ケイ素を電気炉中で融
解し，コークスCを用いて還元してつくる。高純度のケイ素の結晶は，金属と絶縁体の
中間の大きさの電気伝導性をもつ。このような性質をもつものを　①　と呼び，これは
コンピューターの集積回路や　②　電池の材料として用いられている。

ケイ素の化合物である(b)二酸化ケイ素を水酸化ナトリウムとともに加熱すると，ケイ
酸ナトリウムになる。これに水を加えて加熱すると　③　と呼ばれる粘性の大きな透明
な液体が得られる。　③　に塩酸を加えるとケイ酸の白色ゲル状沈殿が生成し，さらに
加熱して脱水すると　④　になる。　④　は乾燥剤，吸着剤として利用される。

(1) 　①　〜　④　に適切な語句を書け。

(2) 下線部(a)，(b)を化学反応式で書け。ただし，(a)の生成物はケイ素と一酸化炭素とする。

(3) 　④　と同様に活性炭は吸着剤として使われる。この理由を両者が共通にもつ構造
的特徴をあげて説明せよ。　　　　　　　　　　　　　　　　　　　　　〔13 日本女子大〕

(4) 次の文中の(A)には結晶の分類名を，(B)には数値を，(C)には適当な語句を入れよ。
二酸化ケイ素は石英や水晶の主成分で，SiO_2の単位構造が繰り返された((A))を
形成する。この結晶中では1個のSi原子は((B))個の酸素原子に取り囲まれている。
ガラスはSiO_2が形成する立体構造の中にNa^+やCa^{2+}が入り込んだもので，構成粒
子の配列が不規則な((C))となっているため，一定の融点を示さない。〔13 早稲田大〕

10 非金属元素　85

◇157. 〈元素の推定〉

問1　地殻(地球表層部)に含まれる酸化物は SiO_2 が最も多く,次に Al_2O_3 が多いので,地殻を構成する元素をその存在比(質量パーセント)の多い順から記すと,47%が ア ,28%が イ ,8%が ウ ,5%が鉄である。一方,海水 100 g 中には約 3.5 g の物質が溶けている。溶けている物質のうち,78%が エ であり,11%が オ である。 オ は,にがりと呼ばれ,豆乳から豆腐を製造するときに使用される。

　　　　 に入る最も適当な語句を書け。　　　　　　　　　　　〔17 金沢工大 改〕

問2　原子番号1から36までの元素について,次の(1)～(6)にあてはまる最も適切な元素記号を書け。

(1) この元素は,すべての元素の中で電気陰性度が最も大きい。この元素の水素化合物を溶かした水溶液は,ガラスなどのケイ酸塩や二酸化ケイ素を溶かす。

(2) 単体のうち,淡黄色の固体は空気に触れると自然発火するので水中に保存される。この元素の酸化物は吸湿性が強く,乾燥剤として用いられる。

(3) 冷水とは反応しないが,熱水とは反応し,水素を発生する。単体を強熱すると,強い光を出して燃焼する。

(4) 岩石や鉱物の成分元素として,地殻中に多く存在する。単体は共有結合結晶で,高純度のものはコンピュータの集積回路や太陽電池などに用いられる。

(5) 単体は溶融塩電解(融解塩電解)で製造される。単体は酸とも強塩基とも反応するが,濃硝酸に対しては不動態を形成し溶解しない。この元素の酸化物は非常に硬く,微量の遷移金属を含む結晶はルビーなどの宝石になる。

(6) 単体の密度が常温で最も小さい。　　　　　　　　　　　　〔18 金沢工大 改〕

B

◇158. 〈元素の性質〉

次の(1)～(6)の各組の元素は1つを除いて共通した性質をもっている。各組の元素に共通する性質を下の(ア)～(ケ)より選び,記号で答えよ。ただし,同じ記号を何度使用してもよい。また,各組において共通した性質をもたない元素を元素記号で記せ。

(1) C, Si, B, Al, P 　　　　(2) Ne, Ar, Mg, Cl, Al

(3) P, Cl, Ar, O, F 　　　　(4) Al, Si, Be, Na, K

(5) He, Ne, Ar, F, Kr 　　　(6) S, F, C, O, P

(ア) 遷移元素である。　　　　　　　　(イ) 典型元素の金属である。

(ウ) 典型元素の非金属である。　　　　(エ) 同族元素である。

(オ) 同周期元素である。　　　　　　　(カ) 単体は常温・常圧で気体である。

(キ) 単体は常温・常圧で固体である。　(ク) 単体は常温・常圧で液体である。

(ケ) 単体には同素体が存在する。　　　　　　　　　　　　　　　〔07 福岡大〕

86　⑩非金属元素

準♢**159.** 〈酸化物とオキソ酸の性質〉

問1　(1) 第3周期元素の酸化物は，酸，塩基および水との反応性に応じて，(A)酸性酸化物，(B)両性酸化物，(C)塩基性酸化物の3種類に分類される。Na〜Cl のうち，その最高酸化数の酸化物が，(A)に分類される元素，(B)に分類される元素，(C)に分類される元素をすべてそれぞれ元素記号で答えよ。

　　　(2) (1)の(B)で選んだ元素の酸化物1つについて，その酸化物が水酸化ナトリウム水溶液に溶ける反応の化学反応式を答えよ。　　　　　　　　　　　〔22 筑波大(前期) 改〕

問2　6種類の酸化物 CO_2，NO_2，NO，SiO_2，SO_2，MnO_2 の中で，水に溶けて最も強い酸となるのは（ A ）である。常温・常圧で固体で存在するのは（ B ）種類である。水に溶けにくいのは（ C ）種類である。

　　　（A）〜（C）に当てはまる化学式あるいは数字を記せ。　　　　　　　　〔09 早稲田大 改〕

問3　一般に，オキソ酸の酸の強さは，中心となる元素に結合している酸素原子の数に依存する。塩素のオキソ酸としては，過塩素酸，塩素酸，亜塩素酸，次亜塩素酸が知られている。これらのオキソ酸を，強い酸から順に化学式で記せ。　〔12 富山大 改〕

問4　塩素酸カリウム $KClO_3$ は，加熱した水酸化カリウム KOH 水溶液に塩素 Cl_2 ガスを吹きこむことで生成する。同時に，塩化カリウム KCl と水 H_2O も生成する。

　　　Cl の酸化数を参考にして，この反応を化学反応式で記せ。　　　　　〔20 名古屋大 改〕

♢**160.** 〈リン〉

(1)　リンに関連する記述として誤りを含むものを，次の(ア)〜(カ)のうちから一つ選べ。

　(ア) リン原子は価電子を5個もち，そのうちの3個は不対電子である。

　(イ) リンの同素体には黄リンや赤リンがあり，黄リンは P_4 分子から成り，赤リンは高分子である。

　(ウ) 黄リンは反応性に富み，水と激しく反応して水素を発生するが，赤リンは水と反応しない。

　(エ) 単体のリンを燃焼させると，十酸化四リンの白色固体が得られる。

　(オ) 十酸化四リンに水を加えて煮沸すると，三価の弱酸であるリン酸が生じる。

　(カ) リン酸ナトリウムは水に溶けて，その水溶液は塩基性を示すが，リン酸カルシウムは水に溶けにくい。　　　　　　　　　　　　　　　　　　　　　　　　〔20 自治医大〕

✝(2)　リン酸は三段階でイオン化する分子で三価の酸である。リン酸の第一，第二，第三電離定数 (mol/L) は，順に 25℃ で $10^{-2.12}$，$10^{-7.21}$，$10^{-12.7}$ である。

　① 生体内 (pH＝7.40) で緩衝作用を行う陰イオンとして主なものを2つ，イオン式で示せ。

　② 0.0575 mol のリン酸に 0.500 mol/L の $NaOH$ 水溶液を加えて，25℃ で pH＝7.40 の緩衝液を調製するのに必要な $NaOH$ 水溶液の体積〔mL〕を答えよ。三段階の中和反応は段階ごとに順次起こる。必要ならば $10^{0.19}＝1.55$ を用いよ。　〔09 岐阜大〕

161. 〈肥料〉

リンは肥料の三要素の一つであり，リン酸肥料として使われる。自然に産出する①リン鉱石(注1)を適量の硫酸と反応させてつくられる過リン酸石灰(注2)が肥料として用いられる。

窒素も肥料の三要素の一つである。ほとんどの植物は大気中の窒素を直接利用できない。窒素肥料が本格的に生産されるようになったのは②ハーバー・ボッシュ法以後である。この方法でできたアンモニアを酸で中和してできる硫酸アンモニウムや硝酸アンモニウムなどが窒素肥料として用いられる。③アンモニアソーダ法の過程で得られる a も窒素肥料として用いられる。

肥料の与え方には注意が必要である。たとえば土壌の酸性を中和するために使われる④消石灰を a に混ぜると，肥料の効果が減少するばかりか，植物に害を及ぼす。

注1：リン鉱石の主成分は $Ca_3(PO_4)_2$ である。
注2：過リン酸石灰は $CaSO_4$ と $Ca(H_2PO_4)_2$ の混合物である。

(1) リン，窒素以外にもう一つ肥料の三要素として知られる元素名を書け。
(2) a にあてはまる化学物質名と化学式を書け。
(3) 下線部①のように，リン鉱石はそのままでは肥料に不適であるが，過リン酸石灰は肥料となる。理由を述べよ。
(4) 下線部②の方法を説明する化学反応式を書け。また，反応条件について説明せよ。
(5) 下線部③の方法を化学反応式を用いて簡潔に説明せよ。
(6) 下線部④の反応を化学反応式で示せ。　　　　　　　　　　　　　〔14 横浜市大〕

162. 〈炭素の同素体〉

(1) 炭素の同素体である黒鉛とダイヤモンドについて，次の(a), (b)の性質の違いを，結晶の構造や原子の結合・価電子などに着目して説明せよ。
　(a) ダイヤモンドは非常に硬いが，黒鉛は軟らかくはがれやすい。〔16 同志社大 改〕
　(b) ダイヤモンドは電気を通さないが，黒鉛は電気をよく通す。〔17 長崎県大〕
(2) 炭素の同素体の1つである C_{60} フラーレンの構造は，個々の炭素原子が他の3個の炭素原子と結合して六角形と五角形の構造を複数個つくり，全体で60個の炭素原子からなる構造をとっている。個々の六角形には1つおきに合計3個の五角形が隣接している。C_{60} フラーレンの構造の中に C–C 結合は何個あるか。〔15 早稲田大〕
(3) C_{60} は，60個の炭素原子おのおのが，となりあう3つの炭素原子と結合した，図のような構造をもつ分子である。C_{60} 中の炭素原子間の結合エネルギーはいくらか。解答は有効数字3桁目を四捨五入して答えよ。ただし，C_{60} 中の炭素原子間の結合エネルギーはすべて等しいものとし，C_{60} の燃焼熱は 25500 kJ/mol，O_2 分子中の O=O 結合の結合エネルギーは 500 kJ/mol，CO_2 分子中の C=O 結合1つあたりの結合エネルギーは 800 kJ/mol とする。〔16 東京工大〕

11 金属元素

（◇＝上位科目「化学」の内容を含む項目）

◇ 1 アルカリ金属（1族，Li，Na，K，Rb，Cs）とその化合物

単体	Na，K など	還元力が強く，一価の陽イオンになりやすい。水と激しく反応して H_2 発生。石油中に保存する。**製法** 溶融塩電解
化合物	NaOH	白色の固体で潮解性あり。代表的な強塩基で CO_2 を吸収する。
	Na_2CO_3	十水和物は風解性あり。熱に安定，水に溶けて塩基性。酸で CO_2 発生。**製法** アンモニアソーダ法
	$NaHCO_3$	加熱や酸で CO_2 発生。水に少し溶けて弱塩基性。

◇ 2 アルカリ土類金属（2族，(Be，Mg，) Ca，Sr，Ba）とその化合物

単体	Ca，Ba など	二価の陽イオンになりやすい。水と反応して H_2 発生。 （Mg は高温の水とは反応する。炎色反応は示さない。）
化合物	$CaCO_3$	石灰石や大理石として存在。加熱すると CaO になる。酸で CO_2 発生。
	CaO	生石灰。水を加えると発熱とともに $Ca(OH)_2$ になる。
	$Ca(OH)_2$	消石灰。水溶液を石灰水といい，CO_2 と反応して $CaCO_3$ になる。 過剰では $CaCO_3 + H_2O + CO_2 \rightleftharpoons Ca(HCO_3)_2$ …鍾乳洞の生成反応

◇ 3 両性金属（Al，Zn，Sn，Pb）

単体	Al，Zn など	酸とも強塩基とも反応して H_2 発生。**製法** 溶融塩電解 **例** $2Al + 6HCl \longrightarrow 2AlCl_3 + 3H_2$ $2Al + 2NaOH + 6H_2O \longrightarrow 2Na[Al(OH)_4] + 3H_2$
化合物	Al_2O_3，$Al(OH)_3$	酸と反応して Al^{3+} になるが，H_2 は発生しない。 強塩基の水溶液と反応して $[Al(OH)_4]^-$ になるが，H_2 は発生しない。

◇ 4 金属の酸化物・水酸化物

一般に，金属の酸化物は **塩基性酸化物**（Al_2O_3，ZnO などを除く）。水に溶けて水酸化物をつくったり，酸と反応する。

例 $CaO + H_2O \longrightarrow Ca(OH)_2$，$CuO + 2HCl \longrightarrow H_2O + CuCl_2$

◇ 5 錯イオンと錯塩

(1) 金属イオンなどに非共有電子対をもつ分子またはイオンが配位結合してできたイオンを **錯イオン** といい，錯イオンを含む塩を **錯塩** という。

(2) **おもな錯イオン** 中心原子と結合する分子やイオンを **配位子** という。
   ① NH_3 が配位子となるもの $[Ag(NH_3)_2]^+$，$[Zn(NH_3)_4]^{2+}$，$[Cu(NH_3)_4]^{2+}$
   ② OH^- が配位子となるもの $[Al(OH)_4]^-$，$[Zn(OH)_4]^{2-}$
   ③ CN^- が配位子となるもの $[Fe(CN)_6]^{4-}$，$[Fe(CN)_6]^{3-}$，$[Ag(CN)_2]^-$

(3) **錯イオンの立体構造**

　$[Ag(NH_3)_2]^+$（直線形）　　$[Cu(NH_3)_4]^{2+}$（正方形）　　$[Zn(NH_3)_4]^{2+}$（正四面体）　　$[Fe(CN)_6]^{3-}$（正八面体）

11 金属元素　89

◇ 6 遷移元素

単体	Fe	酸と反応して H_2 発生。濃硝酸とは不動態(他に Al，Ni)。 **製法** 鉄鉱石(Fe_2O_3 や Fe_3O_4 を含む)を CO などで還元してつくる。
	Cu	赤色。酸化力のある酸(硝酸や熱濃硫酸)とは反応する。 **製法** 鉱石から得られた粗銅の電解精錬。
	Ag	銀白色。イオン化傾向が小さく，反応性は Cu に似る。 電気伝導性と熱伝導性がすべての金属中で最大。
化合物(イオン)	Fe^{2+} (淡緑色)	NaOHaq や NH_3 水で $Fe(OH)_2$(緑白色)。過剰でも溶けない。 $K_3[Fe(CN)_6]$ と反応して濃青色沈殿。
	Fe^{3+} (黄褐色)	NaOHaq や NH_3 水で $Fe(OH)_3\downarrow$(赤褐色)。 $K_4[Fe(CN)_6]$ と反応して濃青色沈殿。KSCN とは血赤色溶液。
	Cu^{2+} (青色)	NaOHaq や少量の NH_3 水で $Cu(OH)_2\downarrow$(青白色)。過剰の NH_3 水では $[Cu(NH_3)_4]^{2+}$ となり溶ける。CuO(黒色)，Cu_2O(赤褐色)，CuS(黒色)
	Ag^+	NaOHaq や少量の NH_3 水で $Ag_2O\downarrow$(褐色)。過剰の NH_3 水では $[Ag(NH_3)_2]^+$ となり溶ける。Cl^- と反応して $AgCl\downarrow$(白色)，感光性がある。
	$K_2Cr_2O_7$	$Cr_2O_7{}^{2-}$ は赤橙色の代表的な酸化剤。塩基性で $CrO_4{}^{2-}$ になる。
	K_2CrO_4	$CrO_4{}^{2-}$ は黄色。Ag^+，Pb^{2+}，Ba^{2+} とはそれぞれ $Ag_2CrO_4\downarrow$(赤褐色)， $PbCrO_4\downarrow$(黄色)，$BaCrO_4\downarrow$(黄色)。酸性で $Cr_2O_7{}^{2-}$ になる。
	$KMnO_4$	$MnO_4{}^-$ は赤紫色。代表的な酸化剤。 **例** $MnO_4{}^- + 8H^+ + 5e^- \longrightarrow Mn^{2+} + 4H_2O$(酸性溶液)
	MnO_2	O_2 発生における触媒。**例** $2H_2O_2 \longrightarrow 2H_2O + O_2$ Cl_2 発生における酸化剤。**例** $MnO_2 + 4HCl \longrightarrow MnCl_2 + 2H_2O + Cl_2$ マンガン乾電池の正極

族 周期	3	4	5	6	7	8	9	10	11	12
4	Sc	Ti	①V	**Cr**	**Mn**	**Fe**	②Co	②Ni	**Cu**	**Zn**
5	Y	Zr	Nb	Mo	Tc	Ru	Rh	Pd	**Ag**	Cd
6	ランタ ノイド	Hf	Ta	③W	Re	Os	Ir	④Pt	⑤Au	⑥Hg

原子番号の増加に伴い，電子が内殻へ収容されていく。各原子の価電子は 1 か 2 なので，横の元素とも性質が似ている。有色のものが多く，ほとんど重金属。

① V：V_2O_5 は硫酸製造の触媒　② Co，Ni：Fe とともに磁石につく

③ W：金属の単体の中で最も融点が高く，電球のフィラメントに用いられる。

④ Pt：自動車の排ガス浄化，燃料電池の電極，貴金属製品。

⑤ Au：硝酸や熱濃硫酸にも溶けないが，王水には溶ける。金属の中で最も展性・延性に富む。オリンピックメダルの金属(Au, Ag, Cu)は，11 族に並ぶ。

⑥ Hg：金属単体の中で唯一液体(常温・常圧)。

◇ 7 合金，めっき

○ Al，Cu などの合金…ジュラルミン(航空機の機体に利用されている)

○ Cu と Zn の合金…黄銅(brass, 真ちゅう)。　Cu と Sn の合金…青銅(bronze)

　Cu と Ni の合金…白銅(Cu，Ni，Zn の合金は洋銀)

○ Fe，Cr，Ni の合金…ステンレス鋼

○ Fe に Zn めっき…トタン，　Fe に Sn めっき…ブリキ

○ Hg の合金…アマルガム

163. 〈ナトリウムとその化合物〉

ナトリウムはイオンとして海水や鉱物中に存在する。下図は塩化ナトリウムから得ることができる化合物の工業的製法や実験室における化学反応の関係を示している。図中の操作A〜Fについて適切な操作を一つずつ選べ。

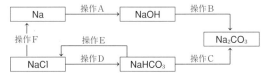

(ア) 溶液に水酸化カルシウムを加える　　(イ) 溶液に炭酸ガスを通じる
(ウ) 融解液としたのち，電気分解する　　(エ) 溶液に塩酸を加える
(オ) 固体を空気中で加熱する　　　　　　(カ) 水に加える
(キ) 飽和水溶液にアンモニアと二酸化炭素を吹き込む
(ク) 水溶液としたのち，電気分解する　　　　　　　　〔17 金沢工大〕

164. 〈アンモニアソーダ法〉

炭酸ナトリウム Na_2CO_3 は次図に示すアンモニアソーダ法(ソルベー法)によって得られる。図はアンモニアソーダ法の全工程と各工程での物質の変化や工程間の物質の移動を表している。空欄 ア から カ はそれぞれ物質を示す。なお，水や水蒸気の移動の表記は省略している箇所がある。

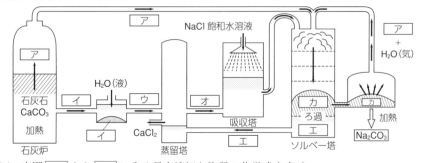

(1) 空欄 ア から カ に入る最も適切な物質の化学式を書け。
(2) ソルベー塔の中で起きている反応の反応式を書け。
(3) 蒸留塔の中で起きている反応の反応式を書け。また，その反応において，ブレンステッド・ローリーの定義による酸として働く物質の化学式を書け。　〔22 東北大〕
(4) $NaCl$ 58.5kg がすべて反応して Na_2CO_3 と $CaCl_2$ を生成するときに，最小限必要とされる $CaCO_3$ は何 kg か。最も適当な数値を一つ選べ。ただし，この製造過程で生じる NH_3 および CO_2 は，すべて再利用されるものとする。
(C=12, O=16, Na=23, Cl=35.5, Ca=40)

① 25.0 ② 50.0 ③ 100 ④ 200 〔22 共通テスト 化学 改〕

必※165.〈カルシウムの化合物〉
次の図は，カルシウムの化合物に関する反応を示したものである。下の問いに答えよ。

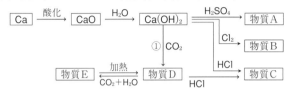

(1) 物質A〜Cは，一般にどのような用途に用いられているか。最も適当なものを，次の(ア)〜(カ)から一つ選べ。
   (ア) 医療用ギプス (イ) 乾燥剤 (ウ) 造影剤 (エ) 電池 (オ) 漂白剤 (カ) 冷却剤
(2) 物質A〜Eのうち，水にほとんど溶けない物質をすべて選べ。
(3) (i) ①の変化を化学反応式で書け。また，(ii) 鍾乳洞ができる反応を図から選び化学反応式で書け。
(4) 物質Dを強熱し，さらにコークスとともに加熱するとカルシウムの化合物Xが生じる。Xに水を加えると，工業的に重要な気体Yが生じる。Yの分子式を記せ。
(5) 次の記述の中で正しいものをすべて選べ。
   (ア) Na，Caの炭酸塩を強く熱すると，どちらも分解してCO_2が発生する。
   (イ) Mg，Baの硫酸塩はどちらも水に溶けにくい。
   (ウ) Caは橙色，Srは紅色，Naは黄色の炎色反応を示す。
   (エ) ドライアイスの入ったびんの中に燃えているMgを入れると，火はすぐに消える。

〔08 関西大 改〕

必※166.〈アルミニウム〉
①アルミニウムに希塩酸を加えて加熱すると，気体を発生しながら溶解する。また，②アルミニウムに水酸化ナトリウム水溶液を加えると，気体を発生しながら溶解する。このとき，アルミニウムは溶液中で □ の状態で存在する。
(1) 下線部①と②の反応を，それぞれ化学反応式で表せ。
(2) □ に当てはまる語句として最も適当なものを，次の中から一つ選べ。
   ボーキサイト ミョウバン 不動態 アルミナ 複塩 錯イオン   〔20 龍谷大〕

単体のアルミニウムAlを得るには，電解槽に酸化アルミニウムAl_2O_3と③氷晶石Na_3AlF_6を加えて，約1000℃で融解する。得られた融解物を炭素を電極として④電気分解すると，次の反応が起こり，⑤陽極では一酸化炭素COと二酸化炭素CO_2が発生し，陰極では単体のアルミニウムAlが析出する。
(3) 下線部③で，氷晶石Na_3AlF_6を加える理由を説明せよ。
(4) 下線部④に関して，アルミニウムイオンAl^{3+}を含む水溶液を炭素を電極として電気分解しても，陰極に単体のアルミニウムAlを析出させることはできない。この理由を説明せよ。

92　11 金属元素

(5) 下線部⑤で，陽極および陰極で起こる化学反応を，それぞれ電子 e^- を用いたイオン反応式で記せ。

(6) 下線部⑤の電気分解反応を行ったところ，陽極で発生した一酸化炭素と二酸化炭素の体積の合計は標準状態で 1.68 L であった。また，陰極に析出したアルミニウムは 1.80 g であった。この反応で発生した一酸化炭素の質量は，発生した二酸化炭素の質量の何倍か（有効数字 2 桁）。$C=12$，$O=16$，$Al=27$　　〔20 京都府医大〕

(7) Al と Fe_2O_3 との混合物（テルミット）に点火すると，激しく反応して融解した鉄 Fe が生じるため，鉄道のレールなどの溶接に利用される。このときの Al と Fe_2O_3 の熱化学方程式を記せ。ただし，Al_2O_3 と Fe_2O_3 の生成熱はそれぞれ 1676 kJ/mol と 824 kJ/mol である。　　〔22 大阪大〕

◇167.〈遷移元素と錯イオン〉

遷移元素は周期表では $\boxed{(a)}$ ～ $\boxed{(b)}$ 族の元素であり，鉄はこの中の 8 族第 4 周期の元素である。遷移元素の原子は原子番号が増加しても，内側の電子殻へ電子が配置される特徴をもつ。鉄原子のそれぞれの電子殻に存在する電子の数は，K 殻：$\boxed{(c)}$ 個，L 殻：$\boxed{(d)}$ 個，M 殻：$\boxed{(e)}$ 個，N 殻：$\boxed{(f)}$ 個である。一般に遷移元素の単体は，典型元素の金属より密度が $\boxed{(g)}$ く，融点の $\boxed{(h)}$ いものが多い。

(1) $\boxed{(a)}$ ～ $\boxed{(h)}$ に最も適する数，語句を書け。　　〔18 横浜国大 改〕

(2) 錯イオンについて問いに答えよ。$H=1.0$，$N=14$，$Cl=35.5$，$Co=59$，$Ag=108$

　① 配位子になることができない分子やイオンを一つ選べ。
　　(ア) $NH_2CH_2CH_2NH_2$　(イ) $CH_3CH_2CH_2CH_3$　(ウ) H_2O　(エ) OH^-　(オ) CN^-

　② 錯イオン $[Co(NH_3)_6]^{3+}$ の名称を書け。

　③ 錯イオンの構造が正方形であるものを一つ選べ。
　　(ア) $[Ag(NH_3)_2]^+$　(イ) $[Cu(NH_3)_4]^{2+}$　(ウ) $[Zn(NH_3)_4]^{2+}$　(エ) $[Ni(NH_3)_6]^{2+}$

　④ $[CoCl(NH_3)_5]Cl_2$ で表される錯塩 5.0 g に，十分量の硝酸銀水溶液を加えたとき生成する塩化銀の質量（g）を求め，有効数字 2 桁で記せ。

(3) 繰り返し充電して利用できる二次電池を次の中から二つ選べ。
　(ア) リチウム電池　(イ) マンガン乾電池　(ウ) ニッケル・水素電池
　(エ) 酸化銀電池　(オ) 鉛蓄電池　　〔18 立命館大〕

必◇168.〈鉄の反応〉

鉄は濃硝酸には不動態を形成して反応しないが，他の強酸とは反応して溶ける。$_{(a)}$鉄を希塩酸に溶かすと，淡緑色の水溶液となる。このとき，気体が発生する。$_{(b)}$この水溶液にさらに塩素を通じると，黄褐色の水溶液となる。

鉄を強く熱すると，黒さび $\boxed{(c)}$ が生じる。

(1) 下線部(a)，(b)の各反応を化学反応式で示せ。

(2) 下線部(a)の淡緑色溶液と下線部(b)の黄褐色溶液を各 4 つに分け，
　①NaOH，②KSCN，③$K_3[Fe(CN)_6]$，④$K_4[Fe(CN)_6]$ の各水溶液を加えたとき，どのような変化を示すか，次の(ア)～(オ)からそれぞれ選べ。

(ア) 赤褐色沈殿を生じる　　(イ) 濃青色沈殿を生じる　　(ウ) 緑白色沈殿を生じる
(エ) 血赤色溶液となる　　(オ) (ア)〜(エ)以外（青白色沈殿，褐色溶液，変化なし）

(3) (c)に適切な化学式を記せ。　〔10 福岡大 改〕

(4) 鉄板に亜鉛をメッキするとトタンに，スズをメッキするとブリキとなり，どちらも鉄板を保護できる。しかし，表面に傷がついて鉄が露出したとき，ブリキよりもトタンの方が鉄がさびにくい。その理由を述べよ。　〔11 東北大〕

準°169.〈鉄の製造〉

右図に溶鉱炉の構造を示す。溶鉱炉では下部から熱風を高圧で吹き込み，コークスを燃焼させて，鉄鉱石の還元に必要な一酸化炭素を生成させる。製鉄に使われる鉄鉱石の主成分は，Fe_2O_3（酸化鉄(III)）である。高温の一酸化炭素ガスが炉内を上昇していくとき，Fe_2O_3 を $Fe_2O_3 \rightarrow Fe_3O_4 \rightarrow FeO \rightarrow Fe$ へと段階的に還元していく。このようにして得られる鉄は [a] とよばれ，質量パーセント濃度4%程度の炭素を含む。[a] を転炉に移して，溶融させた状態で [b] を吹き込むと，[a] 中の炭素が酸化されることで一酸化炭素および二酸化炭素が発生して，炭素の質量パーセント濃度が 0.02% から 2% の [c] とよばれる鉄が得られる。

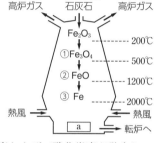

(1) 下線部で，一酸化炭素が発生する主な反応の化学反応式を書け。

(2) 図の領域①で Fe_3O_4，領域②で FeO，領域③で Fe が，一酸化炭素との反応により生成する。また，これらの反応において二酸化炭素が発生する。①〜③の各領域で起こる反応を化学反応式で記せ。

(3) 空欄 [a] 〜 [c] にあてはまる語句を書け。　〔16 東京農工大 改〕

(4) 固体の純鉄を冷却すると，面心立方格子構造のオーステナイトとよばれる鉄から，体心立方格子構造のフェライトとよばれる鉄に変化する。面心立方格子構造の 1.00 cm³ の鉄が体心立方格子構造に変化した場合の体積を有効数字3桁で求めよ。
$\sqrt{2} = 1.41$, $\sqrt{3} = 1.73$　〔13 東北大〕

必°170.〈銅とその化合物〉

銅 Cu は延性・展性に富み，電気伝導性が大きいため電線などの電気材料に用いられる。純度の高い銅は電解精錬により製造される。粗銅板を [ア] 極，純銅板を [イ] 極として，硫酸酸性の硫酸銅(II)水溶液中で電気分解すると，[イ] 極で純銅が得られる。

銅は塩酸や希硫酸とは反応しないが，酸化作用の強い濃硝酸や希硝酸には反応して溶ける。濃硝酸と反応したときは赤褐色の有毒な気体である [ウ] が発生し，(a)希硝酸との反応では，水に溶けにくい無色の気体である [エ] が発生する。発生するこれらの気体の違いは，(b)[ウ] を温水に吸収させると硝酸と [エ] が生成する反応と関係する。この反応は，硝酸の工業的な製造方法である [オ] 法の工程のなかでも用いられている。

また，銅を空気中で加熱すると黒色の $\boxed{カ}$ が生じる。$\boxed{カ}$ は $\boxed{キ}$ 性酸化物であり，希硫酸に溶解すると硫酸銅(Ⅱ)になる。硫酸銅(Ⅱ)水溶液に水酸化ナトリウム水溶液，または少量のアンモニア水を加えると青白色の沈殿を生じる。(c)この青白色の沈殿にアンモニア水を過剰に加えると，沈殿は溶解して深青色の水溶液となる。

硫酸銅(Ⅱ)水溶液に多量のヨウ化カリウム水溶液を加えると，Cu^{2+} は Cu^+ に還元されて白色のヨウ化銅(Ⅰ) CuI の沈殿を生じる。また，加えたヨウ化物イオンの一部は酸化されてヨウ素 I_2 が生じ，溶液はヨウ素ヨウ化カリウム水溶液となる。(d)このとき生じたヨウ素を濃度がわかっているチオ硫酸ナトリウム $Na_2S_2O_3$ 水溶液によりデンプン存在下で滴定すると，もとの硫酸銅(Ⅱ)水溶液中の Cu^{2+} の物質量が求められる。

(1) $\boxed{ア}$ ～ $\boxed{キ}$ にあてはまる適切な語句あるいは化合物名を答えよ。

(2) 硫酸酸性の硫酸銅(Ⅱ)水溶液中で電気分解を 9.65 A で 40 分間行った。$\boxed{ア}$ 極の銅の純度は質量パーセントで 79.5 % であり，ニッケルと銀のみを不純物として含んでいた。これらの割合は電気分解によって変化しなかった。電気分解中に $\boxed{イ}$ 極では気体は発生しなかった。また，電気分解の効率は 100 % であった。

$Cu = 63.5$，$Ni = 58.7$，$F = 9.65 \times 10^4$ C/mol

① 析出した銅の純度は 100 % であった。$\boxed{イ}$ 極に析出した銅の物質量〔mol〕を求めよ(有効数字 2 桁)。

② $\boxed{ア}$ 極の質量は 8.00 g 減少した。$\boxed{ア}$ 極のニッケルの含有量を質量パーセントで求めよ(有効数字 2 桁)。

(3) 下線部(a)および(b)について，これらの反応の化学反応式をそれぞれ示せ。

(4) 下線部(c)について，この反応をイオン反応式で示せ。

(5) 下線部(d)について，この滴定のイオン反応式を下に示した。

$$I_2 + 2S_2O_3^{2-} \longrightarrow 2I^- + S_4O_6^{2-}$$

① この滴定の終点における溶液の色の変化を答えよ。

② 0.100 mol/L のチオ硫酸ナトリウム水溶液を 25.0 mL 滴下すると終点となった。硫酸銅(Ⅱ)水溶液中の Cu^{2+} の物質量〔mol〕を求めよ(有効数字 2 桁)。〔18 岐阜大〕

準◇**171.** 〈マンガン，クロム〉

マンガンは周期表第 7 族に属する元素で，化合物中では $\boxed{A}$，$\boxed{B}$，+2 の酸化数をとることが多い。過マンガン酸カリウム $KMnO_4$ は酸化数 $\boxed{A}$ の代表的な化合物で，その水溶液は $\boxed{(あ)}$ 色をしている。アルカリマンガン乾電池の活物質として用いられる $\boxed{(い)}$ 色の $\boxed{(う)}$ は水に不溶の固体で，酸化数 $\boxed{B}$ の代表的なマンガン化合物である。$\boxed{(う)}$ は，塩酸から塩素 Cl_2 を発生させる場合は酸化剤として，過酸化水素水から酸素 O_2 を発生させる場合は $\boxed{(え)}$ としてはたらく。

クロムは周期表第 6 族に属する元素で，マンガンと同様に化合物中で高い酸化数をとりうる元素である。酸化数 $\boxed{C}$ をとる化合物として，クロム酸カリウム K_2CrO_4 が知られている。この化合物の水溶液を酸性にすると，水溶液の色は黄色から橙赤色に変化する。これは①水素イオンとクロム酸イオンが反応して二クロム酸イオン $Cr_2O_7^{2-}$ が生

成するためである。硫酸酸性溶液中では、②二クロム酸イオンは酸化剤としてはたらき，クロム(Ⅲ)イオン Cr^{3+} が生成する。クロムのイオン化傾向は亜鉛と同程度であり，鉄よりも大きい。それにも関わらず，クロムの単体は鉄よりも錆びにくい。これは金属の表面に緻密な酸化被膜が自然に形成されるからである。また，鋼にクロムとニッケルなどを添加した (お) 鋼と呼ばれる合金が錆びにくいのは，クロムのこの性質による。

(1) ☐ にあてはまる適切な酸化数や語句を答えよ。ただし，A～C には酸化数，あ と い には色名，う には化学式が入る。
(2) マンガン(Ⅱ)イオン Mn^{2+} において M 殻に入っている電子の数を答えよ。ただしマンガン(Ⅱ)イオン Mn^{2+} の M 殻より外側の電子殻には，電子は入っていない。
(3) 下線部①をイオン反応式で，下線部②を電子 e^- を含むイオン反応式で表せ。

〔20 北海道大〕

◇172. 〈遷移元素の推定〉

次の(a)～(e)の記述について，問いに答えよ。
(a) この元素は青銅やはんだに多量に含まれる両性金属である。
(b) この元素の酸素との化合物は，接触法による硫酸製造時に触媒として用いられる。
(c) この元素の単体はやわらかくて密度が大きい。放射線の遮へい材に用いられる。硝酸塩と酢酸塩を除いて水に溶けにくい。
(d) この元素はニクロム(合金)に含まれる。また，水素付加の触媒として用いられる。
(e) この元素は辰砂を加熱すると得られる。他の金属との合金をアマルガムという。

(1) (a)～(e)に最も適する金属の元素記号をそれぞれ答えよ。
(2) 遷移元素(3～11族)に属するものを(a)～(e)よりすべて選べ。

〔08 東京理大 改〕

B

◇173. 〈鉄さびの生成〉

鉄がさびる様子を表した次の文章を読み，問いに答えよ。
下図のように，ヘキサシアニド鉄(Ⅲ)酸カリウムをフェノールフタレイン液が少量含まれる塩化ナトリウム水溶液に溶かし，その液滴をよく磨いた鉄の薄い板の上にのせた。しばらくすると，中心部付近の底が濃青色になり，水の表面付近が赤紫色に呈色した。やがて，液滴の中から赤さびと呼ばれる鉄の酸化物が現れ，徐々にその量が増えていった。

(1) 濃青色になったことから，鉄の板の表面では次の反応が起こっていると考えられる。電子 e⁻ を含むイオン反応式を完成させよ。

Fe ⟶ ▭

(2) 溶液が赤紫色になった部分では次の反応が起こっていると考えられる。電子 e⁻ を含むイオン反応式を完成させよ。

▭ ⟶ 4OH⁻   〔22 大阪公大 改〕

◇174.〈銅の化合物〉

次のA，Bの文章を読んで，(1)～(5)の設問に答えよ。($CuSO_4 \cdot 5H_2O = 250$, $H_2O = 18$)

A 酸化銅(Ⅱ)を試薬Rと反応させ，得られた溶液を濃縮させ，数日放置すると，①硫酸銅(Ⅱ)五水和物 $CuSO_4 \cdot 5H_2O$ の結晶Qが生成した。

B 結晶Q 5.000 g を質量 10.000 g のルツボに入れ，電気炉で，②130℃に加熱して秤量すると，ルツボの質量は 13.56 g であった。さらに，250℃まで加熱したのち，ルツボの質量を秤量し，ルツボに残った③粉末の質量を求めると x〔g〕であった。

(1) 試薬Rとして最も適切なものをa～eから1つ選べ。
   a 希硫酸　b 希硝酸　c 濃硝酸　d 希塩酸　e 濃塩酸

(2) 下線①で生成した結晶Qの中で Cu^{2+} イオンに1つも配位していない原子をa～dから2つ選べ。
   a 硫酸イオンの酸素原子　b 硫酸イオンの硫黄原子
   c 水分子の酸素原子　　　d 水分子の水素原子

(3) 下線②の反応で，水分子は $CuSO_4 \cdot 5H_2O$ 1式量あたり何分子なくなったか。

(4) 下線③のルツボに残った粉末の色は何色か。最も適切なものをa～dから1つ選べ。
   a 青色　b 黄色　c 白色　d 緑色

(5) 下線③でルツボに残った粉末の質量 x〔g〕を小数第1位まで答えよ。〔15 東京理大〕

◇175.〈錯イオンの構造〉

3種類の錯塩(錯イオンを含む塩)A，B，Cがあり，これらはいずれも $CoCl_3 \cdot nNH_3$ で表すことができる。また，Co^{3+} に配位結合する配位子の数(配位数)は6である。

錯塩1 mol を純水に溶かし，これに十分量の硝酸銀水溶液を混合して生じた AgCl の沈殿を定量した。錯塩Aでは 1 mol，錯塩Bでは 2 mol，錯塩Cでは 3 mol の AgCl の沈殿が得られた。ただし，Co^{3+} に配位結合している Cl^- は，AgCl として沈殿しない。

(1) 錯塩A～Cを $CoCl_3 \cdot nNH_3$ で表すとき，n の値はそれぞれいくつか。

(2) 錯塩A～Cの中の錯イオンのイオン式をそれぞれ表せ。〔11 近畿大〕

(3) 錯イオン $[CoCl_2(NH_3)_4]^+$ が正八面体構造をとるとき，2つのシス-トランス異性体(幾何異性体)が存在する。2種類のシス-トランス異性体を，右図の○に NH_3 または Cl^- を記すようにして表せ。　　〔10 昭和薬大〕

12 無機物質の性質・反応

(◇=上位科目「化学」の内容を含む項目)

◇1 薬品の取り扱い

(1) Na, K などは，空気中の酸素や水分と反応するので，**灯油(石油)中** に保存する。
(2) 黄リンは，空気中に放置すると自然発火するので，**水中** に保存する。
(3) エーテル，アルコール，アセトンなどの引火性液体(消防法危険物第4類)は密栓をし，火気のない冷暗所に保管する。使用時は火気や静電気に注意する。
(4) CaO(生石灰)，CaC_2(カーバイド)，P_4O_{10} などは水を加えると激しく発熱する。濃硫酸の希釈は，冷却しながら **水に濃硫酸を** 少しずつ加える。
(5) NaOH, $CaCl_2$, CaO などの潮解性・吸湿性物質は密栓し，デシケーター(乾燥器)内に保管する。特に NaOH の場合の密栓には **ゴム栓** を用いる。
(6) $AgNO_3$，濃硝酸，アニリンなどの光で変質・分解するものは **褐色びん** で保存する。
(7) ニトロ化合物，アゾ化合物，NH_4NO_3 などの爆発性物質は衝撃を与えない。
(8) フッ化水素酸は，ガラスを侵すので **ポリエチレン製容器** で保存する。

◇2 気体の実験室的製法 (後見返しの「おもな気体の製法」参照)

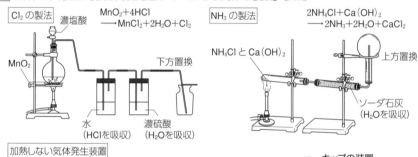

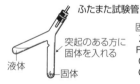

◇3 気体の捕集法

水に溶けにくい気体		⇒水上置換	H_2, O_2, NO, CO, CH_4, C_2H_2 など
水に溶ける気体	空気より密度小	⇒上方置換	NH_3
	空気より密度大	⇒下方置換	HCl, H_2S, Cl_2, CO_2, NO_2, SO_2

◇4 気体の検出

(1) 石灰水を白濁させる…CO_2　　$Ca(OH)_2 + CO_2 \longrightarrow CaCO_3 + H_2O$
(2) 濃塩酸を近づけると白煙が生じる…NH_3　　$NH_3 + HCl \longrightarrow NH_4Cl$
(3) 空気に触れると赤褐色になる…NO が NO_2 になった　　$2NO + O_2 \longrightarrow 2NO_2$
(4) ヨウ化カリウムデンプン紙を青変する…Cl_2 や O_3 (酸化剤)　　$2I^- \longrightarrow I_2 + 2e^-$
(5) 酢酸鉛(II)水溶液で黒色沈殿…H_2S　　$Pb^{2+} + S^{2-} \longrightarrow PbS\downarrow$

98　12 無機物質の性質・反応

◇5 陽イオンの検出反応

(1)**Na⁺, K⁺, Ca²⁺, Ba²⁺** ① 炎色反応　Na^+ 黄，K^+ 赤紫，Ca^{2+} 橙赤，Ba^{2+} 黄緑

  ② Ca^{2+}　CO_3^{2-} または $C_2O_4^{2-}$ で $CaCO_3$，CaC_2O_4 の白色沈殿。

  ③ Ba^{2+}　SO_4^{2-} で $BaSO_4$ の白色沈殿(HNO_3 に不溶)。

(2)**Zn²⁺** ① OH^- で $Zn(OH)_2$ の白色沈殿。⟶ 過剰の $NaOHaq$ または NH_3aq に溶解

  ($[Zn(OH)_4]^{2-}$，$[Zn(NH_3)_4]^{2+}$ の生成)。

  ② S^{2-} で ZnS の白色沈殿(中性・塩基性溶液で沈殿)。

(3)**Cd²⁺**　S^{2-} (H_2S) で CdS の黄色沈殿(酸性溶液でも沈殿)。

(4)**Pb²⁺** ① CrO_4^{2-} で $PbCrO_4$ の黄色沈殿。

  ② SO_4^{2-} で $PbSO_4$ の白色沈殿。

(5)**Fe²⁺**　$[Fe(CN)_6]^{3-}$ で濃青色沈殿。

  Fe³⁺　$[Fe(CN)_6]^{4-}$ で濃青色沈殿，SCN^- で血赤色溶液。

(6)**Cu²⁺**　NH_3aq で $Cu(OH)_2$(青白色沈殿) ⟶ 過剰に溶けて $[Cu(NH_3)_4]^{2+}$(深青色)になる。

(7)**Ag⁺** ① NH_3aq で Ag_2O(褐色沈殿) ⟶ 過剰に溶けて $[Ag(NH_3)_2]^+$(無色)になる。

  ② CN^- により $AgCN$(白色沈殿) ⟶ 過剰に溶けて $[Ag(CN)_2]^-$(無色)になる。

◇6 陽イオンの系統分離

(1)**塩化物として**　HCl を加えると Ag^+，Pb^{2+}，Hg_2^{2+} は塩化物となって沈殿。

(2)**硫化物として**　(1)のろ液に H_2S を通じると，溶解度積のきわめて小さい Cu^{2+}，Ag^+，Cd^{2+}，Pb^{2+} などは酸性溶液であっても硫化物として沈殿(下表参照)。

(3)**水酸化物として**　(2)のろ液を煮沸して H_2S を追い出し，少量の HNO_3 を加えた(Fe^{2+} を Fe^{3+} に酸化する)のち，NH_3aq を十分に加えると，Fe^{3+}，Al^{3+} は水酸化物となって沈殿。

  $Fe(OH)_3$(赤褐色)，$Al(OH)_3$(白色)

(4)**硫化物として**　(3)のろ液に H_2S を通じると，溶液が塩基性で $[S^{2-}]$ が大きくなっているから，Zn^{2+}，Ni^{2+}，Mn^{2+} などが硫化物として沈殿(下表参照)。

(5)**Ca²⁺，Ba²⁺ の沈殿**　(4)のろ液に CO_3^{2-} を加えて炭酸塩として沈殿させる。

  $CaCO_3$(白色)，$BaCO_3$(白色)

◇7 難溶性塩の溶解平衡

(1)**難溶性塩の溶解度積**　$AgCl$(固) $\rightleftarrows$ $Ag^+ + Cl^-$ において

  $[Ag^+][Cl^-] = K_{sp}$　K_{sp}：**溶解度積**(温度一定)

  陽・陰イオンの濃度の積が溶解度積 K_{sp} より大きいときは沈殿を生じる。

塩	溶解度積 K_{sp} (mol^2/L^2)
AgCl	1.8×10^{-10}
CuS	6.5×10^{-36}
ZnS	2.4×10^{-20}

(2)**H₂S の電離平衡**　$H_2S \rightleftarrows 2H^+ + S^{2-}$ において

  ① 酸性溶液　上式の平衡が左方向に移動 …… $[S^{2-}]$ 小さくなる。

  ② 塩基性溶液　上式の平衡が右方向に移動 …… $[S^{2-}]$ 大きくなる。

酸性，塩基性のいずれでも沈殿	$Cu^{2+} \rightarrow CuS$(黒色)　　$Ag^+ \rightarrow Ag_2S$(黒色)　　$Pb^{2+} \rightarrow PbS$(黒色) $Hg^{2+} \rightarrow HgS$(黒色)　　$Cd^{2+} \rightarrow CdS$(黄色)
塩基性〜中性で沈殿	$Fe^{2+} \rightarrow FeS$(黒色)　　$Zn^{2+} \rightarrow ZnS$(白色)　　$Ni^{2+} \rightarrow NiS$(黒色) $Mn^{2+} \rightarrow MnS$(淡桃色)　　注 Fe^{3+} は還元されて Fe^{2+} となる。
沈殿を生じない (炎色反応で確認)	Li^+(赤色)　Na^+(黄色)　K^+(赤紫色)　Ca^{2+}(橙赤色) Sr^{2+}(紅色)　Ba^{2+}(黄緑色)　注 ( )内は炎色反応の色。

176.〈試薬の保存法〉

次の(1)〜(7)の試薬の保存法として最も適したものをA欄から，またその理由をB欄から選べ。ただし，A欄，B欄の事項はそれぞれ1回だけ選択できるものとする。

(1) ナトリウム　　(2) 黄リン　　(3) 臭化銀　　(4) 臭素
(5) 水酸化ナトリウム水溶液　　(6) フッ化水素酸　　(7) ピクリン酸

〔A欄〕　(ア) 水中　　(イ) エタノール中　　(ウ) 石油中　　(エ) 褐色びん中
　　　　(オ) ゴム栓をしたガラスびん中　　(カ) ガラス栓をしたガラスびん中
　　　　(キ) アンプル中　　(ク) ポリエチレン容器中　　(ケ) 小量に分けて冷暗所

〔B欄〕　(a) 揮発性で腐食性液体のため　　(b) 光により分解するため
　　　　(c) 水や空気と激しく反応するため　　(d) 二酸化炭素と反応するため
　　　　(e) 空気中で自然発火するため　　(f) 衝撃や熱で爆発するため
　　　　(g) ガラスを腐食するため　　(h) 吸湿性があるため　　〔10 明治薬大 改〕

177.〈気体の製法と性質〉

次の気体(1)〜(7)をそれぞれ2種類の薬品を作用させて発生させた。最も適当な薬品2種類を(a)〜(k)から，また，発生した気体の性質を(ア)〜(キ)からそれぞれ選べ。同じものを2回以上選んでもよい。

(1) 硫化水素　　(2) 酸素　　(3) 塩化水素　　(4) 塩素　　(5) アンモニア
(6) 水素　　(7) 二酸化炭素

〔解答群Ⅰ〕　(a) 塩酸　　(b) 濃硫酸　　(c) 炭酸カルシウム　　(d) 塩素酸カリウム
　　　　　(e) 水酸化カルシウム　　(f) 酸化マンガン(Ⅳ)　　(g) 塩化アンモニウム
　　　　　(h) 硫化鉄(Ⅱ)　　(i) 硫化銅(Ⅱ)　　(j) 塩化ナトリウム　　(k) 亜鉛

〔解答群Ⅱ〕　(ア) 有色の気体で，水に溶かした溶液は殺菌・漂白作用をもつ。
　　　　　(イ) 硫酸銅(Ⅱ)水溶液中に通じると黒色沈殿が生じる。
　　　　　(ウ) 濃アンモニア水をつけたガラス棒を近づけると白煙が生じる。
　　　　　(エ) 無色の気体で，この気体中で酸化銅(Ⅱ)を熱すると銅が得られる。
　　　　　(オ) この気体中でアルミニウムを高温で熱すると激しく燃焼する。
　　　　　(カ) 石灰水を白濁し，さらに通じると沈殿が溶ける。
　　　　　(キ) 刺激臭のある気体で，上方置換で捕集する。　　〔12 東京理大 改〕

178.〈気体の生成〉

次の①〜⑧は通常，実験室での気体の発生に必要な試薬の組合せを示す。これらの試薬を用いる気体の発生法と発生する気体の反応について，下の問いに答えよ。

① 塩化ナトリウムと濃硫酸　　② 塩化アンモニウムと水酸化カルシウム
③ 亜鉛と希硫酸　　④ 硫化鉄(Ⅱ)と希塩酸　　⑤ 銅と濃硫酸
⑥ 銅と希硝酸　　⑦ 炭酸カルシウムと希塩酸　　⑧ ギ酸と濃硫酸

(1) 下図は気体の発生および捕集に必要な装置の概略を示したものである。①〜⑧の試薬の組合せによる気体の発生および捕集に最も適切な装置を選び, 記号で答えよ。また, 発生する気体を化学式で示せ。

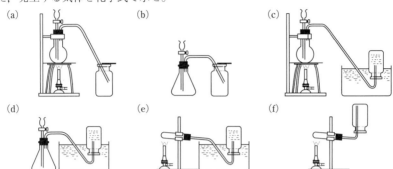

(2) ①〜⑧で発生する気体のうち, 水に溶解して酸性を示すものは何種類あるか。

〔北海道大 改〕

◇179. 〈無機化合物の推定〉

A〜Gの細かい粉末がある。これらは, 次の(ア)〜(キ)の化合物のうちのどれかである。
(ア) AgCl (イ) Al_2O_3 (ウ) $CaCO_3$ (エ) $CuSO_4$ (オ) $FeCl_3$ (カ) NaCl (キ) $NaHCO_3$

以下の文章を読んで, A〜Gに対応する最も適切な化合物を(ア)〜(キ)から選べ。

A〜Gの粉末をそれぞれ0.1gずつ試験管に取り, 以下の実験(1)〜(4)のように水または酸, 塩基の水溶液を十分な量(10mL程度)加えて, それぞれの粉末が溶けるか溶けないかを調べた。なお, 溶けるか溶けないかの判断は, 水や溶液を加えた後, 変化がなくなるまで待ってから行った。

実験(1): A〜Gの粉末に水を加えたところ, A, B, C, Gは容易に溶けたが, 残りは, ほとんど溶けなかった。なお, A, Gの水溶液には色がついていた。
実験(2): A〜Gの粉末に2mol/Lの希塩酸を加えたところ, D以外はすべて溶けた。なお, C, Eは, 溶けるときに気体が発生した。
実験(3): A〜Gの粉末に2mol/Lの水酸化ナトリウム水溶液を加えたところ, B, C, Fは溶けたが, 残りは溶けないか, 反応によって沈殿を生じた。
実験(4): 実験(3)で溶けずに残った粉末や, 生じた沈殿を分離し, これらを別の試験管に移して, 2mol/Lのアンモニア水を加えたところ, D, Gは溶けたが, 残りは溶けなかった。

〔16 名古屋大〕

◎◇180. 〈陽イオンの分離と性質〉

Ag^+, Ba^{2+}, Zn^{2+}, Fe^{2+}, Al^{3+}, Cu^{2+}, Pb^{2+} の7つの陽イオンのうち, いずれか1種類を含む5つの水溶液A〜Eに次の(i)〜(v)の実験を行った。

(i) 希硫酸を加えるとAとEに沈殿が生じた。
(ii) アンモニア水を加えるとA〜Dに沈殿が生じ, さらに過剰のアンモニア水を加えるとDの沈殿が溶解した。

(iii) 水酸化ナトリウム水溶液を加えるとA～Dに沈殿が生じ，さらに過剰の水酸化ナトリウム水溶液を加えるとA，B，Dの沈殿が溶解した。
(iv) 希塩酸を加えるとAに沈殿が生じた。
(v) 炎色反応を行うと，Eが炎色反応を示した。

(1) 水溶液A～Eに含まれる陽イオンをそれぞれ示せ。
(2) 実験(iii)の水溶液Bについて，沈殿の (ア) 生成と (イ) 溶解の反応を，それぞれイオン反応式で示せ。
(3) Pb^{2+} を含む水溶液にクロム酸カリウム水溶液を加えると沈殿が生じた。この反応をイオン反応式で示せ。
(4) 上記7つの陽イオンのうち，NH_3 と錯イオンを形成する陽イオンが3つある。3つの陽イオンを選び，対応する錯イオンの構造を次の(a)～(e)から選べ。
 (a) 正八面体 (b) 正六面体 (c) 正四面体 (d) 正方形 (e) 直線
(5) 上記7つの陽イオンのうち，硫化水素により，(ア) 酸性および塩基性で硫化物の沈殿を生じる陽イオンが3つある。また，(イ) 塩基性で硫化物の沈殿を生じるが，酸性では沈殿を生じない陽イオンが2つある。それぞれの陽イオンを示せ。 〔長崎大〕

必◇181.〈金属イオンの系統分離〉
金属イオンの分離，分析に関して次の問いに答えよ。

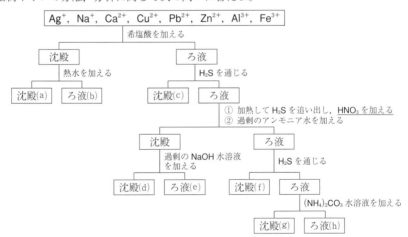

(1) (a)～(h)の沈殿の化学式およびろ液中の金属イオンの化学式をそれぞれ示せ。
(2) 下線部の操作はどのような目的で行うのか。30字程度で書け。
(3) ろ液(h)のイオンが残っていることを確認する実験の名称を記し，その操作法を30字程度で書け。 〔17 東京理大 改〕

◇182.〈塩化物イオンの定量〉
塩化物イオンの定量には，硝酸銀水溶液を使用した滴定が利用されている。
(実験操作) 海水に純水を加えて10倍に希釈した。この溶液10.00 mLをホールピペッ

トを使ってコニカルビーカーにとり，指示薬としてクロム酸カリウム水溶液を適量加えた。この溶液に，ビュレットを使って0.0200 mol/L硝酸銀水溶液を滴下すると沈殿Aが生じ，30.80 mLを加えたところで沈殿Bが生じたので滴定の終点とした。

(1) 沈殿Aおよび沈殿Bの化学式および色を記せ。

(2) この滴定はpH 6.5〜10.5で実施する。このpHの範囲外で滴定を行ったときに生じる問題点を，(a)と(b)の場合について，それぞれ(ア)〜(カ)から選べ。
 (a) pHが6.5より小さい場合 (b) pHが10.5より大きい場合
 (ア) Cr^{3+}の生成 (イ) 沈殿Aの溶解 (ウ) $Cr_2O_7^{2-}$の生成
 (エ) $[Ag(NH_3)_2]^+$の生成 (オ) Ag_2Oの沈殿 (カ) Agの生成

(3) 沈殿Aと沈殿Bの溶解度積をそれぞれ$1.8×10^{-10}(mol/L)^2$，$2.0×10^{-12}(mol/L)^3$とし，終点におけるクロム酸カリウムの濃度は0.0050 mol/Lとする。終点直前の溶液に残存する塩化物イオンの濃度を有効数字2桁で求めよ。

(4) 海水中の塩化物イオンのすべてがNaCl（式量58.5）由来のものであるとする。この海水中のNaClの質量パーセント濃度を有効数字2桁で求めよ。なお，海水の密度は1.0 g/mL，塩化物イオンの他に銀イオンと沈殿を生成する物質は溶けていないものとし，沈殿Bの生成に要した硝酸銀水溶液の量は無視できるものとする。

〔14 静岡大 改，14 星薬大 改〕

B

準 ◇183. 〈加熱不要の気体発生装置〉

問1 キップの装置（右図）を用いて硫化鉄(Ⅱ)と希硫酸から硫化水素を①発生させ，気体を②捕集した。その後，③活栓を閉じると自動的に反応が停止した。

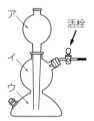

(1) 硫化鉄(Ⅱ)を入れる場所と，発生前（活栓を開ける前）の希硫酸の液面の場所を，ア〜ウよりすべて選べ。

(2) 下線部①で起こる反応の化学反応式を記せ。

(3) 下線部②として適切な捕集法は何か。また，その理由を簡潔に説明せよ。

(4) 下線部③の理由を50字以内で説明せよ。 〔12 北里大，12 明治薬大〕

問2 片方の管にくびれがあるふたまた試験管を用いてアセチレンを生成させ，水上置換法により，試験管に捕集する実験を行った。

(5) 炭化カルシウムはふたまた試験管のどちらの管に入れるべきか。
 (a) くびれがある方 (b) くびれがない方 (c) どちらに入れてもかまわない

(6) 実験装置の概略図を描け。

(7) 炭化カルシウムと水はどちらを先に入れた方がよいか。
 (a) 炭化カルシウム (b) 水 (c) どちらを先に入れてもかまわない

(8) 試験管に捕集するとき，最初の1本は使用しないで捨てるが，これはなぜか。簡潔に説明せよ。 〔12 慶応大〕

†°**184.** 〈陽イオン分析〉

次の文章は，Ag^+，Al^{3+}，Ba^{2+}，Cu^{2+}，Pb^{2+}，Zn^{2+} いずれかの異なる陽イオンの塩からなる 6 種類の化合物A〜Fについて実験を行ったものである。

AとBの水溶液にアンモニア水を加えるとそれぞれ白色と青色の沈殿を生じた。さらに，過剰にアンモニア水を加えると 2 つの沈殿は溶け，Aから無色透明の ア の水溶液，Bから青色透明の イ の水溶液を得た。また，AとBの水溶液に硝酸 HNO_3 を加えて酸性にし，硫化水素 H_2S を吹き込むとBのみ黒色沈殿を生じ，Aからは何も沈殿しなかった。一方，Bの水溶液によく磨いた鉄板を浸すと表面に赤味を帯びた金属が析出した。この析出した金属を空気中で 1000℃ 以上に強熱すると赤色の ウ を生じた。

ビーカーに入ったCの水溶液に過剰のアンモニア水を加え，さらにホルムアルデヒド水溶液を加えて加温すると，溶液と接しているビーカーの内面が銀色の金属光沢を帯びた膜で覆われた。DとEの水溶液にBの水溶液を加えると，それぞれ水に難溶な白色沈殿 エ と オ が生じた。また，Dの水溶液にEの水溶液を加えても白色沈殿が析出し，この沈殿は冷水に溶けずに熱水に溶けた。Dを還元して得られる金属は，塩酸 HCl や希硫酸 H_2SO_4 に溶けにくい。一方，AとEおよびFの水溶液にCの水溶液を加えたところ，Aから淡黄色の沈殿，EとFからは白色沈殿を生じた。これら 3 つの沈殿はすべて光によって分解し，また カ の水溶液にはどれも錯イオンを形成してよく溶けた。Fを金属まで還元させたものに水酸化ナトリウム水溶液を加えると気体を発生して溶解した。この溶液を塩酸で酸性にし，アンモニア水を加えて再びアルカリ性にすると白色沈殿を生じた。この沈殿はアンモニア水を過剰に加えても溶解しなかった。

(1) 文中の ア と イ に最も適する錯イオンをイオン式で示せ。

(2) 文中の ウ 〜 オ に最も適する物質を化学式で示せ。

(3) 文中の カ にあてはまる物質を下記の(a)〜(e)から選べ。
  (a) アンモニア　　(b) 水酸化ナトリウム　　(c) チオ硫酸ナトリウム
  (d) 塩酸　　　　　(e) 硫化水素

(4) A〜Fに該当する物質を化学式で示せ。　　　　　　　　　〔07 東京理大〕

準°**185.** 〈硫化物の溶解度積〉

H_2S は二価の弱酸であり，水溶液中では①二段階で電離する。一段目の電離定数 K_1 は，1.0×10^{-7} mol/L，二段目の電離定数 K_2 は，1.0×10^{-14} mol/L である。また，一段目と二段目を合わせた反応の電離定数 K は，$K = ($ A $)(mol/L)^2$ と求まる。

陽イオンを含む水溶液に H_2S を通じると H_2S の濃度は 0.10 mol/L になる。ここで，水溶液の水素イオン濃度 $[H^+]$ が 1.0 mol/L であれば，硫化物イオン濃度 $[S^{2-}]$ は（ B ）mol/L と求まる。

銅(II)イオン Cu^{2+} と亜鉛イオン Zn^{2+} の濃度がそれぞれ 0.10 mol/L であれば，沈殿を生じないと仮定するとモル濃度の積は $[Cu^{2+}][S^{2-}] = [Zn^{2+}][S^{2-}] = ($ C $)(mol/L)^2$ と求まる。硫化銅(II) CuS の溶解度積は $6.5 \times 10^{-30} (mol/L)^2$ であるため，CuS の沈殿は②(生じる・生じない)。また，硫化亜鉛 ZnS の溶解度積は $2.2 \times 10^{-18} (mol/L)^2$ で

あるため，ZnS の沈殿は③(生じる・生じない)．
(1) 下線部①の二段階の電離反応を，一段目と二段目に分けて記せ．
(2) （A）～（C）にあてはまる数値を有効数字 2 桁で記せ．
(3) 下線部②と③の括弧内の語句から，適切なものを選べ． 〔17 岡山大〕
(4) マンガン(Ⅱ)イオン Mn^{2+} を $0.010\,mol/L$ 含む水溶液に H_2S を通じて H_2S の濃度を $0.10\,mol/L$ とした．硫化マンガン(Ⅱ)MnS が沈殿しはじめるときの pH を小数第 1 位まで求めよ．MnS の溶解度積は $6.0\times 10^{-16}\,(mol/L)^2$，$\log_{10}2=0.30$，$\log_{10}3=0.48$ とする．
(5) 硫化水素の全濃度 $[H_2S]+[HS^-]+[S^{2-}]$ を a としたとき，水溶液中の硫化物イオン濃度 $[S^{2-}]$ を，$[H^+]$，a，K_1，K_2 を用いて表せ． 〔14 千葉大〕

◇186.〈工場廃水の処理〉 思考

$(K_w=1.0\times 10^{-14}\,(mol/L)^2$，$\log_{10}1.2=7.92\times 10^{-2}$，$\sqrt{2}=1.41$，$\sqrt{3}=1.73)$

亜鉛イオン，アルミニウムイオン，鉄(Ⅲ)イオン，銅(Ⅱ)イオンをそれぞれ $1.0\times 10^{-2}\,mol/L$ 含んだ pH＝1.0 の工場廃水を処理する場合を考える．この廃水に水酸化ナトリウムを加えて pH の値を上げていくと，4 つの金属イオンの水酸化物が沈殿する．さらに水酸化ナトリウムを加えると，水酸化亜鉛と水酸化アルミニウムの沈殿は錯イオンを形成して溶け出す．なお，これら 4 つの金属の水酸化物の溶解度積 K_{sp} は，イオンの濃度を mol/L で表すとき下表の値となる．

水酸化物	溶解度積 K_{sp}（室温）単位省略
水酸化亜鉛	1.2×10^{-17}
水酸化アルミニウム	1.1×10^{-33}
水酸化鉄(Ⅲ)	7.0×10^{-40}
水酸化銅(Ⅱ)	6.0×10^{-20}

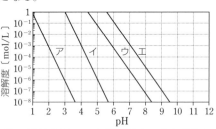

(1) 右上図に 4 つの金属イオンの溶解度と pH の関係をア～エの線で示す．それぞれに該当する金属イオンの化学式を記せ．
(2) 下線部について，(i)，(ii)に答えよ((ii)は有効数字 2 桁)．
  (i) 廃水の pH が 5.0 となった時点で形成されている沈殿の化学式をすべて記せ．
  (ii) 水酸化亜鉛の沈殿が生成しはじめるときの水素イオン濃度を答えよ．〔17 京都大〕

◇187.〈カルシウムイオンの定量〉 思考

塩化カルシウムは，アンモニアソーダ法の生成物として得られ，吸湿性が極めて高いため乾燥剤として利用される．

(問) 下線部に関して，乾燥剤として使用した後の塩化カルシウム x〔g〕を水に溶かして 1 L の水溶液を作成した．この水溶液中のカルシウムイオン濃度 y〔mol/L〕を測定して，塩化カルシウムに含まれていた水分量 z〔%〕を決定したい．そのための方法を説明せよ．Ca＝40，Cl＝35.5，O＝16，H＝1.0 とする． 〔18 横浜市大〕

13 脂肪族化合物（有機化合物の分類を含む）

（◇=上位科目「化学」の内容を含む項目）

◇1 炭化水素の分類

鎖式炭化水素（脂肪族）
- 飽和炭化水素 — アルカン（単結合のみ） C_nH_{2n+2} CH_4
- 不飽和炭化水素
  - アルケン（二重結合1個） C_nH_{2n} $CH_2=CH_2$
  - アルキン（三重結合1個） C_nH_{2n-2} $CH\equiv CH$

環式炭化水素
- 飽和炭化水素 — シクロアルカン（単結合のみ） C_nH_{2n} C_6H_{12}
- 不飽和炭化水素
  - シクロアルケン（二重結合1個） C_nH_{2n-2} C_6H_{10}
  - 芳香族炭化水素（ベンゼン環をもつ） C_6H_6

◇2 官能基による有機化合物の分類

官能基 特有の化学的性質を示す原子団を **官能基** という。

官能基	官能基の名称	一般名	例	性質
$-OH$	ヒドロキシ基	アルコール	メタノール CH_3OH	中性
		フェノール類	フェノール C_6H_5OH	弱酸性
$-O-$	エーテル結合	エーテル	ジエチルエーテル $C_2H_5OC_2H_5$	中性
$-CHO$	ホルミル基（アルデヒド基）	アルデヒド	ホルムアルデヒド $HCHO$	還元性
$>CO$	カルボニル基（ケトン基）	ケトン	アセトン CH_3COCH_3	中性
$-COOH$	カルボキシ基	カルボン酸	酢酸 CH_3COOH	弱酸性
$-COO-$	エステル結合	エステル	酢酸エチル $CH_3COOC_2H_5$	中性
$-NH_2$	アミノ基	アミン	アニリン $C_6H_5NH_2$	弱塩基性
$-NO_2$	ニトロ基	ニトロ化合物	ニトロベンゼン $C_6H_5NO_2$	中性
$-SO_3H$	スルホ基	スルホン酸	ベンゼンスルホン酸 $C_6H_5SO_3H$	強酸性

◇3 異性体
分子式は同じであるが，互いに性質の異なる化合物。
(1) **構造異性体** 炭素骨格，官能基の種類や位置が異なる異性体。
(2) **立体異性体** 構造式は等しいが，立体配置の異なる異性体。
注 立体異性体には，**シス-トランス異性体**（幾何異性体）と **鏡像異性体**（光学異性体）とがある。

◇4 炭化水素
(1) **アルカン** 化学的に安定。紫外線により，ハロゲンと **置換反応** を起こす。

例 $CH_4 + Cl_2 \xrightarrow{光} CH_3Cl + HCl$ $CH_3Cl + Cl_2 \xrightarrow{光} CH_2Cl_2 + HCl$

(2) **アルケン・アルキン** 反応性に富み，付加反応を起こしやすい。

例 $CH_3-CH_3 \xleftarrow{H_2 (Pt)} \boxed{CH_2=CH_2} \xrightarrow{Br_2} CH_2Br-CH_2Br$

例 $CHBr=CHBr \xleftarrow{Br_2} \boxed{CH\equiv CH} \xrightarrow{H_2O (HgSO_4)} CH_3-CHO$
           ↓HCN   ↓HCl   ↓CH_3COOH
        $CH_2=CHCN$ $CH_2=CHCl$ $CH_2=CHOCOCH_3$

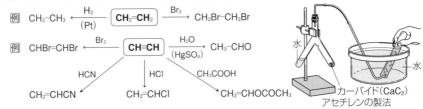

カーバイド(CaC_2)アセチレンの製法

106　13 脂肪族化合物

◇5 アルコール R-OH と エーテル R-O-R′

(1)**アルコール**

OH 基の数(**価数**)による分類		OH 基が結合した炭素に結合した R- の数による分類	
一価	CH_3-OH メタノール	第一級アルコール	CH_3-CH_2-OH エタノール
二価	CH_2-OH エチレン CH_2-OH グリコール	第二級アルコール	$\begin{matrix}CH_3\\CH_3\end{matrix}$CH-OH 2-プロパノール
三価	CH_2-OH $CH-OH$ グリセリン CH_2-OH	第三級アルコール	CH_3 $H_3C-C-OH$ 2-メチル-2-プロパノール CH_3

　① ナトリウムと反応し，水素 H_2 とナトリウムアルコキシド(塩)を生成。

　② **酸化反応** $\begin{cases}第一級アルコール \longrightarrow アルデヒド \longrightarrow カルボン酸\\第二級アルコール \longrightarrow ケトン\\第三級アルコール \longrightarrow 酸化されにくい\end{cases}$

　③ **脱水反応** 濃硫酸を加えて加熱する(温度に注意！)。

$$C_2H_5-O-C_2H_5 \xleftarrow[分子間脱水]{約130℃} CH_3-CH_2-OH \xrightarrow[分子内脱水]{約170℃} CH_2=CH_2$$

(2)**エーテル** 水に難溶。沸点も低い。アルコールとは構造異性体の関係。

◇6 アルデヒド R-CHO とケトン R-CO-R′

(1)**アルデヒド** **還元性** があり，**フェーリング液の還元** や **銀鏡反応** を示す。

　　例 ホルムアルデヒド $HCHO$ 無色・刺激臭の気体。アセトアルデヒド CH_3CHO 沸点20℃。

(2)**アセトン** CH_3COCH_3 2-プロパノールの酸化で生成。水に可溶。還元性なし。

　　注 CH_3CO- または $CH_3CH(OH)-$ の構造をもつ化合物(ケトンやアセトアルデヒドやアルコールなど)は，**ヨードホルム反応** を示す。

◇7 カルボン酸 R-COOH と エステル R-COO-R′

(1)**一価カルボン酸(脂肪酸)** ギ酸 $HCOOH$(**還元性あり**)，酢酸 CH_3COOH など。

　　二価カルボン酸 シュウ酸 $(COOH)_2$(**還元性あり**)，マレイン酸，フマル酸など。

(2)弱酸性。炭酸塩・炭酸水素塩を分解し，塩となって溶ける(COOH 基の検出)。

(3)**エステル** ① アルコールとカルボン酸とから脱水縮合して生じた物質。水に難溶。

　　例 $CH_3COOH + C_2H_5OH \longrightarrow CH_3COOC_2H_5$(酢酸エチル)$ + H_2O$

　　② 希酸(塩基)水溶液で加水分解(**けん化**)されて，酸(酸の塩)とアルコールを生じる。

◇8 油脂とセッケン

(1)**油脂** 高級脂肪酸のグリセリンエステル(グリセリド)。

(2)**油脂の性質** 構成脂肪酸が飽和脂肪酸の場合は固体(脂肪)，不飽和脂肪酸の場合は液体(脂肪油)が多い。脂肪油を Ni 触媒で H_2 付加すると硬化油になる。

(3)**セッケン** 油脂を塩基で加水分解(けん化)すると，脂肪酸の塩(セッケン)とグリセリンが生成する。

(4)**界面活性剤** セッケンや合成洗剤のように水の表面張力を小さくする物質。

(5)セッケンの水溶液は塩基性で，硬水中では不溶性の沈殿を生じる。合成洗剤の水溶液は中性で，硬水中や海水中でも使用できる。

13 脂肪族化合物　107

188. 〈炭化水素の分類と命名法〉

　鎖式飽和炭化水素を ア という。炭素数が イ 以上の ア には構造異性体が存在し，C_6H_{14} には全部で ウ 個の構造異性体が存在する。一方，不飽和炭化水素は含まれる不飽和結合によりよび名が異なり，二重結合を一つ含むものを エ といい，三重結合を一つ含むものを オ という。不飽和炭化水素は不飽和結合のため カ 反応しやすい。エチレンを臭素水に通じると， キ が得られる。
　ベンゼン環をもつ炭化水素を ク 炭化水素という。ク 炭化水素は エ や オ と違って ケ 反応しやすい。

(1) □ に当てはまる語句，数，物質名を書け。
(2) 分子式 $C_mH_nO_l$ の有機化合物 1 mol を完全燃焼させるのに必要な酸素の物質量を求める式を(a)〜(f)から選べ。

(a) $\dfrac{m}{2}+\dfrac{n}{2}-\dfrac{l}{4}$　　(b) $\dfrac{m}{2}+\dfrac{n}{2}-\dfrac{l}{2}$　　(c) $m+\dfrac{n}{2}-\dfrac{l}{4}$

(d) $m+\dfrac{n}{2}-\dfrac{l}{2}$　　(e) $m+\dfrac{n}{4}-\dfrac{l}{4}$　　(f) $m+\dfrac{n}{4}-\dfrac{l}{2}$

(3) (a)〜(f)のうち，化合物の名称が正しいものを二つ選べ。

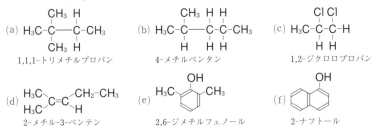

〔08 東京電機大，08 東京薬大〕

189. 〈炭化水素の構造と誘導体〉

(1) メタンの水素原子 2 個を塩素原子で置換したジクロロメタン CH_2Cl_2 には異性体が存在しないという事実から，メタン分子の立体構造に関して何がわかるか。簡潔に書け。
(2) エチレンの水素原子 2 個を塩素原子で置換したジクロロエチレン $C_2H_2Cl_2$ には幾何異性体（シス-トランス異性体）が存在するという事実から，エチレン分子の立体構造に関して何がわかるか。簡潔に書け。
(3) 次に示した化合物を，炭素原子間の結合距離の長い順に並べよ。
　　(ア) エタン　　(イ) エチレン　　(ウ) アセチレン　　(エ) ベンゼン　　〔06 琉球大〕
(4) 次の炭化水素のうち，すべての炭素原子が常に同一平面にあるものを選べ。
　　(ア) シクロヘキサン　　(イ) シクロヘキセン　　(ウ) 1-ブテン　　(エ) トランス-2-ブテン

190.〈三重結合をもつ炭化水素〉

分子中に三重結合を1個もつ鎖式炭化水素を ア といい，一般式 イ ($n \geq 2$)で表される。 ア の中で，$n=2$ の ウ は常温で無色・無臭の気体であり，炭化カルシウムに水を作用させると発生する。

ウ に白金やニッケルなどを触媒として，水素を1分子付加させると エ が，さらに水素を1分子付加させると オ が生成する。また，硫酸水銀(Ⅱ)を触媒として ウ に水を付加させると不安定な カ を経て，ただちに異性体の キ が生成する。

ウ に塩化水素や酢酸，シアン化水素を付加させると，それぞれ ク や ケ ， コ が生成する。これらの化合物は合成樹脂の原料となる。

ウ をアンモニア性硝酸銀溶液に通じると， サ 反応により白色の沈殿(銀アセチリド AgC≡CAg)を生成する。また，3分子の ウ の重合反応により シ が生成する。

(1) ア ～ シ に適当な名称や一般式を記せ。
(2) 下線部で起こる反応の化学反応式を記せ。また，発生する気体の捕集法を記せ。
(3) カ ～ コ にあてはまる化合物の構造式を記せ。
(4) 炭素数が8以下で三重結合を1個もつ鎖式炭化水素を完全燃焼させたところ，二酸化炭素 55mg と水 18mg が生成した。この炭化水素 17g に水素を付加させたところ，飽和炭化水素が生成した。このとき反応した水素は，計算上何 mol か。有効数字2桁で示せ。H=1.0，C=12，O=16 〔16 大阪工大 改〕

191.〈エタノールの関連化合物〉

図はエタノールと関連化合物の反応を示したもので，(O)は酸化，(H)は還元を示す。

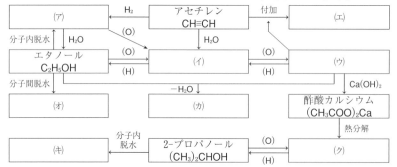

(1) (ア)～(ク)に当てはまる化合物名と示性式を書け。
(2) (a) (カ)が生成するときの化学反応式を書け。
 (b) エタノールと金属ナトリウムとの反応を化学反応式で書け。
(3) エタノールから(ア)，(オ)，(カ)のそれぞれを得る実験では，反応の温度調節が必要である。温度の低いものから順に，(ア)<(イ)<(ウ)のように書け。
(4) (a)～(c)の反応や性質を示す化合物を(ア)～(ク)を含む図中から1つずつ選び，化合物名を書け。
 (a) フェーリング液を加えて加熱すると，赤褐色の沈殿が生じる。

(b) 無色の揮発性の液体で，水に溶けにくく，果実のような芳香をもつ。
(c) 炭酸水素ナトリウム水溶液を加えると，気体が発生する。　　　〔広島女子大 改〕

必*192.〈有機化合物の構造と官能基〉
次の示性式(a)～(i)で示された構造を有する化合物を①～⑮の中から選べ。
ただし，R，R′ は炭化水素基を表す。
(a) R-OH　　　(b) R-O-R′　　　(c) R-CHO　　　(d) R-CO-R′　　　(e) R-COOH
(f) R-COO-R′　　(g) R-NO$_2$　　(h) R-SO$_3$H　　(i) R-NH$_2$
① アクリロニトリル　② アセトアニリド　③ アセトアルデヒド　④ アセトン
⑤ アニリン　⑥ イソプレン　⑦ エタノール　⑧ ジエチルエーテル
⑨ スチレン　⑩ ナフタレン　⑪ ニトロベンゼン　⑫ ベンゼンスルホン酸
⑬ 酢酸　⑭ 酢酸エチル　⑮ 無水酢酸　　　　　　　　　　　　〔10 北里大〕

準*193.〈有機化合物の合成〉
問1　次の実験で発生した気体 X，Y を同じ捕集法で集めた。
〔実験Ⅰ〕　酢酸ナトリウム(無水塩)と水酸化ナトリウムを試験管にとり，よく混ぜて加熱すると気体Xが発生した。
〔実験Ⅱ〕　エタノールと十分な量の濃硫酸を丸底フラスコに入れ，油浴で約170℃に加熱すると気体Yが発生した。
(1) 実験Ⅰ，Ⅱで起きた反応を化学反応式で示せ。
(2) 次のa～dの中から，気体Yを捕集する様子を表すものとして適切なものを選べ。

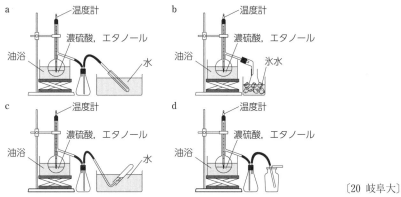

〔20 岐阜大〕

問2　次に示す操作により酸素原子を含む化合物A～Eがそれぞれ合成される。
化合物A：メタノールの蒸気にバーナーで焼いた銅線を作用させる。
化合物B：化合物Aの水溶液を酸化する。
化合物C：酢酸カルシウムの熱分解により得ることができる。工業的にはクメン法により生産される。
化合物D：塩化パラジウム(Ⅱ)と塩化銅(Ⅱ)を触媒に用いてエチレンを酸化する。
化合物E：化合物Dをさらに酸化する。

110 **13** 脂肪族化合物

(3) 化合物A〜Eの化合物名を書け。

(4) 化合物Aを合成する反応を化学反応式で書け(有機化合物は示性式で書け)。

(5) 化合物A〜Eのうち，銀鏡反応を示す化合物を記号ですべて答えよ。

〔19 日本女子大〕

必◇194. 〈代表的なアルデヒドとカルボン酸〉

次の(1)〜(3)それぞれに当てはまるものをすべて選び，記号で答えよ。

(1) 分子内脱水反応を起こすもの。

(a) フタル酸　(b) テレフタル酸　(c) 酢酸　(d) マレイン酸　(e) エタノール

(f) フマル酸

(2) 不斉炭素原子をもつもの。

(a) ジエチルエーテル　(b) シュウ酸　(c) 乳酸　(d) フマル酸　(e) オレイン酸

(3) ヨードホルム反応を示すもの。

(a) メタノール　(b) エタノール　(c) ホルムアルデヒド　(d) アセトアルデヒド

(e) アセトン　(f) 2-プロパノール　〔08 千葉工大 改〕

必◇195. 〈油脂〉

油脂は高級脂肪酸と（ ア ）が（ イ ）結合でつながった化合物であり，動物の体内や植物の種子に広く分布している。油脂の融点は構成する脂肪酸の炭化水素基によって決まり，一般に，脂肪酸の炭素原子の数が多いほど（ ウ ），また，C=C 結合が多いほど（ エ ）なる。常温で液体の油脂を（ オ ）といい，不飽和脂肪酸を含む（ オ ）にニッケルを触媒として水素 H_2 を付加させると，常温で固体の油脂に変化する。このようにして生じた油脂を（ カ ）といい，マーガリンの原料に使われている。

(1) （ ）にあてはまる適切な語句を書け。　〔20 関西大〕

(2) 以下のa〜dの脂肪酸から，飽和脂肪酸をすべて選べ。

a パルミチン酸　b オレイン酸　c リノレン酸　d ステアリン酸

〔22 京都産大〕

必◇196. 〈セッケンとその作用〉

高級脂肪酸のアルカリ金属塩であるセッケンは，動植物の油脂と水酸化ナトリウムなどを反応させて合成される。セッケンに関する以下の(1)〜(5)に答えよ。

(1) ステアリン酸（$C_{17}H_{35}COOH$）のグリセリンエステルに，水酸化ナトリウム水溶液を加えて加熱し，セッケンを合成した。この反応を化学反応式で示せ。

(2) セッケン水溶液は弱い塩基性を示す。その理由を説明せよ。

(3) セッケンは，水溶液中で多数の分子が集合したミセルとよばれるコロイド粒子を形成する。このようなコロイド水溶液が示す特徴的な性質のうち，二つを答えよ。

(4) セッケンは，繊維に付着した油汚れを落とす作用を示す。そのしくみを，図を用いて説明せよ。　〔06 大阪教育大〕

(5) 界面活性剤に関する文章(ア)〜(エ)の中からあてはまらないものを二つ選べ。

13 脂肪族化合物　111

(ア)　界面活性剤の一種であるセッケンは，Ca^{2+} や Mg^{2+} を多く含む硬水中では塩析効果がはたらき，泡立ちが増す。

(イ)　界面活性剤が形成する球状のコロイド粒子をミセルという。

(ウ)　界面活性剤による洗浄は，汚れを包み込んで水中へ分散させることにより行われる。この作用を界面活性剤の浸透作用という。

(エ)　アルキルベンゼンスルホン酸ナトリウムは合成洗剤の一種であり，その水溶液は中性である。　　　　　　　　　　　　　　　　　　　　〔15 北海道大〕

B

◇197. 〈有機化合物の状態と溶解性〉

次の(1)〜(3)の記述に当てはまるものを選び，記号で答えよ。常温とは 25℃，常圧とは $1.0×10^5\,Pa$ であるものとする。

(1)　常温常圧で気体であるものを 2 つ選べ。ただし，アセトアルデヒドの沸点 20℃ を参考にすること。

(a) メタノール　(b) エタノール　(c) プロパノール　(d) ジメチルエーテル

(e) ジエチルエーテル　(f) ホルムアルデヒド　(g) アセトン　(h) ギ酸　(i) 酢酸

(2)　常温常圧で固体であるものを 2 つ選べ。

(a) アニリン　(b) 安息香酸　(c) サリチル酸メチル　(d) スチレン

(e) ニトロベンゼン　(f) フェノール

(3)　常温常圧で水とどんな割合でも混ざり合う，またはよく溶けるものをすべて選べ。

(a) エタノール　(b) 1-ペンタノール　(c) ジエチルエーテル

(d) アセトアルデヒド　(e) アセトン　(f) 酢酸　(g) 酢酸エチル　(h) ヘキサン

(i) ベンゼン　(j) ベンゼンスルホン酸　(k) エチレングリコール

(l) ニトログリセリン　　　　　　　　　　　　〔08 北里大 改，08 慶応大 改〕

◇198. 〈有機化合物の反応式〉　**思考**

(1)　硫酸水銀(Ⅱ) $HgSO_4$ を触媒としてプロピンに水を付加させると，主生成物として ▢ア▢ が得られる。▢ア▢ にあてはまる化合物の名称を記せ。　〔19 大阪市大〕

(2)　(1)の ▢ア▢ にヨウ素と水酸化ナトリウム水溶液を加えて温めると特異臭をもつ化合物の黄色沈殿を生じる。この反応を化学反応式で記せ。ただし，▢ア▢ などは示性式で記せ。　　　　　　　　　　　　　　　　　　　　　　　　〔19 静岡大 改〕

(3)　アルデヒド $RCHO$ による銀鏡反応のイオン反応式を次式で表したい。式中の ▢イ▢，▢ウ▢，▢エ▢，▢オ▢ にあてはまる化学式を書け。

$$▢イ▢ + 2\,▢ウ▢ + 3OH^- \longrightarrow ▢エ▢ + 2\,▢オ▢ + 4NH_3 + 2H_2O \quad 〔16 \text{ 東北大}〕$$

(4)　原子効率(アトムエコノミー)を次のように定義する。

$$原子効率(\%) = \frac{化学反応式中の目的物の分子量・式量の合計}{化学反応式中の反応物の分子量・式量の合計} ×100$$

H＝1.0，C＝12，O＝16，二クロム酸カリウムの式量294，硫酸の分子量98として，問いに答えよ。ただし，(b),(d)は整数で答えよ。
(a) エタノールを二クロム酸カリウムの硫酸酸性水溶液で酸化することにより，アセトアルデヒドが合成できる。この反応を化学反応式で書け。
(b) (a)の反応で，目的物をアセトアルデヒドとしたときの原子効率は何％か。
(c) 塩化パラジウムと塩化銅（Ⅱ）を触媒として用い，エチレンを酸素と反応させることによってアセトアルデヒドが合成できる。この反応を化学反応式で書け。
(d) (c)の反応で，目的物をアセトアルデヒドとしたときの原子効率は何％か。触媒は原子効率の計算に含まないものとする。　　　　　　　　　　〔19 中央大〕

準°199.〈エステルの合成実験〉　**思考**

よく乾燥した丸底フラスコに，エタノール 1.0 mol と酢酸 1.0 mol を混合し，冷却しながら濃硫酸 0.020 mol を少しずつ添加した。沸騰石を入れ，還流冷却器を取り付けることで，右図に示すような装置を組みたて，加熱還流を行った。

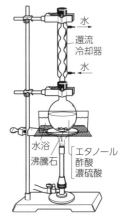

1時間後加熱を止め，室温まで放冷した後，反応液に冷水を加えた。分液漏斗に移しジエチルエーテルを加えた後，よく振り混ぜて静置すると2層に分離した。ジエチルエーテル層を分取し，ここに飽和炭酸水素ナトリウム水溶液を加えてよく振り混ぜた後，水層を捨てた。分取したジエチルエーテル層に新たに水を加えてよく振り混ぜた後，水層を捨てた。最後にジエチルエーテル層をよく乾燥した三角フラスコに移し，無水塩化カルシウムを加えて一晩放置した。

次の日，塩化カルシウムをろ別した液を蒸留装置に移し，蒸留を行った。温度が76℃で一定になった留分を集めると，フルーツのような芳香をもつ無色透明の液体が62 g 得られた。

(1) 実験の結果得られた芳香をもつ無色透明の液体の構造式と化合物名を答えよ。
(2) 本実験における濃硫酸の役割について簡潔に述べよ。
(3) 分液漏斗を用いた分離操作の結果，2層に分かれた。上層はジエチルエーテル層と水層のどちらか。
(4) 蒸留の結果得られた液体がすべて目的物だったと仮定し，本実験の合成収率を計算して有効数字2桁で示せ。H＝1.0，C＝12，O＝16
(5) 本実験に関する次の(ア)～(オ)の文のうち間違っているものが2つある。その文章の記号を選べ。
　(ア) 今回はよく乾燥した丸底フラスコを用いたが，水で濡れたフラスコを利用しても合成収率は変わらない。
　(イ) 本実験の合成収率を高くする一つの方法として，添加する酢酸の量を 1.5 mol に増やすことが考えられる。

(ウ) 加熱還流における沸騰石の役割は，溶液の突沸を防ぐためである。

(エ) 分液漏斗を用いた操作で飽和炭酸水素ナトリウム水溶液を加える理由は，未反応の酢酸をナトリウム塩(酢酸ナトリウム)にすることでジエチルエーテル層に分配されやすくするためである。

(オ) 分液漏斗による分離後のジエチルエーテル層に無水塩化カルシウムを加える理由は，ジエチルエーテル層に残された微量の水分を取り除くためである。

〔17 鹿児島大〕

準 ♦200.〈油脂の構造〉

文中の(A)〜(C)に最も適合するものをそれぞれ(ア)〜(オ)から選べ。H＝1.0，C＝12，O＝16，K＝39，I＝127

油脂に水酸化カリウム水溶液を加えて熱すると，油脂はけん化されて，脂肪酸のカリウム塩とグリセリン(1,2,3-プロパントリオール)が生じる。

けん化価とは，油脂1gを完全にけん化するのに必要な水酸化カリウムの質量(mg単位，式量 KOH＝56)の数値をいい，油脂の分子量の目安となる。また，ヨウ素価とは，油脂に含まれる不飽和脂肪酸の C=C 結合にヨウ素を完全に付加させたとき，油脂100gに付加するヨウ素の質量(g単位)の数値をいう。

平均分子量(A)の油脂 W のけん化価は191，ヨウ素価は174である。このとき，油脂1分子中に含まれる C=C 結合の数は平均(B)個である。油脂 W が一種類の不飽和脂肪酸だけで構成されている場合，この不飽和脂肪酸の分子式は(C)である。

A：(ア) 794　　(イ) 800　　(ウ) 878　　(エ) 902　　(オ) 960

B：(ア) 2　　(イ) 3　　(ウ) 6　　(エ) 9　　(オ) 12

C：(ア) $C_{16}H_{28}O_2$　(イ) $C_{16}H_{30}O_2$　(ウ) $C_{18}H_{30}O_2$　(エ) $C_{18}H_{32}O_2$　(オ) $C_{18}H_{34}O_2$

〔18 早稲田大〕

† ♦201.〈合成洗剤〉

次の文章を読み，下記の(1)〜(3)に答えよ。

やし油から得られる一価アルコールであるドデシルアルコール(ドデカノール $CH_3(CH_2)_{11}OH$)を①硫酸と反応させ，得られた硫酸水素ドデシルを②水酸化ナトリウムで処理すると硫酸ドデシルナトリウム($CH_3(CH_2)_{11}OSO_3^-Na^+$，SDS とよぶ)が合成できる。SDS は陰イオン界面活性剤として練り歯磨き等の発泡剤として広く利用されている。温度が9℃以上であれば SDS は水によく溶け，濃度が低い場合には③単分子状で水中に存在するが，ある濃度以上になると④ミセルを形成する。

(1) 下線部①と②の反応名と反応式を記せ。

(2) 下線部③と④についての文章の | a |〜| e | に該当する語句を，それぞれ記せ。

SDS を水に溶かすと，界面では | a |性部分は空気中に向き，| b |性部分は水中に向いて単分子状の層になる。SDS をさらに加えていくと，| a |性部分を | c |側に，| b |性部分を | d |側にしたミセルを形成し，| e |に帯電している。

(3) SDS やセッケンのような界面活性剤水溶液でシャボン玉ができる理由を「表面張力」，「表面積」という語句を用いて説明せよ。

〔06 札幌医大 改〕

14 芳香族化合物

(◇=上位科目「化学」の内容を含む項目)

◇1 芳香族炭化水素
(1)**反応性** ベンゼン環は比較的安定で，付加反応よりも **置換反応** を起こしやすい。
 例 ハロゲン化(Fe触媒)，ニトロ化(濃硝酸，濃硫酸)，スルホン化(濃硫酸)
  特別な条件下では，**付加反応** も起こるが，置換反応に比べて起こりにくい。
 例 $C_6H_6 + 3H_2 \xrightarrow{(Ni)} C_6H_{12}$
    $C_6H_6 + 3Cl_2 \xrightarrow{紫外線} C_6H_6Cl_6$
(2)ベンゼンの二置換体には，**オルト** o-，**メタ** m-，**パラ** p- の3種類の異性体がある。

◇2 フェノール類
(1)**構造** ベンゼン環にOH基が直接結合した構造をもつ化合物。
(2)**性質** 弱酸性(炭酸より弱い)。塩化鉄(Ⅲ)水溶液で青紫~赤紫色に呈色。
(3)**フェノール** C_6H_5-**OH** ベンゼンスルホン酸ナトリウムのアルカリ融解でつくる。
(4)**サリチル酸** o-C_6H_4(**OH**)**COOH** FeCl₃との反応で赤紫色。医薬品の原料。

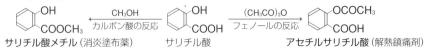

サリチル酸メチル(消炎塗布薬)　サリチル酸　アセチルサリチル酸(解熱鎮痛剤)

◇3 芳香族カルボン酸
(1)**安息香酸** C_6H_5-**COOH** トルエン C_6H_5-CH_3 などを $KMnO_4$ で酸化して得られる。
(2)**フタル酸** o-キシレンやナフタレンなどを酸化して得られる。加熱により容易に脱水して **無水フタル酸**(酸無水物)となる。
(3)**テレフタル酸** p-キシレンの酸化によって得られる。ポリエステル系繊維の原料。

◇4 アニリン C_6H_5-NH_2
(1)**製法** ニトロベンゼン C_6H_5-NO_2 をスズ(または鉄)と濃塩酸で還元する。
(2)**性質** 無色油状の液体で水に難溶。酸化されやすい。さらし粉 aq で赤紫色に呈色。
 弱塩基で塩酸にはアニリン塩酸塩となり溶ける。
  $C_6H_5NH_2 + HCl \longrightarrow C_6H_5NH_3Cl$
(3)**反応** 無水酢酸でアセチル化すると，**アセトアニリド** $C_6H_5NHCOCH_3$ を生成する。
 低温で塩酸と $NaNO_2$ で **ジアゾ化** すると，**塩化ベンゼンジアゾニウム** を生成する。
 ジアゾニウム塩は，**ジアゾカップリング** 反応により，**アゾ化合物**(アゾ染料)をつくる。

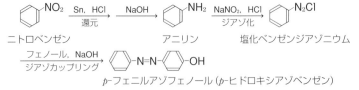

p-フェニルアゾフェノール(p-ヒドロキシアゾベンゼン)

◇5 医薬品，染料
(1)アセチルサリチル酸などの対症療法薬。**サルファ剤** や **抗生物質** などの化学療法薬。
(2)インジゴなどの天然(植物)染料。オレンジⅡなどの合成染料。

A

準 ◦202. 〈ベンゼン〉
次の①～⑤の記述のうち，ベンゼンに関する記述として正しいものをすべて選べ。該当するものがない場合は，「なし」と記せ。
① 無色・無臭の液体であり，水にほとんど溶けない。
② 炭素間の結合の長さはすべて等しく，平面構造をもつ。
③ 空気中で青色の炎を出して，完全燃焼する。
④ 空気中で多量のすすを出しながら燃焼する。
⑤ 不飽和二重結合を持っているため，置換反応よりも付加反応を起こしやすい。
〔21 岐阜大〕

必 ◦203. 〈ベンゼンの誘導体とその反応〉
図に，ベンゼンを出発物質として種々の有機化合物を合成する一般的な経路を示した。以下の問いに答えよ。

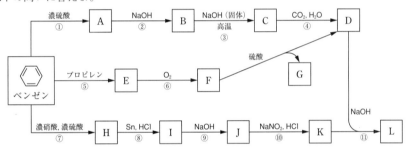

(1) 空欄 A ～ L に適切な化合物の構造式を記せ。
(2) ①～⑪に対応する最も適切な反応をそれぞれ以下の(a)～(r)の中から一つ選び記号で答えよ。ただし，記号は重複して選ばないこと。
(a) アセチル化　(b) アルカリ融解　(c) 異性化　(d) エステル化
(e) 塩素化　(f) 加水分解　(g) 還元　(h) 酸化
(i) ジアゾ化　(j) ジアゾカップリング　(k) 弱塩基の遊離
(l) 弱酸の遊離　(m) 重合　(n) スルホン化　(o) 脱水
(p) 中和　(q) ニトロ化　(r) 付加
〔18 関西学院大〕
(3) 次の記述(a)～(e)のうち，エタノールとフェノールに共通する性質を記述しているものをすべて選べ。
(a) ヒドロキシ基をもっている。　(b) 水溶液は中性である。
(c) 塩化鉄(Ⅲ)水溶液によって呈色する。　(d) 塩基と反応して塩をつくる。
(e) ナトリウムと反応して，水素を発生する。
〔18 愛知工大〕
(4) フェノールに十分な量の臭素水を加えると，速やかに反応して白色沈殿(Ⅰ)を生じる。この反応を化学反応式で表し，(Ⅰ)の名称を記せ。
〔11 愛知工大〕

116　14 芳香族化合物

204. 〈サリチル酸の反応〉

ナトリウムフェノキシド ① ，これに希硫酸を作用させると化合物Aが生成する。②<u>この化合物Aに無水酢酸を作用させると解熱鎮痛剤として用いられる化合物Bが</u>，③<u>化合物Aにメタノールと濃硫酸を作用させると外用塗布薬として用いられる化合物C</u>が生じる。

(1) 文中の空欄 ① に適する操作を次の(a)～(e)のうちから一つ選べ。

(a) の水溶液に二酸化炭素を吹き込み　(b) を高温・高圧で二酸化炭素と反応させ
(c) に濃硫酸を作用させ　　　　　　　(d) に酢酸を作用させ
(e) を水に溶解させ

(2) 化合物A～Cの名称と，下線部②，③の反応の化学反応式を書け。

(3) 化合物A～Cのうち炭酸水素ナトリウムと反応するものをすべて選べ。〔10 名城大〕

205. 〈芳香族化合物の合成実験〉

〔実験1〕　試験管に濃硝酸と濃硫酸を 1 mL ずつ取り，冷やしながらよく混ぜた。これにベンゼン 1 mL を 1 滴ずつ，よく振りまぜながら加えた後，60℃ の水浴で 5 分間加熱すると化合物Aが生成した。(a)<u>この反応液を冷水の入ったビーカーに注ぎ込んだ。</u>

〔実験2〕　(b)<u>化合物A 1 mL を試験管に入れ，スズ 3 g と濃塩酸 5 mL を加え，70℃ の水浴で，化合物Aがなくなるまで加熱すると化合物Bが生成した。</u>この試験管の液体だけを三角フラスコに移し，これに，塩基性になるのを確認できるまで，6 mol/L の水酸化ナトリウム水溶液を加えた。この溶液に少量のジエチルエーテルを加え，分液漏斗に入れて振りまぜ静置した。上層を蒸発皿に移し，ドラフト内でジエチルエーテルを蒸発させると，化合物Cが蒸発皿に残った。化合物Cの一部を試験管にとり，化合物Xの水溶液を加えると赤紫色に呈色した。

〔実験3〕　化合物Cの希塩酸溶液を，(c)<u>5℃ 以下に保ちながら亜硝酸ナトリウムと反応</u>させると，化合物Dが生成した。

(1) 化合物A～Dの名称と構造式を記せ。

(2) 下線部(a)で，ビーカー中で起こった変化として最も適切なものを一つ選べ。

(あ) 黄色結晶が析出した。　(い) 白色結晶が析出した。
(う) 均一溶液となった。　　(え) 油状物質が浮いた。
(お) 油状物質が沈んだ。

(3) 下線部(b)の化学反応式を記せ。

(4) 化合物Xとして適切な化合物名を記せ。　〔17 法政大〕

〔実験4〕　ビーカーに，湯浴で液体にしたフェノール 2 mL を取り，水酸化ナトリウム水溶液 10 mL を加えてよく振りまぜた。このビーカーに木綿の布を浸して液を浸み込ませた後，ピンセットで布を取り出し軽くしぼって広げた。(d)<u>この布を化合物Dの入ったビーカーに浸したところ，布が染まり，化合物Eが生成した</u>と考えられる。

(5) 下線部(c)を 5℃ 以下で行う理由を答えよ。

(6) 下線部(d)の反応名と，化合物Eの化合物名と色を答えよ。　〔17 長崎県大 改〕

(7) ニトロベンゼンはベンゼンから理論的に得られる量の70%で合成され，アニリンはニトロベンゼンから理論的に得られる量の80%で合成される。この条件下で，アニリンを9.3g合成するために，反応に最低限必要なベンゼンは何gか。
(H=1.0, C=12, N=14, O=16) 〔12 北里大〕

必*206.〈芳香族化合物の分離〉

安息香酸，フェノール，ニトロベンゼン，アニリンの4種類の化合物を含むジエチルエーテル溶液がある。この溶液について，下図のような分離操作を行った。

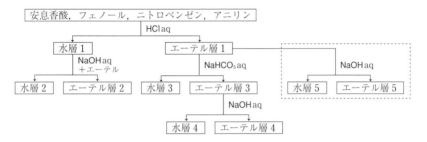

(1) 水層とエーテル層を分離する方法を漢字2字で書け。また，そのとき用いる分液漏斗を図示せよ。
(2) 水層とエーテル層は，どちらが下層か。
(3) ①エーテル層2 および ②エーテル層4 に含まれている化合物を，構造式でそれぞれ示せ。
(4) ①水層3 および ②水層4 に含まれる有機化合物の塩を，構造式でそれぞれ示せ。
(5) 水層3に塩酸を加えたときの反応を化学反応式で示せ。
(6) エーテル層1に水酸化ナトリウム水溶液を加えると，水層5には2つの化合物が含まれていた。これらを分離するもっとも適切な方法を選べ。
 ① 塩酸を十分に加え，次にジエチルエーテルを加えてよく振り混ぜる。
 ② 炭酸水素ナトリウム水溶液を十分に加え，次にジエチルエーテルを加えてよく振り混ぜる。
 ③ 二酸化炭素を十分に吹き込み，次にジエチルエーテルを加えてよく振り混ぜる。
 ④ 塩化ナトリウム水溶液を十分に加え，次にジエチルエーテルを加えてよく振り混ぜる。 〔19 大阪工大〕
(7) このような分離操作を行う場合に，ジエチルエーテルではなく，エタノールを用いると，このような分離操作は不可能である。その理由を書け。 〔10 熊本大 改〕

準*207.〈医薬品の合成〉

局所麻酔薬としてもちいられるベンゾカインは，分子式 $C_9H_{11}NO_2$ で表されるベンゼンの*p*-二置換体であり，トルエンを出発原料にして，1～4の4工程で合成される。

1. トルエンに ア と イ の混合物を加えて加熱すると，化合物Xが得られる。この反応では複数の構造異性体が生じるが，p-置換体のみを分離して，2の反応にもちいる。
2. Xを中性条件で KMnO₄ 水溶液と反応させた後，沈殿をろ過して除き，ろ液を（ ① ）にすると，化合物Yが得られる。
3. YをSnの単体と過剰の塩酸をもちいて反応させた後，溶液を（ ② ）にする。生成物をエーテルで抽出した後，抽出液からエーテルを除くと，化合物Zが得られる。なお，この反応において，Snの単体は4価まで酸化される。
4. Zを イ とともにエタノールと反応させた後に水を加え，溶液を（ ③ ）にすると，ベンゾカインが得られる。

(1) 文章中の □ に当てはまる物質を，化学式で記せ。
(2) 文章中の①～③に当てはまる最も適切な溶液の液性を，次の(あ)～(う)からそれぞれ一つ選べ(同じ記号を複数回選んでよい)。
 (あ) 酸性　(い) 中性　(う) 塩基性
(3) X，Y，Zの中で最も融点が低いと予想される化合物を一つ選べ。
(4) ベンゾカインの構造式を記せ。　〔20 広島大〕

208.〈分液漏斗による有機化合物の分離〉

分液漏斗を用いて有機化合物の分離を行う実験に関する記述として適切でないものを(ア)～(オ)から1つ選べ。なお，分液漏斗に関しては右図を参考にせよ。

(ア) エーテル層は上層となり，水層は下層となる。
(イ) 振り混ぜるときは，空気孔をガラス栓の溝からずらして孔を閉じておく。
(ウ) 液を流し出すときは，空気孔とガラス栓の溝を合わせておく。
(エ) 振り混ぜると分液漏斗内の内圧が上昇することがあるので，ときどき脚部の活栓を開き，圧抜きをする。
(オ) 分液漏斗内の溶液は下層，上層の順に脚部から流し出す。　〔15 京都府医大〕

14 芳香族化合物　119

…Ⓑ…

◇209.〈指示薬の合成〉

(1) p-ヒドロキシアゾベンゼンの合成と同様の反応を利用すると，スルファニル酸とジメチルアニリンを原料にして，pH 指示薬として知られるメチルオレンジを合成できる。

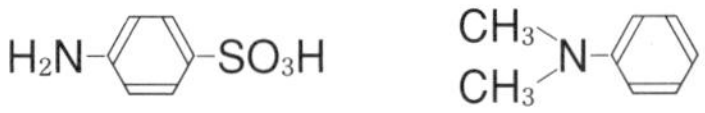

H₂N—〈 〉—SO₃H　　スルファニル酸

(CH₃)(CH₃)N—〈 〉　　ジメチルアニリン

〔操作1〕　スルファニル酸の結晶を温めた炭酸ナトリウム水溶液に溶かし，(a)冷やしながら亜硝酸ナトリウム水溶液を加え，さらに濃塩酸を加えると化合物Xが生じる。

〔操作2〕　別の容器にジメチルアニリンを入れ，塩酸を加えて溶かす。

〔操作3〕　(b)〔操作1〕で合成したXの溶液に〔操作2〕の溶液を加え，さらに水酸化ナトリウム水溶液を加えると，メチルオレンジの結晶が得られる。

① (a)，(b)の反応の反応名を答えよ。

② メチルオレンジの構造式を書け。　　　　　　　　　　　　　　〔09 関西大〕

(2) フェノールと無水フタル酸(構造式 ①)を加熱して縮合させると，フェノールフタレインが生成する。フェノールフタレインは以下に示すように，溶液の pH によって分子構造が変化することで変色する。フェノールフタレインの ② 基は炭酸水素ナトリウム水溶液とは反応 ③ が，水酸化ナトリウム水溶液とは反応 ④ 。したがって，フェノールフタレインの変色域はおよそ ⑤ である。また，構造Bは ⑥ 色である。

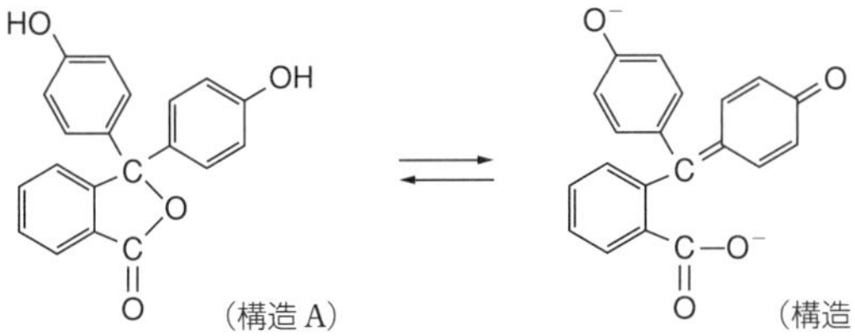

(構造 A)　　⇌　　(構造 B)

① ～ ⑥ に適する構造式，語句などを書け。ただし，⑤ は次の数値から選べ。

変色域 (pH)　3.1～4.4　　4.2～6.2　　4.5～8.2　　6.0～7.6　　8.0～9.8

〔11 近畿大〕

準†◇210.〈ベンゼンの誘導体〉

ベンゼンまたはトルエンを出発原料に用いて，次に示す反応操作(a)～(j)のうちのいくつかを適切な順で行うことにより化合物AおよびBを合成したい。A，Bの合成が可能な出発原料(ベンゼンまたはトルエン)と，反応操作の順 (①～⑥) の組み合わせをそれぞれ選べ。

(ただし，過マンガン酸カリウムによる酸化は，側鎖だけを考えるものとする。)

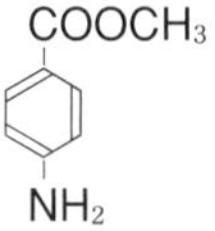

〔反応操作〕(a) ニッケルを触媒に用いて水素と反応させる。
(b) 濃硝酸と濃硫酸の混合物を加えて加熱する。
(c) スズと濃塩酸を加えて加熱した後に塩基を加える。
(d) 触媒を用いてエチレンと反応させる。
(e) 過マンガン酸カリウム水溶液を加えて加熱する。
(f) 濃硫酸を加えて加熱する。
(g) 固体の水酸化ナトリウムを加えて高温で融解した後に酸を加える。
(h) メタノールと少量の濃硫酸を加えて加熱する。
(i) 無水酢酸と反応させる。
(j) 氷冷下で希塩酸と亜硝酸ナトリウム水溶液を加えた後，室温まで温度を上げる。

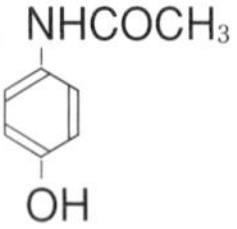

〔反応操作の順〕① b→c→i→b→a→j　② b→c→i→e→h
③ b→c→j→e→i　④ b→e→a→i
⑤ d→b→e→a→h　⑥ f→g→e→h　　　〔10 東京工大〕

†◦211.〈酒石酸の立体異性体〉 思考

(1) 酒石酸は2つの不斉炭素原子をもつ2価カルボン酸であり，3つの立体異性体をもつ。そのうちの1つの立体異性体の立体構造を下に示す
（ここで，HOOC-C-C-COOH の4つの炭素原子は紙面上にあり，くさび型の太い実線は紙面手前への結合を，くさび型の破線は紙面奥への結合を示している）。
この構造の例にならって，HOOC-C-C-COOH の4つの炭素原子を紙面上に置き，酒石酸の残り2つの立体異性体の立体構造を示せ。

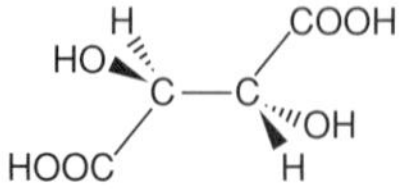

(2) 以下の化合物のうち，鏡像異性体が存在しないものを選び，記号で答えよ。

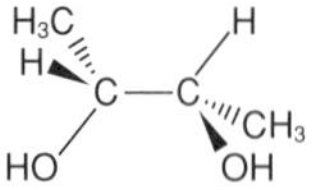

A 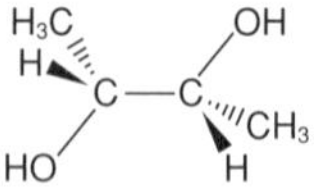　　　B 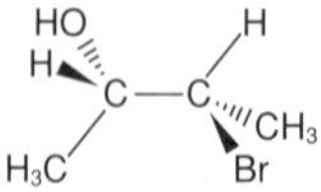　　　C

〔18 大阪大〕

15 有機化合物の構造と性質・反応

（◇＝上位科目「化学」の内容を含む項目）

◇ 1 組成式（実験式）の決定

(1) **成分元素の分析** C は CO_2, H は H_2O, N は NH_3 などに変えて検出，定量する。NH_3 は濃度既知の希硫酸に吸収させて逆滴定する。Cl は試料を銅線につけて加熱し，青緑色の炎色反応で検出する。

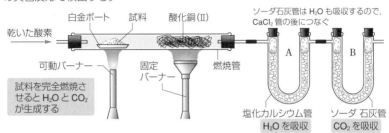

例 試料の質量 x [mg], A の増加量 y [mg]…H_2O, B の増加量 z [mg]…CO_2

（C の質量）＝ $z \times \dfrac{12}{44} = a$ [mg]

（H の質量）＝ $y \times \dfrac{2.0}{18} = b$ [mg]

（O の質量）＝ $x - a - b = c$ [mg]

(2) **原子数比の計算** 成分元素の物質量比（モル比）を求める。

例 C a [mg], H b [mg], O c [mg]（または C a [%], H b [%], O c [%]）とすると，

$C : H : O = \dfrac{a}{12} : \dfrac{b}{1.0} : \dfrac{c}{16} \fallingdotseq l : m : n$　　組成式（実験式）は $C_lH_mO_n$ となる。
（原子数の比）

◇ 2 分子式の決定

(1) **分子量の測定** 沸点上昇度・凝固点降下度の測定，浸透圧の測定，蒸気の質量・体積・温度・圧力の測定値を，気体の状態方程式に代入して求める方法などがある。酸・塩基の分子量は中和滴定から求めることもできる。

(2) **分子式の決定** 分子量が組成式の式量の整数倍であることを利用して，分子式が求まる。

例 組成式 CH_2O, 分子量 60 とすれば $(CH_2O)_n = 60$　　$n = 2$　　分子式は $C_2H_4O_2$

◇ 3 示性式の決定

(1) **官能基の確認** 官能基の特性を利用して，その性質の有無を調べる。

(2) **示性式の決定** 分子式から，その官能基を抜き出して表す。

例 分子式 $C_2H_4O_2$ に $-COOH$ があれば CH_3COOH

(3) **官能基の推定** 分子式中，O 原子 1 個を含むときは $-OH$, $-CHO$, $>CO$, $-O-$ など，O 原子 2 個を含むときは $-COOH$ や $-COO-$（エステル）などの官能基の存在が考えられる。

◇ 4 構造式の決定

(1) **不飽和結合の確認** 臭素水の脱色により確認。二重結合 1 つにつき 1 分子の Br_2 が付加。三重結合 1 つにつき 2 分子の Br_2 が付加。

例 エチレンを臭素水に通す。　$CH_2=CH_2 + Br_2 \longrightarrow CH_2Br-CH_2Br$

(2) **構造式の決定** 原子価が C 四価，H 一価，O 二価，N 三価を満足する結合を考える。

A

準◇212.〈成分元素の検出〉
有機化合物の成分元素を検出する方法を次に示した。A～Dで検出される元素の元素記号と，□にあてはまる色を答えよ。
  A：試料にナトリウムの単体を加え，加熱して反応させる。生成物を水に溶かして中和し，酢酸鉛(Ⅱ)水溶液を加えると□色沈殿が生じる。
  B：試料にソーダ石灰を加え，加熱して反応させる。発生した気体は刺激臭があり，湿らせたリトマス紙が□色になる。
  C：焼いた銅線に試料をつけて燃焼させる。□色の炎色反応が見られる。
  D：試料を完全燃焼させる。生成した液体を硫酸銅(Ⅱ)無水塩に触れさせると結晶の色が□色に変化する。　　　　　　　　　　　　　　　　　〔09 北里大 改〕

必◇213.〈元素分析と構造異性体〉
(1) 吸収管ⅠおよびⅡを連結した燃焼管に試料を入れて以下の実験を行った。
　試料を，酸素を通しながら（ ア ）存在下に加熱し，完全燃焼させる。吸収管Ⅰに充填した（ イ ）は（ ウ ）を，吸収管Ⅱの（ エ ）は（ オ ）をそれぞれ吸収するので，燃焼後に吸収管ⅠとⅡの質量増加分を測定すると，通過させる酸素や試料が十分に乾燥していれば，試料中のHとCの質量が求まる。

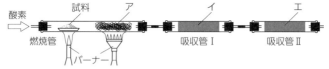

  (a) 空欄（ア）～（オ）に最も適するものを次の語句から選べ。
　　炭酸水素ナトリウム　　ソーダ石灰　　一酸化炭素　　酸素　　水　　二酸化炭素
　　塩化ナトリウム　　塩化カルシウム　　酸化銅(Ⅰ)　　酸化銅(Ⅱ)
  (b) 燃焼管に入れる（ア）の役割として最も適するものを次の語句から選べ。
　　乾燥剤　　脱臭剤　　酸化剤　　還元剤　　凝固剤
  (c) 吸収管ⅠとⅡを逆に連結すると正確な元素の質量組成が求めることができない。その理由を以下の文章に続けて2行程度で記せ。
　　　吸収管Ⅱが先にあると，（　　　　　　）。　　　　　　　　〔15 名城大〕
(2) アルコール A，B，C および D は構造異性体である。A 3.70 mg を完全燃焼させたところ，(1)の吸収管ⅠとⅡの質量は，それぞれ 4.50 mg と 8.80 mg 増加した。また，A の分子量は 74 であった。H＝1.0，C＝12.0，O＝16.0
　(i) A～D に金属ナトリウムを加えるといずれも水素を発生した。
　(ii) 不斉炭素原子をもつ化合物は C のみであった。
　(iii) 二クロム酸カリウムの硫酸酸性溶液により A，B は酸化され，それぞれ中性の化合物 E，F を生じたが，D は酸化されなかった。

15 有機化合物の構造と性質・反応　　123

(iv) Cを濃硫酸で脱水すると，G，Hの二種類のアルケンが得られたが，GがHの4倍以上生成した。Gには二種類の幾何異性体(シス-トランス異性体)が存在する。

(v) Aを濃硫酸で脱水すると，Hが得られた。

(a) Aの分子式を求めよ。

(b) A，C，Gの構造式をそれぞれ記せ。ただし，Gは違いがわかるように両者を表せ。

〔18 早稲田大 改〕

必 214. 〈C_4H_8 の異性体〉

分子式 C_4H_8 のアルケンAに臭素を付加させたところ，化合物Bが得られた。Aに幾何異性体(シス-トランス異性体)は存在せず，Bは不斉炭素原子をもっていた。

分子式 C_4H_8 のアルケンCに水を付加させたところ，2種類の化合物が得られた。これらの化合物に，それぞれ二クロム酸カリウムの硫酸酸性溶液を加え，十分に反応させたとき，一方の化合物は反応せず，他方からはカルボン酸が生成した。

(1) 分子式 C_4H_8 の構造異性体は何種類考えられるか。ただし立体異性体は区別しなくてよい。

(2) A,B,Cの構造式を記せ。不斉炭素原子が存在するものに関しては，不斉炭素原子の上または下に＊を付けて記すこと。 〔19 名古屋工大 改〕

準 215. 〈$C_4H_{10}O$ の異性体〉

5種類の有機化合物A～Eは，いずれも分子式が $C_4H_{10}O$ で，互いに構造異性体の関係にある。次の文を読み，A～Eを構造式で記せ。

(1) A，B，CおよびDは，いずれもナトリウムと反応して水素を発生したが，Eはナトリウムと反応しなかった。

(2) A，B，Cを硫酸酸性の二クロム酸カリウム水溶液と反応させたところ，それぞれF，G，Hが得られた。Fはヨードホルム反応が陽性で，G，Hはともにカルボン酸である。

(3) Bの沸点は117℃，Cの沸点は108℃，Eの沸点は34℃であった。

(4) Eは1価アルコールIに濃硫酸を加えて，130～140℃で加熱することによって得ることができる。 〔17 明治薬大〕

準 216. 〈C_4H_8O の異性体〉

C_4H_8O の分子式をもった鎖式化合物A～Hに関する以下の問いに答えよ。なお，エノールは不安定なため，この中には含まれない。H=1.0，C=12，O=16

(1) 化合物Aを1.0gとり，酸化銅(II)と混ぜ，乾燥した酸素を送り込んで燃焼させて発生した気体を，まず塩化カルシウム管①，ついでソーダ石灰管②に吸収させた。それぞれの管の質量の増加量を求めよ。

(2) 化合物Bは不斉炭素原子をもっていることがわかった。化合物Bの2つの鏡像異性体を，鏡像関係がわかるように書け。

(3) 化合物Cは不斉炭素原子をもたず，水酸化ナトリウム水溶液中でヨウ素と反応させると，黄色沈殿が生じた。この沈殿の化学式と化合物Cの構造式を書け。

124 　15 有機化合物の構造と性質・反応

(4) 化合物DとEは金属ナトリウムを加えると気体が発生した。また，これらは幾何異性体（シス-トランス異性体）の関係であった。化合物DとEの構造式を書け。ただし，DとEは区別しない。

(5) 化合物Fは枝分かれはなく，フェーリング液を加えて加熱すると沈殿が生じた。この沈殿の化学式と化合物Fの構造式を書け。

(6) 化合物Gは枝分かれ状で，金属ナトリウムを加えても何も起こらなかった。一方，臭素を加えるとその色は消えた。化合物Gの構造式を書け。

(7) 化合物Hは枝分かれはなく，金属ナトリウムと反応して気体を発生し，不斉炭素原子をもたず，幾何異性体（シス-トランス異性体）はない。この化合物Hに臭素を加えると，その色は消えた。化合物Hの構造式を書け。　　　　　　　　〔18 佐賀大 改〕

必 ❖217.〈元素分析と構造異性体〉

化合物Aと化合物Bは質量百分率で炭素 54.5%，水素 9.1%，酸素 36.4% からなる分子量 88 の脂肪族化合物であり，構造異性体の関係にある。A，B にそれぞれ水酸化ナトリウム水溶液を加えて加熱すると，Aからは化合物Cのナトリウム塩と化合物Dが，Bからは化合物Eのナトリウム塩と化合物Fが得られた。C，Eはどちらも(ア)炭酸水素ナトリウム水溶液と反応して気体を発生した。C，Eにそれぞれアンモニア性硝酸銀水溶液を加えて加熱すると，Cからは銀が析出したが，Eからは析出しなかった。Dに硫酸酸性で二クロム酸カリウム水溶液を加えて加熱すると，化合物Gが得られた。Gはクメン法でも得られる。Gに(イ)ヨウ素と水酸化ナトリウム水溶液を加えて加熱すると，黄色沈殿が生成した。また，Fに硫酸酸性で二クロム酸カリウム水溶液を加えて注意深く加熱すると，はじめに化合物Hが，さらに加熱すると化合物Eが得られた。

(1) 化合物Aの組成式と分子式を記せ。H＝1.0，C＝12，O＝16

(2) 下線部(ア)の操作で発生する気体の化学式を記せ。

(3) 下線部(イ)の操作で ① 起きた反応の名称，② 生成した黄色沈殿の化学式 をそれぞれ記せ。③ 化合物C〜F，Hのうち，下線部(イ)の反応で陽性を示すものをすべて選び，記号で記せ。

(4) 化合物C，Gの化合物名をそれぞれ記せ。

(5) 化合物A，Bの構造式をそれぞれ記せ。　　　　　　　　〔15 名城大 改〕

準 ❖218.〈異性体と構造決定〉

化合物AとBは，炭素，水素，酸素からなる2価カルボン酸である。化合物AとBは立体異性体であり，化合物Aの融点は化合物Bの融点よりも低い。

1mol の化合物AとBそれぞれに，白金触媒存在下で1mol の水素 H_2 を付加させると同一の化合物Cが生成した。化合物Aを加熱すると分子内での脱水反応を伴って化合物Dが生成したが，化合物Bでは分子内での脱水反応が起こりにくかった。化合物Cと十分量のエタノールを少量の硫酸とともに加熱すると化合物Eが生成した。化合物Eの分子量は 200 以下で，その組成式は $C_4H_7O_2$ であった。

15 有機化合物の構造と性質・反応　**125**

(1)　化合物Eの分子式を答えよ。

(2)　化合物AとBの構造式を示せ。

(3)　下線部について，化合物Aの融点が化合物Bの融点よりも低い理由を50字以内で答えよ。
〔18 大阪大〕

必 ◇219. 〈$C_5H_{12}O$ の異性体〉

分子式 $C_5H_{12}O$ で表される化合物 A, B, C, D, E がある。

(a)　化合物A～Eそれぞれのジエチルエーテル溶液に金属ナトリウムを加えたところ，いずれの化合物からも水素が発生した。

(b)　化合物 A, B, C は不斉炭素原子をもつ。これらを硫酸酸性の二クロム酸カリウム水溶液に入れて加熱し，穏やかに酸化すると，それぞれ化合物Aは化合物Fに，化合物Bは化合物Gに，化合物Cは化合物Hに変化した。化合物 F, G, H のうち不斉炭素原子をもつ化合物はFのみであった。

(c)　化合物Bの炭素原子のつながり方は直鎖状であるが，化合物Cの炭素原子のつながり方は枝分かれ状をしている。

(d)　化合物DとEをそれぞれ硫酸酸性の二クロム酸カリウム水溶液で酸化すると，化合物Dは酸化されなかったが，化合物Eは酸化されてケトン化合物 I に変化した。

(1)　化合物 A, B, C, D, E それぞれの構造式を書け。

(2)　化合物 F, G, H, I のうちから，銀鏡反応を示す化合物を一つ選べ。

(3)　化合物Aと酢酸を脱水縮合させて得られるエステル化合物の構造式を書け。また，このエステル化合物の分子量を求めよ。
〔20 龍谷大〕

準 ◇220. 〈異性体と構造決定〉

有機化合物A～Dはいずれも分子式が $C_5H_{10}O$ の鎖式化合物である。

(ア)　Aは幾何異性体(シス-トランス異性体)と光学異性体(鏡像異性体)が存在するアルコールである。

(イ)　Bは光学異性体が存在するアルコールである。

(ウ)　Bに水素を付加することでEを得た。Eには光学異性体が存在しない。

(エ)　Cには光学異性体が存在しない。

(オ)　Cにヨウ素と水酸化ナトリウム水溶液を加えて反応させると黄色沈殿が生じた。

(カ)　Cを触媒を用いて水素により還元することでFを得た。

(キ)　Fは濃硫酸を加えて加熱することにより分子内脱水反応を起こし，2種類の化合物を与えた。この2種類の化合物にはいずれも幾何異性体が存在しない。

(ク)　フェーリング液にDを加えて加熱すると赤色沈殿が生じた。

(ケ)　Dを触媒を用いて水素により還元することでGを得た。

(コ)　Gは分子内脱水反応を起こしえない構造である。

(1)　(オ)において生じた黄色沈殿を化学式で記せ。

(2)　A～Dの構造式を記せ。
〔21 関西学院大〕

126   15 有機化合物の構造と性質・反応

⊛ ⋄221. 〈C₇H₈O の異性体〉

分子式 C_7H_8O で表されるベンゼン環を含むすべての構造異性体を考える。これらの異性体の中で，塩化鉄(Ⅲ)水溶液を加えると，①呈色を示す化合物が3つある。また，呈色反応を起こさない異性体には，ナトリウムと反応して水素を発生する化合物Aがある。なお，これらの異性体の中で，化合物Bは沸点が最も低い。

(1) 化合物 A，B の構造式を記せ。

(2) 下線部①の3つの化合物を構造式で記せ。　　　　　　　〔17 長崎大〕

(3) 下線部①の3つの化合物の一つである化合物Cをニトロ化すると，ベンゼン環に直接ついている水素原子の1つだけがニトロ基で置換された②3つの異性体の混合物が得られた。下線部②の3つの異性体の構造式を記せ。ただし，ニトロ化は，非共有電子対を有する原子が直接結合しているベンゼン環の炭素の o-位あるいは p-位で進行するものとする。　　　　　　　　　　　　　　　　　　　　　　　〔17 九州工大 改〕

⊛ ⋄222. 〈異性体と構造決定〉

H=1.0，C=12，O=16，気体定数 $R=8.3\times10^3$ Pa·L/(mol·K)

(a) 4種類の芳香族化合物 A，B，C，D がある。A〜Dおのおの 10.6 mg を完全に燃焼させたところ，いずれからも水が 9.0 mg，二酸化炭素が 35.2 mg 得られた。

(b) A〜Dおのおの 1.05 g を 227℃，1.0×10^5 Pa で気体にしたところ，その体積はいずれも 410 mL であった。

(c) A〜Dを濃硫酸と濃硝酸でニトロ化すると，

　　Aはニトロ基を1個もつ1種類の芳香族化合物Eを与えた。

　　Bはニトロ基を1個もつ2種類の芳香族化合物F，G を与えた。

　　C，Dはいずれもニトロ基を1個もつ3種類の芳香族化合物を与えた。

(d) A〜Dを過マンガン酸カリウムのアルカリ水溶液で酸化すると，

　　A〜Cはいずれもカルボキシ基2個をもつ芳香族カルボン酸を与えた。

　　Dはカルボキシ基1個をもつ芳香族カルボン酸Hを与えた。

(1) 化合物A〜Dの分子量と分子式を求めよ。

(2) 化合物 D，E，F，G，H の構造式を書け。

(3) 蒸気圧の高いカルボン酸を気化し，気体の体積を測定した。状態方程式を用いて分子量を求めたところ，真の分子量よりも大きくなった。理由を記せ。　　〔電通大〕

⊛ ⋄223. 〈C₈H₁₀O の異性体〉

分子式が $C_8H_{10}O$ で表される芳香族化合物にはいろいろな構造異性体が存在する。アルコール類の中で一置換体は あ 種類あり，化合物Aはそのひとつである。また，アルコール類の中で二置換体は い 種類あり，化合物Bはそのうちのひとつである。化合物Cはフェノール類のうちのオルト二置換体である。

Aに水酸化ナトリウム水溶液とヨウ素を加えて温めると黄色の沈殿が生じた。Aには不斉炭素原子が存在した。

Aに少量の濃硫酸を加えて高温で加熱すると芳香族炭化水素Dが生成した。Dに臭

素を加えると，臭素の赤褐色が消えた。Dは合成樹脂Eの原料として用いられる。

Bを硫酸酸性の過マンガン酸カリウム水溶液を加えて加熱すると，化合物Fが生成した。Fはポリエチレンテレフタラート(PET)の合成原料として用いられる。

Cの側鎖の炭化水素基を選択的に酸化することでサリチル酸を得た。サリチル酸に無水酢酸 $(CH_3CO)_2O$ を作用させると，医薬品の解熱鎮痛剤Gが得られた。

(1) あ ， い にあてはまる数値を書け。

(2) 化合物 A, B, C の構造式を書け。　　　　　　　　　　　　　〔19 立命館大〕

必 ◇224. 〈$C_8H_8O_2$ の異性体〉

分子式 $C_8H_8O_2$ で表される5種類の芳香族化合物 A, B, C, D, E がある。AとBはベンゼン環に1つの置換基をもつ。C, D, E はベンゼン環に2つの置換基をもち，いずれも p-置換体である。これらの化合物の構造を決定するために次の実験1〜6を行った。

〔実験1〕　化合物Aに水酸化ナトリウム水溶液を加えて加熱すると，ナトリウムフェノキシドと酢酸ナトリウムが得られた。

〔実験2〕　化合物A〜Eに炭酸水素ナトリウム水溶液を加えると，化合物 B, C の場合のみ二酸化炭素が発生した。

〔実験3〕　化合物A〜Eに塩化鉄(Ⅲ)水溶液を加えると，化合物Dの場合のみ紫色に呈色した。

〔実験4〕　化合物A〜Eにヨウ素と水酸化ナトリウム水溶液を加えておだやかに加熱すると，化合物Dの場合のみ黄色化合物が沈殿した。

〔実験5〕　試験管に入れたアンモニア性硝酸銀溶液に化合物A〜Eを加えておだやかに加熱すると，化合物Eの場合のみ試験管が鏡のようになった。

〔実験6〕　過マンガン酸カリウムの水溶液に化合物A〜Eを加えて加熱すると，化合物 C, E からはジカルボン酸である化合物Fが生じた。

(1) 化合物 A, B, C, D, E の構造式を記せ。

(2) 実験5の反応は，化合物Eのもつ官能基のどのような性質のために起こったか。その性質を記せ。

(3) 化合物Fとエチレングリコールを縮合重合させて得られる高分子の構造式を記せ。

〔12 同志社大〕

準 ◇225. 〈異性体の数〉

異性体に関する次の問いに答えよ。

(1) $C_4H_8Cl_2$ のジクロロアルカンには構造異性体が何種類存在するか。ただし，立体異性体は含めないものとする。

(2) C_5H_8 の環式化合物Xに臭素 Br_2 を付加すると，不斉炭素原子をもたない化合物Yが生成する。Yの構造式を書け。　　　　　　　　　　　　　〔09 東京薬大〕

(3) $C_5H_{12}O_2$ である二価アルコールで，不斉炭素原子を2つもつものは何種類存在するか。ただし，立体異性体は区別しなくてよい。　　　　　　　　　　〔09 横浜市大〕

(4) キシリトールは $HOCH_2CH(OH)CH(OH)CH(OH)CH_2OH$ の示性式をもつ五価アル

コールである。1分子のキシリトールと3分子の高級脂肪酸Aからなるエステルには何種類の構造異性体が存在するか答えよ。ただし、この問題での構造異性体とは官能基の位置が異なる異性体のことを指す。　〔08 東京理大〕

(5) $C_4H_{11}N$ のアミンには不斉炭素原子を考慮した立体異性体を含めると何種類考えられるか。　〔06 京都大 改〕

(6) クメンの構造異性体のうち、ベンゼン環をもつ化合物は何種類存在するか。ただし、クメンも数に含めること。　〔07 早稲田大〕

(7) ダイオキシンは、右のような分子と同じ骨格をもった物質群の総称である。この分子のベンゼン環の水素原子2個を、塩素原子2個に置換した構造は全部で何種類考えられるか。　〔08 関西大〕

B

準◇226.〈オゾン分解〉

分子式 C_6H_{12} で示される幾何異性体(シス-トランス異性体)を含まない4つの構造異性体A、B、CおよびDの構造決定を試みた。

適当な触媒を用いてA〜Cを水素とそれぞれ反応させると、AとBからは分子式 C_6H_{14} で示されるEが、Cからは分子式 C_6H_{14} で示されるFが生成した。Dは水素とは反応しなかった。A〜Dをオゾン分解[注]すると、Aからは単一の化合物Gが生成した。BからはHとIが、CからはGとJが生成した。Dはオゾン分解されなかった。G、HおよびIをそれぞれフェーリング液に入れて加熱すると、①赤色沈殿が生じた。HとJを水酸化ナトリウム水溶液中、ヨウ素とそれぞれ反応させると、②黄色沈殿が生じた。Jは酢酸カルシウムを ア することによっても得られる。一方、Dに光を当てながら塩素を作用させると、分子式 $C_6H_{11}Cl$ で示される化合物Kが構造異性体を含まずに単一の生成物として得られた。

注　オゾン分解：アルケンにオゾンを作用させ、続いて亜鉛などの還元剤で処理することで、2分子のカルボニル化合物が生成する反応。

〔オゾン分解の化学反応式〕 $\begin{matrix}R^1\\R^2\end{matrix}C=C\begin{matrix}R^3\\R^4\end{matrix} \xrightarrow{O_3}{Zn} \begin{matrix}R^1\\R^2\end{matrix}C=O + O=C\begin{matrix}R^3\\R^4\end{matrix}$

(1) 下線部①および②について、生じた沈殿の化学式をそれぞれ記せ。
(2) 空欄 ア に当てはまる最も適切な語句を答えよ。
(3) 化合物A〜DおよびG〜Jを、それぞれ構造式で記せ。ただし、幾何異性体(シス-トランス異性体)が考えられる場合にはトランス形で記せ。　〔17 大阪府大〕

準◇227.〈過マンガン酸カリウムによる分解〉

次の文章を読み、(1)と(2)に答えよ。

炭素-炭素二重結合は、過マンガン酸カリウム水溶液を用いて酸化すると、次に示すように切断される。

$$\text{C}_6\text{H}_5\text{-}\underset{\underset{\text{CH}_2\text{-CH}_3}{\overset{\displaystyle \text{H}}{|}}}{\text{C}}\text{-CH}_3 \xrightarrow[\text{H}_2\text{SO}_4]{\text{KMnO}_4} \text{C}_6\text{H}_5\text{-COOH} + \text{CH}_3\text{-}\overset{\text{O}}{\overset{\|}{\text{C}}}\text{-CH}_2\text{-CH}_3$$

分子式 C_6H_{10} で表される化合物 A，B および C がある。化合物 A は不斉炭素原子をもつが，化合物 B と C は不斉炭素原子をもたない。これらの化合物を触媒存在下で過剰量の水素を用いて還元したところ，化合物 A および B から分子式 C_6H_{14} で表される化合物 D および E が得られ，化合物 C から分子式 C_6H_{12} で表される化合物 F が得られた。化合物 D～F はいずれも不斉炭素原子をもたない。

硫酸水銀(Ⅱ)を触媒として希硫酸中で化合物 A に水を付加して得られる生成物は，カルボニル基をもつ構造異性体 G へと直ちに変化した。化合物 G を水酸化ナトリウム水溶液中でヨウ素と反応させたところ，黄色沈殿が生じた。

化合物 B を過マンガン酸カリウム水溶液により酸化すると，分子式 $C_4H_6O_4$ で表されるジカルボン酸 H が得られた。このジカルボン酸 H は，マレイン酸やフマル酸の炭素-炭素二重結合を還元することによっても合成することができる。

化合物 C を過マンガン酸カリウム水溶液により酸化すると，分子式 $C_6H_{10}O_4$ で表されるジカルボン酸 I が得られた。ジカルボン酸 I とヘキサメチレンジアミンとを重合させると，ナイロン 66 (6,6-ナイロン) が生成した。

(1) 化合物 A，B，C および G の構造式を記せ。

(2) ジカルボン酸 I の化合物名を記せ。　　　　　　　　　　　　　　　〔15 岡山大〕

†◇**228.**〈有機化合物の構造推定〉 **思考**

炭素，水素，酸素からなる酸性の有機化合物 A の元素分析値は，C；53.8％，H；5.1％である。また，A の分子量は 130 以上 170 以下である。

A には 2 個の炭素間二重結合が含まれ，臭素と容易に反応して有機化合物 B に変化した。A に水酸化ナトリウム水溶液を加えて加熱したところ加水分解され，有機化合物 C のナトリウム塩と中性の有機化合物 D が生成した。C の分子量は 116 であり，1 分子の C は加熱により容易に 1 分子の水を失って E に変化した。一方，D に金属ナトリウムを加えても気体は発生せず，D にフェーリング溶液を加えて加熱しても赤色沈殿は生成しなかった。

原子量は，H＝1，C＝12，O＝16 として，以下の問いに答えよ。

(1) A の分子式を求めよ。

(2) A，B，C，D，E の構造式をそれぞれ記せ。　　　　　　　　　〔獣医畜産大〕

◇**229.**〈有機化合物の構造決定〉 **思考**

不斉炭素原子を 1 つもつ化合物 A がある。その分子式は $C_{11}H_{12}N_2O_5$ で，(a)炭酸水素ナトリウムの水溶液に気体を発生しながら溶けた。化合物 A を水酸化ナトリウム水溶液と加熱したところ，パラ二置換ベンゼンの化合物 B が黄色の固体として沈殿した。この化合物 B は分子量 138 で，希塩酸によく溶けた。化合物 B をろ過で分離した後，ろ液に希塩酸を加えて酸性とし，エーテルで抽出したところ，エーテル層から白色の固体の化

130　15 有機化合物の構造と性質・反応

合物Cが得られた。定性分析の結果，化合物Cには窒素は含まれていなかった。また，化合物B，Cともに不斉炭素原子はもっていなかった。(b)化合物Aを触媒(パラジウム)の存在下で水素を用いて還元し，化合物Dを得た。化合物Dは加熱すると高分子化合物Eになった。H＝1.0, C＝12.0, N＝14.0, O＝16.0

(1)　下線部(a)の反応について，化学反応式を書け。なお，化合物Aは，例にならって，反応に関わる官能基のみを示した化学式で書くこと。

　　　[例]　$2ROH + 2Na \longrightarrow 2RONa + H_2$

(2)　化合物A～Eの構造式を示せ。

(3)　下線部(b)の還元は，通常，鉄あるいはスズと塩酸を作用させる。しかし，化合物Aを鉄と塩酸で反応させたが，化合物Dは得られなかった。その理由および生成物を記せ。

〔07 横浜市大〕

†◇230.〈分子量100.0の有機化合物〉

　化合物A, B, C, Dは炭素数4つ以上からなる，炭化水素または炭素，水素，酸素からできた有機化合物であり，これらの分子量はすべて100.0である。A, B, C, Dの分子式はすべて異なる。また，不斉炭素原子をAとBは1つもち，CとDはもたない。

　次の実験を読み，下の問いに答えよ。原子量は H＝1.0, C＝12.0, O＝16.0

実験1　A, Bは炭酸水素ナトリウム水溶液と反応しなかった。

実験2　D 5.00 mgを完全燃焼させると，水 3.6 mgと二酸化炭素 11.0 mgが生成した。

実験3　触媒存在下で，Aに十分な量の水素を反応させたところ，分子量がAより 2.0増加した不斉炭素原子を2つもつ化合物Eが得られた。また，Aに臭素水を加えたところ，臭素水の色が消失した。

実験4　Aを水酸化ナトリウム水溶液中でヨウ素と反応させると，特有のにおいをもつ黄色沈殿が生じた。

実験5　化合物Fは三重結合を2つもつ炭化水素である。触媒存在下で，Fに十分な量の水素を反応させたところ，Bが得られた。

実験6　Dは，6個の原子からなる環をもつ化合物である。1 molのDに十分な量の水素を触媒存在下で反応させたところ，水素分子 1 molが消費され，化合物Gが得られた。Gは不斉炭素原子をもたないことがわかった。一方，Dに臭素水を加えても，臭素水の色に変化は見られなかった。

実験7　D, Gを 0.1 molずつ別々にエーテルに溶解し，それぞれの溶液に十分な量のナトリウムを加えたところ，Gの溶液からは水素ガスが 0.05 mol発生したが，Dの溶液からは水素ガスは発生しなかった。

実験8　CとGの混合物を加熱したところ，エステル結合をもち分子量が 202.0である化合物Hが得られた。Hは不斉炭素原子をもたないことがわかった。Hに炭酸水素ナトリウム水溶液を加えたところ，二酸化炭素が発生した。

(1)　A, B, C, Dの分子式を書け。

(2)　Aには幾何異性体(シス-トランス異性体)は存在しない。A, B, C, D, Hの構造式

15 有機化合物の構造と性質・反応　131

を書け。

(3) BとBの構造異性体の中で，最も沸点の高い化合物の構造式を書け。

(4) AとBで，沸点が低いのはどちらか。化合物の記号を書け。またその理由を，互いの構造を比較して50字以内で述べよ。　　　　　　　　　　　　　　〔09 東北大 改〕

◇231.〈有機化合物の構造決定〉

炭素─炭素の二重結合は，オゾン分解により，次の反応例に示すように酸化的に切断される。原子量は $H=1.0$，$C=12.0$，$O=16.0$ とし，標準状態の気体 1 mol の体積は 22.4 L とする。構造式は次の例にならって記せ。

$$\underset{H}{\overset{H_3C}{\diagdown}}C=C\underset{CH_2-}{\overset{CH_3}{\diagup}}\bigcirc \xrightarrow{\text{オゾン分解}} CH_3-\underset{O}{\overset{}{C}}-H + CH_3-\underset{O}{\overset{}{C}}-CH_2-\bigcirc$$

カルボニル基を3つもち，不斉炭素原子をもたず，分子式 $C_{16}H_{18}O_6$ で示される化合物 A 10.0 g に白金触媒により常圧で十分な量の水素 (H_2) を反応させると，標準状態において 0.732 L の水素が消費されて化合物Bが生じた。一方，1 mol の化合物Aを水酸化ナトリウム水溶液で完全に加水分解し，中和したところ，化合物 C，D，E がそれぞれ 1 mol，2 mol，1 mol 生成した。化合物Cは粘性の高い液体であり，天然の油脂を加水分解して得られる分子量 92.0 の化合物と同じ物質であった。また，化合物Dおよび化合物Eは銀鏡反応を示さなかった。化合物Eをオゾン分解するとベンズアルデヒドと化合物Fが得られた。

(1) 化合物Bの分子式を記せ。

(2) 化合物Cの名称を記せ。

(3) 化合物Aに水素を反応させて生じた化合物Bの構造式を記せ。　　〔17 京都大〕

◇232.〈構造決定と抽出〉 思考

炭素，水素，酸素原子のみからなる分子量 500 以下の芳香族化合物Aがある。実験1から実験8に関する記述を読み，(1)〜(5)に答えよ。

なお，これらの実験ではシス─トランス異性体を区別するが，光学異性体(鏡像異性体)は区別しない。構造式や不斉炭素原子の表示 (＊) を求められた場合は，次の例にならって書け。$H=1.0$，$C=12.0$，$O=16.0$

$$(\text{例})\ \bigcirc-CH=CH-\underset{O}{\overset{}{C}}-CH_2-\overset{OH}{\underset{}{^{*}CH}}-COOH$$

実験1　化合物 A 213 mg を完全に燃焼させたところ，二酸化炭素 550 mg と水 135 mg のみが生成した。

実験2　化合物Aを水酸化ナトリウム水溶液で完全に加水分解した後，酸性になるまで希塩酸を加えた。この反応液にジエチルエーテルを加えてよくふりまぜたところ，このジエチルエーテル溶液には，化合物 B，C，D，E が含まれていた。化合物B，化合物 C および化合物DとEの混合物を次図の操作で分離した。

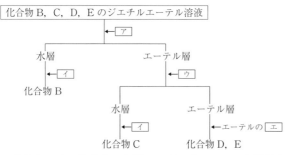

実験3　化合物Bは，化合物Fを過マンガン酸カリウム水溶液と共に長時間加熱することで得られた。化合物Fは，a) プロピン（C_3H_4）を鉄触媒存在下，高温で反応させると得られる芳香族化合物の一つである。

実験4　化合物Bを加熱したところ，分子量が18.0減少した酸性化合物Gが得られた。

実験5　空気中で加熱した銅線にメタノール蒸気を接触させることにより，刺激臭のある気体として化合物Hを得た。酸を触媒として化合物Cと化合物Hを反応させるとノボラックとよばれる物質が得られた。

実験6　化合物D, Eをクロマトグラフィーにより分離した。化合物D, Eは，同じ分子式をもっていたが，それぞれの沸点は異なった。

実験7　化合物Dを酸性条件で加熱したところ，いずれも分子量が化合物Dのものより18.0減少した3種類の化合物が得られた。そのうち2つはシス-トランス異性体の関係にあった。

実験8　化合物Eにヨウ素と水酸化ナトリウム水溶液を加えて加熱したところ，黄色沈殿が生じた。

(1) 化合物Aの分子式を書け。

(2) 下線部a)で示した反応で得られると考えられる芳香族化合物をすべて構造式で書け。

(3) 分離操作を示した図中の空欄 ア ～ ウ に入る最も適切な試薬を以下の(a)～(i)よりそれぞれ1つ選べ。
　(a) 熱水　　(b) 塩化ナトリウム水溶液　　(c) 希塩酸　　(d) 過酸化水素水
　(e) 炭酸水素ナトリウム水溶液　　(f) 硫酸ナトリウム水溶液
　(g) トルエン　　(h) 水酸化カリウム水溶液　　(i) エタノール

(4) 分離操作を示した図中の空欄 エ に入る最も適切な語句を以下の(a)～(e)より1つ選べ。
　(a) 昇華　　(b) 蒸発　　(c) 熱分解　　(d) 凝固　　(e) 燃焼

(5) 化合物B, C, D, Eの構造式を書け。不斉炭素原子があれば，不斉炭素原子に＊印をつけよ。

〔18 東北大〕

16 天然高分子化合物

(◇=上位科目「化学」の内容を含む項目)

◇1 糖類（炭水化物）$C_m(H_2O)_n$

(1)**単糖類** $C_6H_{12}O_6$ グルコース（ブドウ糖），フルクトース（果糖），ガラクトースなど。水溶液はすべて **還元性** がある（フェーリング液の還元，銀鏡反応）。

(a) α-グルコース 鎖状構造 (b) ホルミル基（アルデヒド基）（還元性） β-グルコース (c)

(2)**二糖類** $C_{12}H_{22}O_{11}$ マルトース（麦芽糖），ラクトース（乳糖），スクロース（ショ糖）など。このうち **スクロース** だけは **還元性がない**。加水分解により二糖1分子から単糖2分子を生じる。スクロースを加水分解すると還元性を示すようになる（転化糖）。

(3)**多糖類**（$C_6H_{10}O_5)_n$ デンプン，セルロース，グリコーゲンなど。還元性はない。
デンプン α-グルコースの縮合重合体でらせん構造。I_2 と呈色反応（青色）。
セルロース β-グルコースの縮合重合体で直鎖状構造。I_2 と呈色反応しない。

◇2 アミノ酸

(1)**構造** 分子内にアミノ基 $-NH_2$ とカルボキシ基 $-COOH$ の両方をもつ両性電解質。結晶内では，分子内塩をつくり，**双性イオン** $R-CH(NH_3^+)COO^-$ として存在する。水溶液中では，pH によってその構造が次のように変化する（グリシンの場合）。

$$H_3\overset{+}{N}-CH_2-COOH \underset{H^+}{\overset{OH^-}{\rightleftarrows}} H_3\overset{+}{N}-CH_2-COO^- \underset{H^+}{\overset{OH^-}{\rightleftarrows}} H_2N-CH_2-COO^-$$

陽イオン（酸性溶液） 双性イオン（中性溶液） 陰イオン（塩基性溶液）

(2)**性質** 有機物だがイオン結晶に似て，比較的融点が高く，水に溶けやすい。

(3)**検出** ニンヒドリン溶液 と加熱すると，青紫～赤紫色に呈色する。

◇3 タンパク質

(1)α-アミノ酸の脱水縮合重合した構造の高分子化合物で **ペプチド結合** をもつ。

(2)加水分解によりアミノ酸に分かれる。熱・酸・塩基・重金属イオン・有機溶媒などで凝固・沈殿する（**タンパク質の変性**）。水溶液は親水コロイド溶液となる。

(3)**検出** ① ビウレット反応 塩基性で $CuSO_4aq$ を少量加えると，赤紫色に呈色する。
② キサントプロテイン反応 濃硝酸と加熱すると黄色になる。

(4)**酵素** タンパク質の一種で触媒のはたらきをする。適温，適当な pH のもとで著しい作用を示す（**最適温度，最適 pH**）。酵素は，決まった物質にのみ作用する（**基質特異性**）。

◇4 酵素 生体内で触媒作用を行うタンパク質。

(1)**基質特異性** 特定の物質（**基質**）としか反応しない。

(2)**最適温度** 35～40℃ 付近のものが多い。

(3)**最適 pH** 中性付近のものが多い。**例外** ペプシン（pH 2）

◇5 核酸 ヌクレオチド（リン酸＋糖＋塩基）を単位とする高分子化合物。

	糖	塩基	ポリマー鎖	はたらき
DNA	デオキシリボース	A, G, C, **T**	2本（二重らせん）	遺伝子の本体
RNA	リボース	A, G, C, **U**	ふつうは1本	タンパク質合成，代謝に関与

A＝アデニン，G＝グアニン，C＝シトシン，T＝チミン，U＝ウラシル

233. 〈糖類〉
グルコースは，図1のように水溶液中で2種の六員環構造（α-グルコースおよびβ-グルコース）と鎖状構造の平衡状態として存在する。

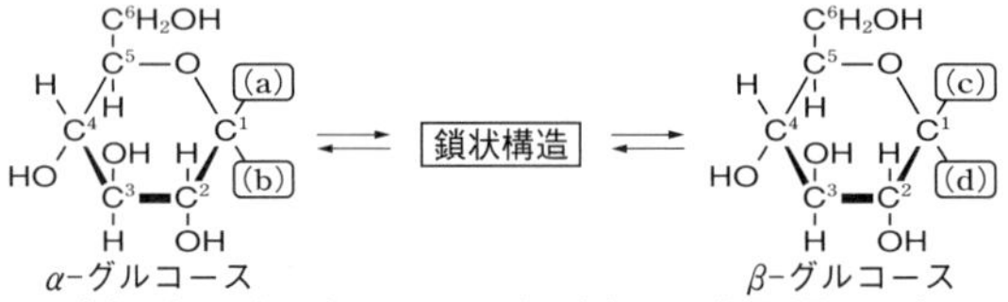

図1
（C¹〜C⁶の数字はグルコース分子中の炭素原子の位置番号を示す）

(1) 図1の(a)〜(d)にあてはまる原子あるいは官能基を記せ。
(2) 図1に示すように，α-グルコースとβ-グルコースは鎖状構造を経由して相互に変換する。図1の構造式を参考にして，グルコースの鎖状構造を記せ。ただし，炭素原子の番号は書かなくてよい。
(3) 二糖Aはデンプンをアミラーゼで分解すると生じ，二糖Bはセルロースをセルラーゼで分解すると生じる。二糖AおよびBの名称をそれぞれ答えよ。
(4) 二糖のスクロースの水溶液にフェーリング液を添加して加熱しても赤色沈殿は生じない。この理由を40字程度で説明せよ。　　〔18 名古屋大 改〕

多数の ア -グルコースが C^1 に結合したヒドロキシ基と C^4 に結合したヒドロキシ基との間で次々と脱水縮合（ ア -1,4-グリコシド結合）してできた直鎖状の高分子化合物を イ という。 イ は，お米に含まれるデンプンを構成する成分である。一方，多数の ウ -グルコースが C^1 と C^4 の間で脱水縮合（ ウ -1,4-グリコシド結合）した構造をもつ高分子化合物を エ という。

(5) ア 〜 エ にあてはまる語句を記せ。
(6) イ はヨウ素デンプン反応を示す一方， エ はヨウ素デンプン反応を示さない。この理由を分子構造の観点から30字以内で答えよ。
(7) 分子量 8.10×10^5 の イ がある。この イ は，何分子のグルコースが脱水縮合してできたものか。その個数を有効数字2桁で答えよ。H＝1.0，C＝12.0，O＝16.0
　　〔18 大阪市大〕

グルコース225gに酵母菌（イースト）に含まれる酵素の混合物（チマーゼ）を作用させると，エタノール ① g と二酸化炭素 ② g が生成する。この反応は ③ とよばれ，古くから酒造りに利用されている。

(8) 下線部の反応の化学反応式を書け。
(9) ① ， ② に入る適切な数値を整数で書け。また， ③ に適切な語句を記せ。
　　〔18 明治薬大〕

16 天然高分子化合物　135

準 ◇**234.** 〈糖類〉

(1) 0.1 mol のマルトース，0.2 mol のスクロース，0.3 mol のラクトースを含む糖類混合液Aを用いていくつかの実験を行った。

　(a) Aに含まれる3種類の糖の中で，フェーリング液を加えて加熱すると赤色沈殿を生じる糖の名称をすべて書け。また，この赤色沈殿の物質名と化学式を書け。

　(b) Aにマルターゼとラクターゼを加え，これらの酵素の最適条件で十分に作用させた。このとき生じたすべての単糖類の物質量と名称を，例にしたがって書け。

　　　（例 0.3 mol のグルコース，0.1 mol のマンノース）

　(c) Aに希硫酸を加えて加熱して完全に加水分解した。このとき生じたすべての単糖類の物質量と名称を，(b)の例にしたがって書け。　〔15 宮崎大〕

†(2) 単糖類にはアルドースとケトースがある。アルドースとケトースの還元性を示す基をそれぞれ構造式で答えよ。

(3) デンプンはヒトの体内でエネルギー源になるが，セルロースはヒトの体内でエネルギー源にはならない。その理由を答えよ。　〔15 札幌医大〕

必 ◇**235.** 〈アミノ酸とタンパク質〉

　分子中に酸性の ア 基と塩基性の イ 基をもつ化合物をアミノ酸という。 ウ 以外の α-アミノ酸には不斉炭素原子があり， エ が存在する。アミノ酸は一般の有機化合物よりも融点が オ 。また，水溶液中では陰イオン， カ イオン，陽イオンが平衡状態にあり，(a)溶液の pH により3種類のイオンの割合が変化する。分子中の正と負の電荷が等しくなり，アミノ酸分子全体としての電荷が0になるような pH を キ という。

　タンパク質は約 ク 種類の α-アミノ酸が互いの ア 基と イ 基との間で ケ 重合してできた， コ 結合により連なった構造の高分子化合物である。タンパク質には次のような性質がある。

　例えば，卵白水溶液に濃硝酸を加えて加熱すると サ 色になる。さらに冷却してからアンモニア水を加えて塩基性にすると橙 サ 色になる。この反応を シ 反応という。これは，卵白に ス をもつアミノ酸が含まれ，それが セ 化されることが原因である。

　また，卵白水溶液に水酸化ナトリウム水溶液と酢酸鉛(Ⅱ)水溶液を加えて煮沸すると ソ 色沈殿が生じる。このことから卵白に タ を含むアミノ酸が含まれていることがわかる。さらに，卵白水溶液を塩基性にした後，硫酸銅(Ⅱ)水溶液を加えると チ 色に呈色する。この反応を ツ 反応という。これは，連続する テ つ以上の コ 結合部位で Cu^{2+} と配位結合を形成することが原因である。

(1) 文中の空欄 □ に入る適当な語句・数字を記せ。

(2) 下線部(a)について，pH を大きくしていったときの ウ の変化を示性式で記せ。

(3) 次の①〜③にあてはまる α-アミノ酸を，下の(A)〜(H)から選べ。

136 　16 天然高分子化合物

　① 　キ　 が最も大きい

　② 　ス　 をもつ

　③ 　タ　 を含む

　(A) アラニン　(B) フェニルアラニン　(C) ロイシン　(D) リシン　(E) グルタミン酸

　(F) システイン　(G) バリン　(H) イソロイシン　　　〔12 東京理大 改, 12 愛媛大 改〕

(4) 次の(A)～(E)の下線部が正しいものをすべて選べ。

　(A) ヨードホルム反応はアミノ酸の検出に用いられる呈色反応である。

　(B) タンパク質の一次構造にはα-ヘリックスやβ-シートなどがある。

　(C) 糖類, リン酸, 脂質などと結合しているタンパク質を単純タンパク質という。

　(D) タンパク質溶液に多量の塩化カルシウムを加えると塩析し, 沈殿が生じる。

　(E) 酵素はタンパク質からなる。

◇236. 〈ペプチドの構成アミノ酸〉

　2つのトリペプチドAおよびBの構成アミノ酸を決定するために実験1～6を行った。この結果からトリペプチドAおよびBを構成するそれぞれのアミノ酸3種類として最も適切なものを3つずつ選べ。ただし, 原子量は H=1.0, C=12.0, N=14.0, O=16.0, S=32.0, Cl=35.5 とする。

【実験1】　それぞれのトリペプチド水溶液に水酸化ナトリウム水溶液を加えて加熱した後, 中和してから酢酸鉛(Ⅱ)水溶液を加えると, Bの水溶液のみ黒色沈殿を生じた。

【実験2】　それぞれのトリペプチド水溶液に濃硝酸を加え加熱すると, Aの水溶液だけが黄色となった。

【実験3】　酵素によりトリペプチドAを加水分解すると, アミノ酸Cと, 不斉炭素原子をもたないアミノ酸を含むジペプチドDが得られた。

【実験4】　トリペプチドBを完全に加水分解するとアミノ酸E, F, Gが得られた。

【実験5】　アミノ酸C, E, Gの等電点を調べたところ, それぞれ3.2, 6.0, 9.7であった。

【実験6】　アミノ酸Eの17.8gをエタノールと塩酸を用いて完全に反応させると, 塩酸塩として30.7gの生成物が得られた。

　1. バリン　　2. メチオニン　　3. アラニン　　4. グルタミン酸

　5. セリン　　6. グリシン　　7. リシン　　8. フェニルアラニン　〔18 星薬大〕

必◇237. 〈DNA〉

　生物の細胞には(ア)という高分子が存在する。(ア)の基本構造は(a)窒素を含む環状構造の塩基, 五炭糖(ペントース), (イ)からなる。(ア)にはDNAと(ウ)があり, DNAは糖の部分がデオキシリボース, (ウ)は糖の部分がリボースからできている。DNAはグアニン, アデニン, シトシン, (エ)の4つの塩基, (ウ)はグアニン, アデニン, シトシン, (オ)の4つの塩基で構成されている。DNAは2本の高分子が

水素結合により強く結ばれ，安定な（ カ ）構造をとっている。DNAの役割は生命の（ キ ）情報を保持することであると考えられている。一方，（ ウ ）はDNAの情報をもとに（ ク ）を合成することが主な役割である。

(1) 文章中の(ア)〜(ク)に，適切な語句を入れよ。
(2) 下線部(a)の単量体の名称を答えよ。
(3) 図はDNAの構造を模式図として示したものである。図中の(ケ)〜(ス)に当てはまる物質を，略記号で答えよ。
(4) 図中の①〜③のうち，水素結合を示す番号を答えよ。
(5) ある生物のDNA塩基組成(モル分率)を調べたら，アデニンが20mol％を占めていた。このDNA中のグアニンの割合(モル分率)を求めよ。　〔14 香川大〕

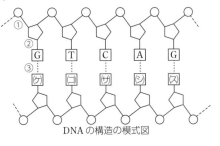
DNAの構造の模式図

238. 〈酵素〉
酵素は，主にタンパク質からなる物質であり，生体内で起こる複雑な化学反応の触媒としてはたらき，温和な条件でも反応を速やかに進行させることができる。a酵素は特定の基質に作用する。これを酵素の基質［ ア ］という。酵素がその基質［ ア ］をもつのは，酵素が特有の［ イ ］構造をもっているからである。酵素は特有の［ イ ］構造にはまりこむ基質とだけ結合し，速やかに［ ウ ］をつくる。このとき，基質と結合する酵素の部位を［ エ ］という。また，b酵素反応の反応速度は，温度，水素イオン濃度，基質濃度などの影響を強く受ける。

(1) 空欄［ ア ］〜［ エ ］にあてはまる最も適切な語句を記せ。
(2) 下線部aについて，酵素カタラーゼが作用する基質の物質名とその酵素による反応式を記せ。
(3) 下線部bについて，酵素反応の反応速度に関する記述①〜③のうち，正しいものには○，誤っているものには×を記せ。
　① だ液に含まれるアミラーゼの最適pHは約7，すい液に含まれるトリプシンの最適pHは約8であり，生体内の全ての酵素の最適pHは6〜8の間にある。
　② 酵素反応の反応速度が最適温度より高い温度において小さくなるのは，酵素を構成しているタンパク質が変性するためである。
　③ 酵素の濃度が一定の条件では，基質の濃度の増加に伴って酵素反応の反応速度は大きくなり，ある濃度で反応速度は最大値に達するが，それ以上の濃度では反応速度は一定になる。　〔14 群馬大〕

B

準°239. 〈糖類の構造・性質〉
(1) 二糖類に関する次の文章を読み，(a)～(d)に最も適切な化合物名を記せ。また，それぞれに対応する構造を(ア)～(オ)から選べ。
(a) 砂糖の主成分で代表的な甘味料である。加水分解するとグルコースとフルクトースになる。水溶液は還元性を示さない。
†(b) 保湿作用を示す。2分子の α-グルコースが1位どうしで脱水縮合した構造をもつ。水溶液は還元性を示さない。
(c) 水あめの主成分である。デンプンに酵素アミラーゼを作用させると生成し，さらに加水分解すると2分子のグルコースになる。水溶液は還元性を示す。
(d) 哺乳類の乳汁中に含まれる。加水分解するとガラクトースとグルコースになる。水溶液は還元性を示す。

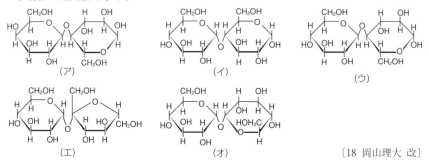

〔18 岡山理大 改〕

(2) 鎖状構造のグルコースの不斉炭素原子の数と，立体異性体の数をそれぞれ記せ。

〔22 立命館大 改〕

(3) セルロース 16.2g を濃硝酸と濃硫酸の混合物と反応させて，すべてヒドロキシ基をエステル化したときのトリニトロセルロースの収量は何gになるか（有効数字3桁）。また，エステル化が不十分で収量が 25.2g で得られた場合，セルロース分子中のヒドロキシ基の何%がエステル化されたことになるか（有効数字2桁）。なお，高分子化合物の末端部分は無視してよい。H=1.0, C=12, N=14, O=16 〔19 名古屋工大〕

†°240. 〈アミロペクチンの枝分かれ率〉
アミロペクチンを単純化してモデル化した構造式を図1に示す。図中，a, b, c は整数ではあるが，一定の値ではなくデンプン全体としては平均値で表される。図1で灰色に塗った部分構造 ① は α-1,4-グリコシド結合であり，このほかに，同じく灰色に塗った部分構造 ② の α-1,6-グリコシド結合により枝分かれ構造を形成している。
枝分かれ構造の (i)枝分かれ率を，全グルコース単位数に対する枝分かれしているグルコース単位数の比率と定義して，アミロペクチンである高分子試料Aと，グリコーゲンである高分子試料Bの2種類の多糖試料についてその枝分かれ率を分析する。アミロペ

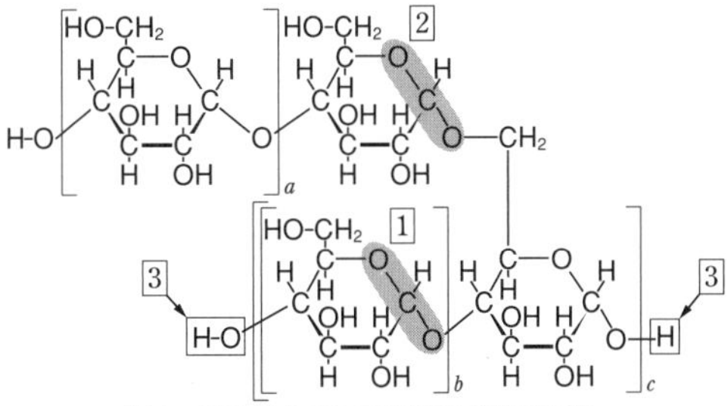

図1 枝分かれのある多糖の構造モデル

クチンやグリコーゲンの構造を図1に示す枝分かれ構造モデルであると仮定すると，高分子試料A・Bの分子量はともに大きく，図1のcは十分に大きい整数であるので，$_{(ii)}$③ に示すふたつの末端のグルコース単位の反応を考慮する必要はない。高分子試料A・Bがもつすべてのヒドロキシ基を，メトキシ基（$-OCH_3$）に変換した後に，希酸でグリコシド結合をすべて加水分解した。この加水分解ではメトキシ基は変化しない。

試料A 4.860 g，試料B 6.480 g から，この加水分解の後に，それぞれ，表1に示す3種の生成物C・D・Eが得られた。

表1　2種類の多糖試料A・Bとそのメトキシ化後に加水分解して得られた生成物の分析結果

	試料	A	B
	質量	4.860 g	6.480 g
生成物の質量	生成物C（分子量：M）	0.260 g	0.832 g
	生成物D（分子量：$M+14.0$）	6.105 g	7.104 g
	生成物E（分子量：$M+28.0$）	0.295 g	0.944 g

(1) 高分子試料A・Bおよび生成物C・D・Eのうちフェーリング液に対して還元性を示すものをすべて，化合物の記号で答えよ。ただし，下線部(ii)の事実に注意せよ。

(2) 下線部(i)の枝分かれ率を試料Aと試料Bで比べると，（Aの枝分かれ率）：（Bの枝分かれ率）＝1：x であった。xの値を有効数字2桁で答えよ。　　〔19 東京慈恵医大〕

準 ◇241. 〈アミノ酸の電離平衡〉

グリシンは水溶液中で3種類のイオンとして存在し，それらの割合はpHに応じて変化する。グリシンの3種類のイオンを a，b，c で表すと，それらは式①で示す平衡状態にあり，式②と式③で示す2段階の電離平衡を伴う。

a $\rightleftharpoons$ b $\rightleftharpoons$ c 　　①

小 $\longleftarrow$ pH $\longrightarrow$ 大

a $\rightleftharpoons$ b＋H^+ 　　②…電離定数 K_1

b $\rightleftharpoons$ c＋H^+ 　　③…電離定数 K_2

等電点は a，b，c の平衡混合物の電荷の合計が0となるときの ア である。このとき イ と ウ が等しくなる。

(1) 文中のイオン a，b，c の構造式を書け。

(2) K_1，K_2 を a，b，c，H^+ のモル濃度 [a]，[b]，[c]，[H^+] を用いて書け。

140 　16 天然高分子化合物

(3) 　ア ～ ウ にあてはまるものを次の記号群から選べ。

[a], [b], [c], [H$^+$], [OH$^-$], pH

(4) 　グリシンのK_1は5.0×10^{-3}mol/L，K_2は2.5×10^{-10}mol/L であり，電離定数Kを常用対数を用いて $pK = -\log_{10} K$ と表すと，pK_1は2.3，pK_2は9.6となる。次の値を有効数字2桁で求めよ。$\log_{10} 2 = 0.30$，$\log_{10} 3 = 0.48$，$\log_{10} 5 = 0.70$

① グリシンの等電点。

② pH＝3.3 の水溶液中において，グリシンのCOOH基が電離してCOO$^-$になっている割合(百分率)。

③ 0.10 mol/L のグリシン水溶液10 mL に 0.10 mol/L の水酸化ナトリウム水溶液6 mL を加えたときのpH。 　　　　　　　　　　　　　　　　　　〔13 新潟大 改〕

準 ◇242. 〈アミノ酸とペプチド〉

7つのα-アミノ酸からなるペプチドⅠはそのペプチド内にリシン，X，Zの3種のα-アミノ酸を含んでいる。このペプチドⅠに適切な還元剤を作用させるとS–S結合が開裂し，ペプチドⅡとペプチドⅢの2つに分かれた。ペプチドⅡおよびⅢに対して塩基性アミノ酸のカルボキシ基側のペプチド結合のみを加水分解する酵素を作用させると，ペプチドⅡはペプチドⅣとペプチドⅤに分かれ，ペプチドⅢは反応しなかった。ペプチドⅢ，Ⅳ，Ⅴのそれぞれの水溶液に対して水酸化ナトリウム水溶液を加え，さらに少量の硫酸銅(Ⅱ)水溶液を加えると，ペプチドⅣの水溶液だけ赤紫色に呈色した。ペプチドⅢ，Ⅳ，Ⅴのそれぞれの水溶液に対して，濃硝酸を加えて加熱後，塩基性にするとすべての水溶液が橙黄色になった。ペプチドⅤはXのみからなるジペプチドであり，分子式が$C_{18}H_{20}N_2O_3$であった。なお，それぞれのα-アミノ酸は側鎖でペプチド結合を形成せず，それぞれのα-アミノ酸の鏡像異性体は区別しないものとする。

(1) 　文中の下線部は何という反応か。

(2) 　α-アミノ酸Xの分子式を書け。

(3) 　ペプチドⅣを完全に加水分解して得られたα-アミノ酸水溶液をろ紙の中央につけ，乾燥させた後，pH 3.0 の緩衝溶液を用いて電気泳動を行った。最も移動したアミノ酸はリシン，X，Zのどれか。またそのアミノ酸は陽極，陰極のどちらに移動したか。

(4) 　α-アミノ酸Xの陽イオンと双性イオンの平衡における電離定数をK_1，双性イオンと陰イオンの平衡における電離定数をK_2としたとき，

$K_1 = 1.5 \times 10^{-2}$mol/L 　$K_2 = 6.0 \times 10^{-10}$mol/L 　であるとすると，$\alpha$-アミノ酸Xの等電点はいくつになるか。$\log_{10} 2 = 0.30$，$\log_{10} 3 = 0.48$

(5) 　ペプチドⅠにはリシン，X，Zがそれぞれ何個ずつ含まれているか。

(6) 　ペプチドⅠのアミノ酸配列は何種類考えられるか。 　　　　　〔17 順天堂大 改〕

† ◇243. 〈核酸の構成成分〉

ペントースであるリボースとデオキシリボースは核酸の構成成分で，①水中で鎖状構造と環状構造の平衡状態で存在している。環状構造をとるこれらの糖に核酸塩基とリン

酸が結合した化合物をヌクレオチドとよぶ。核酸はヌクレオチドがつながった高分子化合物で、②糖とリン酸が交互に連結して形成される主鎖(骨格)に結合した塩基は、決まった塩基間で③水素結合によって塩基対を形成する。

(1) 右図に下線部①の平衡状態におけるリボースの鎖状構造を示す。核酸を構成するリボースの環状構造を記し、右図に対応する炭素原子の番号を示す数字を記せ。構造を記すにあたり、炭素原子の立体配置は示さなくてよい。

(2) 環状構造のリボースにおいて、核酸塩基の窒素原子と結合する炭素原子を上図から選んでその番号を記せ。

(3) 下線部②の核酸の主鎖の構造において、リン酸と脱水縮合するヒドロキシ基をもつ炭素原子を右上図から選んでその番号をすべて記せ。

(4) デオキシリボ核酸(DNA)を構成するデオキシリボースにおいて、ヒドロキシ基が水素に置換した炭素原子を右上図から選んでその番号を記せ。　〔15 京都大〕

(5) 下線部③について、DNA二重らせん中で、グアニンとシトシンは3本の水素結合を形成しているが、図1にならって、図2のグアニンとシトシンの構造式を適切な位置と向きに並べて書き、水素結合を点線で示せ。その際、水素結合の長さがなるべく同じになるように書くこと。必要ならば、構造式を回転させたり反転させたりしても構わない。また、Ⓑはそのままでよい。

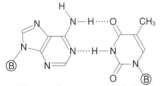

図1　アデニンとチミンの水素結合

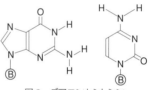

図2　グアニンとシトシン　〔17 日本医大〕

(6) 分子量 $2.56×10^4$ のポリペプチド鎖Aは、アミノ酸B(分子量89)のみを脱水縮合して合成されたものである。図のように、Aがらせん構造をとると仮定すると、Aのらせんの全長Lは何 nm か。最も適当な数値を、下の①〜⑥のうちから一つ選べ。ただし、らせんのひと巻きはアミノ酸の単位3.6個分であり、ひと巻きとひと巻きの間隔を $0.54\,\text{nm}(1\,\text{nm}=1×10^{-9}\,\text{m})$ とする。
H=1.0, C=12, N=14, O=16

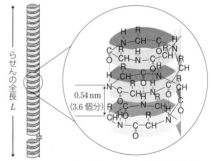

図　ポリペプチド鎖Aのらせん構造の模式図

① 43　② 54　③ 72　④ $1.6×10^2$　⑤ $1.9×10^2$　⑥ $2.6×10^2$　(nm)

〔21 共通テスト 化学〕

17 合成高分子化合物

(◇＝上位科目「化学」の内容を含む項目)

◇ 1 （合成）高分子化合物

(1)**分子量** 分子量は1万以上であるが，一定していない。普通，平均分子量で表す。

(2)**融点・沸点** 一定の融点・沸点をもたない（種々の分子量をもつ分子の混合物だから）。

(3)**付加重合による高分子化合物** ポリエチレン，ポリプロピレンなど。

(4)**縮合重合による高分子化合物** ナイロン66，ポリエステルなど。

(5)**付加縮合による高分子化合物** フェノール樹脂，尿素樹脂，メラミン樹脂など。

◇ 2 繊維

天然繊維	植物繊維	綿・麻	主成分はセルロース，吸湿性，酸に弱い。
	動物繊維	羊毛・絹	主成分はタンパク質，保温性，塩基に弱い。
化学繊維	再生繊維	レーヨン	セルロースを溶解後，繊維状に再生したもの。
	半合成繊維	アセテート	セルロースを部分的にアセチル化したもの。
	合成繊維	ナイロン（ポリアミド），ポリエステル，アクリル繊維，ビニロン	

補足 ① **レーヨン** セルロースを化学的に溶かした溶液から，再び繊維として再生した繊維。銅アンモニアレーヨンとビスコースレーヨンがある。

② **アセテート** もとのセルロースとは構造が少し変化した半合成繊維。

③ **ナイロン** アジピン酸とヘキサメチレンジアミンの縮合重合でナイロン66が，カプロラクタムの開環重合でナイロン6が合成される。

$$\begin{array}{c} {+\!\!\begin{matrix} C\text{-}(CH_2)_4\text{-}C\text{-}N\text{-}(CH_2)_6\text{-}N \\ \| \qquad\quad \| \qquad\qquad\quad \mid \\ O \qquad\quad O \qquad H \end{matrix}\!\!+}_n \end{array} \qquad \begin{array}{c} CH_2\!\!\begin{matrix} \diagup CH_2\text{-}CH_2\text{-}C\text{=}O \\ \diagdown CH_2\text{-}CH_2\text{-}N\text{-}H \end{matrix} \end{array}$$

ナイロン66 　　　　　　　　　　　カプロラクタム

④ **ポリエステル** テレフタル酸とエチレングリコールの縮合重合でポリエチレンテレフタラート（PET）が合成される。

$$\begin{array}{c} {+\!\!\begin{matrix} C\text{-}\!\!\bigcirc\!\!\text{-}C\text{-}O\text{-}CH_2\text{-}CH_2\text{-}O \\ \| \qquad\qquad \| \\ O \qquad\qquad O \end{matrix}\!\!+}_n \end{array}$$

ポリエチレンテレフタラート

⑤ **ビニロン** 酢酸ビニルを付加重合，けん化，アセタール化して得る合成繊維。

◇ 3 合成樹脂（プラスチック）

(1)**付加重合による合成樹脂** ポリエチレン，ポリ塩化ビニル，ポリ酢酸ビニル，ポリスチレン，メタクリル樹脂などがある。

(2)**縮合重合による合成樹脂** ポリエステル，ポリアミド（ナイロン），エポキシ樹脂などがある。

(3)**付加縮合による合成樹脂** フェノール樹脂，尿素樹脂，メラミン樹脂などがある。

(4)**構造と性質** 鎖状構造の高分子は，加熱すると軟らかくなる性質（**熱可塑性**）がある。立体網目状構造の高分子は，加熱により一度硬化すると，加熱しても再び軟化はしない（**熱硬化性**）。

◇ 4 ゴム

(1)**天然ゴム** イソプレン $CH_2\text{=}C(CH_3)\text{-}CH\text{=}CH_2$ が付加重合した構造。**加硫** を行う。

(2)**合成ゴム** ブタジエンゴム，クロロプレンゴム，スチレン-ブタジエンゴムなどがある。

17 合成高分子化合物　143

244. 〈高分子化合物〉
下記の構造式で示されるポリマー(A)〜(I)について，以下の問いに答えよ。

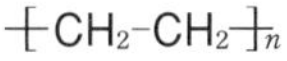

(A) －[CH₂-CH₂]ₙ－　　(B) －[CH₂-CH(CN)]ₙ－　　(C) …CH₂-CH(OH)-CH₂-CH(OH)-CH₂-CH-O-CH₂…

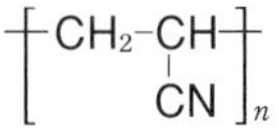

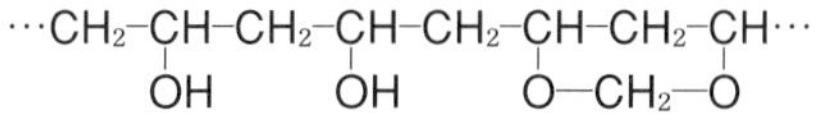

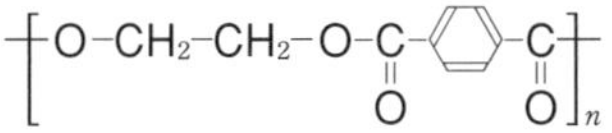

(D) －[O-CH₂-CH₂-O-CO-C₆H₄-CO]ₙ－

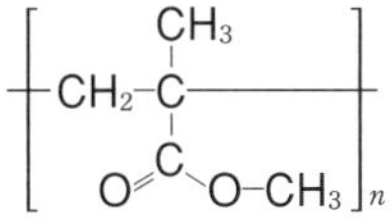

(E) －[CH₂-C(CH₃)(COOCH₃)]ₙ－

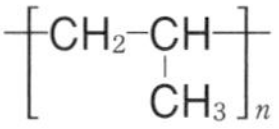

(F) －[CH₂-CH(CH₃)]ₙ－

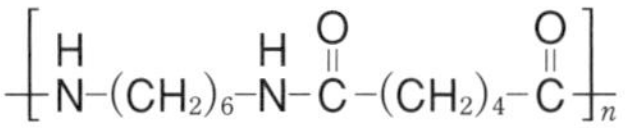

(G) －[NH-(CH₂)₆-NH-CO-(CH₂)₄-CO]ₙ－

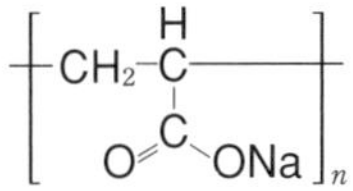

(H) －[CH₂-CH(COONa)]ₙ－

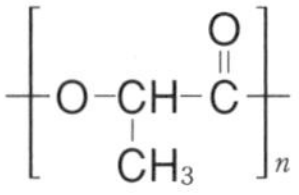

(I) －[O-CH(CH₃)-CO]ₙ－

(1) (A)〜(I)のポリマーの名称を記せ。
(2) モノマーから合成するとき，(A)〜(G)は
　(あ) 付加重合，(い) 付加重合とその後の化学反応，(う) 縮合重合
　のいずれの反応によってつくられるか。それぞれ最も適切なものを選べ。
(3) 下記の①〜④の用途で使われるポリマーは，主に(A)〜(I)のいずれかの構造を含んでいる。それぞれの用途で最も適切なものを(A)〜(I)の中から選べ。
　① 生分解性プラスチック
　② 毛布用の繊維
　③ プラスチックレンズ
　④ 吸水性高分子
〔17 九州工大 改〕

245. 〈天然繊維と合成繊維〉
天然　ア　繊維の木綿は，β-グルコースが　イ　重合した　ウ　が主成分で，肌触りがよく，吸湿性がよいため衣料はもちろん，ガーゼなど医療用品にも広く用いられている。　エ　繊維としては，絹と羊毛がある。いずれもタンパク質が主成分であるが，羊毛のタンパク質は　オ　とよばれ，　カ　を多く含むためジスルフィド結合によって網目状に結ばれている。
　合成繊維として最もよく用いられているものは，ナイロン，　キ　繊維，ポリエステルである。6,6-ナイロン(ナイロン66)は　ク　と　ケ　が重合したものであり，また　キ　繊維は，羊毛に似た肌触りの繊維で，　コ　が　サ　重合したものが主成分である。また，ポリエステルはPETが代表例で，これは　シ　と　ス　が重合したものである。

144 　17 合成高分子化合物

その他，繊維には，天然繊維(セルロースなど)を化学反応により溶解させ，再び繊維状の高分子化合物にした　セ　繊維や，天然繊維(セルロース)を化学的に加工して構造の一部を変えた　ソ　繊維などもある。合成繊維，　セ　繊維，　ソ　繊維は，化学繊維とよばれる。

(1) 　ア　〜　ソ　に適切な語句，物質名を書け。

(2) (a) 6,6-ナイロン　(b) ポリ　コ　(c) PET　の構造式を書け。〔07 昭和薬大 改〕

246. 〈セルロースと繊維〉

木材から得られるパルプは，セルロース($[C_6H_7O_2(OH)_3]_n$)を主成分とするが，繊維としては短い。セルロースを適当な溶液に溶かして紡糸した繊維は(あ)繊維とよばれる。

セルロースを水酸化ナトリウムで処理した後，二硫化炭素と反応させ，アルカリ水溶液に溶かすと，粘性の高い(い)とよばれる溶液が得られる。これを希硫酸中に押し出して繊維にしたものが(う)である。

セルロースを銅アンモニア溶液に溶かし，これを希硫酸中に押し出して，繊維にしたものは(え)とよばれる。

また，セルロースに酢酸，無水酢酸，濃硫酸の混合物を作用させると，(お)基がアセチル化され，トリアセチルセルロースが得られる。トリアセチルセルロースのエステル結合を一部加水分解して繊維にしたものを，(か)という。(か)は(お)基をもつため適度な吸湿性を示す。

(1) (あ)〜(か)にあてはまる最も適切な語句を記せ。

(2) トリアセチルセルロースを 57.6 g 得るには，セルロースは何 g 必要か。有効数字3桁で答えよ。H=1.00, C=12.0, O=16.0 〔16 九州工大〕

247. 〈合成繊維〉

(1) 次の文の( )に当てはまる語句を書け。ただし，(D)については下から選べ。

(H=1.0, C=12, O=16)

酢酸ビニルを(A)重合させて得たポリ酢酸ビニルを，水酸化ナトリウムで(B)すると，ポリビニルアルコールになる。これを繊維状に固めたものにホルムアルデヒド水溶液を作用させて(C)すると，ビニロンができる。ポリビニルアルコール 88 g からビニロン 93 g が生成したとすると，ポリビニルアルコール中のヒドロキシ基のうち約(D)% が反応したことになる。

D：20　30　40　50　60 〔17 早稲田大〕

(2) ε-カプロラクタムに少量の水を加えて加熱すると，開環重合が起こり，ナイロン6が得られる。この反応の化学反応式を記せ。 〔19 同志社大 改〕

(3) 次の　ア ，　イ　に当てはまる最も適切な語句と，下線部の高分子化合物の構造式を書け。

17 合成高分子化合物　145

ナイロン66のメチレン鎖の部分を　ア　に置き換えたポリ(p-フェニレンテレフタルアミド)は、代表的な　イ　繊維の一つである。この繊維は、ナイロン66よりもさらに強度や耐久性に優れるため、消防服に使われている。　〔19 群馬大 改〕

⊛248.〈合成樹脂〉

合成樹脂(プラスチック)は　A　樹脂と　B　樹脂に大別される。　A　樹脂は加熱するとやわらかくなって成形加工が容易になる。一方、　B　樹脂は加熱してもやわらかくならない。

　A　樹脂のうち、①ポリエチレンはバケツなどの日用雑貨に使われており、②ポリ酢酸ビニルは接着剤やガムに使われている。また、発泡スチロールとして利用される③ポリスチレンや、有機ガラスとして利用される④ポリメタクリル酸メチル、銅線の被膜や農業用シートなどに用いられる⑤ポリ塩化ビニルなどがある。

一方、　B　樹脂にもさまざまなものが知られている。フェノールと　C　を酸または塩基を触媒として加熱し合成されるフェノール樹脂、メラミンや尿素を　C　と加熱して合成される　D　、多価カルボン酸と多価アルコールから合成される　E　、ビスフェノール類とエピクロロヒドリンから合成される　F　などが例である。また、分子内にケイ素を含む　G　はその耐熱性・耐水性などから防水材や医療材料として使われている。

(1)　A　～　C　に入る最も適切な語句・化合物名を記せ。

(2)　下線部①～⑤の単量体(モノマー)の構造式を書け。

(3)　D　～　G　に入る最も適切な物質名をそれぞれ下の(ア)～(オ)から選べ。

　(ア) アミノ樹脂　　(イ) アルキド樹脂　　(ウ) シリコーン樹脂　　(エ) エポキシ樹脂

　(オ) フッ素樹脂　　　　　　　　　　　　　　　　〔12 秋田大, 12 名古屋工大 改〕

⊛249.〈ゴム〉

ゴムノキから　ア　と呼ばれる乳白色の粘性のある樹液が得られる。これは一種のコロイド溶液であり、　イ　を加えて凝固させたものを　ウ　ゴムという。　ウ　ゴムの主成分は①ポリイソプレンと呼ばれる高分子化合物であり、その繰り返し単位構造には二重結合が一個存在し、その立体構造(シス-トランス異性)は　エ　形である。

　ウ　ゴムをよく練ることで加工性を上げ、　オ　を加えさらに加熱しながら混合する。このことより分子間に化学的(化学結合を介した)な　カ　構造が形成され、高い弾性率をもつゴムがつくられる。自動車用のタイヤとして利用するには、さらにカーボンブラック(CB)などの補強剤を添加している。タイヤが黒いのは、CBが含まれるためである。

一方、石油から人工的に製造される　キ　ゴムがあり、スチレンとブタジエンの　ク　によって得られるスチレン-ブタジエンゴム(SBR)がその一例である。多種多様なSBRが製造されているが、十分な長さの②ポリスチレン部分と③ポリブタジエン部分からなるSBRでは、ポリスチレン部分が物理的な相互作用を介して凝集することによ

って，擬似的な　カ　構造の役割を果たす。これは，凝集したポリスチレンが室温では硬く流動性を持たないことによる。この　カ　構造は化学結合を介したものではないため，④熱を加えると軟らかくなり塑性変形を起こし，再度冷却すると硬くなる性質を有しており，繰り返し何度も成型加工が可能なゴムとなる。

(1) 文中の空欄□□に当てはまる適当な語を記せ。

(2) 下線部①～③の高分子化合物の構造式を記せ。異性体がある場合はいずれか一つを記せばよい。

(3) SBR 100 g に含まれるブタジエン由来の単位構造中の二重結合をすべて水素付加するのに水素が 2.50 g 必要であった。この SBR のスチレン由来の単位構造とブタジエン由来の単位構造の物質量 (mol) 比はいくらであるかを求め，最も簡単な整数比で記せ。SBR の末端の構造は無視して考えよ。H＝1.0，C＝12，O＝16

(4) 下線部④の性質を有する樹脂を一般に何と呼ぶか。〔17 名古屋工大〕

必 °250. 〈高分子化合物の計算〉

H＝1.00，C＝12.0，N＝14.0，O＝16.0

(1) ある PET (ポリエチレンテレフタラート) の 1 分子中には 1.0×10^3 個のエステル結合が存在していた。この PET の分子量を有効数字 2 桁で求めよ。〔17 岩手大〕

(2) ナイロン 66 に関して，アジピン酸 10 g を十分な量のヘキサメチレンジアミンと重合させたときに得られるナイロン 66 の質量 (g) を有効数字 2 桁で求めよ。ただし，得られたナイロン 66 の平均分子量は十分に大きく，アジピン酸はすべて重合したとする。〔17 岐阜大〕

(3) 分子量 7290 のポリ乳酸 100 g が微生物によって完全に分解された場合，発生する二酸化炭素の体積は標準状態で何 L か。また，この二酸化炭素から植物の光合成により何 g のグルコースをつくることができるか。有効数字 3 桁で答えよ。〔12 早稲田大〕

(4) 141 g のフェノールと 60.0 g のホルムアルデヒドのいずれもすべてを，適切な触媒を用い，硬化剤を加えずに反応させてフェノール樹脂を得た。このフェノール樹脂の質量を g 単位で求めよ。ただし，有効数字は 3 桁とする。また，ホルムアルデヒドは，すべてフェノールのベンゼン環をつなぐのに使われた。〔18 新潟大〕

B

準 °251. 〈イオン交換樹脂〉

合成高分子化合物のうち，特別な機能を備えたものを機能性高分子化合物とよぶ。そのうち，水溶液中のイオンを別のイオンと交換するはたらきをもつ合成樹脂をイオン交換樹脂とよぶ。一般的なイオン交換樹脂は，スチレンに少量の p-ジビニルベンゼンを混ぜて　ア　させ，さらに酸性や塩基性の官能基を導入してつくられる。例えば，酸性

のスルホ基(-SO₃H)を導入したイオン交換樹脂を塩化ナトリウム水溶液に浸すと，樹脂中の イ は ウ と交換される。この様な樹脂を エ 樹脂とよぶ。一方，アルキルアンモニウム基(-N⁺R₃, Rはアルキル基)を導入したものを， オ 樹脂という。イオン交換機能が低下した樹脂は， カ 反応を起こすことを利用して再生することができる。

(1) □ にあてはまる適切な語句やイオンを(a)〜(l)から選べ。
 (a) 陰イオン交換 (b) 陽イオン交換 (c) 脱イオン (d) 共重合 (e) 開環重合
 (f) 可逆 (g) 不可逆 (h) Na⁺ (i) Cl⁻ (j) Ca²⁺ (k) OH⁻ (l) H⁺

(2) 右図のように平均分子量 $5.20×10^4$ のポリスチレン重合体に濃硫酸を加え，一部のベンゼン環にスルホ基を導入した。その結果，元素分析から硫黄Sが占める質量が15.0%の重合体が得られたことがわかった。使用したポリスチレン重合体に存在する全ベンゼン環の何%にスルホ基が導入されたか求めよ。ただし，解答は有効数字2桁で示せ。H=1.0，C=12，O=16，S=32　　〔21 岐阜大〕

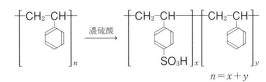

(3) 十分な量の陽イオン交換樹脂を詰めた円筒に濃度未知の硫酸銅(Ⅱ)水溶液10.0 mLを通した後，純水で完全に洗い流した。この無色透明の流出液を $5.00×10^{-2}$ mol/Lの水酸化ナトリウム水溶液で中和滴定したところ，中和点までに要した水酸化ナトリウム水溶液の体積は16.8 mLであった。用いた硫酸銅(Ⅱ)水溶液の濃度〔mol/L〕を有効数字3桁で答えよ。ただし，すべての反応は完全に進行するものとする。
〔17 北海道大〕

(4) セリン，リシン，アスパラギン酸の3種類のアミノ酸の混合水溶液を強酸性にして，この溶液をスルホ基をもつ陽イオン交換樹脂が充填されたカラムに通すと，すべてのアミノ酸が樹脂に吸着された。pHの異なる複数の緩衝液を用意して，カラム(陽イオン交換樹脂)に通す緩衝液のpHを大きくしていくと，3つのアミノ酸を一つずつ溶出して分離することができた。陽イオン交換樹脂から溶出された順番にアミノ酸の名称を答えよ。

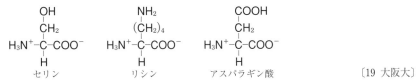

〔19 大阪大〕

252. 〈合成樹脂〉

(1) 次の文中の空欄 □ に入る語句を，それぞれ下から選べ。
　ポリエチレンは，エチレンを ① して得られる。触媒を用いて約60℃，常圧で合成される ② ポリエチレンは，分子の枝分れが少なく，結晶領域が ③ 。一方，高圧で合成される ④ ポリエチレンは，分子に枝分れが多く，結晶領域が ⑤ 。

148 　17 合成高分子化合物

　　(ア) 付加重合　(イ) 縮合重合　(ウ) 少ない　(エ) 多い　(オ) 低密度　(カ) 高密度

〔14 北里大〕

(2)　熱可塑性樹脂を次の(ア)～(カ)から 3 つ選んでその記号を書け。

　　(ア) メタクリル樹脂　(イ) メラミン樹脂　(ウ) 尿素樹脂　(エ) フッ素樹脂
　　(オ) ポリプロピレン　(カ) エポキシ樹脂

〔16 新潟大〕

(3)　付加重合，縮合重合，付加縮合で合成される高分子化合物を下の選択肢の中から 3 つずつ選べ。

　　(ア) ポリスチレン　(イ) 尿素樹脂　(ウ) ポリ酢酸ビニル
　　(エ) ポリメタクリル酸メチル　(オ) メラミン樹脂　(カ) ナイロン 66
　　(キ) ポリ乳酸　(ク) アラミド繊維　(ケ) フェノール樹脂

〔16 立命館大〕

(4)　テレフタル酸と 2 分子のエチレングリコールを反応させると化合物 X が得られる。さらに，化合物 X の縮合重合によりポリエチレンテレフタラート（PET）が得られる。この縮合重合は可逆反応であるため，PET からつくられたペットボトルなどを粉砕し，エチレングリコールを加えて反応させると，化合物 X が得られる。こうした，石油資源の有効活用方法を 　　 リサイクルという。

$$\text{HO-CO} \langle \rangle \text{CO-OH} + 2\text{HO-CH}_2\text{-CH}_2\text{-OH} \longrightarrow$$

テレフタル酸　　　　　　　　　エチレングリコール

$$\text{HO-CH}_2\text{-CH}_2\text{-O-CO} \langle \rangle \text{CO-O-CH}_2\text{-CH}_2\text{-OH} + 2\text{H}_2\text{O}$$

X

$$n\,\text{HO-CH}_2\text{-CH}_2\text{-O-CO} \langle \rangle \text{CO-O-CH}_2\text{-CH}_2\text{-OH} \rightleftharpoons$$

X

$$\text{-}\!\!\left[\text{CO} \langle \rangle \text{CO-O-CH}_2\text{-CH}_2\text{-O}\right]_n + n\,\text{HO-CH}_2\text{-CH}_2\text{-OH}$$

PET

　①　　　　 にあてはまる語句を書け。

　②　19.2 g の PET を十分量のエチレングリコールを用いて化合物 X まで完全に分解したときの，得られる化合物 X の質量(g)を求めよ。解答は有効数字 3 桁で示せ。
　　H＝1.0，C＝12.0，O＝16.0 とする。

〔22 京都府医大〕

†◦253. 〈機能性高分子化合物〉

(1)　ポリアクリル酸ナトリウムは，アクリル酸ナトリウムの重合によって得られるが，このとき架橋剤を適度に加えることで，立体網目構造をもつポリアクリル酸ナトリウム樹脂ができる。この樹脂は，水に触れると，透明なゲルとなってその水を保持することができる。そのしくみは，網目内の官能基（ ア ）が（ イ ）と（ ウ ）に電離し，（ イ ）どうしの反発で広がった網目構造の中に水を取りこむ。また，網目内のイオン濃度が上がっているので，（ エ ）により，さらに水が入りやすくなる。このため，こ

の材料の海水の吸水量は，真水にくらべて（オ：多い・少ない）。この材料は，衛生用品の吸水剤や砂漠を緑化する保水剤などとして利用されている。

(ア)～(ウ)に適切な化学式を，(エ)に語句を入れよ。また，(オ)についてはいずれかを選べ。　　　　　　　　　　　　　　　　　　　　　　　　　　　〔13 岡山大〕

(2) ポリビニルアルコールにケイ皮酸をエステル化させて得られる感光性樹脂は，強い光や紫外線を当てると分子間に架橋構造ができて硬くなる。これは集積回路の基板や印刷版などに利用されている。この感光性樹脂の構造式を下図の例にならって記せ。

〔07 金沢大〕

準❖254.〈ナイロンの合成〉

ナイロン 66 を合成するため，以下の操作を行った。H＝1.0，C＝12，N＝14，O＝16

操作1：ビーカー中の水 20 mL にヘキサメチレンジアミン $H_2N(CH_2)_6NH_2$ 1 g と水酸化ナトリウム NaOH 0.5 g を溶かし溶液 X とした。

操作2：試験管にヘキサン C_6H_{14} を 10 mL 取り，アジピン酸ジクロリド $ClOC(CH_2)_4COCl$ を 1 mL 加えて溶解し溶液 Y とした。

操作3：溶液 X にガラス棒を伝わらせて溶液 Y を静かに加え，その境界に生じる薄い膜をピンセットでゆっくりと引き上げ試験管に巻き取った後，アセトン CH_3COCH_3 で洗い十分乾燥させると，回収したナイロン 66 の重量は 0.113 g であった。

(1) ナイロン 66 を合成するために使用した化合物のうち，引火性のため火気に注意し通気の良い場所で取り扱うべきものの名称をすべて答えよ。

(2) ナイロン 66 の合成反応を表す化学反応式を答えよ。

(3) 操作1で使用したヘキサメチレンジアミンのうち，何％がナイロン 66 の原材料として反応したか。有効数字2桁で答えよ。　　　　　　　　　　　　〔18 帯広畜産大〕

18 巻末補充問題（総合問題） （◇＝上位科目「化学」の内容を含む項目）

255. 〈同位体に関する問題〉 思考

(1) 三塩化ホウ素 BCl₃ は右図のような平面三角形の構造である。ホウ素は質量数 11 の原子のみが存在し、塩素は質量数 35 と 37 の 2 種類の同位体が ³⁵Cl : ³⁷Cl＝3 : 1 で存在するものと仮定する。このとき BCl₃ には質量数の総計が異なる分子(a)〜(d)が存在する。

(a) 116　(b) 118　(c) 120　(d) 122

(a)〜(d)の存在比を最も簡単な整数比で答えよ。　　　　〔11 摂南大 改〕

(2) 生物や化石燃料の主要構成元素である炭素の同位体のうち、質量数□□の同位体は、半減期（半分が放射壊変して別の同位体に変化するのに要する時間）が 5730 年の放射性同位体で、考古学試料などの年代測定に用いられている。大気中の二酸化炭素に含まれる放射性炭素の比率はほぼ一定であるが、地球に到達する宇宙線強度の変化、化石燃料の使用、1945 年以降の核実験の影響などによって変動してきた。

① □□ にあてはまる数値を答えよ。

② 下線部の影響により、大気中の二酸化炭素に含まれる放射性炭素の比率は変動してきた。宇宙線強度の増加、および化石燃料の使用は、放射性炭素の比率を増加させるか、減少させるか。それぞれについて記せ。　　　　〔13 東京大〕

256. 〈分子の形〉 思考

多くの分子やイオンの立体構造は、電子対間の静電気的な反発を考えると理解できる。例えば、CH₄ 分子は、炭素原子のまわりにある四つの共有電子対間の反発が最小になるように、正四面体形となる。同様に、H₂O 分子は、酸素原子のまわりにある四つの電子対（二つの共有電子対と二つの非共有電子対）間の反発によって、折れ線形となる。電子対間の反発を考えるときは、二重結合や三重結合を形成する電子対を一つの組として取り扱う。例えば、CO₂ 分子は、炭素原子のまわりにある二組の共有電子対（二つの C＝O 結合）間の反発によって、直線形となる。

(1) いずれも鎖状の HCN 分子および亜硝酸イオン NO₂⁻ について、最も安定な電子配置（各原子が希ガス（貴ガス）原子と同じ電子配置）をとるときの電子式を以下の例にならって示せ。等価な電子式が複数存在する場合は、いずれか一つ答えよ。

(例) Ö::C::Ö　　[H:Ö:H]⁺
　　　　　　　　　　H

(2) 下線部の考え方に基づいて、以下にあげる鎖状の分子およびイオンから、最も安定な電子配置における立体構造が直線形となるものをすべて選べ。

　HCN　　NO₂⁻　　NO₂⁺　　O₃　　N₃⁻　　　　〔20 東京大〕

(3) アンモニア分子とオキソニウムイオンは、ともに 1 個の非共有電子対をもっている。アンモニア分子に水素イオンが 1 個結合した配位結合は存在するが、オキソニウムイオンに水素イオンが 1 個結合したイオンは通常存在しない。存在しない理由を考えよ。

〔滋賀医大〕

257.〈極性と水素結合〉思考

トリクロロベンゼンの各異性体の中で最も小さな極性の異性体は，① トリクロロベンゼンである。ジクロロベンゼンでは，② 置換体が最も大きな極性を示す。いま，② 置換体を平面正六角形と仮定し，分子内の Cl 原子どうしの反発と C-H 結合の極性を無視する。このとき，それぞれの C-Cl 結合の電荷のかたよりの大きさを X とすると，② 置換体の極性の大きさは ③ となる。

① ～ ③ に最も適切な選択肢(ア)～(セ)を選び，記号で答えよ。

(ア) 1, 2, 3- (イ) 1, 2, 4- (ウ) 1, 3, 5- (エ) オルト (オ) メタ (カ) パラ

(キ) 0 (ク) $\dfrac{X}{2}$ (ケ) $\dfrac{\sqrt{2}}{2}X$ (コ) $\dfrac{\sqrt{3}}{2}X$ (サ) X (シ) $\sqrt{2}X$ (ス) $\sqrt{3}X$ (セ) $2X$

〔慶応大〕

258.〈黒鉛の結晶構造と密度〉思考

図1は黒鉛の結晶構造を示している。炭素原子が一辺 0.142 nm の正六角形に規則正しく並んだ層をつくり，このような層が 0.335 nm の間隔を保って上下につながっている。上下につながる第1層と第2層は少しずれた配置で，構成する炭素原子の半分が上下で重なった位置にあり，残りの炭素原子は上下の層の正六角形の中心の位置にある。このような黒鉛の結晶表面を走査トンネル顕微鏡という特殊な顕微鏡を用いて観察したところ，図2のように明るく見える部分が正三角形に規則正しく並んでいるように見えた。

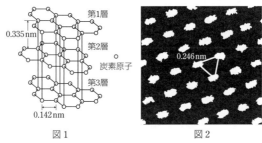

図1   図2

(1) 一辺の長さから判断してこのように見える理由として最も適切なものをア～ウより選べ。

ア 6個の炭素原子からなる正六角形のまとまりが1つおきに明るく見えている。

イ 表面第1層の炭素原子だけではなく，すぐ下第2層の炭素原子も明るく見えている。

ウ 表面第1層にある炭素原子のうち，1つおきの炭素原子だけが明るく見え，残りの半分は見えていない。

(2) 黒鉛の密度 (g/cm^3) を有効数字 2 桁で求めよ。C=12.0, $\sqrt{2}=1.41$, $\sqrt{3}=1.73$, アボガドロ定数は $6.02\times10^{23}/mol$

〔東京理大〕

259. ⟨結晶の構造⟩

(1) SiO_2 の結晶中のケイ素原子は4個の酸素原子と結合しており，これらの酸素原子はケイ素元素を中心とする正四面体の頂点にある。ケイ素と酸素の原子間距離を r とすると，隣り合う酸素と酸素の原子間距離は（　）r である。
（　）にあてはまる数式を書け。　　〔京都大〕

(2) ケイ素と酸素からなる二酸化ケイ素 SiO_2 の結晶中には Si 原子1個あたり4つの Si-O 結合が存在する。Si-O 結合の平均結合エネルギーを kJ/mol 単位で求め，有効数字3桁で答えよ。ただし，平均結合エネルギーは SiO_2 結晶のすべての結合を切断して Si 原子と O 原子を生成するために必要なエネルギーを結合の数で割った値である。SiO_2(固) と Si(気) の生成熱はそれぞれ 911 kJ/mol，-451 kJ/mol で，O_2 の結合エネルギーは 498 kJ/mol である。　　〔13 大阪大　改〕

260. ⟨揮発性液体物質の分子量測定⟩

揮発性の液体物質の分子量を求めるために，図のような内容積 100 mL の容器を用いて，次の手順で実験した。〔　〕内の値を用いて下記の問いに答えよ。ただし，気体はすべて理想気体とし，液体の体積は無視する。また，温度による容器の体積変化は無視でき，容器内の圧力は大気圧に保たれるものとする。

〔27°C での液体物質の蒸気圧：$1.50×10^4$ Pa, 大気圧：$1.00×10^5$ Pa，
気体定数：$8.31×10^3$ Pa·L/(mol·K)，27°C での空気の密度：$1.00×10^{-3}$ g/mL〕

操作① 容器の質量を 27°C で測定すると 5.050 g であった。
操作② 容器に液体物質を約 1 g 入れ，77°C で液体を完全に蒸発させた。
操作③ 27°C まで冷却してから質量を測定すると 5.500 g であった。

気体が出入りできる細管
容積 100 mL

(1) 操作①で容器内に入っていた空気の質量(mg)を求めよ。
(2) 操作③で 27°C まで冷却した後に容器内に存在している空気の分圧(Pa)と質量(mg)をそれぞれ有効数字2桁で求めよ。
(3) 操作③で容器内に残っている液体物質の質量(mg)を有効数字3桁で求めよ。
(4) 液体物質の分子量を有効数字3桁で求めよ。　　〔11 明治薬大〕

261. ⟨活性化エネルギー⟩

化学反応の反応速度定数 k は，活性化エネルギー E_a 〔J/mol〕と絶対温度 T 〔K〕，気体定数 R 〔J/(mol·K)〕，比例定数 A を用いて，次のアレニウスの式で表される。

$$k = A e^{-E_a/RT}$$

密閉した反応容器中で，1分子の物質 A(気体) と 1分子の物質 B(気体) を反応させると，2分子の物質 C(気体) と 3分子の物質 D(固体) が生成すると仮定する。

A(気) + B(気) ⟶ 2C(気) + 3D(固)

この反応に対する 300 K および 350 K での速度定数 k が次の表の通りであるとき，活性化エネルギー E_a は $\boxed{}×10^2$ kJ/mol である。

に入る数字を有効数字2桁で答えよ。($R = 8.3\,\mathrm{J/(K \cdot mol)}$, $\log_e 10 = 2.3$)

〈反応に対する速度定数 k の温度依存性〉

温度 T〔K〕	速度定数 k
300	1.0×10^{-6}
350	1.0×10^{-3}

〔20 九州大〕

262. 〈二酸化炭素水溶液の電離平衡と鍾乳洞〉 思考

鍾乳洞は，炭酸カルシウム $CaCO_3$ を主成分とする石灰岩が二酸化炭素 CO_2 を含む地下水に溶かされて洞窟になったものであり，その過程は次の反応で説明できる。

$$CaCO_3(固) + CO_2 + H_2O \rightleftarrows \boxed{\text{ア}} + 2\boxed{\text{イ}} \qquad ①$$

このことを確認するために，透明の反応容器内で生石灰 CaO $5.6 \times 10^{-2}\,\mathrm{g}$ を純水 $1.0\,\mathrm{L}$ に溶解し，この溶液に不活性ガス（貴ガス）と CO_2 の混合ガスを吹き込んで，沈殿の生成と溶解の様子を観察した。その結果，混合ガスを吹き込むと溶液が白濁するが，CO_2 の分圧（P_{CO_2}）が一定の値以上になると白濁した溶液が再び透明になることを確認した。

沈殿の完全溶解に必要な P_{CO_2} の値は，次のようにして推定することができる。CO_2 は水に溶けると H_2CO_3 となるが，この H_2CO_3 の濃度は P_{CO_2} に比例し，その比例定数は $3.2 \times 10^{-7}\,\mathrm{mol/(L \cdot Pa)}$ であることが知られている。また，溶液中では次の反応が起こることもわかっている。

$$H_2CO_3 \rightleftarrows H^+ + HCO_3^- \qquad K_2 = 5.0 \times 10^{-7}\,(\mathrm{mol/L}) \qquad ②$$

$$HCO_3^- \rightleftarrows H^+ + CO_3^{2-} \qquad K_3 = 5.0 \times 10^{-11}\,(\mathrm{mol/L}) \qquad ③$$

$$CaCO_3(固) \rightleftarrows Ca^{2+} + CO_3^{2-} \qquad K_4 = 4.0 \times 10^{-9}\,(\mathrm{mol^2/L^2}) \qquad ④$$

ここで，K_2, K_3 はそれぞれ反応②，③の平衡定数，K_4 は $CaCO_3$ の飽和溶液における陰陽両イオンのモル濃度の積（$K_4 = [Ca^{2+}][CO_3^{2-}]$）であり，一定の温度でそれぞれ一定の値を示す。これらのことを考慮すると，まず，H_2CO_3, HCO_3^-, CO_3^{2-} の濃度は P_{CO_2} と $[H^+]$ を用いてそれぞれ次のように表される。

$$[H_2CO_3] = 3.2 \times 10^{-7} \times P_{CO_2}\,(\mathrm{mol/L}) \qquad ⑤$$

$$[HCO_3^-] = \boxed{\text{A}} \times \frac{P_{CO_2}}{[H^+]}\,(\mathrm{mol/L}) \qquad ⑥$$

$$[CO_3^{2-}] = \boxed{\text{B}} \times \frac{P_{CO_2}}{[H^+]^2}\,(\mathrm{mol/L}) \qquad ⑦$$

次に，これらの反応が中性付近の水溶液中で起こっているものとすれば，この水溶液中に存在するおもな陰イオンは $\boxed{\text{ウ}}$ であり，また陽イオンは $\boxed{\text{エ}}$ であるから，それぞれの電荷を考慮すると次の関係式が近似的に成立する。

$$[\boxed{\text{オ}}] = 2[\boxed{\text{カ}}] \qquad ⑧$$

一方，上の実験において $CaCO_3$ が完全に溶解するときは $K_4 = [Ca^{2+}][CO_3^{2-}]$ の関係にもとづいて次の式が得られる。

$$[CO_3^{2-}] \leqq \boxed{\text{C}}\,(\mathrm{mol/L}) \qquad ⑨$$

したがって，これらの式から P_{CO_2} の値を求めると，$P_{CO_2} \geqq \boxed{\text{D}}\,(\mathrm{Pa})$ となる。なお，

[H⁺]の値については，$P_{CO_2}=$ D (Pa) のとき [H⁺]= E (mol/L) と得られるので，中性付近の水溶液と仮定したことと矛盾しない。

(1) ア ～ カ にそれぞれ適切なイオン式を記入せよ。ただし，記入するイオン式は重複してよいものとする。
(2) A ～ E にそれぞれ適切な数値を有効数字2桁で記入せよ。ただし，物質の溶解に伴う溶液の体積変化は無視できるものとする。C=12.0，O=16.0，Ca=40.0
(3) 鍾乳石は鍾乳洞内部の地下水の滴下するところで見られる自然の造形物であり，その主成分はやはり $CaCO_3$ である。大気中の P_{CO_2} がおよそ30 Paであることを考慮して，鍾乳石の生成過程を簡潔に説明せよ。〔05 京都大〕

◇263.〈錯イオンの生成と平衡定数〉

文章を読み，□に適した数値を求めよ。なお，根号√ がつく場合はそのままでよい。
水に溶けにくい塩もアンモニア水によく溶ける場合がある。これは錯イオンの生成による。塩化銀は水には溶けにくいが，アンモニア水にはよく溶ける。この例について考えてみよう。塩化銀は飽和水溶液中で①式の平衡状態にある。

$$AgCl(固体) \rightleftharpoons Ag^+ + Cl^- \quad \cdots\cdots ①$$

このとき，銀イオンのモル濃度 [Ag⁺] と塩化物イオンのモル濃度 [Cl⁻] との積は一定で，その値は②式で与えられる。

$$K_{sp}=[Ag^+][Cl^-]=2.8\times10^{-10}(mol/L)^2 \quad \cdots\cdots ②$$

したがって，塩化銀の飽和水溶液1L中の Ag⁺ の量は A mol である。この溶液にアンモニアを加えると，Ag⁺ はアンモニアと反応し，③式の平衡が成り立つようになる。

$$Ag^+ + 2NH_3 \rightleftharpoons [Ag(NH_3)_2]^+ \quad \cdots\cdots ③$$

この反応の平衡定数の値は，④式で与えられる。

$$K=\frac{[[Ag(NH_3)_2]^+]}{[Ag^+][NH_3]^2}=1.7\times10^7(mol/L)^{-2} \quad \cdots\cdots ④$$

[NH₃] が 1.0 mol/L であるように条件を整えると，溶液中の Ag⁺ のモル濃度 [Ag⁺] と [Ag(NH₃)₂]⁺ のモル濃度 [[Ag(NH₃)₂]⁺] の和に相当した塩化銀が溶解するが，その和は，②式と④式から B mol/L と求めることができる。〔京都大〕

†◇264.〈酵素反応の反応速度〉 思考

基質Sの加水分解により生成物Pを生じる反応を，酵素Eが触媒として進める場合を考える。
右図のように，酵素Eの作用する反応では酵素-基質複合体（E·Sと表記する）がつくられるため，反応は式①，式②で表される2つの段階にわけることができる。

$$E + S \rightleftharpoons E·S \quad \cdots\cdots ①$$
$$E·S + H_2O \longrightarrow E + P \quad \cdots\cdots ②$$

E·Sに対して水が作用しPが生じるので，Pの生成する速度 v は速度定数 k として

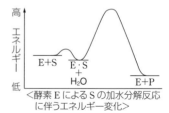
〈酵素EによるSの加水分解反応に伴うエネルギー変化〉

式③で与えられる。

$$v = k [H_2O] [E \cdot S] \quad \cdots\cdots ③$$

最初に加えた酵素Eの濃度(初期濃度)を c〔mmol/L〕とすると,反応の進行中,酵素Eの濃度 $[E]$〔mmol/L〕,E・Sの濃度 $[E \cdot S]$〔mmol/L〕の間には,式④の関係が常に成立する。ただし,$mmol/L = 10^{-3} mol/L$ とする。

$$[E] + [E \cdot S] = c \quad \cdots\cdots ④$$

多くの酵素反応では,式①の正反応およびその逆反応はいずれも式②の反応と比べはるかに速い。したがって,式②の反応が進行中でも式①の平衡関係が成立しているとみなすことができる。なお,式①の平衡定数を K〔$(mmol/L)^{-1}$〕とする。

(1) $[E \cdot S]$ を K, c, $[S]$ を用いて表せ。

酵素による反応を水溶液中で行う場合,大過剰に存在する水の濃度 $[H_2O]$〔mmol/L〕は定数とみなしてよく,式③の速度定数 k〔$(mmol/L)^{-1}(秒)^{-1}$〕と $[H_2O]$ の積は $5.0(秒)^{-1}$ であり,式①の平衡定数 K は 0.10〔$(mmol/L)^{-1}$〕であった。

(2) 酵素Eの初期濃度を $c = 0.30\,mmol/L$ とすると,Sの濃度が $1 \times 10^{-3} \sim 1 \times 10^{-2}$〔mmol/L〕の範囲にあるとき,Sの濃度 $[S]$ と式②の反応速度 v との関係として適切なものを選べ。

(A) v は $[S]$ にほぼ比例する。

(B) v は $[S]$ の2乗にほぼ比例する。

(C) v は $[S]$ にほぼ反比例する。

(D) v は $[S]$ によらずほぼ一定である。

(3) Sの濃度をいくら高めても,式②の反応速度は最大速度 v_{max} とよばれる値を越えることはない。酵素Eの初期濃度 c が $0.30\,mmol/L$ である水溶液中で,酵素EによるSの加水分解を行う場合の v_{max} を有効数字2桁で答えよ。

(4) 酵素の触媒能力の目安として,v が v_{max} の半分となるSの濃度が用いられる。酵素Eの初期濃度 c が $0.10\,mmol/L$ である水溶液では,酵素EによるSの加水分解反応の v_{max} は 0.50〔$(mmol/L) \cdot (秒)^{-1}$〕である。v が v_{max} の半分となるSの濃度を有効数字2桁で答えよ。 〔10 九州大 改〕

♢**265.**〈立体異性体〉 **思考**

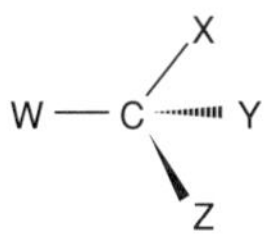

右図において,W, C, X は紙面上にあり,Z は紙面の手前に,Y は紙面の奥にある。

この図を参照して,次の問いに答えよ。

(1) L-チロキシンを右に示す(不斉炭素原子を省略して表記してある)。

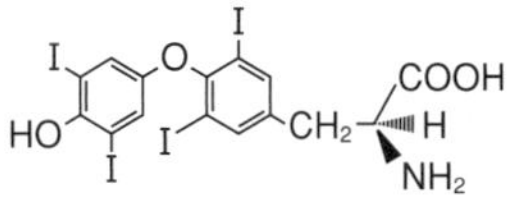

　　次の①〜⑧の中から D-チロキシン(L-チロキシンの鏡像異性体)を一つ選べ。

L-チロキシン

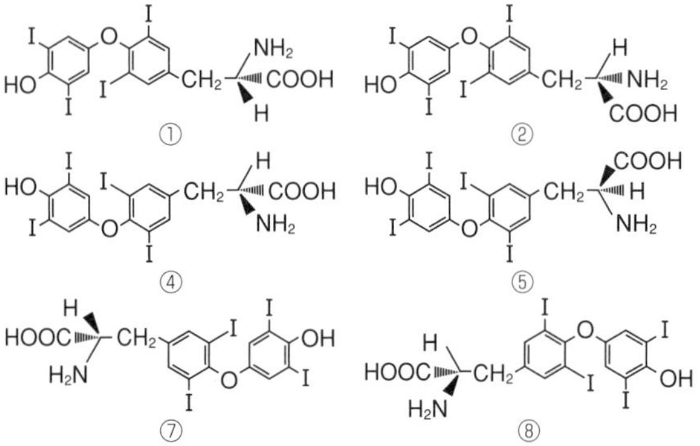

156 　18 巻末補充問題（総合問題）

① ② ③ ④ ⑤ ⑥ ⑦ ⑧

※不斉炭素原子を省略して表記してある。　　　　　　　　　　〔12 東京大〕

(2) アルケンの臭素の付加反応は，炭素–炭素二重結合のつくる面の上下から臭素が付加した生成物を与える。例えば，シクロヘキセンに臭素を付加させると，(a)式で示した構造をもつ 1,2-ジブロモシクロヘキサンが生成される。

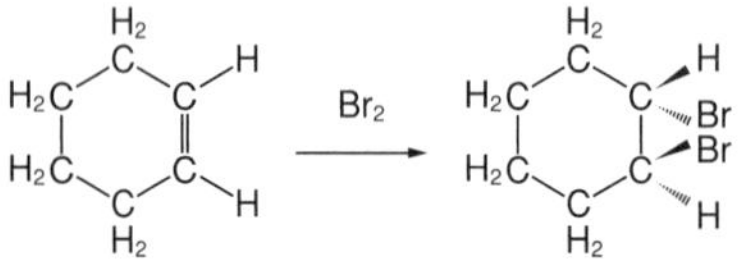

$$Br_2$$

……(a)

トランス-2-ブテンに臭素を付加させて得られる化合物の構造を次の①～③から一つ選べ。

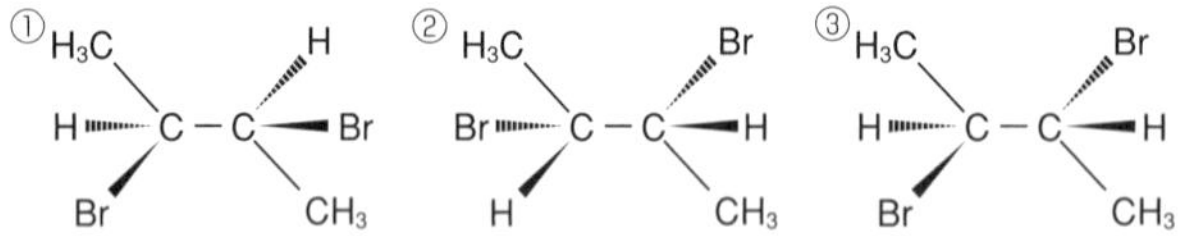

① H_3C　　H
H—C—C—Br
Br　　CH_3

② H_3C　　Br
Br—C—C—H
H　　CH_3

③ H_3C　　Br
H—C—C—H
Br　　CH_3

〔04 関西大〕

†◇266. 〈ペプチドのアミノ酸の配列〉 思考

次の文章を読んで，(1)～(4)に答えよ。ペプチドは表1で示すアミノ酸の略号を用い，図1のように書き表すことにする。このとき，ペプチド結合に含まれないアミノ基をもつアミノ酸を N 末端アミノ酸とよび，同様にペプチド結合に含まれないカルボキシ基をもつアミノ酸を C 末端アミノ酸とよぶことにする。

原子量 H=1.00，C=12.0，N=14.0，O=16.0，S=32.0

N 末端　　　　　　　　　　C 末端　　　N 末端　　　　C 末端

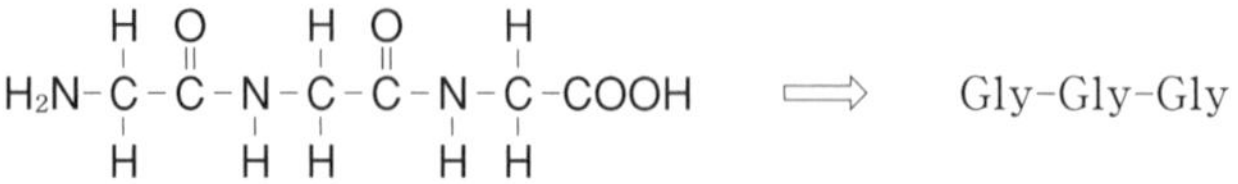

　　　　H O　　H O　　H
H_2N-C-C-N-C-C-N-C-COOH　　⟹　　Gly-Gly-Gly
　　　　H　　H H　　H H

ペプチドの構造式　　　　　　　　略号を用いた書き方

図1

18 巻末補充問題(総合問題) 157

表1

$$H_2N-\underset{\underset{H}{|}}{\overset{\overset{R}{|}}{C}}-COOH$$

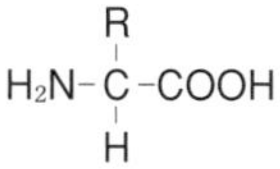

同定されたアミノ酸	略号	Rの構造式
アスパラギン	Asn	-CH_2-CO-NH_2
システイン	Cys	-CH_2-SH
グリシン	Gly	-H
グルタミン	Gln	-CH_2-CH_2-CO-NH_2
イソロイシン	Ile	-CH(CH_3)-CH_2-CH_3
ロイシン	Leu	-CH_2-CH(CH_3)-CH_3
プロリン	Pro	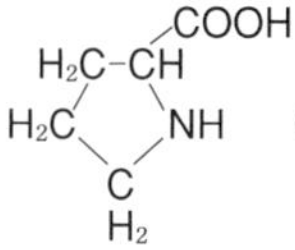 (分子全体) H_2C-CH ...
チロシン	Tyr	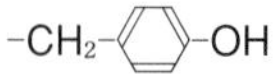 -CH_2-〈〉-OH

オキシトシンは脳下垂体から分泌されるペプチドホルモンで,分娩における子宮の収縮や授乳を刺激する。オキシトシンは9個のアミノ酸からなり,N末端システインの硫黄原子と分子内に存在するシステインの硫黄原子が共有結合しているため環状構造をもつ。オキシトシンのアミノ酸配列を決定するために以下の実験を行った。

実験1.あらかじめ硫黄原子どうしの結合を切断しておいたオキシトシン(還元オキシトシン)に6mol/L塩酸を加えて加熱し,ペプチド結合を完全に加水分解した。得られた反応液を薄層クロマトグラフィーなどで分析した結果,表1に示す8種類のアミノ酸が同定された。

実験2.還元オキシトシンを6mol/L塩酸で短時間加熱し,ペプチド結合を部分的に切断した。得られた反応液から4つのジペプチドA,B,C,D,ならびに2つのトリペプチドE,Fが得られた。これらの断片ペプチドA〜FについてN末端アミノ酸を決定し,さらに以下の2つの反応を行った。その結果を表2に示す。

反応1:濃硝酸を加えて加熱後,アンモニア水を加えた。

反応2:水酸化ナトリウム水溶液を加えて加熱後,酢酸鉛(Ⅱ)水溶液を加えた。

表2

ペプチド	N末端アミノ酸	反応1	反応2
A	Leu	−	−
B	Asn	−	+
C	Cys	+	+
D	Ile	−	−
E	Gln	−	+
F	Cys	−	+

各試薬を加えて,顕著な変化がみられたときを+,変化しなかったときを−で表す。

実験3．ペプチドA, C, Fについて不斉炭素原子の有無について調べた。その結果，Aには1個，Cには2個，そしてFには3個の不斉炭素原子が確認された。

実験4．カルボキシペプチダーゼはペプチド結合をC末端から順番に切断する酵素である。カルボキシペプチダーゼをオキシトシンに作用させると，不斉炭素原子のないアミノ酸が最初に遊離してきた。

実験5．ペプチドFについて元素分析をおこなったところ，C：50.7％，H：7.6％，N：12.7％，O：19.3％，S：9.7％であった。

(1) ペプチドA～Fのうちビウレット反応を示すものをすべて選べ。
(2) ペプチドEのアミノ酸の配列を図1にならって略号で答えよ。
(3) ペプチドFの分子量を求めよ。また，アミノ酸の配列を略号で書け。
(4) 実験1～5の結果から導かれる還元オキシトシンのアミノ酸の配列を略号で書け。

〔07 京都府医大〕

°267.〈吸光度と濃度の検量線〉

不純物が含まれているアセチルサリチル酸の結晶0.330 g がある。この結晶はアセチルサリチル酸と不純物としてサリチル酸のみが含まれる。結晶におけるアセチルサリチル酸の純度は，結晶中のアセチルサリチル酸あるいはサリチル酸の量がわかれば算出することができる。サリチル酸のみと反応して呈色する試薬(発色剤)を用いて，呈色した化合物の溶液に光を通過させ，この物質による光の吸収の程度(吸光度)を測定する。吸光度は一定の条件で呈色した物質の濃度に比例することが知られており，吸光度と濃度の関係が得られれば，結晶溶液の吸光度を測定することにより，結晶溶液中の呈色する物質濃度が計算でき，純度を算出できる。次の操作(i), (ii)を行った。

(i) 発色剤により呈色する化合物 69.0 mg を含む 500 mL の標準溶液を調製した。メスフラスコ6本にそれぞれ一定量の発色剤を加えた上で，表に示したように異なる量の標準溶液を加えて100 mLの溶液を調製し，それぞれの吸光度を測定した。

(ii) 結晶 50.0 mg および実験(i)で使用した同量の発色剤を含む 100 mL の溶液を調製し，この溶液の吸光度を測定した。

次の問い(1)～(4)に答えよ。

フラスコ (番号)	標準溶液 (mL)	吸光度
1	0.0	0.007
2	2.0	0.041
3	4.0	0.073
4	5.0	0.087
5	8.0	0.140
6	10.0	0.173

※フラスコ番号1の吸光度は発色剤の光の吸収による。

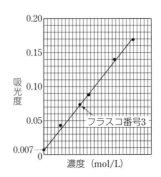

18 巻末補充問題(総合問題)　159

(1) 発色剤として適当なものはどれか。正しいものを①〜⑥の中から一つ選べ。
　　① 塩化鉄(Ⅲ)水溶液　　② さらし粉　　③ ヨウ素　　④ ニンヒドリン水溶液
　　⑤ 硫酸銅(Ⅱ)水溶液　　⑥ エタノール

(2) 実験(i)で得られた結果をもとに、横軸に呈色した化合物の濃度(mol/L)、縦軸に吸
　　光度をとり、各測定点に最も近くなるように直線を引いたところ、図のような直線と
　　なり縦軸上の切片は 0.007 となった。この時、フラスコ番号 3 の測定結果がこの直線
　　上に乗っていたとすると、直線の傾きはいくつになるか。最も近い値を①〜⑥の中か
　　ら一つ選べ。H=1.0、C=12、O=16
　　① 1.65×10^3　　② 1.68×10^3　　③ 1.73×10^3　　④ 1.75×10^3
　　⑤ 1.83×10^3　　⑥ 2.05×10^3

(3) 実験(ii)の吸光度が 0.172 であったとすると、この結晶溶液中に含まれる呈色した化
　　合物の濃度は何 mol/L か。最も近い値を①〜⑥の中から一つ選べ。
　　① 8.05×10^{-5}　　② 8.52×10^{-5}　　③ 9.04×10^{-5}　　④ 9.40×10^{-5}
　　⑤ 1.00×10^{-4}　　⑥ 1.30×10^{-4}

(4) 結晶におけるアセチルサリチル酸の純度は何%か。最も近い値を①〜⑥の中から一
　　つ選べ。
　　① 80.2　　② 83.5　　③ 85.2　　④ 92.6　　⑤ 93.3　　⑥ 97.2　　〔17 順天堂大〕

268.〈レポート・実験ノートの記載〉

　　実験の報告書(レポート)を作成した。報告書を作成する上で明らかに不適切なもの
を、以下の(a)〜(e)から二つ選べ。ただし、実験1、実験2や化合物Cの詳しい記述は省
略してある。

(a) 薬品が飛散したときに手と眼球への付着を避けるため、手袋と保護眼鏡を使用した
　　ことを記載した。

(b) 実験1において銀が析出した様子は、参考書に載っていた類似の反応の様子とは異
　　なっていた。そこで、参考書に載っていた様子をそのまま記載した。

(c) 実験2において、実験書には 25℃ で pH を測定するように書かれていたが、実際
　　には 40℃ で測定を行ってしまった。そこで、測定は 25℃ ではなく 40℃ で行った、
　　と記載した。

(d) 実験2の生成物の分子式を同じ操作で三回繰り返し求めたところ、一回目と二回目
　　は $C_8H_7O_3Na$、三回目は $C_8H_{11}O_3Na$ となったため、三回目は失敗と判断した。そこで、
　　二回分析して組成式が $C_8H_7O_3Na$ となった、とだけ記載した。

(e) 別の実験によってわかった化合物Cの性質と、参考書に書かれていた化合物Cの性
　　質を比較した内容を、考察として記載した。　　〔16 東京大〕

第 1 刷　2022年11月 1 日　発行
第 2 刷　2023年 2 月 1 日　発行

2023

化学重要問題集

化学基礎・化学

編集協力者　水村弘良

ISBN978-4-410-14333-5

編　者　数研出版編集部

発行者　星野　泰也

発行所　数研出版株式会社

〒101-0052　東京都千代田区神田小川町 2 丁目 3 番地 3
　〔振替〕00140-4-118431

〒604-0861　京都市中京区烏丸通竹屋町上る大倉町205番地
　〔電話〕代表 (075)231-0161

ホームページ　https://www.chart.co.jp

印刷　寿印刷株式会社

乱丁本・落丁本はお取り替えいたします。
本書の一部または全部を許可なく複写・複製すること，
および本書の解説書・解答書ならびにこれに類するもの
を無断で作成することを禁じます。

230102

おもな気体の製法

（実は実験室的製法，工は工業的製法を示す）

気体	製　　法	化　学　反　応　式
酸　素	実① 塩素酸カリウムの分解 　② 過酸化水素の分解 工 液体空気の分留	$2KClO_3 \longrightarrow 2KCl + 3O_2\uparrow$ $\Big\}$ MnO_2 触媒 $2H_2O_2 \longrightarrow 2H_2O + O_2\uparrow$ 沸点　$-183℃$
オゾン	酸素・空気中の無声放電	$3O_2 \rightleftharpoons 2O_3$
水　素	実 亜鉛に希硫酸を加える 工① 炭化水素と水蒸気の反応 　② 食塩水の電気分解（陰極）	$Zn + H_2SO_4 \longrightarrow ZnSO_4 + H_2\uparrow$ $C_mH_n + mH_2O \longrightarrow mCO + \dfrac{2m+n}{2}H_2$ $2H_2O + 2e^- \longrightarrow H_2 + 2OH^-$
塩　素	実① MnO_2 と濃塩酸を加熱 　② さらし粉に塩酸を加える 　③ $NaCl + MnO_2$ と H_2SO_4 を 　　加熱 工 食塩水の電気分解（陽極）	$MnO_2 + 4HCl \longrightarrow MnCl_2 + 2H_2O + Cl_2\uparrow$ $CaCl(ClO)\cdot H_2O + 2HCl \longrightarrow CaCl_2 + 2H_2O + Cl_2\uparrow$ $2NaCl + 3H_2SO_4 + MnO_2$ 　　$\longrightarrow 2NaHSO_4 + MnSO_4 + 2H_2O + Cl_2\uparrow$ $2Cl^- \longrightarrow Cl_2 + 2e^-$
窒　素	実 亜硝酸アンモニウムの熱分解 工 液体空気の分留	$NH_4NO_2 \longrightarrow 2H_2O + N_2$ 沸点　$-196℃$
塩化水素	実 $NaCl$ と濃硫酸を加熱 工 水素と塩素を直接反応させる	$NaCl + H_2SO_4 \longrightarrow NaHSO_4 + HCl\uparrow$ $H_2 + Cl_2 \longrightarrow 2HCl$
アンモニア	実① 濃アンモニア水の加熱 　② NH_4Cl と $Ca(OH)_2$ を加熱 工 窒素と水素を直接反応させる	高温では気体の溶解度小 $\longrightarrow NH_3$ の発生 $2NH_4Cl + Ca(OH)_2 \longrightarrow CaCl_2 + 2H_2O + 2NH_3\uparrow$ $N_2 + 3H_2 \longrightarrow 2NH_3$ （ハーバー・ボッシュ法）
一酸化窒素	実 銅に希硝酸を加える 工 アンモニアを酸化（白金触媒）	$3Cu + 8HNO_3 \longrightarrow 3Cu(NO_3)_2 + 4H_2O + 2NO\uparrow$ $4NH_3 + 5O_2 \longrightarrow 4NO + 6H_2O$ （600~800℃）
二酸化窒素	実 銅に濃硝酸を加える 工 一酸化窒素の空気酸化	$Cu + 4HNO_3 \longrightarrow Cu(NO_3)_2 + 2H_2O + 2NO_2\uparrow$ $2NO + O_2 \longrightarrow 2NO_2$
フッ化水素	実 ホタル石と濃硫酸を加熱	$CaF_2 + H_2SO_4 \longrightarrow CaSO_4 + 2HF\uparrow$
二酸化硫黄	実① 銅と濃硫酸を加熱 　② 亜硫酸塩に硫酸を加える 工 硫黄の燃焼	$Cu + 2H_2SO_4 \longrightarrow CuSO_4 + 2H_2O + SO_2\uparrow$ $2NaHSO_3 + H_2SO_4 \longrightarrow Na_2SO_4 + 2H_2O + 2SO_2\uparrow$ $S + O_2 \longrightarrow SO_2$
硫化水素	実 硫化鉄（Ⅱ）に希硫酸を加える	$FeS + H_2SO_4 \longrightarrow FeSO_4 + H_2S\uparrow$
一酸化炭素	実 ギ酸と濃硫酸を加熱	$HCOOH \longrightarrow H_2O + CO\uparrow$
二酸化炭素	実① 大理石に希塩酸を加える 　② $NaHCO_3$ に希硫酸を加える 工 石灰石の熱分解	$CaCO_3 + 2HCl \longrightarrow CaCl_2 + H_2O + CO_2\uparrow$ $2NaHCO_3 + H_2SO_4 \longrightarrow Na_2SO_4 + 2H_2O + 2CO_2\uparrow$ $CaCO_3 \longrightarrow CaO + CO_2\uparrow$
メタン	実 CH_3COONa と $NaOH$ を加熱	$CH_3COONa + NaOH \longrightarrow Na_2CO_3 + CH_4\uparrow$
アセチレン	実,工 カーバイドに水を加える 工 メタンの熱分解	$CaC_2 + 2H_2O \longrightarrow Ca(OH)_2 + C_2H_2$ $2CH_4 \longrightarrow 3H_2 + C_2H_2$ （1000~2000℃）
エチレン	実 エタノールと濃硫酸を加熱	$C_2H_5OH \longrightarrow C_2H_4 + H_2O$ （160~170℃）

2023

化学重要問題集
化学基礎・化学

■解答編

数研出版
https://www.chart.co.jp

1 物質の構成粒子

1 (1) (ア) ヘリウム (イ) 窒素 (ウ) 酸素 (エ) アルゴン
(オ) 混合物 (カ) 割合(または組成) (キ) 単体
(ク),(ケ) 臭素, 水銀 (順不同) (コ) 化合物
(2) (オ) d, g, k (コ) a, c, f, h, j, l

解説 (1) (ア) 人工のものも含めると、元素の種類は約120種類ある。
(イ)〜(エ) 乾燥空気の体積組成(%)は、窒素(78)、酸素(21)、アルゴン(0.93)、二酸化炭素(0.035)の順である。
(オ)〜(カ) 混合物は、主に物理的方法(ろ過、蒸留、再結晶など)により純物質に分けられる。
(コ) 化合物は、化学的方法(電気分解など)により単体に分解できる。
(2) 化合物には定比例の法則(構成元素の割合が一定)が成り立つ。
純物質は1つの化学式で表すことができる。
(a) H_2O (b) Hg (c) C_3H_8 (e) I_2 (f) $NaHCO_3$ (h) C_2H_2
(i) Xe (j) NH_3 (l) CO_2 (m) P
なお、(d)ガソリンはいくつかの化合物(炭化水素)の混合物で、(g)塩酸は塩化水素 HCl と水の混合物である。

2 (1) ウ (2) オ (3) エ (4) カ (5) イ (6) ア

解説 (1) 蒸留…液体を加熱して生じた蒸気を冷却することによって、純粋な液体を得る。
(2) 抽出…混合物から目的物質をよく溶かす溶媒を使って分離すること。植物の葉をすりつぶしてからエタノールを加えると、クロロフィルはエタノールに溶けるので取り出すことができる。
(3) 分留…沸点の違う液体の混合物を(沸点の差を利用して)蒸留によって各成分に分離すること。石油(原油)や液体空気を分離できる。
(4) クロマトグラフィー…ろ紙にインクをつけて、ろ紙の下部をエタノールなどの展開液につけると、展開液の上昇とともにインクの成分が分離される(ペーパークロマトグラフィー)。吸着される強さの違いによる移動速度の差によって分離している。
(5) 再結晶…少量の $NaCl$ を含む KNO_3 を、温水に溶かしてから冷却すると $NaCl$ は少量なので析出しないが、KNO_3 は溶解度が小さくなるため、純粋な KNO_3 が析出する。
(6) ろ過…白濁は溶けていない $Ca(OH)_2$ の固体なので、ろ紙を用いて分離する。

3 (1) ア, エ, カ
(2) ① 斜方硫黄 ② 単斜硫黄 ③ ゴム状硫黄 ④ S_8

解説 (1) 同素体が存在する元素は、S, C, O, P などである。

※① 元素…物質を構成する最も基本的な成分。

※② 純物質 { 単体…1種類の元素からなる物質 / 化合物…2種類以上の元素からなる物質 }

※③ 純物質 混合物
HCl H_2O } 塩酸

※④ 石油(原油)の分留

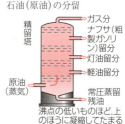

沸点の低いものほど、上のほうに凝縮してたまる

※⑤ 吸着剤をガラス管(カラム)に詰め、混合物の溶液を上から流すと、吸着される強さの違いで、溶液中の物質が分離される(カラムクロマトグラフィー)。

※⑥ KNO_3 のように、温度による溶解度の変化が大きいものほど再結晶に適している。

(2) 硫黄の同素体のうち，常温では**斜方硫黄** S_8 が最も安定であるが，約 120°C で融解した液状硫黄を空気中で放冷すると**単斜硫黄** S_8 が，250°C 以上で融解した液状硫黄を水中で急冷すると**ゴム状硫黄** S_x がそれぞれ生成する。

4 (ア) 電子 (イ) 正 (ウ) 陽子 (エ) 中性子 (オ) 負
(カ) 中 (キ) 原子番号 (ク) 質量数 (ケ) 価電子 (コ) 同位体

解説 $^4_2$He 原子を例にして図示すると，次のようにまとめられる。

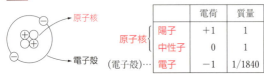

	電荷	質量
原子核 { 陽子	+1	1
中性子	0	1
(電子殻)… 電子	−1	1/1840

陽子の数＋中性子の数＝**質量数** …④
陽子の数＝**原子番号** …② $^4_2$He

また，$^{12}_6C$，$^{13}_6C$，$^{14}_6C$ のように，原子番号が同じで質量数が異なる原子を互いに**同位体**という。同位体は化学的性質がほぼ同じである。

5 (1) ② (2) (種類) 6種類 (中性子の総数) 11個
(3) (陽子の数) 27 (中性子の数) 32 (電子の数) 27

解説 (1) まず原子番号から原子の電子の数を求め，次にイオンの場合の電子の増減を考える。N_2 の電子の総数は $7 \times 2 = 14$(個)，他は
① $1 \times 2 + 8 = 10$ ② $6 + 8 = 14$ ③ $8 + 1 + 1 = 10$
④ $8 \times 2 = 16$ ⑤ $12 - 2 = 10$ よって，②が同じもの
(2) 水を Ⓗ－Ⓞ－Ⓗ で表し，^{1}H＝①，^{2}H＝②，^{16}O＝⑯，^{18}O＝⑱ とすると，
①－⑯－① ①－⑯－② ②－⑯－②
①－⑱－① ①－⑱－② ②－⑱－②   これらの 6 種類。
相対質量が 2 番目に大きいものは ①－⑱－② である。中性子の数は，^{1}H は 0，^{18}O は $18 - 8 = 10$，^{2}H は $2 - 1 = 1$ より中性子の総数は $0 + 10 + 1 = 11$(個)
(3) Co の原子番号(陽子の数，電子の数)を x とおく。
Co^{2+} の電子の数より， $x - 2 = 25$ $x = 27$
中性子の数は，(質量数－陽子の数) より，$59 - 27 = 32$(個)

6 (1) (ア) L (イ) 18 (ウ) 不対 (エ) 原子価 (2) n^2
(3) ② 増大 ③ 大きく ④ 小さく (4) K2L8M8N2

解説 (1) (エ) 構造式において 1 つの原子から出ている線の数を**原子価**という。原子価は，その原子がもつ不対電子の数に等しい。
(2) K($n=1$)，L($n=2$)，M($n=3$)，N($n=4$) の電子殻には最大 2，8，18，32 個収容でき，$2n^2$ と表される。1 つの軌道は電子を 2 個収容できるので，軌道の数は n^2 個である。

◀※①
原子は電気的に中性なので，
〔陽子の数〕＝〔電子の数〕
となるが，イオンの場合は陽子の数≠電子の数である。

◀※②
陽子の数(または電子の数)は同じだが，中性子の数が異なるともいえる。

◀※③
よって $^{12}_6C$，$^{13}_6C$，$^{14}_6C$ はすべて元素の周期表の同じ位置に入ることになる。

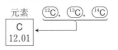

元素 | C 12.01

◀※④
イオンと電子の数
陽イオン X^{a+}
　…電子が a 個少ない
陰イオン Y^{b-}
　…電子が b 個多い

◀※⑤
②－⑯－① は
①－⑯－② と同じ，
②－⑱－① は
①－⑱－② と同じ。

◀※⑥
軌道の数は

n \ 軌道	s	p	d	f
1 (K殻)	1			
2 (L殻)	1	3		
3 (M殻)	1	3	5	
4 (N殻)	1	3	5	7

1 つの軌道には電子が 2 個入る。

2　化学重要問題集

(4) 電子は，エネルギーの低い内側の電子殻から順に収容される。M殻には 18 個の電子を収容できるが，8 個入ると次には N 殻に 2 個の電子が入る。※①

7 (1) ⓐ ヘリウム ⓑ 酸素　(2) ① F　② He　③ Si
(3) 黄リン(白リン)，赤リン
(4) 最外殻(L 殻)が満たされた閉殻構造で，安定な電子配置であるから。

解説 (1) 元素名は原子番号(陽子の数)に対応して決まっている。原子は電気的中性より，〔陽子の数〕＝〔電子の数〕である。ⓐは電子の数 2 で $_2$He，ⓑは電子の数 2＋6 で $_8$O とわかる。表中の元素をまとめると，右表のようになる。

(族)	1	2	13	14	15	16	17	18
	H							He
			B	C	N	O	F	Ne
				Si	P※②			

(2) ① 電気陰性度は，周期表では右上にある元素ほど大きい(ただし，貴ガス元素を除く)。フッ素 F が最大の値をとる(→【34】参照)。
② イオン化エネルギーは，周期表の右上にある元素の原子ほど大きく※③，左下にある元素の原子ほど小さい※④。よって，He が最大である。貴ガスは安定な電子配置をもつため，イオン化エネルギーは大きい。
③ ケイ素 Si の単体は，ダイヤモンドと同じ正四面体構造を形成する。このように，価電子(最外殻電子)の数が同じ(同族の)元素の性質は似ていることが多い。

8 (1) ア　(2) ウ　(3) イ，エ　(4) カ　(5) イ

解説 原子の電子配置なので 電子の数＝原子番号 であり，それぞれ
(ア) $_{11}$Na　(イ) $_2$He　(ウ) $_{12}$Mg　(エ) $_6$C　(オ) $_9$F　(カ) $_8$O
である。安定な単原子イオンは次のようになる。
　　(ア) Na$^+$　(イ) ×　(ウ) Mg^{2+}　(エ) ×　(オ) F$^-$　(カ) O^{2-} ※⑤
(1) イオン化エネルギーは周期表の左下へいくほど小さくなる。
(4) 2 個以上の原子が結合した原子団からなるイオンを**多原子イオン**という。酸素にはオキソニウムイオン H$_3$O$^+$ や水酸化物イオン OH$^-$ などの多原子イオンがある。

9 (ウ)，(オ)，(カ)

解説 (ア) 同じ元素からなる単体で性質が異なるものどうしを互いに**同素体**であるという。正しい。
(イ) 原子核に含まれる陽子の数を**原子番号**という。正しい。
(ウ) 原子が 1 個の電子を受け取って，1 価の陰イオンになるときに放出されるエネルギーを**電子親和力**という。誤り。
(エ) 原子から 1 個の電子を取りさって，1 価の陽イオンにするのに必

◀※①
Ca の原子番号は 20 である。$_{21}$Sc〜$_{30}$Zn までは再び M 殻に電子が入り，9〜18 個になる。その後，$_{31}$Ga〜$_{36}$Kr まではまた N 殻に電子が入り，3〜8 個になる。

◀※②
ⓒは電子数 2＋8＋5 で $_{15}$P とわかる。
◀※③
イオン化エネルギー
原子から電子 1 個を取り去り，一価の陽イオンにするのに必要なエネルギー。
◀※④

参考
貴ガスの最外殻電子は 8 個(He は 2 個)であるが，価電子(化学結合に関わる電子)は 0 個と考える。

◀※⑤
(ア)，(ウ)，(オ)，(カ)の安定な単原子イオンはすべて電子 10 個で Ne と同じ電子配置となる。炭素は単原子イオンになりにくく，共有結合によって安定な貴ガス型電子配置をとる。

要なエネルギーを**イオン化エネルギー**という。第2周期の元素のうち，イオン化エネルギーが一番大きいのは，貴ガス(18族)の Ne である。正しい。

(オ) 電子親和力が大きい原子ほど，陰イオンになるときに多くのエネルギーを放出して安定化するので，陰イオンになりやすい。※① 誤り。

(カ) イオン化エネルギーが小さい原子ほど，陽イオンになりやすい。※② 反対に，イオン化エネルギーが大きい原子ほど，陽イオンになりにくい。※③ 誤り。

◀※①
同周期では，ハロゲン元素が最も電子親和力が大きく，陰イオンになりやすい。

◀※②
同周期では，アルカリ金属元素が最もイオン化エネルギーが小さく，陽イオンになりやすい。

◀※③
同族元素では，原子番号が小さいほど，より原子核に近い電子殻の電子を取り去るため，大きいエネルギーが必要になる。

10 (1) ① (大きいイオン) O^{2-}
　　　(空欄) 原子核中の正電荷が小さいイオン ※④
　　② (大きいイオン) K^+
　　　(空欄) 外側の電子殻に電子があるイオン
(2) 　(3) (カ)

◀※④
$_8O^{2-}$，$_9F^-$，$_{11}Na^+$，$_{12}Mg^{2+}$ は，いずれも $_{10}Ne$ と同じ貴ガス型の電子配置である。このとき，原子番号が大きくなるほど，原子核の正電荷(陽子の数)が増加して電子を強く引きつけるので，イオン半径は小さくなる。
解答の「正電荷」は「陽子数」でもよい。

解説 (2) Ar^+ の電子の数は，Ar (18個の電子) よりも1個少ない。※⑤
(3) (ア) NH_4^+ (イ) H_3O^+ (ウ) MnO_4^- (エ) CrO_4^{2-} (オ) $Cr_2O_7^{2-}$
(カ) CH_3COO^- 　7個の原子からなる多原子イオンは(カ)。

◀※⑤
Ar^+ は不安定であるが，このように考えて解答する。

11 (c), (e)

解説 **元素**は物質を構成する成分であり，物質ではない。一方，**単体**は1種類の元素からなる物質であり，物質として質量や特有の性質をもつ。具体的に単体の性質を思い浮かべて判断するとよい。
(a) 鉄を含む化合物を栄養素としているので，単体の金属鉄ではなく，元素を指している。
(b) 黄リン(という単体)と赤リン(という単体)は，リン(という同じ成分元素)の同素体である。
(c) 塩素 Cl_2 (という単体，物質)の酸化力は臭素(単体)より強い。
(d) アンモニア NH_3 は窒素(という成分)と水素(という成分)からできている。NH_3 の中に N_2 (単体)と H_2 (単体)は入っていない。※⑥
(e) 水と反応しやすい金属ナトリウム Na のことを指しており，単体。

◀※⑥
「アンモニアは，窒素と水素を触媒(四酸化三鉄)のもとで反応させてつくる。」という記述であったら，下線部は単体を指している。

12 (1) (第1イオン化エネルギー) ③　(原子半径) ① ※⑦
　　(2) ④　(3) ②　(4) ②, ④, ⑤　(5) ②, ④

解説 (1) ②は縦軸が価電子の数のグラフである。
(3) エタノールの分子式は C_2H_6O である。$_6^{12}C$，$_1^1H$，$_8^{16}O$ より
　$a = 6 \times 2 + 1 \times 6 + 8 = 26$。原子は電気的に中性であるから $a = b$。
　$c = (12-6) \times 2 + (1-1) \times 6 + (16-8) \times 1 = 20$　　よって，$a = b > c$
(4) H^- は水素化物イオンといい，He と同じ電子配置をとる。
(5) ① 原子の大きさは約 10^{-10} m で，原子核の大きさは約 10^{-14} m (誤)。

◀※⑦
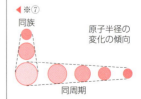

③ 同じ貴ガス（希ガス）でも，He の最外殻電子の数は 2 個（K 殻）で，Ne は 8 個（L 殻）（誤）。

④ ppm は part per million の略で 100 万分の 1 を表し，ppb は part per billion の略で 10 億分の 1 を表す（正）。

⑤ 「放出する」→「必要な」（誤）。

⑥ 同位体のイオン化エネルギーは同じ値である（誤）。

13 (1) ① ニホニウム ② 13
(2) 価電子の数が等しいから。　(3) ハロゲン（元素）
(4)

K	L	M	N	O	P	Q
2	8	18	32	32	18	3

(5) 165

解説 (1) ① 理化学研究所における Nh の合成の経路を示すと次のようになる。

$$^{70}_{30}Zn + ^{209}_{83}Bi \longrightarrow ^{279}_{113}Nh \longrightarrow ^{278}_{113}Nh + ^{1}_{0}n（中性子）$$

(3),(4) 113 番の Nh は 13 族，115 番の Mc は 15 族，117 番の Ts は 17 族（ハロゲン），118 番の Og は 18 族（貴ガス）に属すると考えられる。

(5) 中性子数＝質量数−原子番号 より，278−113＝165

2 物質量と化学反応式

14 (b), (d), (e)

解説 (a) 塩化ナトリウムはイオンからなる物質で，組成式 NaCl で表され，式量が正しい。（誤）

(c) ^{12}C は質量数 12 の炭素原子で，それを 12（端数なし）で示しているので相対質量が正しい。炭素「元素の」原子量は，炭素の同位体（^{12}C，^{13}C など）の相対質量の平均値である。（誤）

(b),(d),(e)（正）

15 (1) 35　(2) 55　(3) 9.0×10^{23}　(4) 1.7×10^{24}
(5) 1.5　(6) 54

解説 (1) リチウム Li の物質量は $\dfrac{3.0 \times 10^{24}}{6.0 \times 10^{23}}$ mol

Li のモル質量 6.9 g/mol より　$6.9 \times \dfrac{3.0 \times 10^{24}}{6.0 \times 10^{23}} = 34.5 \fallingdotseq 35$ (g)

(2) 二酸化炭素 CO_2 の物質量は $\dfrac{28.0}{22.4}$ mol

CO_2 のモル質量 44 g/mol より　$44 \times \dfrac{28.0}{22.4} = 55$ (g)

(3) ダイヤモンド C の物質量は $\dfrac{18}{12}$ mol

$N_A = 6.0 \times 10^{23}$/mol より　$6.0 \times 10^{23} \times \dfrac{18}{12} = 9.0 \times 10^{23}$（個）

◀※①
6.02×10^{23} 個の物質（粒子）の集団を物質量 1 mol という。
◀※②
1 mol あたりの質量をモル質量〔g/mol〕という。
モル質量は，原子量・分子量・式量に〔g/mol〕をつけたものに等しい。

◀※③
1 mol あたりの粒子の数をアボガドロ定数 N_A という。
$N_A = 6.0 \times 10^{23}$ (/mol) である。

指数の公式
$$10^a \times 10^b = 10^{a+b}$$
$$\frac{1}{10^c} = 10^{-c} \quad \frac{10^a}{10^b} = 10^{a-b}$$

◀※④
物質 1 mol あたりの体積をモル体積という。気体のモル体積は標準状態でほぼ 22.4 L/mol である。

化学重要問題集　5

(4) ヨウ素分子 I_2 (モル質量254 g/mol) 1個あたり 2個の I 原子が含まれるので　　$6.0×10^{23}×\dfrac{356}{254}×2≒1.7×10^{24}$ (個)

(5) $C_2H_6O + 3O_2 \longrightarrow 2CO_2 + 3H_2O$
　エタノール C_2H_6O 1 mol あたり 3 mol の H_2O が生成するので
　　　$0.50×3=1.5$ (mol)

(6) $2C_6H_6 + 15O_2 \longrightarrow 12CO_2 + 6H_2O$
　ベンゼン C_6H_6 (モル質量78 g/mol) の物質量は　$\dfrac{31.2}{78}$ mol
　生成する CO_2 の標準状態での体積は　$22.4×\dfrac{31.2}{78}×\dfrac{12}{2}≒54$ (L)

16
(1) 21.30 mg　（器具）イ
　（調製法）測りとったステアリン酸を少量のベンゼンに溶かし，その溶液を 50 mL のメスフラスコにすべて移した後，標線までベンゼンを加え，栓をしてよく混ぜる。

(2) $\dfrac{6.000×10^7}{sv}$ 〔/mol〕

解説 (1) $1.500×10^{-3}$ mol/L × $50.00×10^{-3}$ L × 284.0 g/mol
　　　$=0.02130$ g $=21.30$ mg

(2) 溶液 v 〔mL〕中のステアリン酸が，面積 $90.00 cm^2$ の単分子膜を形成するので，その中に含まれるステアリン酸の分子数は $\dfrac{90.00}{s}$〔個〕。※①◀　※②◀

アボガドロ定数を N_A〔/mol〕とすると
　　$1.500×10^{-3}$ mol/L $× v×10^{-3}$〔L〕$× N_A$〔/mol〕$=\dfrac{90.00}{s}$

　　　$N_A=\dfrac{6.000×10^7}{sv}$〔/mol〕

17　②

解説 標準状態で気体1 mol の体積は，混合気体であっても 22.4 L である。よって，この混合気体1 mol の質量は，※③◀
　　　$1.70×22.4=38.08$ (g)
混合気体1 mol 中の CO_2 (分子量44) を x〔mol〕，O_2 (分子量32) を $1-x$〔mol〕とすると，　$44x+32(1-x)=38.08$　$x=0.506…$
物質量の比は，　$x:1-x=0.506:0.494≒1:1$

18
(1) ① 2　② 3　(2) $4M + 3O_2 \longrightarrow 2M_2O_3$

解説 (1) 酸化物 M_xO_y 8.0 g に含まれる酸素 O の質量は，
　$8.0-5.6=2.4$ (g)
　M (原子量56) と O (原子量16) の原子数の比 $x:y$ は，
　　$x:y=\dfrac{5.6}{56}:\dfrac{2.4}{16}=0.1:0.15=2:3$

(2) 反応する酸素は O_2 で，化学反応式の係数を a, b, c とすると，
　　$aM + bO_2 \longrightarrow cM_2O_3$

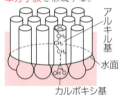

◀※①
水面にステアリン酸のベンゼン溶液を滴下すると，ベンゼンが蒸発した後，ステアリン酸が水面に立った状態で並び，<u>単分子膜</u>を形成する。

◀※②
(分子が水面上で占有する面積)×(分子数)＝(単分子膜の面積)
の関係を利用する。

◀※③
<u>気体の密度 D〔g/L〕</u>は，気体1 L あたりの質量である。

6　化学重要問題集

$c=2$ とすると，$a=4$，$b=3$ となる。

19 (1) $a=1$，$b=4$，$c=1$，$d=2$，$e=1$
(2) $a=4$，$b=11$，$c=2$，$d=8$
(3) $a=3$，$b=8$，$c=3$，$d=4$，$e=2$
(4) $a=2$，$b=2$，$c=6$，$d=2$，$e=3$

◀※①
一般に原子の種類の最も多い化学式に注目し，その係数を1とおき，他の係数を決める。係数が分数になるときは最後に分母を払って整数にする。

解説 (1) MnO_2 の係数を 1 とおく。手順を①，②，…で示す。

$$(1)MnO_2 + 4HCl \longrightarrow (1)MnCl_2 + 2H_2O + (1)Cl_2$$

③Hについて ①Mnについて ②Oについて ④Clについて ※②

◀※②
単体（ここでは Cl_2）の係数は最後に決める。

(2) Fe_2O_3 の係数を 1 とおく。手順①～③の後，全体を 2 倍する。

$$2FeS_2 + \frac{11}{2}O_2 \longrightarrow (1)Fe_2O_3 + 4SO_2$$

①Feについて ③Oについて ②Sについて

(3) 未定係数法で解く。

Cu について $a=c$　　N について $b=2c+e$
H について $b=2d$　　O について $3b=6c+d+e$

$c=1$ とおくと，$a=1$，$b=\dfrac{8}{3}$，$d=\dfrac{4}{3}$，$e=\dfrac{2}{3}$

全体を 3 倍すると，$a:b:c:d:e=3:8:3:4:2$

(4) 未定係数法で解く。

Al について $a=d$　　H について $b+2c=4d+2e$
O について $b+c=4d$
電荷について ※③ $(-1)\times b=(-1)\times d$

$d=1$ とおくと，$a=1$，$b=1$，$c=3$，$e=\dfrac{3}{2}$

全体を 2 倍すると，$a:b:c:d:e=2:2:6:2:3$

◀※③
イオン反応式では，両辺の原子の数だけでなく，イオンの価数の総和もつり合う必要がある。

20 ②

解説 ①～⑤の金属を M とおくと，反応式は次のようになる。

① $\qquad\qquad 2M + 2HCl \longrightarrow 2MCl + H_2$
② $\qquad\qquad 2M + 6HCl \longrightarrow 2MCl_3 + 3H_2$
③,④,⑤ ※④◀ $\qquad M + 2HCl \longrightarrow MCl_2 + H_2$

同じ質量 w〔g〕で発生する H_2 の物質量 (mol) はそれぞれ

① $\dfrac{w}{23}\times\dfrac{1}{2}$　② $\dfrac{w}{27}\times\dfrac{3}{2}$　③ $\dfrac{w}{65}$　④ $\dfrac{w}{24}$　⑤ $\dfrac{w}{56}$

最も多量の H_2 を発生するのは ② となる。

◀※④
鉄に塩酸や希硫酸などを加えると，Fe^{3+} ではなく Fe^{2+} が生じる。

21 (1) (a) (O_2) 6.0 mol　(CO_2) 2.4 mol　(H_2O) 3.2 mol
(N_2) 40 mol　　(b) (CO_2) 54 L　(H_2O) 58 g　　(2) C

解説 (1) (a) 50.0 mol の空気は 40.0 mol の N_2 と 10.0 mol の O_2 からなる。プロパンの完全燃焼の化学反応式とそれぞれの物質の物質量は次のようになる。

化学重要問題集　**7**

	C₃H₈	+ 5O₂	⟶ 3CO₂	+ 4H₂O	N₂
初め	0.80	10.0	0	0	40.0 (mol)
変化量	−0.80	−4.0	+2.4	+3.2 ※①◀	(mol)
反応後	0 ※②◀	6.0	2.4	3.2	40.0 (mol)

(b) 反応後の CO_2 の標準状態での体積は，$22.4 \times 2.4 = 53.76 ≒ 54$ (L)
反応後の H_2O（分子量 18）の質量は，$18 \times 3.2 = 57.6 ≒ 58$ (g)

(2) 炭素と水素だけからできた有機化合物を炭化水素という。
求める炭化水素の分子式（化学式）を C_aH_b とおくと，完全燃焼の化学反応式は次のようになる。

$$C_aH_b + \frac{4a+b}{4}\,^{※③◀}O_2 \longrightarrow a\,CO_2 + \frac{b}{2}H_2O$$

反応した C_aH_b と O_2 の体積について，

$$25\,(\text{mL}) \times \frac{4a+b}{4} = 75\,^{※④◀}(\text{mL})$$

$$4a+b = 12$$

(A) $4 \times 1 + 4 = 8$ (B) $4 \times 2 + 2 = 10$ (C) $4 \times 2 + 4 = 12$
(D) $4 \times 2 + 6 = 14$ (E) $4 \times 3 + 8 = 20$

よって，Cが適切なものである。

22 (1) 右図
(2) $CaCO_3 + 2HCl \longrightarrow CaCl_2 + H_2O + CO_2$
(3) $1.0\,\text{mol/L}$ (4) $5.0 \times 10^{-2}\,\text{mol}$
(5) 89% (6) 9.8 g

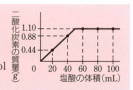

解説 (3) (1)のグラフより，塩酸を 50 mL 加えたとき CO_2 は 1.10 g 発生している。※⑤◀ 塩酸の濃度を x [mol/L] とおくと，生じる CO_2（分子量44）の物質量について，

$$x \times \frac{50}{1000} \times \frac{1}{2}\,(\text{mol}) = \frac{1.10}{44}\,(\text{mol}) \quad x = 1.0\,(\text{mol/L})$$

(4) $1.0\,(\text{mol/L}) \times \frac{50}{1000}\,(\text{L}) = 5.0 \times 10^{-2}\,(\text{mol})$

(5) 炭酸カルシウム（式量100）の物質量は，発生した二酸化炭素の物質量と等しいから，$\dfrac{100 \times \frac{1.10}{44}}{2.8} \times 100 ≒ 89\,(\%)$

(6) 石灰石 2.8 g あたり発生する CO_2 の体積（標準状態）は，

$$22.4 \times \frac{1.10}{44} = 0.56\,(\text{L})$$

よって，必要な石灰石は，$2.8 \times \dfrac{1.96}{0.56} = 9.8\,(\text{g})$

23 （メタン）0.70 mol　（ブタン）0.40 mol

解説 混合気体中のメタンを x [mol]，ブタンを y [mol] とする。
燃焼の反応式から変化量を求めると次のようになる。

◀※①
化学反応式の係数の比は，各物質の物質量の比と等しい。
つまり，変化量の行に書く値は
$C_3H_8 : O_2 : CO_2 : H_2O$
$= 1 : 5 : 3 : 4$
$= 0.80 : 4.0 : 2.4 : 3.2$
となっている。

◀※②
プロパン C_3H_8 はすべて反応して残っていない。

◀※③
O_2 の係数は最後に求める。
右辺のO原子の数は，
$$2a + \frac{b}{2} = \frac{4a+b}{2}$$
左辺は O_2 であるから，O_2 の係数は，$\dfrac{4a+b}{4}$

◀※④
気体の体積は標準状態の値であるから，
(体積比) = (物質量比) = (係数比)
が成り立つ。

◀※⑤

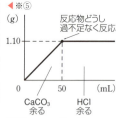

参考 $CaCO_3$ 量 2倍 ------
塩酸濃度 2倍 ———
でグラフを描くと

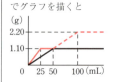

$$CH_4 \ + \ 2O_2 \ \longrightarrow \ CO_2 \ + \ 2H_2O \quad ※①◀$$

変化量　　$-x$　　$-2x$※②◀　　　$+x$　　$+2x$　〔mol〕

$$2C_4H_{10} \ + \ 13O_2 \ \longrightarrow \ 8CO_2 \ + \ 10H_2O$$

変化量　　$-y$　　$-\dfrac{13}{2}y$　　$+4y$　　$+5y$　〔mol〕

消費された酸素 O_2 について，

$$2x+\dfrac{13}{2}y=\dfrac{89.6}{22.4}=4.00(mol) \quad \cdots\cdots ①$$

生成した水 H_2O （分子量 18）について，

$$2x+5y=\dfrac{61.2}{18}=3.4(mol) \quad \cdots\cdots ②$$

①，②より，　$x=0.70(mol)$，$y=0.40(mol)$

◀※①
混合物が同時に反応するが，反応式はそれぞれ別々に書く。

◀※②
反応反応式の係数の比は，各物質の物質量の比と等しい。
変化量は
　$CH_4 : O_2 : CO_2 : H_2O$
　$=1 : 2 : 1 : 2$
　$C_4H_{10} : O_2 : CO_2 : H_2O$
　$=2 : 13 : 8 : 10$
となっている。また，CH_4 と C_4H_{10} はすべて反応する。

24 (ア)

解説 (ア)の化学実験によって，アボガドロ定数を見積もることができるが，アボガドロの法則とは関係ない。アボガドロの法則(1811年)は「気体はいくつかの原子が結合した分子という粒子からできていて，同じ温度と同じ圧力では，同じ体積の中に同数の分子が含まれ，分子が反応するときは原子に分かれることができる。」

(イ) 質量保存の法則(ラボアジエ，1774年)「物質が化合や分解をしても，その前後で物質全体の質量の和は変わらない。」

(ウ) 定比例の法則(プルースト，1799年)「同じ一つの化合物では，その成分元素の質量組成はつねに一定である。」※③◀

(エ) 倍数比例の法則(ドルトン，1803年)「A，B 2元素からなる化合物が2種類以上あるとき，一定量のAと化合しているBの質量は，これらの化合物の間では簡単な整数比になる。」※④◀

(オ) 気体反応の法則(ゲーリュサック，1808年)「気体どうしが反応したり，反応によって気体が生成するとき，それらの気体の体積の間には簡単な整数比が成り立つ。」

◀※③
酸化銅(Ⅱ)CuO の場合
($O=16$, $Cu=64$)

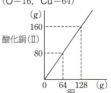

銅：酸素：酸化銅(Ⅱ)
$=64:16:80$
$=4:1:5$
でつねに一定である。

◀※④　　　酸素　銅
酸化銅(Ⅱ)　□：□
　　　　　　16g　64g
酸化銅(Ⅰ)　□：□
　　　　　　16g　128g
一定(16g)の酸素と化合している銅の質量は 1:2 の割合である。

25

(1) 一定質量の炭素，例えば，24 g の炭素と化合している水素の質量を比べると，エタンは 6.0 g，エテンは 4.0 g，エチンは 2.0 g であり，3:2:1 という簡単な整数比となる。

(2) 水素と酸素がともに1個の原子からなるとすると，水蒸気を構成している酸素の原子は分割されることになる。

解説 (1) それぞれ 1 mol を比較すると，

	エタン C_2H_6	エテン (エチレン) C_2H_4	エチン (アセチレン) C_2H_2
炭素 C	12×2 g	12×2 g	12×2 g
水素 H	1.0×6 g	1.0×4 g	1.0×2 g

倍数比例の法則は【24】(エ) 参照。

(2) ドルトンの原子説(ドルトン，1803 年)「すべての物質は，それ以上分割することができない最小粒子(原子)からできていて，単体

化学重要問題集　9

の原子は，その元素に固有の質量と大きさをもち，化合物は異なる
種類の原子が定まった数結合してできた複合原子からできている。
原子は消滅したり，無から生じることはない。」
気体反応の法則を原子説で説明すると，次の矛盾が生じる。※①◀

(a)

水素 ＋ 酸素 ⟶ 水蒸気　　酸素原子が
　　　　　　　　　　　　　　分割されている

アボガドロの分子説はこの矛盾を解決するために発表された。

(b)

水素 ＋ 酸素 ⟶ 水蒸気

◀※①
(a)の他にも，分割させないた
めに水素原子が消滅してしま
う矛盾，酸素原子が無から生
じてしまう矛盾がある。(2)の
解答はそれらに触れたものも
正解となる。

---

26 (1) ① 3 ② d (2) 4 %

解説 (1) $^{79}Br=$⑲，$^{81}Br=$㉛ とおき，Br_2 は順列的に数えると，⑲–
⑲，⑲–㉛，㉛–⑲，㉛–㉛で，存在比はそれぞれ $\frac{1}{2} \times \frac{1}{2} = \frac{1}{4}$

となる。ここで，実際の分子は回転したりして ⑲–㉛ と ㉛–⑲
は区別できない。よって，3種類の分子が，

⑲–⑲：⑲–㉛（㉛–⑲）：㉛–㉛$= \frac{1}{4} : \frac{1}{4} + \frac{1}{4} : \frac{1}{4} = 1 : 2 : 1$

で存在する。

(2) 中性子の数が117個の同位体の質量数は 78＋117＝195 である。
存在比の順に質量数は 194，196，198 となる。四番目の同位体の存
在比を x〔%〕とおき，まとめると

質量数	195	194	196	198
存在比(%)	34	33	33－x ※②◀	x

相対質量が与えられていないので質量数を用いて原子量を求めると

$$195 \times \frac{34}{100} + 194 \times \frac{33}{100} + 196 \times \frac{33-x}{100} + 198 \times \frac{x}{100} = 195.08$$

$$x = 4\,(\%)$$

◀※②
$100-(34+33+x)$
$=33-x$〔%〕

---

27 28 %

解説 Cu は希塩酸に溶けないから，残った 0.60 g は Cu である。
Mg および Fe は塩酸と反応して H_2 を発生する。※③◀

$$Mg + 2HCl \longrightarrow MgCl_2 + H_2$$
$$Fe + 2HCl \longrightarrow FeCl_2 + H_2 \quad \text{※④◀}$$

発生した H_2 は，$\dfrac{224}{22.4 \times 10^3} = 0.0100\,(mol)$

混合物中の Mg を x〔mol〕，Fe を y〔mol〕とおくと，※⑤◀

$$x + y = 0.0100\,(mol) \quad \cdots\cdots ①$$

混合物の質量について，原子量 Mg＝24，Fe＝56 より，

$$24x + 56y = 1.00 - 0.60 = 0.40\,(g) \quad \cdots\cdots ②$$

①，②より，　$y = 5.00 \times 10^{-3}\,(mol)$

Fe の質量は，$56 \times 5.00 \times 10^{-3} = 0.28\,(g)$　　質量百分率は　28 %

◀※③
イオン化傾向は
　Mg＞Fe＞H_2＞Cu
Mg と Fe は希塩酸や希硫酸
に溶けるが，Cu は溶けない。
◀※④
Fe が希酸と反応するとき，
生成するイオンは Fe^{3+} では
なく，Fe^{2+} である。
◀※⑤
反応式の係数より，
Mg 1 mol から H_2 1 mol，
Fe 1 mol から H_2 1 mol
がそれぞれ発生する。

10　化学重要問題集

28 (ロ)

解説 陰極では2molの電子が流れると1molのCuが析出する。※①
Cuの原子量をMとおく。Cuの物質量について，※②
$$\frac{2.00\times25\times60}{9.65\times10^4}\times\frac{1}{2}=\frac{0.987}{M}$$
$$M=63.49\cdots\fallingdotseq63.5$$
次に，^{63}Cuと^{65}Cuの存在割合を，それぞれ$1-x$とxとおくと，Cuの原子量は次のように表される。
$$63(1-x)+65x=63+2x$$
よって，(イ)〜(ホ)の存在比におけるCuの原子量を求めると，
(イ) $x=\frac{1}{9+1}=0.1$ より，$63+2\times0.1=63.2$
同様にして，
(ロ) $x=0.3$ より，63.6   (ハ) $x=0.5$ より，64.0
(ニ) $x=0.7$ より，64.4   (ホ) $x=0.9$ より，64.8
Cuの原子量63.5にもっとも適合する存在比は，(ロ)である。

※① $Cu^{2+}+2e^-\longrightarrow Cu$

※② $\dfrac{電流\,I(A)\times時間\,t(秒)}{9.65\times10^4\,C/mol}$
$=電気分解で流れた\,e^-\,の物質量\,[mol]$

29 (1) 10.8 (2) 2.7×10^{-23} g (3) 10種類

解説 (1) 元素の原子量は，各同位体の相対質量に存在比を掛けて求めた平均値となる。ホウ素Bの原子量は，
$$10\times\frac{20.0}{100}+11\times\frac{80.0}{100}=10.8$$
(2) ^{16}O原子1molの質量は16gで，原子6.0×10^{23}個が含まれている。
$$\frac{16}{6.0\times10^{23}}\fallingdotseq2.7\times10^{-23}\,(g)$$
(3) 四塩化炭素CCl_4の塩素原子4個の組合せは，塩素Clの同位体をその質量数で示すと次の5組。※③
(35, 35, 35, 35) (35, 35, 35, 37) (35, 35, 37, 37)
(35, 37, 37, 37) (37, 37, 37, 37)
炭素原子Cは2種類存在するので，$2\times5=10$（種類）

※③ CCl_4は正四面体形である。

30 (1) 478 (2) 1.7×10^2 m^3 (3) 5.9×10^4 mol

解説 (1) CH_4とH_2Oの分子量はそれぞれ16と18で，$4CH_4\cdot23H_2O$※④
の式量は，$16\times4+18\times23=478$
(2) $1\,m^3=1\times10^6\,cm^3=1\times10^3\,L$，メタンハイドレート$1.0\,m^3$の物質量は，
$$1.0\times10^6\,cm^3\times0.91\,g/cm^3\times\frac{1}{478\,g/mol}\fallingdotseq1.90\times10^3\,mol$$
1化学式のメタンハイドレート中にメタンは4分子ある。
$$1.90\times10^3\times4\times22.4\times10^{-3}\fallingdotseq1.7\times10^2\,(m^3)$$
(3) メタンハイドレート$1.0\,m^3$中に初めから存在していたH_2Oは，
$1.90\times10^3\times23$ (mol)
CH_4が完全燃焼して生じるH_2Oは， $1.90\times10^3\times4\times2$ (mol) ※⑤
H_2Oの合計は，$1.90\times10^3\times(23+4\times2)\fallingdotseq5.9\times10^4$ (mol)

※④ メタンハイドレートの構造
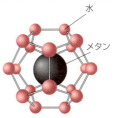
水分子がつくる正12面体（上図）や14面体からなるかご状の立体構造のすき間にメタンが取り込まれた構造である。

※⑤ $CH_4+2O_2\longrightarrow CO_2+2H_2O$

31 11 mL

解説 燃焼の化学反応式は、それぞれ次のようになる。

$$2H_2 + O_2 \longrightarrow 2H_2O$$
$$2C_2H_2 + 5O_2 \longrightarrow 4CO_2 + 2H_2O$$
$$2CO + O_2 \longrightarrow 2CO_2$$

温度と圧力は一定なので、<u>体積比＝物質量比</u>※① である。

混合気体Aに水素 x〔mL〕、アセチレン y〔mL〕、一酸化炭素 z〔mL〕が含まれるとすると、　$x+y+z=50$ ……①

完全燃焼させた後に残る気体は、水の体積および水蒸気圧は無視することから、CO_2 と O_2 のみである（＝37.5 mL）。これを水酸化ナトリウム水溶液に通すと、CO_2 が吸収されて O_2 だけが残る（＝12.5 mL）。

よって、反応した O_2 の体積は、　$60-12.5=47.5$(mL)

燃焼の各化学反応式における O_2 の係数の関係より、

$$\frac{1}{2}x + \frac{5}{2}y + \frac{1}{2}z = 47.5 \quad \cdots\cdots②$$

反応後に生じた CO_2 の体積は、　$37.5-12.5=25.0$(mL)

よって、燃焼の各化学反応式における CO_2 の係数より、

$$2y+z=25.0 \quad \cdots\cdots③$$

①、②、③を解くと、　$y \fallingdotseq 11$(mL)※②

◀※①

アボガドロの法則より、同温・同圧では、同体積中に同数の気体分子が含まれる。

◀※②

y については、①、②式だけで解くこともできる。

---

32 50 g

解説 鉄200 g の純度が98.0％※③なので、含まれる鉄は、

$$200 \times \frac{98.0}{100} = 196(g)$$

CO になった黒鉛 C を x〔mol〕、CO_2 になった黒鉛 C を y〔mol〕とおくと、反応式は次のようになる。

$$Fe_2O_3 + 3C \longrightarrow 2Fe + 3CO$$
$$x \quad\quad \frac{2}{3}x \quad\quad x \quad \text{〔mol〕}$$

$$2Fe_2O_3 + 3C \longrightarrow 4Fe + 3CO_2$$
$$y \quad\quad \frac{4}{3}y \quad\quad y \quad \text{〔mol〕}$$

CO と CO_2 の物質量比より、　$x:y=37:13$ ……①

生じた Fe（＝56）は 196 g より、　$\dfrac{2}{3}x + \dfrac{4}{3}y = \dfrac{196}{56}$(mol) ……②

①、②より、　$x \fallingdotseq 3.08$(mol)、$y \fallingdotseq 1.08$(mol)

C＝12 より、　$12 \times (3.08+1.08) \fallingdotseq 50$(g)

◀※③

残りの2.0％である4.0 g は炭素である。

3 化学結合と結晶

33 (1) ㋐ イオン ㋑ 共有 ㋒ 配位 ㋓ 金属 ㋔ 自由電子
(2) ・展性(薄く広げられる性質)や延性(引き延ばされる性質)を示す。
・熱や電気の良導体である。
・金属光沢がある。

解説 イオン結合，共有結合(配位結合を含む)，金属結合をまとめて**化学結合**という。

※①
イオン結合：陽イオンと陰イオン間の静電気力による結合
共有結合：原子と原子間の共有電子対による結合

34 (1) ㋐ 共有 ㋑ 非共有 ㋒ 配位 ㋓ 電気陰性度
㋔ ファンデルワールス力(または分子間力)
(2) $\begin{bmatrix} H:\overset{..}{O}:H \\ \quad H \end{bmatrix}^+$
(3) エタノールはヒドロキシ基をもつため分子間で水素結合を形成し，プロパンよりも分子間力が強いから。

解説 (1) 原子が共有電子対を引きつける強さを相対的な数値で表したものを，**電気陰性度**という。電気陰性度は，同周期の元素間では，原子番号が大きくなるほど増加し，同族の元素間では，原子番号が大きくなるほど減少する傾向を示す。

※②
電気陰性度は，周期表では右上にある元素ほど大きい(ただし，貴ガス元素を除く)。

電気陰性度が大きいほど陰性の強い元素であり，電気陰性度が小さいほど陽性の強い元素である(貴ガス元素は除く)。

陰性が強い ↗
陽性が強い ↙

35 (1) ㋐ H–Ö–H, H:Ö: ㋑ H–N–H, H:N:H
㋒ O=C=O, Ö::C::Ö ㋓ N≡N, :N⋮⋮N:
㋔ H–Ö–Ö–H, H:Ö:Ö:H ㋕ Cl–C–Cl, :Cl:C:Cl:
    Cl   :Cl:
(2) ① 4 ② 2 ③ 4 ④ 5 ⑤ 12 ⑥ 2 ⑦ 4 ⑧ 1
⑨ イ ⑩ ア ⑪ イ ⑫ ア ⑬ エ ⑭ ア ⑮ オ
⑯ ウ

※③
元素記号のまわりに最外殻電子を・で表した式を**電子式**という。

※④
構造式の中で，各原子のもつ価標の数を**原子価**という。
1族 14族 15族 16族 17族
H– –C– –N– –O– F–
    –Si– –P– –S– Cl–
(1) (4) (3) (2) (1)
(数字は原子価)

解説 (1) 分子を電子式で書くときは，各原子が貴ガス(希ガス)型の電子配置をとるようにする。H原子の周囲には**2**個，他の原子の周囲には**8**個の電子が存在することを確認しておく。共有電子対1組を1本の価標(–)で表した式を，**構造式**という。

(2) 四塩化炭素 硫化水素 二酸化炭素 アンモニア
[図] [図] [図] [図]
↓ ↓ ↓ ↓
正四面体形 折れ線形 直線形 三角錐形
       :共有電子対 :非共有電子対

※⑤
原子の周囲の電子対の反発によって，分子の構造を推測することができる。
→【256】参照

C–Cl, H–S, C=O, H–N は結合に極性があり，電気陰性度の大きい原子（右の原子）がδ−，小さい原子（左の原子）がδ+ となっている。分子の形から負電荷の重心と正電荷の重心が一致すると無極性分子，一致しないと極性分子である。※①

負電荷の重心を●，正電荷の重心を+ で表す。

◀※①
結合の極性をベクトルで表し，合成ベクトルが 0 (ゼロ) もしくは残るかで判断することもできる。

36 (a) 誤 (b) 正 (c) 誤

解説 一方の原子の非共有電子対を，他の原子と共有することでできる共有結合を配位結合という。しかし，配位結合ができあがれば，配位結合と共有結合はまったく同じになり区別できない。※②

(a) アンモニウムイオン NH_4^+ の中の結合は，共有結合と配位結合のみとなる。ただし，塩化アンモニウムの結晶を形成する際には NH_4^+ と Cl^- との間でイオン結合が形成される。誤り。

(b) 正しい。

(c) アンモニアは極性分子である（→【35】(2)参照）。誤り。

◀※②
NH_3 の非共有電子対が H^+ の空の軌道に配位することで，アンモニウムイオンが生じる。

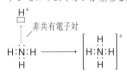

37 (1) (ア) 共有 (イ) 電気陰性度 (ウ) 極性 (エ) 非共有電子対
(オ) 水素 (カ) 正四面体 (形)
(A) 4 (B) 2 (C) 2

(2) 氷の結晶は水素結合ですき間の多い構造をとる。氷が融解すると，水分子がすき間に入り込むので体積が減少する。※③

解説 (1) (ア) 2つの原子が互いに不対電子を出し合い，共有電子対を形成してできる結合が共有結合である。

(イ) 結合の電荷のかたより（極性）は，結合している原子間の電気陰性度の差が大きいほど大きい。

(ウ) 水分子は O 原子を中心として，2個の H 原子との結合および2組の非共有電子対の合計4つが，互いになるべく離れるように，四面体形になっている。このため，水分子は折れ線形である。

(オ) H 原子は隣接する水分子の O 原子と，また，O 原子は隣接する水分子の H 原子とそれぞれ水素結合する。※④

(カ) 水素結合には方向性があり，O−H…O は直線になっている。

(2) 水の水素結合はファンデルワールス力に比べるとかなり強いので，融点・沸点が高いだけでなく，融解熱・蒸発熱・比熱・表面張力なども他の液体物質に比べてかなり大きくなる。

◀※③
氷の結晶は，下図のように水分子が方向性のある水素結合により，すき間の多い正四面体形の構造をしている。

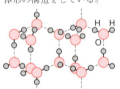

◀※④
正電荷を帯びた水素原子が陰性の強い原子の非共有電子対のある方向へ近づき，静電気的な引力で引き合う。この結合を水素結合という。
N, O, F は電気陰性度が大きいので，H−N, H−O, H−F 結合の極性は大きくなり，
 O−H…O
のように H 原子をはさんで分子どうしが水素結合をつくる。

14 化学重要問題集

38 (1) (ア) b (イ) c (ウ) c (エ) d (オ) e (カ) g (キ) f (ク) j
(ケ) k (コ) h (サ) i (シ) l (ス) l (セ) m (ソ) l
(2) ① Na, Cu ② NaCl, CaCO₃ ③ CO₂, I₂, H₂O
④ C, SiO₂

解説 (1) (ウ) イオン結晶は結晶(固体)のままではイオンが動けないため電気を通さないが、融解もしくは水に溶解させると電気を通す。
(コ),(サ) 共有結合結晶では構成粒子を原子(⑤iや©など)とみるのに対し、分子結晶では構成粒子を分子(CO₂やI₂など)とみる。よって、(コ)では分子間力(ファンデルワールス力、場合により水素結合など)。
(2) 金属元素と非金属元素の化合物はイオン結晶、非金属元素どうしの物質は分子結晶と考えるのが一般的である。ただし、ダイヤモンド、黒鉛、二酸化ケイ素、炭化ケイ素は分子結晶ではなく共有結合結晶である。また、塩化アンモニウムや硫酸アンモニウムなどは分子結晶ではなくイオン結晶である。

39 (1) 面心立方格子 (2) 4 (3) 12個 (4) $a = 2\sqrt{2}\,r$
(5) $d = \dfrac{4M}{a^3 N}$ (6) 74%

解説 (2) $\dfrac{1}{8}$(頂点)×8 + $\dfrac{1}{2}$(面の中心)×6 = 4 (個)

(3) 単位格子をもう1つ横に並べてみる。黒丸●を中心に、黒くぬった面で4個の○に接し、その面に垂直な2つの面の4個ずつの○に接していて、合計12個に接していることがわかる。

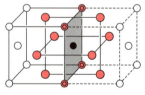

(4) 面心立方格子では、各面の対角線に沿って原子が接触している。右図より、
$\sqrt{2}\,a = 4r$ よって $a = \dfrac{4r}{\sqrt{2}} = 2\sqrt{2}\,r$ 〔cm〕

(5) 銅原子1個の質量は $\dfrac{M}{N}$〔g〕。

単位格子の質量は、銅原子4個含むことから $\dfrac{M}{N} \times 4$〔g〕。

単位格子の体積は a^3〔cm³〕。

よって、密度 $d = \dfrac{単位格子の質量(g)}{単位格子の体積(cm^3)}$

$= \dfrac{\dfrac{M}{N} \times 4}{a^3} = \dfrac{4M}{a^3 N}$〔g/cm³〕

(6) 面心立方格子の単位格子(一辺の長さ a)中に4個の原子(半径 r の球)を含むから、球が占める割合(充塡率)は、

◀※①
本問では、金属結晶と分子結晶の融点と沸点について、「多様」とあるが、金属結晶は「高いものが多い」、分子結晶は「低いものが多い」といわれることもある。
構成粒子間の結合力と融点・沸点は相関があるので、結合の強さは
共有結合＞イオン結合，金属結合≫分子間力
といわれることがある。

◀※②
塩化アンモニウム NH₄Cl は、NH₄⁺(アンモニウムイオン)と Cl⁻(塩化物イオン)がイオン結合により結晶となる。

◀※③
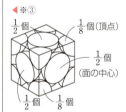
頂点は8個，面の中心は6個ある。

◀※④
面心立方格子は，同じ大きさの球を，空間に最も密に並べる構造(最密構造)の1つである。一方，体心立方格子は，ややすき間の多い構造である。

$$\dfrac{4\times\dfrac{4}{3}\pi r^3}{a^3}=\dfrac{4\times\dfrac{4}{3}\times\pi\times r^3}{(2\sqrt{2}\,r)^3}=\dfrac{\pi}{3\sqrt{2}}=\dfrac{\sqrt{2}\,\pi}{6}$$

$$=\dfrac{1.41\times 3.14}{6}\fallingdotseq 0.74\ \to\ 74(\%)$$

◀※①

球の体積：$\dfrac{4}{3}\pi r^3$

40 (1) 2 (2) 8.2×10^{22} (3) 7.7 (4) 2.5×10^{-8}

解説 (1) $\dfrac{1}{8}$(頂点)$\times 8+1$(体心)$=2$(個)※②◀

◀※②

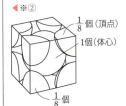

頂点は8つ，中心は1つある。

(2) 単位格子の体積は $(2.9\times 10^{-8})^3\text{cm}^3$ で，その中に鉄原子2個が含まれる。よって，1 cm^3 中に含まれる鉄原子は，
$$2\times\dfrac{1}{(2.9\times 10^{-8})^3}\fallingdotseq 8.2\times 10^{22}\text{(個)}$$

(3) 鉄のモル質量は 56 g/mol

◀※③

Fe 原子1個の質量は

$\dfrac{56}{6.0\times 10^{23}}$(g) である。

密度$=\dfrac{\text{単位格子の質量}}{\text{単位格子の体積}}=\dfrac{2\times\dfrac{56}{6.0\times 10^{23}}}{(2.9\times 10^{-8})^3}\fallingdotseq 7.7\text{(g/cm}^3)$ ※③◀

(4) 体心立方格子では，立方体の対角線に沿って原子が接触している。単位格子の一辺の長さを a，原子半径を r とすると，最近接原子間距離は $2r$，また図より $4r=\sqrt{3}\,a$ ※④◀

◀※④

立方体の一辺と対角線の長さの比は

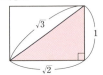

$$2r=\dfrac{\sqrt{3}\,a}{2}=\dfrac{\sqrt{3}\times 2.9\times 10^{-8}}{2}\fallingdotseq 2.5\times 10^{-8}\text{(cm)}$$

41 (1) ① (陽イオン) 4 (陰イオン) 4
    ② (陽イオン) 1 (陰イオン) 1
(2) ① 6 ② 8
(3) ① 0.57 nm ② 0.40 nm
(4) 2.2 g/cm^3

解説 (1) ① Na$^+=\dfrac{1}{4}\times 12+1=4$(個)，Cl$^-=\dfrac{1}{8}\times 8+\dfrac{1}{2}\times 6=4$(個)

② Cs$^+=1$(個)，Cl$^-=\dfrac{1}{8}\times 8=1$(個)

◀※⑤

ある粒子を最近接の位置で取りまく粒子の数を，配位数という。

参考
NaCl 型の近接イオン数

	距離	個数
第1近接(○)	①	6(面心)
第2近接(●)	$\sqrt{2}$	12(辺心)
第3近接(◎)	$\sqrt{3}$	8(頂点)
第4近接	②	6

(2) NaCl 型，CsCl 型の単位格子はともに，陽イオンと陰イオンの配置を逆にしても成り立つ単位格子である。よって，問いは「1個の陽イオン(●)に対して最も近くに存在する Cl$^-$(○)の数」に置き換えても同じである。立方体の中心(体心)にある●に注目し，NaCl 型は上下，左右，前後の6個の○が該当し，CsCl 型は頂点の8個の○が該当する。※⑤◀

(3) 単位格子の一辺を a，各イオン半径を r^+, r^- とする。
① 単位格子の一辺に注目すると，$2(r^++r^-)=a$
$a=2(0.116+0.167)\fallingdotseq 0.57\text{(nm)}$

16 化学重要問題集

② 単位格子の立方体の対角線(体対角線)
に注目すると，
$$2(r^+ + r^-) = \sqrt{3}\,a$$
$$a = \frac{2(0.181+0.167)}{\sqrt{3}} \fallingdotseq 0.40\,(\text{nm})$$

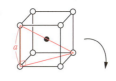

(4) 単位格子の一辺を a [cm]，NaCl のモル質量を M [g/mol]，アボガドロ定数を N_A [/mol] とすると，NaCl の密度 d は，

$$d = \frac{\text{単位格子の質量(g)}}{\text{単位格子の体積}(\text{cm}^3)} = \frac{\dfrac{M}{N_A}\times 4}{a^3} = \frac{4M}{N_A a^3}$$

$$= \frac{4\times(23+35.5)}{6.0\times 10^{23}\times\{2(0.116+0.167)\times 10^{-7}\}^3} \fallingdotseq 2.2\,(\text{g/cm}^3)$$

※① CsCl は同様に
$$d = \frac{\dfrac{M}{N_A}\times 1}{a^3}$$
の関係がある。
$\dfrac{M}{N_A}$ で（○1個＋● 1個）の質量を求めている。

42
(1) 二酸化ケイ素　(2) 塩化ナトリウム　(3) NaF
(4) 酸化カルシウム　(5) カルシウム　(6) タングステン
(7) シクロヘキサン　(8) シアン化水素
(9) HF，HI，HBr，HCl　(10) エタノール　(11) フマル酸

解説　(1) SiO₂ が共有結合結晶であるのに対し，CO₂（ドライアイス）は分子結晶である。
※②
(2) NaCl がイオン結晶であるのに対し，ナフタレン C₁₀H₈ は分子結晶である。
※③
(3) いずれも一価の陽イオンと一価の陰イオンからなるイオン結晶である点は同じ。陰イオンの半径が F⁻＜Cl⁻＜Br⁻＜I⁻ であり，イオン半径が大きくなるほどクーロン力は弱くなる。よって，融点は NaF＞NaCl＞NaBr＞NaI となる。
※④
(4) どちらもイオン結晶である。イオンの電荷(価数)が大きく，イオン半径が小さいほど，クーロン力は強く，融点は高くなる。CaO は Ca²⁺ と O²⁻ からなるのに対し，NaCl は Na⁺ と Cl⁻ からなる。本問はイオンの電荷の影響が強い。
※⑤
(5) どちらも典型元素の金属結晶である。原子1つあたりの自由電子が多いほど金属結合は強くなり，融点は高くなる。Ca は価電子(自由電子)が2個であるのに対し，K は価電子が1個である。
※⑥
(6) 一般に，遷移元素の金属結晶の方が，典型元素の金属結晶より融点が高い。タングステン W は金属結晶のうちで最も融点が高い。
※⑦
(7) ともに無極性分子である。分子間力はファンデルワールス力のみがはたらき，分子量の大きいシクロヘキサン C₆H₁₂ の方が強い。
※⑧
(8) N₂（分子量28）と HCN（分子量27）のファンデルワールス力は同程度であるが，HCN は極性分子で，N₂ は無極性分子である。
※⑨
(9) ファンデルワールス力は HF＜HCl＜HBr＜HI であるが，HF には分子間で水素結合がはたらき，最も分子間力が強くなる。
(10) ともに同じ分子量である。エタノール C₂H₅OH にはヒドロキシ基 OH があり，分子間で水素結合がはたらく。
※⑩

◀※②
SiO₂ の融点は 1726 ℃，
CO₂ の昇華点は −79 ℃
◀※③
NaCl の融点は 801 ℃，
ナフタレンの融点は 81 ℃
◀※④
融点は，NaF：993 ℃，
NaCl：801 ℃，NaBr：747 ℃，
NaI：651 ℃
◀※⑤
CaO の融点は 2572 ℃，
MgO の融点は 2826 ℃
◀※⑥
典型元素の金属の融点
K：64 ℃，Ca：839 ℃，
Na：98 ℃，Al：660 ℃，
Hg：−39 ℃
◀※⑦
遷移元素の金属の融点
W：3410 ℃，Fe：1535 ℃，
Cu：1083 ℃
◀※⑧
沸点は，
シクロペンタン：49 ℃，
シクロヘキサン：81 ℃
◀※⑨
沸点は，N₂：−196 ℃，
HCN：26 ℃
◀※⑩
沸点は，エタノール：78 ℃，
ジメチルエーテル：−25 ℃

化学重要問題集　17

(11) ともに同じ分子量で、カルボキシ基COOHがあり、水素結合がはたらく。マレイン酸はCOOHが隣接しており、分子内で水素結合がはたらくが、フマル酸は分子間でのみ水素結合がはたらく。

◀※①
マレイン酸の融点は約133℃、フマル酸は200℃で昇華するので、融点はフマル酸の方が高い。はたらく水素結合のすべてが分子間ではたらく方が、融点が高くなる。

43 (1) (ア) H_2O (イ) HF (ウ) NH_3 (エ) HF (オ) H_2O (カ) NH_3
(キ) 低く (ク) 高い (ケ) 自由電子

(2) $CH_3-CH_2-CH_2-CH_2-CH_3$
$> CH_3-CH_2-CH-CH_3$ $> CH_3-C-CH_3$
　　　　　　　　$|$　　　　　　　　$|$
　　　　　　　CH_3　　　　　　CH_3

(理由) 枝分かれが少ない分子ほど、分子の表面積が大きくなり、ファンデルワールス力が強くはたらくから。

(3) 1分子の水素結合の数が、フッ化水素よりも水の方が多いから。※②

解説 (1) 14〜17族元素の水素化合物の分子量と沸点との関係の概略は右図のようになり、次のように考えられる。
・全体的に右上がりになるのは、分子量が大きい分子ほど<u>ファンデルワールス力</u>が強いから。
・14族のSiH_4より16族のH_2Sや17族のHClの沸点が高いのは、分子全体の極性の有無による。
・NH_3、H_2O、HFの沸点が異常に高いのは、<u>水素結合</u>が分子間にはたらくから。※③
・水素結合1つの強さは、原子間の電気陰性度の差で決まる。電気陰性度の値はF 4.0、O 3.4、N 3.0である。

(ケ) アルカリ金属のNa、K、Rbはどれも原子1個につき自由電子が1個で同じであるが、原子半径は Na<K<Rb で、単位体積当たりの自由電子の数は Na>K>Rb となる。この順に融点が高くなる。

(2) 一般的に分子の表面積が大きいほど、分子間で接触する割合が大きくなり、ファンデルワールス力が強くなるので、沸点は高くなる。

44 (1) 8 (2) $r=\dfrac{\sqrt{3}}{4}a$ ※⑤ (3) $\dfrac{96.1}{a^3}$

解説 (1) $\dfrac{1}{8}$(頂点)$\times 8 + \dfrac{1}{2}$(面心)$\times 6 + 4$(内部)$= 8$(個)

(2) 図(B)のように小立方体の中心のケイ素原子は正四面体の頂点に位置する4つのケイ素原子と結びついている。

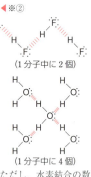

(1分子中に2個)

(1分子中に4個)

ただし、水素結合の数は結晶(固体)中における数であり、液体の状態では少なくなっている。

◀※③
電気陰性度の大きいF, O, N原子とH原子の結合の極性が大きいためである。

◀※④
いずれも同じ結晶構造(体心立方格子)であることを前提としている。

◀※⑤
求めるものは原子間結合距離(原子核間の距離)である。原子半径を求める問題と勘違いをしないように注意。

18 化学重要問題集

小立方体の体対角線の長さは，Si-Si 原子間結合距離 r の 2 倍である。また，小立方体の体対角線の長さは，小立方体の一辺の長さ $\left(\dfrac{a}{2}\right)$ の $\sqrt{3}$ 倍である。※①◀

図(B)

$$2r = \dfrac{a}{2} \times \sqrt{3} \qquad r = \dfrac{\sqrt{3}}{4}a$$

(3) 単位格子は結晶の最小単位を示したものなので，単位格子の密度と球の密度は等しい。※②

$$\text{密度} = \dfrac{\text{質量(g)}}{\text{体積(cm}^3\text{)}} = \dfrac{\dfrac{28.0}{N_A} \times 8}{a^3} \overset{※③}{=} \dfrac{1.00 \times 10^3 (g)}{429 (\text{cm}^3)}$$

$$N_A = \dfrac{28.0 \times 8 \times 429}{1.00 \times 10^3 a^3} \fallingdotseq \dfrac{96.1}{a^3}$$

45 (1) 240 個　(2) 1.7 g/cm³（または 1.8 g/cm³）　(3) 4 個

解説 (1) 単位格子（面心立方格子）中に含まれる C_{60} 分子の数は，

$$\dfrac{1}{8}(\text{頂点}) \times 8 + \dfrac{1}{2}(\text{面心}) \times 6 = 4 (\text{個})$$

1 分子は 60 個の炭素原子からなるので，$4 \times 60 = 240$（個）

(2) C_{60} の分子量は 12×60 で，単位格子中に 4 分子含まれるから，※④

$$\text{密度} = \dfrac{\text{単位格子の質量(g)}}{\text{単位格子の体積(cm}^3\text{)}} = \dfrac{\dfrac{12 \times 60}{6.0 \times 10^{23}} \times 4}{(1.4 \times 10^{-7})^3} \text{※⑤}$$

$$= \dfrac{4.8}{2.744} \fallingdotseq 1.7 \ (g/cm^3)$$

(3) 単位格子に含まれる位置 B の大きさの隙間（正八面体の隙間）は，単位格子の中心（体心）と，単位格子の各稜（辺）の中央を中心とする部分があり，各稜は 12 箇所ある。各稜の部分の隙間は，隙間の $\dfrac{1}{4}$ が単位格子に含まれる。したがって，単位格子に収容される原子の数は，

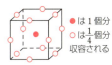

● は 1 個分
○ は $\dfrac{1}{4}$ 個分 収容される
（● と ○ は隙間の中心の位置）

$$1(\text{体心}) + \dfrac{1}{4}(\text{辺の中央}) \times 12 = 4 (\text{個})$$

46 (1) 2 個　(2) 0.16 nm　(3) $\dfrac{2\sqrt{3}}{9}$　(4) 1.7 g/cm³ ※⑥

解説 (1) $\dfrac{1}{6} \times 4 + \dfrac{1}{12} \times 4 + 1 \overset{※⑦}{=} 2$（個）

(120° 部分の原子)（60° 部分の原子）（2 層の原子）

(2) 各原子は正六角形の各辺上で接しているから，原子半径を r とすると，

◀※①
立方体の体対角線については，【40】の(4)と側注④を参照。

◀※②
マクロな視点（球）でもミクロな視点（結晶格子）でも密度は等しい。

◀※③
^{28}Si 原子 1 mol の質量は 28.0 g なので，^{28}Si 原子 1 個の質量は，$\dfrac{28.0}{6.0 \times 10^{23}}$ (g) である。
ここではアボガドロ定数を求めるため，$\dfrac{28.0}{N_A}$ としている。

◀※④
C_{60} 分子 1 個の質量は $\dfrac{12 \times 60 \ g/mol}{6.0 \times 10^{23}/mol}$ である。

◀※⑤
1 nm = 1×10^{-9} m
　　　= 1×10^{-7} cm

[参考] 位置 A の大きさの隙間（正四面体の隙間）は，面心 3 点と頂点でつくる正四面体（【44】の図(B)の小立方体の位置）の中心で 8 箇所ある（収容される原子は 8 個）。

◀※⑥
1.8 g/cm³ でもよい。
◀※⑦

2 層の断面図

あわせて原子 1 個分となる
(別解)
六角柱の構造で考えると
$\dfrac{1}{6} \times 12 + \dfrac{1}{2} \times 2 + 3 = 6$
これは単位格子 3 つ分なので
$6 \div 3 = 2$（個）

化学重要問題集　19

$$a = 2r^{※①} \quad r = \frac{a}{2} = \frac{0.32}{2} = 0.16 \text{(nm)}$$

(3) (単位格子の体積)＝(底面積)×(高さ) で求まり，底面積は，一辺 a の正三角形の面積の 2 倍だから，単位格子の体積 V は，

$$V = \frac{\sqrt{3}}{4}a^2 \times 2 \times c = \frac{\sqrt{3}\,a^2c}{2}$$

この中に原子(球)が 2 個分含まれるから，球の体積は $\frac{4}{3}\pi r^3$ より，

$$充填率^{※③} = \frac{原子の体積}{単位格子の体積} \times 100$$

$$= \frac{\frac{4}{3}\pi\left(\frac{a}{2}\right)^3 \times 2}{\frac{\sqrt{3}\,a^2c}{2}} \times 100 = \frac{2a\pi}{3\sqrt{3}\,c} \times 100 = \frac{2\sqrt{3}\,a\pi}{9c} \times 100 \text{ [\%]}$$

(4) 原子量を M，アボガドロ定数を N とすると，

$$結晶の密度 = \frac{単位格子(原子2個分)の質量}{単位格子の体積} = \frac{\frac{M}{N} \times 2}{\frac{\sqrt{3}\,a^2c}{2}} = \frac{4\sqrt{3}\,M}{3a^2cN}$$

$$= \frac{4 \times 1.7 \times 24}{3 \times (0.32 \times 10^{-7})^2 \times (0.52 \times 10^{-7}) \times 6.0 \times 10^{23}} \fallingdotseq 1.7 \text{ g/cm}^3$$

---

47 (1) (ア) $\frac{\sqrt{3}}{4}$ (イ) $\frac{\sqrt{2}}{2}$ (2) 0.23 (または 0.22)

(3) (塩化ナトリウム型) 0.41 (塩化セシウム型) 0.73

(4) $0.41 \leq \dfrac{r^+}{r^-} < 0.73$ ※④

解説 (1) 図 A の小立方体に注目すると，
⌢ の長さ $r^+ + r^-$
斜辺(立方体の対角線)について，

$$\frac{a}{2}\sqrt{3} = 2(r^+ + r^-)$$

$$\frac{a}{4}\sqrt{3} = r^+ + r^- \quad \cdots\cdots ①$$

ふつうは①式のみ成立するが，構造の限界として × の部分で陰イオンどうしも接するときは，小立方体の面の対角線について，

$$\frac{a}{2}\sqrt{2} = 2r^- \quad \cdots\cdots ②$$

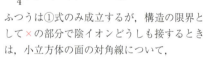

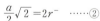

(2) ①式より $a = \dfrac{4}{\sqrt{3}}(r^+ + r^-)$，②式より $a = \dfrac{4}{\sqrt{2}}r^-$

$$a = \frac{4}{\sqrt{3}}(r^+ + r^-) = \frac{4}{\sqrt{2}}r^-$$

$$r^+ + r^- = \frac{\sqrt{3}}{\sqrt{2}}r^-$$

$$\frac{r^+}{r^-} = \frac{\sqrt{3}}{\sqrt{2}} - 1 \fallingdotseq 0.23 \quad ※⑤$$

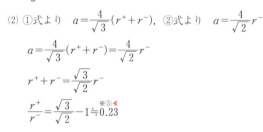

◀※①

1 層, 3 層の断面図

◀※②

底面にある一辺 a の正三角形の面積 S は

$$S = \frac{1}{2} \times a \times \frac{\sqrt{3}}{2}a = \frac{\sqrt{3}}{4}a^2$$

◀※③

六方最密構造と面心立方格子はいずれも最密構造で，充填率は約 74% である(体心立方格子の充填率は約 68%)。
六方最密構造は六方最密充填ともよばれる。

◀※④

左の不等号 ≦ は < でもよい。

$$0.41 < \frac{r^+}{r^-} < 0.73$$

◀※⑤

有理化して計算すると 0.22 となる。

(3) 図B（NaCl型）について，構造の限界を考えると，ふつうはすき間であった×の部分でも接するので，単位格子の面の対角線について，
$$2(r^+ + r^-) \times \sqrt{2} = 4r^-$$
$$\frac{r^+}{r^-} = \sqrt{2} - 1 ≒ 0.41 \text{※①}$$

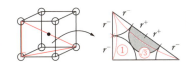

図C（CsCl型）について，構造の限界を考えると，ふつうはすき間であった×の部分でも接するので，単位格子の立方体の対角線について，

$$2r^- \times \sqrt{3} = 2(r^+ + r^-)$$
$$\frac{r^+}{r^-} = \sqrt{3} - 1 ≒ 0.73$$

(4) 各構造がとれる $\frac{r^+}{r^-}$ を下図でまとめると，

図C（CsCl型）　　[8]
図B（NaCl型）　　[6]
図A（閃亜鉛鉱型）[4]

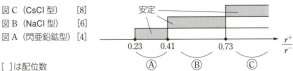

[ ]は配位数

一方で，より多くの異なる符号のイオンに接している（配位数が大きい）方が，エネルギー的に安定である。限界半径と配位数を考えることで，イオン結晶の構造を推測する方法がある。※②

◀※①
この状態での陽イオンと陰イオンの半径比を限界半径比または極限半径比という。もし陽イオンがさらに小さく，または陰イオンが大きくなると，下図のように陽イオンと陰イオンが接しなくなり，不安定になる。

◀※②
例えば，NaBrの結晶構造を推測してみる。
(Na⁺の半径) $r^+ = 0.116$ nm
(Br⁻の半径) $r^- = 0.182$ nm
より，$\frac{r^+}{r^-} = \frac{0.116}{0.182} ≒ 0.64$
となる。これは⑧の範囲であり，図Aと図Bの構造はとれるが，図Cの構造はとれない。次に，配位数の点から，図A（4配位）より図B（6配位）の方がエネルギー的に安定である。以上より，NaBrは，図Bの構造をとりやすいと推測できる。

4 物質の三態・気体の法則

48 (1) (融点) T_2 （沸点）T_3
(2) (i) 領域BC間　(ii) 領域DE間
(3) (融解熱) 1.0×10^2 kJ/mol　（蒸発熱）1.5×10^2 kJ/mol
(4) 加えた熱が状態変化(融解)のために使われているから
(5) 16 °C

解説 (1) 加熱しているのに温度の上昇がない T_2 と T_3 はそれぞれ融点と沸点である。圧力が一定であれば，物質によって固有の値をとる。※③
(2) 領域AB間はすべて固体，領域CD間はすべて液体，領域EF間はすべて気体 として存在している。
(3) 融解熱は領域BC間で加えられた熱量から求まる。
$(4-2)$ 時間 $\times 5.0$ kJ/時間 $= 10$ kJ

◀※③
(液体の蒸気圧)＝(外圧)となる温度が沸点である。温度が上昇すると蒸気圧は高くなるので，外圧を高くすれば沸点は高くなる。

融解熱は $\dfrac{10\,\mathrm{kJ}}{0.10\,\mathrm{mol}}=1.0\times10^2\,\mathrm{kJ/mol}$ ※①◀

同様に蒸発熱は $\dfrac{(8-5)\times5.0\,\mathrm{kJ}}{0.10\,\mathrm{mol}}=1.5\times10^2\,\mathrm{kJ/mol}$ ※①◀

(5) 36 g の氷がすべて融解したと仮定し，求める温度を t〔℃〕とする。氷が得た熱量と水が失った熱量は等しいので，

$$6.0\times10^3\times\dfrac{36}{18.0}+4.2\times36\times t=4.2\times100\times(50-t)\quad\text{※②◀}$$

$$t=15.7\cdots\fallingdotseq16\,(℃)$$

49
(1) ㋐ 固体　㋑ 液体　㋒ 気体
(2) (点 T) 三重点　(曲線 BT) 蒸気圧曲線　(3) 凝縮
(4) a, b

解説 (1) (定圧で)温度を上げていくと，固体→液体→気体 へと状態が変化していく(ただし，$5.3\times10^5\,\mathrm{Pa}$ 未満では液体にならない)。

(2) 液体と気体を分ける曲線を**蒸気圧曲線**という。この曲線上では液体と気体が共存している。同様に，固体と液体を分ける曲線 AT を**融解曲線**，固体と気体を分ける曲線 CT を**昇華圧曲線**という。
　3 本の曲線が交わった点を**三重点**という。この点では固体と液体と気体が共存している。

(3) 気体が液体になる変化を**凝縮**という。ちなみに，液体が固体になる変化を**凝固**，気体が固体になる変化を**昇華**(または凝華)という。二酸化炭素の場合，この 3 つの変化は(温度一定のもと)圧力を高くすることで起こすことができる。

(4) (a) 曲線 AT より，圧力の上昇とともに融点は高くなる。正しい。※③◀
(b) 三重点より低い圧力のもとでは，液体にならない。正しい。
(c) 曲線 CT より，$1.01\times10^5\,\mathrm{Pa}$ のもとで昇華点は $-56.6\,℃$ より低い。※④◀　例えば $1.01\times10^5\,\mathrm{Pa}$ で $-56.6\,℃$ のとき，CO_2 は気体のみとして存在している。誤り。
(d) 三重点 T では気体と固体のほか，液体も共存している。誤り。
(e) **超臨界流体**は液体と気体の中間的な性質(液体の溶解性と気体の拡散性)をもつ状態(超臨界状態)で存在する。固体との区別はついている。誤り。

50
(1) $1.5\times10^2\,\mathrm{mL}$　(2) 35 L　(3) $5.0\times10^5\,\mathrm{Pa}$　(4) 30

解説 (1) $1\,\mathrm{kPa}=1\times10^3\,\mathrm{Pa}$ より　$50.5\,\mathrm{kPa}=50.5\times10^3\,\mathrm{Pa}$，

$760\,\mathrm{mmHg}=1.01\times10^5\,\mathrm{Pa}$ より　$500\,\mathrm{mmHg}=\dfrac{500}{760}\times1.01\times10^5\,\mathrm{Pa}$

である。求める体積を V〔mL〕とすると，ボイルの法則より，※⑤◀

$$\underset{\text{圧力}}{50.5\times10^3}\times\underset{\text{体積}}{\dfrac{200}{1000}}=\underset{\text{圧力}}{\dfrac{500}{760}\times1.01\times10^5}\times\underset{\text{体積}}{\dfrac{V}{1000}}\qquad V\fallingdotseq1.5\times10^2\,(\mathrm{mL})$$

(2) 求める体積を V〔L〕とすると，ボイル・シャルルの法則より，※⑥◀

$$\dfrac{9.09\times10^6\times1.0}{427+273}=\dfrac{1.01\times10^5\times V}{0+273}\qquad V\fallingdotseq35\,(\mathrm{L})$$

◀※①
一般に，融解熱よりも蒸発熱の方が大きい。これは，固体の分子の配列をくずすのに必要なエネルギーよりも，液体の分子どうしを十分に引き離すのに必要なエネルギーの方が大きいからである。

◀※②
熱量〔J〕
　＝比熱×質量×温度変化
〔J/(g・K)〕〔g〕　　〔K〕
左辺の第一項は融解するときの熱量である。

◀※③
融点では固体と液体が共存している。融点の集まりが曲線 AT ともいえる。

◀※④
昇華点では固体と気体が共存している。昇華点の集まりが曲線 CT ともいえる。

◀※⑤
$pV=nRT$ において，n，R，T が一定なので
$pV=\underline{n}\,\underline{R}\,\underline{T}=$一定
ボイルの法則が導ける。
$p_1V_1=p_2V_2$

◀※⑥
$pV=nRT$ において，n，R が一定なので
$\dfrac{pV}{T}=\underline{n}\,\underline{R}=$一定
ボイル・シャルルの法則が導ける。
$\dfrac{p_1V_1}{T_1}=\dfrac{p_2V_2}{T_2}$

(3) 酸素 O_2＝32，窒素 N_2＝28 より，

酸素：$\dfrac{12.8}{32}$＝0.40（mol），窒素：$\dfrac{5.6}{28}$＝0.20（mol）

気体の状態方程式 $pV=nRT$ は，混合気体についても成り立つので，混合気体の全圧を p〔Pa〕とすると，

$p×3.0=(0.40+0.20)×8.3×10^3×(27+273)$ $p≒5.0×10^5$（Pa）

(4) 気体の状態方程式 $pV=nRT$ は，質量 m と分子量（モル質量）M を用いて $pV=\dfrac{m}{M}RT$ ※①◀ となる。また，気体の密度 $d=\dfrac{m\,〔g〕}{V\,〔L〕}$ を用いると $M=\dfrac{dRT}{p}$ のように表される。

$M=\dfrac{3.0×8.3×10^3×300}{2.49×10^5}=30$

◀※①
密度 3.0g/L について，$V=1$（L），$m=3.0$（g）として $pV=\dfrac{m}{M}RT$ の式に代入してもよい。

51 (1) 5.0cm (2) 2.4cm

解説 (1) コック b が開いているので，B 室は常に $1.0×10^5$Pa である。よって，A 室の圧力もやがて $1.0×10^5$Pa になる。※②◀ A 室の体積が V〔cm^3〕になるとして，A 室の<u>ピストンの移動前と移動後について</u>，ボイル・シャルルの法則を適用して，

$\dfrac{1.0×10^5×20×50}{27+273}=\dfrac{1.0×10^5×V}{57+273}$ $V=1100$（cm^3）

$\dfrac{1100}{20}=55$（cm）

ゆえに 5.0cm 右方へ動く。

(2) A，B 両室の圧力が p〔Pa〕となり，中央にあるピストンが x〔cm〕右方へ移動したとする。A 室と B 室の物質量は同じ（移動前より）であるから，ピストンの移動後の<u>A 室と B 室について</u>，ボイル・シャルルの法則を適用すると，※③◀

$\dfrac{p×20×(50+x)}{57+273}=\dfrac{p×20×(50-x)}{27+273}$ $x≒2.4$（cm）

ゆえに 2.4cm 右方へ動く。

◀※②
A 室と B 室の圧力が等しくなると，ピストンの移動が止まる。

ピストンは止まる

◀※③
物質量が一定であるから，ボイル・シャルルの法則を適用することができる。

〔別解〕
移動後の A 室と B 室について
$pV=nRT$（〇は一定）
比例

断面積が同じ（20cm^2）であるから，V は長さに比例する。
（長さの比）＝（T の比）
A：B＝57+273：27+273
　　＝11：10
A の長さは

$100cm×\dfrac{11}{11+10}≒52.4cm$

52 ① 1.0mol ② 0.60mol ③ 0.40mol ④ 2.0mol
⑤ 0.50 ⑥ 0.30 ⑦ 0.20 ⑧ $2.0×10^5$Pa
⑨ $8.0×10^4$Pa ⑩ $4.0×10^5$Pa ⑪ 17L ⑫ 32

解説 ①～③ N_2＝28.0，O_2＝32.0，CO_2＝44.0 より，各物質量は，

① $\dfrac{28.0}{28.0}=1.00$（mol） ② $\dfrac{19.2}{32.0}=0.600$（mol）

③ $\dfrac{17.6}{44.0}=0.400$（mol）

④～⑦ 全物質量は 1.00+0.600+0.400＝2.00（mol）なので，

⑤ $\dfrac{1.00}{2.00}=0.500$ ⑥ $\dfrac{0.600}{2.00}=0.300$ ⑦ $\dfrac{0.400}{2.00}=0.200$

⑧～⑩ 同温・同体積では，（分圧比）＝（物質量比）が成り立つので，※④◀

◀※④
同温，同体積では，
$pV=nRT$（〇は一定）
比例

酸素と他気体について
（分圧比）＝（物質量比）

化学重要問題集　23

⑧ $1.2×10^5×\dfrac{1.00}{0.600}=2.00×10^5$(Pa)

⑨ $1.2×10^5×\dfrac{0.400}{0.600}=8.00×10^4$(Pa)

よって，全圧は　$(2.00+1.2+0.800)×10^5=4.00×10^5$(Pa)　※①◀

⑪ 求める体積を V〔L〕とおく。混合気体について $pV=nRT$ より，※②◀
　$4.00×10^5×V=2.00×8.3×10^3×400$　　$V=16.6≒17$(L)
　（p には全圧，n には全物質量を代入する）

⑫ $\overline{M}=28.0×0.500+32.0×0.300+44.0×0.200=32.4≒32$

53 (1) 58.1　(2) C_3H_6O

解説 (1) 5 mL の液体を加熱すると X が蒸発する。やがて，フラスコ内を完全に満たし，余分な蒸気は空気中へ出ていく。これを冷却すると蒸気は凝縮し，容器内に再び空気が入る。この液体物質の分子量を M とすると，蒸気 X に対して気体の状態方程式を適用して，

$$1.01×10^5×1.11=\dfrac{260.40-258.30}{M}×8.31×10^3×(100+273)$$ ※③◀

$M≒58.1$

(2) 化合物 X の組成式を $C_xH_yO_z$ とすると，

$$x:y:z=\dfrac{62.1}{12}:\dfrac{10.3}{1.0}:\dfrac{100-(62.1+10.3)}{16}$$
$$=5.175:10.3:1.725≒3:6:1$$

組成式は C_3H_6O ※④◀

54 (1) 55.4
(2) メスシリンダー内の気体の圧力を大気圧に等しくするため。※⑤◀
(3) 0.81

解説 ガスボンベ中の混合気体を気体 A とみなして考える。

(1),(2) メスシリンダーの内外の水面を合わせると，
<u>（大気圧）=（A の分圧）+（飽和水蒸気圧）</u> の関係が成り立つ。※⑥◀

　（A の分圧）=（大気圧）-（飽和水蒸気圧）
　　　　　　=$103.60-3.60=100.00$(kPa)=$1.00×10^5$(Pa)

A の平均分子量を M とおくと，A に対して気体の状態方程式より，

$$1.00×10^5×\dfrac{450}{1000}=\dfrac{198.18-197.18}{M}×8.31×10^3×300$$

$M≒55.4$

(3) ブタンのモル分率を x とおくと，プロパンのモル分率は $(1-x)$ となり，平均分子量について，
　$58x+44(1-x)=55.4$　　$x≒0.81$

55 (1) A　(2) C　(3) 約 93℃（または 94℃）　(4) A
(5) $3.0×10^4$ Pa

解説 (1) <u>蒸気圧が外圧と等しくなると液体内部からも蒸発が起こる。</u>

◀※①
分圧の法則
　$p=p_1+p_2+p_3+\cdots$
は，各気体の分圧は互いに影響しないということも示している。

◀※②
O_2 についての $pV=nRT$
（p には p_{O_2}，n には n_{O_2} を代入する）
でも解ける。ここで，V は成分気体すべてに共通（N_2，O_2，CO_2 すべてが共有している空間）である。

◀※③

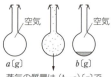

蒸気の質量は，$(b-a)$〔g〕で表される

◀※④
C_3H_6O の式量は 58 であるから，X の分子式も C_3H_6O である。

◀※⑤
気体を捕集する場合，次の 3 通りになる。

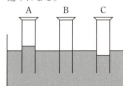

B の方法ならば，<u>水面の高さの差による圧力を考える必要がない。</u>

◀※⑥
水上置換で捕集した気体は，水の分圧（その温度における飽和水蒸気圧に等しい）を含んでいることに注意する。

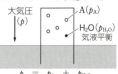

$p = p_A + p_{H_2O}$

24　化学重要問題集

これが沸騰であり，このときの温度が沸点である。
　　1.013×10⁵Pa のときの沸点は A が 34℃, B が 77℃, C が 100℃。
(2) 分子間力の大きい物質ほど沸点は高い。ここでは C となる。
(3) 外圧が低くなると沸点も下がる。グラフより，0.80×10⁵Pa になる温度は約 93℃ で，これが 8.0×10⁴Pa での沸点となる。※①
(4) いずれの物質も一部が液体として残っているので，共存する気体は飽和蒸気圧となっている。飽和蒸気圧は物質が同じならば容器の体積によらず，温度によってのみ変わる。25℃ での蒸気圧は A＞B＞C となっている。
(5) 実験Ⅰより，大気圧 1.013×10⁵Pa は高さ 760mm の水銀柱の圧力に等しい。実験Ⅱより，水銀柱の圧力が 532mm の高さになった。化合物 X の蒸気圧は，760－532＝228(mm) の水銀柱の圧力に等しい。この圧力を Pa 単位に換算すると，

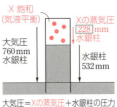

$$1.013×10^5 \text{Pa} × \frac{228\text{mm}}{760\text{mm}} = 0.3039×10^5 \text{Pa}$$
$$≒ 3.0×10^4 \text{Pa}$$

◀※①
C は水と思われる。山頂で米を炊くと生煮えしやすい(米の内部まで熱が通らない)ことが，これから説明できる。

◀※②
[参考] 水銀柱にガラス管の下部より液体を注入すると，液体は管上部で蒸発する。その蒸気圧によって，水銀柱が低くなる。

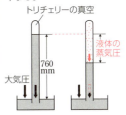

56 (1) 40℃　(2) 6.0L　(3) 24L

解説 (1) ヘキサンと窒素はそれぞれ 0.20mol ずつなので，ヘキサンの分圧は，分圧＝全圧×モル分率 より，※③

$$1.0×10^5 × \frac{0.20}{0.20+0.20} = 5.0×10^4 (\text{Pa})$$

ヘキサンの飽和蒸気圧が，この分圧よりも小さくなる温度では，一部が液体となる。よって，蒸気圧曲線より，40℃。
(2) 17℃ のとき，ヘキサンは気体と液体が共存するので，その分圧は飽和蒸気圧に等しく，蒸気圧曲線より 2.0×10⁴Pa である。※④
このとき，窒素の分圧 p_{N_2} は，
$$p_{N_2} = 1.0×10^5 - 2.0×10^4 = 8.0×10^4 (\text{Pa})$$ ※⑤
混合気体の体積を V_1[L] とすると，窒素だけについての状態方程式 $p_{N_2}V_1 = n_{N_2}RT$ より，※⑥
$$8.0×10^4 × V_1 = 0.20×8.3×10^3×(17+273)　　V_1 ≒ 6.0(\text{L})$$
(3) 体積を膨張させてヘキサンがすべて気体になったとき，ヘキサンの分圧は 17℃ での飽和蒸気圧 2.0×10⁴Pa に等しい。全体の体積を V_2[L] とすると，ヘキサンだけについての状態方程式 $p_{hex}V_2 = n_{hex}RT$ より，
$$2.0×10^4 × V_2 = 0.20×8.3×10^3×(17+273)　　V_2 ≒ 24(\text{L})$$

◀※③
モル分率＝その物質の物質量／全物質量

◀※④
気液平衡のときのヘキサンは，体積に関係なく飽和蒸気圧を示す。

◀※⑤
ヘキサンと窒素の分圧の変化を示すと，

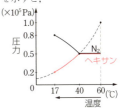

◀※⑥
ここでの体積 V_1 は，窒素分子の動ける範囲であると同時に，混合気体の動ける範囲でもある。つまり，V_1 が求める体積である。

57 (1) 6.0×10⁴Pa　(2) 2.3g　(3) 1.0g　(4) 7.7×10⁴Pa

化学重要問題集　25

解説 (1) 水がすべて気体になったとすると，その圧力は，気体の状態※①
方程式 $pV=\dfrac{m}{M}RT$ より，

$$p\times10=\dfrac{3.6}{18}\times8.3\times10^3\times363 \qquad p\fallingdotseq6.0\times10^4\,(Pa)$$

この値は 90℃ における飽和水蒸気圧 $7.0\times10^4\,Pa$ より小さいので，水はすべて気体として存在する。

(2) 水がすべて気体になったとすると，その圧力は(1)と同様に，

$$p\times10=\dfrac{3.6}{18}\times8.3\times10^3\times333 \qquad p\fallingdotseq5.5\times10^4\,(Pa)$$

これは 60℃ の飽和水蒸気圧 $2.0\times10^4\,Pa$ より大きいので，水はすべては気体になっておらず，液体の水が存在する。よって，容器内※①
の圧力は飽和水蒸気圧に等しい。

気体になった水の質量を $m\,(g)$ とおくと，気体の状態方程式より，

$$2.0\times10^4\times10=\dfrac{m}{18}\times8.3\times10^3\times333 \qquad m\fallingdotseq1.30\,(g)$$

よって，液体の水は，$3.6-1.30=2.3\,(g)$

(3) (2)に比べて2倍の体積になっているので，気体になった水は，

$$1.30\times2=2.60\,(g) \quad\text{である。}$$

よって，液体の水は，$3.6-2.60=1.0\,(g)$

(4) 容器内の圧力(全圧)は水蒸気と空気の圧力の和である。水蒸気の圧力は $2.0\times10^4\,Pa$ ((2)参照)である。空気は体積一定のまま温度が20℃ から 60℃ に上がるから，圧力は絶対温度に比例して上昇する。

$$5.0\times10^4\times\dfrac{333}{293}\fallingdotseq5.68\times10^4\,(Pa)$$

よって，全圧$=2.0\times10^4+5.68\times10^4\fallingdotseq7.7\times10^4\,(Pa)$

58 ① 8.2×10^3 ② 0.26

解説 ① 燃焼前の酸素 O_2 の分圧を $x\times10^3\,(Pa)$ とおく。燃焼の前後で変化した量は「物質量 (mol)」でふつう表すが，ここでは※②
(分圧比)=(物質量比) であるので，「分圧 (Pa)」で表す。

$$CH_4 + 2O_2 \longrightarrow CO_2 + 2H_2O$$

	CH_4	$2O_2$	CO_2	$2H_2O$	
燃焼前	4.0	x	0	0	$(\times10^3Pa)$
変化量	-4.0	-8.0	$+4.0$	$+8.0$	$(\times10^3Pa)$ ※③
燃焼後	0	$x-8.0$	4.0	8.0	$(\times10^3Pa)$

上式の燃焼後の水 H_2O の分圧を 8.0×10^3Pa としているが，これはすべて気体としたときの値を示した。実際は「水滴が生じ」ており，※④
気液平衡の状態なので，H_2O の分圧は飽和蒸気圧の 3.6×10^3Pa である。したがって，燃焼後の全圧について，

$$(x-8.0+4.0+3.6)\times10^3=7.8\times10^3\,(Pa)$$
$$x=8.2$$

よって，燃焼前の酸素の分圧は，8.2×10^3Pa である。

② 気体として存在する水 H_2O の質量を $m\,(g)$ とおく。気体の状態

◀※①
容器内に液体が存在するかどうかの判定法：すべて気体であると仮定して求めた圧力を p とすると，

(ⅰ) $p>$飽和蒸気圧 のとき，気体と液体が共存し，真の圧力は飽和蒸気圧である。

(ⅱ) $p\leqq$飽和蒸気圧 のとき，気体のみが存在し，真の圧力は p である。

◀※②
体積 V は 8.3 L，温度は 27℃ (絶対温度 T は 300 K)で一定なので，

$$p\underset{\text{比例}}{\fbox{V}}=n\fbox{R}\fbox{T}\quad(\bigcirc\text{は一定})$$

◀※③
反応式の係数比は，(今回の場合)分圧比といえる。例えば，CH_4 が 1 Pa 分反応するとき，O_2 は 2 Pa 必要といえる。

◀※④
すべて気体としたときの分圧 8.0×10^3Pa が，飽和蒸気圧 3.6×10^3Pa を超えていることからも気液平衡が確かめられる。

方程式 $pV=\dfrac{m}{M}RT$ より,

$$3.6\times10^3\times8.3=\dfrac{m}{18}\times8.3\times10^3\times(27+273)$$

$$m=0.216(g)$$

すべて気体と仮定した圧力 8.0×10^3 Pa のうち,実際は 3.6×10^3 Pa 分が気体で,残りの $(8.0-3.6)\times10^3$ Pa 分は液体(水滴)として存在する。この分の質量は,(質量比)=(分圧比) より,

$$0.216\,g\times\dfrac{(8.0-3.6)\times10^3\,\mathrm{Pa}}{3.6\times10^3\,\mathrm{Pa}}=0.264\,g\fallingdotseq0.26\,g$$

◀※①
H₂O すべて気体と仮定したら8.0×10^3Pa分
気体 3.6×10^3Pa分
液体 4.4×10^3Pa分凝縮

◀※②
H₂O について
↓比例
$p\,V=\dfrac{m}{M}\,R\,T$
(分圧比)=(質量比)

59
(1) ① 1　② 分子間力　③ 分子自身の体積　④ 小さ
　　⑤ ない
(2) オ

解説 (1) ① 理想気体の場合,気体の状態方程式 $pV=nRT$ が完全に成立するから,圧力 p の大きさに関係なく,$\dfrac{pV}{nRT}=1$ となる。

②,③ 実在気体では,分子間力がはたらくから,実際の体積は理想気体の体積と比べて小さくなり,$\dfrac{pV}{nRT}$ の値は小さくなる。また,分子自身に体積があるから,実際の体積は理想気体の体積と比べて,分子自身の占める体積分だけ大きくなり,$\dfrac{pV}{nRT}$ の値は理想気体に比べて大きくなる。

④,⑤ 一般に低温と高圧では理想気体からのずれが大きくなる。反対に高温・低圧では,より理想気体に近い挙動を示す。物質による違いとしては,分子量が小さく,無極性分子の方が,分子間力が小さいために理想気体に近い。

(2) $pV=nRT$ を変形して比例か反比例かを把握する。一定として考える量を○で囲むとする。

(ア) $pV=\widehat{n}\widehat{R}T$ より,p と V は反比例のグラフになる。誤り。

(イ) (ア)より,p と $\dfrac{1}{V}$ は正比例のグラフとなるが,$\dfrac{1}{V}$ が一定のとき,T が大きくなる($T_1\to T_2\to T_3$)ほど p は大きくなる。誤り。

(ウ) (ア)より,p と V は反比例のグラフになるが,V が一定のとき,T が大きくなるほど p は大きくなる。誤り。

(エ) $\widehat{p}V=\widehat{n}\widehat{R}T$ より,T と V は正比例のグラフになる。誤り。

(オ) (エ)より,T と V は正比例のグラフになる。T が一定のとき,p が大きくなる($p_1\to p_2\to p_3$)ほど,V は小さくなる。正しい。

(カ) (1)①より,理想気体であれば p に関係なく,また,T にも関係なく $\dfrac{pV}{nRT}$ は同じ値(1)をとる。誤り。

◀※③
分子間力がはたらかず,分子自身の体積を0(質点)と考える気体を理想気体という。

◀※④

分子間力がはたらく分,壁に強くあたれない
$p_{理}>p_{実}$

◀※⑤
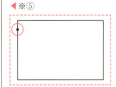
分子自身の体積がある分,理想気体と同じ圧力を示すためにはより大きい体積が必要である。
$V_{理}<V_{実}$

60 (1) ㋐ 三重 ㋑ 昇華圧 ㋒ 超臨界流体

(2) 重りをつけたひもにより氷に対して強い圧力を加えているので，ひもの下方では氷が融解してひもが食い込む。しかし，ひもが通り過ぎた上方では圧力がかからなくなるので，再び凝固して氷にもどる。（したがって，氷は切断されることなくひもだけが上方から下方へと通り抜けていく。）

解説 (1) 【49】参照。

(2) 氷（固体）は H_2O 分子が水素結合によってすき間の多い結晶をしており，水（液体）よりも体積が大きい（密度が小さい）。よって，氷を加圧すると体積減少，すなわち液体への状態変化が起こる。※①

融解曲線 PX が負の傾きをもつのは珍しく，H_2O の特異性といえる。その他多くの物質（CO_2 など）は曲線 PX が正の傾きをもつ。したがって，多くの物質は液体を加圧すると最も体積の小さい状態として固体への状態変化が起こる。

◀※①
図 1 の 0℃付近を拡大して示すと（傾きは分かりやすいように強調している），

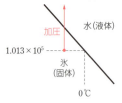

61 A：イ B：ウ C：イ D：オ

解説 A：水の飽和蒸気圧によって水銀柱が 760 mm から 730 mm に低下した。760 mmHg が 101 kPa（1.01×10^5 Pa）に相当するので，

$$\frac{760-730}{760} \times 101 \fallingdotseq 4.0 \text{(kPa)}$$

B：コック Z を開けた後の水素の分圧を p_{H_2}〔kPa〕，酸素の分圧を p_{O_2}〔kPa〕とおく。ボイルの法則より，※②

30〔kPa〕× 2.0〔L〕= p_{H_2} × 5.0〔L〕 p_{H_2} = 12〔kPa〕
40〔kPa〕× 3.0〔L〕= p_{O_2} × 5.0〔L〕 p_{O_2} = 24〔kPa〕

混合気体の全圧は $p = 12 + 24 = 36$〔kPa〕

C：同温，同体積より，(分圧比)＝(物質量比)である。水素の燃焼で発生する H_2O がすべて気体であると仮定すると，

	$2H_2$	+	O_2	⟶	$2H_2O$	
反応前	12		24		0	(kPa)
変化量	−12		−6		+12	(kPa) ※③
反応後	0		18		12	(kPa)

ここで，H_2O は 27℃における飽和蒸気圧 4.0 kPa を超えており，すべて気体であるという仮定は誤り。気液平衡（気体と液体が存在する）状態が正しく，H_2O の分圧は飽和蒸気圧の 4.0 kPa である。
全圧 p は $p = p_{O_2} + p_{H_2O} = 18 + 4.0 = 22$〔kPa〕

D：(12−4.0) kPa に相当する水蒸気が凝縮したので，

$$\frac{12-4.0}{12} \times 100 \fallingdotseq 67 \text{(\%)}$$

◀※②
ボイルの法則は，単位が同じであれば〔Pa〕や〔L〕に換算して代入する必要はない。

◀※③
(変化した物質量の比)
＝(反応式の係数の比)

62 (1) 6.5×10^4 Pa

(2) ① 1.4×10^{-3} mol ② 1.5×10^{-2} mol

解説 (1) メタン（分子量 16），空気（平均分子量 28.8）はそれぞれ ※①◀

$$メタン：\frac{0.32}{16}=0.020(mol)$$

$$空気：\frac{11.52}{28.8}=0.40(mol)$$

空気の体積比は O_2 20 %，N_2 80 %であるから，O_2 は 0.080 mol，N_2 は 0.32 mol。

	CH_4	$+$	$2O_2$	$\longrightarrow$	CO_2	$+$	$2H_2O$	N_2	
燃焼前	0.020		0.080		0		0	0.32	(mol)
変化量	-0.020		-0.040		$+0.020$		$+0.040$	0	(mol)
燃焼後	0		0.040		0.020		0.040	0.32	(mol)

気体の総物質量は $0.040+0.020+0.040+0.32=0.42(mol)$
$pV=nRT$ より，

$$p_全×(2.00+30.0)=0.42×8.31×10^3×(327+273)$$

$$p_全≒6.5×10^4(Pa)$$

(2) H_2O 以外の気体は変化しないので，H_2O 0.040 mol についてのみ考える。A内とB内の H_2O の分圧 p_{H_2O} は等しく，A内とB内の H_2O（気体）の物質量をそれぞれ n_A，n_B(mol) とすると，物質量の比は次のようになる。 ※②◀

$$n_A：n_B=\frac{2.00}{67+273}：\frac{30.0}{17+273}=29：510$$

(i) A内とB内ともに H_2O がすべて気体として存在すると仮定すると，A内の H_2O の分圧 p_A は，

$$p_A×2.00=0.040×\frac{29}{29+510}×8.31×10^3×(67+273)$$

$$p_A≒3.04×10^3(Pa)$$

B内の H_2O の分圧も同じ圧力になるが，17℃の飽和水蒸気圧 $(1.94×10^3\,Pa)$ を超えるので，仮定は矛盾している。B内では液体の水が存在する。

(ii) A内はすべて気体，B内は気液平衡の状態と仮定すると，B内は 17℃の飽和水蒸気圧で，A内の H_2O の分圧も同じ蒸気圧である。67℃の飽和水蒸気圧 $(2.70×10^4\,Pa)$ を超えないので，A内はすべて気体で存在する。仮定は正しい。

$$1.94×10^3×2.00=n_A×8.31×10^3×(67+273)$$

$$n_A=1.37…×10^{-3}≒1.4×10^{-3}(mol)$$

$$n_B=1.37×10^{-3}×\frac{510}{29}=2.40…×10^{-2}(mol)$$

液体として存在する水の物質量 $n_液$ は，

$$n_液=0.040-n_A-n_B=0.040-1.37×10^{-3}-2.40×10^{-2}$$

$$≒1.5×10^{-2}(mol)$$

63 (1) 14L　(2) b　(3) 28L　(4) b

解説 (1) 状態 I で水 H_2O の分圧は飽和水蒸気圧 $0.20×10^5\,Pa$（グラフより）を示すので，$p_{H_2}=(0.50-0.20)×10^5=0.30×10^5(Pa)$

◀※①
空気は O_2（分子量 32）と N_2（分子量 28）が 20：80（体積比）の混合気体で，そのみかけの分子量（平均分子量）は，

$$32×\frac{20}{100}+28×\frac{80}{100}$$

$$=28.8$$

◀※②
A内とB内に存在する気体について
$p V=n R T$ より
$$n=\frac{p V}{R T}\quad（○は一定）$$
気体の物質量 n は，V に比例し，T に反比例する。

化学重要問題集　29

容器内の体積を V〔L〕とし，水素 H_2 について気体の状態方程式を適用すると，
$$0.30\times10^5\times V=0.15\times8.3\times10^3\times(60+273)$$
$$V=13.8\cdots\fallingdotseq14(L)$$

(2) 60℃で水 H_2O がすべて気体(水蒸気)と仮定したときの分圧 p_1 は，
$$p_1=0.30\times10^5\times\frac{0.20}{0.15}=0.40\times10^5(Pa)$$

100℃で水 H_2O がすべて気体と仮定したときの分圧 p_2 は，
$$p_2=0.40\times10^5(Pa)\times\frac{100+273}{60+273}\fallingdotseq0.448\times10^5(Pa)$$

図2に $(60℃,p_1)$ と $(100℃,p_2)$ をプロットし，その2点を直線で結ぶと，70〜80℃の温度範囲で蒸気圧曲線と交わる。よって，(b)。

(3) 状態Ⅱでの容器の体積を V'〔L〕とし，水 H_2O について気体の状態方程式を適用すると，
$$0.20\times10^5\times V'$$
$$=0.20\times8.3\times10^3\times(60+273)$$
$$V'=27.6\cdots\fallingdotseq28(L)$$

(4) H_2O の分圧は右図①のように変化する。また，H_2 は右図②のように変化する。
(a)〜(e)のグラフは，縦軸と横軸の表記が，右図と反対になっているので注意する。

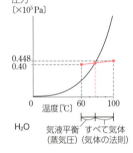
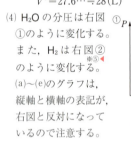
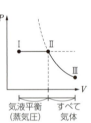
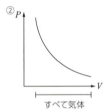

---

64 (ア) 減少　(イ) 増加　(ウ) 分子間力　(エ) 分子自身の体積

解説 【59】の解説を参照。分子間力がはたらくと $\frac{pV}{nRT}$ の値は減少し，分子自身の体積が無視できなくなると $\frac{pV}{nRT}$ の値は増加する。**高温・低圧**にすると2つの影響が無視できるようになり，理想気体に近づく。

◀︎※①
飽和水蒸気圧は容器の体積に関係しない。H_2O から容器内の体積を求めることはできないので，H_2 のみについて気体の状態方程式
$pV=nRT$ を適用する。

◀︎※②
60℃で H_2 と H_2O を比べると，
$p\underline{V}=n\underline{R}\underline{T}$
分圧は物質量に比例する

◀︎※③
H_2O のみで，60℃と100℃を比べると，
$p\underline{V}=n\underline{R}\underline{T}$
分圧は絶対温度に比例する

◀︎※④
全圧が与えられていないので，水素 H_2 の分圧はわからない。
(別解) 60℃，0.20 mol の H_2O について，体積と分圧は反比例する。
$pV=n\underline{R}\underline{T}$

(2)の p_1 と $0.20\times10^5\,Pa$ より
$V'=13.8\times\dfrac{0.40\times10^5}{0.20\times10^5}$
$=27.6\fallingdotseq28(L)$

◀︎※⑤
①と②を合わせると，

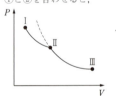

参考 実在気体の状態方程式 (ファンデルワールスの式)
$$\left(p+\frac{n^2}{V^2}a\right)(V-nb)=nRT$$
a は分子間力に関わる値，b は**分子自身の体積**に関わる値である。
a，b ともに正の値であることが知られている。

5 溶　液

65 (1) ① b　② d, f　③ c, e
(2) 水和　（図）b

解説 溶解については「極性の似たものどうしは互いによく溶け合う」という一般原則がある。水（極性溶媒）に対しては，電離してイオンを生じる電解質や，電離しなくても極性をもつ非電解質が溶けやすい。

水に可溶	強電解質…強酸，強塩基，塩※① 弱電解質…弱酸，弱塩基	イオンからなる物質や極性分子
	非電解質…(例) アルコール，糖類，尿素など※②	
水に不溶	(例) ヨウ素，ナフタレン，ベンゼン，エーテル，窒素，アルゴンなど	無極性分子

(1) ① 電解質である(a)と(b)のうち，分子であるのは(b)の HCl
② エタノール C_2H_5OH やスクロース $C_{12}H_{22}O_{11}$ は，分子内に極性がある基（親水基）のヒドロキシ基をもつ非電解質である。
③ ヨウ素 I_2 やナフタレン $C_{10}H_8$ は無極性分子で水に不溶。※③
(2) 水は電気陰性度の大きい酸素原子の方に電子対が偏り，酸素原子がいくらか負の電荷を帯びている（右図）。
Na^+ と水和するときは負の電荷を帯びた酸素原子側が Na^+ に引きつけられる。

◀※①
酸の陰イオンと塩基の陽イオンからなる物質を塩という。$CaCO_3$ や $BaSO_4$ など，水に溶けにくい塩もある。
◀※②
高分子化合物のセルロースなどは水に不溶。
◀※③
ヨウ素やナフタレン ◯◯ はエーテルなどの無極性溶媒には溶ける。

66 (1) 58%　(2) 30 g　(3) 38 °C（37〜39 °C の値ならば可）
(4) 22 g

解説 (1) 硝酸カリウム KNO_3 は 70 °C で，水 100 g に 140 g 溶ける。
質量パーセント濃度※④ は $\dfrac{140}{100+140} \times 100 \fallingdotseq 58 \, (\%)$
(2) 40 °C の飽和溶液 120 g に含まれる溶質の質量 x [g] は，
$\dfrac{溶質量}{溶液量} = \dfrac{60}{100+60} = \dfrac{x}{120}$※⑤　$x = 45$ [g]
よって，水は　$120 - 45 = 75$ (g)
10 °C の溶媒（水）75 g に溶けることのできる最大量 y [g] は，
$\dfrac{溶質量}{溶媒量} = \dfrac{20}{100} = \dfrac{y}{75}$　$y = 15$ (g)
よって，析出する KNO_3 は　$45 - 15 = 30$ (g)
〔別解〕40 °C と 10 °C の溶解度はそれぞれ 60，20 g/水 100 g で，40 °C の飽和溶液 (100+60) g を 10 °C に冷却すると，溶解度の差 (60−20) g の KNO_3 が析出する。求める析出量を z [g] とすると，※⑥
$\dfrac{析出量}{溶液量} = \dfrac{60-20}{100+60} = \dfrac{z}{120}$　$z = 30$ (g)

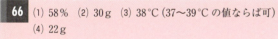

◀※④
質量パーセント濃度は
$\dfrac{溶質の質量}{溶液の質量} \times 100 \, (\%)$
◀※⑤
溶解度 S の飽和溶液は，次のように表される。
$\dfrac{溶質量}{溶液量} = \dfrac{S}{100+S}$
$\dfrac{溶質量}{溶媒量} = \dfrac{S}{100}$
◀※⑥
冷却前の飽和溶液の質量と，冷却後に析出する結晶の質量に関する比例式を立てる。

(3) 36 % の KNO_3 水溶液 100 g には，KNO_3 36 g と水 64 g が含まれている。これと同じ濃度で水が 100 g の場合の KNO_3 の質量は，

$$36 \times \frac{100}{64} = 56.25 \, (g)$$

グラフより，38 °C 付近と読みとれる。

(4) 60 °C の KNO_3 の溶解度は 110 g/水 100 g である。蒸発した水 20 g に溶けていた KNO_3 が析出してくる。

$$\frac{溶質量}{溶媒量} = \frac{110}{100} = \frac{w}{20} \qquad w = 22 \, (g)$$

---

67 14 g

解説 硫酸銅(II) $CuSO_4$（無水物）は白色結晶で，硫酸銅(II)五水和物 ※①◀
$CuSO_4 \cdot 5H_2O$ は青色結晶である。五水和物の結晶中には，
$CuSO_4 : H_2O = 1 : 5$（個または mol）の比で含まれている。

$$\underset{\underset{250}{\underbrace{}}}{\overset{\overset{160 \quad 5\times18}{\overbrace{}}}{CuSO_4 \cdot 5H_2O}} \qquad \begin{array}{l} \text{1 mol の五水和物 (250 g) には} \\ \text{溶質 } CuSO_4 \text{ は 160 g,} \\ \text{水 (溶媒になる) } H_2O \text{ は 90 g} \end{array}$$

無水物の結晶が析出する問題と異なり，溶媒の量にも変化があるので ※②◀
注意する。
30 °C の硫酸銅(II)飽和水溶液 100 g 中の $CuSO_4$（溶質）を x〔g〕とすると，

$$\frac{溶質量}{溶液量} = \frac{x}{100} = \frac{25.0}{100+25.0} \qquad x = 20.0 \, (g)$$

冷却して 0 °C にしたときに析出する $CuSO_4 \cdot 5H_2O$ を y〔g〕とすると，

$$\frac{溶質量}{溶液量} = \frac{20.0 - \dfrac{160}{250}y}{100 - y} = \frac{14.8}{100 + 14.8} \overset{※③◀}{} \qquad y = 13.9\cdots \fallingdotseq 14 \, (g)$$

---

68 (1) $N_2 : O_2 = 3 : 4$ (2) (N_2) 12 mg (O_2) 18 mg

(3) ①, ②

解説 気体の体積比＝物質量比＝分圧比 より，各分圧は，

$$N_2 \quad 1.0 \times 10^5 \times \frac{3}{3+2} = 0.60 \times 10^5 \, (Pa)$$

$$O_2 \quad 1.0 \times 10^5 \times \frac{2}{3+2} = 0.40 \times 10^5 \, (Pa)$$

(1) ヘンリーの法則より，溶解する各気体の体積(標準状態)は， ※④◀

$$N_2 \quad \underset{\text{物質量の基準}}{\underline{\frac{0.016}{22.4}}} \times \underset{\text{分圧比}}{\underline{\frac{0.60 \times 10^5}{1.0 \times 10^5}}} \times \underset{\text{溶媒量比}}{\underline{\frac{1.0}{1.0}}} \times 22.4 = 9.6 \times 10^{-3} \, (L)$$
$$ {\scriptstyle ※⑤◀} \qquad\qquad\qquad {\scriptstyle ※⑥◀}$$

$$O_2 \quad \frac{0.032}{22.4} \times \frac{0.40 \times 10^5}{1.0 \times 10^5} \times \frac{1.0}{1.0} \times 22.4 = 12.8 \times 10^{-3} \, (L)$$

◀ ※①
水和水を含む結晶を水和物，水和水を含まない結晶を無水物（または無水塩）という。

◀ ※②
このあと，y〔g〕の $CuSO_4 \cdot 5H_2O$ が析出したと考えるが，

溶質は $\dfrac{160}{250} y$〔g〕，

溶媒(水)は $\dfrac{90}{250} y$〔g〕，

溶液は y〔g〕

減少する。

◀ ※③
水和水をもつ物質（水和物）の溶解度は，水 100 g に溶ける<u>無水物</u>の質量で表す。

◀ ※④
気体の水への溶解度（質量，物質量）は，温度が変わらなければ，水に接しているその気体の圧力（分圧）に比例する。（ヘンリーの法則）

◀ ※⑤
問いによって溶解度の定義が異なるが，物質量(mol)に直してから分圧比をかける方法が最も基本的な方法である。

◀ ※⑥
溶ける気体の量は溶媒(水)の体積にも比例する。

参考
ヘンリーの法則は，次のように言い換えることができる。<u>一定量の溶媒に溶ける気体の体積は，その圧力の下で測定すると，圧力に関係なく一定である。</u>

32 化学重要問題集

よって，体積比は，

$\mathrm{N_2:O_2}=9.6\times10^{-3}:12.8\times10^{-3}=3:4$

(2) 分子量は $\mathrm{N_2}=28$，$\mathrm{O_2}=32$ である。(1)と同様に，各気体の質量は，

$\mathrm{N_2}$　$\dfrac{0.016}{22.4}\times\dfrac{0.60\times10^5}{1.0\times10^5}\times\dfrac{1.0}{1.0}\times28\times10^3=12\,(\mathrm{mg})$

$\mathrm{O_2}$　$\dfrac{0.032}{22.4}\times\dfrac{0.40\times10^5}{1.0\times10^5}\times\dfrac{1.0}{1.0}\times32\times10^3≒18\,(\mathrm{mg})$

(3) ヘンリーの法則は，水への溶解度が小さく，水と反応しない気体に限り，圧力のあまり高くない場合に適用される。

---

69 (1) $\dfrac{10dx}{M}$　(2) ③　(3) 56 mL

解説 (1) 水溶液 1L について計算する。※① 1L＝1000 mL＝1000 cm³ より，その質量は，$1000\,(\mathrm{cm^3})\times d\,(\mathrm{g/cm^3})=1000d\,(\mathrm{g})$

溶質の質量は，$1000d\,(\mathrm{g})\times\dfrac{x}{100}=10dx\,(\mathrm{g})$

分子量 M より，モル質量は $M\,(\mathrm{g/mol})$ で，溶質の物質量は，

$\dfrac{10dx\,(\mathrm{g})}{M\,(\mathrm{g/mol})}=\dfrac{10dx}{M}\,(\mathrm{mol})$

水溶液 1L について計算したのでモル濃度は，$\dfrac{10dx}{M}\,(\mathrm{mol/L})$ となる。

> ◀※①
> 質量パーセント濃度からモル濃度への換算は，体積を 1L として計算するとよい。

(2) (1)の $\dfrac{10dx}{M}\,(\mathrm{mol/L})$ より各値を代入すると，

① $\dfrac{10\times1.2\times36.5}{36.5}=12\,(\mathrm{mol/L})$　② $\dfrac{10\times1.4\times40.0}{40.0}=14\,(\mathrm{mol/L})$

③ $\dfrac{10\times1.5\times56.0}{56.0}=15\,(\mathrm{mol/L})$　④ $\dfrac{10\times1.4\times63.0}{63.0}=14\,(\mathrm{mol/L})$

(3) 1.0 mol/L 希硫酸 1.0L に含まれる $\mathrm{H_2SO_4}$（分子量 98）は，

$1.0\times1.0\times98=98\,(\mathrm{g})$

濃硫酸 $V\,(\mathrm{mL})$ が必要とすると，溶質 $\mathrm{H_2SO_4}$ について，※②

$V\times1.8\times0.98=98$　　$V=55.5\cdots≒56\,(\mathrm{mL})$

> ◀※②
> 水でうすめても，$\mathrm{H_2SO_4}$（溶質）の質量は変化しない。液体の混合の前後で，体積は必ずしも保存されないが，質量は必ず保存される。

---

70 (1) 1.9 K・kg/mol　(2) 5.0×10^{-2} mol/kg　(3) 0.75

解説 (1) NaCl（式量 58.5）の質量モル濃度は，

$\dfrac{0.585}{58.5}\,(\mathrm{mol})\times\dfrac{1000}{100}\,(/\mathrm{kg})=0.100\,(\mathrm{mol/kg})$

NaCl は次のように電離し，溶質粒子の数はもとの 2 倍になる。※③

$\mathrm{NaCl}\longrightarrow\mathrm{Na^+}+\mathrm{Cl^-}$

$\varDelta t=K_{\mathrm{f}}m$ ※④ より，

$0.37=K_{\mathrm{f}}\times0.100\times2$　　$K_{\mathrm{f}}=1.85≒1.9\,(\mathrm{K\cdot kg/mol})$

(2) $\mathrm{MgCl_2}$ は次のように電離し，溶質粒子の数はもとの 3 倍になる。

$\mathrm{MgCl_2}\longrightarrow\mathrm{Mg^{2+}}+2\mathrm{Cl^-}$

$\varDelta t=K_{\mathrm{b}}m$ ※⑤ より，

$0.078=0.52\times m\times3$　　$m=5.0\times10^{-2}\,(\mathrm{mol/kg})$

> ◀※③
> 溶質粒子の $\mathrm{Na^+}$ と $\mathrm{Cl^-}$ を区別することなく，総粒子数（総物質量）で考える。
>
> ◀※④
> $\varDelta t$：凝固点降下度(K)
> K_{f}：モル凝固点降下　（溶媒に固有の定数）
> m：質量モル濃度(mol/kg)
>
> ◀※⑤
> $\varDelta t$：沸点上昇度(K)
> K_{f}：モル沸点上昇　（溶媒に固有の定数）
> m：質量モル濃度(mol/kg)

化学重要問題集　33

(3) 質量モル濃度を m〔mol/kg〕,電離度を α とおく。

	Th(NO$_3$)$_4$	⟶	Th^{4+}	+ 4NO$_3^-$	全	
電離前	m		0	0	m	〔mol/kg〕
変化量	$-m\alpha$		$+m\alpha$	$+4m\alpha$	$4m\alpha$	〔mol/kg〕
電離後	$m-m\alpha$		$m\alpha$	$4m\alpha$	$(1+4\alpha)m$	〔mol/kg〕

以上より,電離後の質量モル濃度(粒子数)は,$(1+4\alpha)$ 倍になっている。$\Delta t = K_f m$ より,

$$0.0703 = 1.85 \times 0.0095 \times (1+4\alpha) \qquad \alpha = 0.75$$

71
(1) 過冷却　(2) B　(3) e　(4) ㈡　(5) 342
(6) (凝固点) $-0.0740\,°\text{C}$　(氷) 315 g

解説 (1) b〜c は凝固点以下になっても凝固していない。この状態を**過冷却**という。凝固による発熱量(以下 凝)はなく,冷却により奪われる熱量(以下 冷)によって溶液の温度は下がる。

(2) c で凝固がはじまる(ただし,実験ごとにこの c は変化する)。
c〜d では,凝 > 冷 となっている(いままで凝固していなかった分の発熱量が一気に放出されるため)。よって,溶液の温度は上がる。過冷却が起こらなかったと仮定すると,凝固点は d, e の部分の直線を左方向に延ばした(外挿した)ときの交点で,B とわかる。

(3) d〜e は溶液中の溶媒だけが凝固するため,質量モル濃度が増加する。はじめの溶液に比べて,さらに凝固点降下が起きているため,時間とともに水溶液の温度は下がっている。

(4) ㈡は溶解熱が吸熱ということを利用しており,凝固点降下とは関係しない。

(5) Z の分子量を M とおく。$\Delta t = K_f m$ より,

$$0.370 = 1.85 \times \frac{6.84}{M} \times \frac{1000}{100} \qquad M = 342$$

(6) NaCl の式量は 58.5 である。$\Delta t = K_f m$ より,

$$\Delta t = 1.85 \times \frac{0.585}{58.5} \times \frac{1000}{500} \times 2 = 0.0740\,(\text{K})$$

よって,凝固点は $-0.0740\,°\text{C}$
また,$\Delta t = 0.200\,(\text{K})$ になったときに生じた氷を x〔g〕とすると,$\Delta t = K_f m$ より,

$$\Delta t = 1.85 \times \frac{0.585}{58.5} \times \frac{1000}{500-x} \times 2 = 0.200 \qquad x = 315\,(\text{g})$$

72
(1) (実験開始後) イ　(温度を上げた場合) 左側と右側の水位の差が大きくなる。
(2) (最大) エ　(最小) ウ　(3) 6.5×10^4

解説 (1) 溶媒の水が半透膜を通って溶液中(左側)へ浸透する。浸透圧は絶対温度に比例するので,温度を上げると浸透圧が大きくなり,左右の水位の差が大きくなる。

参考
〈凝固点の測定装置〉

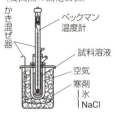

◀※①
d〜e は純溶媒であれば,
凝 = 冷
(冷却した分だけ凝固する)
なので温度は一定となる。

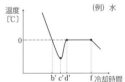

b'〜c' は液体,冷 のみ
c'〜d' は液体と固体が共存
凝 > 冷
d'〜f は液体と固体が共存
凝 = 冷
f 以降は固体,冷 のみ

◀※②
凝固点降下度を Δt,溶液のモル凝固点降下を K_f,質量モル濃度を m とすると,
$$\Delta t = K_f m$$

◀※③
NaCl は電離して,粒子の数は2倍になっている。
$$\text{NaCl} \longrightarrow \text{Na}^+ + \text{Cl}^-$$

34　化学重要問題集

(2) 浸透圧は溶質粒子のモル濃度に比例する。(ア)〜(オ)はそれぞれ ◀※①
 (ア) $0.100 \times 3 = 0.300 \,(\text{mol/L})$
 (イ) $0.200 \times 2 = 0.400 \,(\text{mol/L})$
 (ウ) $0.200\,\text{mol/L}$ のまま
 (エ) $1 \times 10^3 \times 1.04 \times \dfrac{15}{100} \times \dfrac{1}{342} \fallingdotseq 0.456\,(\text{mol/L})$ ※②◀
 (オ) $0.100\,\text{mol/L}$ のまま
 純水の代わりに(ア)〜(オ)の水溶液を入れるので，左側の $0.200\,\text{mol/L}$ のグルコース水溶液との濃度差が最大のものは(エ)，最小のものは(ウ)である。
(3) 分子量をMとおくと，$\Pi = cRT$ より
$$9.2 \times 10^2 = \dfrac{10.0}{M} \times \dfrac{1000}{400} \times 8.3 \times 10^3 \times 288 \quad M \fallingdotseq 6.5 \times 10^4$$

73 (1) い
 (2) (a) ゾル (b) ゲル (c) チンダル現象 (d) ブラウン運動
  (e) 透析 (f) 凝析
 (3) 限外顕微鏡

解説 (1) 直径が $10^{-9} \sim 10^{-7}\,\text{m}\,(1 \sim 10^2\,\text{nm})$ 程度の粒子を**コロイド粒子**という。
(2) (a),(b) コロイド粒子が溶媒中に均一に分散している状態をコロイド溶液または**ゾル**，流動性を失い固化した状態を**ゲル**という。 ※③◀
 (c) コロイド溶液に横から光束を当てると，光の通路が輝いて見える現象を**チンダル現象**という。これを利用したのが限外顕微鏡。 ※④◀
 (d) コロイド粒子は絶えず不規則に運動している(**ブラウン運動**)。これは，熱運動している溶媒分子がコロイド粒子に当たるため。
 (e) セロハンのような半透膜を用いて，コロイド粒子と普通の溶質粒子(イオンなど)を分離する方法を**透析**という。
 (f) **疎水コロイド**に少量の電解質を加えると，コロイド粒子が反発力を失って集まり沈殿する。この現象を**凝析**という。 ※⑤◀
[参考] **親水コロイド**に多量の電解質を加えると，水和している水分子が引き離され，さらに電荷が中和されるため，粒子どうしが反発力を失って集まり沈殿する。この現象を**塩析**という。 ※⑥◀
 保護コロイド 墨汁は，炭素(疎水コロイド)ににかわ(親水コロイド)を加えて凝析しにくくしたもので，このときの親水コロイドを保護コロイドという。

74 (1) a : $\text{FeCl}_3 + 3\text{H}_2\text{O} \longrightarrow \text{Fe(OH)}_3 + 3\text{HCl}$
 (ア) 透析 (イ) 半透膜 (ウ) 黄 (エ) 白 (2) Na_2SO_4

解説 (1) a の反応後，H^+ や Cl^- および未反応の Fe^{3+} は半透膜を通過するが，Fe(OH)_3 のコロイドは通過できずに残る。BTB が黄色(酸性)を示すことで H^+ を，AgNO_3 により AgCl の白色沈殿が生じ ※⑦◀

◀※①
浸透圧 Π は，溶液のモル濃度 c と，絶対温度 T に比例する(**ファントホッフの法則**)。
 $\Pi = cRT$
 Π：浸透圧(Pa)
 c：モル濃度(mol/L)
 R：気体定数
 T：絶対温度(K)

◀※②
スクロース $\text{C}_{12}\text{H}_{22}\text{O}_{11}$ の分子量は 342
[69] (1) より
$$\dfrac{10 dx}{M} = \dfrac{10 \times 1.04 \times 15}{342}$$
$$\fallingdotseq 0.456\,(\text{mol/L})$$

◀※③
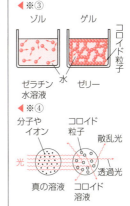

◀※⑤
水酸化鉄(III)や粘土などのコロイドは，水に対する親和性が弱く，疎水コロイドという。

◀※⑥
タンパク質やデンプンなどのコロイドは多くの水分子と水和し，親水コロイドという。

◀※⑦
Fe^{3+} は $[\text{Fe(CN)}_6]^{4-}$ により濃青色沈殿が生じることで検出できる。

ることで Cl⁻ を検出する。

(2) 電気泳動で陰極側へ移動するから，水酸化鉄(Ⅲ)のコロイド粒子は**正コロイド**である。よって，Cl⁻，NO₃⁻＜SO₄²⁻ の順に凝析力が大きくなり，より少量でも凝析させることができる。※①

75 (1) $a=43$，$b=50$　(2) 61 g

解説 (1) 80℃の水 100 g に対して完全には溶けなかったので，80℃の溶解度 43 g/水 100 g より多いはずである。よって，$43<x$ である。80℃から温度を下げると固体はいったんすべて溶けたので，溶解度曲線の最高値，32℃の溶解度 50 g/水 100 g と同じか少ないはずである。よって，$x\leqq 50$ である。※②

(2) 十水和物における溶質と水(溶媒)の内訳は次の通り。

$$\underbrace{Na_2SO_4}_{142}\cdot\underbrace{10H_2O}_{10\times 18}\quad\quad 1\,\text{mol の十水和物}(322\,\text{g})\text{あたり}$$
$$\overbrace{}^{322}\quad\quad 溶質\,Na_2SO_4\,は\,142\,\text{g}$$
$$\quad\quad\quad\quad\quad\quad\quad\quad 水(溶媒になる)\,H_2O\,は\,180\,\text{g}$$

十水和物が y [g] 析出したとすると，溶質は $\dfrac{142}{322}y$ [g]，水(溶媒)は $\dfrac{180}{322}y$ [g]，溶液は y [g] 減少する。

20℃における溶解度について，

$$\dfrac{溶質量}{溶液量}=\dfrac{20}{100+20}=\dfrac{40-\dfrac{142}{322}y}{100+40-y}\quad\quad y\fallingdotseq 61\,[\text{g}]$$

76 (1) b, d
(2) 溶液の密度を求める。溶液の体積をホールピペットで一定量とり，その質量を電子天秤で測定する。※③

解説 (1) エタノール 50.0 mL (50.0 cm³) の質量は，
　50.0 cm³ × 0.794 g/cm³ = 39.7 g
溶液の質量 54.8 g より，加えた水の質量は，
　54.8 g − 39.7 g = 15.1 g
加えた水の体積は，
　$\dfrac{15.1\,\text{g}}{0.999\,\text{g/cm}^3}=15.11\cdots\text{cm}^3\fallingdotseq 15.1\,\text{cm}^3\,(=15.1\,\text{mL})$　※④

(a) $\dfrac{39.7}{54.8}\times 100\fallingdotseq 72.4\,(\%)$

(b) 溶液の体積 V [mL] が不明なため求められない。$C_2H_6O=46$
　$\dfrac{39.7}{46}\,(\text{mol})\times\dfrac{1000}{V}\,(/\text{L})\fallingdotseq\dfrac{863}{V}\,[\text{mol/L}]$　※⑤(次ページ)

(c) $\dfrac{39.7}{46}\,(\text{mol})\times\dfrac{1000}{15.1}\,(/\text{kg})\fallingdotseq 57.2\,(\text{mol/kg})$

(d) 溶液の体積 V [mL] が不明なため求められない。※⑤(次ページ)
　$\dfrac{50.0\,(\text{mL})}{V\,[\text{mL}]}\times 100=\dfrac{5.00\times 10^3}{V}\,[\%]$

◀※①
疎水コロイドを凝析させるには，コロイド粒子の電荷と**反対符号のイオン**で，その電荷が大きいものほど有効である(一価のイオンの数が二価のイオンの数倍あっても，二価の方が有効である)。

◀※②
温度変化の様子

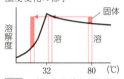

参考 溶解度曲線と溶解熱
32℃以下で温度を上げると溶解度が上昇するのは，十水和物の溶解熱が**吸熱**であるから。
　Na₂SO₄·10H₂O + aq
　　= Na₂SO₄aq − 56 kJ
32℃以上で温度を上げると溶解度が減少するのは，無水物の溶解熱が**発熱**であるから。
　Na₂SO₄ + aq
　　= Na₂SO₄aq + 2.3 kJ
これは，ルシャトリエの原理で説明することができる。

◀※③
溶液の質量 54.8 g における体積を求めてもよい。しかし，すでに容器に入っている 54.8 g の溶液をすべて移しかえて，質量や体積を測定するのは困難である。

◀※④
溶液Aについてまとめると

エタノール ＋ 水
39.7 g　　　15.1 g
50.0 mL　　 15.1 mL

溶液A
54.8 g
V [mL]

(2) a〔mL〕ホールピペットでとった溶液の質量が b〔g〕のとき，密度
d〔g/mL〕$= \dfrac{b}{a}$ となる。この値から溶液の体積は，

$$V〔mL〕= \dfrac{54.8(g)}{d〔g/mL〕} \text{ で求められる。}$$

77 (ア) 1.1×10^5　(イ) 2.0×10^{-8}　(ウ) 1.3×10^{-7}
(エ) 5.4×10^{4} ※②◀　(オ) 1.6×10^5

解説 (ア) $1.0 \times 10^5 \times \dfrac{35+273}{10+273} = 1.08 \cdots \times 10^5 ≒ 1.1 \times 10^5 (Pa)$

(イ) ヘッドスペース（気相）において，$pV=nRT$ より，

$$p \times \dfrac{50}{1000} = n_1 \times 8.3 \times 10^3 \times (35+273)$$

$$n_1 = 1.96 \cdots \times 10^{-8} p ≒ 2.0 \times 10^{-8} p \quad \cdots\cdots ①$$

(ウ) 水中（水相）において，ヘンリーの法則より，

$$n_2 = \dfrac{0.59}{22.4} \times \dfrac{p}{1.0 \times 10^5} \times \dfrac{500}{1000}$$

$$= 1.31 \cdots \times 10^{-7} p ≒ 1.3 \times 10^{-7} p \quad \cdots\cdots ②$$

(エ) 封入した CO_2 は気相と水相に存在し，CO_2 の物質量の総和は変化
しないから，

$$n_1 + n_2 = (0.196 + 1.31) \times 10^{-7} p = 8.1 \times 10^{-3}$$

$$p = 5.37 \cdots \times 10^4 ≒ 5.4 \times 10^4 (Pa) \text{ ※②◀}$$

(オ) $p_全 = p_{N_2} + p_{CO_2} = (1.08 + 0.537) \times 10^5 ≒ 1.6 \times 10^5 (Pa)$

78 (1) 1.9×10^{-4} K　(2) 2.5×10^2 Pa　(3) 25 mm　(4) 42 ※③◀

解説 (1) $\varDelta t = K_f m$ より，

$$\varDelta t = 1.85 \times \dfrac{1.0}{1.0 \times 10^5} \times \dfrac{1000}{100} = 1.85 \times 10^{-4} ≒ 1.9 \times 10^{-4} (K)$$

(2) 水溶液の質量は $100 + 1.0 = 101 (g)$ であり，密度 $1.0 \, g/cm^3$ より，
水溶液の体積は $101 \, cm^3$ である。
浸透圧 $\varPi = cRT$ より，

$$\varPi = \dfrac{1.0}{1.0 \times 10^5} \times \dfrac{1000}{101} \times 8.3 \times 10^3 \times (30+273) = 249 ≒ 2.5 \times 10^2 (Pa)$$

(3) $1.01 \times 10^5 \, Pa$ は $760 \, mmHg = 76 \, cm$ 水銀柱 であり，
水溶液では $76 \times 13.6 \, cm$ の液柱の圧力に相当する。※④◀ したがって，
$249 \, Pa$ では，

$$249 \times \dfrac{76 \times 13.6}{1.01 \times 10^5} = 2.54 \cdots ≒ 2.5 (cm) \text{ ※⑤◀}$$

よって，25 mm の液柱の高さになる。

(4) ポリビニルアルコール $\text{─CH}_2\text{─CH(OH)}\text{─}_n$ の分子量は，重合度 n を
用いて $44n$ となる。$\varDelta t = K_f m$ より，

$$0.010 = 1.85 \times \dfrac{1.0}{44n} \times \dfrac{1000}{100} \qquad n ≒ 42$$

◀※⑤（前ページ）
溶液の体積は
$50.0 + 15.1 = 65.1 (mL)$
では求められないので注意。

◀※①
密閉容器における気体の溶解
を考えるとき，
CO_2 の分圧……p〔Pa〕
気相の CO_2……n_1〔mol〕
水相の CO_2……n_2〔mol〕
とおき，
・気相で $pV=nRT$
・水相でヘンリーの法則
・CO_2 の物質量の総和
　$n_全 = n_1 + n_2$
の3式を使って解く。

◀※②
ちなみに，この値を①，②の
式に代入して計算すると
$n_1 ≒ 1.1 \times 10^{-3}$ mol
$n_2 ≒ 7.0 \times 10^{-3}$ mol
となる。

◀※③
高分子化合物が溶質の場合，
(1)の凝固点降下度の測定より
も，(2)，(3)の浸透圧の方が測
定しやすい。

◀※④
水銀の密度($13.6 \, g/cm^3$)は水
（水溶液）の密度($1 \, g/cm^3$）の
13.6 倍であるから，76 cm の
水銀柱を水柱（液柱）に換算
すると
　$76 \, cm \times 13.6 ≒ 1034 \, cm$
よって

$1.013 \times 10^5 \, Pa = 1.0 \, atm$
$= 760 \, mmHg$
$= 76 \, cm$ 水銀柱
$= 1034 \, cm$ 水柱

◀※⑤
$\dfrac{249}{1.01 \times 10^5}$ で atm 単位になり，
これを(76×13.6)倍すると考
えてもよい。

化学重要問題集　37

79 ① B ② 低く ③ 蒸気圧降下 ④ A ⑤ B ⑥ 60

解説 ブドウ糖(グルコース) $C_6H_{12}O_6$ は分子量180で非電解質，NaCl は式量58.5で，水溶液中で Na^+ と Cl^- に電離して2倍の粒子数になる。溶液aと溶液bの溶質粒子の物質量は，

(溶液a) $\dfrac{18}{180} = 0.10 \text{(mol)}$

(溶液b) $\dfrac{5.85}{58.5} \times 2 = 0.20 \text{(mol)}$

蒸気圧降下の度合い(純溶媒と溶液の蒸気圧の差) Δp は，希薄溶液では溶質粒子の質量モル濃度に比例する。※①

a, bどちらの溶液も溶媒の質量は180gで同じなので，溶液bの方が溶液aより質量モル濃度が大きく，Δp が大きい。したがって，溶液aの方がbより蒸気圧が高い。※②

ガラス容器を密閉すると，蒸気圧の高いビーカーAからビーカーBへ水が移行し，両者の蒸気圧が等しくなると平衡状態になる。このとき両者の質量モル濃度も等しいので，移行した水の量を x [g] とおくと，

$0.10 \times \dfrac{1000}{180-x} = 0.20 \times \dfrac{1000}{180+x}$　$x = 60 \text{(g)}$ ※③

水60gは60mLである。

◀※① 厳密にはラウールの法則に従い，Δp は溶質のモル分率に比例する。溶質のモル分率を質量モル濃度に比例するとして計算している。

◀※②
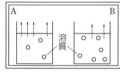
溶媒の水は，蒸気圧の高いAからBへ移行する。

◀※③
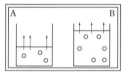
AとBの質量モル濃度が等しくなると，水の移行が(みかけ上)止まる。

80 A：ウ B：ア C：エ

解説 (A) 求める分子量を M とおく。$\Delta t = K_f m$ より，

$5.50 - 5.10 = 5.12 \times \dfrac{1.00}{M} \times \dfrac{1000}{100}$　$M = 128$

(B) 酢酸 CH_3COOH は，ベンゼン中では水素結合により，次のように二量体を形成する。

$CH_3-C{\substack{O \cdots H-O \\ O-H \cdots O}}C-CH_3$
　　　　　↑水素結合

(C) CH_3COOH (分子量60)の物質量は，

$\dfrac{1.20}{60} = 0.020 \text{(mol)}$ …n [mol] とおく

このうち，α $(0 < \alpha \leq 1)$ だけ二量体を形成したとする。

	$2CH_3COOH$	$\rightleftarrows$	$(CH_3COOH)_2$	全体	
反応前	n		0	n	[mol]
変化量	$-n\alpha$		$+\dfrac{1}{2}n\alpha$		[mol]
平衡後	$n(1-\alpha)$		$\dfrac{1}{2}n\alpha$	$n\left(1-\dfrac{\alpha}{2}\right)$	[mol]

α だけ二量体を形成すると，粒子数は $\left(1-\dfrac{\alpha}{2}\right)$ 倍になることがわかる。$\Delta t = K_f m$ より，

$5.50 - 4.89 = 5.12 \times 0.020 \times \left(1-\dfrac{\alpha}{2}\right) \times \dfrac{1000}{100}$

$\alpha = 0.808\cdots \fallingdotseq 0.81$　よって 81%

6 化学反応とエネルギー

81 (1) (ｱ) 光　(ｲ) 発熱反応　(ｳ) 吸熱反応　(ｴ) 反応熱　(ｵ) 完全燃焼　(ｶ) 単体　(ｷ) 水　(ｸ) 溶媒（または 水）

(2) 強酸と強塩基はともに完全に電離しており，中和熱は水素イオンと水酸化物イオンが反応して水 1 mol が生じるときの熱量となるから。

解説 (2) 強酸と強塩基による中和熱は，次のように表すこともできる。
$H^+ aq + OH^- aq = H_2O(液) + 56.5 kJ$

▶※① 燃焼熱はすべて発熱であるが，生成熱や溶解熱は発熱と吸熱の場合がある。

▶※② 弱酸や弱塩基の関わる中和反応では，弱酸・弱塩基の電離が吸熱反応であるため，中和熱は 56.5 kJ/mol より小さくなる。

82 (1) A　(2) 2.1 kJ　(3) 42 kJ/mol　(4) 56 kJ/mol　(5) 9.8 kJ

解説 (1) 2 min（分）以降でグラフが右下がりになっているのは，発生した熱が外へ逃げているからである。このことは 0 から 2 min の間でも起きているので，真の最高温度は，グラフの直線部を 0 min まで外挿して求めた A である。

(2) 発熱量〔J〕＝質量〔g〕×比熱〔J/(g・K)〕×温度変化〔K〕
$Q = mct = (48+2.0) \times 4.2 \times (30-20) = 2.1 \times 10^3 (J) = 2.1 (kJ)$

(3) NaOH（式量 40.0）の物質量は $\frac{2.0}{40.0} = 0.050 (mol)$

NaOH（固）の溶解熱は $\frac{2.1 kJ}{0.050 mol} = 42 kJ/mol$

(4) 中和反応は　$NaOH + HCl \longrightarrow NaCl + H_2O$
塩酸 50 mL（50 cm³）は，密度 1.0 g/cm³ より 50 g である。
$Q = mct = (50+48+2.0) \times 4.2 \times 6.7$
$= 2.81\cdots \times 10^3 (J) = 2.81\cdots (kJ)$

HCl の物質量は　$2.0 (mol/L) \times \frac{50}{1000} (L) = 0.10 mol$

よって，HCl よりも NaOH の物質量の方が小さく，中和して生じる H_2O は（NaOH の量から）0.050 mol となる。中和熱は，
$\frac{2.81 kJ}{0.050 mol} = 56.2 kJ/mol ≒ 56 kJ/mol$

(5) NaOH（式量 40.0）の物質量は $\frac{4.0}{40.0} = 0.10 (mol)$

よって，0.10 mol 分の溶解熱と 0.10 mol 分の中和熱が発生する。
$0.10 mol \times 42 kJ/mol + 0.10 mol \times 56.2 kJ/mol = 9.82 kJ ≒ 9.8 kJ$

▶※③ 下図のような，発泡ポリスチレンなどの断熱容器を用いて実験すると，周囲への放冷はかなり抑制できる。

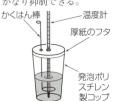

さらに，測定器具（温度計，フラスコ等）の熱容量(J/K)を予め測定しておき，その補正を行うと，より正確な発熱量の測定ができる。

▶※④
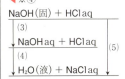

83 106 kJ/mol

解説 与えられた反応熱を，それぞれ熱化学方程式で表す。
$C_3H_8 + 5O_2 = 3CO_2 + 4H_2O(液) + 2220 kJ$ ……①
$C(黒鉛) + O_2 = CO_2 + 394 kJ$ ……②
$H_2 + \frac{1}{2}O_2 = H_2O(液) + 286 kJ$ ……③

求める式は，　$3C(黒鉛) + 4H_2 = C_3H_8 + Q[kJ]$　※①
この式を，①，②，③式を組み合わせることでつくればよい。
②式×3+③式×4+①式×(−1) より，
$$3C(黒鉛) + 3O_2 = 3CO_2 + 394×3 \text{ kJ} \quad\quad ②×3$$
$$4H_2 + 2O_2 = 4H_2O(液) + 286×4 \text{ kJ} \quad\quad ③×4$$
$$+)\ 3CO_2 + 4H_2O(液) = C_3H_8 + 5O_2 - 2220 \text{ kJ} \quad\quad ①×(-1)$$
$$3C(黒鉛) + 4H_2 = C_3H_8 + 106 \text{ kJ}$$
よって，プロパンの生成熱は 106 kJ/mol
〔別解〕CO_2の生成熱（Cの燃焼熱）は 394 kJ/mol，H_2O（液）の生成熱（H_2の燃焼熱）は 286 kJ/mol，C_3H_8の生成熱を $Q[\text{kJ/mol}]$ とすると，
$$C_3H_8 + 5O_2 = 3CO_2 + 4H_2O(液) + 2220 \text{ kJ}$$
生成熱　Q　　0※②　　394×3　　286×4　　(kJ/mol)
　　　　反応物　　　　　　生成物

これらの生成熱について次の公式を用いる。
(反応熱)=(生成物の生成熱の和)−(反応物の生成熱の和)
$2220 = (394×3 + 286×4) − (Q+0)$　　$Q = 106 [\text{kJ/mol}]$

84　(1) -52.0 kJ/mol
　　　(2) $1.36×10^2 \text{ kJ}$（または 136 kJ）
　　　(3) $1.56×10^3 \text{ kJ/mol}$

解説　(1) エチレン C_2H_4 の生成熱を $x[\text{kJ/mol}]$ とおく。エチレンの燃焼熱について，
$$C_2H_4(気) + 3O_2(気) = 2CO_2(気) + 2H_2O(液) + 1412 \text{ kJ}$$
生成熱　　x　　　0※②　　　394　　　286　　(kJ/mol)
(反応熱)=(生成物の生成熱の和)−(反応物の生成熱の和)　※③
$1412 = 394×2 + 286×2 − (x+0)$　　$x = -52.0 [\text{kJ/mol}]$

(2) 求める反応熱を $Q_1[\text{kJ}]$ とすると，
$$C_2H_4(気) + H_2(気) = C_2H_6(気) + Q_1[\text{kJ}]$$
生成熱　　-52.0　　0※④　　84.0　　(kJ/mol)
(反応熱)=(生成物の生成熱の和)−(反応物の生成熱の和)
$Q_1 = 84.0 - (-52.0+0) = 136 [\text{kJ}]$

(3) 求める燃焼熱を $Q_2[\text{kJ/mol}]$ とすると，
$$C_2H_6(気) + \frac{7}{2}O_2(気) = 2CO_2(気) + 3H_2O(液) + Q_2[\text{kJ}]$$
生成熱　　84.0　　0※②　　394　　286　　(kJ/mol)
$Q_2 = 394×2 + 286×3 - (84.0+0) = 1562 [\text{kJ}]$

85　(1) (a) $C_6H_6 + \frac{15}{2}O_2 = 6CO_2 + 3H_2O + 3268 \text{ kJ}$
　　　　(b) $6C + 6H_2 + 3O_2 = C_6H_{12}O_6 + 1274 \text{ kJ}$
　　　　(c) $H_2 = 2H - 436 \text{ kJ}$
　　　(2) -46 kJ/mol

◀※①
熱化学方程式の作成
反応熱を $Q[\text{kJ}]$ とし，
(a) 与えられた熱化学方程式から，必要な化学式だけを残して目的の式を組み立てる（**組立法**）。
(b) 与えられた熱化学方程式から，不要な化学式を消去していく（**消去法**）。

◀※②
単体 O_2 の生成熱は 0 である。

◀※③
エネルギー図で考えると理解しやすい。

左…反応物(左辺)の生成熱の総和
右…生成物(右辺)の生成熱の総和

◀※④
単体 H_2 の生成熱は 0 である。

40　化学重要問題集

解説 (2) 炭素(黒鉛)の燃焼熱は,

$$C(黒鉛) + O_2 = CO_2 + 394\,kJ \quad\cdots\cdots①$$

これは, CO_2 の生成熱でもある。
同様に, 水素の燃焼熱は, H_2O の生成熱でもある。※①◀

$$H_2 + \frac{1}{2}O_2 = H_2O + 286\,kJ \quad\cdots\cdots②$$

ベンゼンの生成熱を $Q\,[kJ/mol]$ とすると, ベンゼンの燃焼熱を示す式に含まれる各物質の生成熱より,

$$C_6H_6 + \frac{15}{2}O_2 = 6CO_2 + 3H_2O + 3268\,kJ \quad\cdots\cdots③$$

(反応熱)＝(生成物の生成熱の和)－(反応物の生成熱の和)※②◀
$$3268 = (394\times6 + 286\times3) - (Q+0) \quad Q = -46\,[kJ/mol]$$ ※③◀

〔別解〕求めるベンゼンの生成熱は,

$$6C(黒鉛) + 3H_2 = C_6H_6 + Q\,[kJ]$$

必要な化学式をそろえる組立法を用いる。※④◀

$$6C(黒鉛) + 6O_2 = 6CO_2 + 394\times6\,kJ \qquad ①\times6$$

$$3H_2 + \frac{3}{2}O_2 = 3H_2O + 286\times3\,kJ \qquad ②\times3$$

$$+)\,6CO_2 + 3H_2O = C_6H_6 + \frac{15}{2}O_2 - 3268\,kJ \qquad ③\times(-1)$$

$$\overline{6C(黒鉛) + 3H_2 = C_6H_6 - 46\,kJ}$$

86 (1) $58\,kJ/mol$
    (2) ⑤   (3) 44

解説 (1) 求める KOH(固) の溶解熱を $Q\,[kJ/mol]$ とおく。※⑤◀

Bの $323\,kJ$ は, $1\,mol$ の H_2SO_4 が溶解し(Cの $95\,kJ$ 発熱), ちょうど中和させるために $2\,mol$ の KOH(固) が溶解($Q\times2$ 発熱), 溶解した $2\,mol$ の KOH の中和(Aの $56\,kJ\times2$ 発熱)※⑥◀が起こったときの総熱量である。

よって, $323 = 95 + 2Q + 56\times2$ $Q = 58\,[kJ/mol]$

(2) ③ $H_2(気) + \dfrac{1}{2}O_2(気) = H_2O(液) + Q\,[kJ]$

     この熱量 Q は, $H_2(気)$ の燃焼熱かつ $H_2O(液)$ の生成熱である。

④,⑤ 燃焼熱は必ず発熱で, $H_2(気)$ が燃焼して H_2O になるときも発熱である。また, $H_2O(固) < H_2O(液) < H_2O(気)$ の順にエネルギーが大きくなるので, エネルギー図は次のように書ける。

$H_2(気) + \dfrac{1}{2}O_2(気)$

$H_2O(固)$の生成熱	$H_2O(液)$の生成熱	$H_2O(気)$の生成熱
		$H_2O(気)$
	$H_2O(液)$	蒸発熱
$H_2O(固)$	融解熱	

④ は, 水(固) の生成熱＞水(気) の生成熱 で正しい。

⑤ は, 「水(気) の生成熱は, 水(液) の生成熱と蒸発熱の差に等しい。」ので誤り。

◀※①
C(黒鉛) の燃焼熱
  $= CO_2$ の生成熱
H_2 の燃焼熱
  $= H_2O$ の生成熱

◀※②
反応物と生成物の生成熱のデータがあれば, その反応の反応熱を計算することができる。
◀※③
単体 O_2 の生成熱は 0 である。

◀※④
熱化学方程式は, 化学式の係数に相当する物質量が反応したときの熱量を右辺に書く。

◀※⑤
C の $95\,kJ/mol$ は, $1\,mol$ の H_2SO_4 が水に溶解すると $95\,kJ$ 発熱することを意味している。
◀※⑥
A の $56\,kJ$ は, $1\,mol$ HClaq と $1\,mol$ KOHaq が中和したときの熱(中和熱)である。
強酸と強塩基の中和熱は, その種類によらず $56\,kJ/mol$
(水 $1\,mol$ 生成につき $56\,kJ$)
発熱する。
$H^+aq + OH^-aq = H_2O + 56\,kJ$

化学重要問題集 **41**

(3) $H_2(気) + \dfrac{1}{2}O_2(気) = H_2O(液) + Q[kJ]$

H_2(分子量 2.0)と O_2(分子量 32.0)のそれぞれの物質量は,

(H₂)　$\dfrac{4.00}{2.0} = 2.0\,(\mathrm{mol})$

(O₂)　$\dfrac{4.00}{32.0} = 0.125\,(\mathrm{mol})$

H_2 の量からは H_2O が 2.0 mol 生成可能で,O_2 の量からは H_2O が 0.25 mol 生成可能である。よって,少ない量の O_2 がすべて反応して,生成する H_2O は 0.25 mol である。

$Q = \dfrac{71.5\,\mathrm{kJ}}{0.25\,\mathrm{mol}} = 286\,\mathrm{kJ/mol}$

$H_2(気) + \dfrac{1}{2}O_2(気) = H_2O(液) + 286\,\mathrm{kJ}$　……①

$H_2(気) + \dfrac{1}{2}O_2(気) = H_2O(気) + 242\,\mathrm{kJ}$　……②

①式－②式より,

$H_2O(気) = H_2O(液) + 44\,\mathrm{kJ}$

よって,水の凝縮熱は 44 kJ/mol である。

87　(1) 432 kJ/mol　(2) ③　(3) 717 kJ/mol

解説 (1) H–Cl の結合エネルギーを $x\,[\mathrm{kJ/mol}]$ とおく。エネルギー図は右のようになる。

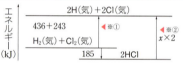

よって,$436 + 243 + 185 = x \times 2$　$x = 432\,(\mathrm{kJ/mol})$

(2) O–O 結合の結合エネルギーを $y\,[\mathrm{kJ/mol}]$ とおく。エネルギー図は右のようになる。

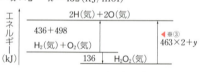

よって,$436 + 498 + 136 = 463 \times 2 + y$　$y = 144\,(\mathrm{kJ/mol})$

(3) 黒鉛の昇華熱を $z\,[\mathrm{kJ/mol}]$ とおく。エネルギー図は,右のようになる。よって,

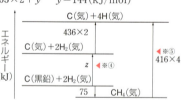

$436 \times 2 + z + 75 = 416 \times 4$

$z = 717\,[\mathrm{kJ/mol}]$

〔別解〕炭素(黒鉛)が炭素(気体)となる昇華熱 717 kJ/mol は,黒鉛 1 mol に含まれる結合をすべて切断するエネルギーに等しい。よって,メタンの生成熱の熱化学方程式より,

C(黒鉛) + 2H₂(気) ＝ CH₄(気) + 75 kJ

(反応熱)＝(生成物の結合エネルギーの和)
　　　　－(反応物の結合エネルギーの和) より,

$75 = (416 \times 4) - (z + 436 \times 2)$　$z = 717\,(\mathrm{kJ/mol})$

◀※①
結合エネルギーは吸熱であり,エネルギー図では上向き矢印となる。反応物の結合エネルギーはそれぞれ

H⫶H　436
Cl⫶Cl　243

◀※②
生成物の結合エネルギーは

H⫶Cl　x
H⫶Cl　x

◀※③
H₂O₂ をすべてバラバラにするために必要なエネルギーは

H⫶O　463
O⫶H　463
（y）

◀※④
昇華熱 $z\,[\mathrm{kJ}]$ を与えると 1 mol の炭素が(黒鉛)→(気)になる。

◀※⑤
CH₄ をすべてバラバラにするために必要なエネルギーは

　H
H⫶C⫶H　　416×4
　H

88 (1) (ア) ルミノール　(イ) $AgBr$　(ウ) Ag
(エ) TiO_2　(オ) Cl_2　(カ) HCl
(2) $6H_2O(液) + 6CO_2(気) = C_6H_{12}O_6(固) + 6O_2(気) - 2810\,kJ$

解説 (1) (ア) ルミノールは，塩基性溶液中で過酸化水素やオゾンなど
により酸化されると，明るく青い光を発する。この反応はルミノー
ル反応とよばれ，血液中の成分によって反応が促進されるため，
血痕の検出に用いられている。化学反応の際に熱を伴わない光を
発する現象を化学発光という。

(イ), (ウ) 光の吸収によって反応が引き起こされたり，促進されたりす
る化学反応を光化学反応という。$AgBr$ は感光性をもち，光によ
って Ag の微粒子が生成する。

(エ) 光触媒の例としては酸化チタン(IV) TiO_2 が有名。

(オ), (カ) 水素 H_2 と塩素 Cl_2 の混合気体に強い光を当てると，爆発的
に反応して塩化水素 HCl が生成する。

$$H_2 + Cl_2 \longrightarrow 2HCl$$ ※①◀

(2) 次式の熱化学方程式を求める。

$$6H_2O(液) + 6CO_2(気) = C_6H_{12}O_6(固) + 6O_2(気) + Q$$
$$Q = (1270+0) - (286 \times 6 + 394 \times 6) = -2810\,(kJ)$$ ※②◀

◀※①
I_2 は Cl_2 に比べて反応性(酸
化力)が弱く，反応は可逆反
応である。
$$H_2 + I_2 \rightleftharpoons 2HI$$
◀※②
反応物のもつエネルギーの総
和より，生成物のもつエネル
ギーの総和の方が大きいこと
がわかる。

$\underline{C_6H_{12}O_6 + 6O_2}$ ⎤
　　　　　　　　⎥ 2810 kJ
$\underline{6H_2O + 6CO_2}$ ⎦

89 (1) 3.75 mol　(2) $Q_1 = -491\,kJ$　$Q_2 = 111\,kJ$

解説 (1) メタン x〔mol〕，エタン y〔mol〕の混合気体とすると，

$$CH_4 + 2O_2 \longrightarrow CO_2 + 2H_2O \qquad 891\,kJ\ 発熱$$
(変化量) 　x 　　$2x$ 　　　x 　　$2x$ 〔mol〕　$891x$〔kJ〕発熱

$$C_2H_6 + \frac{7}{2}O_2 \longrightarrow 2CO_2 + 3H_2O \qquad 1562\,kJ\ 発熱$$
(変化量) 　y 　　$\frac{7}{2}y$ 　　　$2y$ 　　$3y$ 〔mol〕$1562y$〔kJ〕発熱

のように表せる。混合気体の物質量について，

$$x + y = \frac{33.6}{22.4} = 1.5\,(mol) \qquad \cdots\cdots ①$$

発生した熱量について，

$$891x + 1562y = 1672\,(kJ) \qquad \cdots\cdots ②$$

①, ②式より，　$x = 1.0\,(mol)$,　$y = 0.50\,(mol)$
反応式の係数より，燃焼に使われた酸素 O_2 は，

$$2x + \frac{7}{2}y = 2 \times 1.0 + \frac{7}{2} \times 0.50 = 3.75\,(mol)$$

(2) 与えられた反応熱を熱化学方程式(状態は省略)で示すと，

$$2Fe + \frac{3}{2}O_2 = Fe_2O_3 + 824\,kJ \qquad \cdots\cdots ①$$

$$C + O_2 = CO_2 + 394\,kJ \qquad \cdots\cdots ②$$

$$Fe_2O_3 + 3CO = 2Fe + 3CO_2 + 25\,kJ \qquad \cdots\cdots ③$$

$$Fe_2O_3 + 3C = 2Fe + 3CO + Q_1\,〔kJ〕 \qquad \cdots\cdots ④$$ ※③◀

$$C + \frac{1}{2}O_2 = CO + Q_2\,〔kJ〕 \qquad \cdots\cdots ⑤$$ ※③◀

◀※③
(反応熱)
=(生成物の生成熱の和)
　−(反応物の生成熱の和)
によって求めることもできる。

化学重要問題集　43

（①式＋③式）÷3 より，

$$CO + \frac{1}{2}O_2 = CO_2 + 283\,kJ \quad ※①◀ \qquad \cdots\cdots ⑥$$

②式－⑥式 より，⑤式が得られる。よって，$Q_2 = 111\,kJ$

$$C + \frac{1}{2}O_2 = CO + 111\,kJ \qquad \cdots\cdots ⑤$$

⑤式－⑥式 より，　$C + CO_2 = 2CO - 172\,kJ \qquad \cdots\cdots ⑦$

③式＋⑦式×3 より，④式が得られる。よって，$Q_1 = -491\,kJ$

$$Fe_2O_3 + 3C = 2Fe + 3CO - 491\,kJ \qquad \cdots\cdots ④$$

◀※①
各式の反応熱が何を意味しているかを区別すること。
②式はCの燃焼熱またはCO₂の<u>生成熱</u>である。
⑤式はCOの<u>生成熱</u>である。
⑥式はCOの<u>燃焼熱</u>である。

90　2803 kJ/mol

解説　①～⑥のデータをすべて用いるとは限らないので注意する。

$$6C(黒鉛) + 6H_2(気) + 3O_2(気) = C_6H_{12}O_6(固) + 1277\,kJ \quad ※②◀ \cdots①$$

$$C(ダイヤモンド) + O_2(気) = CO_2(気) + 396\,kJ \qquad \cdots\cdots ②$$

$$C(黒鉛) + O_2(気) = CO_2(気) + 394\,kJ \qquad \cdots\cdots ③$$

$$C(黒鉛) = C(気) - 715\,kJ \qquad \cdots\cdots ④$$

$$H_2(気) + \frac{1}{2}O_2(気) = H_2O(液) + 286\,kJ \quad ※③◀ \qquad \cdots\cdots ⑤$$

$$H_2O(液) = H_2O(気) - 44\,kJ \qquad \cdots\cdots ⑥$$

求める熱化学方程式は，

$$C_6H_{12}O_6(固) + 6O_2(気) = 6CO_2(気) + 6H_2O(液) + Q$$

この式は　①式×（－1）＋③式×6＋⑤式×6 より，

$$C_6H_{12}O_6(固) = 6C(黒鉛) + 6H_2(気) + 3O_2(気) - 1277\,kJ$$
$$6C(黒鉛) + 6O_2(気) = 6CO_2(気) + 394 × 6\,kJ$$
$$+)\ \ 6H_2(気) + 3O_2(気) = 6H_2O(液) + 286 × 6\,kJ$$
$$\overline{C_6H_{12}O_6(固) + 6O_2(気) = 6CO_2(気) + 6H_2O(液) + 2803\,kJ}$$

◀※②
成分元素の単体に同素体が存在する場合は，25℃で最も安定な同素体からのものを用いる。
（例）C … 黒鉛 C
　　　O … 酸素 O₂

◀※③
燃焼で発生する H₂O はふつう 25℃，$1.0×10^5\,Pa$ において安定な液体を書く。

91　$CH_4(気) + 2H_2O(気) = CO_2(気) + 4H_2(気) - 165\,kJ$

解説　(i)式に $m=1$，$n=4$ を代入して熱化学方程式で示す。

$$CH_4(気) + H_2O(気) = CO(気) + 3H_2(気) + Q\,〔kJ〕$$

表の生成熱を熱化学方程式で示すと，

$$C(黒鉛) + 2H_2(気) = CH_4(気) + 75\,kJ \qquad \cdots\cdots ①$$

$$H_2(気) + \frac{1}{2}O_2(気) = H_2O(気) + 242\,kJ \qquad \cdots\cdots ②$$

$$C(黒鉛) + \frac{1}{2}O_2(気) = CO(気) + 111\,kJ \qquad \cdots\cdots ③$$

$$C(黒鉛) + O_2(気) = CO_2(気) + 394\,kJ \qquad \cdots\cdots ④$$

①式×（－1）＋②式×（－1）＋③式 より，

$$CH_4(気) + H_2O(気) = CO(気) + 3H_2(気) - 206\,kJ \qquad \cdots\cdots ⑤$$

(ii)式を熱化学方程式で示すと，

$$CO(気) + H_2O(気) = CO_2(気) + H_2(気) + 41\,kJ \quad ※④◀ \qquad \cdots\cdots ⑥$$

⑤式＋⑥式 より，

$$CH_4(気) + 2H_2O(気) = CO_2(気) + 4H_2(気) - 165\,kJ$$

◀※④
問題文中に ＋41 kJ が与えられているが，
④式＋③式×（－1）＋②式×（－1）のように組み立てて，確かめることができる。
反応熱 Q'
＝394－111－242
＝41〔kJ〕

44　化学重要問題集

92 (1) (C-H結合) $2n+2$　(C-C結合) $n-1$
　　 (2) 2

解説 (1) H-C₁-C₂-C₃-C₄……C_n-H　(C-H)は $\boxed{2n}+\boxed{2}$
　　　　(各Cに H が結合)　　　　　 (C-C)は $n-1$

(2) 与えられた値をエネルギー図で表すと，

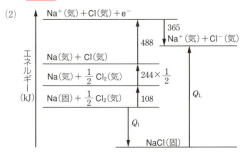

$715n+437(n+1)+90=416(2n+2)+335(n-1)$　　$n=2$

93 (1) (ア)— (イ) 昇華熱　(ウ)— (エ) 結合エネルギー
　　　 (オ)— (カ) イオン化エネルギー　(キ) +　(ク) 電子親和力
　　 (2) Q_f+353　(3) d

解説 (1) ⑤ 結合エネルギーは，原子間の共有結合を切るのに必要なエネルギーで，符号は−である。
⑥ イオン化エネルギーは，原子から電子1個を取り去り，一価の陽イオンになるのに必要なエネルギーで，符号は−である。
⑦ 電子親和力は，原子が電子を得て一価の陰イオンになるとき放出するエネルギーで，符号は+である。

(2)
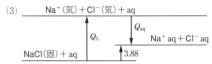

エネルギー図より，
$$Q_L=Q_f+108+244\times\frac{1}{2}+488-365=Q_f+353(\text{kJ})$$

(3)
Na⁺(気)+Cl⁻(気)+aq
　　　↓Q_L　↓Q_{aq}
NaCl(固)+aq　Na⁺aq+Cl⁻aq
　　　　　　3.88

(a) 水和熱の値から格子エネルギーの値を引いたものが溶解熱なので，誤り。
(b),(c) 格子エネルギーと水和熱から生成熱は求められないので，誤り。
(d) $Q_{aq}<Q_L$ のとき，水への溶解は吸熱(図では3.88の上向き)となっており，正しい。

※① 黒鉛の昇華熱の n 倍と，H-H結合の結合エネルギーの $(n+1)$ 倍のエネルギーにより，すべての結合を切り，バラバラの状態にした。

※② (1)の結合の数と，結合エネルギーの値により，$1\,\text{mol}$ の C_nH_{2n+2} をバラバラの状態にした。

※③ $1\,\text{mol}$ の固体が，液体を経ずに直接気体になるときに吸収する熱量を昇華熱という。

※④ 結合エネルギーは，ふつう結合 $1\,\text{mol}$ あたりの熱量で示される。

※⑤ 問題の熱化学方程式の
④+⑤×$\frac{1}{2}$+⑥+⑦−② より，
①式を求めることができる。
NaCl(固)=Na⁺(気)
　+Cl⁻(気)−(Q_f+353)kJ

※⑥ 溶解熱＝$Q_{aq}-Q_L<0$

7 反応の速さと化学平衡

94 (ア) 水上置換 (イ) 4.5×10^2 (ウ) 0.15 (エ) 1.85
(オ) 8.1×10^{-2}

解説 (ア) 酸素 O_2 は水に溶けにくいので水上置換で捕集する。メスシリンダーを用いて捕集すると、O_2 の発生量も測定できる。

(イ) $2H_2O_2 \longrightarrow 2H_2O + O_2$ より、2 mol の H_2O_2 から 1 mol の O_2 が生じる。15分後までに反応した H_2O_2 は、

$$2.0 \times \frac{20}{1000} - 0.60 \times \frac{20}{1000} = 2.8 \times 10^{-2} \text{(mol)}$$

生じた O_2 (分子量 32) の質量 (mg) は、

$$2.8 \times 10^{-2} \times \frac{1}{2} \times 32 \times 10^3 = 448 \fallingdotseq 4.5 \times 10^2 \text{(mg)}$$

(ウ) 時間 t_1, t_2 [min] のときの H_2O_2 の濃度をそれぞれ c_1, c_2 [mol/L] とすると、H_2O_2 の平均分解速度は $\bar{v} = -\dfrac{c_2 - c_1}{t_2 - t_1}$ で表される。

$$\bar{v} = -\frac{1.7 - 2.0}{2 - 0} = 0.15 \text{(mol/(L·min))}$$

(エ) $t = 0 \sim 2$ 分における H_2O_2 の平均濃度は、

$$[\overline{H_2O_2}] = \frac{2.0 + 1.7}{2} = 1.85 \text{(mol/L)}$$

(オ) H_2O_2 の分解速度は濃度に比例するので、$\bar{v} = k[\overline{H_2O_2}]$

$$k = \frac{\bar{v}}{[\overline{H_2O_2}]} = \frac{0.15}{1.85} \fallingdotseq 8.1 \times 10^{-2} \text{(/min)}$$

95 (1) $2H_2O_2 \longrightarrow 2H_2O + O_2$
(2) (過酸化水素) 1.6×10^{-3} mol
  (酸素) 8.0×10^{-4} mol
(3) (ア) 5.0×10^{-3} (イ) 3.0×10^{-3} (ウ) 1.8×10^{-3}
  (エ) 1.1×10^{-3} (オ) 2.5×10^{-2} (カ) 2.5×10^{-2}
  (キ) 2.5×10^{-2} (ク) 2.5×10^{-2}
(4) $v = k[\overline{H_2O_2}]$
  (理由) 平均の分解速度を平均の濃度で割った値が一定であるから、分解速度が濃度に比例することがわかるので。

解説 (2) H_2O_2 の濃度は $0.250 - 0.090 = 0.160$ (mol/L) 減少し、溶液の体積は 10 mL (10×10^{-3} L) なので、反応した H_2O_2 は、

$$0.160 \times 10 \times 10^{-3} = 1.6 \times 10^{-3} \text{(mol)}$$

反応式の係数比より、発生した O_2 は、

$$1.6 \times 10^{-3} \times \frac{1}{2} = 8.0 \times 10^{-4} \text{(mol)}$$

※①
過酸化水素の分解は、Fe^{3+} や MnO_2 などで促進される。
- **均一触媒**…Fe^{3+} のように、反応物と均一に混じり合ってはたらく触媒。
- **不均一触媒**…MnO_2 のように反応物と均一に混じり合わずにはたらく触媒。

※②

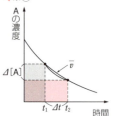

時刻 $t_1 \sim t_2$ の間の平均の速さ $\bar{v}$ は $\bar{v} = \dfrac{\varDelta[A]}{\varDelta t}$

※③
反応速度と反応物の濃度の関係を表した式を反応速度式という。

$v = k[反応物]^x$
 k：反応速度定数
 x：反応の次数

反応の次数は、反応式の係数とは必ずしも一致せず、実験で決められるべきものである。

※④
反応式 $A \longrightarrow B$ のとき、
(i) $v = k[A]$ とすると、v は $[A]$ に比例する (一次反応)
(ii) $v = k[A]^2$ とすると、v は $[A]^2$ に比例する (二次反応)

(3) (ア) $-\dfrac{0.150-0.250}{20-0}=5.0\times 10^{-3}\,(\mathrm{mol/(L\cdot s)})$

(イ) $-\dfrac{0.090-0.150}{40-20}=3.0\times 10^{-3}$

(ウ) $-\dfrac{0.0540-0.090}{60-40}=1.8\times 10^{-3}$

(エ) $-\dfrac{0.0324-0.0540}{80-60}=1.08\times 10^{-3}\fallingdotseq 1.1\times 10^{-3}$

(オ)〜(ク) 0〜20 (s) における H_2O_2 の平均の濃度は，

$\dfrac{0.250+0.150}{2}=0.200\,(\mathrm{mol/L})$

以下同様に，

20〜40：0.120 (mol/L)，40〜60：0.072 (mol/L)，
60〜80：0.0432 (mol/L)

(オ)を求めると，$\dfrac{5.0\times 10^{-3}}{0.200}=2.5\times 10^{-2}\,(\mathrm{s}^{-1})$

以下同様に計算すると，(カ)〜(ク)もすべて $2.5\times 10^{-2}\,(\mathrm{s}^{-1})$ ※① となる。

◀※①
この値が速度定数 k となるが，正確には各時間範囲で求めた値の平均値で求める。

96 (a), (c), (e)

解説 (a) 各物質の変化量と反応式の係数は比例する。AとBともに反応時間は等しいので，AとBの反応速度は係数に比例する。正しい。

(b) 温度が上がると活性化エネルギー以上のエネルギーをもつ分子の割合が著しく増加するため※②，反応速度が大きくなる。この影響の方が，衝突回数の増加による影響より大きい。誤り。

(c) 20→30→40→50→60 (℃) と温度が上がると，反応速度は $3^4=81$ (倍) となる。60℃のときに比べると，20℃のときには反応が終了する時間が81倍かかるので，20℃のときの反応終了時間は，20 分×81＝1620 分＝27 時間 である。正しい。

(d) 反応速度定数 k は温度によって変化し，物質の濃度には関係しない※③。誤り。

(e) 固体の表面積を大きくすると，単位時間あたりの固体表面への衝突回数が増加するため，反応速度は大きくなる。正しい。

(f) 触媒を用いると，活性化エネルギーのより小さい経路で反応が進むため，反応速度が大きくなる。誤り。

◀※②

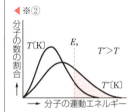

◀※③
触媒を加えることでも反応速度定数は変化する。

97

(1) (ア) E_3-E_2 (イ) E_3-E_1 (ウ) E_2-E_1

(2) (あ) 発熱

(3) (i) 2 (ii) 1 (iii) $2.0\,\mathrm{L}^2/(\mathrm{mol}^2\cdot\mathrm{s})$ ※④

(4) b, c, d

(5) 温度が上がると，活性化エネルギー以上のエネルギーをもつ分子やイオンが急激に増加するため。※⑤

◀※④
単位は $\mathrm{L}^2\cdot\mathrm{mol}^{-2}\cdot\mathrm{s}^{-1}$ も可

◀※⑤
衝突回数の増加だけでは説明がつかないので注意したい。

解説 (1)(2)

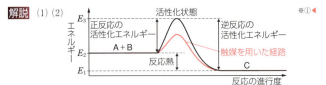

(3) 実験1と実験3より，[A]（Aのモル濃度）が4倍になると v は16倍(4^2倍)になっており，v は $[A]^2$ に比例する($x=2$)。

実験1と実験2より，[B]が2倍になると v は2倍になっており，v は[B]に比例する($y=1$)。

以上より反応速度式は $v=k[A]^2[B]$ で表される。また，実験1の値より，

$$2.0\times 10^{-3}\,\text{mol/(L·s)}=k\times(0.10\,\text{mol/L})^2\times(0.10\,\text{mol/L})$$
$$k=2.0\,\text{L}^2/(\text{mol}^2\text{·s})$$

(4) 触媒は活性化エネルギーを低下させることで反応速度を大きくする。※② 反応熱は変化せず，触媒自身は反応の前後で変化しない。※③

---

98 (1) 1.5 (2) 0.16 (3) 3.4 mol

解説 (1)

	A	+	B	⇌	2C	
初め	1.00		3.00		0	(mol)
変化量	−0.60		−0.60		+1.20	(mol)
平衡時	0.40		2.40		1.20	(mol)

容器の容積は V〔L〕で，平衡定数の式に代入すると，

$$K_1=\frac{[C]^2}{[A][B]}=\frac{\left(\dfrac{1.20}{V}\right)^2}{\dfrac{0.40}{V}\times\dfrac{2.40}{V}}=1.5\ (\text{単位なし})$$
※④ ※⑤

(2) A が x〔mol〕反応して平衡状態に達したとすると，

	A	+	B	⇌	2C	
初め	1.00		2.00		2.00	(mol)
変化量	−x		−x		+2x	〔mol〕
平衡時	1.00−x		2.00−x		2.00+2x	(mol)

※⑥

容器の容積は V〔L〕で，平衡定数の式に代入すると，

$$K_2=\frac{[C]^2}{[A][B]}=\frac{\left(\dfrac{2.00+2x}{V}\right)^2}{\dfrac{1.00-x}{V}\times\dfrac{2.00-x}{V}}=4.0$$

$5x=1$　$x=0.20$(mol)

よって，A は $1.00-x=0.80$(mol)，B は $2.00-x=1.80$(mol)，C は $2.00+2x=2.40$(mol) となり，A のモル分率は，※⑦(次ページ)

$$\frac{0.80}{0.80+1.80+2.40}=0.16$$

(3) A を 1.10 mol 加えた後，A が y〔mol〕反応して平衡状態に達したとすると，

※① 活性化状態にするために必要なエネルギーを**活性化エネルギー**という。

※② 触媒を用いたときの活性化エネルギーを E_a' とする。

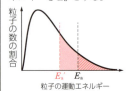

※③ 反応熱の大きさは，〔反応物〕と〔生成物〕のエネルギー差によって決まり，触媒の有無には関係しない。

※④ ある可逆反応が平衡状態にあるとき，反応物と生成物の濃度の間には，次の関係がある。

$a\text{A}+b\text{B} \rightleftarrows c\text{C}+d\text{D}$
　(a，b，c，d は係数)

$$\frac{[C]^c[D]^d}{[A]^a[B]^b}=K$$

この関係を**化学平衡の法則**といい，Kを**平衡定数**という。K は温度によって変化する。

※⑤ この反応では両辺の係数の和が等しいので，容器の容積 V は消去されてしまう。

※⑥ なぜ平衡が右方向へ進むことがわかるのか。

仮に，初めの状態で次の式に代入してみると，

$$K_{(仮)}=\frac{[C]^2}{[A][B]}$$
$$=\frac{\left(\dfrac{2.00}{V}\right)^2}{\dfrac{1.00}{V}\times\dfrac{2.00}{V}}=2.0$$

これは $K=4.0$ より小さく，[A]，[B] が減少し，[C] が増加しないと $K=4.0$ と等しくならない。よって，平衡は右方向へ進む。

	A	+	B	⇌	2C	
初め	2.50		3.60		3.00	(mol)
加えた量	1.10		0		0	(mol)
変化量	$-y$		$-y$		$+2y$	〔mol〕
平衡時	$3.60-y$		$3.60-y$		$3.00+2y$	〔mol〕

温度は T_3〔K〕で一定であるから，A を 1.10 mol 加える前の平衡定数の値と，新たな平衡状態における平衡定数の値は等しい。容積は V〔L〕であるから，

$$K_3 = \frac{[C]^2}{[A][B]} = \underbrace{\frac{\left(\dfrac{3.00}{V}\right)^2}{\dfrac{2.50}{V} \times \dfrac{3.60}{V}}}_{\text{A を 1.10 mol 加える前}} = \underbrace{\frac{\left(\dfrac{3.00+2y}{V}\right)^2}{\dfrac{3.60-y}{V} \times \dfrac{3.60-y}{V}}}_{\text{新たな平衡状態}}$$

$$1 = \frac{(3.00+2y)^2}{(3.60-y)^2}$$

両辺の平方根をとって，※①

$$\frac{3.00+2y}{3.60-y} = 1 \quad (\text{負号は捨てる}) \quad y = 0.20 (\text{mol})$$

よって，A は　$3.60-y = 3.40 (\text{mol})$

▶※⑦（前ページ）
モル分率は，物質量で表した割合である（p.25 の【56】の側注③参照）。

▶※①
完全平方式（　）² の形になっているときは，そのまま方程式を解かずに，平方根をとってから計算する方が楽に解ける。

---

99 (1) ① ア　② ウ　③ ウ　④ イ
(2) (変化) 塩化ナトリウムの結晶が析出する。
(現象) 共通イオン効果
(理由) 溶液中の塩化物イオンの濃度が増加するため，塩化ナトリウムの溶解平衡が結晶析出の方向に移動するため。

[解説] 平衡の移動は，ルシャトリエの原理(平衡移動の原理)で考える。
「可逆反応が平衡状態にあるとき，外部条件(濃度・温度・圧力)を変化させると，その影響を緩和する方向に平衡が移動する。」
(1) 高温にしたとき，吸熱反応の方向へ平衡が移動する。

	①	②	③	④
高温	→	→	←	←

高圧にしたとき，気体分子数の減少する方向へ平衡が移動する。気体分子の係数に着目するが，左右でその係数の和が等しいときは，平衡は移動しない(×で示す)。また，固体が含まれる気体の反応では，気体分子の係数のみで考える。

	①	②	③	④
高圧	×	←	→	×

高温と高圧の 2 つの変化をあわせると，①は右に，④は左に移動するが，②と③はこの条件からは判断できない。
(2) 塩化ナトリウムの飽和水溶液中では，NaCl(固) ⇌ Na⁺ + Cl⁻ のような溶解平衡が成立している。通じた HCl は電離して H⁺ と Cl⁻ を生じ，Cl⁻ が増加するので上式の平衡が左方向へ移動する。※②

▶※②
Cl⁻ が共通であるため，HCl を加えると溶解平衡が移動して Na⁺ 濃度も減少する。これを Cl⁻ による共通イオン効果という。再結晶法の一種である。

100 (1) $P_1 > P_3$ (2) 発熱反応 (3) 小さくなる
(4) $1.0 \times 10^{-5}\,\text{Pa}^{-1}$ (5) $1.7 \times 10^5\,\text{Pa}$

解説 (1) ルシャトリエの原理より，圧力を高くすると気体の分子数の減る方向に平衡が移動する。よって，平衡は右の方向へ進み，Cの量が増加する。図より，温度一定では，Cの体積百分率が※①
$P_3 < P_2 < P_1$ の順になっている。したがって，$P_3 < P_2 < P_1$ の順に圧力が高いと考えられる。

(2) 圧力一定では，温度が高いほどCの体積百分率が減少している。ルシャトリエの原理より，温度が高いほど吸熱反応の方向に平衡は移動するので，左向きの反応（Cが減少する反応）が吸熱反応で，右向きの反応は発熱反応である。

(3) 圧平衡定数 K_p は，平衡が右方向へ進む（Cの量が増える）と大きく※②
なる。反対に，平衡が左方向へ進むと小さくなる。図より，温度を上げると平衡が左方向へ進む（Cの量が減少する）ので K_p は小さくなる。

(4) A，B，Cの物質量がすべて同じなので，各分圧は $1.0 \times 10^5\,\text{Pa}$ である。※③
$$K_p = \frac{P_C}{P_A \cdot P_B} = \frac{(1.0 \times 10^5\,\text{Pa})}{(1.0 \times 10^5\,\text{Pa}) \times (1.0 \times 10^5\,\text{Pa})} = 1.0 \times 10^{-5}\,\text{Pa}^{-1}$$

(5) Aが x〔mol〕反応して平衡状態になったとする。全圧を P とすると，

	A	+	B	⇌	C	全体	
反応前	4.0		2.0		0		〔mol〕
変化量	$-x$		$-x$		$+x$		〔mol〕
平衡時	$4.0-x$		$2.0-x$		x	$6.0-x$	〔mol〕

Cのモル分率より，
$$\frac{x}{6.0-x} = 0.20 \quad x = 1.0\,(\text{mol})$$

	A	+	B	⇌	C	全体	
平衡時	3.0		1.0		1.0	5.0	〔mol〕
モル分率	0.60		0.20		0.20		

※④
$$K_p = \frac{(0.20P)}{(0.60P)(0.20P)} = 1.0 \times 10^{-5}\,\text{Pa}^{-1}$$
$$P = 1.66\cdots \times 10^5\,\text{Pa} \fallingdotseq 1.7 \times 10^5\,\text{Pa}$$

101 d

解説 $2NO_2$（赤褐色）⇌ N_2O_4（無色）
注射器のピストンを押し下げると，注射器内の体積が減って NO_2（と N_2O_4）の濃度が増加するので赤褐色が濃くなる。しばらくすると，圧力増加による平衡移動で上式の平衡が右方向へ移動して，赤褐色はうすくなる。しかし，もとの状態までは戻らないので，圧縮前よりは濃くなっている。※⑤

102 a…① b…③ c…②

解説 色が濃くなったのは赤褐色の NO_2 が増加したからで，温度を

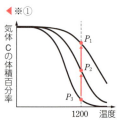

◀※①
例えば，1200 K のとき，Cの体積百分率が $P_3 < P_2 < P_1$ の順になっている。

◀※②
$$K_C = \frac{[C]}{[A][B]}$$
$$K_p = \frac{P_C}{P_A \cdot P_B}$$
平衡が右方向へ進むと，K_C と K_p は大きくなる。

◀※③
A，B，Cのモル分率はそれぞれ $\frac{1}{3}$ ずつである。
分圧＝全圧×モル分率 より，
$P_A = 3.0 \times 10^5\,\text{Pa} \times \frac{1}{3}$
　　$= 1.0 \times 10^5\,\text{Pa}$
P_B と P_C も同じ。

◀※④
分圧＝全圧×モル分率 より，
$P_A = P \times 0.60$
$P_B = P \times 0.20$
$P_C = P \times 0.20$

◀※⑤

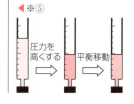

50　化学重要問題集

上げると平衡が左方向へ移動したことがわかる。
a 温度を上げると吸熱方向へ平衡が移動する。左方向への反応が吸熱なので，右方向への反応は発熱である。正しい。
b aより，2molのNO₂のもつエネルギーは，1molのN₂O₄のもつエネルギーより大きいことはわかるが，NO₂の生成熱の正負は判断できない。
c NO₂の分子量の方がN₂O₄の分子量より小さい。温度を上げて平衡が左方向へ移動すると，平均分子量は小さくなる。誤り。

103 (1) ① $\dfrac{[HI]^2}{[H_2][I_2]}$ ② $\dfrac{k_1}{k_2}$

(2)（平衡定数）48 （速度定数）5.2×10^{-4} L/(mol・s)

解説 (1) ② 平衡状態では $v_1=v_2$ が成り立つから，

$$k_1[H_2][I_2]=k_2[HI]^2 \quad よって，K=\dfrac{[HI]^2}{[H_2][I_2]}=\dfrac{k_1}{k_2}$$

(2)　　　　H₂　 + 　I₂ ⇄ 2HI
初め　　　4.0　　3.0　　　0　　(mol)
変化量　−2.6　−2.6　　+5.2　(mol)
平衡時　　1.4　　0.4　　5.2　(mol)

体積を V [L] として，平衡定数に代入すると，

$$K=\dfrac{[HI]^2}{[H_2][I_2]}=\dfrac{\left(\dfrac{5.2}{V}\right)^2}{\left(\dfrac{1.4}{V}\right)\left(\dfrac{0.4}{V}\right)}=48.2\cdots \fallingdotseq 48$$

また，$K=\dfrac{k_1}{k_2}$ より，$48.2=\dfrac{2.5\times10^{-2}}{k_2}$

$k_2\fallingdotseq 5.2\times10^{-4}$ (L/(mol・s))

104 (1) ① $K_c=\dfrac{[NH_3]^2}{[N_2][H_2]^3}$ ② $K_p=\dfrac{p_{NH_3}^2}{p_{N_2}\,p_{H_2}^3}$　※①◀

③ $K_p=K_c(RT)^{-2}$

(2) ① a, b, c ② b, c
③ a, e ④ a

(3) 右図

(4) 1.5×10^{-15} (Pa)$^{-2}$

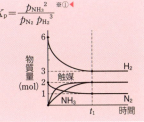

解説 (1) ③ 気体の状態方程式により，$p_{N_2}V=n_{N_2}RT$

$$p_{N_2}=\dfrac{n_{N_2}}{V}RT=[N_2]RT$$

同様に，$p_{H_2}=[H_2]RT$，$p_{NH_3}=[NH_3]RT$ なので，

$$K_p=\dfrac{p_{NH_3}^2}{p_{N_2}\,p_{H_2}^3}=\dfrac{([NH_3]RT)^2}{([N_2]RT)([H_2]RT)^3}=\dfrac{[NH_3]^2}{[N_2][H_2]^3(RT)^2}$$

$$=K_c(RT)^{-2}$$

※②◀

(2) ①「反応速度は，温度上昇，反応物の濃度増加，触媒の存在によって大きくなる。」ことに基づいて判断する。

◀※①
モル濃度の代わりに気体の分圧で表した平衡定数を，**圧平衡定数 K_p** という。

$aA + bB \rightleftarrows cC + dD$

各気体の分圧を p_A，p_B，p_C，p_D とすると，

$$K_p=\dfrac{p_C{}^c\,p_D{}^d}{p_A{}^a\,p_B{}^b}$$

これに対し，モル濃度で表した平衡定数を，**濃度平衡定数 K_c** という。

◀※②

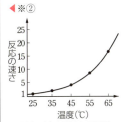

〈反応の速さと温度の関係〉
反応の速さは，一般に，温度が10K上昇するごとに2〜3倍になる場合が多い。

a．温度が上がると反応速度は大きくなる。
b．体積半分で反応物の濃度が2倍になるので，反応速度は大きくなる。
c．反応物 H_2 の濃度が増加するので，反応速度は大きくなる。
d．反応物 (N_2, H_2) の濃度は変わらず，反応速度も変化しない。
e．全圧を一定に保つために体積が増えるので，bとは逆に，反応物 (N_2, H_2) の濃度は小さくなり，反応速度は小さくなる。

②,③ 平衡の移動はルシャトリエの原理「平衡が成立しているときの条件(濃度・圧力・温度)を変えると，その条件変化による影響を緩和する方向に平衡が移動する。」に基づいて判断する。
a．温度が下がる(吸熱反応)方向に移動…左方向に移動。
b．体積半分で平衡に関係する気体の分圧が増加する。
　圧力低下(気体分子数減少)方向に移動…右方向に移動。
c．平衡に関わる気体 H_2 の濃度が増加する。よって H_2 が減少する方向に移動…右方向に移動。
d．圧力変化で平衡移動するのは，平衡に関わる気体の分圧が変化(それらの気体の濃度が変化)するからである。
　体積一定なので，貴ガス(Ar)を加えて全圧を増加させても，平衡に関わる気体の分圧 (p_{N_2}, p_{H_2}, p_{NH_3}) は変化せず，平衡は移動しない。
e．全圧一定なので，貴ガスによる分圧増加の分だけ平衡に関わる気体の分圧は減少する（ $\underbrace{p}_{全圧} = \underbrace{p_{N_2}+p_{H_2}+p_{NH_3}}_{減少}+p_{貴ガス}=一定$）。
　よって，圧力上昇(気体分子増加)方向に移動…左方向に移動。

④ 平衡定数 (K_c, K_p) は温度にのみ依存する。温度変化をしたaについて，平衡が左方向へ移動したので K_c が小さくなっている。

◀※①
体積一定で貴ガス(Ar)

● N_2　● H_2　● NH_3

◀※②
全圧一定で貴ガス(Ar)

体積が増加し,全圧一定を保つ。この後,平衡移動する。

(3) ①
$$N_2 + 3H_2 \rightleftharpoons 2NH_3$$

反応前	2	6	0	(mol)
変化量	−1	−3	+2	(mol)
平衡時(t_1)	1	3	2	(mol)

みかけの反応速度(正反応の速度−逆反応の速度)は，反応開始時ほど大きく，グラフの傾きは大きくなる。

② 触媒を用いるとみかけの反応速度が大きくなり，平衡に達する時間が短くなる。ただし，平衡は移動しないので平衡時の物質量は①と同じである。

(4) N_2, H_2, NH_3 において，平衡時の物質量と分圧は比例する。
N_2：H_2＝1：3(mol) より，N_2 の分圧は $1.0×10^7$ Pa とわかる。
$$K_p = \frac{(2.0×10^7 \text{Pa})^2}{(1.0×10^7 \text{Pa})(3.0×10^7 \text{Pa})^3} ≒ 1.5×10^{-15} (\text{Pa})^{-2}$$

105 (1) $CH_3COOCH_3 + H_2O \longrightarrow CH_3COOH + CH_3OH$
(2) 触媒としてはたらく。
(3) $4.8×10^{-2}$ mol　(4) 0.62 mol/L　(5) 70 min

解説 (3),(4) 反応時間 0 min では塩酸が中和され，その後は塩酸と(1)の反応で生じた酢酸が中和される。※①※②

HCl と NaOH および CH₃COOH と NaOH の反応はいずれも 1：1 の物質量比で反応する。0 min の NaOH 水溶液の滴下量 11.9 mL から塩酸中の HCl の物質量は，

$$0.200 \times \frac{11.9}{1000} \times \frac{100}{5.00} \fallingdotseq 4.8 \times 10^{-2} (\text{mol})$$

∞ min での酢酸の濃度を x [mol/L] とおくと，NaOH 水溶液の滴下量の ∞ min と 0 min の差から，

$$x \times \frac{5.00}{1000} = 0.200 \times \frac{27.5 - 11.9}{1000} \qquad x \fallingdotseq 0.62 (\text{mol/L})$$

(5) 加水分解率 50% のときの NaOH 水溶液の滴下量は，

$$11.9 + (27.5 - 11.9) \times \frac{50}{100} = 19.7 (\text{mL})$$

この滴下量になるのは 60〜80 min のときである。この間で加水分解と反応時間が直線(比例)関係にあるから，その割合は，※③

$$\frac{(20.5 - 11.9) - (18.9 - 11.9)}{80 - 60} = 0.080 (\text{mL/min})$$

50% 加水分解される時間を $60 + t$ [min] とすると，NaOH 水溶液の滴下量は，

$$19.7 = \underbrace{18.9}_{60 \text{分}} + \underbrace{0.080\,t}_{t\,[\text{min}]\,での増加分} \qquad t = 10 (\text{min})$$

よって，$60 + 10 = 70 (\text{min})$

106 (1) (A) 放射性 (B) β 線 (2) (陽子) 6 個 (中性子) 8 個
(3) $\dfrac{\log_e 2}{k}$ (4) 17190 年前

解説 (1) (B) 放射線の種類は次の通り。

種類	本体	変化	透過力	遮へい法
α 線	^4_2He の原子核の流れ	原子番号が 2，質量数が 4 小さい原子になる（α 崩壊）	弱	紙で遮へい
β 線	電子の流れ	中性子が陽子に変化し，原子番号が 1 大きい原子になる（β 崩壊）	中	木板で遮へい
γ 線	波長の短い電磁波	原子がエネルギーの高い状態（励起状態）から低い状態になる	強	鉛板で遮へい

^{14}C から ^{14}N への変化は β 線が放出される。

(2) C の原子番号 6 より陽子 6 個，質量数 14 より中性子は，
$14 - 6 = 8$ (個)

(3) $\dfrac{N_t}{N_0} = e^{-kt}$ 半減期 $t_{\frac{1}{2}}$ では $\dfrac{N_t}{N_0} = \dfrac{1}{2}$ より， $\dfrac{1}{2} = e^{-kt_{\frac{1}{2}}}$

両辺に自然対数 ($\log_e$) をとると，

$$-\log_e 2 = \log_e e^{-kt_{\frac{1}{2}}} = -kt_{\frac{1}{2}} \qquad t_{\frac{1}{2}} = \frac{\log_e 2}{k}$$

◀※①
HCl + NaOH ⟶ NaCl + H₂O
◀※②

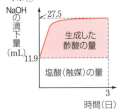

塩基 (NaOH) と中和反応した酸の物質量は，(塩酸の物質量) ＋ (酢酸の物質量) となることに留意する。反応液が均一に混合しているならば，一定時間ごとに反応液を取り出しても（系内の体積が変わっても），(1)式の反応の速度は影響されないことに注意する。

◀※③
比例関係から，50% 加水分解されるのは 60 min 後の

$$(80 - 60) \times \frac{19.7 - 18.9}{20.5 - 18.9}$$

$= 10 (\text{min})$

のように計算してもよい。

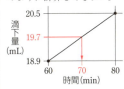

参考 H₂O₂ が分解して O₂ が発生する反応や，酢酸エチルの加水分解反応は，本問のような一次反応である。例えば，[H₂O₂] ＝ [A] 初濃度 [H₂O₂]₀ ＝ [A]₀ とおくと，時刻 t における一次反応は， $[A] = [A]_0 e^{-kt}$ で表せる。
$[A] = [A]_0 e^{-kt}$ について横軸 t，縦軸 [A] のグラフは，

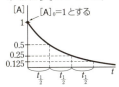

(4) (3)より $t_{\frac{1}{2}}=\dfrac{\log_e 2}{k}$ であるから，半減期 $t_{\frac{1}{2}}$ は初濃度 N_0 に関係なく一定とわかる。濃度が $N_0 \to \dfrac{1}{2}N_0 \to \dfrac{1}{4}N_0 \to \dfrac{1}{8}N_0$ のように変化する間，半減期を3回経過するので，

$$t_{\frac{1}{2}} \times 3 = 5730 \times 3 = 17190 \,(\text{年})$$

107 (1) （四酸化二窒素）$n(1-\alpha)$ 　（二酸化窒素）$2n\alpha$

(2) $n(1+\alpha)$ 　(3) $(p_{N_2O_4})\ \dfrac{1-\alpha}{1+\alpha}P$ 　$(p_{NO_2})\ \dfrac{2\alpha}{1+\alpha}P$

(4) $K_p = \dfrac{4\alpha^2}{1-\alpha^2}P$ 　（全体の圧力）$1.5 \times 10^4\,\text{Pa}$

(5) $\alpha \fallingdotseq \dfrac{1}{2}\sqrt{\dfrac{K_p}{P}}$

(6) （分解した割合 α）小さくなる

（理由）α は P の平方根に反比例するから。 ※①

解説 (1), (2) $N_2O_4 \ \rightleftharpoons \ 2NO_2$ 　全体

初め	n	0	〔mol〕
変化量	$-n\alpha$	$+2n\alpha$	〔mol〕
平衡時	$n(1-\alpha)$	$2n\alpha$	$n(1+\alpha)$〔mol〕

(3) （分圧）＝（全圧）×（モル分率） で求める。 ※②

(4) $K_p = \dfrac{p_{NO_2}{}^2}{p_{N_2O_4}} = \dfrac{\left(\dfrac{2\alpha}{1+\alpha}P\right)^2}{\dfrac{1-\alpha}{1+\alpha}P} = \dfrac{4\alpha^2}{1-\alpha^2}P$

$K_p = 2.0 \times 10^4\,(\text{Pa})$，$\alpha = 0.50$ を代入すると，

$$2.0 \times 10^4 = \dfrac{4 \times 0.50^2}{1-0.50^2}P \quad P = 1.5 \times 10^4\,(\text{Pa})$$

(5) (4)より，$K_p = \dfrac{4\alpha^2}{1-\alpha^2}P$ ……①

$1 \gg \alpha$ とするので，$1-\alpha^2 \fallingdotseq 1$ の近似を行うと，

$$K_p \fallingdotseq 4\alpha^2 P \quad \alpha \fallingdotseq \dfrac{1}{2}\sqrt{\dfrac{K_p}{P}}$$

(6) (5)より，P が大きくなると α は小さくなる。 ※③

108 (1) 2.0倍 　(2) 6.4mol

解説 (1) 窒素が x〔mol〕反応したとすると，

	N_2	$+$	$3H_2$	$\rightleftharpoons$	$2NH_3$	合計
初め	5.00		5.00		0	10.00 　(mol)
平衡時	$5.00-x$		$5.00-3x$		$2x$	$10.00-2x$〔mol〕

体積と温度が一定より，物質量と圧力は比例する。※④ 全体の圧力が 0.80 倍となるので，全物質量も 0.80 倍であるから，

$$10.00 \times 0.80 = 10.00-2x \quad x = 1.00\,(\text{mol})$$

よって，N_2 4.00mol，H_2 2.00mol となるので，N_2 の物質量は H_2 の 2.00 倍であり，分圧もそれぞれ比例するので 2.00 倍となる。

◀※①
（理由2）圧力が大きくなると，ルシャトリエの原理より，圧力が減少する方向（気体分子数減少方向）に平衡が移動するから。

◀※②
例えば，
$$p_{N_2O_4} = P \times \dfrac{n(1-\alpha)}{n(1+\alpha)}$$
$$= \dfrac{1-\alpha}{1+\alpha}P$$

◀※③
$1 \gg \alpha$ の近似が成り立たなくても，①式より，
$$\alpha = \sqrt{\dfrac{K_p}{4P+K_p}}$$
の式が求められるので，P が大きくなるほど α は小さくなる。つまり，平衡は左へ移動する。

◀※④
$pV = nRT$ において，V と T が一定ならば，p と n は比例する。

54　化学重要問題集

(2) (1)で生じたアンモニアは $2x=2.00$ (mol) であるから，(1)の温度での平衡定数 K は，体積を V 〔L〕 とすると，

$$K=\frac{[\text{NH}_3]^2}{[\text{N}_2][\text{H}_2]^3}=\frac{\left(\frac{2.00}{V}\right)^2}{\frac{4.00}{V}\times\left(\frac{2.00}{V}\right)^3}=\frac{V^2}{8.00} \quad \text{※①}$$

◀※①
$\text{H}_2 + \text{I}_2 \rightleftarrows 2\text{HI}$ のように，両辺の係数和が等しい場合，平衡定数では，反応容器の体積 V が消去されてしまうが，$\text{N}_2 + 3\text{H}_2 \rightleftarrows 2\text{NH}_3$ のように，両辺の係数和が等しくない場合，平衡定数には，体積 V が消去されずに残ることに留意すること。

新たに加えた窒素を y〔mol〕，平衡状態までに反応した窒素を z〔mol〕 とすると，

	N$_2$	+	3H$_2$	$\rightleftarrows$	2NH$_3$	
初め	4.00		2.00		0	(mol)
平衡時	$4.00+y-z$		$2.00-3z$		$2z$	〔mol〕

平衡時の水素とアンモニアの分圧が等しいことから，

$2.00-3z=2z \quad z=0.400$ (mol)

よって，N$_2$ $3.60+y$〔mol〕，H$_2$ 0.800 mol，NH$_3$ 0.800 mol となるので，平衡定数の式に代入して，

$$K=\frac{\left(\frac{0.800}{V}\right)^2}{\frac{3.60+y}{V}\times\left(\frac{0.800}{V}\right)^3}=\frac{V^2}{8.00} \quad y=6.40\text{(mol)}$$

109 (1) A$_2$(気) + X$_2$(気) = 2AX(気) + 11 kJ
(2)
(3) (ア) 15
(イ) c
(4) (ウ) 0.17
(エ) 0.86

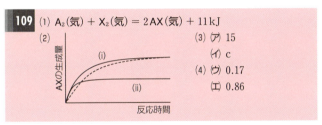

解説 (1) 反応熱を x とおく。
エネルギー図は右のようになる。
$436+151+x=299\times 2$
$x=11$ (kJ/mol)

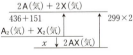

(2)(i) 触媒を加えると，反応速度は大きくなるため，反応開始におけるグラフの傾きが大きくなる。また，触媒を加えても平衡は移動しないので，平衡状態（反応時間がだいぶ経過したところ）におけるAXの生成量は変わらない。※②

◀※②
反応速度と平衡移動を区別して考えること

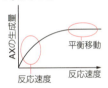

(ii) 温度を上昇させると，反応速度は大きくなるため，反応開始におけるグラフの傾きが大きくなる。また，温度を上昇させると吸熱反応の方向に平衡が移動するので，(i)より，平衡状態におけるAXの生成量は減少する。

(3) A$_2$ + X$_2$ $\rightleftarrows$ 2AX
初め 0.40 0.20   1.1 (mol/L)

$$Q=\frac{[\text{AX}]^2}{[\text{A}_2][\text{X}_2]}=\frac{1.1^2}{0.40\times 0.20}=15.1\cdots \fallingdotseq 15$$

これは $K=20$ の値より小さく，Q の値を大きくするように平衡移動する。つまり，分母にあたる A$_2$ と X$_2$ が減少し，分子にあたる

化学重要問題集 55

AX が増加する方向（正反応の方向）に進む。 ※①◀

(4) $Q = \dfrac{[AX]^2}{[A_2][X_2]} = \dfrac{0.60^2}{0.30 \times 0.30} = 4$

これは $K = 25$ の値より小さく，(3)と同様に正反応の方向に進む。

	A_2	$+$	X_2	$\rightleftarrows$	$2AX$	
初め	0.30		0.30		0.60	〔mol/L〕
変化量	$-x$		$-x$		$+2x$	〔mol/L〕
平衡時	$0.30-x$		$0.30-x$		$0.60+2x$	〔mol/L〕

$$K = \dfrac{(0.60+2x)^2}{(0.30-x)(0.30-x)} = 25$$

$$\dfrac{0.60+2x}{0.30-x} = \pm 5 \qquad x = 0.128\cdots \quad (x = 0.70 \text{ は不適})$$

A_2 および X_2 は　$0.30 - x = 0.30 - 0.128 \fallingdotseq 0.17 (\mathrm{mol/L})$

AX は　　　　　　$0.60 + 2x = 0.60 + 2 \times 0.128 \fallingdotseq 0.86 (\mathrm{mol/L})$

◀※①
本来は
$$K = \dfrac{[AX]^2}{[A_2][X_2]}$$
の各濃度には平衡状態の濃度を代入しなければならない。しかし，ここでは
$$Q = \dfrac{[AX]_0^2}{[A_2]_0[X_2]_0}$$
の各濃度に初濃度を代入することで，平衡がどちらに移動するかを考察している。

8 酸と塩基の反応

110
(あ) アレーニウス　(い) 水素イオン（または H^+）
(う) 水酸化物イオン（または OH^-）
(え)，(お) H_2O，CH_3COO^-（順不同）

解説 アレーニウスの定義では，酸は水に溶けて電離し，水素イオン H^+（オキソニウムイオン H_3O^+）を生じる物質，塩基は水に溶けて水酸化物イオン OH^- を生じる物質である。一方，ブレンステッド・ローリーの定義では，酸は他に水素イオン H^+ を与えることができる物質，塩基は他から水素イオン H^+ を受け取ることができる物質である。
アレーニウスの定義によると，CH_3COOH は水と反応して H^+ を生じるので酸だが，H_2O は酸とも塩基とも定義されない中性物質である。
一方，ブレンステッド・ローリーの定義によると，次式のように，

$$\overset{H^+}{CH_3COOH} + H_2O \rightleftarrows \overset{H^+}{CH_3COO^-} + H_3O^+$$
酸　　　塩基　　　塩基　　　酸

CH_3COOH，H_3O^+ は H^+ を与えるので酸であり，H_2O，CH_3COO^- は H^+ を受け取るので塩基である。 ※②◀

◀※②
アレーニウスの定義を拡張したブレンステッド・ローリーの定義により，酸・塩基の水溶液の中和反応だけでなく，塩の加水分解や，
$NH_3 + HCl \longrightarrow NH_4Cl$
などの気体どうしの反応，水に不溶な物質や非水溶液の反応などにも，酸・塩基の区別ができるようになった。

111 (a), (c), (e)

解説 (a) H_2O は NH_3 に H^+ を与えているので酸。 ※③◀
(b) HCO_3^- は H_2O から H^+ を受け取っているので塩基。 ※③◀
(c) HS^- は H_2O に H^+ を与えているので酸。
(d) H_2O は HNO_3 から H^+ を受け取っているので塩基。
(e) H_2O は CaO に H^+ を与えているので酸。

$$\underset{\underset{H^+}{\uparrow_____}}{O^{2-} + H_2O} \longrightarrow 2OH^-$$

◀※③
H_2O は(a)，(b)，(e)の反応では酸，(c)，(d)の反応では塩基である。ブレンステッド・ローリーの定義では，同じ物質が反応によって，酸にも塩基にもなることがある。

56　化学重要問題集

112 (e)

解説 (b),(c),(e) 弱酸の濃度, 電離度, 電離定数をそれぞれ c, α, K_a とおくと, $K_a = c\alpha^2$, $\alpha = \sqrt{\dfrac{K_a}{c}}$ の関係が成り立つ (【121】参照)。

K_a は濃度によらない定数であるから, $c \to$ 小 になるほど $\alpha \to$ 大 。
また, 一般に平衡定数は温度一定のときには定数であるが, 温度が変化すると, その値は異なる。よって, 温度変化により K_a の値が変化すると, c が同じ場合でも α の値は異なる。

(d) 一般に第1段階よりも第2段階の電離度のほうがずっと小さい。これは, 二価の弱酸の電離 $H_2A \rightleftarrows H^+ + HA^-$ によって生じた HA^- は陰イオンであるため, そこからさらに陽イオン H^+ を電離する反応は, より起こりにくくなるからである。

※① 弱酸の濃度と電離度の関係

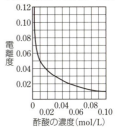

弱酸はうすくなるほど電離度は大きくなるが, 強酸は濃度に関係なく, 電離度はほぼ1で変化しないとしてよい。

113 ⑤

解説 ① 硫酸 H_2SO_4 は二価の酸であるから, $[H^+]$ は同じ濃度の硝酸 HNO_3 より大きく, pH の値は小さい。
② 酢酸は弱酸であるから, $[H^+]$ は塩酸より小さく, pH の値は大きい。
③ 中性(pH 7)に限りなく近づくが, 7 より大きくなることはない。
④ 強塩基の NaOH の pH 11 の水溶液を10倍にうすめると $[OH^-]$ は $\dfrac{1}{10}$ になり, pH は10になる。
⑤ アンモニア水は弱塩基であるから, $[OH^-]$ は同じ濃度の NaOH 水溶液より小さく, pH の値は小さい。

※② 酸を水でうすめるほど, pH は純水と同じ pH=7 に近づく。

114 (1) 1.12 L (2) 100 mL

解説 ちょうど中和したとき, 次の量的関係(中和の公式)が成立する。
(酸から生じる H^+ の物質量)=(塩基から生じる OH^- の物質量)
(酸の価数)×(酸の物質量)=(塩基の価数)×(塩基の物質量)

(1) 求める CO_2 の体積を x [L] とすると, CO_2 は二価の酸, NaOH は一価の塩基より,
$$2 \times \left(\dfrac{x}{22.4}\right) = 1 \times \left(1.00 \times \dfrac{100}{1000}\right) \quad x = 1.12 \text{ (L)}$$

(2) 求める NaOH 水溶液を y [mL] とする。$Ca(OH)_2$ の式量は 74, HCl は一価の酸, $Ca(OH)_2$ は二価の塩基, NaOH は一価の塩基より,
$$\underbrace{1 \times 0.80 \times \dfrac{200}{1000}}_{\text{HCl の物質量}} = 2 \times \underbrace{\dfrac{2.96}{74}}_{\text{Ca(OH)}_2 \text{ の物質量}} + 1 \times \underbrace{0.80 \times \dfrac{y}{1000}}_{\text{NaOH の物質量}} \quad y = 100 \text{ (mL)}$$

※③ 弱酸・弱塩基であっても過不足なく中和したときは完全に電離している。よって中和の量的関係には酸・塩基の強弱は関係しない。

※④ (塩基から生じる OH^- の物質量)=(塩基が受け取る H^+ の物質量)

※⑤ この x [L] は溶液の体積ではないので注意する。

※⑥ CO_2 は水に溶け, 炭酸 H_2CO_3 とみなせる。

115
(1) $Ba(OH)_2 + CO_2 \longrightarrow BaCO_3 + H_2O$
(2) $Ba(OH)_2 + 2HCl \longrightarrow BaCl_2 + 2H_2O$
(3) 1.8×10^{-4} mol
(4) 4.0×10^{-2} %

解説 CO₂ を定量するために，過剰の Ba(OH)₂ を含んでいる水溶液に CO₂ をすべて吸収させ，残った Ba(OH)₂ を HCl で滴定している。

(3) Ba(OH)₂ と反応した CO₂ を x [mol] とする。CO₂（二価の酸）と HCl が合わさり Ba(OH)₂ と過不足なく中和するとき，
(酸から生じる H⁺ の物質量)＝(塩基から生じる OH⁻ の物質量) より，

$$2x + 1 \times 0.10 \times \frac{6.4}{1000} = 2 \times 0.010 \times \frac{50}{1000}$$

$$x = 1.8 \times 10^{-4} \text{ (mol)}$$

(4) $\dfrac{CO_2}{空気} \times 100 = \dfrac{22.4\,(\text{L/mol}) \times 1.8 \times 10^{-4}\,(\text{mol})}{10\,(\text{L})} \times 100 \fallingdotseq 4.0 \times 10^{-2}\,(\%)$

---

116 (1) ⑤ (2) ① (3) ⑥

解説 (1) HCl 水溶液（塩酸）は強酸で，0.10 mol/L のとき pH は約 1 となる。NaOH 水溶液は強塩基で，0.10 mol/L のとき pH は約 13 となる。過不足なく反応した点（中和点）の滴下量は，ともに一価で同じ濃度であるから，塩酸の量と同じ 10 mL である。その pH は 7（NaCl 水溶液）となる（下左図）。

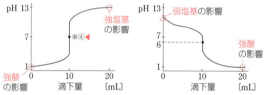

(2) NH₃ 水は弱塩基で，0.10 mol/L のとき pH は約 11 となる（少なくとも 13 よりは小さい）。
塩酸は強酸で，0.10 mol/L のとき pH は約 1 となる。
中和点の滴下量は(1)と同様に 10 mL である。その pH は弱酸性側となる（約 6，NH₄Cl 水溶液）（上右図）。

(3) CH₃COOH 水溶液は弱酸で，0.10 mol/L のとき pH は約 3 となる（少なくとも 1 よりは大きい）。
NaOH 水溶液は強塩基で，0.10 mol/L のとき pH は約 13 となる。
中和点の滴下量は(1)と同様に 10 mL である。その pH は弱塩基性側となる（約 8，CH₃COONa 水溶液）（下左図）。

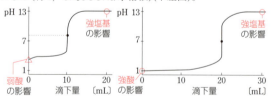

参考 0.10 mol/L の H₂SO₄ 水溶液（希硫酸）を 0.10 mol/L の NaOH 水溶液で滴定したときの滴定曲線は（上右図）のようになる。
中和点の滴下量は H₂SO₄(二価)：NaOH(一価)＝1：2 より
10 mL：20 mL となる。その pH は 7（Na₂SO₄ 水溶液）となる。

◀※①
CO₂ を水に溶かした炭酸水で滴定しても，CO₂ が溶液から徐々に逃げてしまうため不適。

◀※②
CO₂ が炭酸 H₂CO₃ になると考えると，二価の酸としてはたらく。
CO₂ + H₂O ⇌ 2H⁺ + CO₃²⁻
（H₂CO₃）

補足 本問は生じた沈殿 BaCO₃ をろ過した。他に，上澄み液をとって（BaCO₃ をとらないで），HClaq で滴定する方法もある。どちらの操作も，BaCO₃ と HCl を反応させないための方法といえる。

◀※③
滴定曲線を分析するには
(i) 初めにあった溶液の pH
(ii) 加えた溶液の pH
　（中和点後，薄まっているがその pH に近づいていく）
(iii) 中和点の滴下量と pH の三点の特徴をつかむ。

◀※④
中和点は，pH の急激な変化のほぼ中間にある。

強酸	弱酸
HCl, HNO₃ H₂SO₄	CH₃COOH, H₂S H₂CO₃, H₂SO₃

強塩基	弱塩基
NaOH, KOH Ca(OH)₂ Ba(OH)₂	NH₃, Cu(OH)₂ Fe(OH)₃

117 (1) BaSO₄ (2) 0.12 mol/L

解説 溶液A（混合水溶液）中の塩酸のモル濃度を x〔mol/L〕，硫酸のモル濃度を y〔mol/L〕，および溶液B中の Ba(OH)₂ 水溶液のモル濃度を z〔mol/L〕とおく。
溶液Aと溶液Bが過不足なく中和したとき，

$$1\times x\times\frac{10.0}{1000}+2\times y\times\frac{10.0}{1000}=2\times z\times\frac{15.0}{1000}$$

酸から生じる H⁺(mol)　　　塩基から生じる OH⁻(mol)

$x+2y=3z$ ……①

このとき，$SO_4^{2-} + Ba^{2+} \longrightarrow BaSO_4\downarrow$ のように沈殿を生じる反応も起こるが，H₂SO₄ の物質量の方が Ba(OH)₂ の物質量より少ないので，0.140 g の沈殿 BaSO₄（式量 233.4）の物質量は H₂SO₄ の物質量に等しい。

$$y\times\frac{10.0}{1000}=\frac{0.140}{233.4} \quad\cdots\cdots ②$$

一方，溶液 B 10.0 mL に過剰の溶液 A を加えたときの 0.187 g の沈殿 BaSO₄ の物質量は Ba(OH)₂ の物質量に等しい。

$$z\times\frac{10.0}{1000}=\frac{0.187}{233.4} \quad\cdots\cdots ③$$

①～③を解くと，
$x \fallingdotseq 0.12$〔mol/L〕，$y \fallingdotseq 0.060$〔mol/L〕，$z \fallingdotseq 0.080$〔mol/L〕
溶液A中の〔Cl⁻〕は，塩酸（HCl）のモル濃度 x〔mol/L〕に等しい。

---

118 (1) ① ⑦ c ④ e ⑦ f ④ a ② ア，ウ
(2) 0.100 mol/L
(3) 潮解性がある。空気中の二酸化炭素と反応する。
(4) 0.190 mol/L　(5) ① 1.52 mol/L　② 9.14%
(6) ① フェノールフタレイン　② 無色→赤色

解説 (1) ② ⑦のメスフラスコ(c)と⑦のコニカルビーカー(f)は，純水でぬれていても器具内の酸（または塩基）の物質量は変わらないため，すぐに使用できる。

(2) (COOH)₂・2H₂O＝126.0 より，シュウ酸のモル濃度は，

$$\frac{2.52}{126.0}\text{（mol）}\times\frac{1000}{200}\text{（/L）}=0.100\text{（mol/L）}$$

(3) NaOH や KOH，CaCl₂ などの固体を湿った空気中に放置すると，水蒸気を吸収してその水に溶ける。この現象を潮解という。
NaOH と CO₂（酸性酸化物）の反応は，

$$2NaOH + CO_2 \longrightarrow Na_2CO_3 + H_2O$$

(4) NaOH 水溶液のモル濃度を x〔mol/L〕とすると，

$$2\times 0.100\times\frac{20}{1000}=1\times x\times\frac{21.0}{1000}$$

$x=0.1904\cdots\fallingdotseq 0.190$（mol/L）

◀※①
中和反応では過不足はないが，沈殿反応では Ba²⁺（溶液B）が過剰である。

$$\underbrace{2\times y\times\frac{10.0}{1000}}_{SO_4^{2-}\text{(mol)}}<\underbrace{2\times z\times\frac{15.0}{1000}}_{Ba^{2+}\text{(mol)}}$$

◀※②
2回目の実験における沈殿反応では，SO₄²⁻（溶液A）が過剰である。

$$\underbrace{2\times y\times\frac{\text{過剰}}{1000}}_{SO_4^{2-}\text{(mol)}}>\underbrace{2\times z\times\frac{10.0}{1000}}_{Ba^{2+}\text{(mol)}}$$

Ba²⁺ は Cl⁻ とは沈殿しない（BaCl₂ は完全に電離する）。よって，少ない Ba²⁺ はすべて SO₄²⁻ と沈殿を形成する。

◀※③

メスフラスコ　ホールピペット　ビュレット

◀※④
ホールピペットやビュレットの内壁が水でぬれていると，酸（または塩基）の濃度がうすまり，物質量が変化する。したがって，使用する溶液で数回すすぐ（共洗いという）必要がある。

◀※⑤
(COOH)₂・2H₂O
二水和物（式量 126.0）1 mol あたり，無水物の (COOH)₂ が 1 mol 存在する。水和水（2H₂O）は，後で加えた溶媒の水といっしょになる。

◀※⑥
シュウ酸 (COOH)₂ は二価の弱酸である。
反応式は，
(COOH)₂ + 2NaOH
　⟶ (COONa)₂ + 2H₂O

(5) ① CH_3COOH 水溶液のモル濃度を y〔mol/L〕とすると，操作(iv)
では体積を 10 倍にしているので，濃度は 10 分の 1 となるから，

$$\overset{※①}{1} \times \frac{y}{10} \times \frac{20}{1000} = 1 \times 0.1904 \times \frac{16.0}{1000}$$

$$y = 1.523\cdots ≒ 1.52\,(mol/L)$$

② 溶液 1 L あたりで考える。$CH_3COOH = 60.0$ より，

$$\frac{溶質の質量(g)}{溶液の質量(g)} \times 100 = \frac{1.523\,(mol) \times 60.0\,(g/mol)}{1 \times 10^3\,(cm^3) \times 1.00\,(g/cm^3)} \times 100$$

$$= 9.138 ≒ 9.14\,(\%)$$

(6) ① 弱酸を強塩基で滴定するから，pH の急変は塩基性側にある（または，中和点が弱塩基性である）。よって，塩基性側に変色域をもつ指示薬（フェノールフタレイン）を用いる。もし，酸性側に変色域をもつ指示薬（メチルオレンジやメチルレッド）を誤って使うと，中和点に達するより前のところで変色してしまう。

◀※①
反応式は，
$CH_3COOH + NaOH$
　$\longrightarrow CH_3COONa + H_2O$
◀※②
フェノールフタレインの変色域
8.0(無色)〜9.8(赤色)
メチルオレンジの変色域
3.1(赤色)〜4.4(橙黄色)
◀※③
滴下量は誤って小さく測定され，弱酸の濃度は小さく算出されてしまう。

---

119 (1) a, c, e
　　　(2) $NaHCO_3 + HCl \longrightarrow H_2O + CO_2 + NaCl$

解説 酸から生じる陰イオンと，塩基から生じる陽イオンからなるイオン結合の物質を塩という。

A 塩は組成により，**酸性塩**(酸の H が残っている塩)，**塩基性塩**(塩基の OH が残っている塩)，**正塩**(酸の H も塩基の OH も残っていない塩)に分類される。以下に例を挙げる。

酸性塩	$NaHCO_3$, $NaHSO_4$, NaH_2PO_4
塩基性塩	$MgCl(OH)$, $CaCl(OH)$
正塩	$NaCl$, $(NH_4)_2SO_4$, CH_3COONa ※⑤◀

B 正塩の水溶液の液性は，その塩を構成する酸と塩基の強弱によって決まる。

(a), (d) 塩はふつう，完全に電離する。

$$NaCl \longrightarrow Na^+ + Cl^-$$
$$KNO_3 \longrightarrow K^+ + NO_3^-$$

これらのイオンはすべて強酸由来のイオン(Cl^-, NO_3^-)や強塩基由来のイオン(Na^+, K^+)なので，加水分解せずに中性である。

(b) $NH_4Cl \longrightarrow NH_4^+ + Cl^-$

のように電離し，弱塩基由来のイオン(NH_4^+)が加水分解する。

$$NH_4^+ + H_2O \rightleftharpoons NH_3 + H_3O^+ \quad \cdots 酸性$$

(c) $CH_3COONa \longrightarrow CH_3COO^- + Na^+$

のように電離し，弱酸由来のイオン(CH_3COO^-)が加水分解する。

$$CH_3COO^- + H_2O \rightleftharpoons CH_3COOH + OH^- \quad \cdots 塩基性$$

(e) 酸性塩の水溶液では，$NaHSO_4$ のように強酸と強塩基から生じた酸性塩は，未反応で残っている酸の H が電離して酸性を示す。一方，$NaHCO_3$ は弱酸と強塩基から生じた酸性塩であり，HCO_3^- が加水分解して塩基性を示す。

◀※④
塩の組成に基づく分類で，塩の液性とは無関係である。
◀※⑤
NH_4^+ や CH_3COO^- のもつ H は酸の H とはいわない。酸性塩は，二価や三価の酸が一部だけ中和されているため，酸の H が残っている。
◀※⑥

	強酸	弱酸
強塩基	中性	塩基性
弱塩基	酸性	—

弱酸と弱塩基から生じる塩の液性は，塩により異なる。

◀※⑦
酸性塩の水溶液では，
$NaHSO_4$ が酸性を，
$NaHCO_3$ が塩基性を示すことを覚えておく。
解説 の A と B は互いに無関係で，酸性塩でも水に溶けて塩基性ということもある。

60　化学重要問題集

$$HCO_3^- + H_2O \Longrightarrow H_2CO_3\,(CO_2+H_2O) + OH^-$$

(1) (b) NH_4Cl は<u>正塩</u>で，水溶液は<u>酸性</u>を示す。誤り。

　(d) KNO_3 は正塩で，水溶液は<u>中性</u>である。誤り。

(2) $NaHCO_3$ の水溶液は塩基性で，塩酸と反応する。

$$NaHCO_3 + HCl \underset{※①}{\overset{\times}{\rightleftharpoons}} H_2O + CO_2 + NaCl$$
$$(H_2CO_3)$$

　　（弱酸の塩）　㊈酸　　　㊈酸　　強酸の塩）

▸※①

→ で HCl は HCO_3^- に H^+ を与えることができるが，
← で H_2CO_3 は Cl^- に H^+ を与えることができない。
これは HCl の方が H_2CO_3 より強い酸だからである。

参考 $NaHCO_3$ には酸の H が残っているので，NaOH のような強塩基とも反応する。

$$NaHCO_3 + NaOH \longrightarrow Na_2CO_3 + H_2O$$

---

120 (1) 12　(2) 2.0　(3) 2.4　(4) $1.6×10^{-4}$ mol/L

解説 (1) NaOH は強塩基なので，完全に電離するから，
$$[OH^-]=0.010\,mol/L$$
$$[H^+]=\underset{※②}{\frac{K_w}{[OH^-]}}=\frac{1.0×10^{-14}}{1.0×10^{-2}}=1.0×10^{-12}\,(mol/L)$$
$$pH=-\log_{10}(1.0×10^{-12})=12$$

(2) $HCl : 0.050×\dfrac{10}{1000}=5.0×10^{-4}\,(mol)$

　$NaOH : 0.010×\dfrac{20}{1000}=2.0×10^{-4}\,(mol)$

　HCl と NaOH は 1:1 で反応するので HCl が過剰で，残る $[H^+]$ は，
$$[H^+]=\frac{5.0×10^{-4}-2.0×10^{-4}\,(mol)\overset{※③}{}}{\frac{10+20}{1000}\,(L)}=1.0×10^{-2}\,(mol/L)$$
$$pH=-\log_{10}(1.0×10^{-2})=2.0$$

(3) $\underset{※④}{1.0×10^{-2}}$ mol/L の塩酸 10 mL と $1.0×10^{-3}$ mol/L の塩酸 20 mL の混合であるから，混合した塩酸の濃度は，
$$\frac{1.0×10^{-2}×\dfrac{10}{1000}+1.0×10^{-3}×\dfrac{20}{1000}\,(mol)}{\dfrac{30}{1000}\,(L)}=\frac{0.10+0.020}{30}$$
$$=4.0×10^{-3}\,(mol/L)$$

塩酸は強酸だから，
$$[H^+]=4.0×10^{-3}\,(mol/L)$$
$$pH=-\log_{10}(4.0×10^{-3})=3.0-2\log_{10}2=2.4$$

(4) pH＝3.8 は $\boxed{[H^+]=10^{-pH}}\overset{※⑤}{}$ の関係から，$[H^+]=10^{-3.8}$ である。
10^x の計算表として $10^{0.2}$ を利用すると，
$$[H^+]=10^{-4+0.2}=10^{0.2}×10^{-4}=1.6×10^{-4}\,(mol/L)$$
〔別解〕$[H^+]=10^{-3-0.8}=10^{-0.8}×10^{-3}$
$$=\frac{1}{10^{0.8}}×10^{-3}=\frac{1}{6.3}×10^{-3}≒1.6×10^{-4}\,(mol/L)$$

▸※②

水のイオン積
$K_w=[H^+][OH^-]$ は，温度によって決まる定数であり，酸性，中性，塩基性のいずれでも同じ値である。

▸※③

残った H^+ または OH^- の物質量を求めてから，混合後の溶液の体積で割って$[H^+]$または$[OH^-]$を求める。混合すると体積が変化するので，モル濃度だけでは計算しにくい。

▸※④

pH＝2.0 の塩酸は
$[H^+]=1.0×10^{-2}\,mol/L$，
pH＝3.0 の塩酸は
$[H^+]=1.0×10^{-3}\,mol/L$
である。

▸※⑤

pH から $[H^+]$ を求める方法
$[H^+]=10^{-pH}$ としたのち，その指数を整数部分と小数部分に分解して，計算すればよい。

化学重要問題集　**61**

121 (1) (ア) 電離　(イ) イオン　(ウ) 電離平衡　(エ) H^+　(オ) 電離度
(カ) 1　(キ) 電離定数　(ク) 温度　(ケ) 加水分解

(2) $\alpha = \sqrt{\dfrac{K_a}{c}}$　(3) 2.7

(4) $CH_3COO^- + H_2O \rightleftarrows CH_3COOH + OH^-$
のように加水分解し、水酸化物イオンが生じるから。

解説 (2) 　　　　$CH_3COOH \rightleftarrows CH_3COO^- + H^+$
　　　初め　　　　　c　　　　　　　0　　　　　0　〔mol/L〕
　　　平衡時　　　$c-c\alpha$　　　　$c\alpha$　　　$c\alpha$　〔mol/L〕

$K_a = \dfrac{[CH_3COO^-][H^+]}{[CH_3COOH]} = \dfrac{c\alpha \times c\alpha}{c-c\alpha} = \dfrac{c^2\alpha^2}{c(1-\alpha)} = \dfrac{c\alpha^2}{1-\alpha}$

$1-\alpha \fallingdotseq 1$ の近似より、$K_a = \dfrac{c\alpha^2}{1-\alpha} \fallingdotseq c\alpha^2$

$\alpha > 0$ より、$\alpha \fallingdotseq \sqrt{\dfrac{K_a}{c}}$　※①

(3) $\alpha \fallingdotseq \sqrt{\dfrac{K_a}{c}} = \sqrt{\dfrac{2.0 \times 10^{-5}}{0.20}} = 1.0 \times 10^{-2}$　※②

$[H^+] = c\alpha = 0.20 \times 1.0 \times 10^{-2} = 2.0 \times 10^{-3}$ (mol/L)　※③

$pH = -\log_{10}[H^+] = -\log_{10}(2.0 \times 10^{-3}) = 3 - \log_{10}2 = 3 - 0.30 = 2.7$

(4) CH_3COO^- は NH_3 と同様に、H^+ を受け取る塩基のはたらきをしている。
$NH_3 + H_2O \rightleftarrows NH_4^+ + OH^-$

122 (1) $(NH_4)_2SO_4 + 2NaOH \longrightarrow 2NH_3 + 2H_2O + Na_2SO_4$　※④

(2) 41%

(3) 〔指示薬〕メチルオレンジ、〔色の変化〕赤色→橙黄色
　　（または〔指示薬〕メチルレッド、〔色の変化〕赤色→黄色）

解説 全体の流れを模式的に示すと次のようになる。

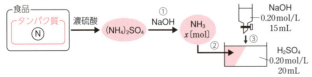

(1) 各段階①〜③で起きている反応は次の通り。
　① $(NH_4)_2SO_4 + 2NaOH \longrightarrow 2NH_3 + 2H_2O + Na_2SO_4$
　② $H_2SO_4 + 2NH_3 \longrightarrow (NH_4)_2SO_4$
　③ $H_2SO_4 + 2NaOH \longrightarrow 2H_2O + Na_2SO_4$　※⑤

(2) ②と③を合わせて考える。つまり、H_2SO_4 に対して、NH_3 と $NaOH$ で過不足なく中和させたとする。発生した NH_3 を x〔mol〕とおくと、※⑥

$\underbrace{2 \times 0.20 \times \dfrac{20}{1000}}_{\text{酸から生じる } H^+} = \underbrace{1 \times x + 1 \times 0.20 \times \dfrac{15}{1000}}_{\text{塩基が受け取る } H^+}$

$x = 5.0 \times 10^{-3}$ (mol)

◀※①
この関係式から、弱酸の濃度 c が小さくなるほど、電離度 α は大きくなることがわかる。

◀※②
弱酸の濃度 c が電離定数 K_a に近づいてくると、$1-\alpha \fallingdotseq 1$ の近似が成立しなくなる。そのときは、二次方程式 $c\alpha^2 + K_a\alpha - K_a = 0$ を解いて、α を求める必要がある。

◀※③
$\alpha \fallingdotseq \sqrt{\dfrac{K_a}{c}}$ より
$\boxed{[H^+] = c\alpha \fallingdotseq \sqrt{cK_a}}$
という関係が導ける。
（ただし、$1-\alpha \fallingdotseq 1$ の近似をしている。）

◀※④
弱塩基(NH_3)の塩に強塩基($NaOH$)を加えると、強塩基が塩になり、同時に弱塩基が生じる。これを**弱塩基の遊離**という。

◀※⑤
このとき用いる指示薬はメチルオレンジ(またはメチルレッド)がよい。フェノールフタレインを用いると、吸収させていた NH_3 が遊離してしまう(塩が反応式①のように反応してしまう)。

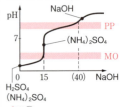

◀※⑥
NH_3 を定量するために、過剰の H_2SO_4 に吸収させ、残った H_2SO_4 を $NaOH$ で滴定する逆滴定を行っている。

タンパク質中の(N)原子1molからNH₃ 1molが発生する。タンパク質の質量は，

$$\underbrace{5.0\times10^{-3}\,\text{mol}\times\frac{1}{1}\times14}_{\text{(N)原子の質量}}\times\frac{100}{17}=0.411\cdots\text{g}$$

よって，食品1.0g中のタンパク質の質量パーセントは，

$$\frac{0.411}{1.0}\times100\fallingdotseq41\,(\%)$$

123 (1) (実験1) 赤色→無色　(実験2) 橙黄色→赤色
(2) ⓐ イ　ⓑ ウ　ⓒ オ　ⓓ カ
(3) NaOH 9.0×10^{-4} mol，Na₂CO₃ 6.0×10^{-4} mol

解説 (1),(2) 考えられる中和反応は次の通り。
NaOH + HCl ⟶ NaCl + H₂O ……①
Na₂CO₃ + HCl ⟶ NaCl + NaHCO₃ ……②
NaHCO₃ + HCl ⟶ NaCl + H₂O + CO₂ ……③
溶液Aに，NaOHがx[mol]，Na₂CO₃がy[mol]，NaHCO₃がz[mol]含まれているとする。

(a) どちらの指示薬を用いても同じで，$V_1=V_2$ となる。
(b) 実験1で②がy[mol]分起こり，フェノールフタレインが赤色→無色になる（第1中和点）。実験2ではさらに③がy[mol]分起こり，メチルオレンジが橙黄色→赤色になる（第2中和点）。よって，$2V_1=V_2$ となる（下左図）。

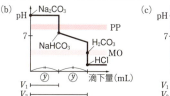 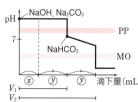

(c) NaOHにより①がx[mol]分起こり，$2V_1>V_2$ となる（上右図）。
(d) (b)に比べて③がz[mol]分多く起こり，$2V_1<V_2$ となる。

(3) $2\times15.0>21.0$ の関係より，NaOHとNa₂CO₃の溶液(c)とわかる。
(2)(c)の図より，$V_2-V_1=21.0-15.0=6.0$(mL)はy[mol]に関係し，$V_1-6.0=15.0-6.0=9.0$(mL)はx[mol]に関係する量である。

NaOHは　$x=0.10\times\dfrac{9.0}{1000}=9.0\times10^{-4}$(mol)

Na₂CO₃は　$y=0.10\times\dfrac{6.0}{1000}=6.0\times10^{-4}$(mol)

124 (1) エ　(2) イ　(3) ア

解説 (1) $K_1\gg K_2$ より，①式の反応だけで決まるとしている。これは，②式の電離を無視することであり，一価の弱酸と同様に解ける

◀※①
反応式①より，(NH₄)₂SO₄ は，
$5.0\times10^{-3}\times\dfrac{1}{2}$(mol)
1 mol の (NH₄)₂SO₄ を得るのに(N)原子2mol必要なので，(N)原子は，
$5.0\times10^{-3}\times\dfrac{1}{2}\times\dfrac{2}{1}$(mol)
よって，(N)原子とNH₃の物質量は等しい。
◀※②
(2)の溶液Aに含まれている物質として，「水酸化ナトリウムと炭酸水素ナトリウム」の場合も考えられるが，この場合，
NaOH + NaHCO₃
　⟶ Na₂CO₃ + H₂O
の反応が起こる。したがって，NaOHが余ると(c)，NaHCO₃が余ると(d)と同じになる。
◀※③
②式と③式をまとめて
Na₂CO₃ + 2HCl
　⟶ 2NaCl + H₂O + CO₂
と書けるが，段階的に示した。
NaOH＞Na₂CO₃≫NaHCO₃
　①　　　②　　　③
の順にHClと反応する。
◀※④
生成したNaHCO₃は加水分解により弱塩基性(pH約9)を示す。この時点では③の中和は起きていない。
◀※⑤
PPはフェノールフタレイン，MOはメチルオレンジで，図中の化学式はpHに影響を与える主な物質を表す。本来はなめらかな曲線であるが，説明のために強調してある。
x, y, zは比を表している。
◀※⑥

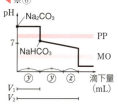

ということである。【121】と同様の解説は右欄に示し、ここでは、

$$[H^+]=[HS^-] \quad ^{※①}$$

に着目して、溶解した H_2S を c（$=0.10$）〔mol/L〕とおくと、

$$c=[H_2S]+[HS^-] \quad \cdots H_2S \, か \, HS^- \, として溶解$$

弱酸なのでわずかしか電離しないから、$[H_2S]\gg[HS^-]$ なので

$$c \fallingdotseq [H_2S] \quad ^{※②}$$

これらを、K_1 の式に代入して、

$$K_1=\frac{[H^+][HS^-]}{[H_2S]} \fallingdotseq \frac{[H^+]^2}{c} \qquad [H^+]=\sqrt{cK_1} \quad ^{※③}$$

よって、$[H^+]=\sqrt{cK_1}=\sqrt{0.10\times1.0\times10^{-7}}=1.0\times10^{-4}\,\text{(mol/L)}$

(2) 圧力が9倍になったので、ヘンリーの法則より、

$$c=0.10\times9=0.90\,\text{(mol/L)}$$

(1)と同様に、

$$[H^+]=\sqrt{cK_1}=\sqrt{0.90\times1.0\times10^{-7}}=3.0\times10^{-4}\,\text{(mol/L)}$$

ここで、$[S^{2-}]$ を求めるので、②式の電離も考える。 $^{※④}$

$$K_1\times K_2=\frac{[H^+][HS^-]}{[H_2S]}\times\frac{[H^+][S^{2-}]}{[HS^-]}=\frac{[H^+]^2[S^{2-}]}{[H_2S]}$$

よって、$[S^{2-}]=\dfrac{K_1K_2[H_2S]}{[H^+]^2}\fallingdotseq\dfrac{K_1K_2c}{[H^+]^2}$

$$=\frac{1.0\times10^{-7}\times1.3\times10^{-13}\times0.90}{(3.0\times10^{-4})^2}=1.3\times10^{-13}\,\text{(mol/L)}$$

(3) ルシャトリエの原理より、HCl が加わる分、平衡は左辺の方向へ移動し、H_2S の電離は(1)のときよりも起こりにくくなっている。ここでは、$[H^+]$ は HCl の濃度が影響し、$[HS^-]$ とは等しくない。
pH=2 より $[H^+]=1.0\times10^{-2}\,\text{mol/L}$ である。一方で、
$[H_2S]\gg[HS^-]\gg[S^{2-}]$ $^{※⑤}$ より、$c\fallingdotseq[H_2S]$ はここでも成り立つ。

$$[S^{2-}]=\frac{K_1K_2[H_2S]}{[H^+]^2}=\frac{1.0\times10^{-7}\times1.3\times10^{-13}\times0.10}{(1.0\times10^{-2})^2}$$

$$=1.3\times10^{-17}\,\text{(mol/L)}$$

◀ ※①
電離度 α として

$$H_2S \rightleftharpoons H^+ + HS^-$$

初め	c	0	0
変化量	$-c\alpha$	$+c\alpha$	$+c\alpha$
平衡時	$c(1-\alpha)$	$c\alpha$	$c\alpha$

$[H^+]$ と $[HS^-]$ はともに $c\alpha$ である。

◀ ※②
$1\gg\alpha$ より、$1-\alpha\fallingdotseq1$ と近似すると、$[H_2S]$ は
$[H_2S]=c(1-\alpha)\fallingdotseq c$
または $[H_2S]=c-c\alpha\fallingdotseq c$
（下線部が近似されて消える）

◀ ※③
$$K_1=\frac{c\alpha\cdot c\alpha}{c(1-\alpha)}=\frac{c\alpha^2}{1-\alpha}$$
上の近似より、
$$K_1\fallingdotseq c\alpha^2 \qquad \alpha=\sqrt{\frac{K_1}{c}}$$
$$[H^+]=\sqrt{cK_1}$$

◀ ※④
$[S^{2-}]$ がごくわずか存在するが、$[H^+]$ や $[HS^-]$ の増減には影響がないという程度である。

◀ ※⑤
(1)のときにも
$[H_2S]\gg[HS^-]$
であったが、そこからさらに差が大きくなっている。
（平衡が左辺の方向へ進む）

---

125 (a) $\dfrac{K_w}{K_a}$ (b) 8.8

解説 (a) K_h の式の分母・分子に $[H^+]$ をかけると、

$$K_h=\frac{[CH_3COOH][OH^-][H^+]}{[CH_3COO^-][H^+]}=\frac{K_w}{K_a}$$

(b) CH_3COO^- が次式のように加水分解して、OH^- が x〔mol/L〕生じたとする。 $^{※⑥}$

$$CH_3COO^- + H_2O \rightleftharpoons CH_3COOH + OH^-$$

初め	0.10	0	0 (mol/L)
平衡時	$0.10-x$	x	x 〔mol/L〕

加水分解定数 K_h は、

$$K_h=\frac{[CH_3COOH][OH^-]}{[CH_3COO^-]}=\frac{x^2}{0.10-x}$$

$0.10\gg x$ $^{※⑦}$ として近似すると、$0.10-x\fallingdotseq0.10$ より、

◀ ※⑥
CH_3COONa は塩なので、水に溶けるとほぼ完全に電離する。
CH_3COONa
$\longrightarrow CH_3COO^- + Na^+$

◀ ※⑦
CH_3COONa や NH_4Cl の加水分解の場合、生じる OH^- や H^+ はわずかなので、初めの濃度と同じと近似してもよい。

64 化学重要問題集

$$K_h = \frac{K_w}{K_a} \div \frac{x^2}{0.10}$$ ※①

$$[OH^-] = x = \sqrt{\frac{0.10 K_w}{K_a}}$$

$$[H^+] = \frac{K_w}{[OH^-]} = \sqrt{\frac{K_w K_a}{0.10}} = \sqrt{\frac{1.0 \times 10^{-14} \times 2.5 \times 10^{-5}}{0.10}}$$
$$= \sqrt{2.5 \times 10^{-9}}$$

$$pH = -\log_{10}(\sqrt{2.5 \times 10^{-9}}) = 9 - \log_{10}\sqrt{\frac{10}{2^2}}$$ ※②

$$= 9 - \frac{1}{2}(\log_{10}10 - 2\log_{10}2) = 9 - \frac{1 - 0.60}{2} = 8.8$$ ※③

126 (1) (ア) 5.0×10^{-2} (イ) 5.0×10^{-2} (ウ) 2.0×10^{-5} (エ) 4.7
(オ) 4.7 (カ) 5.9×10^{-2} (キ) 4.0×10^{-2} (ク) 3.0×10^{-5}
(ケ) 4.5 (コ) 2.0

(2) 溶液中には CH_3COOH と CH_3COO^- が存在し，酸を加えたときは，$CH_3COO^- + H^+ \longrightarrow CH_3COOH$ の反応が起こり，塩基を加えたときは，
$CH_3COOH + OH^- \longrightarrow CH_3COO^- + H_2O$ の反応が起こり，酸の H^+ や塩基の OH^- の増加が緩和されるから。

(3) (A) エ (B) ウ

解説 (1) (ア) NaOH と中和した直後の酢酸の濃度を c_a とおく。

$$c_a = \left(0.20 \times \frac{100}{1000} - 0.10 \times \frac{100}{1000}\right) \times \frac{1000}{200} = 5.0 \times 10^{-2} \text{(mol/L)}$$

(イ) 中和した直後の塩 CH_3COONa （つまり CH_3COO^-）の濃度を c_s とおく。

$$c_s = 0.10 \times \frac{100}{1000} \times \frac{1000}{200} = 5.0 \times 10^{-2} \text{(mol/L)}$$ ※④

なお，弱酸とその塩が共存する溶液は 緩衝溶液（緩衝液）となる。このとき，$[CH_3COOH] \doteqdot c_a$, $[CH_3COO^-] \doteqdot c_s$ と近似できる。 ※⑤

(ウ) $K_a = \dfrac{[CH_3COO^-][H^+]}{[CH_3COOH]} = \dfrac{c_s \times [H^+]}{c_a}$ より，

$$\boxed{[H^+] = \frac{c_a}{c_s} \cdot K_a} = \frac{5.0 \times 10^{-2}}{5.0 \times 10^{-2}} \times 2.0 \times 10^{-5} = 2.0 \times 10^{-5} \text{(mol/L)}$$

(エ) $pH = -\log_{10}[H^+] = -\log_{10}(2.0 \times 10^{-5}) = 5 - \log_{10}2 = 4.7$ ※⑥

(オ) 10 倍に薄めても c_a と c_s の比は変わらないから，pH は 4.7 のまま。

(カ) $\left(5.0 \times 10^{-2} \times \dfrac{100}{1000} + 1.0 \times \dfrac{1.0}{1000}\right) \times \dfrac{1000}{100+1.0} = 5.94 \times 10^{-2}$
$\doteqdot 5.9 \times 10^{-2} \text{(mol/L)}$

(キ) $\left(5.0 \times 10^{-2} \times \dfrac{100}{1000} - 1.0 \times \dfrac{1.0}{1000}\right) \times \dfrac{1000}{100+1.0} = 3.96 \times 10^{-2}$
$\doteqdot 4.0 \times 10^{-2} \text{(mol/L)}$ ※⑦

(ク) $[H^+] = \dfrac{c_a}{c_s} \cdot K_a = \dfrac{5.94 \times 10^{-2}}{3.96 \times 10^{-2}} \times 2.0 \times 10^{-5} = 3.0 \times 10^{-5} \text{(mol/L)}$

(ケ) $pH = -\log_{10}[H^+] = -\log_{10}(3.0 \times 10^{-5}) = 5 - \log_{10}3 = 4.52 \doteqdot 4.5$

◀※①
この関係式より，酸・塩基が 弱い（K_a, K_b が小）ほど，その塩は加水分解しやすい（K_h が大である）ことがわかる。

◀※②
$\log_{10}2$ しか与えられていないので，
$$5 = \frac{10}{1}, \quad 2.5 = \frac{10}{2^2}$$
などの関係を利用する。

◀※③
$\sqrt{x} = x^{\frac{1}{2}}$ より
$$\log_{10}\sqrt{x} = \frac{1}{2}\log_{10}x$$

◀※④
CH_3COONa の物質量は加えた NaOH の物質量と等しい。

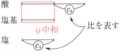

◀※⑤
CH_3COOH を HA,
CH_3COO^- を A^- で表す。

	HA	$\rightleftharpoons$	H^+	$+$	A^-
初め	c_a				c_s
	$-\delta$		$+\delta$		$+\delta$
平衡時	$c_a - \delta$		δ		$c_s + \delta$
	$\doteqdot$近似				$\doteqdot$近似

δ は弱酸の電離における変化量 $c\alpha$ （→【121】参照）よりも小さい微小変化（ルシャトリエの原理より）。

◀※⑥
10 倍に薄めたときも c_a と c_s の濃度は近似できるとしている。厳密には近似できるかどうかの確認が必要になる。

◀※⑦
加えた HCl の分だけ，
CH_3COOH 増，CH_3COO^- 減 となる。

(ニ) $[H^+]=1.0\times\dfrac{1.0}{1000}\times\dfrac{1000}{100+1.0}=9.90\times10^{-3}≒1\times10^{-2}$ (mol/L)　※①

pH＝2.0

(3) 希アンモニア水の濃度は　$1.10\times\dfrac{20.0}{100}=0.220$ (mol/L)

(A) 酢酸の電離（【121】参照）と同様に考えると，アンモニアの電離による$[OH^-]$は濃度c，電離定数 $K_b=\dfrac{[NH_4^+][OH^-]}{[NH_3]}$ を用いて　$\boxed{[OH^-]=\sqrt{cK_b}}$ の関係が導ける。

よって　$[OH^-]=\sqrt{0.220\times1.81\times10^{-5}}$
　　　　　　　$=\sqrt{3.982\times10^{-6}}≒2.0\times10^{-3}$ (mol/L)

(B) アンモニアとその塩の溶液も緩衝溶液で，(1)と同様に考えると，アンモニアの濃度c，その塩の濃度c'およびK_bを用いて
$\boxed{[OH^-]=\dfrac{[NH_3]}{[NH_4^+]}K_b=\dfrac{c}{c'}K_b}$　※②

の関係が導ける。

NH_3 は $0.220\times\dfrac{20.0}{1000}=4.40\times10^{-3}$ (mol)，

HCl は $0.100\times\dfrac{22.0}{1000}=2.20\times10^{-3}$ (mol) 存在し，これらが反応して NH_3 が $(4.40-2.20)\times10^{-3}=2.20\times10^{-3}$ (mol) 残り，※③
NH_4Cl が 2.20×10^{-3} mol 生成する。
どちらも溶液の体積 $20.0+22.0=42.0$ (mL) 中に存在するので濃度比は $c:c'=1:1$ である。よって，※④

$[OH^-]=\dfrac{c}{c'}K_b=\dfrac{1}{1}\times K_b=K_b$

$-\log_{10}[OH^-]=-\log_{10}K_b=4.74$ より，

$pH=-\log_{10}[H^+]=-\log_{10}\dfrac{K_w}{[OH^-]}=-\log_{10}K_w+\log_{10}[OH^-]$

　　　$=14-4.74=9.26≒9.3$

---

127 (1) 1.6×10^{-7} mol/L
　　　(2) (ア) b　(イ) k　(ウ) f　(エ) g
　　　(3) $2.4≦pH≦4.4$

解説 (1) HClの電離によって生じた$[H^+]$は $[H^+]_{酸}=1.0\times10^{-7}$ (mol/L)
H_2O の電離が a (mol/L) 起こると，$[H^+]_{水}=[OH^-]=a$ (mol/L)
以上より，全水素イオン濃度は $[H^+]=a+1.0\times10^{-7}$ (mol/L)
$K_w=[H^+][OH^-]=(a+1.0\times10^{-7})\times a=1.0\times10^{-14}$
$a^2+1.0\times10^{-7}a-1.0\times10^{-14}=0$
これを解くと $a=0.60\times10^{-7}$ (mol/L)　（負の値は捨てる）※⑤
よって　$[H^+]=(1.0+0.60)\times10^{-7}=1.6\times10^{-7}$ (mol/L)　※⑥

(2) (ア) 中和反応　$H^+ + OH^- \longrightarrow H_2O$ が発熱反応であるので，その逆反応は吸熱反応である。　$H_2O = H^+ + OH^- - 56.5$ kJ

※①
問題文に $\log_{10}9.9=0.996$ が与えられていたら，
$pH=-\log_{10}(9.9\times10^{-3})$
　　$=3-0.996=2.004$
と求まるが，その値はないので近似的に解く。

※②
$\dfrac{c}{c'}K_b$ の解釈
緩衝溶液のpHについては，cとc'を個別に求めるよりも，その比が重要と解釈できる。

※③
$NH_3 + HCl \longrightarrow NH_4Cl$

※④

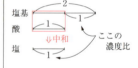

※⑤
$a=\dfrac{-10^{-7}\pm\sqrt{(10^{-7})^2+4\times10^{-14}}}{2}$
　$=\dfrac{(\pm\sqrt{5}-1)\times10^{-7}}{2}$
　$=0.60\times10^{-7}$, -1.6×10^{-7}
$a>0$ より，負の値は不適。

※⑥
$\log_{10}1.6=0.2$ とすると，このときのpHは6.8となる。
同様に，10^{-8} mol/Lの塩酸では $a≒0.95\times10^{-7}$ mol/L で $[H^+]=1.05\times10^{-7}$ mol/L，$\log_{10}1.05=0.02$ とするとpHは6.98となる。

(イ),(ウ) 温度が低くなると，ルシャトリエの原理によって発熱反応の方向に平衡移動する。つまり，電離は起こりにくくなる。

(エ) 25°C で純水は 10^{-7} mol/L 電離する。温度が下がって，例えば 10^{-8} mol/L しか電離しなくなると，水のイオン積は
$$K_w = [H^+][OH^-] = 10^{-8} \times 10^{-8} = 10^{-16} \text{ (mol/L)}^2$$
となり，中性の水の pH は 8 となる。

(3) $K_a = \dfrac{[H^+][A^-]}{[HA]} = 4.0 \times 10^{-4}$ mol/L

(i) $\dfrac{[A^-]}{[HA]} = 0.1$ を上式に代入すると，

$[H^+] \times 0.1 = 4.0 \times 10^{-4}$ mol/L　　$[H^+] = 4.0 \times 10^{-3}$ mol/L

このときの pH は　pH $= -\log_{10}(4.0 \times 10^{-3}) = 2.4$

(ii) $\dfrac{[A^-]}{[HA]} = 10$ を代入すると，

$[H^+] \times 10 = 4.0 \times 10^{-4}$ mol/L　　$[H^+] = 4.0 \times 10^{-5}$ mol/L

このときの pH は　pH $= -\log_{10}(4.0 \times 10^{-5}) = 4.4$

よって，pH 指示薬 X の変色域は pH 2.4〜4.4 となる。　※①

◀※①
pH $= -\log_{10}(4.0 \times 10^{-4})$
　　$= 3.4$
この ±1 が変色域といえる。
pH による HA と A⁻ の変化

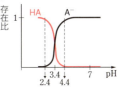

電離定数の値はギ酸や酢酸に近い。もしも，酢酸 HA か酢酸イオン A⁻ のどちらかが有色であったなら，指示薬として利用できただろう。

---

9 酸化・還元と電池・電気分解

128 (ア) ③　(イ) ⑨　(ウ) ⑬　(エ) ④　(オ) ⑤　(カ) ⑫　(キ) ⑥
　　(ク) ①　(ケ) ⑦　※②

解説 酸化と還元の定義をまとめると次のようになる。

	酸素	水素	電子	酸化数
酸化(された)	と化合する	を失う	を失う	増加
還元(された)	を失う	と化合する	を受け取る	減少

たとえば，$\underset{+2}{Cu^{2+}} + \underset{0}{Zn} \longrightarrow \underset{0}{Cu} + \underset{+2}{Zn^{2+}}$　の反応では，Cu^{2+} は酸化数 +2 → 0 で還元，Zn は酸化数 0 → +2 で酸化されている。

酸化剤とは，相手の物質を酸化するはたらきをもち，自身は還元されやすい性質をもつ。一方，**還元剤**とは，相手の物質を還元するはたらきをもち，自身は酸化されやすい性質をもつ。
H_2O_2 は，通常，相手から電子を奪うはたらき(酸化剤)をするが，強力な酸化剤の $KMnO_4$ に対しては，電子を与えるはたらき(還元剤)をする。

◀※②
酸化数 −1, 0, +1, +2, … は
−I, 0, +I, +II, … のように表すこともある。

◀※③
代表的な酸化剤
$KMnO_4$, $K_2Cr_2O_7$, HNO_3, H_2SO_4(熱濃硫酸), Cl_2 など。
◀※④
代表的な還元剤
H_2S, $SnCl_2$, $FeSO_4$, $H_2C_2O_4$ など。

129 (酸化還元反応ではないもの) エ，カ
　　(分類) ① R　② O　③ R　④ O　⑤ ×　⑥ R
　　　　　 ⑦ ×　⑧ O　⑨ ×　⑩ R

解説 酸化数の変化した原子とその変化を示す。

化学重要問題集　67

① (S) $-2 \to 0$　② (O) $-1 \to -2$　③ (S) $+4 \to +6$
④ (Cr) $+6 \to +3$　⑤ ×(酸性にするはたらき)　⑥ (O) $-1 \to 0$
⑦ ×　⑧ (S) $+6 \to +4$　⑨ ×　⑩ (Sn) $+2 \to +4$
酸化数が増加していたら，自身は酸化されており，還元剤Ⓡ，酸化数が減少していたら，自身は還元されており，酸化剤Ⓞとなる。

---

130 (1) ウ，エ　(2) $Br_2 > Fe^{3+} > I_2 > Zn^{2+}$

解説 (1) ハロゲン単体の酸化力の強さは $F_2 > Cl_2 > Br_2 > I_2$ である。

(ウ) $2KBr + \boxed{Cl_2} \rightleftharpoons 2KCl + \boxed{Br_2}$
　　　　　強いⓄ　　　　　　弱いⓄ

(エ) $2KI + \boxed{Cl_2} \rightleftharpoons 2KCl + \boxed{I_2}$
　　　　強いⓄ　　　　　　弱いⓄ

(2) (ア)では Fe^{3+} と I_2 を比べて，$\boxed{Fe^{3+}} > \boxed{I_2}$
同様に，(イ)では $\boxed{Br_2} > \boxed{Fe^{3+}}$，(ウ)では $\boxed{I_2} > \boxed{Zn^{2+}}$ とわかる。

---

131 (1) ① 滴下する過マンガン酸カリウム水溶液の赤紫色が残りはじめるところを終点とする。
② 塩酸は過マンガン酸カリウムに対して還元剤としてはたらき，また，硝酸は過酸化水素に対して酸化剤としてはたらくから。
③ $2KMnO_4 + 5H_2O_2 + 3H_2SO_4$
　　　　　　　　$\longrightarrow 2MnSO_4 + 5O_2 + 8H_2O + K_2SO_4$
④ $6.00 \times 10^{-2} \, \text{mol/L}$　⑤ $2.04 \, \text{g/L}$
(2) $55 \, \text{mL}$
(3) $H_2O_2 + 2KI + H_2SO_4 \longrightarrow I_2 + 2H_2O + K_2SO_4$

解説 (1) ① MnO_4^- は赤紫色，Mn^{2+} は淡桃色（ほぼ無色）である。H_2O_2 が残っているときは $MnO_4^- \longrightarrow Mn^{2+}$ で赤紫色が残らず無色だが，H_2O_2 がすべて反応したとき，加えた MnO_4^- の赤紫色が残りはじめる。これを終点とする。

② 塩酸，硝酸はいずれも，$KMnO_4$ と H_2O_2 の定量関係を崩し，正確な滴定結果が得られなくなる。

③ MnO_4^- が酸化剤としてはたらくとき，e^- を用いたイオン反応式は次のようになる。

　　$MnO_4^- + \underset{(ii)}{8H^+} + \underset{(iii)}{5e^-} \longrightarrow Mn^{2+} + \underset{(i)}{4H_2O}$　　……①

H_2O_2 が還元剤としてはたらくときは，

　　$H_2O_2 \longrightarrow O_2 + \underset{(ii)}{2H^+} + \underset{(iii)}{2e^-}$　　……②

①式×2＋②式×5 より，e^- を打ち消すと，

$\underline{2MnO_4^- + 16H^+ + 10e^- \longrightarrow 2Mn^{2+} + 8H_2O}$
$\underline{+)\ 5H_2O_2 \longrightarrow 5O_2 + 10H^+ + 10e^-}$
$2MnO_4^- + 6H^+ + 5H_2O_2 \longrightarrow 2Mn^{2+} + 8H_2O + 5O_2$

◀※① **酸化数の求め方**
・単体中の原子は 0。
・化合物中の H，Na，K などは +1。
・化合物中の O は -2。
・化合物全体の総和は 0。

◀※②（①の例外）
「電気陰性度の大きい方に共有電子対がかたよっているとみなす」のが厳密な考え方。
NaH は $Na^{\oplus} H^{\ominus}$ のイオン結晶で，このときのHは -1。
H_2O_2 は O-O の部分では電子対はかたよらず，このときのOは -1。

　　H:O:O:H

◀※③
→ で Cl_2 は Br^- を酸化できるが，← で Br_2 は Cl^- を酸化できない。この点で $Cl_2 > Br_2$ である。

◀※④
淡赤色になる。

◀※⑤
Cl^- が還元剤としてはたらく。
$2Cl^- \longrightarrow Cl_2 + 2e^-$

◀※⑥
熱濃硫酸は強い酸化剤であるが，希硫酸は酸化剤としてはたらかない。

◀※⑦
MnO_4^- が酸性条件では Mn^{2+} に変化することは覚えておく。

(i) 足りないⓄ(酸素原子)は H_2O を用いて補う。
(ii) 足りないⒽ(水素原子)は H^+ を用いて補う。
(iii) 左右の電荷を合せるため，e^- を用いて補う。

なお，ここで加えた e^- の数は，初めに覚えた物質の酸化数の増減に一致する
$\underset{+7}{MnO_4^-} \longrightarrow \underset{+2}{Mn^{2+}}$
　　　(5減少)

68　化学重要問題集

この両辺に $2K^+$ と $3SO_4^{2-}$ を加えると，解答のようになる。

④ ③より，$MnO_4^- : H_2O_2 = 2 : 5$（物質量比）で反応するから，
H_2O_2 水溶液の濃度を x〔mol/L〕とすると，

$$\left(2.00 \times 10^{-2} \times \frac{12.0}{1000}\right) : \left(x \times \frac{10.0}{1000}\right) = 2 : 5$$

$$x = 6.00 \times 10^{-2} \,(\text{mol/L})$$

〔別解〕①式より，1 mol の MnO_4^- は 5 mol の e^- を受け取る（5 価の酸化剤）。②式より，1 mol の H_2O_2 は 2 mol の e^- を出す（2 価の還元剤）。酸化還元反応の終点では，授受した e^- の物質量は等しい。H_2O_2 水溶液の濃度を x〔mol/L〕とすると，

$$5 \times \left(2.00 \times 10^{-2} \times \frac{12.0}{1000}\right) = 2 \times \left(x \times \overset{\text{※①◀}}{\frac{10.0}{1000}}\right)$$

$\underset{\text{受け取る } e^- \text{ の物質量}}{\text{（価数）×（酸化剤の物質量）}}$　$\underset{\text{出す } e^- \text{ の物質量}}{\text{（価数）×（還元剤の物質量）}}$

$$x = 6.00 \times 10^{-2} \,(\text{mol/L})$$

⑤ 溶液を 1 L 用意したとして，H_2O_2（34.0 g/mol）の質量は，

$$1\,(\text{L}) \times 6.00 \times 10^{-2}\,(\text{mol/L}) \times 34.0\,(\text{g/mol}) = 2.04\,\text{g} \rightarrow 2.04\,\text{g/L}$$

(2) 必要な体積を V〔mL〕として，(1)④の別解のように解くと，

$$5 \times \left(8.00 \times 10^{-2} \times \frac{V}{1000}\right) = 2 \times 2.20 \times \frac{5.00}{1000} \qquad V = 55\,(\text{mL})$$

(3) H_2O_2 が酸化剤，$\overset{\text{※②◀}}{I^-}$ が還元剤としてはたらくので，

$$H_2O_2 + \underset{\langle ii \rangle}{2H^+} + \underset{\langle iii \rangle}{2e^-} \longrightarrow 2H_2O \qquad\qquad \cdots\cdots ③$$

$$\overset{\text{※③◀}}{2I^-} \longrightarrow I_2 + \underset{\langle iii \rangle}{2e^-} \qquad\qquad\qquad \cdots\cdots ④$$

③式＋④式より，e^- を打ち消すと，

$$H_2O_2 + 2H^+ + 2I^- \longrightarrow 2H_2O + I_2$$

この両辺に SO_4^{2-} と $2K^+$ を加えると，解答のようになる。

---

132 (A) 酸化還元　(B) イ　(C) 5.0×10^{-2}

解説 (B) 与えられた式を酸化剤と還元剤のはたらきを示す反応式（半反応式）に分けると，

$$I_2 + 2e^- \longrightarrow 2I^- \qquad\qquad \cdots\cdots ①$$

$$C_6H_8O_6 \longrightarrow C_6H_6O_6 + 2H^+ + 2e^- \qquad \cdots\cdots ②$$

アスコルビン酸 $\overset{\text{※④◀}}{C_6H_8O_6}$ は，還元剤のはたらきをしている。

(C) 過マンガン酸カリウム $KMnO_4$ の酸化剤のはたらきを示す反応式は，

$$MnO_4^- + 8H^+ + 5e^- \longrightarrow Mn^{2+} + 4H_2O \qquad \cdots\cdots ③$$

③式より MnO_4^- 1 mol は e^- 5 mol を受け取り，②式より $C_6H_8O_6$ 1 mol は e^- 2 mol を与えることがわかる。求める濃度を x〔mol/L〕とおき，授受した e^- の物質量について，

$$5 \times 0.010 \times \frac{20}{1000} = 2 \times x \times \frac{10}{1000} \qquad x = 5.0 \times 10^{-2}\,(\text{mol/L})$$

◀※⑧（前ページ）
H_2O_2 が還元剤のとき，O_2 になることは覚えておく。
(i)は必要なしで，(ii)，(iii)の手順を行う。

$$\begin{pmatrix} H_2O_2 & \longrightarrow & O_2 \\ -1, -1 & & 0, 0 \end{pmatrix}$$
$\qquad\qquad$（2 増加）

◀※①
半反応式がわかっている場合は，授受した電子の物質量に注目して，**中和と同じ公式**を使うことができる。

$$a \times c \times \frac{V}{1000} = b \times c' \times \frac{V'}{1000}$$

◀※②
H_2O_2 はふつう酸化剤◎としてはたらく（H_2O になる）が，相手が $KMnO_4$ や $K_2Cr_2O_7$ のような強い酸化剤のときは還元剤Ⓡとしてはたらく（O_2 になる）。

O の酸化数　例外Ⓡ

◀※③
I^- が酸化されると I_2 になる。

$$\underset{-1, -1}{2I^-} \longrightarrow \underset{0, 0}{I_2}$$
$\qquad\qquad$（2 増加）

◀※④
アスコルビン酸（ビタミン C）の構造

化学重要問題集　**69**

133 (1) A：Na　B：Cu　C：Ag　D：Pt　E：Zn　F：Al

(2) 表面にち密な酸化被膜が生じ内部を保護する（不動態となっている）から。

(3)（金属）亜鉛

（理由）亜鉛は表面に酸化被膜を形成して内部を保護するため。また，傷がつき鉄が露出しても，イオン化傾向の大きな亜鉛の方が先に酸化されるので，鉄の腐食を防ぐことができるため。

解説 イオン化傾向と金属の反応性は次のようにまとめられる。

		Li K Ca Na Mg Al Zn Fe Ni Sn Pb (H₂) Cu Hg Ag Pt Au
水	①	反応して H₂ 発生
	②	反応して H₂ 発生
	③	反応して H₂ 発生
酸	①	反応して H₂ 発生　　　　　　　　　　　　※①◀
	②	反応して気体発生　※②◀
	③	溶ける

水①：冷水，②：熱水，③：高温水蒸気，
酸①：希酸（塩酸，希硫酸），②：酸化力のある酸（硝酸，熱濃硫酸），③：王水　　　※③◀

(1)(ア) 常温の水と反応するAは Na である。

(イ) 上の図で，酸①で溶解せず，酸②で溶解するBとCは Cu と Ag である。

(ウ) 酸②で溶解せず，酸③(王水)で溶解するDは Pt とわかる。

(エ) （単体のB）＋（Cのイオン）── （Bのイオン）＋（単体のC）の反応が起こるので，イオン化傾向は B＞C，よってBは Cu でCは Ag と決定される。

(オ) 電池ではイオン化傾向の大きい金属が負極となる。イオン化傾向は E＞B(Cu) であるが，すでにEは Al か Zn のどちらかに絞られている（もう一方がFである）。

(カ) 濃硝酸と不動態を形成するFは Al，残ったEは Zn。

(3) トタンは屋外のような水にぬれるところで使われる。　　※⑤◀

134 (1)（記号）A　（電極）銅板，正極　　※⑥◀
（反応式）$Cu^{2+} + 2e^- \longrightarrow Cu$

(2) H_2O　※⑦◀

(3) 素焼きの筒はイオンを通し，二つの水溶液を通る電気的な回路ができるが，ガラスの筒はイオンを通さず，電池内の電気的な回路が遮断されるので，電流が流れなくなる。

解説 Aはボルタ電池，Bはダニエル電池である。

(1) ボルタ電池Aの各極の反応は

（負極）$Zn \longrightarrow Zn^{2+} + 2e^-$

（正極）$2H^+ + 2e^- \longrightarrow H_2$

ダニエル電池Bは，正極のまわりに Cu^{2+} が存在している。Cuは H_2 よりもイオン化傾向が小さく，Cu^{2+} が還元される。

◀※①
Pb は塩酸では $PbCl_2$，希硫酸では $PbSO_4$ という不溶性の塩が表面をおおうため溶けにくい。

◀※②
Al, Fe, Ni は濃硝酸とは不動態を形成するため溶解しない。

◀※③
濃硝酸と濃塩酸を，体積比1：3で混合したものを王水という。

◀※④
電池では，イオン化傾向の大きい方が負極，小さい方が正極となる。

◀※⑤
鉄にスズをめっきしたものをブリキという。スズは鉄よりイオン化傾向が小さいので，表面が傷つくと，鉄だけのときより腐食しやすくなるので，傷がつきにくいところで使われる。

◀※⑥
実際に実験すると，条件によって，亜鉛板からも水素が発生することがある。しかし，（理論的に）どちらの電極から水素が発生しやすいか，を考えればよい。

◀※⑦
素焼きの容器は植木鉢にも使われており，両側の水溶液が混ざるのを防ぐが，非常に小さな穴があいていてイオンは通す。

70　化学重要問題集

（負極）$Zn \longrightarrow Zn^{2+} + 2e^-$

（正極）$Cu^{2+} + 2e^- \longrightarrow Cu$

なお，正極活物質の Cu^{2+} がなくなるとダニエル電池ではなくなってしまうから，$CuSO_4$ は<u>濃い</u>ほど長持ちする。

(2) ボルタ電池Aで発生した H_2 は絶縁体で，H^+ と e^- の反応を妨げるとともに，H_2 が H^+ になろうとして逆起電力が生じ，起電力が急激に低下する（<u>電池の分極</u>）。
このとき，H_2O_2 のような酸化剤を加えると起電力が回復する。^{※①▶}

$$H_2O_2 + 2H^+ + 2e^- \longrightarrow 2H_2O$$

(3) 素焼きの筒がない場合には，亜鉛板上で Cu^{2+} と e^- の反応が行われて，電流が流れない（これは，ダニエル電池の正極と負極をあわせた式である^{※②▶}）。

$$Zn + Cu^{2+} \longrightarrow Zn^{2+} + Cu$$

[参考] <u>電池の起電力</u>は，一般に正極，負極に用いる金属のイオン化傾向の差が大きいほど高くなる。例えば，Cu を Ag に変えたダニエル型電池（$(-)Zn|ZnSO_4aq|AgNO_3aq|Ag(+)$）は，電池Bより起電力が高くなる。

---

135 (1)（正極）$PbO_2 + 4H^+ + SO_4^{2-} + 2e^- \longrightarrow PbSO_4 + 2H_2O$
（負極）$Pb + SO_4^{2-} \longrightarrow PbSO_4 + 2e^-$

(2)（正極）32.0 g 増加，（負極）48.0 g 増加

(3) 30.7%

(4) (ア) ＋ (イ) －

[解説] (1) 負極では，Pb（還元剤）が<u>酸化</u>されて $PbSO_4$^{※③▶} となり，正極では PbO_2（酸化剤）が<u>還元</u>されて $PbSO_4$^{※③▶} となる。また，PbO_2 は H_2 の発生を防いでいる^{※①(参照)▶}（<u>減極剤としても作用している</u>）。^{※④▶}

(2) 流れた電子 e^- の物質量は

$$\frac{5.00 \times (5 \times 60 \times 60 + 21 \times 60 + 40)}{9.65 \times 10^4} = 1.00 \,(mol)$$

e^- 2 mol が反応すると，正極では $PbO_2 \longrightarrow PbSO_4$ の変化が 1 mol 起こり，実質上，SO_2（式量 64.0）1 mol の質量増加に，負極では $Pb \longrightarrow PbSO_4$ の変化が 1 mol 起こり，SO_4（式量 96.0）1 mol の質量増加になる。

(3) 溶質の H_2SO_4 の質量は $1000 \times \dfrac{38.0}{100} = 380(g)$

(1)の放電の反応式を一つにまとめると，^{※⑤▶}

$$Pb + PbO_2 + 2H_2SO_4 \xrightarrow{2e^-} 2PbSO_4 + 2H_2O$$

係数比より，e^- 1 mol が流れると H_2SO_4（分子量 98.0）が 1 mol 減り，H_2O（分子量 18.0）が 1 mol 増えるので，

$$\frac{溶質の質量}{溶液の質量} \times 100 = \frac{380 - 98.0}{1000 + (-98.0 + 18.0)} \times 100 ≒ 30.7(\%)$$

(4) 鉛蓄電池を充電するときは，正極を外部電源の<u>＋極</u>へ，負極を外部電源の<u>－極</u>へ接続して電流を流す。^{※⑥▶}

◀※①
このような目的で加えられる酸化剤を<u>減極剤</u>ということがある。このとき，ボルタ電池として起電力が回復しているのではなく，

$(-)Zn|H_2SO_4aq|H_2O_2(+)$

のような新しい電池になっていると考えられる。

◀※②
ボルタ電池の導線をはずしたとき，やはり亜鉛板上で e^- の授受が行われてしまう。

$Zn + 2H^+ \longrightarrow Zn^{2+} + H_2$

（Zn は硫酸に溶けるが，Cu は溶けない。）
電池は，化学変化に伴って放出されるエネルギーを電気エネルギーに変える装置であり，<u>還元剤</u>（負極活物質）と<u>酸化剤</u>（正極活物質）を離しておく必要がある。

◀※③
両極とも，Pb^{2+} に変化するが，すぐに溶液中の SO_4^{2-} と反応し，極板表面に難溶性の<u>硫酸鉛(Ⅱ)</u>が生成する。

◀※④
電気量 Q〔C〕
　$=$ 電流 i〔A〕× 時間 t〔秒〕
また，9.65×10^4 C につき電子**1 mol 流れた**といえる。

◀※⑤
放電により，硫酸の濃度はうすくなる。また，充電の場合は増減が逆になる。

◀※⑥
充電が過剰に行われると，電解液中で水の電気分解が起こる。このとき正極は陽極として O_2 が発生し，負極は陰極として H_2 が発生する。

化学重要問題集　71

136 ④

解説 電池の負極では還元剤(負極活物質)が酸化される。正極では酸化剤(正極活物質)が還元される。鉛蓄電池やリチウムイオン電池のように,充電によってくり返し使うことができる電池を二次電池(または蓄電池)といい,充電による再使用ができない電池を一次電池という。

① 酸化剤の MnO_2 と還元剤の Zn からなる一次電池。正しい。
② 酸化剤の PbO_2 と還元剤の Pb からなる二次電池。正しい。
③ 酸化剤の Ag_2O と還元剤の Zn からなる一次電池。正しい。
④ リチウム電池は正極に MnO_2(酸化剤),負極に Li(還元剤)を用いた一次電池であるが,リチウムイオン電池は Li^+ が移動することで充電もできる二次電池である。誤り。

137

(1) (式2) $H_2 \longrightarrow 2H^+ + 2e^-$
 (式3) $O_2 + 4H^+ + 4e^- \longrightarrow 2H_2O$
(2) A極
(3) $2H_2 + O_2 \longrightarrow 2H_2O$
(4) ① 7.72×10^5 J ② 54.0%

解説 (1) 燃料電池では,両極で水の電気分解と逆の反応が進行する。電解液が酸性なので,A極で水素が次のように反応する。

$H_2 \longrightarrow 2H^+ + 2e^-$ ……(式2)

また,B極側では,酸素が次のように反応する。

$O_2 + 4H^+ + 4e^- \longrightarrow 2H_2O$ ……(式3)

(2) 電子は導線を通ってA極からB極へ流れる(電流はB極からA極へ流れる)。電極は,A極が負極,B極が正極になる。

(3) (式2)×2+(式3) より,全体を組み立てる。

$2H_2 \longrightarrow 4H^+ + 4e^-$ (式2)×2
$+)\ O_2 + 4H^+ + 4e^- \longrightarrow 2H_2O$ (式3)
$\overline{2H_2 + O_2 \xrightarrow{(4e^-)} 2H_2O}$

e^- は消去されるが,4molの e^- が流れると2molの H_2O が生じる関係は次の計算で大切になる。

(4) ① 生じた水 H_2O(分子量18.0)から,流れた e^- の物質量は,

$$\frac{90.0\,\text{g}}{18.0\,\text{g/mol}} \times \frac{4}{2} = 10.0\,\text{mol}$$

電気エネルギーは,
$9.65 \times 10^4\,\text{C/mol} \times 10.0\,\text{mol} \times 0.800\,\text{V} = 7.72 \times 10^5\,\text{J}$

② 1時間で生じた水 H_2O(分子量18.0)90.0gを基準に考える。
(式1)より,燃焼させて得られる熱エネルギーは,

$286\,\text{kJ/mol} \times \dfrac{90.0}{18.0}\,(\text{mol}) = 1.43 \times 10^3\,\text{kJ}$

$\left(\dfrac{電気エネルギー}{熱エネルギー}=\right)\dfrac{7.72 \times 10^5 \times 10^{-3}\,\text{kJ}}{1.43 \times 10^3\,\text{kJ}} \times 100 = 53.98\cdots ≒ 54.0\,(\%)$

◀※① 負極で酸化される還元剤や,正極で還元される酸化剤を活物質という。

◀※② マンガン乾電池

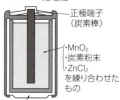

正極端子(炭素棒)
・MnO_2
・炭素粉末
・$ZnCl_2$
を練り合わせたもの
負極(亜鉛缶)

なお,炭素棒は正極(集電体)で,酸化還元反応は起こらず,正極活物質ではない。
アルカリマンガン乾電池は,電解液として($ZnCl_2$ の代わりに)KOH 水溶液を用いた電池。

◀※③ 水素などの燃料(負極活物質)と,酸素などの酸化剤(正極活物質)を用い,負極では酸化反応,正極では還元反応を起こして,燃料のもつ化学エネルギーを直接電気エネルギーに変換する装置を燃料電池という。

◀※④ 電解液が酸性なので,H^+ を含む式にする。なお,電解液に KOH を用いたアルカリ型燃料電池では,次の式(OH^- を含む式)になる。
(負極) $H_2 + 2OH^- \longrightarrow 2H_2O + 2e^-$
(正極) $O_2 + 2H_2O + 4e^- \longrightarrow 4OH^-$

◀※⑤ ここでのエネルギーは正確には「理論的に得られる(化学)エネルギー」のことである。実際に熱エネルギーとして100%変換されることはない。

138 (1) A（陰極）$2H_2O + 2e^- \longrightarrow H_2 + 2OH^-$
　　　　（陽極）$4OH^- \longrightarrow O_2 + 2H_2O + 4e^-$
　　　B（陰極）$Ag^+ + e^- \longrightarrow Ag$
　　　　（陽極）$2H_2O \longrightarrow O_2 + 4H^+ + 4e^-$
(2) 1.9×10^3 秒　(3) 0.56 L

解説　水溶液の電気分解の考え方は，次の通り。
（陰極での反応）…還元反応が起こる
　① Ag^+, Cu^{2+} があるときは，Ag，Cu が析出。
　② それ以外は，H^+ または H_2O が反応して H_2 が発生。※①◀
（陽極での反応）…酸化反応が起こる
　① 電極が Pt，C 以外のときは，電極が溶解する。
（電極が Pt，C の場合は）
　② Cl^- があるときは，Cl_2 が発生。※②◀
　③ それ以外は，OH^- または H_2O が反応して O_2 が発生。※③◀

(1) A の陰極では，Na^+ よりも H_2O の方が還元されやすい（上の陰極②）。A の陽極の電極は白金 Pt であり，OH^- が酸化される（上の陽極③）。B の陰極では，H_2O よりも Ag^+ の方が還元されやすい（上の陰極①）。B の陽極の電極は Pt であり，NO_3^- よりも H_2O の方が酸化されやすい（上の陽極③）。

(2) B の陰極では反応式より，e^- 1 mol が流れると Ag（原子量 108）1 mol が析出する。よって流れた e^- の物質量は

$$\frac{10.8}{108} \times \frac{1}{1} = 0.10 \text{(mol)}$$

$$\frac{\text{電流 }I\text{(A)} \times \text{時間 }t\text{(秒)}}{9.65 \times 10^4 \text{ C/mol}} = \frac{\text{電気分解で流れた}}{e^- \text{の物質量(mol)}}\quad \text{より，}$$

$$\frac{5.0\text{(A)} \times t\text{(秒)}}{9.65 \times 10^4 \text{(C/mol)}} = 0.10 \text{(mol)} \quad t = 1930 \fallingdotseq 1.9 \times 10^3 \text{(秒)}$$

(3) A の陽極では反応式より，e^- 4 mol が流れると O_2 1 mol が発生する。B と A を流れる e^- の物質量は等しいので，※④◀

$$22.4 \times 0.10 \times \frac{1}{4} = 0.56 \text{(L)}$$

139 (1)（黒鉛電極）$2Cl^- \longrightarrow Cl_2 + 2e^-$
　　　（鉄電極）$2H_2O + 2e^- \longrightarrow H_2 + 2OH^-$
(2) 965 秒間　(3) 1.61 A
(4)（B 室）減少　（C 室）増加　（D 室）減少

解説　(1) 陽極（黒鉛電極）では H_2O（あるいは OH^-）に比べて Cl^- の方が酸化されやすい。
陰極（鉄電極）では Na^+ に比べて H_2O の方が還元されやすく，H_2 の発生とともに OH^- が生成する。
(2) 実験 1 の B 室（陰極側）では，2 mol の e^- が流れると 1 mol の H_2 が発生する。通電時間を t〔秒〕とおくと，H_2 の物質量について，

◀※①
酸性溶液の場合は
　$2H^+ + 2e^- \longrightarrow H_2$
であるが，中性や塩基性溶液では H^+ の濃度が小さく，H_2O が直接反応する。
　$2H_2O + 2e^- \longrightarrow H_2 + 2OH^-$
◀※②
Br^-，I^- があるときは，Br_2，I_2 がそれぞれ生成する。
◀※③
塩基性溶液の場合は
　$4OH^- \longrightarrow 2H_2O + O_2 + 4e^-$
であるが，中性や酸性の溶液では OH^- の濃度が小さく，H_2O が直接反応する。
　$2H_2O \longrightarrow O_2 + 4H^+ + 4e^-$
◀※④
電解槽の直列接続

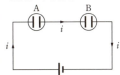

どの電解槽にも，同じ大きさの電流が同じ時間だけ流れるから，各電解槽を流れる電気量は，すべて等しい。
よって，各電極を流れる e^- の物質量は等しい。

$$\frac{2.00 \times t}{9.65 \times 10^4} \times \frac{1}{2} = \frac{0.224}{22.4} \qquad t = 965 \text{(秒)}$$

(3) 1分間に生成させるNaOHの物質量は，

$$1.00 \times 10^{-2} \text{(mol/L)} \times \frac{100}{1000} \text{(L)} = 1.00 \times 10^{-3} \text{(mol)}$$

実験1のおもなイオンの動きは右図のようになる。陽イオン交換膜※①はOH⁻を通さず，Na⁺を通すので，B室でNaOHを得ることができる。

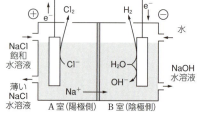

◀※①
陰イオン交換膜を使用したり，膜がない場合は，OH⁻がA室に移動し，発生するCl₂と反応してしまう。
Cl₂ + 2NaOH
 ⟶ NaCl + NaClO + H₂O

(1)の両極の反応式を1つにまとめ，両辺に2Na⁺を加えると，

$$2\text{NaCl} + 2\text{H}_2\text{O} \xrightarrow{2e^-} 2\text{NaOH} + \text{H}_2 + \text{Cl}_2$$

2 mol の e⁻ が流れると 2 mol の NaOH が生成する。電流を i〔A〕とおくと，

$$\frac{i \times 60}{9.65 \times 10^4} \times \frac{2}{2} = 1.00 \times 10^{-3} \qquad i \fallingdotseq 1.61 \text{(A)}$$

(4) 実験2のおもなイオンの動きは次のようになる。

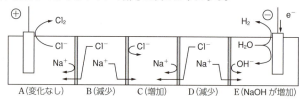

---

140 (1) (ア) 2 (イ) 10 (ウ) 8 (2) 3.50×10^{-5} mol
(3) 4.38×10^{-5} mol (4) 14.0 mg（または14.0 mg/L）

解説 (1) 過マンガン酸イオンとシュウ酸イオンのはたらきは次の通り。

MnO₄⁻ + 8H⁺ + 5e⁻ ⟶ Mn²⁺ + 4H₂O   ……①
C₂O₄²⁻ ⟶ 2CO₂ + 2e⁻   ……②

①式×2＋②式×5より，
2MnO₄⁻ + 5C₂O₄²⁻ + 16H⁺ ⟶ 2Mn²⁺ + 10CO₂ + 8H₂O

(2) (1)より，2 mol の KMnO₄ と 5 mol の Na₂C₂O₄ が反応するので，Na₂C₂O₄ と反応した KMnO₄ の物質量は，

$$5.00 \times 10^{-3} \times \frac{7.50}{1000} \times \frac{2}{5} = 1.50 \times 10^{-5} \text{(mol)}$$

操作Ⅰで加えた KMnO₄ の物質量は，

$$5.00 \times 10^{-3} \times \frac{10.0}{1000} = 5.00 \times 10^{-5} \text{(mol)}$$

よって，有機物と反応した KMnO₄ の物質量は，
$5.00 \times 10^{-5} - 1.50 \times 10^{-5} = 3.50 \times 10^{-5}$ (mol)

[参考] 海水の場合は，Cl⁻がKMnO₄と反応するので，これを防ぐためにAgNO₃を加え，Cl⁻をAgClとして除去することがある。

(3) $O_2 + 4H^+ + 4e^- \longrightarrow 2H_2O$ ……③

①式より，1mol の KMnO₄ あたり 5mol の e^- を受け取る。一方，③式より，1mol の O_2 あたり 4mol の e^- を受け取る。(2)の値を O_2 の物質量に換算すると，
※①◂
$$3.50 \times 10^{-5} \times \frac{5}{4} = 4.375 \times 10^{-5} ≒ 4.38 \times 10^{-5} (mol)$$

(4) O_2 の分子量 32.0 より，有機物の酸化に必要な酸素の質量を試料水 1.00L あたりに換算すると，
$$32.0 \times 4.375 \times 10^{-5} \times \frac{1000}{100} = 1.40 \times 10^{-2} (g) = 14.0 (mg)$$

よって，COD は 14.0mg または 14.0mg/L

◂※①
同じはたらきをするための物質量の比は
KMnO₄ : O_2 = 4 : 5
(5価) (4価)

---

141 (1) (a) +4 (b) +6 (c) -3
(2) $SO_2 + 2H_2O \longrightarrow SO_4^{2-} + 4H^+ + 2e^-$
(3) 7.0×10^{-3} mol
(4) **青紫色から無色**
(5) 1.6×10^{-2} mol/L

[解説] (3) (式1)より，$Na_2S_2O_3$ と反応した I_2 は，
※②◂
$$0.080 \times \frac{25}{1000} \times \frac{1}{2} = \frac{1.0}{1000} (mol)$$

SO_2 と反応した I_2 は，
$$0.080 \times \frac{100}{1000} - \frac{1.0}{1000} = 7.0 \times 10^{-3} (mol)$$
※③◂

I_2 が酸化剤としてはたらくとき，
$I_2 + 2e^- \longrightarrow 2I^-$ ……(式2)

(式2)+(2)の式 より，
$I_2 + SO_2 + 2H_2O \longrightarrow 2I^- + SO_4^{2-} + 4H^+$

よって，I_2 と SO_2 は 1:1（物質量比）で反応しており，SO_2 は 7.0×10^{-3} mol に等しい。

(4) ヨウ素デンプン反応で青紫色となるが，$Na_2S_2O_3$ によってすべて還元されて I^- になると，無色となる。
※④◂

(5) H_2O_2（酸化剤）と I^-（還元剤）のはたらきは，それぞれ
$H_2O_2 + 2H^+ + 2e^- \longrightarrow 2H_2O$ ……(式3)
$2I^- \longrightarrow I_2 + 2e^-$ ……(式4)

(式3)+(式4) より，
$H_2O_2 + 2H^+ + 2I^- \longrightarrow 2H_2O + I_2$

よって，反応した H_2O_2 と生成した I_2 の物質量は等しく，さらに(式1)より，I_2 : $Na_2S_2O_3$ = 1:2（物質量比）で滴定されている。
求める H_2O_2 を x [mol/L] とおく。I_2 の物質量について，
※⑤◂
$$x \times \frac{50}{1000} = 0.080 \times \frac{20}{1000} \times \frac{1}{2} \quad x = 1.6 \times 10^{-2} (mol/L)$$

◂※②
(実験1)中に「(KI を含む)」との記述があるが，これは水に溶けにくい I_2 が溶けるように，使用したものである
(【150】側注③参照)

◂※③
反応のイメージは次の通り。

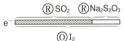

(Ⓞ = 酸化剤 Ⓡ = 還元剤)
ヨウ素の酸化作用の強さを利用して，酸化剤あるいは還元剤の定量をする酸化還元滴定を**ヨウ素滴定**という。

◂※④
反応の終点近くでは I_2 の色が薄くなり終点がはっきり識別できないので，I_2 と鋭敏に呈色するデンプンを加えておく。I_2 があれば青紫色を呈し，I_2 がなくなると無色になる。

◂※⑤
反応のイメージは次の通り。

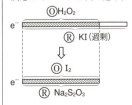

142 (1) 発生した硫化水素が溶液中に一部残り，還元剤として過マンガン酸カリウムと反応してしまうから。

(2) （純度）96%

（化学反応式）$2KMnO_4 + 8H_2SO_4 + 10FeSO_4$
$\longrightarrow 2MnSO_4 + 8H_2O + 5Fe_2(SO_4)_3 + K_2SO_4$

解説 (1) 試薬中の FeS は希 H_2SO_4 と次のように反応する（弱酸遊離）。

$FeS + H_2SO_4 \longrightarrow FeSO_4 + H_2S$

煮沸によって H_2S を追い出し，還元剤としての $FeSO_4$ を，酸化剤としての $KMnO_4$ と過不足なく反応させ，FeS の量を求める。

(2) $MnO_4^- + 8H^+ + 5e^- \longrightarrow Mn^{2+} + 4H_2O$ ……①

$Fe^{2+} \longrightarrow Fe^{3+} + e^-$ ……②

①式＋②式×5 より，次のイオン反応式が完成する。

$MnO_4^- + 8H^+ + 5Fe^{2+} \longrightarrow Mn^{2+} + 4H_2O + 5Fe^{3+}$

この式を 2 倍し[※①]，両辺に $2K^+$ と $18SO_4^{2-}$ を加えて，整理する。

$2KMnO_4 + 8H_2SO_4 + 10FeSO_4$
$\longrightarrow 2MnSO_4 + 8H_2O + 5Fe_2(SO_4)_3$[※①] $+ K_2SO_4$

$KMnO_4$（式量 158.0）2 mol は $FeSO_4$ 10 mol と反応し，$FeSO_4$ と FeS（式量 87.9）の物質量は等しいので，

$\dfrac{1.6}{158.0} \times \dfrac{5.4}{25}$[※②] $\times \dfrac{10}{2} \times 87.9 \fallingdotseq 0.96\,(g)$

試薬 1.0 g 中に FeS は 0.96 g 含まれているから，純度は 96%

◀ ※①
$5Fe^{3+}$（係数が奇数）だと $Fe_2(SO_4)_3$ の係数が分数になるので，2 倍しておく。

◀ ※②
$KMnO_4$ 水溶液 25 mL 中の 5.4 mL である。

143 (1) 3.86×10^5 J (2) 8.65×10^2 J/g (3) 2.05×10^3 J/g

解説 (1) 鉛蓄電池の負極の反応は，$Pb + SO_4^{2-} \longrightarrow PbSO_4 + 2e^-$

Pb 1.00 mol が反応したとき e^- は 2.00 mol 流れるので，得られるエネルギーは，

$2.00 \times 9.65 \times 10^4 \times 2.00 = 3.86 \times 10^5\,(J)$

(2) 鉛蓄電池の全体の反応は，

$Pb + PbO_2 + 2H_2SO_4 \longrightarrow 2PbSO_4 + 2H_2O$

Pb 1.00 mol が反応したとすると，反応に関与する負極活物質 Pb と正極活物質 PbO_2 の質量の合計は 446.4 g である。よって，エネルギー密度は，

$\dfrac{3.86 \times 10^5}{446.4} \fallingdotseq 8.65 \times 10^2\,(J/g)$

(3) $x = 1$ のときの両極の反応式は，

（負極）$LiC_6 \longrightarrow C_6 + Li^+ + e^-$

（正極）$CoO_2 + Li^+ + e^- \longrightarrow LiCoO_2$

全体の反応式は，

$LiC_6 + CoO_2 \longrightarrow C_6 + LiCoO_2$

LiC_6 1 mol が反応したとすると，e^- が 1 mol 流れ，反応に関与する活物質である LiC_6 と CoO_2 の質量の合計は 169.8 g である。よって，エネルギー密度は，

76　化学重要問題集

$$\frac{1\times9.65\times10^4\times3.60}{169.8}\fallingdotseq 2.05\times10^3(\text{J/g})$$

144 (ア) $2\text{NiO(OH)} + 2\text{H}_2\text{O} + \text{Cd} \longrightarrow 2\text{Ni(OH)}_2 + \text{Cd(OH)}_2$
(イ) 93.6 (ウ) 18.6

(正極) $\text{NiO(OH)} + \text{H}_2\text{O} + e^- \longrightarrow \text{Ni(OH)}_2 + \text{OH}^-$ ……①
(負極) $\text{Cd} + 2\text{OH}^- \longrightarrow \text{Cd(OH)}_2 + 2e^-$ ……②
①式×2+②式 より,
$2\text{NiO(OH)} + 2\text{H}_2\text{O} + \text{Cd} \xrightarrow{2e^-} 2\text{Ni(OH)}_2 + \text{Cd(OH)}_2$
e^- 2mol が流れると,正極は 2.00g 増加 (2H の分),負極は 34.0g 増加 (2OH の分),電解液中の H_2O は 36.0g 減少 (2mol H_2O 消費) となる。
流れた e^- の物質量は,
$$\frac{0.600\times(8\times60^2+2\times60+30)}{9.65\times10^4}=0.180(\text{mol})$$
(電解液) $1.21(\text{g/mL})\times80.0(\text{mL})-0.180(\text{mol})\times\dfrac{36.0(\text{g})}{2(\text{mol})}\fallingdotseq 93.6(\text{g})$
(正極) $18.4(\text{g})+0.180(\text{mol})\times\dfrac{2.00(\text{g})}{2(\text{mol})}\fallingdotseq 18.6(\text{g})$

145 (1) 陽極で $2\text{H}_2\text{O} \longrightarrow \text{O}_2 + 4\text{H}^+ + 4e^-$ の反応が起こり,水溶液中の H^+ の濃度が増加するので,pH は小さくなる。
(2) 酸性
(3) 12.6

解説 (1) 白金 Pt 電極に変える前は,陽極で $\text{Cu} \longrightarrow \text{Cu}^{2+} + 2e^-$,陰極で $\text{Cu}^{2+} + 2e^- \longrightarrow \text{Cu}$ の反応が起こるだけで,pH に変化はない。
(2) 電解槽Ⅲの陽極では塩素,陰極では水素が発生し,これらを反応させると,塩化水素が生じる。
$\text{H}_2 + \text{Cl}_2 \longrightarrow 2\text{HCl}$
塩化水素を水に溶かして得られる水溶液は,塩酸であり,酸性である。
(3) (Ⅰの全体) $2\text{H}_2\text{O} \xrightarrow{4e^-} 2\text{H}_2 + \text{O}_2$
(Ⅲの全体) $2\text{H}_2\text{O} + 2\text{NaCl} \xrightarrow{2e^-} \text{H}_2 + \text{Cl}_2 + 2\text{NaOH}$
回路全体で流れた e^- の物質量は,
$$\frac{1.80\times(5\times60\times60+21\times60+40)}{9.65\times10^4}=0.360(\text{mol})$$
(Ⅰの全体) より,e^- 4mol で気体が (2+1)mol 発生するので,
$$\frac{1.344}{22.4}\times\frac{4}{2+1}=0.0800(\text{mol})$$
e^- 0.0800mol がⅠの回路へ流れた。よって,Ⅲの回路を流れる e^- は,
$0.360-0.0800=0.280(\text{mol})$
(Ⅲの全体) より,e^- 2mol で NaOH が 2mol 生成するので,NaOH は 0.280mol 増加する。よって,Ⅲの陰極室に存在する NaOH は,

◀※①
鉛蓄電池の質量変化と同様に考える。
2mol の e^- が流れると,正極は 2mol の NiO(OH)(式量 91.7) が減少し,2mol の Ni(OH)_2(式量 92.7) が増加し,正味 2.00g の増加になる。
補足 本文にある KOH 水溶液の濃度「5.00mol/L」は,問題を解く上では関係がない。

◀※②
Ⅲの陰極と陽極の反応は
⊖ $2\text{H}_2\text{O} + 2e^- \longrightarrow \text{H}_2 + 2\text{OH}^-$
⊕ $2\text{Cl}^- \longrightarrow \text{Cl}_2 + 2e^-$
◀※③
Ⅰの陰極と陽極の反応は
⊖ $2\text{H}^+ + 2e^- \longrightarrow \text{H}_2$
⊕ $2\text{H}_2\text{O} \longrightarrow \text{O}_2 + 4\text{H}^+ + 4e^-$
(陰極)×2+(陽極) で組み立てた。
◀※④
Ⅲの全体の反応は,Ⅲの (陰極)+(陽極) とし,両辺に 2Na^+ を加えて組み立てた。
◀※⑤
電解槽の並列接続

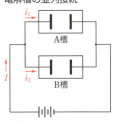

$I=i_1+i_2$
並列接続では,全電気量は,各電解槽を流れた電気量の和に等しい。

化学重要問題集 **77**

$0.200 \times 1.00 + 0.280 = 0.480 \, (\text{mol})$ $\cdots 1.00 \, \text{L}$ 中

一方，（Ⅰの全体）より，電気分解しても H_2SO_4 に変化はなく，

$0.200 \, \text{mol/L}$ である。

仮にⅠの水溶液とⅢの陰極室の水溶液を $0.5 \, \text{L}$ ずつ混合したとすると，残った $NaOH$ は，

$0.480 \times 0.5 - 0.200 \times 0.5 \times 2 = 0.040 \, (\text{mol})$ ※①◀

混合溶液は $1 \, \text{L}$ になっているので，濃度は $0.040 \, \text{mol/L}$ である。

$[OH^-] = 0.040 \, \text{mol/L}$

$[H^+] = \dfrac{K_w}{[OH^-]} = \dfrac{1.0 \times 10^{-14}}{0.040} = \dfrac{1}{4} \times 10^{-12} \, (\text{mol/L})$

$pH = -\log_{10}[H^+] = -\log_{10}\left(\dfrac{1}{4} \times 10^{-12}\right) = 12 + 0.30 \times 2 = 12.6$

◀※①

$H_2SO_4 + 2NaOH$
$\qquad \longrightarrow 2H_2O + Na_2SO_4$
のように中和する。

10 非金属元素（周期表を含む）

146 (1) ⓐ ク ⓑ イ ⓒ ケ ⓓ オ ⓔ イ, ウ, エ, カ
(2) 37

解説 (1) ⓐ, ⓑ, ⓒ H を除く 1 族元素を<u>アルカリ金属元素</u>といい，Be, Mg を除く 2 族元素を<u>アルカリ土類金属元素</u>という。17 族元素を<u>ハロゲン元素</u>といい，18 族元素を<u>貴ガス元素（希ガス元素）</u>という。※①

ⓓ, ⓔ 周期表の 1 族，2 族と 12～18 族の元素を<u>典型元素</u>といい，典型元素以外（周期表の 3～11 族）の元素を<u>遷移元素</u>という。また，㋐, ㋑, ㋗, ㋘, ㋙は<u>非金属元素</u>，それ以外は<u>金属元素</u>に分類される。※②

(2) 第 3 周期までに，2, 8, 8 の合計 18 元素あり，第 4 周期は 18 元素あるので，その次の 1 族元素の原子番号は 37 である。

147 電子が内殻に収容されていくから。

解説 $_{20}$Ca：K(2)L(8)M(8)N(2) の後，電子は内殻の M 殻に入り，$_{29}$Cu：K(2)L(8)M(18)N(1) で M 殻は閉殻となる。※③ その次の $_{30}$Zn：K(2)L(8)M(18)N(2) から再び最外殻に入っていく。典型元素の $_{31}$Ga (13 族) は最外殻の N 殻に 3 つ入る。

148 ㋐ Mg ㋑ Ca ㋒ O ㋓ S ㋔ Sn ㋕ Pb ㋖ Br ㋗ I

解説 (a) MgSO$_4$ は水に可溶で，CaSO$_4$ は水に不溶。逆に Mg(OH)$_2$ は水に不溶で，Ca(OH)$_2$ は水に少し溶ける（強塩基）。
(b) SO$_2$ は還元性を有し，水に溶けると二価の弱酸（亜硫酸）となる。
(c) 両性元素は Al, Zn, Sn, Pb で，Sn と Pb は同族元素でもある。※④ PbO$_2$ は鉛蓄電池の正極に用いられる。
(d) ハロゲンの単体は F$_2$＞Cl$_2$＞Br$_2$＞I$_2$ の順に酸化力が強い。常温・常圧で F$_2$ と Cl$_2$ は気体，Br$_2$ は液体，I$_2$ は固体。※⑤

149 (1) ス, Ca (2) カ, Na (3) ケ, P (4) コ, S
(5) タ, Zn (6) チ, Ag (7) エ, F (8) セ, Fe

解説 (1) 最外電子殻が N 殻にあるので第 4 周期の元素である。常温の水と反応するのは K か Ca，アルカリ金属ではないので Ca とわかる。

$$Ca + 2H_2O \longrightarrow Ca(OH)_2 + H_2\uparrow$$

(2) 常温の水と反応して水素を発生し，炎色反応が黄色であるのは Na である。

$$2Na + 2H_2O \longrightarrow 2NaOH + H_2\uparrow$$

(3) 同素体がある S, C, O, P のうち，空気中で自然発火し，水中に貯蔵

◀※①
Be, Mg をアルカリ土類金属元素に含めることもある。

◀※②

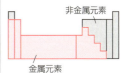

遷移元素はすべて<u>金属元素</u>である。
12 族元素を遷移元素に含めることもある。

◀※③
第 4 周期の遷移元素で Cr と Cu は N(1) となる。これは，例えば Cu では M(17)N(2) よりも M(18)N(1)〔M 殻閉殻〕の方が安定だからである。

◀※④
Sn と Pb も金属元素であり，PbSO$_4$ は水に不溶だが，水酸化物の性質はともに似ている。

◀※⑤
常温・常圧で単体が液体である元素は，
　非金属元素ならば <u>Br</u>
　金属元素ならば <u>Hg</u>
と決定される。

するのは黄リン P_4 で，元素記号は P。

(4) 同素体がある S, C, O, P のうち，火山地帯で産出する黄色固体は S。

(5) Fe に Zn めっきをしたものがトタン。Zn はアルカリマンガン乾電池の負極として利用されている。

(6) Ag は，金属の中で電気や熱の伝導性が最大である。イオン結合性の化合物中では一価の陽イオン Ag^+ の状態をとる。

(7) $2F_2 + 2H_2O \longrightarrow 4HF + O_2$

$F_2 + H_2 \longrightarrow 2HF$

(8) Fe は湿った空気中で酸化され，酸化鉄(Ⅲ) Fe_2O_3 を含む赤さびが生じる。一方，強く熱したときは，四酸化三鉄 Fe_3O_4（黒さび）が生じる。

---

150 (1) ㋐ フッ素 ㋑ 塩素 ㋒ 臭素 ㋓ ヨウ素 ㋔ 17
㋕ 7 ㋖ 1（または一） ㋗ 陰 ㋘ 二 ㋙ 高 ㋚ 赤褐
㋛ 黒紫 ㋜ 分子 ㋝ 酸素 ㋞ 高 ㋟ 弱

(2) (a) $2F_2 + 2H_2O \longrightarrow 4HF + O_2$

(b) $CaF_2 + H_2SO_4 \longrightarrow CaSO_4 + 2HF$

(d) $SiO_2 + 6HF \longrightarrow H_2SiF_6 + 2H_2O$

(3) 分子間で水素結合を形成するため。

(4) CO_2, $C_{10}H_8$, H_2O, S_8

解説 (1) ハロゲンの単体の性質は次のようになる。

	沸点・融点※①	常温の状態	色	反応性＝酸化力※②
F_2	低い	気体	淡黄色	大きい
Cl_2		気体	黄緑色	
Br_2		液体	赤褐色	
I_2	高い	固体	黒紫色	小さい

ハロゲンの酸化力の強さは，例えば水との反応性で確かめられる。
F_2 は H_2O の O の酸化数を $-2 \to 0$ へと酸化するほど強い。

$2F_2 + 2H_2O \longrightarrow 4HF + O_2$ ……(2)(a)の答え

Cl_2 は水に少し溶け，一部が水と反応する。Br_2 は Cl_2 より弱い。

$Cl_2 + H_2O \rightleftarrows HCl + HClO$

I_2 は水と反応せず，水に溶けにくい。※③◀

ハロゲンの単体と H_2 との反応も，F_2 は激しいが，I_2 は反応性が低い。I_2 と H_2 の反応は逆反応も起こる。

$I_2 + H_2 \rightleftarrows 2HI$

(ソ) ハロゲン化水素のうち，HF だけが他のものと性質が異なる。

(i) 沸点が $HCl < HBr < HI < HF$。※④◀

(ii) HCl aq, HBr aq, HI aq は強酸だが，HF aq は弱酸。

(iii) $AgNO_3$ を加えて生じるハロゲン化銀のうち，AgCl（白），AgBr（淡黄），AgI（黄）は沈殿するが，AgF は可溶。

(2) (b) ホタル石の主成分は CaF_2 である。

(d) フッ化水素酸（HF の水溶液）との反応では，ヘキサフルオロケイ酸 H_2SiF_6 が生成する。※⑤◀

◀※①
分子量が大きい分子ほど，分子間力が強くなるので，沸点・融点が高くなる。

◀※②
酸化力が大きい
＝相手を酸化する
＝自身は還元されやすい
ハロゲンの単体にとっては，e^- を受け取って陰イオンになりやすい傾向ともいえる。

$F_2 > Cl_2 > Br_2 > I_2$
陰イオンに←──
なりやすい

◀※③
ヨウ化カリウム溶液には，次のように反応して溶ける。

$I_2 + I^- \rightleftarrows I_3^-$

◀※④
HF が水素結合を形成しているため。

…H-F…H-F…

◀※⑤
このため，フッ化水素 HF の水溶液は，ポリエチレン容器中に保存する。
フッ化水素（気体）との反応では，四フッ化ケイ素（気体）が生成する。

$SiO_2 + 4HF$
$\longrightarrow SiF_4 + 2H_2O$

80 化学重要問題集

(4) 非金属の原子どうしが結びついた分子の結晶が，分子結晶である。ドライアイス CO_2，ヨウ素 I_2，ナフタレン $C_{10}H_8$ は昇華しやすく，また，氷 H_2O や斜方硫黄 S_8 も分子結晶となる。非金属の原子どうしが結びついた物質であるが，二酸化ケイ素 SiO_2 は共有結合結晶に分類されることに注意する。

◀※①

ナフタレン $C_{10}H_8$　斜方硫黄 S_8

151 (1) (ア) 共有　(イ) NaCl
(2) ① $MnO_2 + 4HCl \longrightarrow MnCl_2 + 2H_2O + Cl_2$
② $Ca(ClO)_2 \cdot 2H_2O + 4HCl \longrightarrow CaCl_2 + 4H_2O + 2Cl_2$
③ $2KBr + Cl_2 \longrightarrow 2KCl + Br_2$
(3) (i) (物質A) 水　(理由) 塩化水素を取り除くため。
(物質B) 濃硫酸　(理由) 水蒸気を取り除くため。
(ii) 下方置換(法)
(4) (i) $Cl_2 + H_2O \rightleftharpoons HCl + HClO$
(ii) $NaClO + 2HCl \longrightarrow NaCl + H_2O + Cl_2$
のように反応し，有毒の塩素ガスが発生するから。

解説 (1)(イ) 陽極で，$2Cl^- \longrightarrow Cl_2 + 2e^-$ の反応によってつくられる。
(2) ① MnO_2 は酸性条件では酸化剤としてはたらく。加熱により Cl_2 が発生するが，HCl と H_2O (水蒸気)も反応系から追い出される。
③ 酸化力は $Cl_2 > Br_2 > I_2$ であるから，逆反応は起こらない。同様に，
$2KI + Cl_2 \longrightarrow I_2 + 2KCl$
によってヨウ素が遊離する。
(3) 水に通して HCl を除去し，次に濃硫酸に通して H_2O を除去する。残った Cl_2 は，水に溶け，空気より重いので下方置換で捕集する。
(4) (ii) (2)の②の高度さらし粉に塩酸を加えたときの反応と同じように反応する。

152 (1) (ア) 触媒　(イ) 接触(または 接触式硫酸製造)
(2) ① $S + O_2 \longrightarrow SO_2$　③ $2SO_2 + O_2 \longrightarrow 2SO_3$
(3) V_2O_5　(4) 50 kg
(5) 多量の水をよくかき混ぜながら，その中に少しずつ濃硫酸を加えていく。
(6) (a) SO_2　(b) H_2　(c) H_2S　(d) HCl　(e) SO_2　(f) HF
(g) CO

解説 (1)(2) 下線③に続き，SO_3 を濃硫酸中の水と反応させる
$SO_3 + H_2O \longrightarrow H_2SO_4$
以上のような硫酸の製造法を接触法(接触式硫酸製造法)という。
(4) S原子に注目すると $S \longrightarrow SO_2 \longrightarrow SO_3 \longrightarrow H_2SO_4$ と変化し，1 mol の S(式量 32)から 1 mol の H_2SO_4(分子量 98)が得られる。求める濃硫酸を x [kg]とすると，H_2SO_4 の物質量について，
$$\frac{16 \times 10^3 (g)}{32 (g/mol)} \times \frac{1}{1} = \frac{x \times 10^3 \times \frac{98}{100} (g)}{98 (g/mol)} \quad x = 50 (kg)$$

◀※②
Cl_2 も水に少し溶けるが，ここでは，HCl が溶けているため，ほとんど溶けずに通過する。
$Cl_2 + H_2O \rightleftharpoons HCl + HClO$
(平衡が左に移動するため。)
◀※③
酸化剤としての強さは
$Cl_2 > MnO_2$ であるから，本来は反応は左へ進む。しかし，加熱により Cl_2 を反応系から追い出すことによって，反応を右へ進めている。
◀※④
ヨウ化カリウムデンプン紙を湿らせ，Cl_2 に近づけると青紫色になる(Cl_2 の検出)。
◀※⑤
塩酸によって弱酸の次亜塩素酸が遊離する。
$NaClO + HCl \longrightarrow HClO + NaCl$
すると，(i)式の平衡が左辺の方向へ進み，Cl_2 が発生する。
◀※⑥
接触法のプロセス
$SO_2 \xrightarrow[V_2O_5]{\text{空気}} SO_3 \xrightarrow{H_2O} H_2SO_4$

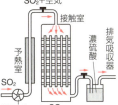

製品としては濃硫酸を得る場合と SO_3 を過剰に溶かし込んだ発煙硫酸を得る場合とがある。
◀※⑦
工業的製法は(理論上)元素を無駄なく利用する。

(5) 硫酸の溶解熱(水和熱)が大きいので，濃硫酸に水を加えると水が(高温になり)沸騰し，濃硫酸が周囲に飛散するため危険である。

(6) (a) Na₂SO₃ + H₂SO₄ ⟶ H₂O + SO₂ + Na₂SO₄
　　　弱酸の塩　　強酸　　　　　　　　　弱酸　　強酸の塩

(b) イオン化傾向 Zn＞H₂ より ※①
　　Zn ⟶ Zn²⁺ + 2e⁻,　　2H⁺ + 2e⁻ ⟶ H₂ の酸化還元反応

(c) FeS + H₂SO₄ ⟶ H₂S + FeSO₄
　　弱酸の塩　強酸　　　弱酸　強酸の塩

(d) NaCl + H₂SO₄ ⟶ HCl + NaHSO₄ ※②
　　揮発性の酸の塩　不揮発性の酸　揮発性の酸　不揮発性の酸の塩

(e) Cu + 2H₂SO₄ ⟶ CuSO₄ + 2H₂O + SO₂
　　熱濃硫酸は酸化作用が強いので，Cu や Ag も溶かす。

(f) CaF₂ + H₂SO₄ ⟶ 2HF + CaSO₄

(g) HCOOH ⟶ H₂O + CO
　　濃硫酸の脱水作用を利用した反応である。※③

[参考] 濃硫酸には空気中の H₂O を吸収する吸湿性もあり，乾燥剤(酸性)としての用途もある。

◀※①
希硫酸＝強酸 のはたらきで H⁺ を出し，Zn の還元作用によって酸化された。

◀※②
2NaCl + H₂SO₄
　　　⟶ Na₂SO₄ + 2HCl
の反応は，500℃以上で NaCl が多いときに起こるが，ふつうは左の化学反応式を書く。

◀※③
エタノールを濃硫酸(触媒)と160～170℃に加熱すると，エチレンが生成する。
　C₂H₅OH ⟶ C₂H₄ + H₂O
　　　　　　　　　　(分子内脱水)

---

153 (1) (ア) 同素体　(イ) 紫外線 ※④
(2) 2KI + O₃ + H₂O ⟶ I₂ + 2KOH + O₂
(3) (a) 3O₂ ⟶ 2O₃　(b) 0.10L
(4) ゴム状硫黄

[解説] (1)(2) オゾン O₃ は酸素 O₂ 中で無声放電を行ったり，紫外線を当てたりすると発生する。オゾンは酸化作用が強く，ヨウ化カリウムに作用してヨウ素を遊離する。したがって，湿ったヨウ化カリウムデンプン紙を青紫色に変える。※⑤

(3) 反応式の係数比は物質量比だが，同温・同圧では体積比でもある。減少した体積を x〔L〕とすると

　　　　　3O₂ ⟶ 2O₃　全体
反応量　−3x　　+2x　　−x〔L〕

1.0L の 5.0% は 0.050L で，これが x にあたるので，O₃ は
　　$2x = 2 × 0.050 = 0.10$ (L)

(4) 硫黄の同素体

斜方硫黄 S₈	単斜硫黄 S₈	ゴム状硫黄 S_x
塊状，常温で安定	針状	無定形 ※⑥

---

154 (1) オストワルト法
(2) (反応1) 4NH₃ + 5O₂ ⟶ 4NO + 6H₂O ※⑦
　　(反応2) 2NO + O₂ ⟶ 2NO₂
　　(反応3) 3NO₂ + H₂O ⟶ 2HNO₃ + NO
(3) ③

◀※④
酸素の同素体

O₂ 酸素	O₃ オゾン
無色・無臭の気体	淡青色・特異臭の気体，有毒

◀※⑤
生成した I₂ がヨウ素デンプン反応をする。

◀※⑥
ゴム状硫黄は二硫化炭素に溶けない。

◀※⑦
(反応1)のプロセス

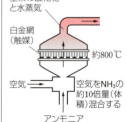

4NH₃ + 5O₂ → 4NO + 6H₂O

(4) $NH_3 + 2O_2 \longrightarrow HNO_3 + H_2O$
(5) $3.4 \times 10^2 L$
(6) $Cu + 4HNO_3 \longrightarrow Cu(NO_3)_2 + 2H_2O + 2NO_2$

解説 (1) 化合物Aは※①NO, 化合物Bは※①NO_2である。(反応3)で副生するNOを(反応2)に戻して再び酸化させ, (反応3)をくり返すことで, 原料のNH_3をすべてHNO_3に変える。これをオストワルト法という。

(3) ※②NO_2 3分子のうち, 2分子は酸化されてHNO_3に, 残りの1分子は還元されてNOになる(自己酸化還元反応, 不均化)。

(4) (反応2)×3+(反応3)×2で, まずNO_2を消去すると,
$4NO + 3O_2 + 2H_2O \longrightarrow 4HNO_3$ ……(反応4)
(反応4)+(反応1)でNOを消去し, 式全体の係数を4で割る。
$NH_3 + 2O_2 \longrightarrow HNO_3 + H_2O$

(5) HNO_3(分子量63) 1mol 生成するのにNH_3は1mol必要であるから
$$\dfrac{1.0 \times 10^3 \times 1.4 \times \dfrac{69}{100}}{63} \times \dfrac{1}{1} \times 22.4 \fallingdotseq 3.4 \times 10^2 (L)$$

(6) **参考** Fe, Al, Ni, Cr などの金属は希硝酸とは反応するが, 濃硝酸に浸すと, 表面に緻密な酸化被膜を生じ, 反応性を失う。この状態を不動態といい, 熱濃硫酸でも同様の状態になる。

◀︎※①
参考 ふつうの雨は空気中のCO_2が溶けるため, やや酸性でpH=5.6程度である。これより酸性の強い雨を酸性雨とよぶ。窒素酸化物NO_x, 硫黄酸化物SO_xがそれぞれ硝酸, 硫酸になって酸性雨となる。
◀︎※②
Nの酸化数

---

155 (1) (ア) 固 (イ) ソーダ石灰 (ウ) 上方 (エ) 塩酸
(オ) ハーバー・ボッシュ (または ハーバー)
(2) $2NH_4Cl + Ca(OH)_2 \longrightarrow 2NH_3 + 2H_2O + CaCl_2$

解説 (1) (ア) 塩化アンモニウムも水酸化カルシウムもともに固体であり, 乳鉢などで混合させるだけでもアンモニアNH_3は発生する。より効率的に発生させるために加熱をする。水が生じるので, 試験管の口を水平よりも下げておく。※③

(イ) NH_3の乾燥(水蒸気の吸収)にはソーダ石灰(塩基性の乾燥剤)を※④用いる。

(ウ) 水に非常によく溶け, 空気より軽いので上方置換で捕集する。

(エ) NH_3は塩基性の気体なので, 湿らせた赤色リトマス紙またはフェノールフタレイン溶液で検出できる。また, 濃塩酸とは近づけただけでNH_4Clの白煙が生じる。
$NH_3 + HCl \longrightarrow NH_4Cl$ ※⑤

(オ) ハーバー・ボッシュ法は, Fe_3O_4を主成分とした触媒を用いて, 次の反応によりアンモニアを合成する。
$N_2 + 3H_2 \longrightarrow 2NH_3$

(2) $2NH_4Cl + Ca(OH)_2 \longrightarrow 2NH_3 + 2H_2O + CaCl_2$

(弱塩基の塩) (強塩基) (弱塩基) (強塩基の塩)

◀︎※③

◀︎※④
十酸化四リン(酸性の乾燥剤)とはもちろん, 塩化カルシウム(中性の乾燥剤)ともNH_3は特別に反応($CaCl_2 \cdot 8NH_3$が生成)するので不適となる。
◀︎※⑤
塩化アンモニウムNH_4Clはイオン結晶で, 融点が高く固体になっているため, 白煙として見える。

83

156 (1) ① 半導体　② 太陽　③ 水ガラス　④ シリカゲル
(2) (a) $SiO_2 + 2C \longrightarrow Si + 2CO$
(b) $SiO_2 + 2NaOH \longrightarrow Na_2SiO_3 + H_2O$
(3) ともに多孔質で，質量の割に表面積がきわめて大きいから。
(4) (A) 共有結合結晶（または 共有結合の結晶）
(B) 4
(C) 非晶質（または アモルファス あるいは 無定形）

解説 (1) ケイ素は地殻中に2番目に多く存在する元素であるが，単体で産出することはなく，自然界では酸化物として存在する。
※① SiO_2 は酸性酸化物に分類され，水とは直接反応しないが，NaOH や Na_2CO_3 などの塩基とともに融解すると，徐々に反応してケイ酸ナトリウム Na_2SiO_3 を生成する。ケイ酸ナトリウムの濃い水溶液（水ガラス）に希塩酸を加えると，※② ケイ酸 H_2SiO_3 の白色ゲル状沈殿が生成する。

◀※①
二酸化ケイ素 SiO_2 は (SiO_4) の正四面体構造が規則的に連なった結晶構造である。
◀※②
ケイ酸は，炭酸よりも弱酸。

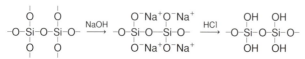

二酸化ケイ素　　　　　ケイ酸ナトリウム　　　　　ケイ酸

生じたケイ酸を水洗後，長時間穏やかに加熱すると，分子鎖どうしのOH基の一部が脱水縮合して立体網目構造をもつシリカゲル※③ができる。

(3) シリカゲルは多孔質で，その表面には親水性のOH基が残っているので，水素結合によって H_2O や他の分子を吸着する。吸着した H_2O を加熱により追い出せば再利用できるが，加熱しすぎると SiO_2 に戻り（OHがすべてなくなり），吸着性がなくなってしまう。

(4) 同じ14族の酸化物でも，ドライアイス CO_2 は分子結晶（CO_2 は分子式）なのに対し，石英 SiO_2 は共有結合結晶（SiO_2 は組成式）に分類される。※④
また，同じ SiO_2 でも，石英は原子が規則正しく配列された結晶なのに対し，石英ガラスは原子の配列が不規則な非晶質。窓ガラスなどに利用されるソーダガラスも非晶質の例である。

◀※③
シリカゲルの構造

```
  O    O
  |    |
-O-Si-O-Si-O-
  |    |
  O    OH
```

◀※④
参考 他にも，Na_2CO_3 の CO_3^{2-} は単独の構造に対し，Na_2SiO_3 の SiO_3^{2-} は直鎖状に連なった構造をしている。

```
  ⎡ O⁻ ⎤
  |    |
  | Si |
  |    |
  ⎣ O⁻ ⎦ₙ
```

157 問1　(ア) 酸素　(イ) ケイ素　(ウ) アルミニウム
(エ) 塩化ナトリウム　(オ) 塩化マグネシウム
問2　(1) F　(2) P　(3) Mg　(4) Si　(5) Al　(6) H

解説 問1　(ア)～(ウ) 地表から16km下までの元素の存在率を質量%で表したものをクラーク数ということがある。
O(49.5)＞Si(25.8)＞Al(7.6)＞Fe(4.7)＞Ca(3.4)…
(エ)(オ) 海水の組成（質量%）は，水96.5%，NaCl 2.72%，$MgCl_2$ 0.381% などである。
問2　(1) フッ素Fは電気陰性度が最大。HF水溶液はガラスを溶かす。

84　化学重要問題集

(2) 自然発火する黄色の固体は黄リン P_4 で，P_4O_{10} は乾燥剤に利用。

(3) 熱水と反応するのは Mg。　　$Mg + 2H_2O \longrightarrow Mg(OH)_2 + H_2$

(4) ケイ素は天然では SiO_2 のように化合物で存在する。

(5) Al は両性元素で，濃硝酸に対して不動態を形成する。

(6) 固体や液体よりも気体の方が密度が小さい。単体が常温で気体
のものは，H_2, He, N_2, O_2, O_3, F_2, Ne, Cl_2, Ar, Kr。
これらのうち，分子量の最も小さい H_2 の密度が最小となる。

◀※①
アボガドロの法則より，同温・同圧のとき，気体の密度の比は分子量の比に等しい。

158

	(1)	(2)	(3)	(4)	(5)	(6)
性質	ウ	オ	カ	イ	エ	ケ
元素	Al	Ne	P	Si	F	F

解説 (1)〜(5) 巻頭の周期表参照。

(6) S，C，O，P には同素体が存在する。

159 問1 (1) (A) Si, P, S, Cl　(B) Al　(C) Na, Mg

　　　(2) $Al_2O_3 + 2NaOH + 3H_2O \longrightarrow 2Na[Al(OH)_4]$

　　問2 (A) NO_2　(B) 2　(C) 3

　　問3 $HClO_4 > HClO_3 > HClO_2 > HClO$

　　問4 $6KOH + 3Cl_2 \longrightarrow KClO_3 + 5KCl + 3H_2O$

解説 問1 (1) 第3周期の(最高酸化数をとる)酸化物の性質

◀※②
18族を除く典型元素では，族番号とともに最高酸化数は $+1$, $+2$, $\cdots$, $+6$, $+7$ と増加する。

Na_2O	MgO	Al_2O_3	SiO_2	P_4O_{10}	SO_3	Cl_2O_7
イオン結合 ◀⋯⋯⋯⋯⋯⋯⋯⋯⋯⋯⋯⋯⋯⋯⋯▶ 共有結合						
イオン結晶			共有結合結晶	分子からなる物質		
塩基性酸化物		両性酸化物		酸性酸化物		

塩基性酸化物：金属元素の酸化物で，酸と反応する。

両性酸化物：両性元素の酸化物で，酸とも強塩基とも反応する。

酸性酸化物：非金属元素の酸化物で，塩基と反応する。

例外 CO，NO は酸とも塩基とも反応しない。

◀※③
Na_2O, CaO, CuO, Fe_2O_3 など。下線の酸化物は水に溶けやすい。

◀※④
CO_2, NO_2, SO_2, SO_3, SiO_2, P_4O_{10} など。
下線の酸化物は常温で気体。

(2) Al_2O_3 は，酸とは Al^{3+} に，強塩基とは $[Al(OH)_4]^-$ になる。

$Al_2O_3 + 6HCl \longrightarrow 2AlCl_3 + 3H_2O$

$Al_2O_3 + 2NaOH + 3H_2O \longrightarrow 2Na[Al(OH)_4]$

問2 (A) NO_2 は水に溶けて HNO_3 になる。(B) SiO_2 と MnO_2 の2種類。

(C) NO，SiO_2，MnO_2 の3種類。

◀※⑤
CO_2 は水に少し溶ける。

問3 第3周期の酸化物とオキソ酸・水酸化物の性質

Na_2O	MgO	Al_2O_3	SiO_2	P_4O_{10}	SO_3	Cl_2O_7
↓水				↓熱水	↓水	↓水
NaOH	$Mg(OH)_2$	$Al(OH)_3$	H_2SiO_3	H_3PO_4	H_2SO_4	$HClO_4$
水酸化物		両性水酸化物	オキソ酸			
強塩基	弱塩基		弱酸		強酸	強酸

化学重要問題集　85

オキソ酸は，中心元素の電気陰性度が大きいほど，酸性が強い。

:X:O:H　電気陰性度 O＞X(非金属)＞H より，
　　　　ここの結合が切れて H⁺ になりやすい
　　　　(例) $H_3PO_4 < H_2SO_4 < HClO_4$

[補足] 水酸化物が塩基性を示す理由

M(:O:H　電気陰性度 O＞H＞M(金属) より，
　　　　こっちの結合が切れて OH⁻ になりやすい

オキソ酸の酸素の数が多いほど，酸性が強い。
(例) H_2SO_3(亜硫酸)＜H_2SO_4(硫酸)，HNO_2(亜硝酸)＜HNO_3(硝酸)

問4　Cl の酸化数に注目すると，$Cl_2 \to KClO_3$ は 0 → ＋5(5 増)，$Cl_2 \to KCl$ は 0 → −1(1 減) である。酸化数の増減は等しいので，KCl になる Cl 原子の数は $KClO_3$ になる Cl 原子の数の 5 倍である。よって，$3Cl_2$(6 原子の Cl)から $KClO_3$ と 5KCl が生成したと考える。次に K 原子に注目すると KOH の係数は 6 に決まる。

160
(1) ウ
(2) ① $H_2PO_4^-$，HPO_4^{2-}　② 185 mL

[解説] (1)(イ) リンの同素体

	黄リン P_4	赤リン P_x ※①
性質	淡黄色，ろう状固体。有毒。	暗赤色粉末，無定形固体。無毒。
溶解性	二硫化炭素に可溶。※②	二硫化炭素にも不溶。
安定性	空気中で自然発火，水中保存する。	空気中で安定。マッチの摩擦面。

(ウ) 黄リンも水とは反応しない。誤り。
(エ) リンを燃焼させると，いずれも十酸化四リンが生成する。
　　$4P + 5O_2 \longrightarrow P_4O_{10}$
(オ) 十酸化四リン P_4O_{10} は白色粉末で，吸湿性，脱水作用は濃硫酸よりも強く，熱水と反応してリン酸を生成する。
　　$P_4O_{10} + 6H_2O \longrightarrow 4H_3PO_4$
(カ) リン酸ナトリウム Na_3PO_4 は水に溶けて完全に電離し，PO_4^{3-} が加水分解するため，その水溶液は塩基性を示す。※③ リン酸カルシウム $Ca_3(PO_4)_2$ は Ca^{2+} と PO_4^{3-} のイオン結合が強く，水に不溶で，骨や歯にも含まれている。※④

(2) ① 各電離定数に $[H^+] = 10^{-7.40}$ を代入すると，
$$\frac{(10^{-7.40}) \cdot [H_2PO_4^-]}{[H_3PO_4]} = 10^{-2.12} \quad \frac{[H_2PO_4^-]}{[H_3PO_4]} = 10^{5.28} \quad \cdots\cdots(\text{i})$$
$$\frac{(10^{-7.40}) \cdot [HPO_4^{2-}]}{[H_2PO_4^-]} = 10^{-7.21} \quad \frac{[HPO_4^{2-}]}{[H_2PO_4^-]} = 10^{0.19} \quad \cdots\cdots(\text{ii})$$
$$\frac{(10^{-7.40}) \cdot [PO_4^{3-}]}{[HPO_4^{2-}]} = 10^{-12.7} \quad \frac{[PO_4^{3-}]}{[HPO_4^{2-}]} = 10^{-5.3} \quad \cdots\cdots(\text{iii})$$

$[H_3PO_4] : [H_2PO_4^-] : [HPO_4^{2-}] : [PO_4^{3-}]$
$= 1 : 10^{5.28} : 10^{5.47} : 10^{0.17}$ ※⑤

◀※①
赤リンは，黄リンの P_4 分子が鎖状または網目状に連なった高分子の構造。

◀※②
CS_2 は CO_2 と同じ直線形構造で，液体(無極性溶媒)である。無極性分子の黄リンは溶けるが，高分子の赤リンは不溶。

◀※③

溶質	水溶液の性質
H_3PO_4	酸性
NaH_2PO_4	弱酸性
Na_2HPO_4	弱塩基性
Na_3PO_4	塩基性

◀※④
$Ca_3(PO_4)_2$ を硫酸で処理すると過リン酸石灰ができ，リン酸肥料として利用される。

◀※⑤
$[H^+]$ を変化させ，これと同様の計算を行うと，次の関係となる。

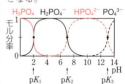

よって，H$_2$PO$_4^-$ と HPO$_4^{2-}$ が主に存在し，緩衝作用を示す。
② H$_3$PO$_4$ + NaOH ⟶ NaH$_2$PO$_4$ + H$_2$O ……第1中和
  NaH$_2$PO$_4$ + NaOH ⟶ Na$_2$HPO$_4$ + H$_2$O ……第2中和
  Na$_2$HPO$_4$ + NaOH ⟶ Na$_3$PO$_4$ + H$_2$O ……第3中和
第1中和が完了した後，第2中和のどこかで①の緩衝液ができる。
第1中和に要する NaOH 水溶液を V〔mL〕とおくと，H$_3$PO$_4$ と等モルなので，

$$0.0575 = 0.500 \times \frac{V}{1000} \quad V = 115 \text{(mL)}$$

(ii) 式 $\dfrac{[\text{HPO}_4^{2-}]}{[\text{H}_2\text{PO}_4^-]} = 10^{0.19} = 1.55$ より，

[H$_2$PO$_4^-$]：[HPO$_4^{2-}$] = 1：1.55

この比は，モル比とも考えてよいので，この比になるまで NaOHaq を加える必要がある。したがって，

$$115 + 115 \times \frac{1.55}{1 + 1.55} \overset{※①}{≒} 185 \text{(mL)}$$

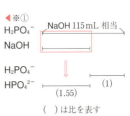

◀※①
（　）は比を表す

◀※②
具体的には 400～600 °C であり，これを「高温」とした。しかし，あまり高温 (700 °C 以上) だと平衡の面で不利になる。

◀※③
植物の生育は，必要元素のうち最も不足しているものに左右される。これをリービッヒの最少律という。

◀※④
Ca^{2+} と PO$_4^{3-}$ にはたらくクーロン力は強いが，Ca^{2+} と H$_2$PO$_4^-$ にはたらくクーロン力は弱くなっている。

◀※⑤
(触媒の作用の例)
Fe (Fe$_3$O$_4$)：NH$_3$ 製造
　　　　(ハーバー・ボッシュ法)
Pt：硝酸製造
　　(オストワルト法)
V$_2$O$_5$：硫酸製造
　　　(接触式硫酸製造法)

◀※⑥

161 (1) カリウム
(2) 塩化アンモニウム NH$_4$Cl
(3) 肥料には，水に溶け，植物の根に吸収されやすいものが適している。リン鉱石は水に溶けないが，過リン酸石灰の Ca(H$_2$PO$_4$)$_2$ は水に溶けるから。
(4) (化学反応式) N$_2$ + 3H$_2$ ⟶ 2NH$_3$
(反応条件) 高温・高圧で，鉄を主成分とする触媒を用いる。
(5) 2NaCl + CaCO$_3$ ⟶ Na$_2$CO$_3$ + CaCl$_2$
この反応は通常では起こらないが，塩化ナトリウム飽和水溶液にアンモニアと二酸化炭素を作用させる反応など，いくつかの反応を組み合わせて炭酸ナトリウムを得ている。
(6) 2NH$_4$Cl + Ca(OH)$_2$ ⟶ 2NH$_3$ + 2H$_2$O + CaCl$_2$

解説 (1) 肥料の三要素…N，P，K (※③)
(2),(5) アンモニアソーダ法については【164】参照。
(3) 下線部①の反応は次の通り。
Ca$_3$(PO$_4$)$_2$ + 2H$_2$SO$_4$ ⟶ $\underset{\text{過リン酸石灰}}{\underline{\text{Ca(H}_2\text{PO}_4)_2 + 2CaSO}_4}$ (※④)
(4) 400～600 °C，大気圧の200～350倍の圧力の下で，Fe$_3$O$_4$ を主成分とする触媒を用いて合成する。(※⑤)(※⑥)
(6) (弱塩基の塩) + (強塩基) ⟶ (弱塩基) + (強塩基の塩) の反応。

参考 中性の窒素肥料である尿素は，次の反応で合成する(高温・高圧)。
2NH$_3$ + CO$_2$ ⟶ CO(NH$_2$)$_2$ + H$_2$O

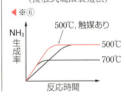

162 (1) (a) ダイヤモンドはすべての炭素原子が共有結合により立体的な網目状構造の巨大分子をつくるが、黒鉛は炭素原子が網目状の平面構造をつくり、その平面構造どうしは弱いファンデルワールス力で結ばれているから。
(b) 炭素原子の4個の価電子を、ダイヤモンドはすべて共有結合に使っているが、黒鉛は3個の価電子を共有結合に使い、残った1個が自由電子のように結晶中を移動することができるから。
(2) 90個
(3) $4.5×10^2$ kJ/mol

解説 (1) ダイヤモンドは宝石や研磨材などに、黒鉛は電極や鉛筆の芯などに用いられる。いずれも共有結合結晶に分類されるが性質は大きく異なる。※①

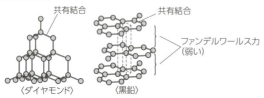
〈ダイヤモンド〉 〈黒鉛〉 共有結合 ファンデルワールス力(弱い)

◀※① 炭素の同素体には、フラーレンや、カーボンナノチューブ(筒状分子)などもある。フラーレンは黒褐色の粉末。電気の不導体で、有機溶媒(ベンゼンなど)に溶ける。

(2) 60個の炭素原子(C)それぞれから3本の結合が出ているので、$60×3=180$ であるが、これらはすべて重複して数えているので2で割ると、90となる。

参考 C_{60} の構造の中に五角形と六角形はそれぞれ何個あるか。
すべての炭素原子は五角形の頂点に位置している。2個の五角形が隣接することはなく、原子の重複はない。よって、五角形の数は $\dfrac{60}{5}=12$ となる。※②

五角形の辺はすべて六角形と隣接しており、六角形1つの3辺に3個の五角形が隣接している(残りの3辺は3個の六角形が隣接している)。よって、六角形の数は $\dfrac{5×12}{3}=20$ となる。

◀※② 五角形を黒く塗ると次のようになる。

(3) 求める C-C 間の結合エネルギーを x [kJ/mol] とおく。エネルギー図は右図のようになる。よって、

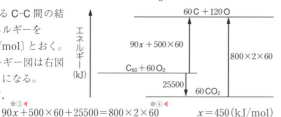

$90x+500×60+25500=800×2×60$ ※③ ※④ $x=450$ (kJ/mol)

◀※③ (2)より C_{60} 中の C-C 結合の数は90である。
◀※④ 800 800
O=C=O
CO_2 1分子あたり2個の C=O 結合が含まれている。

11 金属元素

163 A:(カ) B:(イ) C:(オ) D:(キ) E:(エ) F:(ウ)

解説 (A) $2Na + 2H_2O \longrightarrow 2NaOH + H_2$ ※①◀ ……(カ)

(B) $2NaOH + CO_2 \longrightarrow Na_2CO_3 + H_2O$ ※②◀ ……(イ)

(C) $2NaHCO_3 \longrightarrow Na_2CO_3 + H_2O + CO_2$ ……(オ)

(D) $NaCl + NH_3 + CO_2 + H_2O \longrightarrow NaHCO_3 + NH_4Cl$ ※②◀ ……(キ)

(E) $NaHCO_3 + HCl \longrightarrow NaCl + CO_2 + H_2O$ ……(エ)

(F) $NaCl$ の溶融塩電解 (融解塩電解) ……(ウ)

〔陰極〕 $Na^+ + e^- \longrightarrow Na$ ※③◀ 〔陽極〕 $2Cl^- \longrightarrow Cl_2 + 2e^-$

参考 操作Fの逆反応 ($Na \longrightarrow NaCl$) は，塩素を作用させる。

$2Na + Cl_2 \longrightarrow 2NaCl$

参考 結晶が空気中の水分を吸収し，その水に溶ける現象を潮解といい，水和物が大気中で自然に水和水を失う現象を風解という。 ※④◀

164 (1) ⑦ CO_2 ⑦ CaO ⑦ $Ca(OH)_2$ ⑦ NH_4Cl ⑦ NH_3
　　　⑦ $NaHCO_3$

　　(2) $NaCl + NH_3 + CO_2 + H_2O \longrightarrow NaHCO_3 + NH_4Cl$

　　(3) $2NH_4Cl + Ca(OH)_2 \longrightarrow 2NH_3 + 2H_2O + CaCl_2$

　　　(酸) NH_4Cl

　　(4) ②

解説 (1)～(3) アンモニアソーダ法は次の5つの反応式からなる。

$NaCl + NH_3 + CO_2 + H_2O \longrightarrow NaHCO_3 + NH_4Cl$ ※⑤◀ ……①

$2NaHCO_3 \longrightarrow Na_2CO_3 + H_2O + CO_2$ ※⑥◀ ……②

$CaCO_3 \longrightarrow CaO + CO_2$ ※⑦◀ ……③

$CaO + H_2O \longrightarrow Ca(OH)_2$ ……④

$2NH_4Cl + Ca(OH)_2 \longrightarrow 2NH_3 + 2H_2O + CaCl_2$ ※⑧◀ ……⑤

(4) ①×2+②+③+④+⑤ より，

$2NaCl + CaCO_3 \longrightarrow Na_2CO_3 + CaCl_2$ ※⑨◀

$NaCl$ (式量 58.5) から $CaCO_3$ (式量 100) の質量を求めると，

$$\frac{58.5 \times 10^3}{58.5} \times \frac{1}{2} \times 100 \times 10^{-3} = 50.0 (kg)$$

165 (1) (A) ア (B) オ (C) イ (2) A，D

　　(3) (i) $Ca(OH)_2 + CO_2 \longrightarrow CaCO_3 + H_2O$

　　　(ii) $CaCO_3 + H_2O + CO_2 \longrightarrow Ca(HCO_3)_2$

　　(4) C_2H_2 (5) ウ

解説 (1) (A) $CaSO_4 \cdot \frac{1}{2}H_2O$ (焼きセッコウ) に水を加えると

$CaSO_4 \cdot 2H_2O$ (セッコウ) となって膨張・固化する。

◀※①
多量の Na を水中に入れると爆発することがあり，危険である。

補足 金属であるナトリウムは水より熱伝導性が大きい。

◀※②
操作D，操作Cはアンモニアソーダ法の反応として重要。

◀※③
水溶液中で電気分解すると，Na^+ の代わりに H_2O が還元され，H_2 が発生してしまう。

◀※④
潮解性は $NaOH$，KOH，$CaCl_2$，$FeCl_3$ などにみられ，風解性は $Na_2CO_3 \cdot 10H_2O$ などにみられる。

◀※⑤
この反応はソルベー塔で起きている。$NaHCO_3$ は NH_4Cl に比べて水への溶解度が小さい。よって，⑦が $NaHCO_3$，⑦が NH_4Cl である。

◀※⑥
この反応はソルベー塔の隣で起きている。⑦は CO_2 である。

◀※⑦
この反応は石灰炉で起きている。⑦は CaO である。

◀※⑧
この反応は蒸留塔で起きている。⑦は $Ca(OH)_2$，⑦は NH_3 である。

◀※⑨
この反応は $CaCO_3$ が水に溶けにくいから，本来は左方向に進む反応である。アンモニアソーダ法は，NH_3 を利用することでこの反応を右方向へ進めている。

化学重要問題集　89

(B) Ca(OH)₂ + Cl₂ ⟶ CaCl(ClO)·H₂O
さらし粉は Cl⁻ と ClO⁻（次亜塩素酸イオン）の2種類の陰イオンを含んでいる複塩。ClO⁻ が酸化作用（殺菌・漂白作用）を示す。
(C) 無水塩化カルシウム CaCl₂ は溶解度が大きく，潮解性があるので乾燥剤として用いられる。※①

(2) 2族元素の化合物の水溶性は次のようになる。

	水酸化物(OH⁻)	硫酸塩(SO₄²⁻)	炭酸塩(CO₃²⁻)	塩化物(Cl⁻)
Be²⁺, Mg²⁺	不溶(沈殿)	溶	不溶(沈殿)※③	溶※④
Ca²⁺, Sr²⁺, Ba²⁺	溶(強塩基)	不溶(沈殿)※②		

CaSO₄(A) と CaCO₃(D) は水にほとんど溶けない。

(3)(i) CO₂（酸性酸化物）に H₂O を加えて H₂CO₃ とみなすと反応式が書きやすくなる。
Ca(OH)₂ + H₂CO₃ ⟶ CaCO₃ + 2H₂O

(ii) (i)でさらに CO₂ を加えると，CaCO₃（物質D）の沈殿が溶ける。これは生成した Ca(HCO₃)₂（物質E）が電離し，水に可溶なためである。自然界では，この反応が地中で起こり，地下水が石灰石を溶かし，鍾乳洞ができることがある。※⑤

```
       H⁺
    ┌─CO₃²⁻（塩基）       HCO₃⁻
    └─H₂CO₃（酸）   ⟶    HCO₃⁻
```

(4) CaCO₃ ⟶ CaO + CO₂
CaO + 3C ⟶ CaC₂ + CO   X は CaC₂
CaC₂ + 2H₂O ⟶ Ca(OH)₂ + C₂H₂   Y は C₂H₂
※⑥

(5) (ア) アルカリ金属の炭酸塩は熱分解しない。NaHCO₃, CaCO₃ は熱分解するので，区別される特徴である。（誤り）
(イ) MgSO₄ は水に可溶，BaSO₄ は水に不溶。（誤り）
(ウ) アルカリ金属(Li=赤, Na=黄, K=赤紫)とアルカリ土類金属(Ca=橙赤, Sr=紅, Ba=黄緑)は炎色反応を示す。（正しい）
(エ) 2Mg + CO₂ ⟶ 2MgO + C の反応が起こり，燃え続ける。（誤り）

166 (1) ① 2Al + 6HCl ⟶ 2AlCl₃ + 3H₂
② 2Al + 2NaOH + 6H₂O ⟶ 2Na[Al(OH)₄] + 3H₂
(2) 錯イオン　(3) 融解する温度（融点）を下げるため。
(4) 水が先に還元され，水素が発生してしまうから。
(5) (陽極) C + O²⁻ ⟶ CO + 2e⁻
C + 2O²⁻ ⟶ CO₂ + 4e⁻
(陰極) Al³⁺ + 3e⁻ ⟶ Al
(6) 1.3倍
(7) 2Al(固) + Fe₂O₃(固) = Al₂O₃(固) + 2Fe(固) + 852kJ

解説 (1) 両性元素※⑦の Al の単体は，酸の水溶液と反応して Al³⁺ に，強塩基の水溶液と反応して [Al(OH)₄]⁻（錯イオン）の状態で存在する。

◀※①
CaCl₂ は中性の乾燥剤だが，アンモニアの乾燥には不適当(CaCl₂·8NH₃ となるため)。
◀※②
BaSO₄ は X線造影剤として使われる。胃液中の HClaq と反応しない（強酸由来の塩であるから）ことも理由の一つ。
◀※③
CaCO₃ は石灰石，Ca(OH)₂aq は石灰水。
◀※④
MgCl₂ は海水から NaCl を除いた溶液（にがり）に多く含まれ，豆腐の製造に用いられる（大豆タンパクを塩析させる）。
（注意）同じハロゲンの塩でも，CaF₂（ホタル石）は水に不溶。
◀※⑤
逆反応が起こると鍾乳石や石筍ができる。

◀※⑥
炭化カルシウム（カーバイド）CaC₂ は水を注ぐと発熱し危険である。同様に，CaO も発熱する禁水性物質である。
CaO + H₂O ⟶ Ca(OH)₂
生石灰　　　　消石灰

◀※⑦
両性元素は，Al, Zn, Sn, Pb などで，単体は酸の水溶液とも強塩基の水溶液とも反応する。両性金属ともいわれる。

どちらの反応でも気体の H_2 が発生する。
(2) 不動態：金属の起こりやすい反応が停止した状態。※①
　複塩：2種類以上の塩が結合した形式で表すことができる化合物で，2種類以上の陽イオン（または陰イオン）を含む塩。※②
(3) ボーキサイトの主成分は Al_2O_3 であるが，不純物として Fe_2O_3 や SiO_2 などを含む。※③ Al_2O_3 は両性酸化物なので，濃 NaOH 水溶液にテトラヒドロキシドアルミン酸ナトリウムとなり溶ける。

$$Al_2O_3 + 2NaOH + 3H_2O \longrightarrow 2Na[Al(OH)_4]$$

この溶液に適量の水を加えて弱塩基性にすると，水酸化アルミニウムの白色沈殿が生成する。

$$Na[Al(OH)_4] \longrightarrow Al(OH)_3 + NaOH$$

この沈殿を加熱して，純粋な酸化アルミニウム（アルミナ）を得る。Al_2O_3 は非常に融点が高い(2054℃)ので，氷晶石 Na_3AlF_6 の融解液に少しずつ加える方法で融解する温度(融点)を下げ，約960℃で溶融塩電解(融解塩電解)※④を行う。

(4) Al はイオン化傾向が大きいため，H_2O よりも還元されにくい。そのため無水の状態で電気分解を行う(溶融塩電解)。

(5),(6) 〔陽極〕陽極で CO が x [mol]，CO_2 が y [mol] 発生したとする。

$$C + O^{2-} \longrightarrow CO + 2e^-$$
$$\phantom{C + O^{2-} \longrightarrow\ } x \quad\ \ 2x\ [mol]$$

$$C + 2O^{2-} \longrightarrow CO_2 + 4e^-$$
$$\phantom{C + 2O^{2-} \longrightarrow\ } y \quad\ \ 4y\ [mol]$$

陽極で発生した気体の物質量の合計について，

$$x+y = \frac{1.68\,L}{22.4\,L/mol} = 0.075\,mol \quad \cdots\cdots ①$$

流れた e^- について，※⑤

$$2x + 4y = \frac{1.80\,g}{27\,g/mol} \times \frac{3}{1} = 0.20\,mol \quad \cdots\cdots ②$$

①，②を解くと，$x = 0.050\,mol$，$y = 0.025\,mol$

$$\frac{CO\ の質量}{CO_2\ の質量} = \frac{28 \times 0.050}{44 \times 0.025} = 1.27\cdots ≒ 1.3\,(倍)$$

(7) $2Al(固) + \frac{3}{2}O_2(気) = Al_2O_3(固) + 1676\,kJ \quad \cdots\cdots ①$

　　$2Fe(固) + \frac{3}{2}O_2(気) = Fe_2O_3(固) + 824\,kJ \quad \cdots\cdots ②$

①式－②式より，組み立てる。

---

167 (1) (a) 3　(b) 11　(c) 2　(d) 8　(e) 14　(f) 2　※⑥
　　　　(g) 大き　(h) 高
　　(2) ① イ　② ヘキサアンミンコバルト(Ⅲ)イオン
　　　　③ イ　④ 5.7 g
　　(3) ウ，オ

解説　(1) (c)～(f) 遷移元素では最外殻電子は2個（または1個）で，周期表上で横に並んだ元素どうしの性質も似ている。鉄 Fe は第4周期の8族の元素で，原子番号は26（電子数は26）である。※⑦

◀※①
Al の表面に人工的に酸化被膜をつけ，耐食性を向上させたものをアルマイトという。

◀※②
（複塩の例）
ミョウバン
　$AlK(SO_4)_2 \cdot 12H_2O$
さらし粉　$CaCl(ClO) \cdot H_2O$

◀※③
地殻（地表16kmまで）の元素の存在率（質量%）は，酸素，ケイ素，アルミニウム，鉄の順に多い。

◀※④

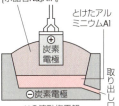

Al の溶融塩電解

このとき，氷晶石は電気分解されない。

◀※⑤
陰極では，
$Al^{3+} + 3e^- \longrightarrow Al$
の反応が起きている。1 mol の Al につき 3 mol の e^- が流れている。

◀※⑥
特にことわりがなければ，12族元素は典型元素として答えてよい。

◀※⑦
遷移元素の性質の特徴
・典型元素に比べて，融点が高く，密度も大きい。
・合金をつくりやすい。
・いろいろな酸化数をとるものが多い。
・イオンや化合物には有色のものが多い。錯イオンとなるものもある。

族	1	2	3	4	5	6	7	8	9	10	11	12	13
元素記号	K	Ca	Sc	Ti	V	Cr	Mn	Fe	Co	Ni	Cu	Zn	Ga
原子番号	19	20	21	22	23	24	25	26	27	28	29	30	31
最外殻電子の数	1	2	2	2	2	1	2	2	2	2	1	2	3

← 遷移元素 →

例えば，$_{20}$Ca の電子配置は K(2)L(8)M(8)N(2) で，$_{26}$Fe の電子配置は，6 個の電子が M 殻に入り，K(2)L(8)M(14)N(2) となる。

(2) ① 配位子になる分子やイオンは，<u>非共有電子対</u>をもつ。 ※①◀

◀※①
金属イオンを中心として，NH_3 や CN^- のような分子やイオンが配位結合してできたイオンを<u>錯イオン</u>という。このとき，NH_3 や CN^- などを<u>配位子</u>，金属イオンに結合できる配位子の数を<u>配位数</u>という。

(ア) H:N:C:C:N:H (イ) H:C:C:C:C:H

(ウ) H:O:H (エ) [:O:H]$^-$ (オ) [:C::N:]$^-$

② イオン式の後から呼ぶ。全体が陰イオンのときは「酸」をつける。

(例) [Fe(CN)$_6$]$^{4-}$ ヘキサ シアニド 鉄(Ⅱ) 酸 イオン
③ ② ① ①配位数 ②配位子 ③金属イオンと価数

[Co(NH$_3$)$_6$]$^{3+}$ は，ヘキサアンミンコバルト(Ⅲ)イオン となる。 ※②◀

③ 金属イオンの種類によって，錯イオンの配位数や立体構造が決まっている。

(ア) Ag$^+$ は 2 配位(直線形) (イ) Cu^{2+} は 4 配位(正方形)
(ウ) Zn^{2+} は 4 配位(正四面体形)
(エ) Fe^{2+}，Fe^{3+}，Co^{3+}，Ni^{2+} などは一般的に 6 配位(正八面体形)

④ [CoCl(NH$_3$)$_5$]Cl$_2$(式量 250.5) 1 mol のうち，2 mol の Cl$^-$ はイオン結合，1 mol の Cl$^-$ が配位結合している。Ag$^+$ と白色沈殿を生じるのはイオン結合している Cl$^-$ で，錯塩 1 mol あたり 2 mol の AgCl(式量 143.5) が生成する。

$$143.5 \times \frac{5.0}{250.5} \times \frac{2}{1} \fallingdotseq 5.7 \, (g)$$

◀※②

配位子	その名称
Cl$^-$	クロリド
OH$^-$	ヒドロキシド
CN$^-$	シアニド
NH$_3$	アンミン
H$_2$O	アクア

H$_2$O だけが配位結合した錯イオンは省略して書かれることが多い。
(例) [Cu(H$_2$O)$_4$]$^{2+}$
 ⇒ Cu^{2+} (青色)

(3) (ウ)はハイブリッドカーなどに利用されている二次電池。(オ)は自動車のバッテリーなどに利用される最も有名な二次電池。(ア)はリチウムイオン電池(二次電池)と名称が似ているので注意したい。

---

168 (1) (a) Fe + 2HCl ⟶ FeCl$_2$ + H$_2$
(b) 2FeCl$_2$ + Cl$_2$ ⟶ 2FeCl$_3$

(2)

	①	②	③	④
(a)	ウ	オ	イ	オ
(b)	ア	エ	オ	イ

(3) Fe$_3$O$_4$

(4) **イオン化傾向が 亜鉛＞鉄＞スズ の順に大きいので，鉄が露出したとき，ブリキでは鉄が先に酸化されるが，トタンでは亜鉛が先に酸化されるから。**

◀※③
H$_2$ 発生中は，Fe^{2+} が空気中の O$_2$ によって Fe^{3+} に酸化される(FeCl$_3$ になる)ことはない。これは，H$_2$ 発生中は H$_2$ が代わりに酸化されるから。

解説 (1) 鉄が希塩酸に溶けると FeCl$_2$ の水溶液ができる(＝(a))。塩素 ※③◀ を通じると Fe^{2+} が Fe^{3+} に酸化され，FeCl$_3$ の水溶液になる(＝(b))。

92 化学重要問題集

(2) (a)に NaOH 水溶液を加えると，緑白色の Fe(OH)₂ が沈殿し，(b)に NaOH 水溶液を加えると，赤褐色の Fe(OH)₃ が沈殿する。
(a)にヘキサシアニド鉄(Ⅲ)酸カリウム K₃[Fe(CN)₆] 水溶液を加えるとターンブルブルー（ターンブル青）とよばれる濃青色沈殿が，(b)にヘキサシアニド鉄(Ⅱ)酸カリウム K₄[Fe(CN)₆] 水溶液を加えるとベルリンブルー（紺青）とよばれる濃青色沈殿がそれぞれ生じる。
また，(b)は SCN⁻（チオシアン酸イオン）と錯イオンをつくって，血赤色に呈色する（(a)は呈色しない）。
(3) Fe₃O₄ は鉄の黒さびの主成分である（FeO・Fe₂O₃）。Fe₂O₃ は鉄の赤さびの主成分。FeO は黒色だが，不安定で，自然界には純物質としては存在しない。
(4) トタンは建物の外壁や屋根に用いられる。※②

169 (1) 2C + O₂ ⟶ 2CO （または C + CO₂ ⟶ 2CO）
(2) ① 3Fe₂O₃ + CO ⟶ 2Fe₃O₄ + CO₂
② Fe₃O₄ + CO ⟶ 3FeO + CO₂
③ FeO + CO ⟶ Fe + CO₂
(3) (a) 銑鉄 (b) 酸素 (c) 鋼
(4) 1.08 cm³ （または 1.09 cm³）

解説 (1) 溶鉱炉内では，まずコークス(C)が燃焼して生じた二酸化炭素が高温の炭素に触れ，一酸化炭素に変化する。
CO₂ + C = 2CO − 172 kJ
この平衡は，高温ほど右方向へ移動するから，溶鉱炉内では CO₂ よりも CO の方がむしろ安定である。
(2) ① 3Fe₂O₃ ⟶ 2Fe₃O₄
O は左辺で 9，右辺で 8 なので，余った O 一つを CO が受け取り，3Fe₂O₃ + CO ⟶ 2Fe₃O₄ + CO₂ となる。
(4) 原子数は変化しないので，面心立方格子（単位格子中に原子 4 個）から体心立方格子（単位格子中に原子 2 個）への構造変化を次のように考える。

面心立方格子 1 個
（一辺の長さを a とおく）

体心立方格子 2 個
（一辺の長さを b とおく）

原子の半径を r とおくと，それぞれの一辺の長さと体積は
（面心）$\sqrt{2}\,a = 4r$ から，一辺の長さ $a = 2\sqrt{2}\,r$　体積 $a^3 = 16\sqrt{2}\,r^3$
（体心）$\sqrt{3}\,b = 4r$ から，一辺の長さ $b = \dfrac{4}{\sqrt{3}}r$　体積 $b^3 \times 2 = \dfrac{128}{3\sqrt{3}}r^3$

（面心）と（体心）の体積比を考えると，

$$\dfrac{（体心）}{（面心）} = \dfrac{\dfrac{128}{3\sqrt{3}}r^3}{16\sqrt{2}\,r^3} = \dfrac{8}{3\sqrt{6}} = \dfrac{4\sqrt{6}}{9} = \dfrac{4 \times 1.41 \times 1.73}{9} ≒ \dfrac{1.08}{1.00}$$

◀※①
ターンブルブルーとベルリンブルーは歴史的には異なる化合物と見られていたが，現在，同一組成 KFe[Fe(CN)₆] をもつことが明らかにされている。
◀※②
トタンに傷がついて鉄が露出しても，亜鉛が先に酸化されるので，鉄が保護される。

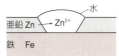

◀※③

転炉

◀※④
参考 石灰石の役割
CaCO₃ ⟶ CaO + CO₂
の反応で生じた CaO（塩基性酸化物）は，不純物の SiO₂（酸性酸化物）と反応する。
CaO + SiO₂ ⟶ CaSiO₃
これらがスラグとなり，とけた鉄の上に浮かぶ。

◀※⑤
単位格子の面の対角線（長さ $\sqrt{2}\,a$）で原子どうしが接する。
◀※⑥
単位格子の体対角線（長さ $\sqrt{3}\,b$）で原子どうしが接する。
◀※⑦
ここで有理化せずに計算すると，$\dfrac{8}{3 \times 1.41 \times 1.73} ≒ \dfrac{1.09}{1.00}$ となる。

化学重要問題集　93

170 (1) (ア) 陽 (イ) 陰 (ウ) 二酸化窒素 (エ) 一酸化窒素
(オ) オストワルト (カ) 酸化銅(Ⅱ) (キ) 塩基
(2) ① 0.12mol ② 15%
(3) (a) $3Cu + 8HNO_3 \longrightarrow 3Cu(NO_3)_2 + 4H_2O + 2NO$
(b) $3NO_2 + H_2O \longrightarrow 2HNO_3 + NO$
(4) $Cu(OH)_2 + 4NH_3 \longrightarrow [Cu(NH_3)_4]^{2+} + 2OH^-$
(5) ① 青色から無色 ② 2.5×10^{-3} mol

解説 (1) (ア),(イ) 電気分解によって純度の高い銅(純銅)をつくる方法を<u>電解精錬</u>という。不純物を含む銅(粗銅)を陽極として,0.3V 程度に調節して電気分解する。Cu よりイオン化傾向の小さな金属(Agや Au)は,酸化されずに陽極の下に沈殿する(<u>陽極泥</u>)。
(ウ),(エ) Cu と希 HNO_3 で $\underline{NO}$ 発生。Cu と濃 HNO_3 で $\underline{NO_2}$ 発生。
(カ) 銅の酸化物には黒色の酸化銅(Ⅱ)CuO と,赤色の酸化銅(Ⅰ) Cu_2O がある。銅を熱すると,1000℃ 以下では CuO が,1000℃ 以上に加熱すると Cu_2O が生じる。また,湿気のある空気中では<u>緑青</u>を生じる。

(2) 両極で流れた電子 e^- の物質量は,
$$\frac{9.65(A) \times (40 \times 60)(s)}{9.65 \times 10^4 (C/mol)} = 0.240 (mol)$$
両極の反応は,
(陽極)$\begin{cases} Cu \longrightarrow Cu^{2+} + 2e^- \\ Ni \longrightarrow Ni^{2+} + 2e^- \end{cases}$
(陰極) $Cu^{2+} + 2e^- \longrightarrow Cu$

① 陰極では,e^- 2mol が流れると Cu 1mol が析出するので,Cu は,
$$0.240 \times \frac{1}{2} = 0.120 (mol)$$

② 陽極で酸化された Cu は,
$$8.00 \times \frac{79.5}{100} \times \frac{1}{63.5} = 0.100 (mol)$$
流れた e^- 0.240mol のうち,$0.100 \times 2 = 0.200$(mol) 分が Cu の酸化に使われ,残りの e^- 0.040mol 分が Ni の酸化に使われた。よって,Ni の含有量は,
$$\frac{58.7 \times 0.040 \times \frac{1}{2}}{8.00} \times 100 = 14.6\cdots \fallingdotseq 15(\%)$$

(3) (a) 希 HNO_3 が酸化剤としてはたらいている。(b)は【154】(3)参照。
(4) $Cu^{2+} + 2OH^- \longrightarrow Cu(OH)_2$ の反応で青白色沈殿が生じ,さらに過剰の NH_3 を加えると,テトラアンミン銅(Ⅱ)イオンが生じて,深青色の溶液となる。
(5) CuI の沈殿を生じる反応と(d)の反応の化学反応式は,
$2CuSO_4 + 4KI \longrightarrow 2CuI + I_2 + 2K_2SO_4$
$I_2 + 2Na_2S_2O_3 \longrightarrow 2NaI + Na_2S_4O_6$

◀※①
[参考] (金属の電気伝導性)
電気伝導度(Agを100とする)
Ag > Cu > Au > Al
(100) (95) (72) (59)
◀※②

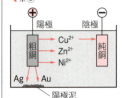

なお,粗銅に Pb が含まれていると,
$Pb^{2+} + SO_4^{2-} \longrightarrow PbSO_4 \downarrow$
の反応によって,$PbSO_4$ が陽極泥に含まれることもある。
◀※③
緑青の組成は $Cu_2CO_3(OH)_2$ や $Cu_4(OH)_6SO_4$ とされている。

◀※④
$Cu \longrightarrow Cu^{2+} + 2e^-$ …①
$HNO_3 + 3H^+ + 3e^-$
$\longrightarrow NO + 2H_2O$ …②
①式×3+②式×2 で組み立て両辺に $6NO_3^-$ を加えてつくる。
◀※⑤
$Cu^{2+} + e^- \longrightarrow Cu^+$ …①
$2I^- \longrightarrow I_2 + 2e^-$ …②
①式×2+② より
$2Cu^{2+} + 2I^- \longrightarrow 2Cu^+ + I_2$
両辺に $2SO_4^{2-}$,$4K^+$,$2I^-$ を加えて完成させる。

2 mol のチオ硫酸ナトリウム $Na_2S_2O_3$ と 1 mol の I_2 が反応し，1 mol の I_2 を生じるには 2 mol の $CuSO_4$ が反応する。よって，$CuSO_4$ の物質量は，

$$\underbrace{0.100 \times \frac{25.0}{1000}}_{Na_2S_2O_3} \times \frac{1}{2} \times \frac{2}{1} = 2.5 \times 10^{-3} \text{(mol)}$$

171 (1) (A) +7 (B) +4 (C) +6
(あ) 赤紫 (い) 黒 (う) MnO_2 (え) 触媒 (お) ステンレス
(2) 13
(3) ① $2CrO_4^{2-} + 2H^+ \longrightarrow Cr_2O_7^{2-} + H_2O$
② $Cr_2O_7^{2-} + 14H^+ + 6e^- \longrightarrow 2Cr^{3+} + 7H_2O$

解説 (1) (あ) MnO_4^- は赤紫色。※①
(2) Mn の原子番号は 25 である。これは，「第 7 族」をヒントに $_{18}Ar$ から 7 つ増やすことでわかる。7 つのうち，2 つは最外殻である N 殻に入るが，あと 5 つは内殻の M 殻へ収容される。

$_{25}Mn$　　K(2) L(8) M(8+5) (N(2)) ← 電子を放出
$_{25}Mn^{2+}$　K(2) L(8) M(13)

(3) CrO_4^{2-} は，Ag^+, Pb^{2+}, Ba^{2+} と沈殿を形成し，それぞれ Ag_2CrO_4(赤褐)，$PbCrO_4$(黄)，$BaCrO_4$(黄) となる。このような沈殿生成の実験のときは，塩基性にするのが望ましく，逆に，酸性にすると $Cr_2O_7^{2-}$ の割合が増え，酸化剤としてはたらきやすくなる。

$$2CrO_4^{2-} \underset{OH^-(塩基性)}{\overset{H^+(酸性)}{\rightleftarrows}} Cr_2O_7^{2-}$$
　　(黄色)　　　　　　(赤橙色)

※① **参考** 遷移元素の単原子イオンの色
$_{24}Cr^{3+}$ 緑色
$_{25}Mn^{2+}$ 淡桃色
$_{26}Fe^{2+}$ 淡緑色
$_{26}Fe^{3+}$ 黄褐色
$_{27}Co^{2+}$ 赤色
$_{28}Ni^{2+}$ 緑色
$_{29}Cu^{2+}$ 青色

172 (1) (a) Sn (b) V (c) Pb (d) Ni (e) Hg
(2) (b), (d)

解説 (1) おもな合金を次にまとめる。
黄銅…Cu と Zn　青銅…Cu と Sn　※②　白銅…Cu と Ni
ステンレス鋼…Fe, Cr, Ni など　　ニクロム…Ni と Cr
はんだ…(以前は)Sn と Pb, (最近は)Sn, Ag, Cu など　※③
ジュラルミン…Al, Cu, Mg など
アマルガム…Hg との合金
(2) Sn や Pb は 14 族，(Zn や) Hg は 12 族で典型元素である。

※② 合金ではないが，Fe に Zn めっきが トタン で，Fe に Sn めっきが ブリキ。
※③ 環境への配慮のため，Pb は使われなくなった。
※④ (横からの断面図)

173 (1) $Fe \longrightarrow Fe^{2+} + 2e^-$
(2) $O_2 + 2H_2O + 4e^- \longrightarrow 4OH^-$

解説 鉄のさびは局部電池が形成されることで一層促進される。
(1) 負極で生成した Fe^{2+} が，ヘキサシアニド鉄(Ⅲ)酸カリウムと反応して，濃青色沈殿ができる。※④

$Fe \longrightarrow Fe^{2+} + 2e^-$

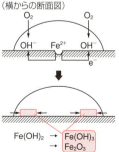

$Fe(OH)_3$ や Fe_2O_3 を赤さびの主成分とすることもある。

$Fe^{2+} + K_3[Fe(CN)_6] \longrightarrow KFe[Fe(CN)_6]\downarrow + 2K^+$

(2) 正極では，鉄が放出した電子を水に溶けている酸素が受け取り，水酸化物イオンを生じる。これにより，フェノールフタレインが赤紫色を示す。
※④(前ページ)◀

$O_2 + 2H_2O + 4e^- \longrightarrow 4OH^-$

174 (1) a (2) b, d (3) **4分子** (4) c (5) **3.2g**

解説 (1) $CuO + H_2SO_4 \longrightarrow CuSO_4 + H_2O$
$CuSO_4$ 水溶液からは硫酸銅(Ⅱ)五水和物 $CuSO_4 \cdot 5H_2O$ の青色結晶が析出する。

(2) 配位できる非共有電子対がないのは，水分子のH原子と硫酸イオンのS原子である。
※①◀

(3) 電気炉で 130 ℃ に加熱した後の結晶硫酸銅(Ⅱ)の式量をMとする。$CuSO_4 \cdot 5H_2O$ と加熱後の結晶硫酸銅(Ⅱ)の物質量は等しいので，
$$\frac{5.000}{250} = \frac{13.56 - 10.000}{M} \quad M = 178$$
失った水分子の数は，
$$\frac{250 - 178}{18} = 4 \quad \text{※②◀}$$

(4) $CuSO_4 \cdot 5H_2O$ $\xrightarrow{\text{約}130℃}$ $CuSO_4 \cdot H_2O$ $\xrightarrow{\text{約}250℃}$ $CuSO_4$ (無水) ※③
　　　青色　　　　　　　　淡青色　　　　　　　　白色

なお，さらに加熱すると，約 650 ℃ で CuO(黒)に変化するが，これは解答群にない。

(5) $CuSO_4$ の式量は 160 で，$CuSO_4 \cdot 5H_2O$ と同じ物質量より，
$$\frac{5.000}{250} \times 160 = 3.2 (g)$$

参考 約 130 ℃ では Cu^{2+} に配位していた 4 つの H_2O 分子が失われ，約 250 ℃ では水素結合していた残り 1 つの H_2O 分子が失われるものと思われる。

175 (1) (A) 4 (B) 5 (C) 6
(2) (A) $[CoCl_2(NH_3)_4]^+$
　　(B) $[CoCl(NH_3)_5]^{2+}$
　　(C) $[Co(NH_3)_6]^{3+}$
(3) 右図

解説 (1),(2) Cl^- は配位子として Co^{3+} に配位結合するか，陰イオンとして錯イオン(陽イオン)とイオン結合する。一方，NH_3 は配位子として Co^{3+} に配位結合する以外の結合方法はない。

$CoCl_3 \cdot 3NH_3 \Rightarrow [CoCl_3(NH_3)_3] \xrightarrow{Ag^+}$ 沈殿しない ※④

$CoCl_3 \cdot 4NH_3 \Rightarrow [CoCl_2(NH_3)_4]Cl \xrightarrow{Ag^+} AgCl\downarrow$ ……錯塩A

$CoCl_3 \cdot 5NH_3 \Rightarrow [CoCl(NH_3)_5]Cl_2 \xrightarrow{Ag^+} 2AgCl\downarrow$ ……錯塩B

$CoCl_3 \cdot 6NH_3 \Rightarrow [Co(NH_3)_6]Cl_3 \xrightarrow{Ag^+} 3AgCl\downarrow$ ……錯塩C

◀※①

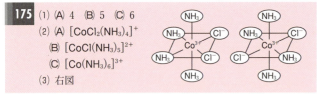

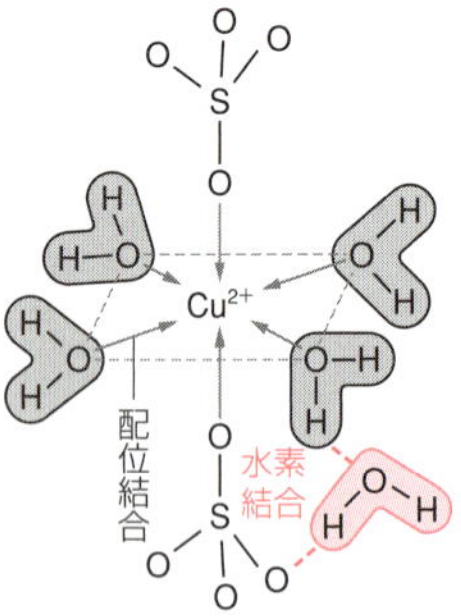

$CuSO_4 \cdot 5H_2O$ の構造
(上下にある SO_4^{2-} は，他の Cu^{2+} へも配位している)

◀※②（別解）
失われた H_2O は
$5.000 + 10.000 - 13.56$
　　　　　$= 1.44 (g)$
$CuSO_4 \cdot 5H_2O$
　$\longrightarrow CuSO_4 \cdot xH_2O + yH_2O$
より，
$$\frac{5.000}{250} \times y = \frac{1.44}{18} \quad y = 4$$

◀※③
硫酸銅(Ⅱ)無水物は白色粉末で，水分に触れると青色の $[Cu(H_2O)_4]^{2+}$ になるので，微量の水分の検出に用いられる。

◀※④
錯塩の化学式は，錯イオンの部分を [ ] で囲んで区別する。また，配位子は，陰イオン・中性分子の順に書く。なお，錯塩の名称は，金属イオンに近いものから順に，配位数をつけてよぶ。また，錯塩は常に錯イオン名を先に読む。例えば $[CoCl_2(NH_3)_4]Cl$ は，ジクロリドテトラアンミンコバルト(Ⅲ)塩化物という。

例えば、CoCl₃·4NH₃ は [CoCl₂(NH₃)₄]Cl と表され、この錯塩 1 mol から [CoCl₂(NH₃)₄]⁺ と Cl⁻ が各 1 mol 生成し、硝酸銀水溶液を混合すると 1 mol の AgCl の沈殿が生じる。

(3) 2種類以上の配位子からなる錯イオンの場合、配位子どうしの立体配置の違いから、シス-トランス異性体(幾何異性体)が存在する場合がある。中心原子に対して同種の配位子が隣り合っているもの(解答の図左)を<u>シス形</u>、向かい合っているもの(解答の図右)を<u>トランス形</u>という。

◀※①

[参考] 配位子 X(○)3つと、別の配位子 Y(●)3つからなる6配位の錯イオンのシス-トランス異性体。

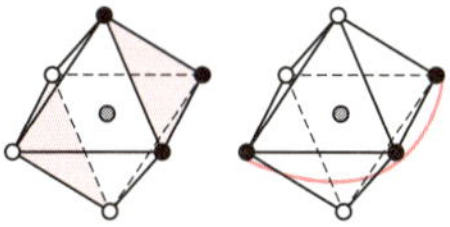

12 無機物質の性質・反応

176 (1) ウ, c (2) ア, e (3) エ, b (4) キ, a (5) オ, d (6) ク, g (7) ケ, f

解説 (1) アルカリ金属の単体は、空気(酸素)、水と容易に反応するので、<u>石油中(灯油中)</u>に保存する。また、エタノールとも反応する。

(2) 黄リンは空気中で徐々に酸化されて発熱し、やがて自然発火するので<u>水中</u>に保存する。

(3) 臭化銀には光により分解する性質(感光性)があり、<u>褐色びん</u>で保存する。硝酸銀や濃硝酸も同様に褐色びんで保存する。

(4) 臭素は赤褐色の刺激性の液体(密度 3.1 g/cm³, 20℃)で、揮発やすいので<u>アンプル</u>中に保存する。

(5) 強塩基の水溶液は空気中の二酸化炭素と反応するので、炭酸ナトリウムの固体が生じて、栓がとれなくなることがある。伸縮できるゴム栓を用いるととれやすい。なお、NaOH(固体)、CaCl₂(固体)のような吸湿性をもつ試薬は、<u>デシケーター</u>で保存することがある。

(6) フッ化水素酸はガラスを侵すので、<u>ポリエチレン容器</u>で保存する。

(7) 分子中に多数のニトロ基をもつ化合物は、衝撃や加熱で爆発しやすい。

◀※②

アンプル デシケーター

ここを切って使う 濃硫酸

◀※③
CO₂ + 2NaOH
　　⟶ Na₂CO₃ + H₂O

◀※④
SiO₂ + 6HF
　　⟶ H₂SiF₆ + 2H₂O

◀※⑤
ニトログリセリン(硝酸エステル)も爆発しやすい。
CH₂-O-NO₂
CH-O-NO₂
CH₂-O-NO₂

177 (1) aとh，**イ**　(2) dとf，**オ**　(3) bとj，**ウ**
　　　(4) aとf，**ア**　(5) eとg，**キ**　(6) aとk，**エ**
　　　(7) aとc，**カ**

解説 (1)～(7)の化学反応式※①と，発生した気体の性質は次の通り。

(1)（製法）$FeS + 2HCl \longrightarrow FeCl_2 + H_2S\uparrow$
　　　$H_2S + Cu^{2+} \longrightarrow 2H^+ + CuS\downarrow$　黒色沈殿が生じる。…イ

(2)（製法）$2KClO_3 \longrightarrow 2KCl + 3O_2\uparrow$
　　　O_2 は助燃性があり，Al が激しく燃焼する。…オ

(3)（製法）$NaCl + H_2SO_4 \longrightarrow NaHSO_4 + HCl\uparrow$
　　　$HCl + NH_3 \longrightarrow NH_4Cl$　白煙が生じる。…ウ

(4)（製法）$MnO_2 + 4HCl \longrightarrow MnCl_2 + 2H_2O + Cl_2\uparrow$
　　　$Cl_2（黄緑色）+ H_2O \rightleftharpoons HCl + HClO$※③　…ア

(5)（製法）$2NH_4Cl + Ca(OH)_2 \longrightarrow CaCl_2 + 2H_2O + 2NH_3\uparrow$
　　　NH_3 は水に非常に溶けやすく，空気より軽いので上方置換で捕集
　する。…キ

(6)（製法）$Zn + 2HCl \longrightarrow ZnCl_2 + H_2\uparrow$
　　　H_2 は還元性があり，CuO を Cu に還元する。…エ

(7)（製法）$CaCO_3 + 2HCl \longrightarrow CaCl_2 + H_2O + CO_2\uparrow$
　　　$Ca(OH)_2 + CO_2 \longrightarrow CaCO_3 + H_2O$　石灰水が白濁
　　　$CaCO_3 + H_2O + CO_2 \longrightarrow Ca(HCO_3)_2$　沈殿が溶ける。…カ

◀※①
主な気体の製法の反応式は，後見返しを参照し，書けるようになっておくこと。

◀※②
この沈殿反応は酸性条件下でも起こるので，逆反応は起こらない。したがって，CuS はHCl とは反応しない。

◀※③
次亜塩素酸は，次式のように，反応し，強い酸化作用（殺菌・漂白作用）を示す。
$HClO + H^+ + 2e^-$
$\longrightarrow H_2O + Cl^-$

---

178 (1) ① (a)，HCl　② (f)，NH_3　③ (d)，H_2　④ (b)，H_2S
　　　⑤ (a)，SO_2　⑥ (d)，NO　⑦ (b)，CO_2　⑧ (c)，CO
　　　(2) 4種類

解説 (1) ① $NaCl + H_2SO_4 \xrightarrow{加熱} NaHSO_4 + HCl\uparrow$

② $2NH_4Cl + Ca(OH)_2 \xrightarrow{加熱} CaCl_2 + 2NH_3\uparrow + 2H_2O$

③ $Zn + H_2SO_4 \longrightarrow ZnSO_4 + H_2\uparrow$

④ $FeS + 2HCl \longrightarrow FeCl_2 + H_2S\uparrow$

⑤ $Cu + 2H_2SO_4 \xrightarrow{加熱} CuSO_4 + SO_2\uparrow + 2H_2O$

⑥ $3Cu + 8HNO_3 \longrightarrow 3Cu(NO_3)_2 + 2NO\uparrow + 4H_2O$

⑦ $CaCO_3 + 2HCl \longrightarrow CaCl_2 + H_2O + CO_2\uparrow$

⑧ $HCOOH \xrightarrow{加熱} CO\uparrow + H_2O$

固体どうしの反応②は，加熱が必要。このほか，濃硫酸の不揮発性
①，酸化作用⑤および脱水作用⑧など※④※⑤を利用する場合は，加熱が必
要。なお，加熱には三角フラスコではなく丸底フラスコを用いる。
気体の捕集は，水に溶けにくい気体（H_2, NO, CO など）は<u>水上置換</u>
で，水に溶ける気体のうち，空気より重い HCl, H_2S, SO_2, CO_2 な
どは<u>下方置換</u>で，空気より軽い NH_3 は<u>上方置換</u>で捕集する。

(2) HCl, H_2S, SO_2, CO_2 の 4種類。

気体の捕集法

水上置換…H_2, O_2, N_2,
　　　　　NO, CO, CH_4 など
上方置換…NH_3 のみ
下方置換…Cl_2, HCl, H_2S,
　　　　　SO_2, CO_2, NO_2 など

◀※④
固体どうしを加熱するとき，試験管の口を下げる。

◀※⑤
濃硫酸の**脱水作用**の例
$HCOOH \longrightarrow CO + H_2O$
$C_2H_5OH \longrightarrow C_2H_4 + H_2O$

98　化学重要問題集

179 A…オ B…カ C…キ D…ア E…ウ F…イ G…エ

解説 実験(1) 水に溶けて，色がついている A，G は $CuSO_4$（青），
$FeCl_3$（黄）で，水に溶けて無色の B，C は NaCl，$NaHCO_3$ である。
水に溶けなかった D，E，F は AgCl，Al_2O_3，$CaCO_3$ である。 ※①

実験(2) (1)で水に不溶の D，E，F のうち，希塩酸に溶けない $\boxed{D}$ は AgCl。
さらに，気体を発生しているので $\boxed{E}$ は $CaCO_3$，残る $\boxed{F}$ は Al_2O_3。

E $CaCO_3 + 2HCl \longrightarrow CaCl_2 + H_2O + CO_2$
F $Al_2O_3 + 6HCl \longrightarrow 2AlCl_3 + 3H_2O$ ※②

B，C のうち，希塩酸と反応して気体が発生する $\boxed{C}$ は $NaHCO_3$

C $NaHCO_3 + HCl \longrightarrow NaCl + H_2O + CO_2$

残る $\boxed{B}$ は NaCl，これは水に溶けやすいから希塩酸に溶けている。 ※③

実験(3) A，G はともに水酸化物の沈殿を生じる。

$Cu^{2+} \xrightarrow{OH^-} Cu(OH)_2, \quad Fe^{3+} \xrightarrow{OH^-} Fe(OH)_3$

実験(4) D，G は NH_3 と錯イオンを形成して溶ける。よって $\boxed{G}$ は $CuSO_4$

D $AgCl \xrightarrow{NH_3} [Ag(NH_3)_2]^+$

G $CuSO_4 \longrightarrow$ 実験(3)で $Cu(OH)_2 \xrightarrow{NH_3} [Cu(NH_3)_4]^{2+}$

残る $\boxed{A}$ は $FeCl_3$ と決定される。

---

180 (1) A… Pb^{2+}　B… Al^{3+}　C… Fe^{2+}　D… Zn^{2+}　E… Ba^{2+}

(2) (ア) $Al^{3+} + 3OH^- \longrightarrow Al(OH)_3$
　 (イ) $Al(OH)_3 + OH^- \longrightarrow [Al(OH)_4]^-$

(3) $Pb^{2+} + CrO_4^{2-} \longrightarrow PbCrO_4$

(4) $Ag^+ \cdots$(e)　$Zn^{2+} \cdots$(c)　$Cu^{2+} \cdots$(d)

(5) (ア) Pb^{2+}，Cu^{2+}，Ag^+　(イ) Zn^{2+}，Fe^{2+}

解説 (1) (i) $SO_4^{2-} \cdots BaSO_4\downarrow$，$PbSO_4\downarrow$　A，E は Ba^{2+} か Pb^{2+}。

(ii) NH_3 錯イオンをつくる D は Ag^+，Zn^{2+}，Cu^{2+}。 ※④

(iii) A，B，D は水酸化物が過剰の NaOH 水溶液に溶解するので，両
性金属の Zn^{2+}，Al^{3+}，Pb^{2+}。ゆえに A は(i)，(iii)より Pb^{2+}，D は(ii)， ※⑤
(iii)より Zn^{2+}，よって B は Al^{3+}。また，E は(i)，(v)より Ba^{2+}。

(iv) Pb^{2+}(A) $+ 2Cl^- \longrightarrow PbCl_2\downarrow$
最後に，C は水酸化物が過剰の NaOH 水溶液にも NH_3 水のいず
れにも溶解しないので，Fe^{2+}。 ※⑥

(2) Al^{3+} に NaOH 水溶液を少量加えると，水酸化アルミニウムの白色
ゲル状沈殿が生成し，さらに過剰の NaOH 水溶液を加えると，沈殿
は $[Al(OH)_4]^-$ を生じて溶ける。

(4) Ag^+：2 配位，直線形　　Zn^{2+}：4 配位，正四面体形
　 Cu^{2+}：4 配位，正方形

(5) イオン化傾向の大きい順に各イオンを並べると ※⑦

(大)	Ba^{2+}	Al^{3+}	Zn^{2+}	Fe^{2+}	Pb^{2+}	Cu^{2+}	Ag^+	(小)
（硫化物）	沈殿しない		中性〜<u>塩基性</u>で沈殿		酸性でも沈殿			

◀※①
Cl^- は Ag^+ と，CO_3^{2-} は Ca^{2+}
と難溶性の塩（沈殿）を生じ
る。O^{2-} は Na^+，K^+，Ca^{2+}，
Ba^{2+} のようなイオン以外と
の化合物は水に難溶（例えば
Al_2O_3，CuO，Fe_2O_3 など）。

◀※②
CO_3^{2-} や O^{2-} が H^+ を受け取
り，H_2CO_3 や H_2O になる。
なお，$CaCl_2$ や $AlCl_3$ は難溶
性の塩ではない。

◀※③
C と F は NaOH と反応して
溶ける。
C $NaHCO_3 + NaOH$
　 $\longrightarrow Na_2CO_3 + H_2O$
F $Al_2O_3 + 2NaOH + 3H_2O$
　 $\longrightarrow 2Na[Al(OH)_4]$
B の NaCl は水に溶ける。

◀※④
水酸化物に過剰の NH_3 水を
加えると，$[Ag(NH_3)_2]^+$，
$[Zn(NH_3)_4]^{2+}$，$[Cu(NH_3)_4]^{2+}$
を生じて溶ける。

◀※⑤
水酸化物に過剰の NaOH 水
溶液を加えると $[Zn(OH)_4]^{2-}$，
$[Al(OH)_4]^-$，$[Pb(OH)_4]^{2-}$ を
生じて溶ける。

◀※⑥
Fe^{2+}，Fe^{3+}，Al^{3+} は NH_3 と錯
イオンをつくらない。

◀※⑦
イオン化傾向の小さい金属ほ
ど，硫化物が沈殿しやすい
(Pt，Au を除く)。

化学重要問題集　99

$$H_2S \rightleftharpoons 2H^+ + S^{2-} \quad \cdots\cdots ①$$

酸性溶液では，①の平衡は左方向に移動し，$[S^{2-}]$ が小さくなるが，溶液を中性または塩基性にすると，①の平衡が右方向に移動するので，$[S^{2-}]$ は大きくなる。CuS は溶解度積が非常に小さいため，$[S^{2-}]$ の小さい酸性溶液でも沈殿する。※①◀

◀※① ZnS は溶解度積が比較的大きいので，$[S^{2-}]$ の大きい中性または塩基性溶液にしないと沈殿しない。

181 (1) (a) AgCl (b) Pb^{2+} (c) CuS (d) $Fe(OH)_3$
 (e) $[Al(OH)_4]^-$ (f) ZnS (g) $CaCO_3$ (h) Na^+
(2) 硫化水素で還元された Fe^{2+} を酸化して，もとの Fe^{3+} にもどすため。
(3) 炎色反応
 白金線につけた試料水溶液をバーナーの外炎に入れ，炎の色の変化を見る。

解説 Ag^+，Na^+，Ca^{2+}，Cu^{2+}，Pb^{2+}，Zn^{2+}，Al^{3+}，Fe^{3+}

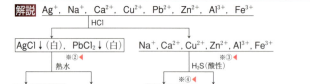

H_2S を通じた際，Fe^{3+} は Fe^{2+} に還元されている。したがって，加熱して H_2S を追い出した後，HNO_3(酸化剤) を加えてもとの Fe^{3+} にもどす。

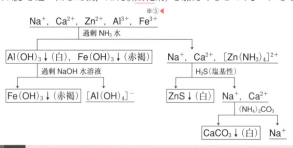

◀※② $PbCl_2$ の溶解度は AgCl に比べて大きく，熱水に溶ける。AgCl は感光性や過剰の NH_3 水に溶けることで検出。Pb^{2+} は CrO_4^{2-} と黄色沈殿することで検出する。

◀※③ Zn^{2+}，Fe^{2+}(Fe^{3+} が還元)は，酸性条件では沈殿しない。

◀※④ Pb^{2+} が一部残っていたり，Hg^{2+} が存在する場合の，Cu^{2+} との分離操作。

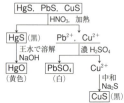

182 (1) (A) AgCl，白色 (B) Ag_2CrO_4，赤褐色
(2) (a) ウ (b) オ (3) 9.0×10^{-6} mol/L (4) 3.6%

解説 (2) (a) 酸性が強いと，CrO_4^{2-} が $Cr_2O_7^{2-}$ に変化し，指示薬の役割ができない。(b) 塩基性が強いと，Ag^+ が Ag_2O に変化し，滴下した Ag^+ が Cl^- との反応以外に使われてしまう。
(3) A について，$[Ag^+][Cl^-]=1.8\times10^{-10}\,(\text{mol/L})^2$ ……①
 B について，$[Ag^+]^2[CrO_4^{2-}]=2.0\times10^{-12}\,(\text{mol/L})^3$ ……②
 $[CrO_4^{2-}]=0.0050$ mol/L のとき，②より，
$$[Ag^+]=\sqrt{\frac{2.0\times10^{-12}}{0.0050}}=2.0\times10^{-5}\,(\text{mol/L})$$
この $[Ag^+]$ の値と①より，
$$[Cl^-]=\frac{1.8\times10^{-10}}{2.0\times10^{-5}}=9.0\times10^{-6}\,(\text{mol/L}) \quad ※⑥◀$$

◀※⑤ Fe^{2+} に NH_3 水を加えても，$Fe(OH)_2$ が沈殿する。しかし，$Fe(OH)_3$ の方が溶解度が小さいので，試料中の鉄イオンをより完全に沈殿として分離できる。

◀※⑥ この値により，$[Cl^-]$ はほとんど存在せず，指示薬による赤褐色沈殿が生じたときには Cl^- と Ag^+ は過不足なく反応したといえる。

(4) 海水の NaCl のモル濃度を x [mol/L] とおく。
NaCl + AgNO₃ ⟶ AgCl↓ + NaNO₃
の反応が過不足なく反応するとき，NaCl と AgNO₃ の物質量は等しい。
$$\frac{x}{10} \times \frac{10.00}{1000} = 0.0200 \times \frac{30.80}{1000} \quad x = 0.616 \text{(mol/L)}$$
1L(1000 mL)の海水は 1000 g であるから，NaCl の質量%濃度は，
$$\frac{0.616 \times 58.5}{1000} \times 100 ≒ 3.6 \text{(\%)}$$

183 (1) 〔硫化鉄(Ⅱ)〕イ 〔希硫酸〕アとウ
(2) FeS + H₂SO₄ ⟶ FeSO₄ + H₂S
(3) 下方置換 (理由)硫化水素は水に溶け，空気よりも重い気体だから。
(4) 容器内イの圧力が高くなり，希硫酸の液面が押し下げられて，希硫酸と硫化鉄(Ⅱ)が接触しなくなるから。
(5) a (6) 右図
(7) a
(8) ふたまた試験管中にはじめから存在していた空気が含まれているから。

解説 (1) キップの装置は，粒状の固体と液体との反応によって，加熱せずに気体を発生させる際に用いられる。
(3) 極めて有毒な気体は，多少水に溶けても，安全のために水上置換で捕集することもある。
(5) ふたまた試験管も，固体と液体の試薬から，加熱せずに気体を発生させる際に用いられる。くびれがある方に固体を入れ，くびれがない方に液体を入れる。反応させるときは，くびれのない方をかたむけて液体の試薬を固体と反応させる。反応を停止させるときは逆にかたむけて，固体をくびれの部分で止め，固体と液体を分離させる。
(7) 液体を先に入れると試験管の内壁が液体でぬれ，固体を入れる際に触れて反応が起こる可能性がある。

184 (1) (ア) [Zn(NH₃)₄]²⁺ (イ) [Cu(NH₃)₄]²⁺
(2) (ウ) Cu₂O (エ) PbSO₄ (オ) BaSO₄
(3) c
(4) (A) ZnBr₂ (B) CuSO₄ (C) AgNO₃
(D) Pb(NO₃)₂(または (CH₃COO)₂Pb) (E) BaCl₂ (F) AlCl₃

解説 アンモニア水で沈殿し，過剰で溶けるのは Ag⁺，Cu²⁺，Zn²⁺
Ag⁺ ⟶ Ag₂O↓(褐) ⟶ [Ag(NH₃)₂]⁺(無)
Cu²⁺(青) ⟶ Cu(OH)₂↓(青白) ⟶ [Cu(NH₃)₄]²⁺(深青)…イ
Zn²⁺ ⟶ Zn(OH)₂↓(白) ⟶ [Zn(NH₃)₄]²⁺(無)…ア
色の変化からAには Zn²⁺ が，Bには Cu²⁺ が含まれている。

◀※①

活栓を開けるとアにたまっていた希硫酸がウを経てイに入り，硫化鉄(Ⅱ)と反応する。活栓を閉めるとイの硫化水素の圧力が高くなり，イの希硫酸がウを経てアに押し上げられ，希硫酸と硫化鉄(Ⅱ)が接触しなくなるので反応は止まる。

◀※②
Pb²⁺ を含んでいて，水に溶ける物質であれば正解。
NO₃⁻ はいずれの陽イオンとも沈殿を形成しない(硝酸塩は水に溶けやすい)。

酸性条件の H_2S で沈殿するのは $Ag^+(\to Ag_2S)$，$Cu^{2+}(\to CuS)$，Pb^{2+} $(\to PbS)$ で，いずれも黒色。Zn^{2+} は沈殿を生じないことからも A＝Zn^{2+} を確かめられる。

Bの Cu^{2+} に鉄板を浸すと，Cu(単体) が析出する。強熱すると酸化さ※①◀ れるが，赤色なので酸化銅（Ⅰ）Cu_2O(…ウ) が生成する。

Cはアルデヒドの還元性を調べる銀鏡反応の試薬なので硝酸銀 $AgNO_3$ とわかる。

残った Al^{3+}，Ba^{2+}，Pb^{2+} の中から2つ白色沈殿を生じさせるのに最 ※②◀ もふさわしいのは $SO_4{}^{2-}$ で，D，E は $Ba^{2+}(\to BaSO_4)$ か Pb^{2+} $(\to PbSO_4)$ のどちらか。よって，F には Al^{3+} が含まれ，B は $CuSO_4$ とわかる。

$PbCl_2$ の沈殿は熱水に溶ける。また，単体の Pb は HCl や H_2SO_4 に溶 ※③◀ けにくい。よって，D には Pb^{2+} が含まれ，E は $BaCl_2$ とわかる。

C＝Ag^+ を含む沈殿で感光性があるのは $AgCl$(白) と $AgBr$(淡黄) と AgI(黄) なのでAには Br^-，EとFには Cl^- が含まれる。

よってAは $ZnBr_2$，F は $AlCl_3$ とわかる。

Fを還元させたものは Al で $NaOH$ 水溶液に H_2 を発生して溶ける。 一連の反応は以下の通り。

$$Al \xrightarrow{NaOH} [Al(OH)_4]^- \xrightarrow{HCl} Al(OH)_3 \cdots\cdots NH_3 に不溶$$

(3) ハロゲン化銀とアンモニア NH_3，チオ硫酸ナトリウム $Na_2S_2O_3$ の 水溶液との溶解性は以下の通り。

	AgCl(白)	AgBr(淡黄)	AgI(黄)
NH_3 水	溶ける	やや溶けにくい	溶けない
$Na_2S_2O_3$ 水溶液	溶ける	溶ける※④◀	溶ける

$Na_2S_2O_3$ 水溶液には $[Ag(S_2O_3)_2]^{3-}$ となって溶ける。

185 (1) $H_2S \rightleftharpoons H^+ + HS^-$，$HS^- \rightleftharpoons H^+ + S^{2-}$※⑤◀

(2) (A) 1.0×10^{-21} (B) 1.0×10^{-22} (C) 1.0×10^{-23}

(3) ② 生じる ③ 生じない

(4) 4.4

(5) $\dfrac{aK_1K_2}{[H^+]^2 + K_1[H^+] + K_1K_2}$

解説 (2) (A) 一段目と二段目を合わせた反応は次の通り，

$$H_2S \rightleftharpoons 2H^+ + S^{2-}$$

$$K = K_1 \times K_2 = \frac{[H^+][HS^-]}{[H_2S]} \times \frac{[H^+][S^{2-}]}{[HS^-]} = \frac{[H^+]^2[S^{2-}]}{[H_2S]}$$
$$= 1.0\times10^{-7} \times 1.0\times10^{-14} = 1.0\times10^{-21} \,(mol/L)^2$$
※⑥◀

(B) (A)の $\dfrac{[H^+]^2[S^{2-}]}{[H_2S]} = 1.0\times10^{-21}$ に値を代入して

$$\frac{1.0^2 \times [S^{2-}]}{0.10} = 1.0\times10^{-21} \qquad [S^{2-}] = 1.0\times10^{-22}\,(mol/L)$$

(C) $[Cu^{2+}][S^{2-}] = 0.10 \times 1.0\times10^{-22} = 1.0\times10^{-23}\,(mol/L)^2$

◀※①
イオン化傾向 Fe＞Cu より
$Fe + Cu^{2+} \longrightarrow Fe^{2+} + Cu$

◀※②
白色沈殿なので，Cu^{2+} を含む沈殿ではない。
$CrO_4{}^{2-}$ では $BaCrO_4$，$PbCrO_4$ ともに黄色沈殿。
Bは Cu^{2+} であるので，$CuCO_3$ や $Cu(OH)_2$ から，それぞれ $CO_3{}^{2-}$ や OH^- を生じさせることはできない。

◀※③
Pb の表面には，酸に不溶な $PbCl_2$，$PbSO_4$ のち密な膜ができるから。

◀※④
$AgBr$ は写真のフィルムに用いられる。
(1) $AgBr$ を塗ったフィルムに光が当たると Ag が生成する（感光・現像）。
(2) 光が当たっていない（未反応の）$AgBr$ を $Na_2S_2O_3$ 水溶液で溶かし，Ag だけを残す（定着）。

◀※⑤
硫化物が沈殿する溶解度積の問題は，H_2S の電離平衡と融合した出題が多い。

◀※⑥
一般に，H_2S（分子）から H^+ が離れる一段目に比べ，HS^-（陰イオン）から H^+ が離れる二段目の方が電離が起こりにくく，$K_1 \gg K_2$ であることが多い。

102 化学重要問題集

(3) CuS について $[Cu^{2+}][S^{2-}]$ と溶解度積 K_{sp} を比べると ※①◀

$$[Cu^{2+}][S^{2-}] \qquad K_{sp}$$
$$1.0 \times 10^{-23} > 6.5 \times 10^{-30}$$

よって K_{sp} の方が小さく，CuS の沈殿が生じる。

ZnS について $[Zn^{2+}][S^{2-}]$ は $[Cu^{2+}][S^{2-}]$ と同じ値であるから

$$[Zn^{2+}][S^{2-}] \qquad K_{sp}$$
$$1.0 \times 10^{-23} < 2.2 \times 10^{-18}$$

よって，K_{sp} の方が大きく，ZnS の沈殿は生じない。

(4) 沈殿が生じはじめるときの $[S^{2-}]$ は，

$$[S^{2-}] = \frac{K_{sp}}{[Mn^{2+}]} = \frac{6.0 \times 10^{-16}}{0.010} = 6.0 \times 10^{-14} (\text{mol/L})$$

$$\frac{[H^+]^2[S^{2-}]}{[H_2S]} = \frac{[H^+]^2 \times 6.0 \times 10^{-14}}{0.10} = 1.0 \times 10^{-21}$$

$$[H^+]^2 = \frac{1}{6.0} \times 10^{-8} \qquad [H^+] = \sqrt{\frac{1}{6.0}} \times 10^{-4}$$

$$pH = -\log_{10}[H^+] = -\log_{10}\left(\sqrt{\frac{1}{6.0}} \times 10^{-4}\right)$$

$$= \frac{1}{2}\log_{10} 6.0 - \log 10^{-4} = \frac{1}{2} \times (0.30 + 0.48) + 4 = 4.39 \fallingdotseq 4.4$$

(5) $K_1 K_2 = \dfrac{[H^+]^2[S^{2-}]}{[H_2S]}$ より $[H_2S] = \dfrac{[H^+]^2}{K_1 K_2}[S^{2-}]$

$K_2 = \dfrac{[H^+][S^{2-}]}{[HS^-]}$ より $[HS^-] = \dfrac{[H^+]}{K_2}[S^{2-}]$

$a = [H_2S] + [HS^-] + [S^{2-}]$ に代入して

$$a = \left(\frac{[H^+]^2}{K_1 K_2} + \frac{[H^+]}{K_2} + 1\right)[S^{2-}] = \frac{[H^+]^2 + K_1[H^+] + K_1 K_2}{K_1 K_2}[S^{2-}]$$

よって，$[S^{2-}] = \dfrac{a K_1 K_2}{[H^+]^2 + K_1[H^+] + K_1 K_2}$ ※②◀

---

186 (1) ア．Fe^{3+} イ．Al^{3+} ウ．Cu^{2+} エ．Zn^{2+}

(2) (i) $Fe(OH)_3$，$Al(OH)_3$ (ii) 2.9×10^{-7} mol/L

解説 (1) 表に示された 4 つの水酸化物の溶解度積 K_{sp} は

$Zn(OH)_2$	$K_{sp} = [Zn^{2+}][OH^-]^2 = 1.2 \times 10^{-17} (\text{mol/L})^3$
$Al(OH)_3$	$K_{sp} = [Al^{3+}][OH^-]^3 = 1.1 \times 10^{-33} (\text{mol/L})^4$
$Fe(OH)_3$	$K_{sp} = [Fe^{3+}][OH^-]^3 = 7.0 \times 10^{-40} (\text{mol/L})^4$
$Cu(OH)_2$	$K_{sp} = [Cu^{2+}][OH^-]^2 = 6.0 \times 10^{-20} (\text{mol/L})^3$

のように表される。4 つの金属イオンの濃度が 1.0×10^{-2} mol/L のとき，沈殿が生じはじめるときの $[OH^-]$ および pH を概算すると，※③◀

	$[OH^-]$(mol/L)	$[OH^-]$ の概算 (mol/L)	pH の概算
$Zn(OH)_2$	$\sqrt{1.2 \times 10^{-15}}$	$10^{-7.5}$	6.5
$Al(OH)_3$	$\sqrt[3]{1.1 \times 10^{-31}}$	$10^{-10.3}$	3.7
$Fe(OH)_3$	$\sqrt[3]{7.0 \times 10^{-38}}$	$10^{-12.7}$	1.3
$Cu(OH)_2$	$\sqrt{6.0 \times 10^{-18}}$	10^{-9}	5

◀※①

┌─ 沈殿生成の判定 ─┐
$[Cu^{2+}][S^{2-}] < K_{sp}$
沈殿を生じない(不飽和溶液)
$[Cu^{2+}][S^{2-}] = K_{sp}$
沈殿を生じない(飽和溶液)
$[Cu^{2+}][S^{2-}] > K_{sp}$
CuS が沈殿する(飽和溶液)

◀※②
同様の計算で
$$[HS^-] = \frac{a K_1[H^+]}{[H^+]^2 + K_1[H^+] + K_1 K_2}$$
$$[H_2S] = \frac{a[H^+]^2}{[H^+]^2 + K_1[H^+] + K_1 K_2}$$
が求まる。今回の設問では
$[H_2S] = 0.10$ mol/L
で計算しているが，厳密には
$a = 0.10$ mol/L であり，
pH が大きくなっていくと
$[H_2S] \fallingdotseq a$ の近似が成りたた
なくなる。
例えば，pH = 6 のときの
$[H_2S]$ は
$$\frac{0.10 \times (10^{-6})^2}{(10^{-6})^2 + 10^{-7} \cdot 10^{-6} + 10^{-21}}$$
（近似）
$$\fallingdotseq \frac{0.10 \times 10^{-12}}{1.1 \times 10^{-12}} = 0.0909\cdots$$
のように値が若干異なる。

◀※③
K_{sp} をもとに沈殿するための
pH がだいたいわかればよい。
今回の概算では，例えば
$Zn(OH)_2$ のときに，
$$\underbrace{\sqrt{1.2 \times 10^{-15}}}_{1 \text{とみなす}}$$
といった概算をしている。特
に $Fe(OH)_3$ では，
$\sqrt[3]{7.0 \times 10^{-38}}$ の値を
$\sqrt[3]{1 \times 10^{-38}}$ とし，さらに
$10^{-38 \div 3} \fallingdotseq 10^{-12.7}$
のように概算している。

化学重要問題集 **103**

よって，pHを1.0から大きくしていくと，$Fe^{3+} \to Al^{3+} \to Cu^{2+} \to Zn^{2+}$ の順で水酸化物の沈殿が生じる。グラフではア→イ→ウ→エに対応する。

(2)(i) 金属イオンの濃度 1.0×10^{-2} mol/L，pH 5.0 より，$[OH^-] = 1.0 \times 10^{-9}$ mol/L を4つの K_{sp} の式にそれぞれ代入すると，$Fe(OH)_3$ と $Al(OH)_3$ では，K_{sp} の値を越えるので沈殿が生じ，$Cu(OH)_2$ と $Zn(OH)_2$ では K_{sp} の値を越えていないので沈殿は生じない。※①

ア．$Fe(OH)_3$　$(1.0 \times 10^{-2}) \times (1.0 \times 10^{-9})^3 > 7.0 \times 10^{-40}$
イ．$Al(OH)_3$　$(1.0 \times 10^{-2}) \times (1.0 \times 10^{-9})^3 > 1.1 \times 10^{-33}$
ウ．$Cu(OH)_2$　$(1.0 \times 10^{-2}) \times (1.0 \times 10^{-9})^2 < 6.0 \times 10^{-20}$
エ．$Zn(OH)_2$　$(1.0 \times 10^{-2}) \times (1.0 \times 10^{-9})^2 < 1.2 \times 10^{-17}$

(ii) $K_{sp} = [Zn^{2+}][OH^-]^2 = 1.0 \times 10^{-2} \times [OH^-]^2 = 1.2 \times 10^{-17}$
$[OH^-] = \sqrt{1.2 \times 10^{-15}}$
$[H^+] = \dfrac{K_w}{[OH^-]} = \dfrac{1.0 \times 10^{-14}}{\sqrt{1.2 \times 10^{-15}}} = \dfrac{1.0 \times 10^{-14}}{2\sqrt{3} \times 10^{-8}} = \dfrac{\sqrt{3}}{6} \times 10^{-6}$
$= 2.88 \cdots \times 10^{-7} \fallingdotseq 2.9 \times 10^{-7}$ (mol/L)

◀※①
グラフで読みとると，直線の右上の領域にあるときは沈殿する（K_{sp} の値を越える）ことがわかる。

187　（解答例）塩化カルシウム水溶液をホールピペットで一定体積とり，陽イオン交換樹脂に通す。すすいだ水を含めた流出液をコニカルビーカーで受け，pH指示薬を加えて濃度のわかっている水酸化ナトリウム水溶液で滴定する。この中和滴定によって y 〔mol/L〕がわかり，次の式で計算する。

$$z = \dfrac{x - 111y}{x} \times 100$$

解説　まず z〔%〕の求め方について，溶液 1 L 中の $CaCl_2$（式量 111）の質量は，$1(L) \times y$〔mol/L〕 $\times 111$〔g/mol〕 $= 111y$〔g〕※②
x〔g〕中に含まれる水分量の質量は $(x - 111y)$〔g〕となり，その質量百分率 z〔%〕は　$z = \dfrac{x - 111y}{x} \times 100$　で求めることができる。
Ca^{2+} の濃度 y〔mol/L〕の測定法は解答例の他にもあり，解答は一つとは限らない。※③

（解答例2）　$CaCl_2$ 水溶液を一定体積とり，これを濃度のわかっている硝酸銀（$AgNO_3$）水溶液で AgCl の沈殿が生じなくなるまで滴定する。この沈殿滴定によって，Cl^- の濃度 $2y$〔mol/L〕がわかり，その半分が Ca^{2+} の濃度となる。（このあとは解答例と同じになる。）

◀※②
Ca^{2+} の濃度 y〔mol/L〕は，$CaCl_2$ の濃度に等しい。

◀※③
（解答例3）
Ca^{2+} にシュウ酸イオンを加えて CaC_2O_4 の沈殿とし，この沈殿を希硫酸で溶かした後，濃度のわかっている $KMnO_4$ 水溶液で滴定する（酸化還元滴定）

（解答例4）
Ca^{2+} に濃度のわかっている EDTA（エチレンジアミン四酢酸二ナトリウム）水溶液で滴定する（キレート滴定）。

13 脂肪族化合物（有機化合物の分類を含む）

[注意] 以下，有機化合物の構造式は，指示ある場合を除き，価標の一部を省略して，CH₃- や -COOH のように略記する。

188 (1) (ア) アルカン (イ) 4 (ウ) 5 (エ) アルケン (オ) アルキン
(カ) 付加 (キ) 1,2-ジブロモエタン ※① (ク) 芳香族 (ケ) 置換
(2) f (3) c, e

[解説] (1) C_nH_{2n+2} の一般式で表される炭化水素には不飽和結合（C=C や C≡C）がなく，すべて単結合。これらの炭化水素を<u>アルカン</u>といい，C=C を 1 個もつ炭化水素は<u>アルケン</u>，C≡C を 1 個もつ炭化水素は<u>アルキン</u>という。C=C や C≡C があると付加反応を起こしやすいが，ベンゼン環をもつ<u>芳香族</u>炭化水素は置換反応を起こしやすい。アルカンは C_4H_{10} から構造異性体が存在する（炭素骨格のみを示す）。

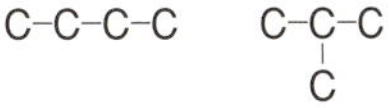

```
C-C-C-C    C-C-C     ※②
                C
```

C_6H_{14} の構造異性体は次の 5 種類（炭素骨格のみを示す）。 ※③

```
                                              C
C-C-C-C-C-C  C-C-C-C-C  C-C-C-C-C  C-C-C-C  C-C-C-C
             C          C          C C       C
```

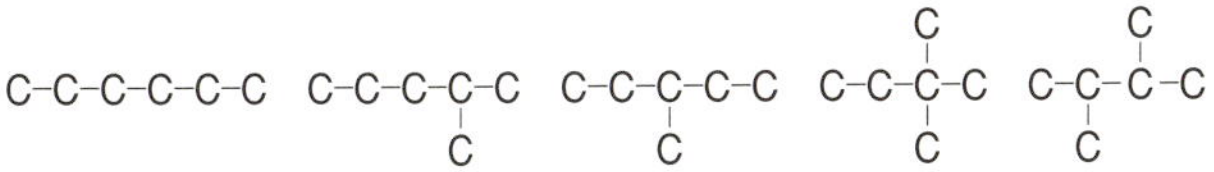

(2) $C_mH_nO_l + xO_2 \longrightarrow mCO_2 + \dfrac{n}{2}H_2O$

O 原子について， $l + 2 \times x = 2m + \dfrac{n}{2}$ $x = m + \dfrac{n}{4} - \dfrac{l}{2}$

(3) (a) $^1CH_3-^2\underset{\underset{CH_3}{|}}{\overset{\overset{CH_3}{|}}{C}}-^3CH_2-^4CH_3$ (b) $^1CH_3-^2CH-^3CH_2-^4CH_2-^5CH_3$ ※④
         2,2-ジメチルブタン   2-メチルペンタン

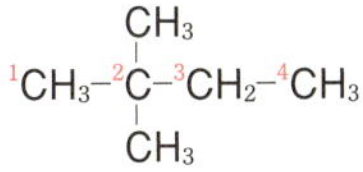

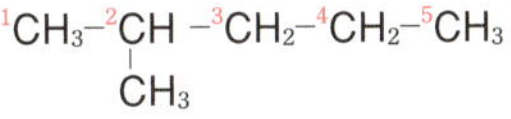

(d) $^1CH_3-^2\underset{\underset{CH_3}{|}}{C}=^3CH-^4CH_2-^5CH_3$ (f) 1-ナフトール（位置番号 1〜8，1にOH）

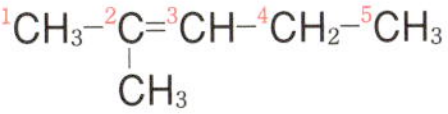

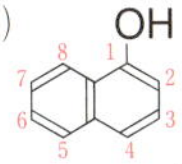

2-メチル-2-ペンテン ※⑤   1-ナフトール ※⑤

◀※①
1,1-ジブロモエタン（下図）ではない。

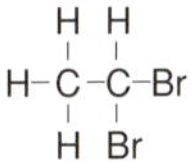

```
  H H
  | |
H-C-C-Br
  | |
  H Br
```

◀※②
(i) C-C-C (ii) C-C-C-C
       |
       C

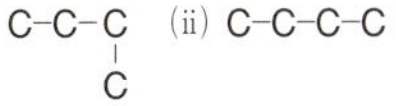

(i)は C-C 結合が自由に回転できるので，(ii)と同じである。

◀※③
一番長い骨格を $C_6 \to C_5 \to C_4$ と場合分けしながら，枝をつけていく（このとき，端につけると上の②のように回転して C が 1 個分だけ長い骨格にもどるので不適）。

◀※④
一番長い炭素骨格を横に書き，枝につく C の番号が若くなるように番号をふる。

◀※⑤
アルカン…語尾「-ane（アン）」
アルケン…語尾「-ene（エン）」
アルキン…語尾「-yne（イン）」
OH 基…語尾「-ol（オール）」

1：mono（モノ）	C_1：methane
2：di（ジ）	C_2：ethane
3：tri（トリ）	C_3：propane
4：tetra（テトラ）	C_4：butane
5：penta（ペンタ）	C_5：pentane
6：hexa（ヘキサ）	C_6：hexane

---

189 (1) 正四面体形である。
(2) すべての原子が同一平面上にあり，C=C は回転ができない。
(3) ア＞エ＞イ＞ウ (4) エ

[解説] (1) 平面形や四角錐形では異性体が生じる。

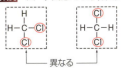
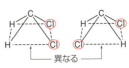
 ─異なる─   ─異なる─

※⑥
正四面体形ならば矛盾しない。これはファントホッフが発見した。

◀※⑥
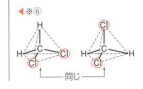
 ─同じ─

(2) C-C（単結合）は回転できるが，C=C（二重結合）は回転できない。 ※①

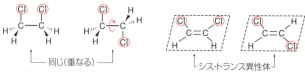

── は紙面の手前，┈ は紙面の奥にある

(3) C-C ＞ C=C ＞ C≡C　ベンゼンの炭素原子間距離はすべて均一で C-C と C=C の中間である。※②

(4) シクロヘキサンは通常，いす形の構造をとる。また，次の C の炭素原子は常に同一平面にある。

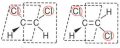

◀※①
1,1-ジクロロエチレンとは，構造異性体なので題意から外れる。また，同一平面上にないと，次の立体異性体が存在することになってしまう。

（図：Cl/H C=C Cl/H と Cl/H C=C H/Cl）

◀※②
C-C は 0.15 nm
C=C は 0.13 nm
C≡C は 0.12 nm
ベンゼンの C, C 原子間は 0.14 nm

---

190 (1) (ア) アルキン　(イ) C_nH_{2n-2}　(ウ) アセチレン　(エ) エチレン
　　(オ) エタン　(カ) ビニルアルコール　(キ) アセトアルデヒド
　　(ク) 塩化ビニル　(ケ) 酢酸ビニル　(コ) アクリロニトリル
　　(サ) 置換　(シ) ベンゼン

(2) $CaC_2 + 2H_2O \longrightarrow Ca(OH)_2 + C_2H_2$，水上置換

(3) (カ) $CH_2=CH$　(キ) CH_3-C-H　(ク) $CH_2=CH$
　　　　　 |　　　　　　　 ‖　　　　　　　 |
　　　　　OH　　　　　　 O　　　　　　 Cl

　　(ケ) $CH_2=CH$　　　　(コ) $CH_2=CH$
　　　　　 |　　　　　　　　　　 |
　　　　OCOCH_3　　　　　　 C≡N

(4) 0.50 mol

解説 (1) エチレンの C=C 結合や，アセチレンの C≡C 結合には，H_2 や Br_2 が付加する。臭素水（赤褐色）を用いると脱色が見られる。※③

$CH≡CH + H_2O \xrightarrow{(HgSO_4)} [CH_2=CHOH] \longrightarrow CH_3-CHO$ ※④
　　　　　　　　　　　　　ビニルアルコール　　アセトアルデヒド
　　　　　　　　　　　　　（不安定）

$CH≡CH + HCl \xrightarrow{(HgCl_2)} CH_2=CHCl$ ※⑤

$CH≡CH + CH_3COOH \xrightarrow{((CH_3COO)_2Zn)} CH_2=CHOCOCH_3$

$CH≡CH + HCN \xrightarrow{(CuCl)} CH_2=CHCN$

$3CH≡CH \xrightarrow{(Fe)}$ （ベンゼン）

アセチレンの H はごく弱い酸の性質をもつ。塩基性条件では Ag^+ と置換反応を行い，銀アセチリドの白色沈殿を生成する。※⑥

$HC≡CH + 2Ag^+ \longrightarrow AgC≡CAg\downarrow + 2H^+$

(2) アセチレンは水に溶けにくいので，水上置換で捕集する。

(4) （Cの質量）$55 \times \dfrac{12}{44} = 15$ (mg)　（Hの質量）$18 \times \dfrac{2.0}{18} = 2.0$ (mg)

C : H $= \dfrac{15}{12} : \dfrac{2.0}{1.0} = 5 : 8$　よって，組成式は C_5H_8

◀※③
この反応は，炭素間の不飽和結合（C=C, C≡C）の検出に利用される。

◀※④
C=C に直接 -OH がつく化合物は一般に不安定で，カルボニル化合物になる。

（図：C=C-OH → -C-C-H/‖O）
エノール型　　　ケト型

◀※⑤
塩化ビニルは，現在ではエチレンに塩素を付加して 1,2-ジクロロエタンとし，これを熱分解して脱塩化水素させて得ている。

$CH_2=CH_2 \xrightarrow{Cl_2 付加} CH_2Cl-CH_2Cl$
$\xrightarrow{HCl 脱離} CH_2=CHCl$

◀※⑥
-C≡C-H の構造をもつ化合物は，同様の反応を起こす。

一般式 C_nH_{2n-2} に合致しているので，分子式も C_5H_8（分子量 68）となる。水素付加の反応は，

$$C_5H_8 + 2H_2 \longrightarrow C_5H_{12}$$

反応した H_2 の物質量は，$\dfrac{17}{68} \times \dfrac{2}{1} = 0.50 \,(\text{mol})$

191 (1) (ア) エチレン (イ) アセトアルデヒド※① (ウ) 酢酸
 $CH_2=CH_2$　　CH_3CHO　　　　CH_3COOH
(エ) 酢酸ビニル　　(オ) ジエチルエーテル
 $CH_2=CHOCOCH_3$　　$C_2H_5OC_2H_5$
(カ) 酢酸エチル※② (キ) プロペン（プロピレン） (ク) アセトン
 $CH_3COOC_2H_5$　　CH_3-CHCH_2　　CH_3COCH_3
(2) (a) $CH_3COOH + C_2H_5OH \longrightarrow CH_3COOC_2H_5 + H_2O$
(b) $2C_2H_5OH + 2Na \longrightarrow 2C_2H_5ONa + H_2$
(3) (カ) < (オ) < (ア)
(4) (a) アセトアルデヒド (b) 酢酸エチル※③ (c) 酢酸

解説 (1) アルコールの酸化は次のようになる。※④

$CH_3-\underset{OH}{\overset{H}{\underset{|}{\overset{|}{C}}}}-H \xrightarrow[-2(H)]{\text{酸化}※⑤} CH_3-\underset{}{\overset{H}{\underset{\|}{C}}}-H \xrightarrow[+(O)]{\text{酸化}} CH_3-\overset{}{\underset{\|}{C}}-OH$
 エタノール　　　　(イ) アセトアルデヒド　　　(ウ) 酢酸
（第一級アルコール）　　　(アルデヒド)　　　　（カルボン酸）

$CH_3-\underset{OH}{\overset{H}{\underset{|}{C}}}-CH_3 \xrightarrow[-2(H)]{\text{酸化}} CH_3-\overset{}{\underset{\|}{C}}-CH_3$
 2-プロパノール　　(ク) アセトン
（第二級アルコール）　　　(ケトン)

(2) (b) 金属ナトリウムは OH 基の検出 に用いられる。アルコール，フェノールの他，水（H–O–H）も反応する。
(3) アルコールの脱水反応，縮合反応は次のようになる。

$H-\underset{H}{\overset{H}{C}}-\underset{OH}{\overset{H}{C}}-H \xrightarrow[\text{分子内脱水}]{160～170℃} H_2C=CH_2 + H_2O$
　　　　　　　　　(ア) エチレン(アルケン)

$C_2H_5-OH + HO-C_2H_5 \xrightarrow[\text{分子間脱水}]{約130℃} C_2H_5-O-C_2H_5 + H_2O$
　　　　　　　　　(オ) ジエチルエーテル(エーテル)

$CH_3-\underset{O}{\overset{}{\underset{\|}{C}}}-OH + H-O-C_2H_5 \xrightarrow[\text{縮合}]{H^+,\,加熱※⑥} CH_3-\underset{O}{\overset{}{\underset{\|}{C}}}-O-C_2H_5 + H_2O$
　　　　　　　(エステル化)　　(カ) 酢酸エチル(エステル)

また，プロペン(プロピレン)は次の脱水反応で得られる。

$CH_3-\underset{OH}{\overset{}{C}}H-CH_3 \longrightarrow CH_2=CH-CH_3 \quad \left(\begin{array}{l} CH_2-CH_2-CH_3\\ |\\ OH\\ \text{1-プロパノール}\end{array}\right)$
 2-プロパノール　　(キ) プロペン
　　　　　　　　(アルケン)

(4) (a) フェーリング液を還元※⑦したり銀鏡反応を示したりすれば，還元性を示す CHO 基 をもつ。

※① アセトアルデヒドの工業的製法は，以前はアセチレンに水を付加させてつくっていた（触媒 $HgSO_4$）が，現在ではエチレンを酸化してつくられている（触媒 $PdCl_2$, $CuCl_2$）。

※② エステルは，カルボン酸名にアルコールの炭化水素基名をつけて命名する。

※③ 酢酸ビニルも似たような性質を示すといえる物質であるが，酢酸ビニルの性質は詳しく学習しないこともあるため，ここでは酢酸エチルを解答すればよい。

※④ H は酸化されやすい水素原子で，この数によって酸化する段階の数が決まる。
(例) メタノール

$H-\underset{OH}{\overset{H}{\underset{|}{C}}}-H \xrightarrow{\text{酸化}} H-\underset{}{\overset{H}{\underset{\|}{C}}}-H \xrightarrow{\text{酸化}}$
$\rightarrow H-\overset{}{\underset{\|\,O}{C}}-OH \xrightarrow{\text{酸化}} \begin{array}{l}CO_2\\ H_2O\end{array}$
　　　　　特別に還元性を示す反応

※⑤ この逆反応は，Ni, Pd 触媒を用いた水素付加反応(接触水素還元)である。

※⑥ この場合，濃硫酸を触媒として用い，軽く沸騰させる。温度は高くても 100℃ である。

※⑦ フェーリング液の還元
Cu^{2+} が還元されて酸化銅(Ⅰ) Cu_2O の赤色沈殿(赤褐色沈殿)が生じる(CHO 基の検出)。

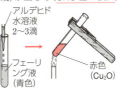

107

(b) エステルの特徴を示す文章である。また，酸(または塩基)を加えて加熱すると加水分解するという性質をもつ。
(c) 炭酸水素ナトリウムは，炭酸より強い酸(カルボン酸やスルホン酸)と反応する。

R－COOH + NaHCO₃ ⟶ R－COONa + H₂O + CO₂
(H⁺いらない) (H⁺欲しい)

◀※①
酸の強さは，塩酸≫カルボン酸＞炭酸＞フェノール類

192 (a) ⑦　(b) ⑧　(c) ③　(d) ④　(e) ⑬　(f) ⑭　(g) ⑪
(h) ⑫　(i) ⑤

解説 選択肢の化合物の構造式は次の通り。

① CH₂=CH－CN　② C₆H₅－NHCOCH₃　③ CH₃－CHO　④ CH₃－CO－CH₃

⑤ C₆H₅－NH₂　⑥ CH₂=C(CH₃)－CH=CH₂　⑦ C₂H₅－OH　⑧ C₂H₅－O－C₂H₅

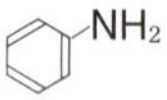

⑨ C₆H₅－CH=CH₂　⑩ ナフタレン　⑪ C₆H₅－NO₂　⑫ C₆H₅－SO₃H

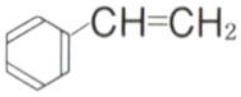

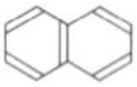

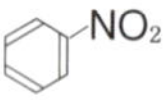

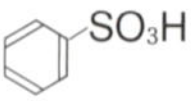

⑬ CH₃－COOH　⑭ CH₃－COO－C₂H₅　⑮ CH₃CO－O－COCH₃

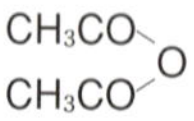

193 (1) (実験Ⅰ) CH₃COONa + NaOH ⟶ CH₄ + Na₂CO₃　※②◀
(実験Ⅱ) C₂H₅OH ⟶ CH₂=CH₂ + H₂O
(2) c
(3) (A) ホルムアルデヒド　(B) ギ酸　(C) アセトン
(D) アセトアルデヒド　(E) 酢酸
(4) CH₃OH + CuO ⟶ HCHO + H₂O + Cu
(5) A, B, D

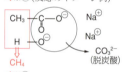

解説 (1) 約170℃でエタノールが分子内脱水し，エチレンが生じる。
C₂H₅OH ⟶ CH₂=CH₂ + H₂O
(2) エチレンは水に溶けにくい気体なので水上置換で捕集する。蒸留と違って，反応させる温度が重要なので，温度計の先端は液中に浸るようにする。また，100℃以上の加熱のときは油浴を用いる。　※③◀
(3) (C) 酢酸カルシウムの熱分解により，アセトンが得られる。　※④◀
(D) アセトアルデヒドの工業的製法。PdCl₂ と CuCl₂ が触媒。
2CH₂=CH₂ + O₂ ⟶ 2CH₃CHO
(4) この反応は元素分析の実験でも用いたように，CuO(黒色)の酸化作用を利用したメタノールの酸化反応である。

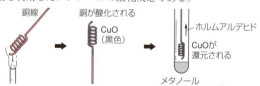

(5) ホルミル基(アルデヒド基)をもつ化合物が，銀鏡反応を起こす。　※⑤◀

◀※③
約130℃に低下すると，ジエチルエーテルが生じる。捕集するときは，(2)の選択肢bの装置を用い，エーテルが引火しない工夫をする。

◀※④(反応のイメージ例)
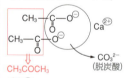

◀※⑤
アンモニア性硝酸銀水溶液にアルデヒドを加えて温めると，[Ag(NH₃)₂]⁺ が還元されて銀 Ag が析出する。

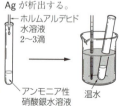

108　化学重要問題集

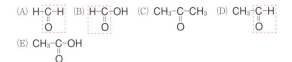

(E) CH₃-C-OH
     ‖
     O

194 (1) a, d, e (2) c (3) b, d, e, f

解説 (1) -COOH が隣接していると，脱水して 酸無水物 が生じる。※①

(a) フタル酸 —加熱→ 無水フタル酸 + H₂O

(d) マレイン酸 —加熱→ 無水マレイン酸 + H₂O

(e) エタノールは分子内脱水でエチレンが生成する。
なお，(c)酢酸から無水酢酸も得られるが，分子間の脱水である。

(2) 不斉炭素原子(結合している原子や原子団が4つとも異なる炭素原子)を C* で表す。※②

(c) CH₃-C*-COOH
         | |
         H OH

なお，(b)シュウ酸(COOH)₂は還元性をもち，(e)オレイン酸 C₁₇H₃₃COOH は不飽和脂肪酸(C=Cを1個もつ)の特徴がある。

(3) CH₃-C-, CH₃-CH- の構造をもつケトンやアルデヒドやアルコールが，ヨードホルム反応を示す。※③
     ‖ |
     O   OH

(b) CH₃-CH-H   (d) CH₃-C-H   (e) CH₃-C-CH₃   (f) CH₃-CH-CH₃
        | ‖   ‖ |
        OH   O   O   OH

195 (1) (ア) グリセリン (イ) エステル (ウ) 高く (エ) 低く
(オ) 脂肪油 (カ) 硬化油
(2) a, d

解説 (1) 油脂は高級脂肪酸とグリセリンのエステルである。油脂を構成する脂肪酸として炭素原子の数が少ない場合や，高級脂肪酸でも C=C 結合が多い場合は，油脂は常温で液体となり 脂肪油 とよばれる。※④
不飽和脂肪酸を多く含む脂肪油に Ni 触媒で H₂ を付加させると，飽和脂肪酸を多く含む固体の油脂(硬化油)が得られる。
(2) 脂肪酸 RCOOH のうち，R が単結合のみのものを 飽和脂肪酸，C=C 二重結合や三重結合を含むものを 不飽和脂肪酸 という。

◀※①
(b)   (f)
COOH   HOOC-C-H
 | ‖
 | H-C-COOH
COOH

これらは -COOH が隣接していない。

◀※②
不斉炭素原子を1つもつ化合物には，互いに鏡像の関係にある一対の 鏡像異性体(光学異性体) が存在する。
鏡像異性体は，光に対する性質(旋光性)以外の物理・化学的性質は等しい。

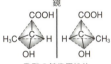

乳酸の鏡像異性体

◀※③

アセトン 2mL
I₂ 0.2g
1mol/L
NaOH 2mL

60℃の温水

アセトンに，NaOH 水溶液および I₂ を加えて温めると，特異臭のある ヨードホルム (CHI₃)の黄色結晶が生成する。

◀※④
C=C 結合(シス形)を含むほど分子の形が屈曲し，分子どうしが密に集合できず，分子間力が弱くなるため。

脂肪酸(炭素数)と融点

飽和 ┌ ラウリン酸(12)   45℃
    │ パルミチン酸(16) 63℃
    └ ステアリン酸(18) 71℃

不飽和 ┌ オレイン酸(18)   13℃
      │ リノール酸(18)   −5℃
      └ リノレン酸(18) −11℃

化学重要問題集

196 (1) C₁₇H₃₅COOCH₂
　　　　|
　　　C₁₇H₃₅COOCH ＋ 3NaOH
　　　　|
　　　C₁₇H₃₅COOCH₂

　　　　　　　　　　　　　　　CH₂OH
　　　　　　　　　　　　　　　|
　　　⟶ 3C₁₇H₃₅COONa ＋ CHOH
　　　　　　　　　　　　　　　|
　　　　　　　　　　　　　　　CH₂OH

(2) セッケンを RCOONa と表す。※①

　　RCOONa ⟶ RCOO⁻ ＋ Na⁺

のように電離し，弱酸の陰イオンである RCOO⁻ が次式のように加水分解するから。

　　RCOO⁻ ＋ H₂O ⇌ RCOOH ＋ OH⁻

(3) チンダル現象，ブラウン運動
(4) 疎水基を内側にして油汚れを包み，外側の親水基によって水中に分散させる(下図)。

(5) ア，ウ

◀※①
高級脂肪酸の塩であることがわかればよい。カリウム塩 RCOOK としてもよい。

解説 (1) 油脂(グリセリンエステル)が塩基により加水分解される。この反応は不可逆反応で，けん化ともいう。

(3) セッケン分子は下左図のように疎水性(親油性)の炭化水素基と，親水性のイオンの部分を合わせもつ。水に溶かすと，水面では親水性部分を下に，疎水性部分を上にした単分子膜を形成し，水中では親水性部分を外側に，疎水性部分を内側にして集合したミセルとよばれるコロイド粒子を形成する。

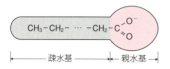 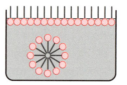

(4) セッケンは界面活性剤の一つで，水の表面張力を低下させ，繊維のすきまに浸透する。その後，解答のような作用で油汚れを分散させる(乳化作用)。得られた溶液を乳濁液という。

(5) (ア) セッケンは硬水中の Ca²⁺ や Mg²⁺ と反応して，水に不溶な塩になってしまうため，泡立ちが悪くなる。(誤り)※②
(イ) (正しい)
(ウ) 乳化作用という。(誤り)
(エ) アルキルベンゼンスルホン酸ナトリウム※③ や硫酸ドデシルナトリウム※④ などが代表的な合成洗剤である。セッケンと異なり中性で，硬水中でも洗浄力を失わない。(正しい)

◀※②
セッケンは酸性の水溶液中でも脂肪酸 RCOOH が遊離してしまうため，洗浄力が低下する。

◀※③
スルホン酸(–SO₃H)の塩である。

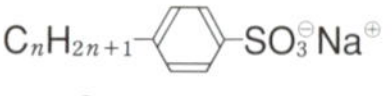

CₙH₂ₙ₊₁—〈ベンゼン環〉—SO₃⁻Na⁺

◀※④
硫酸エステル(–O–SO₃H)の塩である。

C₁₂H₂₅–O–SO₃⁻Na⁺

参考 合成洗剤はセッケンに比べて微生物による分解(生分解)性が劣り，環境負荷が大きい。しかし，直鎖状にしたり，スルホン酸の塩ではなく硫酸エステルの塩にすることで生分解性を向上させている。

参考 界面活性剤のうち，親水性部分が陰イオン，陽イオンであるものを，それぞれ**陰イオン界面活性剤**，**陽イオン界面活性剤**※①という。また，親水性部分がイオンでないものを**非イオン界面活性剤**という。

◀※①
陽イオン界面活性剤はリンス，消毒剤，柔軟仕上剤などに用いられる。

197 (1) d, f (2) b, f (3) a, d, e, f, j, k

解説 (1) 沸点・融点は分子間力が強いと高くなる。すべての分子にはたらくファンデルワールス力は，<u>分子量</u>が大きいほど強くなる。アルデヒドやケトンには −CO− による<u>極性</u>の引力もはたらく。アルコールには −OH による<u>水素結合</u>がはたらく。カルボン酸は −CO− と −OH をもつ。

a〜i およびアセトアルデヒドの沸点は右図の通り。
(右図*)

(2) アニリンは無色油状の物質(融点 −6℃)，安息香酸は白色結晶(融点 123℃)，サリチル酸メチルは芳香のある液体(融点 −8℃)，スチレンは無色の液体(融点 −31℃)，ニトロベンゼンは無色あるいはわずかに黄色の液体(融点 6℃)，フェノールは無色の結晶(融点 41℃)である。
※②
※③
※④

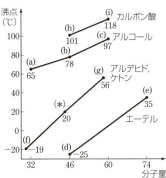

(3) 水への溶解性は親水基と疎水基のバランスで決まる。
※⑤
　で示す親水基の大まかなバランスを以下に記す。

-OH 一つにつき C_3 までは水と任意の割合で混ざる。
(a) C_2H_5-OH …溶　(b) C_5H_{11}-OH …不溶　(k) CH_2-CH_2 …溶
　　　　　　　　　　　　　　　　　　　　　　　　　　　　OH OH

-CO- 一つにつき両隣の C_1 までは水と任意の割合で混ざる。
(d) CH_3-C-H …溶　(e) CH_3-C-CH_3 …溶
　　　　∥　　　　　　　　　　∥
　　　　O　　　　　　　　　　O

-COOH は -OH に準じる。(f) CH_3-COOH …溶(弱酸)

-SO_3H はベンゼン環がついていてもよく溶ける。
(j) C_6H_5-SO_3H …溶(強酸)

なお，(1) ニトログリセリン CH_2-O-NO_2
　　　　　　　　　　　　　　　CH-O-NO_2　は不溶。
　　　　　　　　　　　　　　　CH_2-O-NO_2

◀※②
融点を覚えることよりも，教科書や図録(図説)の実験の写真を見て状態をイメージすることが大切。

◀※③
アセチルサリチル酸は白色の結晶(融点 135℃)。

◀※④
スチレン(C_6H_5-CH=CH_2)は炭化水素の一つで，芳香族であるが，沸点・融点の考え方は脂肪族と同様でよい。
アルカンは常温常圧で，
C_1〜C_4 までは気体。
C_5〜C_{17} くらいまでは液体。

◀※⑤
<u>親水基</u>は極性の大きい部分。水(極性溶媒)に溶けるが有機溶媒には溶けにくい。<u>疎水基</u>は極性が小さい(ない)部分で，<u>アルキル基</u>や<u>ベンゼン環</u>が該当する。

198 (1) (ア) アセトン
(2) CH_3COCH_3 + $3I_2$ + 4NaOH
　　　⟶ CHI_3 + CH_3COONa + 3NaI + $3H_2O$
(3) (イ) RCHO　(ウ) $[Ag(NH_3)_2]^+$　(エ) $RCOO^-$　(オ) Ag
(4) (a) $3C_2H_5OH$ + $K_2Cr_2O_7$ + $4H_2SO_4$
　　　⟶ $3CH_3CHO$ + $Cr_2(SO_4)_3$ + K_2SO_4 + $7H_2O$

    (b) 16 %

    (c) $2CH_2=CH_2 + O_2 \longrightarrow 2CH_3CHO$

    (d) 100 %

解説 (1) プロピンに水を付加させると，不安定なエノールを経てアセトンが主に生成する。

$$CH_3-C\equiv CH \xrightarrow[\text{付加}]{H_2O} \left(\underset{\text{プロピン}}{CH_3-\underset{OH}{\overset{}{C}}=CH_2}\right)^{※①} \longrightarrow \underset{\text{アセトン}}{CH_3-\underset{O}{\overset{}{C}}-CH_3}^{※②}$$

▲※①
C=C 結合に −OH が直接結合したものは**エノール**とよばれ，不安定なので直ちにカルボニル化合物に異性化する。

(2)

$$\underset{\underset{OH}{\overset{H}{|}}}{\overset{\overset{H}{|}}{H-C}}-\overset{\overset{H}{|}}{C}-\overset{\overset{H}{|}}{C}-H + 3I_2 \xrightarrow{\text{置換}} \underset{\underset{OH}{\overset{I}{|}}}{\overset{\overset{H}{|}}{I-C}}-\overset{\overset{H}{|}}{C}-\overset{\overset{H}{|}}{C}-H + 3HI \quad \cdots\cdots ①$$

▲※②
このほか，アセトンの製法は
・2-プロパノールの酸化
・クメン法の副生成物
・酢酸カルシウムの乾留
・プロペンの直接酸化
などがある。
（プロペンの直接酸化）
$CH_3-CH=CH_2$

$$HI + NaOH \xrightarrow{\text{中和}} H_2O + NaI \quad \cdots\cdots ②$$

$$\underset{\underset{OH}{\overset{I}{|}}}{\overset{\overset{H}{|}}{I-C}}-\overset{\overset{H}{|}}{C}-H + NaOH \xrightarrow[\text{中和}]{\text{脱離}} \underset{\overset{I}{|}}{\overset{\overset{H}{|}}{I-C}}-H + CH_3-\underset{O}{\overset{}{C}}-ONa \quad \cdots\cdots ③$$

$$\xrightarrow[(PdCl_2, CuCl_2)]{O_2} CH_3-\underset{O}{\overset{}{C}}-CH_3$$

①式＋②式×3＋③式 より，化学反応式を求める。

(3) アルデヒドが還元性を示すと，自身は酸化されてカルボン酸になる。

$$\begin{array}{l} RCHO + H_2O \longrightarrow RCOOH + 2H^+ + 2e^- \\ +)\qquad\qquad 3OH^-\qquad\qquad OH^-\ 2OH^- \quad ^{※③} \\ \hline RCHO + 3OH^- \longrightarrow RCOO^- + 2H_2O + 2e^- \quad \cdots\cdots ④ \end{array}$$

▲※③
還元剤のはたらきを示す式（半反応式）は酸性条件で書くことが多いので，まずはそれを書く。次に，塩基性条件にするため，両辺に OH^- を加える。ここではカルボン酸の COOH も OH^- と反応するため合計 $3OH^-$ である（右辺では $3H_2O$ が生成）。

銀鏡反応はアンモニア性硝酸銀水溶液を用いており，酸化数「＋1」の銀は錯イオンとなっている。これが還元されて単体の銀になる。

$$[Ag(NH_3)_2]^+ + e^- \longrightarrow Ag + 2NH_3 \quad \cdots\cdots ⑤$$

④式＋⑤式×2 より，

$$RCHO + 2[Ag(NH_3)_2]^+ + 3OH^- \longrightarrow RCOO^- + 2Ag + 4NH_3 + 2H_2O$$

(4) (a) それぞれ次のようにはたらく。

$$C_2H_5OH \longrightarrow CH_3CHO + 2H^+ + 2e^- \quad \cdots\cdots ⑥$$
$$Cr_2O_7^{2-} + 14H^+ + 6e^- \longrightarrow 2Cr^{3+} + 7H_2O \quad \cdots\cdots ⑦$$

⑥式×3＋⑦式 より，

$$3C_2H_5OH + Cr_2O_7^{2-} + 8H^+ \longrightarrow 3CH_3CHO + 2Cr^{3+} + 7H_2O$$

両辺に $2K^+$，$4SO_4^{2-}$ を加えると化学反応式が完成する。

(b) 反応物は C_2H_5OH，$K_2Cr_2O_7$，H_2SO_4 で，目的物は CH_3CHO である。

$$\text{原子効率}^{※④} = \frac{44\times 3}{46\times 3+294+98\times 4}\times 100 = 16.0\cdots ≒ 16\,(\%)$$

▲※④
目的物以外の生成物は，結局は廃棄物として処分しなければならず，原子効率の低い反応（廃棄物の多い反応）は環境に優しくないと考えられる。

(d) 副生成物を生じないため 100 ％ となる。

$$\text{原子効率} = \frac{44\times 2}{28\times 2+32}\times 100 = 100\,(\%)$$

▲※⑤
付加反応も原子効率が 100 ％ となる。

199 (1) $CH_3-\underset{O}{\overset{}{C}}-O-C_2H_5$，**酢酸エチル**

112　化学重要問題集

(2) 反応速度を大きくするための触媒。および，生じた水を吸収して平衡を生成物が増加する方向へ進める役割。

(3) ジエチルエーテル層　(4) 70%　(5) ア，エ

解説 (1) 酢酸とエタノールが縮合して酢酸エチルと水が生成する。

$$CH_3COOH \overset{※①}{+} C_2H_5OH \rightleftharpoons CH_3COOC_2H_5 + H_2O$$

(2) 濃硫酸の H^+ がエステル化の触媒としてはたらく。有機物の合成反応は可逆反応が多く，平衡を右方向へ進めるはたらきもある。

(3) ジエチルエーテルは水に浮く。ジエチルエーテル層には酢酸エチルの他に，未反応の酢酸(二量体として)やエタノール，水もわずかに含まれる。ここに飽和 $\underline{NaHCO_3}$ 水溶液を加えると，酢酸が反応して水に溶ける。

$$CH_3COOH + NaHCO_3 \longrightarrow CH_3COONa + H_2O + CO_2$$

さらに無水 $\underline{CaCl_2}$(または無水 Na_2SO_4)を加えると，水が水和水としてエーテル層から取り除かれる(乾燥剤としてのはたらき)。

(4) $CH_3COOC_2H_5$(分子量 88)は，エタノールと酢酸各 1.0 mol から理論的には 1.0 mol 生成する。これは 88 g であるから，

$$収率 = \frac{生成物の実際値}{生成物の理論値} \times 100 = \frac{62}{88} \times 100 = 70.4\cdots ≒ 70(\%)$$

(5) (ア)は水が存在すると平衡が左方向へ進み，エステルの収率が悪くなるので誤り。(イ)は反応物が増えることで平衡が右方向へ進み，エステルの収率は高くなるので正しい。(ウ)沸騰石は溶液の突沸を防ぐために加えるので正しい。(エ) (3)の解説より，酢酸は酢酸ナトリウムになるが，ジエチルエーテル層ではなく水層であるので誤り。(オ) (3)の解説より正しい。

200 (A) ウ　(B) ウ　(C) エ

解説 (A) 油脂の平均分子量を M とおく。完全にけん化するのに必要な KOH(式量 56)の物質量について

$$\frac{1}{M} \times \frac{3}{1} = \frac{191 \times 10^{-3}}{56} \qquad M = 879.5\cdots ≒ 880$$

したがって，平均分子量Aに適合するものは　(ウ) 878

(B) 求める C=C 結合の数を n〔個〕とおく。分子中の C=C 1 個につき，I_2 が 1 個付加するので，I_2(分子量 254)の物質量について

$$\frac{100}{879.5} \times \frac{n}{1} = \frac{174}{254} \qquad n ≒ 6(個) \quad \cdots(ウ)$$

(C) 構成脂肪酸が一種類である油脂のけん化の反応は，

$$C_3H_5(OCOR)_3 \overset{※⑥}{+} 3KOH \longrightarrow C_3H_5(OH)_3 + 3RCOOK$$

構成脂肪酸の分子量は　$(878-41) \div 3 + 1 = 280$

(B)より脂肪酸 1 分子には C=C 結合が 2 個あるので，脂肪酸は $C_nH_{2n-3}COOH$ と表すことができる。

$$12n + 2n - 3 + 45 = 280 \qquad n = 17$$

したがって，脂肪酸は　$C_{17}H_{31}COOH \longrightarrow C_{18}H_{32}O_2$ (エ)

◀※①
揮発しやすい液体を加熱するときは，加熱により内容物が蒸気となって失われないように，還流冷却器(管)を取りつけておくとよい。

◀※②
この反応の逆反応であるエステルの加水分解反応を起こすときは，希硫酸の方がよい。

◀※③
この操作の前に $CaCl_2$ 水溶液を加え，エタノールを $CaCl_2$ と結合させてエーテル層から取り除くこともある。

◀※④
油脂 1 分子中には，エステル結合が 3 個含まれるので，油脂 1 mol のけん化には，常に一価の塩基 3 mol が必要である。

◀※⑤
1 分子中に C=C 結合を n 個もつ油脂 1 mol の I_2 付加には I_2 が n〔mol〕必要。
油脂 100 g に付加する I_2 の質量(g)をヨウ素価という。
ヨウ素価が大きい油脂ほど C=C 結合の数が多い。

◀※⑥
油脂 1 g をけん化するのに必要な KOH の質量(mg)をけん化価という。
けん化価が大きいほど，油脂の平均分子量は小さい。

化学重要問題集　113

201 (1) ① エステル化
$CH_3(CH_2)_{11}OH + H_2SO_4 \longrightarrow CH_3(CH_2)_{11}OSO_3H + H_2O$
② 中和
$CH_3(CH_2)_{11}OSO_3H + NaOH \longrightarrow CH_3(CH_2)_{11}OSO_3Na + H_2O$
(2) (a) 疎水(または親油) (b) 親水 (c) 内 (d) 外 (e) 負
(3) 純水のときに比べて水の表面張力が減少し，空気を含んで表面積が大きくなった状態でも存在できるようになるから。

解説 (1) 硫酸ドデシルナトリウムは代表的な合成洗剤。※①
(2) 【196】の**解説**(3)参照。
(3) シャボン玉は右図のような状態になっている。※②
　表面にある水分子は，内部にある水分子と違い，周囲の水分子と引き合う力がつり合っていないため，内部へ入ろうとする力がはたらく。これは表面積を小さくしようとする力であり，表面張力という（水は水素結合のため表面張力が大きい）。
　水に界面活性剤を加えて，これが水の表面に集まると，その分だけ表面の水分子が減少することになるので，表面張力が低下する。このため例えば，純水よりも繊維などの細かなすき間にも浸透しやすくなり，その洗浄作用にも役立っている。※③

◀※① 硫酸エステルに分類される。
◀※②

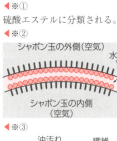

◀※③

14 芳香族化合物

202 ②，④

解説 ① ベンゼン C_6H_6 は，無色で特有のにおいをもつ液体で，水に溶けにくい。誤り。
② ベンゼンは，6個の炭素原子が正六角形の環状に結合し，分子のすべての原子は同一平面上にある。炭素原子間の距離はいずれも等しく，C–C 単結合より短いが，C=C 二重結合より長い。※④ 正しい。

③,④ ベンゼンは，炭素の含有率が高いので，空気中で燃やすと多量のすすを出す（明るく燃える）。青色の炎ではないので③は誤り，④は正しい。
⑤ ベンゼンは付加反応より置換反応の方が起こりやすい。誤り。

◯ + Cl₂ →(Fe) ◯-Cl + HCl …置換反応

◯ + 3Cl₂ →(光) C₆H₆Cl₆ …付加反応

◀※④ 炭素原子間の結合距離

エタン（単結合）	0.15 nm
ベンゼン	0.14 nm
エチレン（二重結合）	0.13 nm

また，ベンゼン環の略記号は，◯ のように書くが，結合が均等に分布しているので ◎ のように書かれることがある。

[参考] 分子式 C_6H_6 で炭素原子間の結合が同等でなく、C=C（二重結合）を3つもつ1,3,5-シクロヘキサトリエン（右構造式）とベンゼンが、それぞれ H_2 付加してシクロヘキサンになるときの反応熱は、360kJ/mol と 208kJ/mol のように異なっている。
よって、1,3,5-シクロヘキサトリエンよりもベンゼンの方が、152kJ/mol エネルギーが低く安定である。※①

◀※①

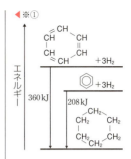

203

(1) (A) SO_3H　(B) SO_3Na　(C) ONa　(D) OH
(E) $CH(CH_3)_2$ 基（フェニル）　(F) $C(CH_3)_2-O-OH$ 基　(G) $CH_3-C(=O)-CH_3$
(H) NO_2　(I) NH_3Cl　(J) NH_2　(K) N_2Cl
(L) ◯-N=N-◯-OH

(2) ① n　② p　③ b　④ l　⑤ r　⑥ h
　　⑦ q　⑧ g　⑨ k　⑩ i　⑪ j

(3) a, e

(4) $\bigcirc$-OH + 3Br_2 ⟶ 2,4,6-三臭化フェノール + 3HBr
（名称）2,4,6-トリブロモフェノール

◀※②
電離定数 K_a が小さいほど弱酸といえる。
(25℃) 　　　K_a
安息香酸　　$10^{-4.0}$
炭酸(1)　　 $10^{-6.4}$
フェノール　$10^{-9.8}$
(炭酸(2)　　$10^{-10.3}$)
$HCO_3^- \rightleftharpoons H^+ + CO_3^{2-}$

◀※③

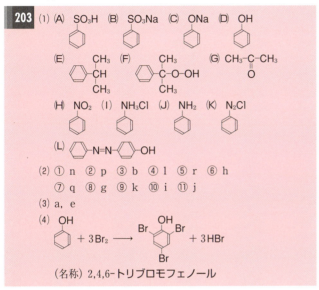

[解説] (1), (2) フェノール合成の方法を、3つに分けて述べる。
(①〜④) ベンゼンを濃硫酸と加熱すると、ベンゼンスルホン酸(A)が生成する（スルホン化、置換）。これを NaOH で中和させてベンゼンスルホン酸ナトリウム(B)になり、さらに NaOH (固)を高温で融解させて反応させるとナトリウムフェノキシド(C)になる（アルカリ融解）。これに炭酸を加えて弱酸を遊離させ、フェノール(D)※②が生成する。※③

(⑤〜⑥) ベンゼンとプロピレン（プロペン）$CH_2=CH-CH_3$ を触媒下で付加させてクメン(E)をつくる。これを空気酸化してクメンヒドロペルオキシド(F)とした後、希硫酸で分解すると、フェノール(D)とアセトン(G)が生成する。この方法をクメン法※③という。

(⑦〜⑪) ベンゼンに濃硝酸と濃硫酸を加えて熱すると、ニトロベンゼン(H)が生成する（ニトロ化、置換）。これにスズと塩酸で還元させるとアニリン塩酸塩(I)になり、さらに NaOH を加えて弱塩基を遊離させ、アニリン(J)が生成する。アニリンを5℃以下で亜硝酸ナトリウム $NaNO_2$ と HCl で反応させると、塩化ベンゼンジアゾニウム(K)ができる（ジアゾ化）。これがナトリウムフェノキシド(DとNaOHが中和したもの)と反応すると、p-フェニルアゾ

[参考] 他のフェノール合成法
$\bigcirc$ →[Cl_2, Fe / 置換]→ $\bigcirc$-Cl →[高温・高圧 NaOH aq / 置換]→ $\bigcirc$-ONa →[CO_2, H_2O / 弱酸遊離]→ $\bigcirc$-OH

化学重要問題集　115

フェノール(L)が生成する(ジアゾカップリング)。 ※①

(3) エタノールとフェノールはともにヒドロキシ基 –OH をもち，Na と反応して H_2 を発生する。また，ともに無水酢酸($CH_3CO)_2O$ と反応して酢酸エステルが生成する。

相違点としては，エタノールが液体，水に溶け中性なのに対し，フェノールは常温・常圧で固体，水に少し溶け弱酸性である。フェノール類は $FeCl_3$ 水溶液で青紫～赤紫色に呈色することで検出できる。 ※②(前ページ)

(4) フェノールはベンゼンよりも置換反応を受けやすく，とくに，OH 基に対してオルト位とパラ位に起こりやすい(オルト・パラ配向性)。同様に，フェノールを，ニトロ化すると 2,4,6-トリニトロフェノール(ピクリン酸)の黄色結晶を生成する。

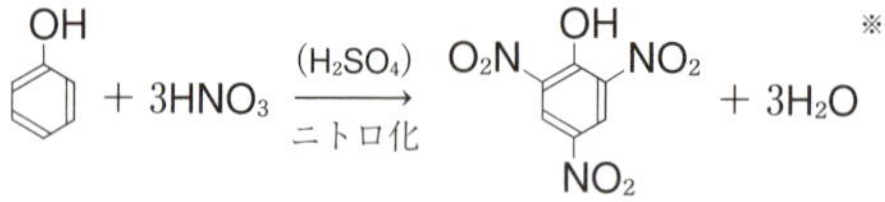

C₆H₅OH + 3HNO₃ →(H_2SO_4)(ニトロ化) 2,4,6-(NO₂)₃C₆H₂OH + 3H₂O ※②

※① 詳しくは【205】参照。

※② トルエンも同様のニトロ化を起こすが，ハロゲン化の方は(単に Br_2 を混ぜただけでは)起こらない。
ピクリン酸はフェノール類では珍しく強酸($K_a=10^{-0.4}$)で，$FeCl_3$aq との反応も陰性である。

204 (1) b
(2) A：サリチル酸　B：アセチルサリチル酸
　　C：サリチル酸メチル

② サリチル酸 + $(CH_3CO)_2O$ ⟶ アセチルサリチル酸 + CH_3COOH

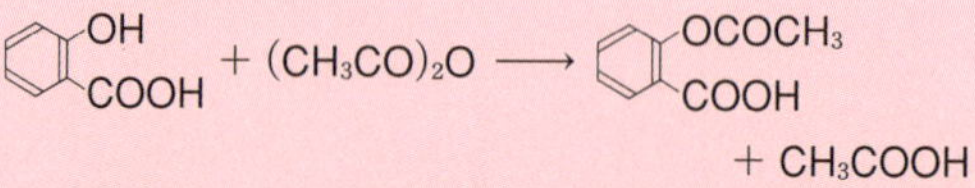

③ サリチル酸 + CH_3OH ⟶ サリチル酸メチル + H_2O

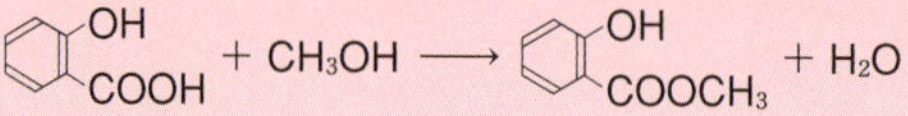

(3) A, B

解説 (1) ① ナトリウムフェノキシドに高温・高圧で CO_2 を反応させてサリチル酸ナトリウムをつくる(コルベ・シュミット反応)。

(2) ② サリチル酸にはフェノール性 OH 基があるので，無水酢酸と反応して，アセチル化(エステル化)される。フェノール類はカルボン酸によるエステル化を起こしにくいが，酸無水物を用いるとエステル化が起こる。 ※③

③ サリチル酸には COOH 基があるので，メタノールと反応して，エステル化される。 ※④

(3) カルボキシ基をもつ化合物を答える(→【191】(4)(c)参照)。

205 (1) A ニトロベンゼン　B アニリン塩酸塩　C アニリン 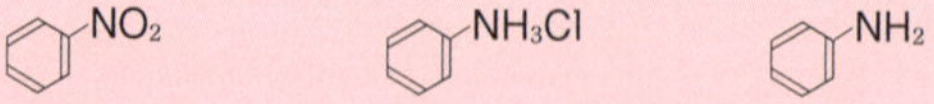
C₆H₅NO₂　　　　C₆H₅NH₃Cl　　　C₆H₅NH₂
　　D 塩化ベンゼンジアゾニウム
C₆H₅N₂Cl

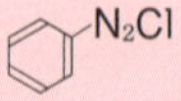

(2) お

(3) 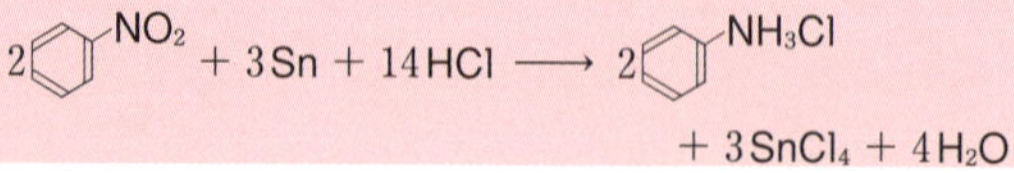 2C₆H₅NO₂ + 3Sn + 14HCl ⟶ 2C₆H₅NH₃Cl + 3SnCl₄ + 4H₂O

※③ –OH，–NH₂ の H を，アセチル基(CH_3CO–)で置換する反応をアセチル化という。

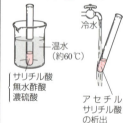
サリチル酸
無水酢酸
濃硫酸
温水(約60℃)
冷水
アセチルサリチル酸の析出

※④

サリチル酸
メタノール
濃硫酸
ガラス棒
沸騰石
飽和$NaHCO_3$水溶液

未反応のサリチル酸は，$NaHCO_3$ 水溶液と反応し，水溶性のサリチル酸ナトリウムとなり，水層に分離される。

(4) さらし粉
(5) 温度が上がると生成物がフェノールと窒素に分解してしまうから。
(6) (反応名) ジアゾカップリング
    (化合物名) *p*-フェニルアゾフェノール
            (または *p*-ヒドロキシアゾベンゼン)
    (色) 橙赤色
(7) 14 g

解説 〔実験1〕ではベンゼンをニトロ化している。

$$\text{C}_6\text{H}_6 + \text{HNO}_3 \longrightarrow \text{C}_6\text{H}_5\text{NO}_2 + \text{H}_2\text{O}$$

濃硫酸は水への溶解熱が大きいので，濃硝酸（約60%で40%が水）に濃硫酸を少しずつ加えていくようにして混酸をつくる。生成したニトロベンゼン（密度 $1.2\,\text{g/cm}^3$）は水に不溶の淡黄色の油状物質で，混酸（密度約 $1.6\,\text{g/cm}^3$）には浮くが，水（密度 $1.0\,\text{g/cm}^3$）に入れると沈む。
〔実験2〕の前半ではニトロベンゼンの還元をしている。還元剤と酸化剤のはたらきは，

$$\begin{cases} \text{Sn} + 4\text{HCl} \longrightarrow \text{SnCl}_4 + 4\text{H}^+ + 4e^- & \cdots\cdots ① \\ \text{C}_6\text{H}_5\text{NO}_2 + 6\text{H}^+ + 6e^- \longrightarrow \text{C}_6\text{H}_5\text{NH}_2 + 2\text{H}_2\text{O} & \cdots\cdots ② \end{cases}$$

①式×3+②式×2 より，

$$2\text{C}_6\text{H}_5\text{NO}_2 + 3\text{Sn} + 12\text{HCl} \longrightarrow 2\text{C}_6\text{H}_5\text{NH}_2 + 3\text{SnCl}_4 + 4\text{H}_2\text{O} \quad \cdots\cdots ③$$

塩酸が過剰の場合は，生成物はアニリン塩酸塩となる。

$$2\text{C}_6\text{H}_5\text{NO}_2 + 3\text{Sn} + 14\text{HCl} \longrightarrow 2\text{C}_6\text{H}_5\text{NH}_3\text{Cl} + 3\text{SnCl}_4 + 4\text{H}_2\text{O} \quad \cdots\cdots ④$$

反応物のニトロベンゼンは水に不溶なので，濃塩酸とは二層に分かれているが，生成物のアニリン塩酸塩は水に溶けて均一な溶液となる。
〔実験2〕の後半では弱塩基遊離反応によりアニリンに戻している。

$$\text{C}_6\text{H}_5\text{NH}_3\text{Cl} + \text{NaOH} \longrightarrow \text{C}_6\text{H}_5\text{NH}_2 + \text{NaCl} + \text{H}_2\text{O}$$
（弱塩基の塩）（強塩基）（弱塩基）（強塩基の塩）

アニリンをジエチルエーテルに溶かし，抽出する。その後，さらし粉で赤紫色に呈色することで，アニリンを検出する。
〔実験3〕ではアニリンをジアゾ化している。

$$\text{C}_6\text{H}_5\text{NH}_2 + \text{NaNO}_2 + 2\text{HCl} \longrightarrow [\text{C}_6\text{H}_5\text{N}^+\equiv\text{N}]\text{Cl}^- + \text{NaCl} + 2\text{H}_2\text{O}$$
（塩化ベンゼンジアゾニウム）

生成物の塩化ベンゼンジアゾニウムは不安定な化合物で，5℃以上では加水分解が起こり，フェノールと窒素が生成する。

$$\text{C}_6\text{H}_5\text{N}_2\text{Cl} + \text{H}_2\text{O} \longrightarrow \text{C}_6\text{H}_5\text{OH} + \text{N}_2 + \text{HCl}$$

〔実験4〕の反応はジアゾカップリングで，アゾ化合物を合成している。

$$\text{C}_6\text{H}_5\text{-N}_2\text{Cl} + \text{C}_6\text{H}_4\text{-ONa} \longrightarrow \text{C}_6\text{H}_5\text{-N=N-C}_6\text{H}_4\text{-OH} + \text{NaCl}$$
（*p*-フェニルアゾフェノール）

生成物の *p*-フェニルアゾフェノールはアゾ基 –N=N– をもつ橙赤色の

◀※①
ニトロベンゼンの生成
よく振る　ガラス棒
温水　冷水
ベンゼン　ニトロベンゼン
濃硝酸
濃硫酸

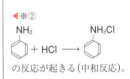

◀※②

$$\text{C}_6\text{H}_5\text{NH}_2 + \text{HCl} \longrightarrow \text{C}_6\text{H}_5\text{NH}_3\text{Cl}$$

の反応が起きる（中和反応）。

染料。

(7) 理論的にはベンゼン 1 mol からニトロベンゼン 1 mol が，ニトロベンゼン 1 mol からアニリン 1 mol が得られる。

必要なベンゼンを x 〔g〕とすると，分子量はベンゼン C_6H_6 が 78，アニリン $C_6H_5NH_2$ が 93 であるから，アニリンの物質量について，※①◀

$$\frac{x}{78} \times \frac{70}{100} \times \frac{80}{100} = \frac{9.3}{93} \quad x ≒ 14 \text{(g)}$$

206 (1) 抽出，(右図) ※②◀
(2) 水層
(3) ① ⬡-NH₂ ② ⬡-NO₂
(4) ① ⬡-COONa ② ⬡-ONa
(5) 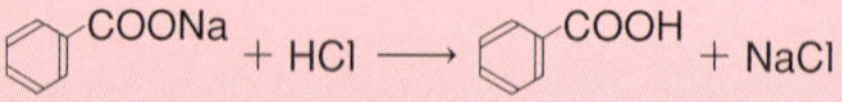 ⬡-COONa + HCl ⟶ ⬡-COOH + NaCl
(6) ③
(7) エタノールは水によく溶けるので，水層とエタノール層に分離しないから。

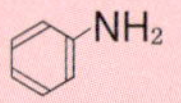

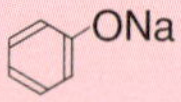

解説 (1) 溶媒への溶解度の差を利用して分離する。なお，最後にエーテル層に残った有機物は，蒸発皿にあけてエーテルを蒸発させれば得られる。 ※③◀

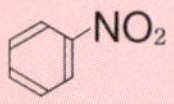

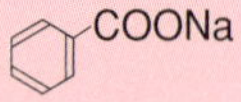

(3), (4)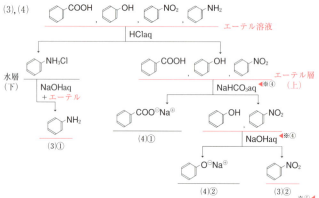

(5) (弱酸の塩) + (より強い酸) ⟶ (弱酸) + (強酸の塩) の反応が起こる。 ※⑤◀

[参考] 水層 1 に NaOHaq を加えたときの反応は，

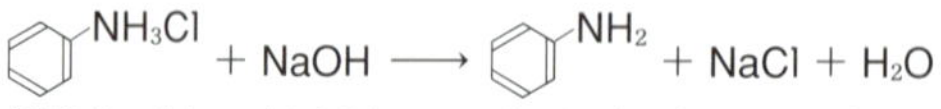

⬡-NH₃Cl + NaOH ⟶ ⬡-NH₂ + NaCl + H₂O
(弱塩基の塩)　(強塩基)　　(弱塩基)　(強塩基の塩)

(6) 水層 5 には ⬡-COO⁻Na⁺ と ⬡-O⁻Na⁺ が存在する。ここで
① HClaq を用いてしまうと，どちらも遊離して分離できず不適。
③ CO₂ (炭酸) の場合は，

※① この 70%，80% などを**収率**という。
A→B の反応の収率
$= \frac{B \text{の実際量 (mol)}}{B \text{の理論値 (mol)}} \times 100$

※② 〈分液漏斗の使い方〉

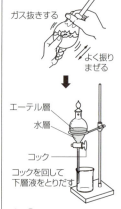

ガス抜きする
よく振りまぜる
エーテル層
水層
コック
コックを回して下層液をとりだす

※③ 混合溶液中の化合物は，初めベンゼン環の疎水性でエーテルに溶けているが，**中和して塩になると水層に移る**。

※④

	-COOH	⬡-OH
NaOH	○	○
NaHCO₃	○(CO₂↑)	×

○は中和して塩(→水層)

※⑤

	-COONa	⬡-ONa
HClaq	○	○
二酸化炭素	×	○

○はもとの弱酸に戻る

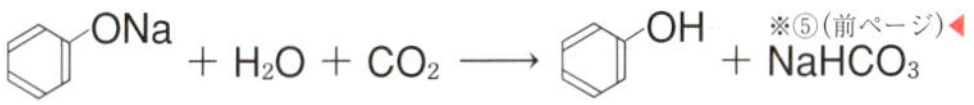

〇-ONa + H₂O + CO₂ ⟶ 〇-OH + NaHCO₃　※⑤(前ページ)◀

の反応のみが起こり，分離できる。

(7) エタノールは水と任意の割合で混ざり合う。
　　※①
分離抽出における有機溶媒に求められる条件は，
- 有機物をよく溶かし，逆に，水に溶けにくい。
- 酸や塩基と反応しにくい。
- 密度が1g/cm³(水)に近すぎず，2層に分離しやすい。
- 沸点が低く，蒸発しやすい(除去しやすい)。

◀※①
水に浮く有機溶媒
　　…エーテル，ベンゼンなど
水に沈む有機溶媒
　　…ジクロロメタン CH₂Cl₂
　　トリクロロメタン
　　　(クロロホルム) CHCl₃
　　テトラクロロメタン
　　　(四塩化炭素) CCl₄

207 (1) (ア) HNO₃　(イ) H₂SO₄
(2) ① あ　② い　③ う
(3) X
(4)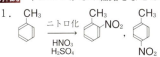

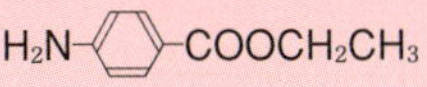

解説　トルエンからの経路をまとめると次のようになる。

1. CH₃-〇 ─ニトロ化 HNO₃ H₂SO₄→ CH₃-〇-NO₂, CH₃-〇-NO₂

混酸を用いてニトロ化すると，o-とp-の置換体が主に生成する。※②◀

2. 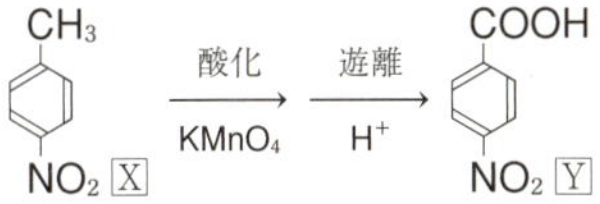 CH₃-〇-NO₂ X ─酸化 KMnO₄→ COOH-〇-NO₂ ─遊離 H⁺→ COOH-〇-NO₂ Y

KMnO₄で酸化した後，酸性にすると弱酸(-COOH)が遊離する。

3. 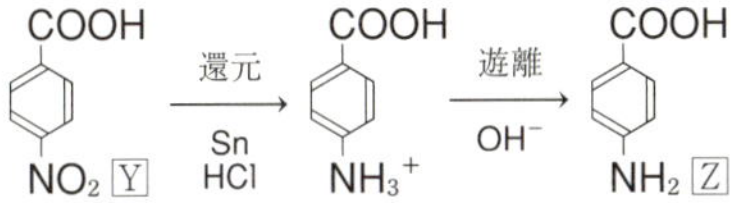 COOH-〇-NO₂ Y ─還元 Sn HCl→ COOH-〇-NH₃⁺ ─遊離 OH⁻→ COOH-〇-NH₂ Z

ニトロ基を還元するが，溶液は酸性で-NH₃⁺となっている。
ふつうは強塩基を加えて遊離させるが，Zには-COOHがあるため強塩基と反応して塩になってしまう。よって，強い塩基性としない意味で「中性にする」と答えた。

4. 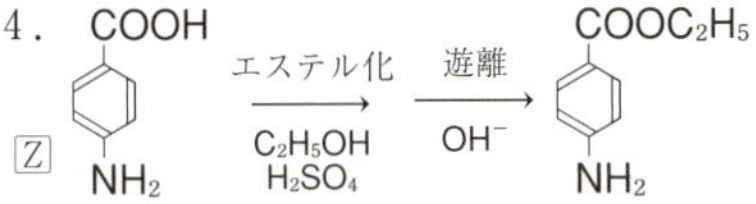 COOH-〇-NH₂ Z ─エステル化 C₂H₅OH H₂SO₄→ COOC₂H₅-〇-NH₃⁺ ─遊離 OH⁻→ COOC₂H₅-〇-NH₂（ベンゾカイン）

エステル化の触媒としてH₂SO₄(濃硫酸)を用いる。-NH₃⁺を-NH₂にするため，塩基性にする。

(3) Zには-NH₂と-COOH，Yには-COOHがあるため，分子間で水素結合を形成するが，Xには-NH₂や-COOHなどの官能基がない。よって，Xは分子間力が最も弱く，融点が最も低いと考えられる。

◀※②
ベンゼン環に結合した置換基の種類により，次の置換基の入りやすい位置が決まることを配向性という。

-CH₃, -NH₂, -OH, -Cl などはベンゼン環に，少し電子を押し出す性質(電子供与性)がある。このとき，次の置換反応は，電子密度の高くなるo-位とp-位で起こりやすくなる(オルト・パラ配向性)。

[参考]　-NO₂, -COOH, -SO₃H などはベンゼン環から電子を引っ張る性質(電子吸引性)がある。このとき，ベンゼンのo-位とp-位の電子密度が低くなり，相対的に高いm-位で次の置換反応が起こりやすくなる(メタ配向性)。

化学重要問題集　119

208 オ

解説 上層の溶液は上部(ガラス栓側)から注ぎ出す。このとき，空気孔から溶液が流れないように注意する。

209 (1) ① (a) ジアゾ化 (b) ジアゾカップリング

② CH₃ /CH₃ N—〈 〉—N=N—〈 〉—SO₃Na

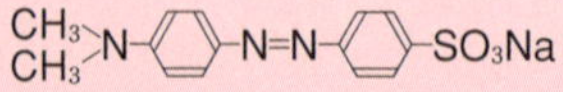

(2) ① (フタル酸無水物構造) ② ヒドロキシ ③ しない

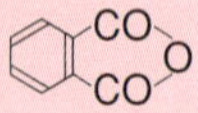

④ する ⑤ 8.0〜9.8 ⑥ 赤

解説 (1) 合成の経路は次のようになる。

※① Na₂CO₃ により塩をつくり，水に可溶としている。
※② NaOH を加えているので，メチルオレンジの構造式は −SO₃H ではなく，−SO₃Na のようになる。

(2) 次のように縮合している。

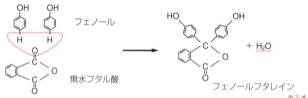

一般的にフェノール性ヒドロキシ基は NaHCO₃(弱塩基)と反応せず NaOH(強塩基)と反応する。仮に NaHCO₃ 水溶液の pH を 8，NaOH 水溶液の pH を 13 とする。問いの平衡は pH=8 で構造A(弱酸型)の方向へ，pH=13 で構造Bの方向へ移動するため，フェノールフタレインの変色域は塩基性側にあり，構造Bの状態が赤色を呈していると考察できる。

PPH₂ ⇌(OH⁻/H⁺) PP²⁻ + 2H⁺
(構造A，無色) (構造B，赤色)

※③ フェノールは炭酸よりも弱い酸であるから，炭酸の塩 NaHCO₃ に H⁺ を与えることができない。

210 (A) (出発原料) ベンゼン (反応操作の順) ①
(B) (出発原料) ベンゼン (反応操作の順) ⑤

解説 各操作でベンゼン環の置換基がどのように変化するかを考える。

(a)	$-NO_2$	$\longrightarrow$	$-NH_2$	ニトロ基の還元
(b)		$\longrightarrow$	$-NO_2$	置換でニトロ基導入
(c)	$-NO_2$	$\longrightarrow$	$-NH_2$	ニトロ基の還元
(d)		$\longrightarrow$	$-CH_2CH_3$	付加でエチル基導入
(e)		$\longrightarrow$		側鎖の酸化 ※①
(f)		$\longrightarrow$	$-SO_3H$	置換でスルホ基導入
(g)	$-SO_3H$	$\longrightarrow$	$-OH$	アルカリ融解
(h)	$-COOH$	$\longrightarrow$	$-COOCH_3$	縮合（エステル化）
(i)	$-OH$	$\longrightarrow$	$-OCOCH_3$	縮合（アセチル化）
	$-NH_2$	$\longrightarrow$	$-NHCOCH_3$	
(j)	$-NH_2$	$\longrightarrow$	$-OH$	ジアゾ化, 分解 ※②

◀※①
ベンゼン環に結合した炭化水素基（側鎖という）を $KMnO_4$ のような酸化剤を使って強く酸化すると，すべて $-COOH$ に変化する。
このとき，側鎖の炭素原子数は関係ない。
（例）
(ベンゼン-C_2H_5) $\xrightarrow{酸化}$ (ベンゼン-COOH)

◀※②
ジアゾニウム塩は温度が高いと，分解して N_2 を発生し，OH 基が生じる。

◀※③
矢印の上側の操作は，ベンゼン環の上に示した官能基の反応を，矢印の下側の操作は，ベンゼン環の下に示した官能基の反応を表している。

◀※④
必ずしもこの書き方に従う必要はない。また，（例）を

```
    COOH
HO──H
HO──H
    COOH
```

のように書いたものをフィッシャー投影式という。

◀※⑤
ひっくり返す

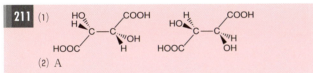

211 (1)（構造式省略）
(2) A

解説 (1) 次のように例を示す。

2つの不斉炭素原子 *C があるので，次の4つが考えられる。

（例）	(a) 上と下の *C がともに異なる	(b) 例とは上の *C だけ異なる	(c) 例とは下の *C だけ異なる

ここで，（例）と(a)には，*C の間に対称な面があり，同じものである。 ※⑤
つまり，酒石酸の立体異性体は，（例），(b)，(c)の3つである。 ※⑥
解答する際には，（例）の構造から左側の(−H, −OH)の配置を変えた

(a) このような分子をメソ体という。

◀※⑥
（例）と(b)を互いにジアステレオマーという。（例）と(c)もジアステレオマーである。(b)と(c)は鏡像異性体。

ものと，右側の($-H$, $-OH$)の配置を変えたものを書く。

(2) (1)より，対称な面が存在するものを選ぶ。

15 有機化合物の構造と性質・反応

212 A：S, 黒　　B：N, 青　　C：Cl, 青緑　　D：H, 青

解説　A：成分元素としてSが含まれていると，硫化ナトリウム
Na_2Sが生じ，Pb^{2+}を加えると黒色の硫化鉛(II)PbSが沈殿する。
B：Nが強塩基(ソーダ石灰やNaOH)によってNH_3として遊離する。
C：Clが存在すると，塩化銅(II)$CuCl_2$が生じ，銅の炎色反応(青緑色)
が見られる。
D：Hは完全燃焼してH_2Oになり，硫酸銅(II)無水塩(白色)が吸湿す
ることで青色を呈する。

◀※①
赤色リトマス紙の青変，濃塩
酸を近づけて白煙，ネスラー
試薬で黄褐〜赤褐色沈殿。

213 (1) (a) (ア) 酸化銅(II)　(イ) 塩化カルシウム　(ウ) 水
　　　　　(エ) ソーダ石灰　(オ) 二酸化炭素
　　　(b) 酸化剤
　　　(c) ソーダ石灰は二酸化炭素だけでなく水も吸収するので，
　　　　　両者の質量が区別できなくなるから。

(2) (a) $C_4H_{10}O$

(b) (A) $CH_3-CH_2-CH_2-CH_2-OH$　(C) $CH_3-CH_2-CH-CH_3$
　　　　　　　　　　　　　　　　　　　　　　　　　　　OH

◀※②
酸化銅(II)CuOは試料の完
全燃焼を助ける酸化剤である。

　　(G) $CH_3-C=CH_3$　,　$CH_3-C=H$
　　　　　$H-C=H$　　　$H-C=CH_3$

解説　(1) (c) ソーダ石灰も塩化カルシウムも乾燥剤としてH_2Oを吸
収(吸湿)するが，ソーダ石灰は塩基性で，CO_2も吸収する。

CO_2 w_1〔g〕　　→　w_1　　|　CO_2 w_1〔g〕　　→　w_1　　ゼロ
H_2O w_2〔g〕　→　w_2　　|　H_2O w_2〔g〕　→　w_2
　　　(正) $CaCl_2$　ソーダ石灰　|　(誤) ソーダ石灰　$CaCl_2$

(2) (a) Cの質量：$8.80 \times \dfrac{C}{CO_2} = 8.80 \times \dfrac{12.0}{44.0} = 2.40$ (mg)

Hの質量：$4.50 \times \dfrac{2H}{H_2O} = 4.50 \times \dfrac{2.0}{18.0} = 0.50$ (mg)

Oの質量：$3.70 - (2.40 + 0.50) = 0.80$ (mg)

$C : H : O$(原子数の比)$= \dfrac{2.40}{12.0} : \dfrac{0.50}{1.0} : \dfrac{0.80}{16.0} = 4 : 10 : 1$

組成式は$C_4H_{10}O$($= 74.0$)となる。

Aの分子量は74であるから，分子式も$C_4H_{10}O$である。

◀※③
酸素は試料中からだけでなく
外部からも供給されるので，
酸素の質量は，試料の全質量
から炭素と水素の質量を差し
引いて求める。

◀※④
各元素の質量を原子量で割る
と，物質量の比，すなわち各原
子数の比が求められる。

122　化学重要問題集

(b)(i) A〜Dは金属Naと反応するのでアルコール。次の4種類が考えられる。

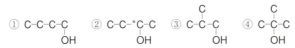

(ii) 不斉炭素原子をもつCは②。

(iii) Dは酸化されにくいので、第三級アルコールの④。残るAとBは①か③のどちらかになる。

(iv)(v)   CH₃-CH₂-CH-CH₃ —脱水※①→ CH₃-CH=CH-CH₃
            C   OH   G (シス形とトランス形)

         CH₃-CH₂-CH₂-CH₂ → CH₃-CH₂-CH=CH₂
          A…①に決定 OH   H

214 (1) 5種類
(2) (A) CH₂=CH-CH₂-CH₃
    (B) CH₂-*CH-CH₂-CH₃   (C) CH₃
         Br Br   CH₂=C-CH₃

解説 (1) 分子式 C₄H₈ の構造異性体は次の5種類。※②

① C=C-C-C   ② C-C=C-C   ③ C   ④ C-C   ⑤ C
              (シス, トランス)   C=C-C   C-C   C-C

(2) アルケン①〜③のうち、シス-トランス異性体が存在する②を除き、Br₂付加で得られるBに不斉炭素原子をもつAは①である。※③

① —Br₂→ C-*C-C-C   ③ —Br₂→   C
          Br Br (B)   C-C-C
                                     Br Br

次にアルケン①〜③に水を付加させると次のようになる。

① CH₂=CH-CH₂-CH₃ —H₂O→ CH₃-CH-CH₂-CH₃ と CH₂-CH₂-CH₂-CH₃
                            OH   OH
                       (第二級アルコール) (第一級アルコール)

② CH₃-CH=CH-CH₃ —H₂O→ CH₃-CH-CH₂-CH₃
                          OH (第二級アルコール)
                                  ※④
③ CH₃   CH₃   CH₃
  CH₂=C-CH₃ —H₂O→ CH₃-C-CH₃ と CH₂-CH-CH₃
                    OH   OH
                (第三級アルコール)(第一級アルコール)

二クロム酸カリウムで酸化されてカルボン酸になるのは第一級アルコール、酸化されにくいのは第三級アルコールなので、Cは③である。

215 (A) CH₃-CH₂-CH-CH₃   (B) CH₃-CH₂-CH₂-CH₂-OH
                 OH

◀※①
Cの脱水では、Gが主生成物で、Hが副生成物となる。アルコールの脱水では、-OHの結合したC原子の両隣のC原子に結合しているHの数に注目し、Hの数の少ない方からH原子が失われた化合物が主生成物となる(これを<u>ザイチェフ則</u>という)。

◀※②
一般式 C_nH_{2n} の異性体
・付加反応する…アルケン
・付加反応しない…シクロアルカン

◀※③
②をBr₂付加させると不斉炭素原子を2つもつ化合物が生成する。
② —Br₂→ C-*C-*C-C
          Br Br

◀※④
参考 2-メチルプロペン(③)は、HClとの反応では2種類の生成物の可能性があるが、生成量は同じではない。

         CH₃   CH₃
③ → CH₃-C-CH₃   (主生成物)
              Cl
         CH₃
      CH₂-CH-CH₃   (副生成物)
         Cl

「HXのHは、H原子が多く結合しているC原子に、X原子はH原子の少ない方のC原子に、それぞれ付加した化合物が主生成物となる。」これを<u>マルコフニコフ則</u>という。

$$\begin{array}{ll}
\text{(C)} & \text{CH}_3\text{-CH-CH}_2\text{-OH} \\
& \phantom{\text{CH}_3\text{-}}\text{CH}_3
\end{array} \quad \begin{array}{l} \text{(D)} \ \text{CH}_3\text{-}\underset{\text{OH}}{\overset{\text{CH}_3}{\text{C}}}\text{-CH}_3 \end{array}$$

(E) CH₃-CH₂-O-CH₂-CH₃

解説 (1) 分子式 C₄H₁₀O で表される化合物には，次のように金属 Na と反応して H₂ を発生するアルコール(①〜④)と，金属 Na とは反応しないエーテル(⑤〜⑦)とがある。※①

① C-C-C-C   ② C-C-C-C   ③ C-C-C   ④ C-C-C
  　　　OH　　　　OH　　　　OH   C   OH
⑤ C-O-C-C-C ⑥ C-C-O-C-C ⑦ C-O-C-C
                              　　C

(2) 第一級アルコールは酸化されてカルボン酸が生じる。※② よって，B (→G) と C(→H) は第一級アルコールの①か③に絞られる。第二級アルコールは酸化されてケトンが生じる。第三級アルコールは酸化されにくい。残ったアルコール②と④のうち，②は

$$\text{CH}_3\text{-CH}_2\text{-CH-CH}_3 \xrightarrow{\text{酸化}} \text{CH}_3\text{-CH}_2\text{-C-CH}_3$$
                    OH   O
                                                         ヨードホルム
                                                         反応陽性

のように酸化される。よって，A(→F)は②，残ったDは④に決まる。

(3) E はエーテルなので沸点が一番低い。アルコール①と③の沸点を比べると，直鎖の炭素骨格をもつ①の方が，枝分れの炭素骨格をもつ③よりも分子間力が強く，沸点が高い。※③ よって，沸点の高いBが①，Cが③に決まる。

(4) 一種類のアルコールから合成しているので対称的なエーテルである。アルコール I はエタノールであり，次の反応式のようになる。
　　2CH₃CH₂-OH ⟶ CH₃CH₂-O-CH₂CH₃ + H₂O

216 (1) ① 1.0 g ② 2.4 g

(2) $\text{H}_2\text{C=CH-}\underset{\text{OH}}{\overset{\text{CH}_3}{\text{C}}}\text{-H}$　　$\text{HO-}\underset{\text{H}}{\overset{\text{CH}_3}{\text{C}}}\text{-CH=CH}_2$

(3) (化学式) CHI₃ (C) CH₃-CH₂-C-CH₃
                              ‖
                              O

(4) (D, E) CH₃-C=CH-CH₂OH   CH₃-C=CH-H
           　　 H   H   　　H   CH₂OH

(5) (化学式) Cu₂O (F) CH₃-CH₂-CH₂-C-H
                                    ‖
                                    O

(6) CH₂=C-O-CH₂-CH₃   (7) CH₂=CH-CH₂-CH₂-OH
          CH₃

解説 C₄H₈O の水素原子の数は鎖式飽和より2少ない。この構造異性体のうち，鎖式でエノールではないものは，C=C または C=O をもつ次の11種類(以下，H は省略)。※④　(C* は不斉炭素原子を表す。)※⑤

◀※①
一般式 C_nH_{2n+2}O の異性体
・Na で H₂↑，沸点高い
　　　　　…アルコール
・Na と反応せず，沸点低い
　　　　　…エーテル

◀※②
$$\text{R-}\underset{\text{H}}{\overset{\text{H}}{\text{C}}}\text{-OH} \text{…第一級アルコール}$$

$$\text{R'-}\underset{\text{H}}{\overset{\text{R''}}{\text{C}}}\text{-OH} \text{…第二級アルコール}$$

$$\text{R'-}\underset{\text{R'''}}{\overset{\text{R''}}{\text{C}}}\text{-OH} \text{…第三級アルコール}$$

(R は水素または炭化水素基，R′, R″, R‴ は炭化水素基)

◀※③
一般に，アルコールの沸点は
第一級＞第二級＞第三級
の順に高い。
また，炭素骨格は
直鎖＞枝分れ
の順に沸点が高い。

◀※④
C=C 結合に -OH が直接結合したものはエノールといい，不安定である。

◀※⑤
不斉炭素原子とは，4個とも互いに異なる原子または原子団と結合している炭素原子。

① C=C-C-C   ② C=C-C*-C   ③ C-C=C-C   ④ C=C-C-OH
      OH   OH   OH   C

⑤ C=C-O-C-C   ⑥ C=C-C-O-C

⑦ C-C=C-O-C   ⑧ C=C-C-O-C
                     C

⑨ C-C-C-C   ⑩ C-C-C-C   ⑪ C-C-C
        O   O   C O

(1) C_4H_8O(分子量 72) 1.0 g が燃焼して生じる H_2O は塩化カルシウム管①に，CO_2 はソーダ石灰管②に吸収される。それぞれの質量増加は，

① $\dfrac{1.0}{72} \times \dfrac{4}{1} \times 18 = 1.0$(g)

② $\dfrac{1.0}{72} \times \dfrac{4}{1} \times 44 = 2.44\cdots \fallingdotseq 2.4$(g)

(2) 不斉炭素原子 C* をもつ鎖式化合物なので②に決まる。

(3) ヨードホルム反応※①◀を示すのは，②(B)と⑩である。C は C* をもたないので⑩に決まる。

(4) D と E は Na と反応するので –OH をもつ①～④のいずれかである。幾何異性体(シス-トランス異性体)をもつのは③に決まる。

(5) F は枝分かれがなく，還元性をもつので，アルデヒドである(⑨)。

(6) G は臭素が付加するので C=C をもつ。また，Na と反応しないのでエーテルで，枝分かれ状なので⑧に決まる。

(7) H は臭素が付加するので C=C をもち，Na と反応するのでアルコールである。また枝分かれがなく，不斉炭素原子もないので①に決まる。

◀※①
ヨードホルム反応は以下の構造をもつものが陽性。

    $CH_3-C-(R)$ $CH_3-CH-(R)$

(R は炭化水素基または水素)
$\left(\begin{array}{l}陽性＝反応がある\\陰性＝反応がない\end{array}\right)$

---

217 (1) (組成式) C_2H_4O (分子式) $C_4H_8O_2$ (2) CO_2

    (3) ① ヨードホルム反応   ② CHI_3 ③ D, F, H

    (4) (C) ギ酸   (G) アセトン

    (5) (A) H-C-O-CH-CH₃   (B) CH₃-C-O-CH₂-CH₃
             O   CH₃   O

解説 (1) $C : H : O = \dfrac{54.5}{12} : \dfrac{9.1}{1.0} : \dfrac{36.4}{16} \fallingdotseq 4.54 : 9.1 : 2.28 \fallingdotseq 2 : 4 : 1$ ※②◀

組成式 C_2H_4O(=44) $44n = 88$ より $n = 2$ 分子式 $C_4H_8O_2$

(2),(4) C は下線部(ア)よりカルボン酸で，かつ，銀鏡反応を示すのでギ酸とわかる。G は下線部(イ)のヨードホルム反応を示すのと，クメン法の生成物よりアセトンとわかる。

(3)～(5) ヨードホルム反応は，$CH_3CO-\square$ または $CH_3CH(OH)-\square$ ($\square$ は H または炭化水素基)の部分構造をもつ化合物で陽性。反応後，※③◀ その化合物自身は，炭素数の一つ減少したカルボン酸塩になる。$C_4H_8O_2$ のエステルは次の 4 種類ある。加水分解後の物質は以下の通り。

① H-C-O-C-C-C $\xrightarrow[H_2O]{加水分解}$ H-C-OH ＋ CH₂-CH₂-CH₃ ※④◀
   O   O ギ酸   OH 1-プロパノール

◀※②
質量百分率で表されたときは，試料 100 g を用意したと考えればよい。

◀※③
エタノールは，ヨードホルム反応が陽性な唯一の第一級アルコールである。

◀※④
$R_1-C-O-R_2$
    O

この構造において，C_3H_8 を R_1 と R_2 に振り分けて考えていく。C_3H_7- のアルキル基には 2 種類の構造があることに注意する。

(H-, $-C_3H_7$) ①, ②
(CH_3-, $-C_2H_5$) ③
(C_2H_5-, $-CH_3$) ④
(C_3H_7-, $-H$) ⑤, ⑥
⑤, ⑥はカルボン酸

化学重要問題集   **125**

②
$$H-\underset{\overset{\|}{O}}{C}-\overset{\vdots}{O}-\overset{\overset{|}{C}}{C}-C \longrightarrow H-\underset{\overset{\|}{O}}{C}-OH + CH_3-\underset{\overset{|}{OH}}{CH}-CH_3 \quad \text{2-プロパノール}$$

③
$$C-\underset{\overset{\|}{O}}{C}-\overset{\vdots}{O}-C-C \longrightarrow CH_3-\underset{\overset{\|}{O}}{C}-OH + CH_3-CH_2-OH$$
酢酸　　　　エタノール

④
$$C-C-\underset{\overset{\|}{O}}{C}-\overset{\vdots}{O}-C \longrightarrow CH_3-CH_2-\underset{\overset{\|}{O}}{C}-OH + CH_3-OH$$
プロピオン酸　　　　　　メタノール

Dの酸化でG（アセトン）が得られるので，Dは2-プロパノールとわかる。C（ギ酸）とDからなるエステルは②と決定される。一方，Fの酸化でH，さらにEとなることから，FとEの炭素数は等しい。つまり

$$\boxed{F}\ \text{エタノール} \longrightarrow \boxed{H}\ \text{アセトアルデヒド} \longrightarrow \boxed{E}\ \text{酢酸}$$

とわかり，EとFからなるエステルは③とわかる（④のエステルでは，メタノールの酸化によってプロピオン酸は生成しない）。

---

218 (1) $C_8H_{14}O_4$

(2) (A)
$$HOOC\!-\!\!\underset{H}{\overset{}{C}}\!\!=\!\!\underset{H}{\overset{}{C}}\!-\!COOH$$
　　(B)
$$H\!-\!\!\underset{HOOC}{\overset{}{C}}\!\!=\!\!\underset{H}{\overset{}{C}}\!-\!COOH$$

(3) Aは分子間の他に分子内でも水素結合を形成し，分子間でのみ水素結合するBよりも分子間力が弱いから。※①

解説 (1) 2価カルボン酸A，BにH_2を付加させて，生成したCをエステル化してEが生成した。化合物Eの組成式は$C_4H_7O_2$（式量87）で，分子量は200以下である。また，2価カルボン酸から生じたエステルなので，酸素原子Oは4個以上になり，分子式は$C_8H_{14}O_4$（分子量174）である。※②

$$2(-COOH) \longrightarrow 2(-COOC_2H_5)$$

(2) Eのもつ2つの$(-COOC_2H_5)$を除くと，残りはC_2H_4とわかる。ここから反応を逆に考えていくと，次のようにA，Bが決定される。

$$\underset{\boxed{B}\,\text{フマル酸}}{\overset{H}{\underset{HOOC}{C}}\!\!=\!\!\overset{COOH}{\underset{H}{C}}} \xrightarrow[\text{H_2付加}]{} \underset{\boxed{C}\,\text{コハク酸}}{\overset{CH_2-COOH}{CH_2-COOH}} \xrightarrow[\text{エステル化}]{C_2H_5OH} \underset{\boxed{E}}{\overset{CH_2-COOC_2H_5}{CH_2-COOC_2H_5}}$$

$$\underset{\boxed{A}\,\text{マレイン酸}}{\overset{H}{\underset{H}{C}}\!\!\overset{COOH}{\underset{COOH}{C}}} \xrightarrow[\text{加熱}]{\text{H_2付加}} \underset{\boxed{D}\,\text{無水マレイン酸}}{\overset{H}{\underset{H}{C}}\!\!\overset{CO}{\underset{CO}{}}\!\!O}$$

◀※①

	マレイン酸	フマル酸
融点(℃)	133	300（昇華）
溶解度 (g/100 g水)	79	0.7

◀※②
C, H, Oのみからなる化合物では，H原子の数は奇数ではなく偶数になる。

---

219 (1) (A)
$$CH_3\!-\!CH_2\!-\!\overset{\overset{\displaystyle CH_3}{|}}{CH}\!-\!\underset{\underset{\displaystyle OH}{|}}{CH_2}$$
　　(B)
$$CH_3\!-\!CH_2\!-\!CH_2\!-\!CH_2\!-\!\underset{\underset{\displaystyle OH}{|}}{CH}\!-\!CH_3$$

(C)
$$CH_3\!-\!CH\!-\!\underset{\underset{\displaystyle OH}{|}}{\overset{\overset{\displaystyle CH_3}{|}}{CH}}\!-\!CH_3$$
　　(D)
$$CH_3\!-\!\overset{\overset{\displaystyle CH_3}{|}}{\underset{\underset{\displaystyle OH}{|}}{C}}\!-\!CH_2\!-\!CH_3$$

126　化学重要問題集

(E) CH₃-CH₂-CH-CH₂-CH₃
           |
           OH

(2) F

(3) CH₃-C-O-CH₂-CH-CH₂-CH₃ （分子量）130
       ‖ |
       O   CH₃

解説 (1)(a) 分子式 C₅H₁₂O のアルコールは次の8種類である。※①

① C-C-C-C-C   ② C-C-C-*C-C   ③ C-C-C-C-C
        | | |
        OH   OH   OH

     C   C   C
     | | |
④ C-C-C-C   ⑤ C-C-*C-C   ⑥ C-C-C
        | | |
        OH   OH   C

     C   C
     | |
⑦ C-C-*C-C   ⑧ C-C-C
        | |
        OH   C-OH

(b) 不斉炭素原子(*C)をもつ化合物 A, B, C は，②，⑤，⑦のいずれか。

② C-C-C-*CH-C ─酸化→ C-C-C-C-C   (*C なし)
           | -2H   ‖
           OH   O
         (BかC)   (GかH)

     C   C
     | |
⑤ C-C-*CH-C   ─→   C-C-C-C   (*C なし)
        | -2H   ‖
        OH   O
      (BかC)   (GかH)

     C   C
     | |
⑦ C-C-*C-CH₂ ─→   C-C-*C-C-H
        | | -2H | ‖
        OH   A   O F

酸化でできた F, G, H のうち，*C をもつ F は1つ。よって，⑦が A に決まる。

(c) 炭素原子のつながり方が直鎖状より，②が B に決まる。残る枝分かれ状の⑤は C である。

(d) K₂Cr₂O₇ で酸化されない D は第三級アルコール，これは⑥のみであるから⑥が D に決まる。酸化されてケトンになる E は第二級アルコール，②，③，⑤があてはまるが，そのうち不斉炭素原子がないのは③のみ。よって，③が E に決まる。

③ C-C-C-C-C ─酸化→ C-C-C-C-C
      | -2H   ‖
      OH E   O I

(2) 酸化生成物 F, G, H, I のうち，銀鏡反応を示すのは，-CHO をもつ F。これは，⑦が第一級アルコールで，穏やかに酸化するとアルデヒドになることからもわかる。

(3) CH₃-C-OH   HO-CH₂-CH-CH₂-CH₃
       ‖ |
       O   CH₃
                 ┗→ H₂O (18)
   分子量(60)   (88)

エステルの分子量は，　60＋88－18＝130

※①
異性体の書き方に慣れてきたら次のように考える。
(↑は-OHのつく位置)

(○のつかない数字の位置は，○のついた数字の位置と同じになる。)

化学重要問題集　127

220 (1) CHI_3

(2) (A) $CH_3-CH=CH-CH-CH_3$ (B) $CH_2=CH-CH-CH_2-CH_3$
                         $\underset{OH}{|}$ $\underset{OH}{|}$

                                   $\overset{CH_3}{|}$

(C) $CH_3-CH-CH_3$ (D) $H-C-CH_3$
             $\underset{O}{\|}\ \underset{CH_3}{|}$ $\underset{O}{\|}\ \underset{CH_3}{|}$

解説 (ア)～(ウ) $C_5H_{10}O$ で光学異性体(鏡像異性体)が存在するアルコ [※①◀]
ールは次の5つ。

① $CH_2=CH-CH_2-\overset{*}{C}H-CH_3$ ② $CH_2=CH-\overset{*}{C}H-CH_2-CH_3$
                         $\underset{OH}{|}$ $\underset{OH}{|}$

                                     $\overset{CH_3}{|}$

③ $CH_3-CH=CH-\overset{*}{C}H-CH_3$ ④ $CH_2=\overset{*}{C}-\overset{*}{C}H-CH_3$
                         $\underset{OH}{|}$ $\underset{OH}{|}$

               $\overset{CH_3}{|}$

⑤ $CH_2-\overset{*}{C}H-CH=CH_2$
     $\underset{OH}{|}$

幾何異性体(シス-トランス異性体)も存在するAは③に決まる。
一方,水素付加で不斉炭素原子が消失する(光学異性体が存在しな
い)Bは②に決まる。

② $\underset{B}{CH_2=CH-\underset{OH}{\overset{*}{C}H}-CH_2-CH_3} \xrightarrow{H_2} \underset{E}{CH_3-CH_2-\underset{OH}{CH}-CH_2-CH_3}$

(エ)～(キ) Cは(オ)でヨードホルム反応が陽性なので $CH_3-CH(OH)-C_3H_5$ [※②◀]
か $CH_3-CO-C_3H_7$ のどちらかの構造をもつ。(エ)でCは不斉炭素原子
がないことから,$CH_3-\overset{*}{C}H(OH)-C_3H_5$ は不適。カルボニル化合物
$CH_3-CO-C_3H_7$ の2つの化合物⑥,⑦について,(カ),(キ)を考えると
(以下,Hは一部省略),

⑥ $\underset{C}{CH_3-\underset{O}{\overset{\|}{C}}-CH_2-CH_2-CH_3} \xrightarrow[\text{還元}]{H_2} C-C-C-C-C \xrightarrow{\text{脱水}} \underset{(\text{シス,トランス})}{\begin{array}{l}C=C-C-C-C\\C-C=C-C-C\end{array}}$
                                              $\overset{|}{OH}$

⑦ $\underset{C}{CH_3-\underset{O\ CH_3}{\overset{\|}{C}}-CH-CH_3} \xrightarrow[\text{還元}]{H_2} \underset{F}{C-C-C-C} \xrightarrow{\text{脱水}} \begin{array}{l}C=C-C-C\\\ \ \ \ \ \ \ |\\\ \ \ \ \ \ \ C\\C-C=C-C\\\ \ \ \ \ \ \ |\\\ \ \ \ \ \ \ C\end{array}$
                                   $\underset{OH\ C}{\ \ |\ \ |}$

脱水して生じた2種類の化合物はいずれも幾何異性体が存在しない
ので,Cは⑦に決まる。

(ク)～(コ) (ク)で -CHO をもつことがわかる。(ケ),(コ)にあてはまるものは
次の⑧。Dは⑧に決まる。

⑧ $\underset{D}{H-\underset{O\ CH_3}{\overset{CH_3}{\overset{|}{\underset{\|}{C}}}}-C-CH_3} \xrightarrow[\text{還元}]{H_2} \underset{G}{\overset{CH_3}{\underset{OH\ CH_3}{CH_2-\overset{|}{C}-CH_3}}} \longrightarrow$ 脱水できない

[※①]
$C_5H_{10}O$ は $C_5H_{12}O$ よりも H が
2つ少ないので「二重結合ま
たは環構造」を1つもつこと
がわかる。

参考 不飽和度 U

$$U=\frac{\overset{\text{飽和のH数}}{(\text{Cの数})\times 2+2}-\overset{\text{実際}}{(\text{Hの数})}}{2}$$

この数から「二重結合(不飽
和結合)または環構造など」
の数がわかる。

[※②]
ヨードホルム反応陽性のアル
コールは,上記の①,③,④
のいずれかであり,どれも
*Cをもつ。

128 化学重要問題集

221 (1) (A) 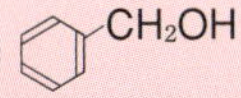 (B) 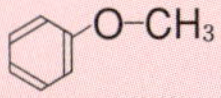

(2) 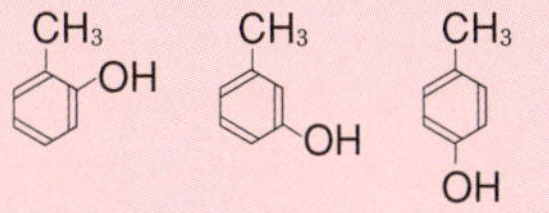

(3) 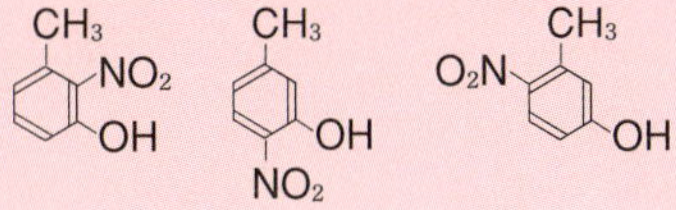

解説 分子式 C_7H_8O ※①◀ の芳香族化合物には①〜⑤の異性体が存在する。

① 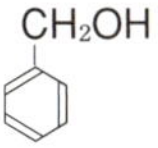 ② 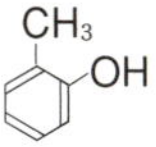 ③ 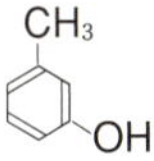 ④ 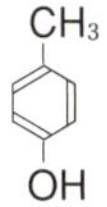 ⑤ 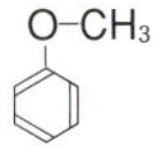

(1),(2) 塩化鉄(Ⅲ)水溶液で呈色するのはフェノール類の②〜④である。これらを除いた①,⑤で Na と反応するのはアルコールの①，沸点が最も低いのはエーテルの⑤とわかる。※②◀

(3)「非共有電子対を有する原子」とは酸素 O 原子のこと。−OH が直接結合しているベンゼン環の炭素の *o*-位あるいは *p*-位でニトロ化するので，3 つの異性体が得られるのは③となる。

② 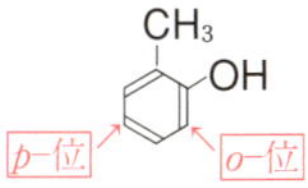
2 種

③ 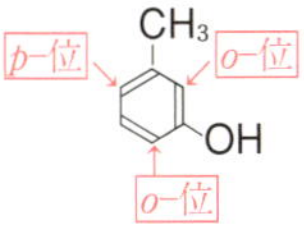
3 種

④ 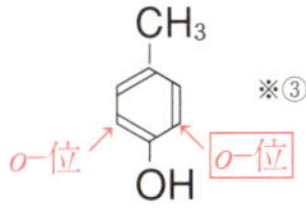 ※③◀
1 種

222 (1) 106，C_8H_{10}

(2) D 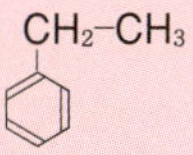 E 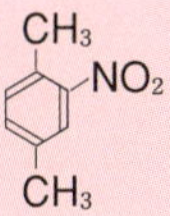 F, G 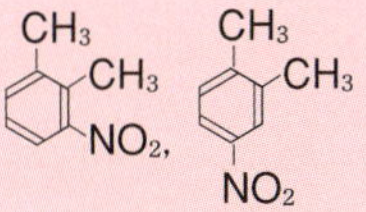 (順不同)

H 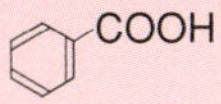

(3) カルボン酸どうしが，水素結合により二量体をつくるから。※④◀

解説 (1) C：$35.2\times\frac{12}{44}=9.6$(mg)　H：$9.0\times\frac{2.0}{18}=1.0$(mg)

C：H$=\frac{9.6}{12}:\frac{1.0}{1.0}=0.80:1.0=4:5$　組成式(実験式)は C_4H_5

A〜Dの分子量をMとすると，気体の状態方程式 $pV=\frac{m}{M}RT$ より

$1.0\times10^5\times0.410=\frac{1.05}{M}\times8.3\times10^3\times500$　$M\fallingdotseq106$

$(C_4H_5)_n=106$ より $n=2$　分子式は C_8H_{10}

(2) 分子式 C_8H_{10} の芳香族炭化水素には，4 種類の異性体が存在する。

◀※①

不飽和度 $U=\frac{7\times2+2-8}{2}$
$=4$

 で $U=4$ を使うので，残りの部分は飽和である。

◀※②

アルコール：Na と反応，沸点高い

フェノール：Na と反応，沸点高い，NaOH と反応，$FeCl_3$ で呈色

エーテル：Na と反応しない，沸点低い

◀※③

2 箇所ある *o*-位のどちらに $-NO_2$ が結合しても同じ化合物になる。

参考 ベンゼン環の水素原子を塩素原子で置換したときの異性体の数は次の通り。

←は Cl の置換位置を示す。

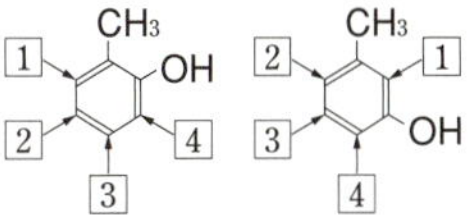

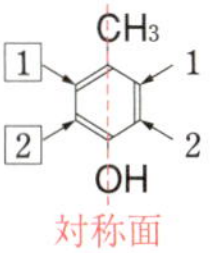

◀※④

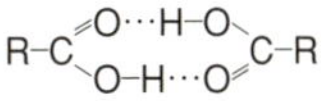

カルボン酸の二量体
(…は水素結合)

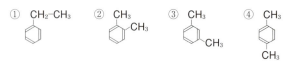

①～④のモノニトロ化合物の異性体の数は，それぞれ 3，2，3，1 種
※①類で，A は④の *p*-キシレン，B は②の *o*-キシレンとわかる。
C，D は，①のエチルベンゼンか，③の *m*-キシレンのいずれか。C
を KMnO₄ で酸化すると，芳香族二価カルボン酸になるから，C は
③と決まる。よって，KMnO₄ による酸化によって一価カルボン酸
になる D は①と決まる。

(3) 例えば，二量体を形成した酢酸 (CH₃COOH)₂ の分子量は 120 で，
この気体のみかけの分子量は，酢酸の分子量 60 よりも大きくなる。

◀※①
← はニトロ基の置換位置を，
⋯ は対称面を示す。

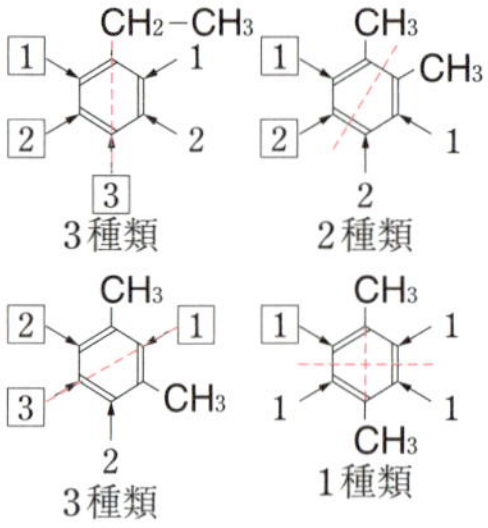

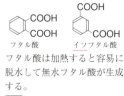

223 (1) (あ) 2 (い) 3

(2)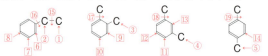

解説 (1) 考えられる炭素骨格は次の 4 種類で，これに官能基をつけ
ると，合計 19 種類の構造異性体が存在する。これらをベンゼン環
の置換基の数に着目すると，次の表のように分けられる。

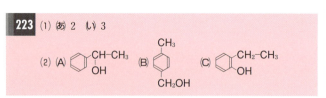

	アルコール	フェノール類	エーテル
一置換体	①，② ⇒ (あ)		⑮，⑯
二置換体	③，④，⑤ ⇒ (い)	⑥，⑦，⑧	⑰，⑱，⑲
三置換体		⑨，⑩，⑪，⑫，⑬，⑭	

(2) ①，②のうち，不斉炭素原子をもつのは②で決定される。

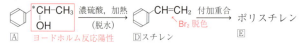

③，④，⑤のうち，酸化して PET の原料になるのは⑤で決定される。

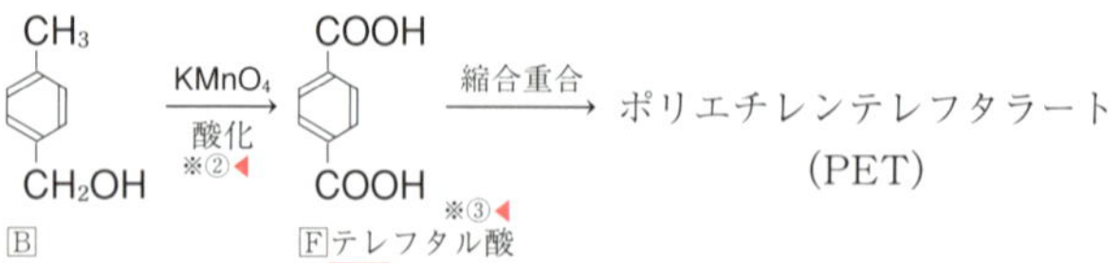

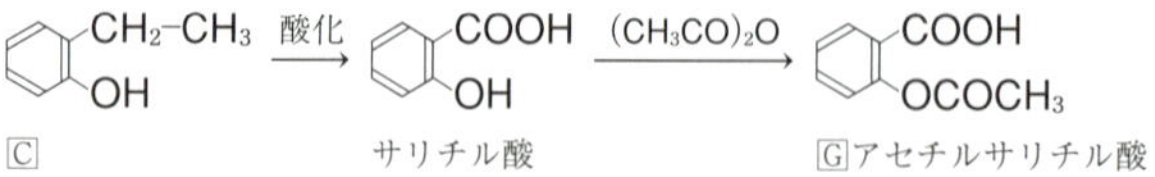

◀※②
ベンゼン環に結合した炭化
水素基(側鎖)は，
・おだやかに酸化すると，
 −CH₂OH ⟶ −CHO
 で止めることもできる。
・十分に酸化すると，
 −COOH になる。

◀※③
③と④を酸化すると，

フタル酸 イソフタル酸

フタル酸は加熱すると容易に
脱水して無水フタル酸が生成
する。

参考 ナフタレンを酸化バナ
ジウム(V)を触媒として，約
450℃ で空気酸化すると，無
水フタル酸が生成する。

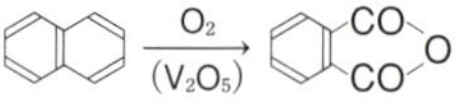

224

(1) (A) ベンゼン環-OCO-CH₃   (B) ベンゼン環-CH₂-COOH

(C) CH₃-(ベンゼン環)-COOH (D) CH₃-CO-(ベンゼン環)-OH (E) HOCH₂-(ベンゼン環)-CHO

(2) 還元性   (3) [-C(=O)-(ベンゼン環)-C(=O)-O-CH₂-CH₂-O-]ₙ

解説 A, B は $C_8H_8O_2$ のベンゼン一置換体，C, D, E はパラ二置換体。A は NaOH 水溶液を加えて加熱すると加水分解(けん化)されるので，エステル。

$CH_3-CO-O-C_6H_5 + 2NaOH \longrightarrow CH_3-CO-ONa + C_6H_5-ONa + H_2O$
　　　　(A)

B と C は $NaHCO_3$ 水溶液で CO_2 を発生するので，カルボン酸。※①

(B) C₆H₅-CH₂-COOH　　o-CH₃-C₆H₄-COOH　　m-CH₃-C₆H₄-COOH　　p-CH₃-C₆H₄-COOH (C)　※②

D は塩化鉄(Ⅲ)水溶液で呈色するのでフェノール類。また，I_2 と NaOH 水溶液で加熱により黄色沈殿のヨードホルム CHI_3 が生成したので CH_3-CO- の構造をもつ。よって D は $CH_3-CO-C_6H_4-OH$ となる。
E は銀鏡反応を示すことから，還元性をもつアルデヒド。また，C と E は $KMnO_4$ 水溶液で酸化されてジカルボン酸であるテレフタル酸 F となる。

HOCH₂-C₆H₄-CHO —酸化 KMnO₄→ HOOC-C₆H₄-COOH(F) ← CH₃-C₆H₄-COOH (C)
(E)　　　　　　　　　　　　　　　　テレフタル酸　　　　　(p-トルイル酸)

◀※①
B と C は $C_8H_8O_2$ の芳香族化合物であるから，カルボン酸とわかる。

◀※②
本問の二置換体はパラ位と決定されているが，その限定がない場合はオルト位，メタ位のものについても考えておく。

225

(1) 9種類　(2) CH₂-CH₂ / CH₂-C(Br)(Br)-CH₂　(3) 3種類　(4) 6種類

(5) 9種類　(6) 8種類　(7) 10種類

解説 (1) 1つ目の Cl を固定して考えると，

Cl   Cl   Cl C-9   C-8   (↑は Cl のつく位置)
C-C-C-C C-C-C-C C-C-C-C C-C-C-C
① ② ③ ④ ② ⑤ ⑥ ⑦ ⑦ ⑧ Cl ⑨ ⑨ 異性体は 9 種類
(↑は C=C の位置)

(2) 1 C 1   4   5 C   C C
   C-C-C   C-C-C   C-C-C   C-C-C-C
   1 C ①   ④ ③ ②   ⑥ ⑤   ⑫ ⑪ ⑩ ⑨
                                  ※③

Br_2 付加で C* が生じない X は ② である。
環を構成する不斉炭素原子を見分ける場合，環の右回りと左回りで

◀※③
①の Br_2 付加で考えられるもの。

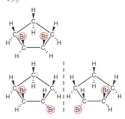

原子の結合順が違っていたら，それらを区別することができる。

(3)
```
        C
C-C*-C*-C-C   C-C*-C-C*-C   C-C*-C*-C    異性体は3種類
  OH OH          OH   OH       OH OH
```

(4)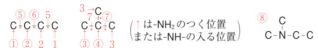

(脂肪酸Aと −OH が結合する位置を示した)

異性体は①〜⑥の6種類

(5) −NH₂ を −H と置き換えてみると C₄H₁₀ で飽和なので，C₄H₁₁N も飽和化合物と考えられる。Nの結合のしかたで分けて考えると，※①◀

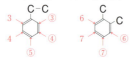

```
                     3→C
                     7  7                         C
C-C-C-C    C-C-C    C-C-C    (↑は-NH₂のつく位置  )    C-N-C-C
① ② 2 1    ③ ④ 3    または-NH-の入る位置         ⑧
```

さらに，②には立体異性体の②'が存在するので合計9種類。※②◀

(6) (i) 1置換体の側鎖は ① −C−C−C と ② −C−C (クメン)
                                            |
                                            C

(ii) 2置換体 (iii) 3置換体

```
    C-C          C              C            C
  3/   \3      6/ \6          7/ \           7/ \7
  4|   |      7|  |6         |   |6         |   |
   \   /       \ / \7        \ / \          \ / \7
    5                            7              7
```

(↑はCのつく位置) 異性体は8種類

(7) 1つ目の Cl を固定して考えると，

```
    ⑦ Cl                6   1
  6/  \                10/ \ Cl
  5|  |                9|  |
   \O O/                \O O/
    4  3                 5  2
                                異性体は10種類
```

226 (1) ① Cu₂O ② CHI₃ (2) **熱分解**（または**乾留**）

(3) (A) CH₃-CH₂   H   (B) CH₃-CH=CH-CH₂-CH₃
         \C=C/
         H   CH₂-CH₃

    (C) CH₃-CH₂-CH=C-CH₃   (D)   CH₂
                   | /   \
                   CH₃   CH₂   CH₂
                                  | |
                                 CH₂   CH₂
                                  \   /
                                   CH₂

    (G) CH₃-CH₂-CHO   (H) CH₃-CHO
    (I) CH₃-CH₂-CH₂-CHO   (J) CH₃-CO-CH₃

解説 A〜Cは分子式が C_nH_{2n} で，H₂ と反応するのでアルケン，DはH₂ と反応しないのでシクロアルカンである。AとBは H₂ 付加で同一のEになるので同じ炭素骨格をもつが，Cは炭素骨格が異なる。※③◀

◀※①
①〜④を第一級アミン
⑤〜⑦を第二級アミン
⑧ を第三級アミン
と分類できる。

◀※②
⑤と⑦には，窒素原子による立体異性体を考えることも可能ではあるが，ここでは考えなくてよい。

◀※③
C₆H₁₂ は不飽和度 U=1 であり，二重結合または環構造を1つもつ。ここでは二重結合でアルケン，環構造でシクロアルカンである。

132 化学重要問題集

(1) アルケンをオゾン分解するとカルボニル化合物としてアルデヒドかケトンが生成する。G,H,I はフェーリング液を還元して赤色沈殿の酸化銅（Ⅰ）Cu_2O が生じるので，アルデヒドである。H,J はヨードホルム反応が起こり，黄色のヨードホルム CHI_3 が生じるので CH_3-CO- の骨格をもつ。ここで H はアルデヒドでもあるので，アセトアルデヒド CH_3CHO と決まる。

(2) 酢酸カルシウムを熱分解(乾留)するとアセトン(＝J)が生じる。

$$(CH_3COO)_2Ca \longrightarrow CH_3-CO-CH_3 + CaCO_3$$

(3) オゾン分解※①◀ をまとめると，次のようになる。

A ⟶ 単一の G(-CHO)

B ⟶ H(CH_3-CHO) ＋ I(-CHO)

C ⟶ G(-CHO) と J(CH_3-CO-CH_3)

まず，A は生成物が単一であるから，二重結合を中心とした対称の構造をもつ。A は C_6 なので G は半分の C_3 であり，アルデヒドは一つに決まる。※②◀

$$\underset{\boxed{A}}{\overset{CH_3-CH_2}{\underset{H}{}}C=C\overset{H}{\underset{CH_2-CH_3}{}}} \quad\xrightarrow[\text{分解}]{O_3}\quad 2\,CH_3-CH_2-\overset{}{\underset{\underset{O}{\|}}{C}}-H \quad\boxed{G}$$

次に，A が直鎖の炭素骨格とわかったので，B も同じ。よって I は B の C_6 から H の C_2 を引いた，C_4 の直鎖のアルデヒドに決まる。

$$\underset{\boxed{B}}{\overset{CH_3}{\underset{H}{}}C=C\overset{}{\underset{CH_2-CH_2-CH_3}{}}} \xrightarrow[\text{分解}]{O_3} \underset{\boxed{H}}{CH_3-\overset{}{\underset{\|}{C}}-H} + \underset{\boxed{I}}{CH_3-CH_2-CH_2-\overset{}{\underset{\|}{C}}-H}$$

C からは G(プロピオンアルデヒド)と J(アセトン)が生成することが決定している。

$$\underset{\boxed{C}}{CH_3-CH_2-CH=\overset{}{\underset{CH_3}{C}}-CH_3} \xrightarrow[\text{分解}]{O_3} \underset{\boxed{G}}{CH_3-CH_2-\overset{}{\underset{\|}{C}}-H} + \underset{\boxed{J}}{CH_3-\overset{}{\underset{\|}{C}}-CH_3}$$

D はシクロアルカンで，塩素の置換で単一の生成物ができるのでシクロヘキサンに決まる。※③◀

227 (1) (A) $CH_3-CH_2-\overset{}{\underset{CH_3}{CH}}-C\equiv CH$

(B) $CH_2=CH-CH_2-CH_2-CH=CH_2$ (C)

(G) $CH_3-CH_2-\overset{}{\underset{CH_3}{CH}}-\overset{}{\underset{O}{C}}-CH_3$

(2) **アジピン酸**

解説 A, B は H_2 付加により C_6H_{14} (H 4 つ増)なので，C=C を 2 つもしくは C≡C を 1 つもつ。C は H_2 付加により C_6H_{12} (H 2 つ増)なので，C=C と環構造を 1 つずつもつ。

A から G への変化は，次のような部分構造の変化。

$$-C\equiv C- \xrightarrow[\text{H}_2\text{O 付加}]{(HgSO_4)} \left(\underset{\underset{\text{不安定なエノール}}{H\ \ OH}}{-C=C-}\right) \longrightarrow \underset{\underset{\text{(ヨードホルム反応陽性)}}{H\ \ O}}{H-C-C-}$$

A は C≡C と不斉炭素原子をもつ構造の $CH_3-CH_2-\overset{*}{C}H(CH_3)-C\equiv CH$ とわかる。※④◀

◀※①
アルケンに低温でオゾン O_3 を作用させると，オゾニドという不安定な化合物を生じる。これを，還元的条件で加水分解すると，二重結合が開裂してアルデヒド，ケトンが生成する(**オゾン分解**)。

参考 オゾン分解と同様に，アルケンは $KMnO_4$ を作用させても分解する。ただし，アルデヒドはさらに酸化される。

例 $\overset{CH_3}{\underset{H}{}}C= \longrightarrow \overset{CH_3}{\underset{HO}{}}C=O$

$\overset{H}{\underset{H}{}}C= \longrightarrow \left(\overset{HO}{\underset{HO}{}}C=O\right)$

$\longrightarrow CO_2 + H_2O$

◀※②
(i) 異性体をすべて書き出し，情報により絞っていく。
(ii) 情報からわかるパーツを組み立て，構造を決定する。
異性体の数が多くなると，(ii) の解法の方が効率がよい。

◀※③
五員環の炭素骨格などはここで除外される。

$$\underset{\text{(単一ではなく不適)}}{\begin{array}{l}C\leftarrow① \\ C\leftarrow② \\ C\ \ \ C\leftarrow③ \\ C-C\leftarrow④\end{array}} \quad \left(\overset{-Cl}{\underset{\leftarrow}{}}\right)$$

◀※④
C≡C をもつ
$C_3H_7-C\equiv C-CH_3$ や
$C_2H_5-C\equiv C-C_2H_5$ は不斉炭素原子をもたない。

化学重要問題集 133

Hはマレイン酸などの還元によっても合成できるのでコハク酸とわかる。BからHへの変化は,

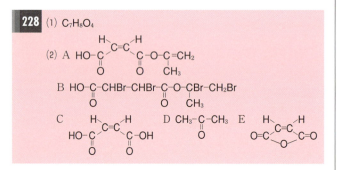

Iはナイロン66の原料なのでアジピン酸である。CからIへの変化は

228
(1) $C_7H_8O_4$

(2) 構造式 A, B, C, D, E

解説 (1) $C:H:O = \dfrac{53.8}{12} : \dfrac{5.1}{1} : \dfrac{41.1}{16} ≒ 4.48 : 5.1 : 2.57 ≒ 7 : 8 : 4$

$130 ≦ (C_7H_8O_4)_n ≦ 170$, n は整数より $n=1$ 分子式も $C_7H_8O_4$

(2) Aの加水分解で, CのナトリウムWが得られたので, Cはカルボン酸。しかも, Cは容易に分子内脱水されるので, シス形の二価カルボン酸。Cを $R(COOH)_2$ とおくと, 分子量 116 より R の部分の式量は 26。よって, R の部分構造は $-CH=CH-$ と考えられるので, Cはマレイン酸である。Aは酸性を示すことから, $-COOH$ 一つが残っており, もう一つの $-COOH$ はエステル化されていて, エステル結合を一つもつ。

$$C_7H_8O_4 + H_2O \xrightarrow{\text{加水分解}} C_4H_4O_4 + (C_3H_6O)$$
     A   C マレイン酸   D ※①

Dはふつう, $-OH$ をもつ化合物であるが, Na と反応しないという矛盾が生じる。C_3H_6O でフェーリング液を還元しない(アルデヒドでもない)のはアセトンである。Dは, C=C に直接 $-OH$ がついていたため, H 原子の転位によりカルボニル化合物に変化したと考えれば矛盾がない。

$$CH_2=C-CH_3 \rightleftarrows CH_3-C-CH_3 \quad ※②$$
     |OH| ||O||
D'(エノール型, 不安定)   D(ケト型, 安定)

よってAは, Cのマレイン酸と, D'とのエステルである。

▲※①
NaOHを用いたエステルの加水分解では, 生じたカルボン酸は塩になり, 水に溶けている。
$R-COO-R' + NaOH$
$\longrightarrow R-COONa + R'-OH$
この塩にHClを加えると弱酸として遊離する。
$R-COONa + HCl$
$\longrightarrow R-COOH + NaCl$
よって, 結果的には
$R-COO-R' + H_2O$
$\longrightarrow R-COOH + R'-OH$
のように書ける。

▲※②
アセチレンのH₂O付加の際, 不安定なビニルアルコールがアセトアルデヒドに転位したことを思い出すこと。
$CH_2=CH \longrightarrow CH_3-C-H$
  |OH| ||O||
【190】側注④や【198】側注①を参照。

229 (1) RCOOH + NaHCO₃ ⟶ RCOONa + H₂O + CO₂

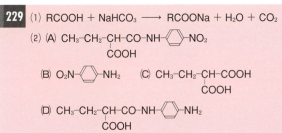

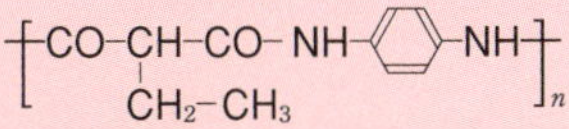

(3) (理由) **塩酸でアミド結合が加水分解されるため。**
(生成物) 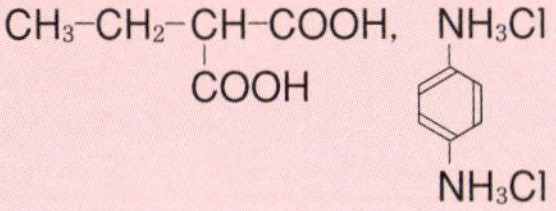 CH₃-CH₂-CH-COOH, NH₃Cl-C₆H₄-NH₃Cl
                        COOH

解説 (1) 炭酸より強い酸が反応するので，ふつう，カルボキシ基の検出反応として利用する。

(2) アミド結合 -CO-NH- をもつ物質を**アミド**といい，酸または塩基を加えて加熱すると，加水分解されて**アミン**と**カルボン酸**が生じる。

$C_{11}H_{12}N_2O_5 + H_2O \longrightarrow B + C$　※①◀

B は NaOH 水溶液には溶けず，塩酸と反応するからアミノ基 -NH₂ をもつ。パラ二置換ベンゼンで分子量 138，かつ窒素 2 つを含む点から B は O₂N-C₆H₄-NH₂ となる。※②◀ これは下線(b)の還元と合致する。

B の決定により C は $C_5H_8O_4$ となる。アミド結合に使われていた -COOH の他に，A にも -COOH が残っているので，C は二価のカルボン酸（ジカルボン酸）$C_3H_6(COOH)_2$ である。その構造は，

(i) 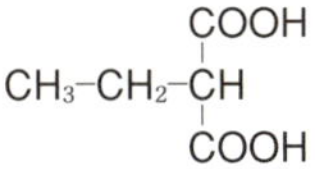 CH₃-CH₂-CH(COOH)-COOH
              COOH
(ii)  CH₃-*CH-CH₂
         COOH COOH
(iii) 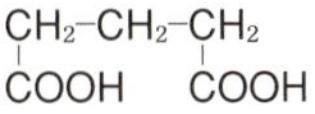 CH₂-CH₂-CH₂
      COOH   COOH
(iv) 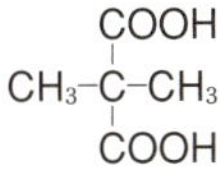 CH₃-C(COOH)-CH₃
         COOH

不斉炭素原子をもつ(ii)は不適。-COOH が 1 つ反応して A になるとき不斉炭素原子が生じるのは(i)と決まる。※③◀ 以上で A が決定する。

A を還元すると，-NO₂ が -NH₂ になる(D)。D の -COOH と -NH₂ の部分で縮合重合するとポリアミド E になる。

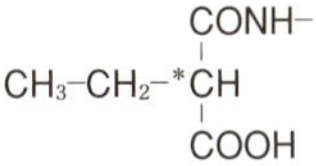

230 (1) (A) $C_6H_{12}O$　(B) C_7H_{16}　(C) $C_4H_4O_3$　(D) $C_5H_8O_2$

(2) (A) CH₃-CH-C-CH₂-CH₃
         OH CH₂

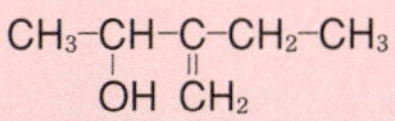

(B) CH₃-CH₂-CH-CH₂-CH₂-CH₃
              CH₃

(C) CH₂-C(=O)-O-C(=O)-CH₂ (環状)

◀※①
NaOH を用いたアミドの加水分解では，生じたカルボン酸は塩になり水に溶けている。
R-CONH-R' + NaOH
　⟶ R-COONa + R'-NH₂
この塩に HCl を加えると弱酸として遊離する。
R-COONa + HCl
　⟶ R-COOH + NaCl
よって，結果的には
R-CONH-R' + H₂O
　⟶ R-COOH + R'-NH₂
のように書ける。

◀※②
B はベンゼン環をもち黄色なので，O₂N-C₆H₄- の構造をもつことが考えられる。

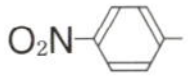

◀※③
CH₃-CH₂-*CH(CONH-)-COOH

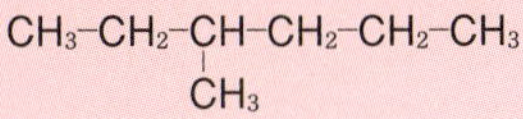

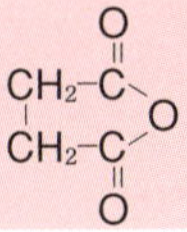

(D) O=C$\diagup$$\underset{\text{CH}_2-\text{CH}_2}{\overset{\text{CH}_2-\text{CH}_2}{}}$O

(H) HO-C-CH$_2$-CH$_2$-C-O-CH$\diagup$$\underset{\text{CH}_2-\text{CH}_2}{\overset{\text{CH}_2-\text{CH}_2}{}}$O
　　　　∥　　　　　∥
　　　　O　　　　　O

(3) CH$_3$-CH$_2$-CH$_2$-CH$_2$-CH$_2$-CH$_2$-CH$_3$

(4) B （理由）Aはヒドロキシ基をもち，分子間で水素結合がはたらくが，Bはアルカンで，水素結合がはたらかないから。

解説 (1) (D) 実験2より

C：$11.0 \times \dfrac{12.0}{44.0} = 3.00 \, (\text{mg})$

H：$3.6 \times \dfrac{2.0}{18.0} = 0.40 \, (\text{mg})$

O：$5.00 - (3.00 + 0.40) = 1.60 \, (\text{mg})$

C：H：O $= \dfrac{3.00}{12.0} : \dfrac{0.40}{1.0} : \dfrac{1.60}{16.0} = 5 : 8 : 2$

組成式は C$_5$H$_8$O$_2$ で，分子量 100.0 より分子式も C$_5$H$_8$O$_2$ である。 ※①◀

(A) 実験3より，付加反応するのでAは C=C を1つもつ。実験4より，ヨードホルム反応を示すAは CH$_3$-CH(OH)- か CH$_3$-CO- をもつ。よって，C$_4$H$_4$O$_3$ や C$_7$H$_{16}$ は不適となり，C$_6$H$_{12}$O と決まる。 ※②◀

(B) 実験5より，炭化水素Fから H$_2$ 付加してできたBも炭化水素で，飽和の C$_7$H$_{16}$ と決まる。

(C) 実験8より，エステル化反応をするので，酸素原子を1つ以上もつ。よって，分子式を考えると C$_4$H$_4$O$_3$ である。

(2) (A) C$_6$H$_{12}$O は不飽和度(p.128 側注 **参考**)が1で，これは C=C に使われるため，CH$_3$-CO-□ ではなく CH$_3$-CH(OH)-□ が適する。H$_2$ 付加したEは *C を2つもつので次の構造が決定される。 ※③◀

CH$_3$-*CH$-$CH-CH$_2$-CH$_3$ ※③◀
　　　　OH｜　　CH$_3$

Aを考えるために←部分を C=C にしていくと

CH$_3$-CH$-$C$-$C$-$C
　　　　OH　C
　　　　　③　②　①

①はもとから *C を2つもち不適，②は幾何異性体(シス-トランス異性体)が存在するので不適，よって③が適する。 ※④◀

(B) C$_7$H$_{16}$ は不飽和度0(つまり飽和鎖式)。*C を1つもつ骨格

C-C-*C-C-C-C ③　　　C-C-*C-C-C ⑤
　　　C　　　　　　　　C　C

となるが，C≡C を2つもつFから H$_2$ 付加で得られるのは③の方。

(F は C≡C-C-C≡C-C または C≡C-C-C-C≡C)
　　　　　　 C　　　　　　　　　　 C

(D) C$_5$H$_8$O$_2$ は不飽和度が2，実験6より環で1つ使うが Br$_2$ と反応せず C=C はない。実験7でGは OH をもつが，もとのDにはな

◀※①

分子量 100.0 の化合物は，原子量で比較すると，

◎1つ＝Ⓒ1つとⒽ4つより
　　　　　　不飽和度U

　　C$_4$H$_4$O$_3$　　3
　　C$_5$H$_8$O$_2$　　2
　　C$_6$H$_{12}$O　　1
　　C$_7$H$_{16}$　　0
　　‥‥‥‥‥‥‥‥‥
　　C$_8$H$_4$　　7

◀※②

C$_7$H$_{16}$ だと O 原子がない。
C$_4$H$_4$O$_3$ では H 原子が足りなくなる。など

◀※③

考えられる□の骨格
(i) -C-C-C-C
(ii) -*C-C-C　(iii) -C-C-C
　　　　C　　　　　　　C
　　　　C

(iv) -C-C
　　　　C
　　　　C

このうち，*C が2つになる化合物Eの□は(ii)である。

◀※④

C$_7$H$_{16}$ は他に
① C-C-C-C-C-C-C
② C-C-C-C-C
　　　　　C
③ C-C-*C-C-C
　　　　　　C
　　　　　　C
④ C-C-C-C-C
　　　　C
⑤ C-C-*C-C-C
　　　　C
⑥ C-C-C-C-C
　　　　C
　　　　C
⑦ C-C-C-C
　　　　C
　　　　C
　　　　C
⑧ C-C-C-C
　　　　C
　　　　C
　　　　C
⑨ C-C-C-C
　　　　C　C

いことより，H_2 との反応は $\diagup C=O$ が $\diagup CH-OH$ に還元されたと考えられる。もう一つの酸素原子は六員環にするために必要で，*C がない位置はただ一つに決定される。

$$D \quad O=C\overset{C-C}{\underset{C-C}{\diagup}}O \quad \xrightarrow[\text{還元}]{H_2} \quad G \quad HO-CH\overset{C-C}{\underset{C-C}{\diagup}}O$$

(C) $C_4H_4O_3$ は不飽和度が3，G（アルコール）とエステル結合をつくり，実験8ではそのエステルHに COOH が残っている。ふつう，この条件では二価カルボン酸と考えるのが妥当だが，Hの合成で何も脱離していないこと（分子量より）から，Cは環状の酸無水物。

（例
$\begin{array}{l}\text{CH}_3\text{-CO}\diagdown\\ \text{CH}_3\text{-CO}\diagup\end{array}$ O + H O → アセチル化 → CH_3COOH + $\text{CH}_3\text{-CO-O}\diagdown$

ここが連結されていれば　　　　　　　　脱離しない

$$\begin{array}{ccc}C & O & G\\ \text{CH}_2\text{-C}\diagdown & & \\ \quad\quad O & + & \overline{H}O\text{-C}\overset{C-C}{\underset{C-C}{\diagup}}O\\ \text{CH}_2\text{-C}\diagup & & \\ \quad O & & \end{array}$$

$$\xrightarrow{} \quad HO-C-CH_2-CH_2-C-O-C\overset{C-C}{\underset{C-C}{\diagup}}O$$

H

）

(3) 炭素数が同じアルカンでは，直鎖の化合物の方が枝分れした化合物より分子間力が大きい。

231 (1) $C_{16}H_{20}O_6$

(2) グリセリン

(3)
$$\begin{array}{l}CH_2\text{-O-C-CH}_3\\ \quad\quad\quad O\\ CH\text{-O-C-CH}_2\text{-CH}_2\text{-}\text{\Large\bigcirc}\\ \quad\quad O\\ CH_2\text{-O-C-CH}_3\\ \quad\quad\quad O\end{array}$$

解説 (1) $C_{16}H_{18}O_6$（分子量306.0）の C=C の数を n とおく。付加して消費された H_2 の物質量について

$$\frac{10.0}{306.0}\times\frac{n}{1}=\frac{0.732}{22.4} \quad n=0.999\cdots\fallingdotseq 1.0$$

よって，Bの生じる反応は，

$$C_{16}H_{18}O_6 + H_2 \longrightarrow C_{16}H_{20}O_6$$

(2) Cは天然の油脂を加水分解して得られる分子量92.0の化合物と同じ粘性の高い液体で，グリセリン $C_3H_8O_3$ である。

(3) Aを加水分解し，中和した反応を次のように表す。

$$\begin{array}{l}CH_2\text{-OCO-}\text{(D由来)}\\ CH\text{-OCO-}\text{(E由来)} \\ CH_2\text{-OCO-}\text{(D由来)}\end{array} + 3H_2O \longrightarrow \begin{array}{l}CH_2OH\\ CHOH\\ CH_2OH\end{array} + 2D + E$$

(A)　　　　　　　　　　　　　　　(C)　　2(D)　　(E)

Eをオゾン分解するとベンズアルデヒドとFが得られる。ベンズア

◀ ※①

アルコールの酸化反応の逆

$$\begin{array}{l}-CH\\ \quad| \\ \quad OH\end{array} \xrightleftharpoons[+2H]{-2(H)} \begin{array}{l}-C\\ \quad\|\end{array}$$

第一級アルコール←アルデヒド
第二級アルコール←ケトン

◀ ※②

D(100) ⟶ G(102)

C(100) ⟶ H(202)

（　）は分子量

◀ ※③

C=C の数と付加する H_2 の数は等しい。

$$\diagup C=C\diagdown + H_2 \longrightarrow \begin{array}{l}-C-C-\\ \ | \ \ |\\ \ H\ H\end{array}$$

◀ ※④

$$\begin{array}{l}CH_2\text{-OH}\\ CH\text{-OH}\\ CH_2\text{-OH}\end{array}$$

◀ ※⑤

油脂を加水分解して得られる3つの脂肪酸のうち，2つが同じ(D)の場合，

$$\begin{array}{ll}CH_2\text{-OCO-}\boxed{D} & CH_2\text{-OCO-}\boxed{D}\\ ^*CH\text{-OCO-}\boxed{D} & CH\text{-OCO-}\boxed{E}\\ CH_2\text{-OCO-}\boxed{E} & CH_2\text{-OCO-}\boxed{D}\end{array}$$

の2つが考えられる。左は不斉炭素原子があるが，右はない。よって，本問は右のような脂肪酸のつき方となる。

化学重要問題集　**137**

ルデヒド C_6H_5–CHO のホルミル基（アルデヒド基）–CHO はオゾン分解の際にできた構造で，脂肪酸Eの –COOH はFがもっている。

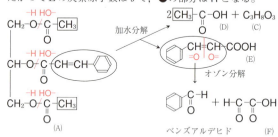

ここで炭素原子数を考えると，Eは9以上，Cは3で，Aは16であるから，2分子のDは2以下となる。DとEには還元性がなく，ギ酸 H–COOH ではないから，Dは炭素原子数2の酢酸と決まる。したがってEの炭素原子数は9で，●の部分はHとなる。

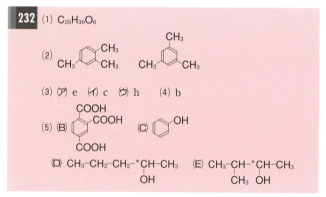

232 (1) $C_{25}H_{30}O_6$

(2) 構造式（1,2,4-トリメチルベンゼンと1,3,5-トリメチルベンゼン）

(3) (ア) e (イ) c (ウ) h   (4) b

(5) (B) ベンゼン-1,2,4-トリカルボン酸 (C) フェノール
(D) CH_3–CH_2–CH_2–*CH–CH_3 (E) CH_3–*CH–*CH–CH_3
　　　　　　　　　　　　　OH　　　　　　　　CH_3　OH

解説 (1) （Cの質量）　$550 \times \dfrac{12.0}{44.0} = 150$ (mg)

　　　　（Hの質量）　$135 \times \dfrac{2.0}{18.0} = 15$ (mg)

　　　　（Oの質量）　$213 - (150 + 15) = 48$ (mg)

　　　　$C : H : O = \dfrac{150}{12.0} : \dfrac{15}{1.0} : \dfrac{48}{16.0} = 25 : 30 : 6$

$C_{25}H_{30}O_6$ の式量 426.0 より，分子式も $C_{25}H_{30}O_6$ となる。

(2) プロピンを鉄触媒下で反応させると3分子が重合する。※①

$3CH{\equiv}C$–$CH_3 \longrightarrow$ （1,2,4-および1,3,5-トリメチルベンゼン）または（Fの候補2つ）

◀※①
アセチレンと鉄触媒を加熱して反応させるとベンゼンが得られる反応を応用している。

　　$3CH{\equiv}CH \longrightarrow$ ベンゼン

(3),(4) Fの側鎖をKMnO₄で酸化し、Bが生成する。このBが実験4のように反応するので、Bには-COOHが隣接し、H₂O(分子量18.0)が脱離したと考えられる。よって、Fは上記の左側と決まる。

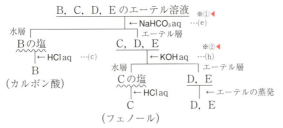

実験5では、メタノールを酸化してホルムアルデヒドHCHO(H)を得ることがわかる。そしてCと反応させてノボラック(フェノール樹脂合成の中間生成物)を得るので、Cはフェノールと決まる。

以上より、Bはトリカルボン酸、Cはフェノール、DとEは中性物質とみなして、実験2では次のような手順で分離する。

```
         B, C, D, Eのエーテル溶液
                ← NaHCO₃aq  …(e)    ※①◀
    水層┐              ┌エーテル層
   Bの塩               C, D, E
   ←HClaq …(c)        ←KOHaq  …(h)   ※②
    B                水層┐     ┌エーテル層
  (カルボン酸)         Cの塩    D, E
                     ←HClaq    ←エーテルの蒸発
                   (フェノール)     D, E
```

▶※①
ともに酸性のカルボン酸とフェノールのうち、カルボン酸(炭酸よりも強い酸)だけが中和して塩になる。
RCOOH + NaHCO₃
→ RCOONa + H₂O + CO₂
ここでKOHaqを用いてしまうと、フェノールも反応して1つに分離できない。

▶※②
フェノール(水よりも強い酸)が中和して塩になる。

⌬-OH + KOH
→ ⌬-OK + H₂O

(5) これまでにBが$C_9H_6O_6$、CがC_6H_6Oであることがわかっている。実験6でDとEが同じ分子式(これを X とおく)をもつ。
Aの酸素原子数6、Bのトリカルボン酸、Bの他にCとDとEが生成していること、以上からAはエステル結合を3つもつと考えられ、実験2の加水分解を次のように表す。

$C_{25}H_{30}O_6$ + 3H_2O ⟶ $C_9H_6O_6$ + C_6H_6O + 2X
  (A)   (B)   (C)   (D)と(E)

左辺と右辺で原子数は変わらないから、DとEより
$(C_{25}H_{30}O_6)+(H_6O_3)-(C_{15}H_{12}O_7)=C_{10}H_{24}O_2$
のようになり、2つに分けると分子式は$C_5H_{12}O$となる。
実験7でH_2O(分子量18.0)が脱離して3つの化合物ができるから、

C-C-C-C-C ⟶ C-C-C-C=C + C-C-C=C-C
  D OH   (シス形、トランス形)

実験8でヨードホルム反応が起こるから、Eは次のどちらかである。

CH₃-CH-CH₂-CH₂-CH₃ もしくは CH₃-CH-CH₂-CH=CH₂
     OH (Dに決定している)   OH CH₃   E

16 天然高分子化合物

233 (1) ⓐ H ⓑ OH ⓒ OH ⓓ H
(2)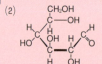
(3) Ⓐ マルトース
  Ⓑ セロビオース
(4) グルコースとフルクトースの還元性を示す部分がいずれも結合に使われてしまうから。
(5) (ア) α (イ) アミロース (ウ) β (エ) セルロース
(6) アミロースはらせん構造，セルロースは直鎖状の構造をとるから。
(7) $5.0×10^3$
(8) $C_6H_{12}O_6 \longrightarrow 2C_2H_5OH + 2CO_2$
(9) ① 115 ② 110 ③ アルコール発酵

解説 (1), (2) グルコースは水溶液中で次の状態をとる。

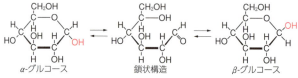

グルコースはヒドロキシ基を多くもち，水によく溶ける。また，鎖状構造にはホルミル基(アルデヒド基)があるので還元性がある。
(3) 多糖類や二糖類の加水分解で生成する糖をまとめると

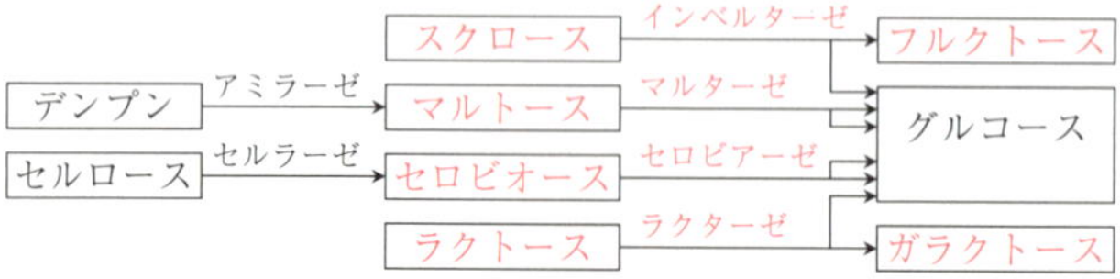

多糖類		二糖類		単糖類
		スクロース	インベルターゼ	フルクトース
デンプン	アミラーゼ	マルトース	マルターゼ	グルコース
セルロース	セルラーゼ	セロビオース	セロビアーゼ	
		ラクトース	ラクターゼ	ガラクトース

(4)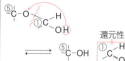

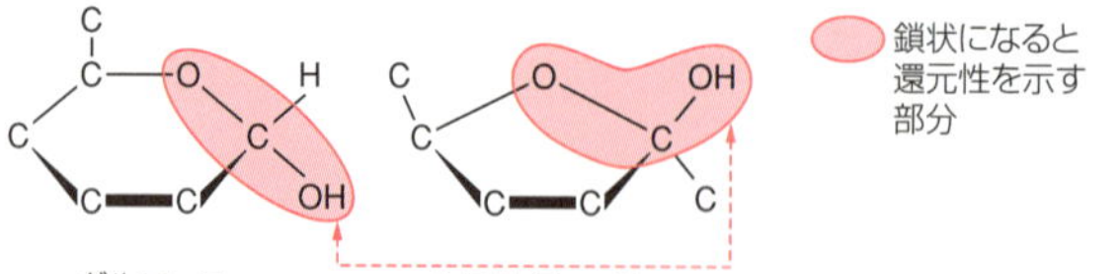

鎖状になると還元性を示す部分

α-グルコース β-フルクトース

加水分解されないと還元性を示す部分は現れないためスクロースは二糖類に珍しく非還元性の糖である。単糖類はすべて還元性を示す。
(5) デンプンは，α-グルコースの縮合重合体で，らせん構造をもつ。グルコースが1位と4位でグリコシド結合しており，直鎖状のアミロースおよび，1位と4位の他に1位と6位でグリコシド結合し，分枝(枝分れ)状のアミロペクチンからなる。植物が根・茎などに蓄え

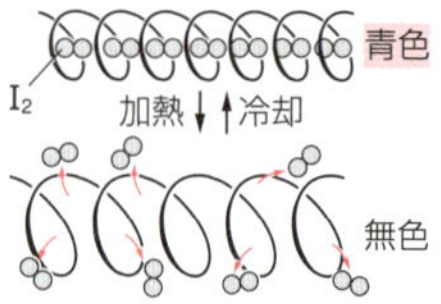

ている。

グリコーゲンは動物体内でα-グルコースから合成し，肝臓などに蓄えられている。枝分かれはアミロペクチンより多く，らせんは短い。セルロースはβ-グルコースの縮合重合体で，細胞壁に存在する。らせん構造をもたず，直鎖状構造である。※①

(7) n 個のグルコースが縮合重合したデンプンは $(C_6H_{10}O_5)_n$（分子量 162.0n，末端は無視）となる。デンプンの分子量について

$162.0n = 8.10 \times 10^5$　　$n = 5.0 \times 10^3$

(9) 1 mol のグルコース $C_6H_{12}O_6$（分子量 180.0）から，2 mol のエタノール C_2H_5OH（分子量 46.0）と 2 mol の二酸化炭素 CO_2（分子量 44.0）が生成するので，

(C_2H_5OH)　　$\dfrac{225}{180.0} \times \dfrac{2}{1} \times 46.0 = 115$(g)

(CO_2)　　$\dfrac{225}{180.0} \times \dfrac{2}{1} \times 44.0 = 110$(g) ※②

234 (1) ⓐ （糖の名称）マルトース，ラクトース
　　　　　（物質名）酸化銅(I)　（化学式）Cu_2O
　　ⓑ 0.5 mol のグルコース，0.3 mol のガラクトース
　　ⓒ 0.7 mol のグルコース，0.3 mol のガラクトース，
　　　0.2 mol のフルクトース
(2) （アルドース）-C-H　　（ケトース）-C-CH$_2$-OH ※③ ※④
　　　　　　　　　‖　　　　　　　　　　‖
　　　　　　　　　O　　　　　　　　　　O
(3) ヒトの体内にはセルロースの分解酵素であるセルラーゼがないため。

解説 (1) ⓐ スクロースは非還元性の糖である。
ⓑ マルターゼにより，マルトース 0.1 mol ⟶ グルコース 0.2 mol，ラクターゼにより，ラクトース 0.3 mol ⟶ グルコース 0.3 mol ＋ ガラクトース 0.3 mol へと加水分解される。
ⓒ 希硫酸によりすべて単糖類へと加水分解される。(b)に加えて，スクロース 0.2 mol ⟶ グルコース 0.2 mol ＋ フルクトース 0.2 mol の加水分解も起こる。

(2) 同じ1つの炭素原子に，-OH と -O- を1個ずつ含む構造をヘミアセタール構造という。※⑤ この構造があると，水溶液中でその一部が還元性を示す基をもつ鎖状構造になる。

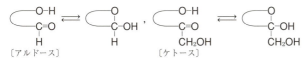

〔アルドース〕　　　　　　　　　　　　　〔ケトース〕

235 (1) (ア) カルボキシ　(イ) アミノ　(ウ) グリシン
　　(エ) 鏡像異性体(または光学異性体)　(オ) 高い　(カ) 双性 ※⑥
　　(キ) 等電点　(ク) 20　(ケ) 縮合　(コ) ペプチド　(サ) 黄
　　(シ) キサントプロテイン　(ス) ベンゼン環　(セ) ニトロ

◀※①
〈アミロペクチン〉

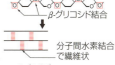

α-1,6-グリコシド結合
α-1,4-グリコシド結合
分子内水素結合
らせん

〈セルロース〉

β-グリコシド結合
分子間水素結合で繊維状

◀※②（別解）
質量保存の法則より
　(CO_2)　225-115＝110(g)

◀※③
分子中にホルミル基(アルデヒド基)をもつ単糖をアルドース，カルボニル基(ケトン基)をもつ単糖をケトースという。グルコースはアルドース，フルクトースはケトースである。

◀※④
一部が鎖状構造の
　-CH-C-H
　　|　‖
　OH　O
となるため，還元性を示す。

◀※⑤
ヘミアセタール構造

R-O　OH

◀※⑥
鏡像異性体(光学異性体)は，旋光性(偏光面を回転させる性質)だけでなく，味・におい・薬効などが異なることが多い。
グリシン以外のα-アミノ酸には鏡像異性体(光学異性体，D形，L形)が存在し，天然のタンパク質を構成しているものは，ほとんどがL形である。

(シ) 黒 (ス) 硫黄 (セ) 紫(または赤紫) (ソ) ビュレット
(タ) 2
(2) $H_3N^+-CH_2-COOH \longrightarrow H_3N^+-CH_2-COO^-$
$\longrightarrow H_2N-CH_2-COO^-$
(3) ① D ② B ③ F (4) D, E

解説 (1) (ア)〜(ク) アミノ酸は<u>カルボキシ基</u>-COOHと<u>アミノ基</u>-NH₂をもつが，結晶や水溶液中では-COOHから-NH₂へH⁺が移り，<u>双性イオン</u>の状態にある。結晶中ではクーロン力(静電気力)がはたらくため，一般の有機化合物に比べて融点が高い。アミノ酸は酸性溶液では双性イオンの-COO⁻がH⁺を受け取り陽イオンに，一方，塩基性溶液では双性イオンの-NH₃⁺がH⁺を放出して陰イオンになる。

$$R-CH-COOH \xrightarrow{H^+} R-CH-COO^- \xrightarrow{OH^-} R-CH-COO^-$$
$\quad\quad |$ $\quad\quad\quad\quad |$ $\quad\quad\quad\quad |$
$\quad\ NH_3^+$ $\quad\quad\quad NH_3^+$ $\quad\quad\quad\ NH_2$
陽イオン(酸性) 　双性イオン 　陰イオン(塩基性)

アミノ酸全体の電荷が0となるときのpHを<u>等電点</u>という。

(ケ), (コ) アミノ酸どうしの縮合で生じたアミド結合を，特に<u>ペプチド結合</u>という。例としてトリペプチドの生成を次に記す。

　　　　R₁　　　　　　R₂　　　　　　R₃
$H_2N-CH-COOH + H_2N-CH-COOH + H_2N-CH-COOH$
　　　　　　　　R₁　　　R₂　　　R₃
$\longrightarrow H_2N-CH-CO-NH-CH-CO-NH-CH-COOH + 2H_2O$

タンパク質(ポリペプチド)は高分子化合物で，ポリペプチド鎖をつくるアミノ酸の配列順序をタンパク質の<u>一次構造</u>という。また，ペプチド結合の部分で〉C=O…H-N〈のような<u>水素結合</u>を形成してできる構造をタンパク質の<u>二次構造</u>という。さらに，側鎖にはたらく相互作用などによって三次構造，四次構造といった立体構造を形成する。

(サ)〜(テ) <u>キサントプロテイン反応</u>は，<u>ベンゼン環</u>をもつアミノ酸(フェニルアラニンやチロシン)が<u>ニトロ化</u>されることで<u>黄色</u>に呈色する。硫黄を含むアミノ酸(システインやメチオニン)が強塩基によりS²⁻を遊離し，Pb²⁺と反応して<u>黒色のPbS</u>が沈殿する。この反応は，硫黄反応といわれることがある。

<u>ビウレット反応</u>は，2つ以上のペプチド結合をもつ分子(つまり，トリペプチド以上のペプチド)で陽性となる反応で，Cu²⁺が<u>紫色(赤紫色)</u>に呈色する。

他にも，ニンヒドリン分子とアミノ基が反応して紫色に呈色する<u>ニンヒドリン反応</u>も，タンパク質の検出・定量に利用できる。

(2) OH⁻が増えてpHが大きくなったと考える。変化は 陽イオン→双性イオン→陰イオンの順に書く。

(3) ① 酸性アミノ酸(グルタミン酸やアスパラギン酸)は側鎖にも

◀※①
α-アミノ酸

側鎖(R)の種類によって約20種類のα-アミノ酸がある。R=Hの<u>グリシン</u>以外には鏡像異性体(光学異性体)が存在する(D形とL形)。

◀※②
ペプチド結合の形成に使われなかったアミノ基，カルボキシ基をそれぞれN末端，C末端という。

◀※③
3種類のアミノ酸からなるトリペプチドには，6種類の一次構造が考えられる。

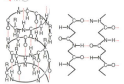

$3 \times 2 \times 1 = 6$

◀※④

α-ヘリックス　β-シート
〈タンパク質の二次構造〉

ポリペプチド鎖

イオン　ファンデ　水素　ジスルフィド
結合　ルワールス力　結合　結合
〈側鎖間の相互作用〉

−COOH をもつため，等電点は酸性側で値は小さい。反対に，塩基性アミノ酸(リシンなど)は側鎖にも −NH₂ をもつため，等電点は塩基性側で値は大きい。

(4) (A)「ヨードホルム反応」→「(例として)ニンヒドリン反応」。
(B)「一次構造」→「二次構造」。
(C)「単純」→「複合」。単純タンパク質はアミノ酸のみからなる。※①
(D) 正しい。タンパク質溶液に多量の電解質を加えると塩析する。なお，タンパク質に酸，塩基，熱，アルコール，重金属イオンなどを加えると，タンパク質の立体構造(二次構造など)が壊れ，凝固したり沈殿したりすることをタンパク質の変性という。

236 (A) 4, 6, 8　(B) 2, 3, 7

解説　[実験1] 酢酸鉛(II)中の Pb²⁺ で黒色沈殿 (PbS) を生じるBには，硫黄を含むメチオニン (Met) がある。
[実験2] 濃硝酸によりベンゼン環がニトロ化し，黄色になる反応をキサントプロテイン反応という。A はこれが陽性で，芳香族アミノ酸のフェニルアラニン (Phe) が含まれる。
[実験3] 不斉炭素原子をもたないアミノ酸はグリシン (Gly) のみ。A にはグリシンが含まれる。加水分解の様子は次の通り。

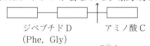

ジペプチドD　アミノ酸C
(Phe, Gly)

[実験4][実験5] 等電点により，3.2のCは酸性アミノ酸のグルタミン酸 (Glu)，9.7のGは塩基性アミノ酸のリシン (Lys)，6.0のEは中性アミノ酸のバリン，アラニン，セリンのどれか。ここでAは (Phe, Gly, Glu) の3つからなるトリペプチドと決定される。※②
[実験6] Eの側鎖をRとおく。反応は次のように起こる。

R−CH−COOH　　　　　　　　　R−CH−COOC₂H₅ + H₂O
　│　　　　　+ C₂H₅OH + HCl ⟶ 　│
　NH₂　　　　　　　　　　　　　　NH₃Cl
(アミノ酸E)　　　　　　　　　　　(塩酸塩)

側鎖Rの式量をMとおく。E(分子量 74.0+M)と塩酸塩 (式量 138.5+M) の物質量は等しいので，

$$\frac{17.8(g)}{74.0+M} = \frac{30.7(g)}{138.5+M} \quad M = 15.0$$

よってRとして，CH₃ をもつアラニン (Ala) が適する。以上でBは (Met, Lys, Ala) の3つからなるトリペプチドと決まる。

237 (1) (ア) 核酸　(イ) リン酸　(ウ) RNA　(エ) チミン
　　　(オ) ウラシル　(カ) 二重らせん　(キ) 遺伝　(ク) タンパク質
(2) ヌクレオチド
(3) (ケ) C　(コ) A　(サ) G　(シ) T　(ス) C
(4) ③
(5) 30 mol%

▶※①
〈単純タンパク質の例〉
卵白にはアルブミンやグロブリンが，絹にはフィブロインが，髪・爪にはケラチンが，軟骨・腱にはコラーゲンが存在する。

〈複合タンパク質の例〉
牛乳中にあるカゼインにはリン酸が，血液中にあるヘモグロビンには色素(鉄)が含まれる。

参考　α-アミノ酸の側鎖Rの特徴と名称
R−CH−COOH
　│
　NH₂

・R=H　…グリシン
・R=CH₃　…アラニン
・R に S(硫黄)を含む
　…システイン，メチオニン
・R にベンゼン環を含む
　…フェニルアラニン，チロシン
・R に COOH を含む
　(酸性アミノ酸)
　…グルタミン酸
　　アスパラギン酸
・R に NH₂ を含む
　(塩基性アミノ酸)
　…リシン

▶※②
酸性アミノ酸の等電点は酸性側，塩基性アミノ酸の等電点は塩基性側にある。

解説 (1)〜(3) 核酸(DNAとRNA)はヌクレオチドを単量体とする高分子化合物(ポリヌクレオチド)である。ヌクレオチドはリン酸と糖と塩基からできている(右図)。

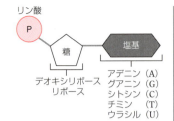

◀※①
デオキシリボースはリボースの(2)位のOHが還元された構造をもつ。

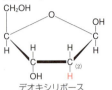

リボースのように炭素数が5の単糖類を**ペントース**(五炭糖)，グルコースのように炭素数が6の単糖類を**ヘキソース**(六炭糖)という。

	DNA	RNA
糖	デオキシリボース $C_5H_{10}O_4$ ※①	リボース $C_5H_{10}O_5$
塩基	アデニン(A)，グアニン(G) シトシン(C)，チミン(T)	アデニン(A)，グアニン(G) シトシン(C)，ウラシル(U)
高分子鎖	AとT，GとCが水素結合し，二重らせん構造	ふつう一本鎖
はたらき	遺伝子の本体	タンパク質合成，代謝に関与

(4) 図の ○ はリン酸を，△ は糖を，□ は塩基を表している。水素結合は塩基どうしの部分で形成される。詳しくは【243】参照。

(5) アデニンAとチミンTで，グアニンGとシトシンCでそれぞれ結合しているので，AとT，GとCの物質量は等しくなる。また，A・T・G・Cの全体で100mol%となるので，Gの割合をx〔mol%〕とすると，
A+T+G+C=20+20+x+x=100 x=30(mol%)

---

238 (1) ㋐ 特異性 ㋑ 立体 ㋒ 酵素-基質複合体
㋓ 活性部位(または活性中心)
(2) (基質) 過酸化水素
(反応式) $2H_2O_2 \longrightarrow 2H_2O + O_2$
(3) ① × ② ○ ③ ○

解説 (1) 酵素はくり返し作用し，微量で著しい効果を発揮するので，生体内で起こる種々の化学反応(**代謝**)を円滑に進行させる。
酵素の主成分は**タンパク質**でできており，その立体構造にうまく適合する物質(**基質**)とのみ反応し，著しい触媒作用を示す。この性質を酵素の**基質特異性**という。※③

(2) 代表的な酵素とその基質は次の通り。
アミラーゼ…デンプン   **マルターゼ**…マルトース
インベルターゼ…スクロース **ペプシン**…タンパク質
リパーゼ…油脂   **チマーゼ**…単糖類(のアルコール発酵)
カタラーゼ…過酸化水素

(3) ① 強酸性・強塩基性では，タンパク質の立体構造が変化(**変性**)して，急速にその活性を失う(**失活**)。したがって，酵素には最もよくはたらく**最適pH**が存在する。最適pHは5〜8が一般的だが，※④
胃液に含まれる**ペプシン**の最適pHは約2(強酸性)である。※④

◀※②
生体内でつくられる触媒作用をもつ物質を**酵素**という。一方，PtやMnO₂のような触媒を**無機触媒**という。

◀※③
基質と酵素の関係は，鍵と鍵穴の関係にたとえられる。

◀※④

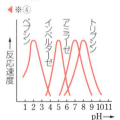

多くの酵素の最適pHは，中性(pH=7)付近。

② タンパク質は高い温度になると，その立体構造が変化(変性)して，失活する。このように，酵素には最適温度が存在する。
③ 基質Sと酵素E(一定量)において，[S]が小さいときの反応速度は[S]に比例するが，[S]が大きいときはEに結合できるSの量が限られており(一定であり)，反応速度は一定になる。

◀※① 水素結合が切れたりすることが原因。
一般に，一度立体構造が崩れると，変性条件を取り除いても元の構造にはもどらない。
◀※②

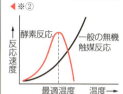

多くの酵素の最適温度は，35〜40℃

◀※③

239 (1) ⓐ スクロース，エ　ⓑ トレハロース，オ
　　　ⓒ マルトース，イ　ⓓ ラクトース，ア
(2) (不斉炭素原子) 4個　(立体異性体) 16個
(3) (トリアセチルセルロース) 29.7 g　(エステル化) 67%

解説 (1) β-グルコースの4位の炭素につく -OH の方向のみが逆になった異性体は β-ガラクトース とよばれる。また，フルクトース は五員環式構造が代表的。
二糖類の構造を簡略的に表現すると次のようになる。

(ア) ラクトース 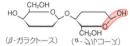 (イ) マルトース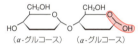

(ウ) セロビオース 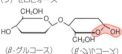 (エ) スクロース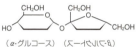

(オ) トレハロース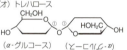

還元性を示す構造を で示す。

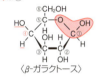

〈β-ガラクトース〉

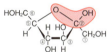

〈β-フルクトース(五員環式構造)〉

フルクトースは五員環式構造(糖類で一般にフラノース形)と，六員環式構造(一般にピラノース形)，および鎖式構造の間で平衡混合物として存在する。
◀※④
スクロースの加水分解酵素はスクラーゼ(インベルターゼ，invert=転化)。ラクトースの加水分解酵素はラクターゼ。

ⓑ トレハロースは，2分子の α-グルコースが1位の炭素につく -OH どうしで脱水縮合した構造の二糖で，ヘミアセタール構造をもたないため，還元性を示さない。

参考 スクロースは還元性を示さないが，加水分解してグルコースとフルクトースの等量混合物(転化糖)になると還元性を示す。

(2) α-グルコースと鎖状の構造を示す。

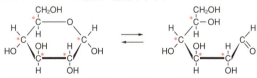

不斉炭素原子が n 個あり，分子全体で対称性がなければ，立体異性体の数は 2^n [個] 存在する。よって，鎖状は $2^4=16$ (個)。

(3) セルロースに混酸を作用させると，トリニトロセルロース が得られる。この反応が完全に起こったとすると，

◀※⑤
ニトロ基が C 原子に直結していないので，ニトロ化合物ではなく硝酸エステル。

化学重要問題集　145

$$[C_6H_7O_2(OH)_3]_n \text{※①} + 3n\,HNO_3 \longrightarrow [C_6H_7O_2(ONO_2)_3]_n + 3n\,H_2O$$
　　　(分子量 162n)　　　　　　　　　　(分子量 297n)

得られるトリニトロセルロースは，

$$\frac{16.2}{162n} \times 297n = 29.7\,(g)$$

完全に $-OH$ が反応すると $29.7-16.2=13.5(g)$ の増加だが，実際は $25.2-16.2=9.0(g)$ の増加。よって，エステル化の割合は，

$$\frac{9.0}{13.5} \times 100 \fallingdotseq 67\,(\%)$$

◀※①
セルロースのくり返し単位には $-OH$ が3つ残っており，これを強調した表記。

---

240 (1) C, D, E　(2) 2.4

解説 アミロペクチン(A)やグリコーゲン(B)を次のように模式的に示す。

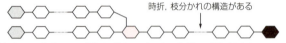

枝分かれを生じる ⬡ が現れるたびに末端の ⬡ が生じるので，⬡ と ⬡ の数はほぼ等しい。
※②◀

A, B がもつすべてのヒドロキシ基($-OH$)を，メトキシ基($-OCH_3$)に変換した後に加水分解すると，主に次の3つの生成物が得られる。
　　　　　　　　　　　　　　　　　　　　　　　　※③◀

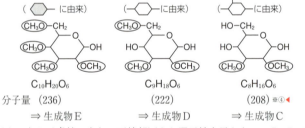

(1) AとBは多糖であり，下線部(ii)から還元性を示さない。C, D, E はヘミアセタール構造(p.141 側注⑤)をもつので，還元性を示す。

(2) 表1の質量を物質量でまとめると，

	生成物C	生成物D	生成物E
A	$\frac{0.260}{208}$ ① $=1.25 \times 10^{-3}\,(mol)$	$\frac{6.105}{222}$ 22 $=27.5 \times 10^{-3}\,(mol)$	$\frac{0.295}{236}$ ① $=1.25 \times 10^{-3}\,(mol)$
B	$\frac{0.832}{208}$ 1 $=4.00 \times 10^{-3}\,(mol)$	$\frac{7.104}{222}$ 8 $=32.0 \times 10^{-3}\,(mol)$	$\frac{0.944}{236}$ 1 $=4.00 \times 10^{-3}\,(mol)$

(〇や□は比を示す)

Aの枝分かれ率 $= \dfrac{1}{1+22+1} = \dfrac{1}{24}$

Bの枝分かれ率 $= \dfrac{1}{1+8+1} = \dfrac{1}{10}$

よって，$A:B = \dfrac{1}{24} : \dfrac{1}{10} = 1 : 2.4$

◀※②
厳密には ⬡ より ⬡ の数の方が1個多いが，ほぼ同数とみなせる。

◀※③
⬢ から由来する生成物も考えられるが，他に比べて極端に少ないので無視できる。

◀※④
グルコース $C_6H_{12}O_6(180)$ に対し，$-OH \to -OCH_3$ の変化1つにつき分子量が 14 (CH_2 の分) 増加する。Cの分子量208を M とすると，Dは1つ，Eは2つ (OCH_3) が多い。

241 (1) (a) H₃N⁺–CH₂–COOH (b) H₃N⁺–CH₂–COO⁻
　　　(c) H₂N–CH₂–COO⁻

(2) $K_1 = \dfrac{[b][H^+]}{[a]}$　　$K_2 = \dfrac{[c][H^+]}{[b]}$

(3) (ア) pH　(イ),(ウ) [a], [c]（順不同）

(4) ① 6.0　② 91　③ 9.8

解説　(1),(3)【235】(1)参照。

(4) ① $K_1 \times K_2 = \dfrac{[b][H^+]}{[a]} \times \dfrac{[c][H^+]}{[b]} = \dfrac{[c][H^+]^2}{[a]}$

等電点では [a]=[c] であるから，

$\dfrac{[c][H^+]^2}{[a]} = [H^+]^2 = K_1 \times K_2$　　$\boxed{[H^+] = \sqrt{K_1 \times K_2}}$

K_1, K_2 の値を代入して，

$[H^+] = \sqrt{K_1 \times K_2} = \sqrt{5.0 \times 10^{-3} \times 2.5 \times 10^{-10}} = \sqrt{1.25 \times 10^{-12}} = \dfrac{10^{-5.5}}{\sqrt{2^3}}$

$\mathrm{pH} = -\log_{10}[H^+] = 5.5 + \dfrac{1}{2} \times 3 \times 0.30 = 5.95 ≒ 6.0$ ※①◀

② K_1, K_2 の式に $[H^+] = 10^{-3.3}$ を代入すると，

$K_1 = \dfrac{[b] \times 10^{-3.3}}{[a]} = 10^{-2.3}$　　$\dfrac{[b]}{[a]} = 10$

$K_2 = \dfrac{[c] \times 10^{-3.3}}{[b]} = 10^{-9.6}$　　$\dfrac{[c]}{[b]} = 10^{-6.3}$

[a] と [b] に比べて [c] はごくわずかで無視できる。
[a]:[b]=1:10 より，求める割合は，

$\left(\dfrac{COO^- の量}{全アミノ酸の量}\right) = \dfrac{[b]}{[a]+[b]} \times 100 = \dfrac{10}{1+10} \times 100 ≒ 91(\%)$

③ グリシン水溶液 10 mL に同濃度の NaOH 水溶液 6 mL を加えると，

H₃N⁺–CH₂–COO⁻ + OH⁻ ⟶ H₂N–CH₂–COO⁻ + H₂O

の反応が起こる。溶液は，[b]:[c]=10−6:6=2:3 の緩衝溶液 ※②◀
になっており，b の電離(→) や c の加水分解(←)，さらに，a の
量もごくわずかで無視できる。K_2 の式より，

$[H^+] = \dfrac{[b]}{[c]} \times K_2 = \dfrac{2}{3} \times 10^{-9.6}$

$\mathrm{pH} = -\log_{10}\left(\dfrac{2}{3} \times 10^{-9.6}\right) = 9.6 - \log_{10}2 + \log_{10}3$

　　$= 9.6 - 0.30 + 0.48 = 9.78 ≒ 9.8$

参考　本問の pH と各イオンの存在比を，(4)②と同様に計算し，グラ ※③◀
フにすると，

pH	陽イオン(a)	双性イオン(b)	陰イオン(c)
2.3	1	1	10⁻⁷·³
6.0	10⁻³·⁶	1	10⁻³·⁶
9.6	10⁻⁷·³	1	1

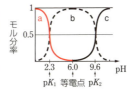

◀※① （別解）
$\mathrm{pH} = -\log_{10}\sqrt{K_1 \times K_2}$
　　$= -\dfrac{1}{2}(\log_{10}K_1 + \log_{10}K_2)$
　　$= \dfrac{1}{2}(pK_1 + pK_2)$
　　$= \dfrac{1}{2}(2.3+9.6)$
　　$≒ 6.0$

◀※② グリシン水溶液と NaOH 水
溶液は同濃度より，混合後の
b, NaOH, c の濃度比は加え
た体積比に等しい。

◀※③ グリシンに，酸や塩基を加え
たときの pH 変化（例として
グリシンと同濃度の HCl,
NaOH）

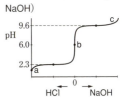

pH 2.3 付近では a と b によ
る緩衝溶液になっている。こ
ちらでは K_1 の式から pH を
求める。

242 (1) ビウレット反応 (2) $C_9H_{11}NO_2$ (3) リシン, 陰極
(4) 5.5 (5) リシン：1, X：4, Z：2 (6) 4種類

解説 (1) ビウレット反応は2つ以上のペプチド結合をもつペプチドに呈色する。よって, ペプチドIV（以下IV）はトリペプチド以上であるが, ペプチドIII（以下III）とペプチドV（以下V）はジペプチドである。全体にあたるペプチドI（以下I）は7つの α-アミノ酸からなるので, IIIは2つ, IVは3つ, Vは2つの α-アミノ酸からなることがわかる。

(2) Vは2つの同じアミノ酸（X）からなるので $C_{18}H_{20}N_2O_3$ に H_2O を足して, 2で割った分子式がXの分子式である。
分子式 $(C_{18}H_{20}N_2O_3 + H_2O) \div 2 = C_9H_{11}NO_2$
この分子式をもつXはフェニルアラニン（Phe）とわかる。

(3) <u>ジスルフィド結合</u>（S–S）はシステインのもつSH基が酸化されて形成される。還元されるともとの2分子に戻る。

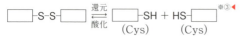

よって, Zはシステイン（Cys）とわかる。
pH 3.0 の酸性溶液中では, 各アミノ酸は H^+ を受け取り, <u>陽</u>イオンが存在するようになる。ここで, アミノ基を2つもつリシン（Lys）の陽イオンの割合が多いので, XやZよりも陰極へ移動しやすいと考えられる。

(4) 【241】(4) より, 等電点における $[H^+]$ は
$[H^+] = \sqrt{K_1 \times K_2} = \sqrt{1.5 \times 10^{-2} \times 6.0 \times 10^{-10}} = 3.0 \times 10^{-6}$ (mol/L)
$pH = -\log_{10}[H^+] = -\log_{10}(3.0 \times 10^{-6}) = 6 - 0.48 = 5.52 ≒ 5.5$

(5) 塩基性アミノ酸はLysであり, 酵素はLysのカルボキシ基側（ⓒ側）のペプチド結合を特異的に切断する。Iからの流れをまとめると,

のようになる。III, IV, Vのいずれもキサントプロテイン反応で呈色しているので, いずれもPhe(X)をもつ。IIIはS–S結合が開裂して生じたのでCys(Z)が含まれていて, Phe(X)とCys(Z)を1つずつもつジペプチド, VはPhe(X)を2つもつジペプチドとわかる。また, IIはCysとLysが含まれているから, IVはLysとPhe(X)とCys(Z)を1つずつもつトリペプチドとわかる。

(6) IIIでは ⓃーXーZーⒸ と ⓃーZーXーⒸ
の2種類が, IVでは
ⓃーXーZーLysーⒸ と ⓃーZーXーLysーⒸ

◀※①
アミノ酸1つだけではペプチドといわない。

◀※②
キサントプロテイン反応もヒントになっている。
フェニルアラニン Phe
H_2N–CH–COOH
　　　　CH_2
　　　　(ベンゼン環)

◀※③
システイン Cys
H_2N–CH–COOH
　　　　CH_2
　　　　SH

◀※④
H_3N^+–CH–COOH
H_3N^+–$(CH_2)_4$
酸性溶液中のリシン

◀※⑤
[参考] pH=5.5のとき, 塩基性アミノ酸のリシン(9.7), 中性アミノ酸のフェニルアラニン(等電点は5.5), 酸性アミノ酸のグルタミン酸(3.2)は, それぞれ以下のように移動する。

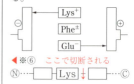

◀※⑥　ここで切断される
Ⓝ‥‥ーLys↓ーⒸ

の2種類が考えられるので，Iは　2×2＝4（種類）

243 (1) 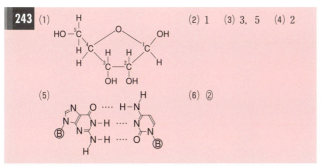 (2) 1　(3) 3, 5　(4) 2

(5)　　　　　　　　　　　　(6) ②

解説 (1) 1位と4位で次の変化が起き，五員環が形成される。

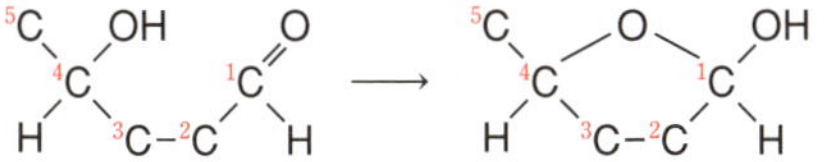

(2)〜(4) 五炭糖（リボース他）の1位の炭素に塩基が，5位の炭素にリン酸が結合したものがヌクレオチドである。

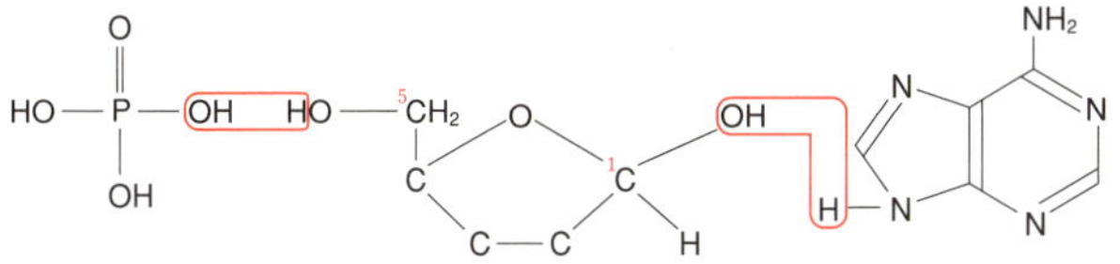

さらに五炭糖の3位の炭素とリン酸が結合するとポリヌクレオチド（核酸）の主鎖ができる。また，2位の炭素がOHをもつとリボース，Hに置換したものがデオキシリボースである。

(5) DNAの塩基対における水素結合は，次の2通りの組合せがある。

　　C=O ····· H-N　　　　N ····· H-N
　　カルボニル基　アミノ基　　　　イミノ基

シトシンの構造式には次の3つの部位で水素結合する。※①◀

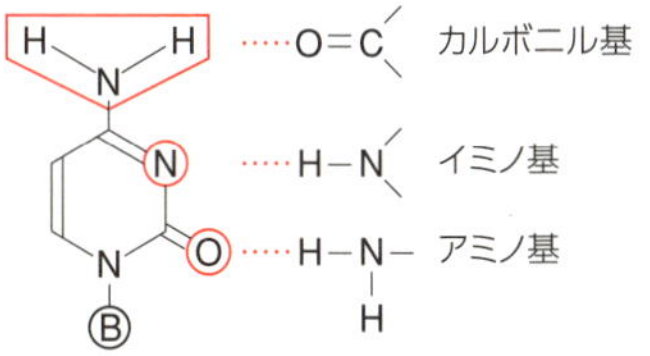

　　N　·····O=C　カルボニル基
　　·····H-N　イミノ基
　　O·····H-N　アミノ基

(6) アミノ酸のくり返し単位の式量は89ではなく，89−18＝71　である。※②◀

$$\frac{2.56\times10^4}{71}\times\frac{1}{3.6}\times0.54=54.0\cdots≒54(\text{nm})$$
　　（個）（巻き数）

◀※①
解答では，グアニンをそのまま固定し，シトシンを左右逆にしてかいた。

◀※②
n H-N-CH-C-OH
　　｜　｜　｜
　　H　R　O
（式量89）

⟶ [-N-CH-C-]$_n$ + nH$_2$O
　　｜　｜　｜
　　H　R　O
（式量89−18）

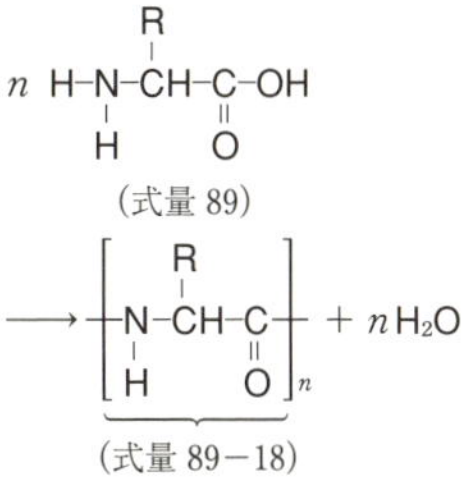

ちなみに，Rの部分の式量は15で，CH$_3$が相当し，アラニンと推定できる。

化学重要問題集　149

17 合成高分子化合物

244 (1) (A) ポリエチレン　(B) ポリアクリロニトリル
(C) ビニロン　(D) ポリエチレンテレフタラート
(E) ポリメタクリル酸メチル（またはメタクリル樹脂）
(F) ポリプロピレン
(G) ナイロン66（または6,6-ナイロン）
(H) ポリアクリル酸ナトリウム
(I) ポリ乳酸 ※①◀

(2) (A) あ　(B) あ　(C) い　(D) う　(E) あ　(F) あ　(G) う
(3) ① I　② B　③ E　④ H

解説 (2) 低分子化合物から高分子化合物を生じる反応を重合反応という。このうち、分子内の不飽和結合が開裂することで付加反応をくり返しながら行う重合を付加重合，単量体から水などの簡単な分子が脱離しながら行う重合を縮合重合という。
(C)は酢酸ビニルを付加重合してポリ酢酸ビニルとした後，けん化（加水分解）とアセタール化を経て合成する。
(D)はエチレングリコールとテレフタル酸の縮合重合で合成する。
(G)はヘキサメチレンジアミンとアジピン酸の縮合重合で合成する。
その他は付加重合で合成する。

245 (1) (ア) 植物　(イ) 縮合　(ウ) セルロース　(エ) 動物
(オ) ケラチン　(カ) システイン　(キ) アクリル
(ク),(ケ) アジピン酸，ヘキサメチレンジアミン（順不同）
(コ) アクリロニトリル　(サ) 付加
(シ),(ス) テレフタル酸，エチレングリコール（順不同）
(セ) 再生　(ソ) 半合成

(2) (a) $\left[\begin{array}{c}C-(CH_2)_4-C-N-(CH_2)_6-N\\ \| \qquad\qquad \| \quad | \qquad\qquad\quad |\\ O \qquad\qquad O \;\; H \qquad\qquad\quad H\end{array}\right]_n$　(b) $\left[\begin{array}{c}CH_2-CH\\ |\\ CN\end{array}\right]_n$

(c) $\left[\begin{array}{c}C-\bigcirc-C-O-(CH_2)_2-O\\ \| \qquad\quad \|\\ O \qquad\quad O\end{array}\right]_n$

解説 (1) 繊維の分類は次のようになる。

天然繊維
- 植物繊維…主成分は<u>セルロース</u>　（例）綿，麻
- 動物繊維…主成分はタンパク質　（例）羊毛，絹

化学繊維
- <u>再生</u>繊維…再生セルロース　（例）レーヨン
- 半合成繊維…一部をアセチル化　（例）アセテート
- 合成繊維…石油などが原料
　　　　　（例）ナイロン，ポリエステル，アクリル繊維

(オ) 羊毛はケラチン，絹はフィブロイン（セリシンでくるまれた）というタンパク質をもつ。

◀ ※①
ポリ乳酸は生分解性プラスチックとして有名で，乳酸を縮合重合させた構造と考えることができる。
実際にポリ乳酸を合成する際には，乳酸を直接縮合重合するのではなく，乳酸2分子が2つのエステル結合でつながった化合物を原料として，開環重合で得られる。

$$CH_3-CH\begin{array}{c}O\\ \|\\ O-C\\ | \qquad |\\ C-O\\ \|\\ O\end{array}CH-CH_3$$

$$\left[\begin{array}{c}O-CH-C\\ | \quad \|\\ CH_3 \; O\end{array}\right]_n$$

参考 日本での繊維生産量は，およそ合成繊維60％，天然繊維30％，その他10％である。

150　化学重要問題集

(2) ① 6,6-ナイロン (**ナイロン66**) は，1937年，アメリカのカロザースが発明した世界初の合成繊維。分子中にタンパク質と共通するアミド結合 (–CONH–) をもち，絹に似た感触をもち，強度，弾力性，耐薬品性がいずれも大きい。※①

$$n \text{ HOOC-(CH}_2)_4\text{-COOH} + n \text{ H}_2\text{N-(CH}_2)_6\text{-NH}_2$$
アジピン酸　　　　　　　ヘキサメチレンジアミン

$$\longrightarrow \text{ HO}\overbrace{\text{OC-(CH}_2)_4\text{-CO-NH-(CH}_2)_6\text{-NH}}^{n}\text{H} + (2n-1)\text{ H}_2\text{O}$$
※②

② **アクリル繊維**は，アクリロニトリルの付加重合でつくられる。羊毛に似た風合いをもち，保温性に富む。これを不活性気体中で高温処理すると，高強度，高弾性，耐熱性にすぐれた**炭素繊維**が得られる。

③ ポリエステルの代表的なものは**ポリエチレンテレフタラート**※③ (PET) で，1941年イギリスのウィーンフィールドらが発明した。

$$n \text{ HOOC-}\bigcirc\text{-COOH} + n \text{ HO-(CH}_2)_2\text{-OH}$$
テレフタル酸　　　　　　エチレングリコール

$$\longrightarrow \text{ HO}\overbrace{\text{OC-}\bigcirc\text{-COO-(CH}_2)_2\text{-O}}^{n}\text{H} + (2n-1)\text{ H}_2\text{O}$$

◀※①
ナイロン66は，アミド結合の部分で**水素結合**が形成され，外力を加えても分子がずれにくく，強い繊維となる。

◀※②
2種以上の単量体を混合して付加重合させることを**共重合**という。アクリロニトリルに塩化ビニルや酢酸ビニルを共重合させたものを**アクリル系繊維**という。

◀※③
分子中に親水基をもたず，吸湿性が小さく，水に濡れてもすぐ乾く。

---

246 (1) (あ) 再生　(い) ビスコース　(う) ビスコースレーヨン
(え) 銅アンモニアレーヨン (または キュプラ)
(お) ヒドロキシ　(か) アセテート繊維 (または アセテート)
(2) 32.4 g

解説 (1) セルロースを濃 NaOH 水溶液に浸してアルカリセルロースとした後，**二硫化炭素 CS₂** を反応させ，希 NaOH 水溶液に溶かすと，**ビスコース**とよばれる粘性の大きな液体ができる。これを細孔から希硫酸中に押し出すと，加水分解が起こり，セルロースと二硫化炭素が再生する。こうしてできた繊維を**ビスコースレーヨン**といい，膜状に加工したものが**セロハン**である。

$$[\text{C}_6\text{H}_7\text{O}_2(\text{OH})_2\text{ONa}]_n \xrightarrow{\text{CS}_2} [\text{C}_6\text{H}_7\text{O}_2(\text{OH})_2\text{OCS}_2\text{Na}]_n$$
アルカリセルロース　　　　　セルロースキサントゲン酸ナトリウム

$$\xrightarrow{\text{H}^+} [\text{C}_6\text{H}_7\text{O}_2(\text{OH})_3]_n + n\text{CS}_2 + n\text{Na}^+$$
ビスコースレーヨン

セルロースを**シュバイツァー試薬**（[Cu(NH₃)₄](OH)₂）に溶かした粘稠な液体を，細孔から希硫酸中へ押し出すとセルロースが再生する。この繊維を**銅アンモニアレーヨン** (キュプラ) という。※④
セルロースに**無水酢酸**を作用させると，セルロースの酢酸エステルである**トリアセチルセルロース**ができる。これを部分的に加水分解した**ジアセチルセルロース**はアセトンに可溶であり，これを原料に**アセテート繊維**がつくられる。※⑤

$$[\text{C}_6\text{H}_7\text{O}_2(\text{OH})_3]_n \xrightarrow{\text{(CH}_3\text{CO)}_2\text{O}} [\text{C}_6\text{H}_7\text{O}_2(\text{OCOCH}_3)_3]_n$$
セルロース　　　　　　　　　トリアセチルセルロース

$$\longrightarrow [\text{C}_6\text{H}_7\text{O}_2(\text{OH})(\text{OCOCH}_3)_2]_n$$
ジアセチルセルロース

◀※④

注射器
シュバイツァー試薬
＋セルロース
希硫酸
2 mol/L
セルロースが再生する

◀※⑤
セルロースは分子間にはたらく水素結合により結晶化しており，熱水や有機溶媒にも溶けない。そこで，セルロース中の –OH をエステル化 (アセチル化) し，水素結合の数を減らすと，溶媒に溶けるようになる。このように化学的に処理した繊維を**半合成繊維**という。ジアセチルセルロースのアセトン溶液を，細孔から温かい空気中へ押し出し，アセトンを蒸発させると，**アセテート繊維**が得られる。

化学重要問題集　**151**

(2) $\left[C_6H_7O_2(OH)_3\right]_n + 3n(CH_3CO)_2O$
分子量 162.0 n
$\longrightarrow \left[C_6H_7O_2(OCOCH_3)_3\right]_n + 3n\,CH_3COOH$
分子量 288.0 n

セルロース 1 mol からトリアセチルセルロース 1 mol が生成する。

$$\frac{57.6}{288.0n} \times 162.0n = 32.4\,(g)$$

247 (1) (A) 付加　(B) けん化 (または 加水分解)
　　　　(C) アセタール化　(D) 40

(2) $n\,CH_2\!\!\begin{array}{c}CH_2-CH_2-C=O\\CH_2-CH_2-N-H\end{array} + H_2O \longrightarrow H\!\!\left[N-(CH_2)_5-C\right]\!\!OH$　※①◀
(末端のN-H, C=Oの構造)

(3) (ア) ベンゼン環　(イ) アラミド

(構造式) $\left[C-\!\!\langle\bigcirc\rangle\!\!-C-N-\!\!\langle\bigcirc\rangle\!\!-N\right]_n$　※②◀

解説 (1) ビニロンは，1939 年に桜田一郎が発明した国産初の合成繊維で，適度な吸湿性・強度をもち，綿と似た性質をもつ。

$m\!\!\begin{array}{c}CH_2=CH\\OCOCH_3\end{array}\xrightarrow[付加重合]{}\left[\begin{array}{c}CH_2-CH\\OCOCH_3\end{array}\right]_m\xrightarrow[(加水分解)]{NaOH\;けん化}\left[\begin{array}{c}CH_2-CH\\OH\end{array}\right]_m$　※③◀

酢酸ビニル　　　　ポリ酢酸ビニル　　　　ポリビニルアルコール

ポリビニルアルコールは<u>ヒドロキシ基</u> (–OH) を多くもつため水に溶け，繊維には不向きである。そこで<u>ホルムアルデヒド</u> HCHO と反応させて<u>アセタール化</u>して OH を減らし，適度な吸湿性にしたものがビニロンである。

(D) ビニルアルコール 2 つ分をくり返しの単位として，ポリビニルアルコールを次のように表す。

$\left[CH_2-CH-CH_2-CH\right]$　（分子量 88 n）
　　　　OH　　　　OH

このうちの x〔%〕がアセタール化したとき，ビニロンは，

$\left[\begin{array}{c}CH_2-CH-CH_2-CH\\O-CH_2-O\end{array}\right]_{\frac{x}{100}n}\left[\begin{array}{c}CH_2-CH-CH_2-CH\\OH\quad\quad OH\end{array}\right]_{\frac{100-x}{100}n}$
　　式量 100　　　　　　　式量 88

のようになり，その分子量は次のように求まる。

$$100\times\frac{x}{100}n + 88\times\frac{100-x}{100}n = \left(88+\frac{12}{100}x\right)n$$

ポリビニルアルコールとビニロンの物質量は等しいので，ビニロンの質量について，

$$\frac{88}{88n}\times\left(88+\frac{12x}{100}\right)n = 93 \qquad x = 41.6\cdots(\%)$$

よって，最も近い値は，40 %

(2) <u>ナイロン6</u>(6-ナイロン)は，環状アミドのカプロラクタムに少量の水を加えて加熱してつくられる。このように，環状の単量体が環を開きながら行う重合を<u>開環重合</u>という。　※⑤◀

◀※①
$n\,NH-(CH_2)_5-CO$
$\longrightarrow \left[NH-(CH_2)_5-CO\right]_n$
などでも可。

◀※②
構造式は，末端に HO– と –H を書いた式でもよい。

◀※③
<u>ビニルアルコールは不安定な</u>ので，この付加重合からポリビニルアルコールを得ることは不可能である。

◀※④
同一炭素に 2 つのエーテル結合をもつものをアセタールという。

$\begin{array}{c}\quad\quad\quad\quad\rightarrow H_2O\\O-H\;O\;H-O\\H-C-H\end{array}$

$\longrightarrow O-CH_2-O$

◀※⑤
環状のアミドをラクタムという。カプロラクタムは七員環構造で，五，六員環に比べて環の安定性は小さい。

152　化学重要問題集

(3) 脂肪族のポリアミド繊維(ナイロン)と区別して芳香族のポリアミド繊維は<u>アラミド繊維</u>という。超高強度，超高弾性，耐熱性に優れるため防弾チョッキ，消防服などに使われる。

$$n\,\text{HOOC}-\text{C}_6\text{H}_4-\text{COOH} + n\,\text{H}_2\text{N}-\text{C}_6\text{H}_4-\text{NH}_2$$
$$\longrightarrow \text{HO}\left[\text{OC}-\text{C}_6\text{H}_4-\text{CONH}-\text{C}_6\text{H}_4-\text{NH}\right]_n\text{H} + (2n-1)\text{H}_2\text{O}$$

248 (1) (A) 熱可塑性　(B) 熱硬化性　(C) ホルムアルデヒド
(2) ① $CH_2=CH_2$　② $CH_2=CH$－$OCOCH_3$　③ $CH_2=CH$－C_6H_5
④ $CH_2=C$－CH_3　　$COOCH_3$　⑤ $CH_2=CH$－Cl
(3) (D) ア　(E) イ　(F) エ　(G) ウ

解説 合成樹脂は，その熱に対する性質から熱可塑性樹脂と熱硬化性樹脂に分けられる。ポリスチレンのような付加重合体のすべてと，ナイロンのように2官能性モノマー(重合に関与する官能基を2個もつ単量体)どうしが縮合重合してできる高分子は，鎖状構造をもち，<u>熱可塑性樹脂</u>となる。
一方，フェノール樹脂や尿素樹脂のように，3官能性以上のモノマーが重合してできる高分子では，立体網目構造をもち，<u>熱硬化性樹脂</u>となる。

(2) 代表的な熱可塑性樹脂

$$n\,CH_2=CH\ (X) \xrightarrow{\text{付加重合}} \left[CH_2-CH(X)\right]_n$$

XがHのとき，エチレン→ポリエチレン。
XがCH_3のとき，プロペン(プロピレン)→ポリプロピレン。
XがClのとき，塩化ビニル→ポリ塩化ビニル。
Xがベンゼン環(C_6H_5)のとき，スチレン→ポリスチレン。
Xが$OCOCH_3$のとき，酢酸ビニル→ポリ酢酸ビニル。
メタクリル酸メチルを付加重合するとポリメタクリル酸メチル(メタクリル樹脂，アクリル樹脂)ができる。透明性が高い。

$$n\,CH_2=C(CH_3)(COOCH_3) \xrightarrow{\text{付加重合}} \left[CH_2-C(CH_3)(COOCH_3)\right]_n$$

他に，耐熱性，耐薬品性に優れ，不燃性で摩擦係数の小さなフッ素樹脂(テフロン) $\left[CF_2-CF_2\right]_n$ などがある。

(3) 尿素樹脂やメラミン樹脂をあわせてアミノ樹脂という。アルキド樹脂(ポリエステル系樹脂)の例として，無水フタル酸とグリセリンの縮合重合でできるグリプタル樹脂(グリセリンフタル酸樹脂)がある。エポキシ樹脂にはエポキシ環 CH_2-CH－O があり，また，シリコーン樹脂(ケイ素樹脂)には Si-O-Si の構造がある。

◀※①
熱可塑性樹脂

主鎖
・直鎖状構造。
・溶媒に溶けやすい。
・耐熱性はやや小さい。

熱硬化性樹脂

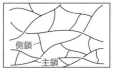

側鎖／主鎖
・立体網目構造。
・溶媒に溶けない。
・耐熱性が大きい。

249 (1) (ア) ラテックス　(イ) 酢酸　(ウ) 生（または天然）
(エ) シス　(オ) 硫黄　(カ) 架橋（または橋かけ）　(キ) 合成
(ク) 共重合

(2) ① $\left[\begin{array}{c}CH_2-CH_2\\ \ \ \ CH_3 \ \ C=CH\end{array}\right]_n$　② $\left[CH-CH_2\right]$ （ベンゼン環付き）

③ $\left[\begin{array}{c}CH_2 \ \ \ CH_2\\ \ \ \ \ \ C=C\\ H \ \ \ \ \ \ H\end{array}\right]_n$

(3) スチレン：ブタジエン＝1：4

(4) 熱可塑性樹脂

※① ギ酸などの有機酸でも可。

解説 (1) ゴムの木から得られる白い樹液を<u>ラテックス</u>といい，炭化水素（ポリイソプレン）のコロイド溶液である。ここへ有機酸を加えると，凝析が起こり，生ゴム（天然ゴム）が得られる。
イソプレンが<u>付加重合</u>する場合，通常，1,4付加が起こり，二重結合が分子の中央に移る。この C=C 結合に関してシス形とトランス形が存在するが，ゴムに見られるのは<u>シス形</u>である。
生ゴムに硫黄を加えて加熱すると，ゴム分子どうしを硫黄が結びつけ，<u>架橋構造</u>が形成される。この操作を<u>加硫</u>という。
石油から人工的につくられたゴムを合成ゴムという。ブタジエン単独で付加重合させても軟らかすぎるため，普通はスチレンやアクリロニトリルとともに合成ゴムをつくる。
2種類以上の物質で付加重合することを<u>共重合</u>という。

(3) スチレン–ブタジエンゴム（SBR）を次のように表す。

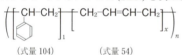

　　（式量 104）　　　（式量 54）

SBR の分子量は $(104+54x)n$ で，1mol の SBR につき nx 〔mol〕の水素（分子量 2.0）が付加するから

$$\frac{100}{(104+54x)n} \times nx \times 2.0 = 2.50 \qquad x=4$$

※②

※③ トランス形では分子鎖がまっすぐに規則的に配列して結晶化しやすく，弾性は示さない（グタペルカ）。

※④ （生ゴムの分子の図）

250 (1) 9.6×10^4

(2) 15 g

(3) （二酸化炭素）93.1 L　（グルコース）125 g

(4) 165 g

解説 (1) PET は次のように縮合重合で合成される。

$n\ HO-\underset{O}{\underset{\|}{C}}-\bigcirc-\underset{O}{\underset{\|}{C}}-OH + n\ HO-CH_2-CH_2-OH$

　テレフタル酸（分子量 166）　　エチレングリコール（分子量 62）

$\longrightarrow \left[\underset{O}{\underset{\|}{C}}-\bigcirc-\underset{O}{\underset{\|}{C}}-O-CH_2-CH_2-O\right]_n + 2n\ H_2O$

　ポリエチレンテレフタラート（分子量 192n）　水（分子量 18）

PET 1分子にエステル結合は $2n$ 個あるので，

$$2n=1.0\times10^3 \qquad n=5.0\times10^2$$

よって，PET の分子量は $192n=192\times5.0\times10^2=9.6\times10^4$ [※①]

(2) ナイロン66 は次のように縮合重合で合成される。

n HO-C-(CH₂)₄-C-OH + n H-N-(CH₂)₆-N-H
         ‖   ‖ | |
         O   O   H   H
アジピン酸(分子量 146)　　ヘキサメチレンジアミン(分子量 116)

$\longrightarrow$ ―[C-(CH₂)₄-C-N-(CH₂)₆-N]― + $2n$ H₂O
        ‖   ‖ | |
        O   O H   H ₙ
ナイロン66(分子量 226n) [※②]

アジピン酸 n 〔mol〕からナイロン66 が 1 mol 合成されるので，

$$\frac{10}{146}\times\frac{1}{n}\times226n=15.4\cdots\fallingdotseq15\,(g) \quad [※③]$$

(3) H―[O-CH(CH₃)-CO]―OH $\longrightarrow$ $3n$ CO₂ $\longrightarrow$ $\frac{n}{2}$ C₆H₁₂O₆

ポリ乳酸(分子量 $72.0n+18.0$)　　二酸化炭素　グルコース(分子量 180.0)

のように変化する。ポリ乳酸の分子量より，

$$72.0n+18.0=7290 \qquad n=101$$

CO₂ の体積は $\dfrac{100}{7290}\times3\times101\times22.4\fallingdotseq93.1\,(L)$

C₆H₁₂O₆ の質量は $\dfrac{100}{7290}\times\dfrac{101}{2}\times180.0\fallingdotseq125\,(g)$

(4) フェノール C₆H₅OH(分子量 94.0)，ホルムアルデヒド HCHO(分子量 30.0)の物質量はそれぞれ

$$C_6H_5OH : \frac{141\,g}{94.0}=1.50\,(mol)$$

$$HCHO : \frac{60.0}{30.0}=2.00\,(mol)$$

HCHO はすべて C₆H₅OH のベンゼン環をつなぐのに使われたから， [※④]

OH　　　　O　　　　 H　OH　　　　　　OH　　OH
△ H + H-C-H + △　 $\longrightarrow$ 　△ CH₂ △　 + H₂O

のように反応していき，反応した HCHO の物質量と生成した(フェノール樹脂から脱離する)H₂O の物質量は等しい。その量は，

$$18\,(g/mol)\times2.00\,(mol)=36.0\,(g)$$

生成したフェノール樹脂を x 〔g〕とおくと，質量保存の法則より，

$$141+60.0=x+36.0 \qquad x=165\,(g)$$

251 (1) (ア) d (イ) l (ウ) h (エ) b (オ) a (カ) f

(2) 78 % (3) 4.20×10^{-2} mol/L

(4) アスパラギン酸，セリン，リシン

解説 (1) イオン交換樹脂の骨格はスチレンに少量の p-ジビニルベンゼンを混ぜて共重合させてつくる。陽イオン交換樹脂には酸性の官能基(例えばスルホ基)が存在し，次のように陽イオン交換する。 [※①(次ページ)]

$$-SO_3^-H^+ + Na^+Cl^- \longrightarrow -SO_3^-Na^+ + H^+Cl^-$$
(樹脂中)　(溶液中)　　　　　　　　　　(流出液中)

[※①] 解説では末端の HO- と -H を無視している。

HO―[　　]ₙH

これを考慮しても分子量が 18 増えるだけで，有効数字 2 桁の際には影響がない。また，厳密には $n=500$ のときのエステル結合は $2n-1=999$ であり，[　　]ₙ の左側にエチレングリコール，もしくは右側にテレフタル酸が 1 つつくが，やはり解答には影響がない。

[※②] ナイロン66の真の分子量は $226n+18$ であるが，重合度 n の大きい高分子の場合，$226n \gg 18$ より，両末端の構造を無視して計算してよい。

[※③] 高分子の分子量には重合度の n が含まれるが，質量計算の過程で n が消去されることに留意する。

[※④] C₆H₅OH は最大 3 ヶ所で HCHO と反応する。

OH
-CH₂ △ CH₂-
     CH₂

このとき 2 つの C₆H₅OH と HCHO が反応するから，C₆H₅OH 1 mol につき，最大 1.5 mol の HCHO が必要となる。

$(1\,mol\times3\div2=1.5\,mol)$

今回の 1.50 mol の C₆H₅OH が 3 ヶ所すべてで反応するために必要な HCHO は

$1.50\times1.5=2.25\,(mol)$

実際に用意した HCHO は 2.00 mol であり，HCHO がすべて反応したとして計算する。

化学重要問題集　**155**

塩基性の官能基(アルキルアンモニウム基)による陰イオン交換は，
-N⁺R₃OH⁻ + Na⁺Cl⁻ ⟶ -N⁺R₃Cl⁻ + Na⁺OH⁻
(樹脂中) (溶液中)   (流出液中)

(2) ポリスチレンのくり返し単位の式量($C_8H_8=104$)より，重合度 n は，
$$n=\frac{5.20\times10^4}{104}=5.00\times10^2$$
スルホン化では，ポリスチレンのベンゼン環の $-H$ が $-SO_3H$ で置換されるから，式量は 80 増加する(1分子では x 箇所スルホン化するので $80x$ 増加)。硫黄が占める質量％より，
$$\left(\frac{S}{分子量}\right)\frac{32x}{5.20\times10^4+80x}\times100=15.0(\%)\quad x=3.90\times10^2$$
1分子中のベンゼン環の数は n，そのうち x がスルホン化したので，
$$\frac{x}{n}\times100=\frac{3.90\times10^2}{5.00\times10^2}\times100=78(\%)$$

(3) 陽イオン交換樹脂 $R-SO_3H$ は，次のようにイオン交換する。
$$2R-SO_3H + CuSO_4 \longrightarrow (R-SO_3)_2Cu + H_2SO_4$$
(もとの溶液の Cu^{2+} が，$2H^+$ に交換されて流出した。)
求める濃度を x [mol/L] とおくと，H_2SO_4 と NaOH との中和より，
$$2\times x\times\frac{10.0}{1000}=1\times5.00\times10^{-2}\times\frac{16.8}{1000}\quad x=4.20\times10^{-2}(mol/L)$$

(4) セリン(以下Aとする)は中性アミノ酸，リシン(以下Bとする)は塩基性アミノ酸，アスパラギン酸(以下Cとする)は酸性アミノ酸である。強酸性ではすべてのアミノ酸は陽イオンの状態で樹脂に吸着している。pH を大きくしていくと，アミノ酸は双性イオン(さらには陰イオン)となって樹脂から離れていく。よって，等電点の小さいアミノ酸から順に溶出していく。

pH	1	2〜3	6	9〜10	11
A	A⁺		②A⁺⁻		(A⁻)
			等電点(ほぼ中性)で双性イオン		
B	B²⁺		B⁺	③B⁺⁻	(B⁻)
				等電点(塩基性)で双性イオン	
C	C⁺	①C⁺⁻	(C⁻)		(C²⁻)
		等電点(酸性)で双性イオン			

溶出する順番を①，②，③で示す。

252 (1) ① ア ② カ ③ エ ④ オ ⑤ ウ
(2) ア，エ，オ
(3) (付加重合) ア，ウ，エ (縮合重合) カ，キ，ク
   (付加縮合) イ，オ，ケ
(4) ① ケミカル ② 25.4g

解説 (1) 高密度ポリエチレン(HDPE)は，チーグラー触媒($TiCl_4$ と $Al(C_2H_5)_3$)を用いて，1.0×10^5〜1.0×10^6 Pa，100℃ 以下で付加重合させたもので，枝分れが少なく，結晶領域が多い。

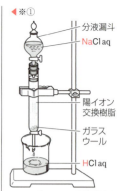

※①
なお，陽イオン交換樹脂と陰イオン交換樹脂を混合したものに塩類の水溶液を流すと，下から純水(脱イオン水)を得ることができる。

※② 別解
$n=x+y=5.00\times10^2$ …①
スルホン化された方の式量 $C_8H_8SO_3=184$
より，重合体の分子量は，
$184x+104y$
硫黄が占める質量％より，
$$\frac{32x}{184x+104y}=\frac{15.0}{100}\text{ …②}$$
以上の①，②式を解いて求める。

※③
流出液には
$$x\times\frac{10.0}{1000} (mol)$$
の $CuSO_4$ と同じ物質量の H_2SO_4 が存在する。すすいだ水によって濃度は薄まっているが，物質量の総和は変わらない。

※④

高密度ポリエチレン
密度：0.94〜$0.97 g/cm^3$
軟化点：約 130℃
多くの微結晶を生じ，その界面で光が乱反射されるので乳白色に見える。

一方，**低密度ポリエチレン**(LDPE)は，触媒を用いず，$1.0×10^8$～$2.5×10^8$ Pa，150～300℃で付加重合させたもので，枝分かれが多く，結晶領域が少ない。※①

(2) 熱硬化性樹脂にはフェノール樹脂，尿素樹脂，メラミン樹脂のほか，アルキド樹脂，エポキシ樹脂，シリコーン樹脂(ケイ素樹脂)などがある。一方，熱可塑性樹脂にはポリエチレンテレフタラート，ナイロン66のほか，付加重合によってつくられるポリプロピレン，フッ素樹脂(テフロン)※②，メタクリル樹脂などがある。

(3) (ア)ではスチレン，(ウ)では酢酸ビニル，(エ)ではメタクリル酸メチルがそれぞれ C=C をもち，付加重合する。
また，(カ)ではアジピン酸の –COOH とヘキサメチレンジアミンの –NH₂ で，(キ)では乳酸の –OH と –COOH で縮合重合する。(ク)のアラミドとは，ベンゼン環がアミド結合でつながった芳香族アミドの高分子化合物のことで，脂肪族アミドのナイロンに対する語である。(ク)も –COOH と –NH₂ で縮合重合する。
そして，(イ)では尿素とホルムアルデヒド，(オ)ではメラミンとホルムアルデヒド，(ケ)ではフェノールとホルムアルデヒドが付加縮合する。※③
この3つは熱硬化性樹脂としても有名。

(4) ① 加熱成形し直して再利用することをマテリアルリサイクル，原料(単量体)まで分解して再利用することをケミカルリサイクルという。
② 1 mol の PET (分子量 192n) から n [mol] の X (分子量 254) が生成するので，
$$\frac{19.2\text{(g)}}{192n} \times \frac{n}{1} \times 254 = 25.4 \text{(g)}$$

253 (1) (ア) COONa (イ) COO⁻ (ウ) Na⁺ (エ) 浸透圧 (オ) 少ない

(2) ~[CH₂–CH(OCO–CH=CH–C₆H₅)]~ₙ

解説 (1) アクリル酸ナトリウムの付加重合は次の通り。
n CH₂=CH(COONa) →(付加重合) ~[CH₂–CH(COONa)]~ₙ
架橋して立体網目状にしたものが吸水性高分子として利用される。※④

(2) 次のようにエステル化(縮合)する。
–CH₂–CH(O–H) + HO–C(=O)–CH=CH–C₆H₅ ⟶ –CH₂–CH(O–C(=O)–CH=CH–C₆H₅)

得られた樹脂は，紫外線が当たると C=C の部分で重合が進んで立体網目構造になる(有機溶媒に不溶)。このような性質を光硬化性という。紫外線の当たる，当たらないでできた凹凸を利用して印刷原版ができる。また，虫歯治療の充填剤として利用される。※⑤

◀※①

低密度ポリエチレン
密度：0.91～0.93g/cm³
軟化点：約105℃
光を透過しやすく透明度が大きい。

◀※②
テフロンの一例

◀※③
フェノールとホルムアルデヒドとの重合反応は，
(i) フェノールの o–, p– 位への HCHO の付加反応，
(ii) 生成した –CH₂OH とフェノールとの脱水縮合が交互に起こる**付加縮合**で進行する。

◀※④
高分子の骨格についている –COO⁻ どうしの反発と，Na⁺ による浸透圧が主な原因である。

◀※⑤
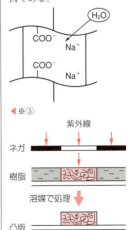

254 (1) ヘキサメチレンジアミン，ヘキサン，アジピン酸ジクロリド，アセトン

(2) $n\text{ClCO(CH}_2)_4\text{COCl} + n\text{H}_2\text{N(CH}_2)_6\text{NH}_2$
$\longrightarrow \text{-[CO(CH}_2)_4\text{CONH(CH}_2)_6\text{NH-]}_n + 2n\text{HCl}$

(3) 5.8%

解説 (1) 有機化合物は一般的に引火性物質である。

(2) 生成した HCl を NaOH で中和することで反応を進めているので，NaOH を追加した化学反応式も正解となる。できるだけ2液の界面を乱さないように，密度の大きい液体(今回は NaOH 水溶液)の上へ，密度の小さい液体(今回はヘキサン)を静かに注ぐ。※①◀

(3) ヘキサメチレンジアミン $\text{H}_2\text{N(CH}_2)_6\text{NH}_2$ の分子量は 116，ナイロン 66 の分子量は $226n$ (n は重合度) より，理論的には，

$$\frac{1(\text{g})}{116} \times \frac{1}{n} \times 226n = 1.948\cdots(\text{g})$$

生成する。実際は 0.113 g なので求める収率は，

$$\frac{0.113\,\text{g}}{1.948\,\text{g}} \times 100 \fallingdotseq 5.8(\%)$$

◀※①

18 巻末補充問題（総合問題）

255 (1) (a):(b):(c):(d) = 27:27:9:1

(2) ① 14
② (宇宙線強度の増加) 増加させる
(化石燃料の使用) 減少させる

解説 (1) 質量数に○をつけて分子を区別すると(a)～(d)は次のように表される。

(a)   (b)   (c)   (d)

存在比は (a) $\left(\dfrac{3}{4}\right)^3 = \dfrac{27}{64}$

(b) $\left(\dfrac{3}{4}\right)^2\left(\dfrac{1}{4}\right) \times 3 = \dfrac{27}{64}$ ※②◀

(c) $\left(\dfrac{3}{4}\right)\left(\dfrac{1}{4}\right)^2 \times 3 = \dfrac{9}{64}$

(d) $\left(\dfrac{1}{4}\right)^3 = \dfrac{1}{64}$ ※③◀

(a):(b):(c):(d) = $\dfrac{27}{64} : \dfrac{27}{64} : \dfrac{9}{64} : \dfrac{1}{64}$ = 27:27:9:1

◀※②
なぜ3倍するのか。
b-1

b-2　　b-3
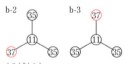

$\left(\dfrac{3}{4}\right)^2\left(\dfrac{1}{4}\right)$ の存在比は，上の b-1 の構造についての存在比である。b には，b-1 の他に b-2 や b-3 の構造も存在する (回転させると同一分子) ので，3倍する。

◀※③
これらの存在比の総和が1になることも確かめられる。
$\dfrac{27}{64} + \dfrac{27}{64} + \dfrac{9}{64} + \dfrac{1}{64} = \dfrac{64}{64} = 1$

(2) ¹⁴C は放射性同位体で，β線を出して ¹⁴N に変化していく。一方，¹⁴C は宇宙線によって大気中で生成され続けており，大気中の ¹⁴C/C の比は，地球上では常に一定である。
植物などは光合成によって炭素を同化させるので，生きているときの ¹⁴C/C の比は大気と同じだが，枯れて炭素の供給が止まると ¹⁴C が減っていき，その減少量によって年代測定ができる。
また，化石燃料は太古の生物が起源であり，¹⁴C はほとんど残っていない。¹⁴C/C の比がより小さな炭素が大気に放出されるため，化石燃料の使用は ¹⁴C/C の比を減少させる。

◀※①
仮に新生代の 570 万年前のものとすると，半減期 (5.7×10^3 年) を 10^3 回経ている。

256 (1) (HCN) H:C⋮⋮N:　(NO₂⁻) [O::N:O:]⁻
(2) HCN, NO₂⁺, N₃⁻
(3) オキソニウムイオンは正に帯電しているため，同じく正の電荷をもった水素イオンが近づきにくいから。

解説 (1) (HCN)

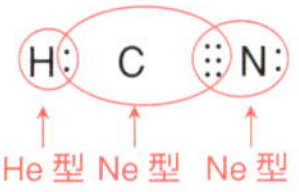

He型 Ne型 Ne型

(NO₂⁻) まず，O と N で二重結合を形成する。　O::N・　・O
あと 1 つ「・」
(方法 1) O に一価の陰イオンの分の ⊖ を加えれば完成する。　[O::N:O:]⁻
(方法 2) N に一価の陰イオンの分の ⊖ を加え，O とは配位結合すると完成する。
※②◀
共有

(2) HCN は，C 原子のまわりにある二組の電子対間の反発によって，直線形。NO₂⁻ は，N 原子のまわりにある三組の電子対間の反発によって，三角形となるが，そのうちの非共有電子対は構造に含めず，折れ線形。
※③◀

(NO₂⁺)　・N・ ←1つとった　または　・O・ ←1つとった
⇓　　　　　　　　　　⇓ 配位
[O::N::O]⁺　　　　　　[:O::N:O:]⁺

どちらの電子式でも，N 原子のまわりは二組で，直線形。

(O₃)　O::O:O:
　　　　　↑
　　　　配位
三組の反発から，三角形となるが，非共有電子対は構造に含めず，折れ線形。

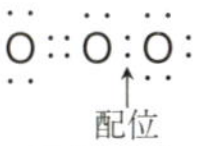

(N₃⁻) 1つ → :N・ ⇒ :N つけた　　　　　　　　⇓ 配位
[:N::N:N:]⁻
(一例)
二組の反発から，直線形

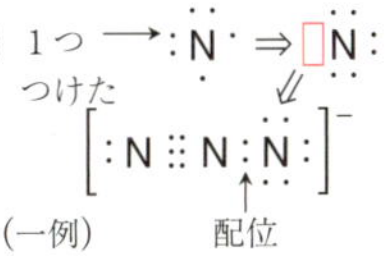

◀※②
O の不対電子 2 個をあえて対にし，空いたところに他の原子の非共有電子対をもらって配位結合する方法も考えられる。
(例) H₂SO₄
　　　実は共有結合している
H:O:S:O:H
あと 2 つ　:O: → :O□
　　　　　　　　　空軌道

配位結合

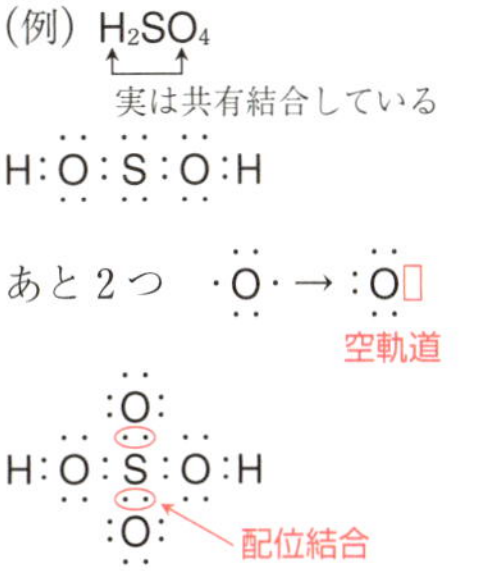

◀※③
電子対の反発としては三角形で，分子の構造としては折れ線形。

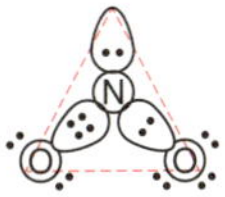

[参考] N₃⁻ はアジ化物イオンとよばれる。アジ化ナトリウム NaN₃ は毒性で防腐剤や害虫の駆除に使われる。また，NaN₃ は起爆すると N₂ を放出することから，以前はエアバッグの膨張に利用されていた。

化学重要問題集　159

257 ① ウ ② エ ③ ス

解説 ① トリクロロベンゼンの各異性体は次の通りである。

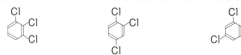

1,2,3-トリクロロベンゼン　1,2,4-　　　1,3,5-

1,3,5-トリクロロベンゼンは，C–Cl 結合の極性をうち消しあうことができ，無極性分子である。

②，③ ジクロロベンゼンの各異性体は次の通りである。

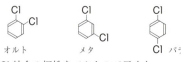

オルト　　メタ　　パラ

C–Cl 結合の極性をベクトルで示すと

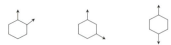

合成ベクトルが大きいほど分子は大きな極性を示すので，オルトジクロロベンゼンが適する。
※①◀

◀※①
各辺の長さの比は

よって，合成ベクトルの長さは
$X \times \dfrac{\sqrt{3}}{2} \times 2 = \sqrt{3}\,X$

---

258 (1) ウ　(2) 2.3 g/cm³

解説 (1) 第1層と第2層を上から見ると，次図のようになる。

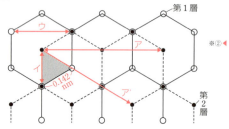

◀※②
アは，1つおきの正六角形の中心間の距離である。
◀※③

正六角形を六等分した正三角形の高さは $0.142 \times \dfrac{\sqrt{3}}{2}$ (nm)　※③◀

(ア) $0.142 \times \dfrac{\sqrt{3}}{2} \times 4 ≒ 0.491$ (nm)　(ア′) $0.142 \times 3 = 0.426$ (nm)

(イ) 0.142 nm　(ウ) $0.142 \times \dfrac{\sqrt{3}}{2} \times 2 ≒ 0.246$ (nm)

したがって，適切なものはウとなる。

(2) 第1層，第2層，第3層からなる正六角柱を考える。正六角形の一辺 0.142 nm を a，正六角柱の高さの $\dfrac{1}{2}$ の 0.335 nm を h とおくと，

160　化学重要問題集

正六角柱に含まれる炭素原子の数は，

$$\underbrace{\frac{1}{6}\times 12+\frac{1}{3}\times 3}_{1,3層 ※①}+\underbrace{1}_{2層}=4$$

正六角柱の体積は，

$$\underbrace{\frac{1}{2}\times a\times \frac{\sqrt{3}}{2}a\times 6}_{底面積(▲×6)}\times \underbrace{2h}_{高さ}=3\sqrt{3}\,a^2h$$

よって，密度は，

$$\frac{\frac{12.0}{6.02\times 10^{23}}\times 4}{3\sqrt{3}\times(0.142\times 10^{-7})^2\times(0.335\times 10^{-7})}≒2.3\,(g/cm^3)\;※②$$

◀※①
第1層，第3層の原子は上下に半分切られているのに対して，第2層の原子は上下がつながっているので注意する。
(別解)
第2層の正六角形と第3層の正六角形でつくる六角柱で考えてもよい。

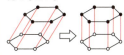

(第2層を平行移動，体積は等しい)
六角柱に含まれる炭素原子は2個分になる。体積は $\frac{3\sqrt{3}}{2}a^2h$ で，密度は左の式と同じになる。

◀※②
$1\,nm=1\times 10^{-7}\,cm$

◀※③

259 (1) $\frac{2\sqrt{6}}{3}$　(2) $465\,kJ/mol$

解説 (1) 正四面体の頂点は，立方体の一つおきの4頂点におくことができる。

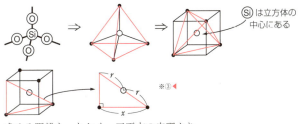

Siは立方体の中心にある

求める距離を x とおく。三平方の定理より，

$$x:2r=\sqrt{2}:\sqrt{3} \quad ※③ \qquad x=\frac{2\sqrt{2}}{\sqrt{3}}r=\frac{2\sqrt{6}}{3}r$$

(2) $1\,mol$ の二酸化ケイ素 SiO_2(固)には Si–O の結合エネルギーが $4\,mol$ 分含まれる。($1\,mol$ のケイ素 Si(固)には Si–Si の結合エネルギーが $2\,mol$ 分しか含まれていない。) ※④

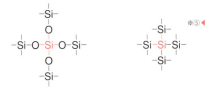
　　　　　　　　　　　　　　　　　　　　※⑤

Si–O 結合の平均結合エネルギーを $y\,(kJ/mol)$ とおくと，エネルギー図は，

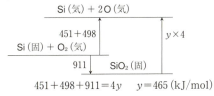

$451+498+911=4y \qquad y=465\,(kJ/mol)$

◀※④
結合エネルギーは気体状の分子について用いるのが一般的。また，共有結合結晶の場合は昇華熱を用いて気体状の原子にするのが一般的である。

◀※⑤
Si から共有結合が4本出ているが，相手も Si なので，自身の分としては半分である。よって

$$\frac{1}{2}\times 4=2\,(本)$$

260 (1) 100 mg　(2) (分圧) $8.5×10^4$ Pa　(質量) 85 mg
　　　(3) 465 mg　(4) 135

解説　各操作を模式的に示す(揮発性液体物質をAとする)。

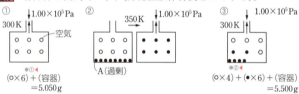

(1) 100 mL 中の空気の質量は，
　　　$1.00×10^{-3}$ g/mL $×100$ mL $=0.100$ g $=100$ mg
(2) 上図の③での圧力について，
　　　(全圧)＝(空気の分圧)＋(Aの分圧)
　　Aの分圧は蒸気圧の $1.50×10^4$ Pa，空気の分圧は，
　　　$1.00×10^5 - 1.50×10^4 = 8.50×10^4$ (Pa)
　　①と③の空気について　$pV = \dfrac{m}{M}RT$　(○は一定) より，
　　空気の分圧と質量は比例する。③の空気の質量は，
　　　100 (mg) $× \dfrac{8.50×10^4}{1.00×10^5} = 85.0$ (mg)
(3) ①より，(容器)の質量は　$5.050 - 0.100 = 4.950$ (g)
　　③より，液体物質Aの質量は　$5.500 - 4.950 - 0.0850 = 0.465$ (g)
　　　　　　　　　　　　　　　　　　　　(容器)　(空気)
　　　　　　　　　　　　　　　　　　　　　　　　$= 465$ (mg)
(4) ②での気体Aについて，$pV = \dfrac{m}{M}RT$ に代入して，
　　　$1.00×10^5 × \dfrac{100}{1000} = \dfrac{0.465}{M} × 8.31×10^3 × (77+273)$
　　　　　　　　　　$M ≒ 135$ (g/mol)

261　1.2

解説　アレニウスの式の両辺の自然対数をとると，
　　　$\log_e k = \log_e A - \dfrac{E_a}{RT}$
300 K，350 K における値を代入すると，
　　　$\log_e(1.0×10^{-6}) = \log_e A - \dfrac{E_a}{300R}$　……①
　　　$\log_e(1.0×10^{-3}) = \log_e A - \dfrac{E_a}{350R}$　……②
② - ①より，
　　　$\log_e(1.0×10^3) = \left(\dfrac{1}{300R} - \dfrac{1}{350R}\right)E_a$
　　　$3×2.3 = \dfrac{50 E_a}{300×350×8.3}$
　　　$E_a = 1.20\cdots ×10^5$ (J/mol) $≒ 1.2×10^2$ (kJ/mol)

◀※①
○×6 の 6 は正確な数ではない。
◀※②
○×4 の 4，●×6 の 6 も正確な数ではない。
◀※③
気体の状態方程式 $pV=nRT$ の V は，気体が動きまわれる空間という意味で，分子自身の体積でもなければ下のような仕切りがあるわけでもない。

　不適切な仕切り方

◀※④　(別解)
図の③ー①は
$5.500-5.050$
$=(●×6)-(○×2)$
ここで(○×2)とはAの蒸気が空気を押しのけた分で，浮力のことである。
(浮力)$= 0.100 × \dfrac{1.50×10^4}{1.00×10^5}$
　　　$= 0.015$
よってAの質量(●×6)は
$5.500 - 5.050 + 0.015$
$= 0.465$ (g)

262 (1) (ア) Ca^{2+}　(イ) $HCO_3{}^-$　(ウ) $HCO_3{}^-$　(エ) Ca^{2+}

(オ) $HCO_3{}^-$　(カ) Ca^{2+}

(2) (A) 1.6×10^{-13}　(B) 8.0×10^{-24}　(C) 4.0×10^{-6}

(D) 3.1×10^2　(E) 2.5×10^{-8}

(3) CO_2 を含む地下水に溶けていた $Ca(HCO_3)_2$ が滴下する途中で P_{CO_2} の小さい大気に触れ，①の平衡が左辺の方向に移動することで鍾乳石（$CaCO_3$）が生成する。

解説 (ア), (イ) $CaCO_3$（固）$+ CO_2 + H_2O \rightleftarrows \underline{Ca^{2+}} + 2\underline{HCO_3{}^-}$

(A) ②式の K_2 を変形し，⑤式を代入すると，

$$K_2 = \frac{[H^+][HCO_3{}^-]}{[H_2CO_3]} = 5.0 \times 10^{-7} \,(mol/L)$$

$$[HCO_3{}^-] = 5.0 \times 10^{-7} \times \frac{[H_2CO_3]}{[H^+]}$$

$$= \frac{5.0 \times 10^{-7} \times 3.2 \times 10^{-7} \times P_{CO_2}}{[H^+]}$$

$$= 1.6 \times 10^{-13} \times \frac{P_{CO_2}}{[H^+]} \quad \cdots ⑥$$

(B) ③式の K_3 を変形し，⑥式を代入すると，

$$K_3 = \frac{[H^+][CO_3{}^{2-}]}{[HCO_3{}^-]} = 5.0 \times 10^{-11} \,(mol/L)$$

$$[CO_3{}^{2-}] = 5.0 \times 10^{-11} \times \frac{[HCO_3{}^-]}{[H^+]}$$

$$= \frac{5.0 \times 10^{-11} \times 1.6 \times 10^{-13} \times P_{CO_2}}{[H^+]^2}$$

$$= 8.0 \times 10^{-24} \times \frac{P_{CO_2}}{[H^+]^2} \quad \cdots ⑦$$

(ウ)〜(カ) 電荷のバランスについて考えると，

$$[H^+] + [Ca^{2+}] \times 2 = [OH^-] + [HCO_3{}^-] + [CO_3{}^{2-}] \times 2 \quad ^{※①◀}$$

中性付近では $[H^+] \fallingdotseq [OH^-] \fallingdotseq 10^{-7}\,(mol/L)$

また，$[H^+] = 10^{-7}\,mol/L$ を③式の K_3 に代入すると，

$$K_3 = \frac{10^{-7} \times [CO_3{}^{2-}]}{[HCO_3{}^-]} = 5.0 \times 10^{-11}$$

$$\frac{[CO_3{}^{2-}]}{[HCO_3{}^-]} = 5.0 \times 10^{-4}$$

したがって，$[HCO_3{}^-] \gg [CO_3{}^{2-}]$

次の(C)に示すが，$[Ca^{2+}]$ は $10^{-3}\,mol/L$ ほどの濃度で，近似すると，

$$[\cancel{H^+}] + [Ca^{2+}] \times 2 = [\cancel{OH^-}] + [HCO_3{}^-] + [\cancel{CO_3^{2-}}] \times 2 \quad ^{※②}$$

$$[HCO_3{}^-] = 2[Ca^{2+}] \quad \cdots ⑧$$

(C) 実験では $CaO \longrightarrow Ca(OH)_2 \longrightarrow CaCO_3 \rightleftarrows Ca(HCO_3)_2$ と変化するが，$CaCO_3$ が完全に溶解するときは，初めの CaO のすべてが Ca^{2+} になっている。1L 中に CaO（式量 56）$5.6 \times 10^{-2}\,g$ があるから，

$$[Ca^{2+}] = \frac{5.6 \times 10^{-2}}{56} = 1.0 \times 10^{-3}\,(mol/L)$$

◀※①
二価のイオンは 2 倍することに注意する。
$[A^{m+}]$ と $[B^{n-}]$ の電荷がつりあうとき，
　$[A^{m+}] \times m = [B^{n-}] \times n$
の関係が成り立つ。
(例) $CaCl_2$ $0.1\,mol/L$ のとき，
　　（H_2O の電離は無視）
　　$[Ca^{2+}] \times 2 = [Cl^-]$
　　$0.1 \times 2 = 0.2$

◀※②
例えば左辺では
$[H^+] \ll [Ca^{2+}]$
より，$[H^+]$ との和を無視している。

化学重要問題集　**163**

K_4 の値を超えない条件より,

$$(1.0 \times 10^{-3}) \times [CO_3^{2-}] \leqq 4.0 \times 10^{-9}$$

$$[CO_3^{2-}] \leqq 4.0 \times 10^{-6} \,(\text{mol/L}) \qquad \cdots ⑨$$

(D) ⑧式について,

$$[HCO_3^-] = 2 \times 1.0 \times 10^{-3} = 2.0 \times 10^{-3} \,(\text{mol/L})$$

この値を⑥式に代入すると,

$$2.0 \times 10^{-3} = 1.6 \times 10^{-13} \times \frac{P_{CO_2}}{[H^+]}$$

$$[H^+] = 8.0 \times 10^{-11} \times P_{CO_2} \qquad \cdots ⑩$$

⑦式について⑩式を代入し,さらに⑨式の条件を使うと,

$$[CO_3^{2-}] = 8.0 \times 10^{-24} \times \frac{P_{CO_2}}{(8.0 \times 10^{-11} \times P_{CO_2})^2}$$

$$= \frac{1.0 \times 10^{-2}}{8.0 \times P_{CO_2}} \leqq 4.0 \times 10^{-6}$$

P_{CO_2} を求めると,

$$P_{CO_2} \geqq \frac{1.0 \times 10^{-2}}{8.0 \times 4.0 \times 10^{-6}} = \frac{1}{32} \times 10^4 \fallingdotseq 3.1 \times 10^2 \,(\text{Pa})$$

(E) $P_{CO_2} = \dfrac{1}{32} \times 10^4 \,\text{Pa}$ を⑩式に代入すると,

$$[H^+] = 8.0 \times 10^{-11} \times \frac{1}{32} \times 10^4 = 2.5 \times 10^{-8} \,(\text{mol/L})$$

---

263 $\boxed{A}$ $\sqrt{2.8} \times 10^{-5}$ $\boxed{B}$ $\sqrt{47.6} \times 10^{-2}$

解説 $\boxed{A}$ AgCl が x 〔mol/L〕溶解して飽和水溶液になったとすると,

$$\underset{(x)}{AgCl} \rightleftharpoons \underset{x}{Ag^+} + \underset{x}{Cl^-} \qquad 〔mol/L〕$$

$$K_{sp} = [Ag^+][Cl^-] = x^2 = 2.8 \times 10^{-10} \,(\text{mol/L})^2$$

$$x = \sqrt{2.8 \times 10^{-10}} = \sqrt{2.8} \times 10^{-5} \,(\text{mol/L})$$

$\boxed{B}$ 平衡定数 K に $[NH_3] = 1.0 \,\text{mol/L}$ を代入すると,

$$K = \frac{[[Ag(NH_3)_2]^+]}{[Ag^+] \times 1.0^2} = 1.7 \times 10^7 \,(\text{mol/L})^{-2}$$

$$\frac{[[Ag(NH_3)_2]^+]}{[Ag^+]} = 1.7 \times 10^7$$

したがって,Ag^+ はほとんど錯イオンになっている(③式の平衡はほとんど右辺の方向に偏っている)。

溶解した AgCl を y〔mol/L〕とすると,

$$\underset{(y)}{AgCl} \rightleftharpoons \underset{(y)}{Ag^+} + \underset{y}{Cl^-} \qquad 〔mol/L〕$$

$$\longrightarrow \underset{y〔mol/L〕}{[Ag(NH_3)_2]^+}$$

$$[Cl^-] = \underset{y}{[Ag^+]} + \underset{無視できる}{[[Ag(NH_3)_2]^+]} \fallingdotseq \underset{y}{[[Ag(NH_3)_2]^+]}$$

②式と④式から $[Ag^+]$ を消去する。

$$K_{sp} \times K = [Ag^+][Cl^-] \times \frac{[[Ag(NH_3)_2]^+]}{[Ag^+][NH_3]^2} = \frac{[Cl^-][[Ag(NH_3)_2]^+]}{[NH_3]^2}$$

◀ ※①
$[NH_3]$ が $1.0 \,\text{mol/L}$ であるように条件を整える。
⇒ NH_3 は反応して減っても,補って平衡状態で $1.0 \,\text{mol/L}$ にしている。

164　化学重要問題集

$$= \frac{y \times y}{1.0^2} = y^2 = (2.8 \times 10^{-10}) \times (1.7 \times 10^7) = 4.76 \times 10^{-3}$$

$$y = \sqrt{4.76 \times 10^{-3}} = \sqrt{47.6} \times 10^{-2} \, (\text{mol/L}) \blacktriangleleft^{※①}$$

264 (1) $[\text{E·S}] = \dfrac{cK[\text{S}]}{1+K[\text{S}]}$ (2) A

(3) $1.5\,(\text{mmol/L})(秒)^{-1}$ (4) $1.0 \times 10\,\text{mmol/L}$

解説 (1) $K = \dfrac{[\text{E·S}]}{[\text{E}]\cdot[\text{S}]}$, 式④より $[\text{E}] = c - [\text{E·S}]$ を代入し,

$$K = \frac{[\text{E·S}]}{(c-[\text{E·S}])\cdot[\text{S}]} \qquad よって \quad [\text{E·S}] = \frac{cK[\text{S}]}{1+K[\text{S}]} \quad \cdots\cdots ⑤$$

(2) $v = k[\text{H}_2\text{O}][\text{E·S}] = k[\text{H}_2\text{O}] \cdot \dfrac{cK[\text{S}]}{1+K[\text{S}]}$ ……⑥

$k[\text{H}_2\text{O}] = 5.0\,(秒)^{-1}$, $c = 0.30\,\text{mmol/L}$, $K = 0.10\,(\text{mmol/L})^{-1}$ を代入すると,

$$v = 5.0 \times \frac{0.30 \times 0.10 \times [\text{S}]}{1+0.10[\text{S}]} \quad \cdots\cdots ⑦$$

$1 \times 10^{-3} < [\text{S}] < 1 \times 10^{-2}\,(\text{mmol/L})$ の範囲では $1+0.10[\text{S}] ≒ 1$ と近似できるので, $v ≒ 5.0 \times 0.30 \times 0.10 \times [\text{S}]$ となる。

したがって, v は $[\text{S}]$ にほぼ比例する。

(3) 式⑦を次のように変形する(分母・分子を$[\text{S}]$で割る)。

$$v = 5.0 \times \frac{0.30 \times 0.10}{\dfrac{1}{[\text{S}]}+0.10}$$

$[\text{S}] \to \infty$ のとき, $\dfrac{1}{[\text{S}]} + 0.10 \to 0.10$ となるので,

$$v_{\max} = 5.0 \times 0.30 = 1.5\,(\text{mmol/L})(秒)^{-1} \blacktriangleleft^{※②}$$

(4) 式⑥に $k[\text{H}_2\text{O}] = 5.0\,(秒)^{-1}$, $c = 0.10\,\text{mmol/L}$, $K = 0.10\,(\text{mmol/L})^{-1}$ を代入すると,

$$v = 5.0 \times \frac{0.10 \times 0.10 \times [\text{S}]}{1+0.10[\text{S}]}$$

$v_{\max} = 0.50\,(\text{mmol/L})\cdot(秒)^{-1}$ より,

$$\frac{1}{2}v_{\max} = 0.25 = 5.0 \times \frac{0.10 \times 0.10 \times [\text{S}]}{1+0.10[\text{S}]}$$

$$[\text{S}] = 1.0 \times 10\,(\text{mmol/L}) \blacktriangleleft^{※③}$$

265 (1) ④ (2) ③

解説 (1) 不斉炭素原子につく原子(原子団)の優先順位を仮に $1\cdots\text{H}$, $2\cdots\text{NH}_2$, $3\cdots\text{COOH}$, $4\cdots$ベンゼン環を含む原子団とする。4が不斉炭素原子の奥にあるように見て, $1 \to 2 \to 3$ の順に置換基を回る順序が, 右回りか左回りかで立体構造を区別する。$\blacktriangleleft^{※⑤}$

◀※①
Aのときよりもよく溶ける。
◀※②
$[\text{S}] \to \infty$ のとき, 式①の平衡がほとんど右方向へ偏り, $[\text{E·S}] ≒ c$ といえる。
式③より
$v_{\max} = k[\text{H}_2\text{O}]\cdot c$
式⑥に代入すると
$v = \dfrac{v_{\max}K[\text{S}]}{1+K[\text{S}]}$
$= \dfrac{v_{\max}[\text{S}]}{\dfrac{1}{K}+[\text{S}]} \quad \cdots\cdots ⑧$

◀※③
式⑧より
$\dfrac{1}{2}v_{\max} = \dfrac{v_{\max}[\text{S}]}{\dfrac{1}{K}+[\text{S}]}$

$[\text{S}] = \dfrac{1}{K}$

このように, $v = \dfrac{1}{2}v_{\max}$ となる$[\text{S}]$の値は$v_{\max}$の値に無関係である。

参考

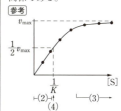

◀※④
化合物命名法で立体配置(R, S配置)を考えるときには順位則が決められている。
◀※⑤
乳酸を例にとると

$1\cdots\text{OH}$, $2\cdots\text{COOH}$, $3\cdots\text{CH}_3$, $4\cdots\text{H}$ とすると

このように, 鏡像異性体どうしは右回りと左回りの関係になる。

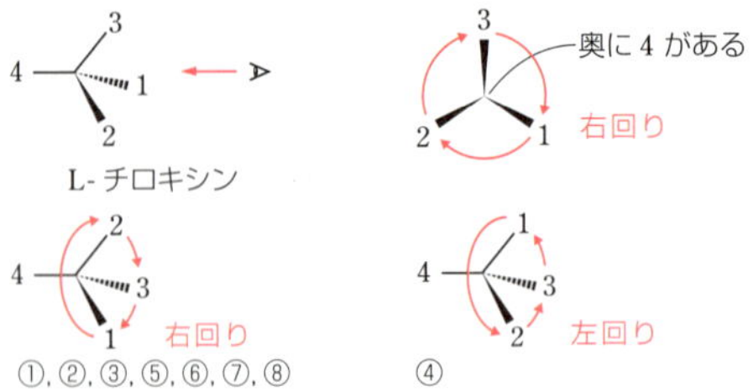

3 / 4 — 1 / 2
L-チロキシン

奥に 4 がある
2 — 1 右回り

4 — 2 / 3 / 1 右回り

4 — 1 / 3 / 2 左回り

①, ②, ③, ⑤, ⑥, ⑦, ⑧   ④

よって，④だけ立体配置が異なり，L-チロキシンの鏡像異性体である。

(2)「上下から臭素が付加」を「手前と奥から臭素が付加」として考えると，※①◀

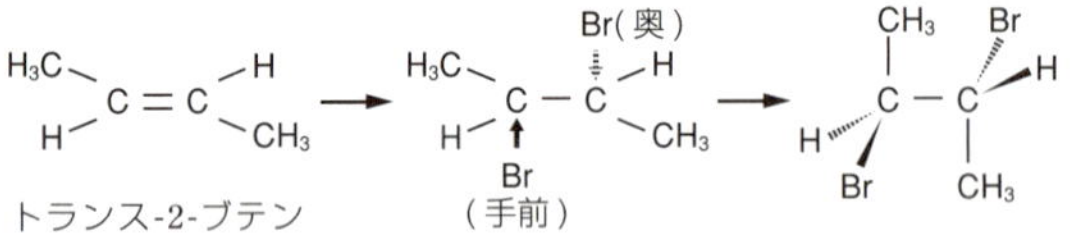

H_3C—C=C—H → H_3C—C—C—CH_3 → …

トランス-2-ブテン

◀※①
シス-2-ブテンの場合は，選択肢①および②が得られる（①と②は互いに鏡像異性体）。

---

266 (1) E, F　(2) Gln−Asn−Cys
　　　(3) （分子量）331.0　（配列）Cys−Pro−Leu
　　　(4) Cys−Tyr−Ile−Gln−Asn−Cys−Pro−Leu−Gly

解説　実験前の文章から，Cys は 2 つ以上あり，1 つは N 末端にある。

（実験 1 ）9 個のアミノ酸からなり，8 種類のアミノ酸が同定されたので，複数あるはずの Cys は 2 個とわかり，それ以外のアミノ酸は 1 個ずつである。

（実験 2 ）反応 1 はキサントプロテイン反応で，Tyr の有無がわかる。反応 2 は硫黄の検出反応で，Cys の有無がわかる。まとめると

ペプチド	配列※②◀	反応 1	反応 2
（ジ）A	Leu−□		
（ジ）B	Asn−Cys		Cys
（ジ）C	Cys−Tyr	Tyr	Cys
（ジ）D	Ile−□		
（トリ）E	Gln−□−□		Cys
（トリ）F	Cys−□−□		Cys

◀※②
配列しているアミノ酸は重複していることも考えられるので注意。

◀※③
プロリン Pro
COOH
H_2C　*CH
H_2C　NH
C
H_2

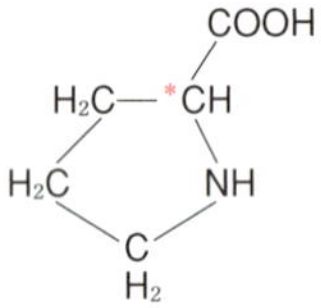

イソロイシン Ile
H_2N−*CH−COOH
*CH−CH_3
CH_2
CH_3

この段階ではジペプチド B，C が決定される。

（実験 3 ）表中のアミノ酸の不斉炭素原子（*C）数を調べると
　　*C なし… Gly，　*C 2 つ… Ile，　*C 1 つ…その他　※③◀
となる。まとめると

ペプチド	配列	*C の数
A	*Leu−Gly	1
C	*Cys−*Tyr	2
F	*Cys−□−□	3

（左上の * は *C を 1 つもつという意味。）

この段階ではジペプチド A が決定される。

（実験 4 ）*C なしの Gly がオキシトシンの C 末端である。
　　(N)−□−Gly−(C)

166　化学重要問題集

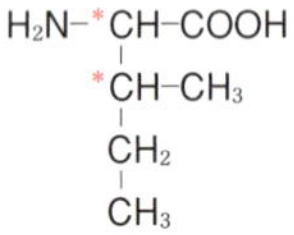

(実験5) Fの元素分析より

$$C:H:N:O:S = \frac{50.7}{12.0} : \frac{7.6}{1.00} : \frac{12.7}{14.0} : \frac{19.3}{16.0} : \frac{9.7}{32.0}$$
$$\fallingdotseq 14:25:3:4:1$$

組成式 $C_{14}H_{25}N_3O_4S$ となり，N原子やS原子の数から2倍は不適。分子式も同じとわかる。分子量は

$12.0 \times 14 + 1.00 \times 25 + 14.0 \times 3 + 16.0 \times 4 + 32.0 \times 1 = 331.0$

Fはアミノ酸3分子から H_2O 2つが脱離したトリペプチドであるから，Fの分子式に H_2O 2つを足した式がアミノ酸3つの合計となる。

$C_{14}H_{25}N_3O_4S + 2H_2O = C_{14}H_{29}N_3O_6S$

これから Cys の分子式 $C_3H_7NO_2S$ を引くと $C_{11}H_{22}N_2O_4$ となる。よって，Fの残り2つのアミノ酸の側鎖には N，O，S はない。※①
また，Leu, Ile は分子式 $C_6H_{13}O_2N$，Pro は分子式 $C_5H_9O_2N$ であるから，Fの残り2つのアミノ酸は (Ile, Pro) または (Leu, Pro) である。

(実験3)でFの *C 数が3個より，*Cys−(*Leu, *Pro) とわかる。※②
さらに，オキシトシンのC末端のAが Leu−Gly なので，Fの配列 Cys−Pro−Leu が決定される。

(N)−[Cys]─────────[Cys]−[Pro]−[Leu]−[Gly]−(C)
　　　↑ジペプチドCのCys　　F└─────────┘A

F以外で Cys をもつ B, C, E のうち，N末端 Cys になるのはCのみ，B は Asn−Cys と分かっている。E は Gln−□−Cys の配列から決定される。

(N)−Cys−[Tyr]−□−[Gln]−[Asn]−Cys−Pro−Leu−Gly−(C)
　　C└──────┘　　E└──────┘　　B

最後に，8種類のアミノ酸のうちで残った Ile が入る。

(N)−Cys−Tyr−[Ile]−Gln−Asn−Cys−Pro−Leu−Gly−(C)
　　　　　　　D└──┘

◀※①
アミノ酸に共通の骨格
$H_2N-CH-COOH$
　　　　|
　　　　R
には N 1つ，O 2つが必ず含まれている (Pro についても同様)。

◀※②
Ile には *C が2つあり
*Cys−(**Ile, *Pro) は不適。

---

267 (1) ① (2) ① (3) ⑤ (4) ⑥

解説 透明な容器に溶液を入れ，特定の波長の光を当てると溶液を通過した光は弱まる。この光の吸収の程度を**吸光度**という。吸光度は濃度に比例することが知られている(本文より)。

(1) 可視光線の波長(およそ360〜830 nm)で測定するためには，発色試薬(発色剤)を用いて呈色することで感度が高まる。

サリチル酸　　アセチルサリチル酸

フェノール性ヒドロキシ基に着目し，塩化鉄(Ⅲ)水溶液を発色剤として用いれば，サリチル酸のみが呈色するので都合がよい。

(2) サリチル酸の分子量 138 より，実験(i)の標準溶液の濃度は，
$$\frac{69.0\times10^{-3}}{138}\times\frac{1000}{500}=1.00\times10^{-3}\,(\mathrm{mol/L})$$
フラスコ番号 3 の濃度は，4.0 ⟶ 100(mL) と希釈したので，
$$1.00\times10^{-3}\times\frac{4.0}{100}=4.0\times10^{-5}\,(\mathrm{mol/L})$$
よって，グラフの傾きは，※① $\frac{0.073-0.007}{4.0\times10^{-5}-0}=1.65\times10^{3}$

(3) 濃度を x，吸光度を y とおくと，※②
$$y=1.65\times10^{3}x+0.007$$
$$0.172=1.65\times10^{3}x+0.007 \qquad x=1.00\times10^{-4}\,(\mathrm{mol/L})$$

(4) サリチル酸(不純物)の質量は，
$$1.00\times10^{-4}\times\frac{100}{1000}\times138=1.38\times10^{-3}\,(\mathrm{g})$$
$$=1.38\,(\mathrm{mg})$$
よって，アセチルサリチル酸の純度は，
$$\frac{50.0-1.38}{50.0}\times100\fallingdotseq97.2\,(\%)$$

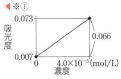

◀※①

◀※②
標準溶液の吸光度を測定して，濃度と吸光度をプロットし，引いた線(通常は直線)を検量線という。
検量線を求めた範囲において，サンプルの吸光度から濃度が求まる。

268 (b), (d)

解説 (b) 参考書などの文献に記載されている内容が正しいとは限らない。予想された結果と違うことが，新たな発見のきっかけとなることもある。

(d) 実験操作に誤りがないならば，三回目が失敗とも，一回目と二回目が正しいともいえない。三回の結果を記載した上で，考察をする。データのばらつきも，その実験の特徴となる。

※解答・解説は数研出版株式会社が作成したものです。

2023
化学重要問題集
化学基礎・化学
解答編

編集協力者　水村弘良

編　者	数研出版編集部
発行者	星野　泰也
発行所	数研出版株式会社

〒101-0052　東京都千代田区神田小川町 2 丁目 3 番地 3
〔振替〕00140-4-118431
〒604-0861　京都市中京区烏丸通竹屋町上る大倉町205番地
〔電話〕代表 (075)231-0161
ホームページ　https://www.chart.co.jp
印刷　寿印刷株式会社

乱丁本・落丁本はお取り替えいたします。　230102
本書の一部または全部を許可なく複写・複製すること，および本書の解説書ならびにこれに類するものを無断で作成することを禁じます。

27723A

数研出版
https://www.chart.co.jp